气候变率诊断和预测方法

（第二版）

Methods for Diagnosing and Forecasting Climate Variability

吴洪宝　吴　蕾　编著

气象出版社
China Meteorological Press

内 容 简 介

本书较全面系统地介绍气候变率的诊断和预测方法，分八章。前四章属于多元统计方法，包括不同形式的 EOF（PCA）、POP、SVD、CCA、RA 以及非线性的 PCA 和 CCA，常规的线性 EOF（PCA）是这些方法的基础。第五、六章是频率域分析方法，包括功率谱、谐波、小波、滤波、奇异谱、非线性奇异谱分析，Fourier 分析是这些方法的基础。第七章介绍气候变率可预报性诊断方法，第八章介绍海洋动力学模型与统计大气相结合的气候预测方法。

本书是南京信息工程大学气象学专业硕士研究生课程教材之一。也可作为地理、水文、海洋等相近专业教学参考用书。对从事大气科学科研和气象部门业务工作的高级科技人员，本书也有较大参考价值。

图书在版编目（CIP）数据

气候变率诊断和预测方法/吴洪宝，吴蕾编著．—北京：气象出版社，2005.9（2010.6 重印）

ISBN 978-7-5029-4034-8

Ⅰ．气…　Ⅱ．①吴…②吴…　Ⅲ．气候变率-研究　Ⅳ．P467

中国版本图书馆 CIP 数据核字（2005）第 111882 号

Qihou Bianlü Zhenduan he Yuce Fangfa

气候变率诊断和预测方法

吴洪宝　吴　蕾　编著

责任编辑：张锐锐　吴晓鹏　终　　审：汪勤模

封面设计：陈　璐　责任技编：王丽梅　责任校对：赵　瑗

出版发行：气象出版社

出版社地址：北京市海淀区中关村南大街 46 号　　邮政编码：100081

总 编 室：010－68407112　　网　　址：http://www.cmp.cma.gov.cn

发 行 部：010－68409198　　E-mail：qxcbs@263.net

印　　刷：北京奥鑫印刷厂　　版　　次：2010 年 6 月第 2 版

开　　本：787mm×960mm　1/16　　印　　次：2010 年 6 月第 2 次印刷

印　　张：25.5　　字　　数：530 千字

定　　价：52.00 元

前　言

本书是以作者在南京信息工程大学给硕士研究生讲授“大气科学中数学方法的应用”课程讲稿为基础整理而成的，从讲稿整理成电子版书稿的文字工作主要由吴蕾完成。内容主要是气候变率诊断和预测方法，其中的诊断分析方法按功能可做以下分类：分析一个标量或向量场空间相关结构和时间演变规律的方法有经验正交函数(EOF)展开和主成分分析(PCA)、旋转 EOF、复 EOF、非线性主成分分析(NLPCA)；分析气象场中波动传播的方法有主振荡型分析(POP)、复 POP、循环平稳 POP、Hilbert EOF、多通道奇异谱分析(MSSA)、非线性多通道奇异谱分析(NLMSSA)；分析两个场相互关系的方法有奇异值分解(SVD)、典型相关分析(CCA)、非线性典型相关分析(N LCCA)、冗余分析(RA)；分析频率域特征的方法有 Fourier 分析、小波分析、滤波、奇异谱分析(SSA)、识别非正弦型周期信号的非线性奇异谱分析(NLSSA)；估计气候变率潜在可预报性的方法有方差分析、相关链过程统计检验、气候模式生成的模拟效应检验。预测方法包括：POP 预报模型、线性转置模型(LIM)、PCA 与 CCA 相结合的预报方法(BP 法)、集合典型相关预报方法(ECC)，采用神经网络的 CCA 预报方法、最大熵与奇异谱相结合的预报方法(MEM－SSA)、基于非线性奇异谱分析的预报方法、海洋动力学模型与统计大气相耦合的预报方法。

本书于 2005 年 10 月初版。2010 年 4 月修订，增加了主预报因子分析、非线性主预报因子分析、场的空间自由度估计、主成分的显著性检验。为了方便读者自学，对原书中的一些数学推导又做了补充。

限于水平，书中难免有错误之处，恳请读者批评指正。

本书的出版得到了南京信息工程大学研究生部的支持和帮助，在此表示衷心感谢。

作者

2010 年 4 月

目　录

第一章　经验正交函数展开和主成分分析

经验正交函数（Empirical Orthogonal Function，简称 EOF）展开和主成分分析（Principal Component Analysis，简称 PCA）在气象和海洋资料分析中有非常广泛的不同形式的应用，功能分别是从气象变量场的资料集中识别出主要的相互正交的空间分布型和从多变量序列中提取主要的相互独立的新变量序列，用少数几个新变量序列反映原多个变量的变化信息，或者说降低资料的自由度或维数。目前多数人认为 EOF 和 PCA 是同一个方法，并且认为是 Lorenz 于 1956 年在他的著作《Empirical Orthogonal Function and statistical weather prediction》中首先提出的。然而，历史上，EOF 展开方法还曾被称为统计正交函数展开、自然正交展开、Karhunen-Loeve 展开等，其应用至少可追溯到 20 世纪 40 年代，例如，前苏联气象学家奥布霍夫在 1947 年已应用该方法分析气象变量场。而 PCA 是多元统计中诸多经典方法之一，在社会经济、企业管理、生物、医学等领域中都早就有应用，至于在气象中的应用，同样由于前苏联气象学家的一些应用被人们忽视了，所以很难追寻它的历史源头。在原理上，气象变量场的 EOF 展开和 PCA 的出发点原本是不同的，只是当被分析的场是零均值时，两者的算法是相同的。由于大多数气候变率分析的对象是距平场，正是零均值的，所以一般将 EOF 展开和 PCA 看作同一个方法。但是，为了正确地掌握该方法的使用，理解 EOF 与 PCA 的一致性和区别，还是应该先了解它们各自的定义、所归结的算法和性质等。这在数学上要用到求多元函数条件极值点的方法。为了表达简单，一般采用向量和矩阵运算来表示多元函数及多元函数对各个自变量的导数。我们将把这些内容作为预备知识介绍，是本章第一部分。

EOF（或 PCA）的应用有很多不同的形式，除常规的 EOF 分析以外，还有旋转 EOF 分析（Rotated EOF analysis，简称 REOF）、复 EOF（Complex EOF analysis，简称 CEOF）、循环平稳 EOF 分析（Cyclostationary EOF analysis，简称 CSEOF），非线性 EOF 分析（Nonlinear EOF analysis，简称 NLEOF）或非线性主成分分析（Nonlinear Principal Component Analysis，简称 NLPCA）等。本章第二部分介绍前两种方法的原理和应用。CSEOF 较多地应用傅里叶变换的知识，要在相应的章节之后才能介绍。NLEOF 是采用神经网络方法实现的，在本章最后一节介绍。目前，由 Vautard 等 1992 年引入的奇异谱分析（Singular Spectrum Analysis，简称 SSA）和多通道奇异谱分析（Multichannel Singular Spectrum Analysis，简称 MSSA）应用也逐渐增多，它们也采用 EOF 技术，与过去曾使用过的扩展的 EOF（Extended EOF analysis，简称 EEOF）有相

似之处，但不能认为是同一方法。EEOF 把场的资料在时间上迟后排列构成新的资料矩阵，对其做 EOF 分析，用迟后排列的空间型表达原场中主要空间结构的时间演变。SSA 和 MSSA 虽然也在时间迟后排列所扩展的空间中做 EOF 分析，但是，识别单变量序列的周期（SSA 中）和场的振荡周期（MSSA 中）要依据原变量与迟后空间中 EOF 及主成分的傅里叶谱之间的关系，对时间迟后空间中的 EOF 和主成分做谱分析。谱分析是 SSA 和 MSSA 的核心部分，从名称上来说，不含谱分析的方法不应称为 SSA 和 MSSA。所以，SSA 和 MSSA 方法应放在时间序列谱分析中介绍。

EOF 和 PCA 除直接应用于场和多变量资料集分析以外，还常与其他方法配合使用。先采用 PCA 从维数很高的资料集中提取低频大尺度成分，即用前几个主成分代替原来的高维资料，有时也称压缩资料的维数，再根据研究目的把截取的前几个主成分作为主振荡型分析（Principal Oscillation Patterns，简称 POP）、线性转置模型（Linear Inverse Modeling，简称 LIM）、典型相关分析（Canonical Correlation Analysis，简称 CCA）、MSSA 等的对象，最后把这些分析的结果与这几个主成分对应的空间型（即 EOF）结合起来，就可返回到原变量的空间（也称地理空间）做分析解释或预报。EOF 和 PCA 的这类应用放在有关章节介绍。

§1.1 预备知识

EOF 和 PCA 原理中涉及的数学知识包括多元函数的条件极值——拉格朗日乘数法则、多元函数及它对自变量的偏导数用向量和矩阵运算的表示方法、m 维线性空间、正交基、概率统计中的主要统计量、实对称矩阵的特征值、特征向量及性质等，在基础数学中，它们是在不同的分支课程中介绍的，提法和表达方式不同，使得综合应用它们时往往感到陌生和不便，因此，这里先将它们整合一下。

1.1.1 多元函数的条件极值——拉格朗日乘数法则及其向量表示

在基础数学中的多元函数微分及应用部分，一个主要的应用是求多元函数的条件极值，这里作简要介绍。欲求 m 元函数 $f(x_1,x_2,\cdots,x_m)$ 在 M 个（$M\leqslant m$）附加条件

$$\begin{aligned} \varphi_1(x_1,x_2,\cdots,x_m) &= 0 \\ \varphi_2(x_1,x_2,\cdots,x_m) &= 0 \\ &\vdots \\ \varphi_M(x_1,x_2,\cdots,x_m) &= 0 \end{aligned} \tag{1.1.1}$$

下可能的极值点，可以用常数 1、λ_1、λ_2、$\cdots$、λ_M 顺次乘 f、φ_1、φ_2、$\cdots$、φ_M 并相加，得函数

$$F(x_1,x_2,\cdots,x_m) = f + \lambda_1\varphi_1 + \lambda_2\varphi_2 + \cdots + \lambda_M\varphi_M \tag{1.1.2}$$

然后写出 $F(x_1,x_2,\cdots,x_m)$ 在无附加条件时具有极值的必要条件

$$\frac{\partial F}{\partial x_1} = 0$$
$$\frac{\partial F}{\partial x_2} = 0 \tag{1.1.3}$$
$$\vdots$$
$$\frac{\partial F}{\partial x_m} = 0$$

这 m 个方程（1.1.3）和 M 个条件（1.1.1）联立解出 $m+M$ 个未知数 $x_1, x_2, \cdots, x_m$ 和 $\lambda_1, \lambda_2, \cdots, \lambda_M$，其中 $x_1, x_2, \cdots, x_m$ 就是 $f(x_1, x_2, \cdots, x_m)$ 在条件（1.1.1）下达极值点的坐标，$\lambda_1, \lambda_2, \cdots, \lambda_M$ 称为拉格朗日乘数。

在我们应用中用到该方法时，形式上可以有变化。例如，条件（1.1.1）各式右边不等于零时要移到左边；（1.1.2）式中的拉格朗日乘数是待定数，因此，根据推导的需要写成其他形式也无妨，例如可写成

$$F(x_1, x_2, \cdots, x_m) = f - \frac{1}{2}\mu\varphi_1 + 2\gamma\varphi_2 + \cdots$$

这样，$-\mu/2$ 和 2γ 是拉格朗日乘数。

多元函数 $f(x_1, x_2, \cdots, x_m)$ 的值域是一个数量，当它表达 $x_1, x_2, \cdots, x_m$ 的有规则运算时，用向量和矩阵运算表示比较简洁和方便。这时要注意，只有当矩阵和向量运算的结果是一行一列的矩阵时才表示一个多元函数，一行一列的矩阵当作一个数量看待，并可根据需要随意转置。一行一列的矩阵既然当作一个数量看待，就可去掉矩阵符号。

把多元函数 $f(x_1, x_2, \cdots, x_m)$ 的自变量用一个列向量表示

$$\boldsymbol{X} = \begin{pmatrix} x_1 \\ x_2 \\ \vdots \\ x_m \end{pmatrix} = (x_1, x_2, \cdots, x_m)^T \tag{1.1.4}$$

向量或矩阵符号右上角的 T 表示向量或矩阵转置。常用的可以用矩阵和向量运算表示的多元函数有：

若 $f(x_1, x_2, \cdots, x_m) = x_1^2 + x_2^2 + \cdots + x_m^2$，则根据矩阵乘法规则它可表示为

$$f(\boldsymbol{X}) = \boldsymbol{X}^T\boldsymbol{X} \tag{1.1.5}$$

记一个常数向量

$$\boldsymbol{U} = \begin{pmatrix} u_1 \\ u_2 \\ \vdots \\ u_m \end{pmatrix} = (u_1, u_2, \cdots, u_m)^T$$

若 $f(x_1,x_2,\cdots,x_m)=u_1x_1+u_2x_2+\cdots+u_mx_m$，则它可表示为

$$f(\boldsymbol{X})=\boldsymbol{U}^T\boldsymbol{X}\ \text{或}\ \boldsymbol{X}^T\boldsymbol{U} \tag{1.1.6}$$

记一个常数矩阵

$$\mathbf{A}=\begin{pmatrix} a_{11} & a_{12} & \cdots & a_{1m} \\ a_{21} & a_{22} & \cdots & a_{2m} \\ \cdots & \cdots & \cdots & \cdots \\ a_{m1} & a_{m2} & \cdots & a_{mm} \end{pmatrix}$$

若 $f(x_1,x_2,\cdots,x_m)=\sum_{i=1}^{m}\sum_{j=1}^{m}x_ia_{ij}x_j$，则采用矩阵乘法规则，它可表示为

$$f(\boldsymbol{X})=\boldsymbol{X}^T\mathbf{A}\boldsymbol{X} \tag{1.1.7}$$

当多元函数 $f(x_1,x_2,\cdots,x_m)$ 表示 $x_1,x_2,\cdots,x_m$ 的有规则运算时，它对 $x_1,x_2,\cdots,x_m$ 的偏导数也是有规则的，可用多元函数 $f(\boldsymbol{X})$ 对向量 $\boldsymbol{X}$ 的导数一并表示出来，为此定义

$$\frac{\partial f(\boldsymbol{X})}{\partial \boldsymbol{X}}=\begin{pmatrix} \dfrac{\partial f}{\partial x_1} \\ \dfrac{\partial f}{\partial x_2} \\ \vdots \\ \dfrac{\partial f}{\partial x_m} \end{pmatrix} \tag{1.1.8}$$

为多元函数对向量的导数。利用这个定义，上述的多元函数（1.1.5）、（1.1.6）、（1.1.7）式对各个自变量或对向量 X 的导数分别为

$$\frac{\partial \boldsymbol{X}^T\boldsymbol{X}}{\partial \boldsymbol{X}}=2\boldsymbol{X} \tag{1.1.9}$$

$$\frac{\partial \boldsymbol{U}^T\boldsymbol{X}}{\partial \boldsymbol{X}}=\frac{\partial \boldsymbol{X}^T\boldsymbol{U}}{\partial \boldsymbol{X}}=\boldsymbol{U} \tag{1.1.10}$$

$$\frac{\partial \boldsymbol{X}^T\mathbf{A}\boldsymbol{X}}{\partial \boldsymbol{X}}=\mathbf{A}\boldsymbol{X}+\mathbf{A}^T\boldsymbol{X} \tag{1.1.11}$$

若 $\mathbf{A}$ 是对称矩阵，即 $\mathbf{A}^T=\mathbf{A}$，则

$$\frac{\partial \boldsymbol{X}^T\mathbf{A}\boldsymbol{X}}{\partial \boldsymbol{X}}=2\mathbf{A}\boldsymbol{X}$$

利用定义（1.1.8）式、矩阵乘法和常用函数的求导规则，公式（1.1.9）、(1.1.10)、(1.1.11）证明如下。

若 $f(\boldsymbol{X})=\boldsymbol{X}^T\boldsymbol{X}=x_1^2+x_2^2+\cdots+x_m^2$

它是自变量的各个分量的平方和，它对各个分量的偏导数构成的向量为

$$\frac{\partial f(\boldsymbol{X})}{\partial \boldsymbol{X}}=\begin{pmatrix}\dfrac{\partial f(\boldsymbol{X})}{\partial x_1}\\ \dfrac{\partial f(\boldsymbol{X})}{\partial x_2}\\ \vdots\\ \dfrac{\partial f(\boldsymbol{X})}{\partial x_m}\end{pmatrix}=\begin{pmatrix}2x_1\\ 2x_2\\ \vdots\\ 2x_m\end{pmatrix}=2\boldsymbol{X}$$

若 $f(\boldsymbol{X})=U^T\boldsymbol{X}=\boldsymbol{X}^TU=u_1x_1+u_2x_2+\cdots+u_mx_m$

它是自变量的各个分量的线性组合，它对各个分量的偏导数构成的向量为

$$\frac{\partial f(\boldsymbol{X})}{\partial \boldsymbol{X}}=\begin{pmatrix}\dfrac{\partial f(\boldsymbol{X})}{\partial x_1}\\ \dfrac{\partial f(\boldsymbol{X})}{\partial x_2}\\ \vdots\\ \dfrac{\partial f(X)}{\partial x_m}\end{pmatrix}=\begin{pmatrix}u_1\\ u_2\\ \vdots\\ u_m\end{pmatrix}=U$$

若

$$\begin{aligned}f(\boldsymbol{X})=\boldsymbol{X}^TA\boldsymbol{X}&=\sum_{i=1}^{m}\sum_{j=1}^{m}a_{ij}x_ix_j\\ &=a_{11}x_1x_1+a_{12}x_1x_2+\cdots+a_{1m}x_1x_m\\ &+a_{21}x_2x_1+a_{22}x_2x_2+\cdots+a_{2m}x_2x_m\\ &+\cdots\\ &+a_{m1}x_mx_1+a_{m2}x_mx_2+\cdots+a_{mm}x_mx_m\end{aligned}$$

它是自变量的各个分量的二次多项式,对各个分量的偏导数构成的向量为

$$\frac{\partial f(\boldsymbol{X})}{\partial X}=\begin{pmatrix}\dfrac{\partial f(\boldsymbol{X})}{\partial x_1}\\ \dfrac{\partial f(X)}{\partial x_2}\\ \vdots\\ \dfrac{\partial f(\boldsymbol{X})}{\partial x_m}\end{pmatrix}=\begin{pmatrix}\sum_{j=1}^{m}a_{1j}x_j+\sum_{i=1}^{m}a_{i1}x_i\\ \sum_{j=1}^{m}a_{2j}x_j+\sum_{i=1}^{m}a_{i2}x_i\\ \vdots\\ \sum_{j=1}^{m}a_{mj}x_j+\sum_{i=1}^{m}a_{im}x_i\end{pmatrix}=\begin{pmatrix}\sum_{j=1}^{m}a_{1j}x_j\\ \sum_{j=1}^{m}a_{2j}x_j\\ \vdots\\ \sum_{j=1}^{m}a_{mj}x_j\end{pmatrix}+\begin{pmatrix}\sum_{i=1}^{m}a_{i1}x_i\\ \sum_{i=1}^{m}a_{i2}x_i\\ \vdots\\ \sum_{i=1}^{m}a_{im}x_i\end{pmatrix}=$$

$$\begin{pmatrix}a_{11}&a_{12}&\cdots&a_{1m}\\ a_{21}&a_{22}&\cdots&a_{2m}\\ \cdots&\cdots&\cdots&\cdots\\ a_{m1}&a_{m2}&\cdots&a_{mm}\end{pmatrix}\begin{pmatrix}x_1\\ x_2\\ \vdots\\ x_m\end{pmatrix}+\begin{pmatrix}a_{11}&a_{21}&\cdots&a_{m1}\\ a_{12}&a_{22}&\cdots&a_{m2}\\ \cdots&\cdots&\cdots&\cdots\\ a_{1m}&a_{2m}&\cdots&a_{mm}\end{pmatrix}\begin{pmatrix}x_1\\ x_2\\ \vdots\\ x_m\end{pmatrix}=\boldsymbol{AX}+\boldsymbol{A}^T\boldsymbol{X}$$

它们在导出 EOF、PC、SVD、CCA 等方法中都要用到。另外应指出，正确地说，从（1.1.4）到式（1.1.11）式所说的是采用向量和矩阵运算表示多元函数及多元函数对自变量的导数，不能说成"矩阵和向量的求导"或"矩阵和向量的微商"，因为只有函数才能对它的自变量求导数。在基础数学中，矩阵和向量的求导是指当矩阵和向量的每个元素都是某个自变量的函数情况下，对矩阵和向量的每个元素同时对自变量求导。

当多元函数及它对各自变量的偏导数用矩阵和向量运算表示时，求多元函数条件极值的（1.1.3）式就可写为

$$\frac{\partial F}{\partial \boldsymbol{X}} = \begin{pmatrix} 0 \\ 0 \\ \vdots \\ 0 \end{pmatrix} = \boldsymbol{0} \tag{1.1.12}$$

上式右边向量的分量全为零，称零向量，用黑体零表示。

1.1.2 *m* 维向量空间和正交基

在线性代数中我们知道，在 m 维线性空间中，可以选 m 个相互正交的单位长度的向量构成一组正交基函数，或称为基向量，记为 $\{\boldsymbol{V}_1, \boldsymbol{V}_2, \cdots, \boldsymbol{V}_m\}$，其中每个基向量 $\boldsymbol{V}_k$ 有 m 个分量

$$\boldsymbol{V}_k = \begin{pmatrix} v_{1k} \\ v_{2k} \\ \vdots \\ v_{mk} \end{pmatrix} = (v_{1k}, v_{2k}, \cdots, v_{mk})^T \tag{1.1.13}$$

它们相互正交且长度都为 1，表示为

$$\boldsymbol{V}_k^T \boldsymbol{V}_{k'} = \sum_{i=1}^{m} v_{ik} v_{ik'} = \begin{cases} 1 & \text{当 } k = k' \\ 0 & \text{当 } k \neq k' \end{cases} \tag{1.1.14}$$

当上式的前一半作为拉格朗日条件极值法中的条件时，应该写为

$$\boldsymbol{V}_k^T \boldsymbol{V}_{k'} - 1 = 0 \qquad \text{当 } k = k'$$

这个 m 维空间中的任一向量 $\boldsymbol{X}$ 可用基向量 $\boldsymbol{V}_1, \boldsymbol{V}_2, \cdots, \boldsymbol{V}_m$ 的线性组合表示出来

$$\boldsymbol{X} = \sum_{k=1}^{m} \alpha_k \boldsymbol{V}_k \tag{1.1.15}$$

$\alpha_1, \alpha_2, \cdots, \alpha_m$ 称为向量 $\boldsymbol{X}$ 在基 $\boldsymbol{V}_1, \boldsymbol{V}_2, \cdots, \boldsymbol{V}_m$ 下的坐标，α_k 表示 $\boldsymbol{V}_k$ 在表达 $\boldsymbol{X}$ 中的权重，也称权重系数。

把（1.1.15）式两边左乘 $\boldsymbol{V}_k^T$，并且利用 $\boldsymbol{V}_1, \boldsymbol{V}_2, \cdots, \boldsymbol{V}_m$ 相互间的正交性（1.1.14）式，得

$$\alpha_k = \boldsymbol{V}_k^{\mathrm{T}}\boldsymbol{X} = \sum_{i=1}^{m} v_{ik} x_i \qquad (1.1.16)$$

即 α_k 是 $\boldsymbol{X}$ 与 $\boldsymbol{V}_k$ 的点乘积,或 $\boldsymbol{X}$ 在 $\boldsymbol{V}_k$ 上的投影。显然,系数 $\alpha_1,\alpha_2,\cdots,\alpha_m$ 是由向量 $\boldsymbol{X}$ 和基向量 $\boldsymbol{V}_1,\boldsymbol{V}_2,\cdots,\boldsymbol{V}_m$ 唯一确定的。

如果 m 维向量 $\boldsymbol{X}$ 仅仅在一部分基向量上投影较大，也即接近一部分基向量的方向，而在另一些基向量上投影明显偏小，则可以把 $\boldsymbol{X}$ 表示为两部分，不失一般性，假设在前 K 个基向量上投影较大，表示为

$$\boldsymbol{X} = \sum_{k=1}^{K} \alpha_k \boldsymbol{V}_k + \sum_{k=K+1}^{m} \alpha_k \boldsymbol{V}_k = \sum_{k=1}^{K} \alpha_k \boldsymbol{V}_k + \boldsymbol{\varepsilon} \qquad (1.1.17)$$

$\boldsymbol{\varepsilon}$ 是用 K 个基向量表达 $\boldsymbol{X}$ 时的剩余误差向量，

$$\boldsymbol{\varepsilon} = \boldsymbol{X} - \sum_{k=1}^{K} \alpha_k \boldsymbol{V}_k = \begin{pmatrix} \varepsilon_1 \\ \varepsilon_2 \\ \vdots \\ \varepsilon_m \end{pmatrix} = (\varepsilon_1,\varepsilon_2,\cdots,\varepsilon_m)^T \qquad (1.1.18)$$

衡量用前 K 个基向量表达 $\boldsymbol{X}$ 时的精确程度要用所有分量上的误差平方和，

$$E_K = \sum_{i=1}^{m} \varepsilon_i^2 = \boldsymbol{\varepsilon}^T \boldsymbol{\varepsilon} = (\boldsymbol{X} - \sum_{k=1}^{K} \alpha_k \boldsymbol{V}_k)^T (\boldsymbol{X} - \sum_{k=1}^{K} \alpha_k \boldsymbol{V}_k) \qquad (1.1.19)$$

当 m 维空间中只有一个向量 $\boldsymbol{X}$ 需要被表示时，上述表示是没意义的，因为它与自身的方向完全一致，只需把它自身的长度缩短或放大至 1，作为 $\boldsymbol{V}_1$，即取

$$\boldsymbol{V}_1 = \boldsymbol{X} \bigg/ \sqrt{\sum_{i=1}^{m} x_i^2}$$

不难证明 $\boldsymbol{V}_1^T \boldsymbol{V}_1 = 1$,且只取 $\boldsymbol{V}_1$ 就可完全精确地表达出 $\boldsymbol{X}$

$$\boldsymbol{X} = \sqrt{\sum_{i=1}^{m} x_i^2}\, \boldsymbol{V}_1$$

这种情况就不需寻找有意义的正交基向量了。

当 m 维空间中有多个向量 $\boldsymbol{X}_1,\boldsymbol{X}_2,\cdots,\boldsymbol{X}_n$ 需要用共同的一组基向量表达时，就不能再用它们自身缩短或放大至 1 作为基向量了，因为它们一般不相互正交，也不能相互表示，且 n 常常大于 m。这时，不同向量 $\boldsymbol{X}_t$ 在 $\boldsymbol{V}_k$ 上的投影不同，被表示后的剩余误差也不同，表达式（1.1.17）应该写为

$$\boldsymbol{X}_t = \sum_{k=1}^{K} \alpha_k(t) \boldsymbol{V}_k + \boldsymbol{\varepsilon}_t \qquad (1.1.20)$$

其中 $\boldsymbol{X}_t = (x_{1t},x_{2t},\cdots,x_{mt})^T$,$\boldsymbol{\varepsilon}_t = (\varepsilon_{1t},\varepsilon_{2t},\cdots,\varepsilon_{mt})^T$ 。

（1.1.20）式的分量表示是

$$x_{it} = \sum_{k=1}^{K} \alpha_k(t) v_{ik} + \varepsilon_{it} \qquad (t = 1 \sim n, i = 1 \sim m) \qquad (1.1.21)$$

需要寻找的正交基向量应使得 $\boldsymbol{X}_1,\boldsymbol{X}_2,\cdots,\boldsymbol{X}_n$ 整体被表达得尽可能准确，因此用某一个向量 $\boldsymbol{X}_t$ 被表示后的误差平方和来衡量表示精度是不行的，而应取所有向量的误差平方和的平均值，即取

$$E_K=\frac{1}{n}\sum_{t=1}^{n}\sum_{i=1}^{m}\varepsilon_{it}^2=\frac{1}{n}\sum_{t=1}^{n}\boldsymbol{\varepsilon}_t^T\boldsymbol{\varepsilon}_t \tag{1.1.22}$$

来衡量展开精度。为了方便，本书和大多数国外文献一致，以后用尖角号〈 〉表示样本平均或时间平均

$$\langle(\ )\rangle=\frac{1}{n}\sum_{t=1}^{n}(\quad)_t \tag{1.1.23}$$

利用这个符号及（1.1.20）式，得

$$E_K=\langle\boldsymbol{\varepsilon}_t^T\boldsymbol{\varepsilon}_t\rangle=\left\langle(\boldsymbol{X}_t-\sum_{k=1}^{K}\alpha_k(t)\boldsymbol{V}_k)^T(\boldsymbol{X}_t-\sum_{k=1}^{K}\alpha_k(t)\boldsymbol{V}_k)\right\rangle \tag{1.1.24}$$

显然，对于 m 维空间中给定的一组向量 $\boldsymbol{X}_1,\boldsymbol{X}_2,\cdots,\boldsymbol{X}_n$，$E_K$ 的大小取决于 $\boldsymbol{V}_1,\boldsymbol{V}_2,\cdots,\boldsymbol{V}_K$ 的选取。EOF的原理是逐个地选取正交基函数，即选 $\boldsymbol{V}_1$ 使 E_1 达最小，再选 $\boldsymbol{V}_2$ 使 E_2 达最小，…，下节将作具体介绍。

1.1.3 基本的统计量及表示

我们对气象观测或模式输出资料进行分析时，原理上应把它们看作随机变量，因为它们已包含很多偶然性因素的影响。气象变量在每个测站或网格点的值为一个随机变量，一个气象变量场由该变量在 m 个点上的值组成，它们全体构成一个随机向量 $\boldsymbol{X}$，或称随机场。随机变量和随机向量最基本的统计性质由它们的数字特征——数学期望、方差、协方差描述。用 E（Expectation）表示数学期望，单个随机变量 x_i 的数学期望定义为

$$Ex_i=\int_{-\infty}^{\infty}p(x)x\mathrm{d}x \tag{1.1.25}$$

$p(x)$ 是随机变量 x_i 的概率分布密度函数。随机变量总体的数学期望是未知的，应用中由观测值的平均 $\langle x_i\rangle$ 作为 Ex_i 的估计，$\langle x_i\rangle$ 是样本平均，以后简称均值。

对于 m 维随机向量 $\boldsymbol{X}$，数学期望定义为

$$E\boldsymbol{X}=\begin{pmatrix}Ex_1\\Ex_2\\\vdots\\Ex_m\end{pmatrix} \tag{1.1.26}$$

$E\boldsymbol{X}$ 的样本估计为 $\langle\boldsymbol{X}\rangle$

$$\langle \boldsymbol{X} \rangle = \begin{pmatrix} \langle x_1 \rangle \\ \langle x_2 \rangle \\ \vdots \\ \langle x_m \rangle \end{pmatrix} \tag{1.1.27}$$

因为大气科学和其他自然科学分支中要研究的是变量的变率（Variability），而不注重它的平均情况，所以，不失一般性，以后都假设 $E\boldsymbol{X}$ 是零向量。也许会问，所研究的问题的资料平均值不为零怎么办？这很简单，只要把原来的资料减去它的平均值，一般减去气候平均值，所得的差值常称为距平，文献中也称为异常（anomaly）。把距平作为这里的分析对象，这样，符号 $\boldsymbol{X}$ 代表的就是距平，必然满足 $E\boldsymbol{X}=\boldsymbol{0}$（零向量），对于它的估计 $\langle \boldsymbol{X} \rangle$，因为 $\langle\ \rangle$ 是线性运算，也必然有 $\langle \boldsymbol{X} - \langle \boldsymbol{X} \rangle \rangle = \langle \boldsymbol{X} \rangle - \langle \boldsymbol{X} \rangle = \boldsymbol{0}$ 。

方差（Variance）用 Var 表示，反映随机变量偏离平均值的程度。单个随机变量 x_i 的方差定义为

$$\mathrm{Var}\ x_i = E(x_i - Ex_i)^2 \tag{1.1.28}$$

因为我们已假设 $Ex_i = 0$，所以 $\mathrm{Var}\ x_i = Ex_i^2$，它的估计为 $\langle x_i^2 \rangle$。用 $\mathrm{Var}\ \boldsymbol{X}$ 表示气象变量场的总方差，是场上所有格点上变量的方差之和，由以上定义和矩阵运算规则，

$$\begin{aligned} \mathrm{Var}\ \boldsymbol{X} &= \mathrm{Var}\ x_1 + \mathrm{Var}\ x_2 + \cdots + \mathrm{Var}\ x_m \\ &= Ex_1^2 + Ex_2^2 + \cdots + Ex_m^2 \\ &= E(x_1^2 + x_2^2 + \cdots + x_m^2) \\ &= E(x_1, x_2, \cdots, x_m) \begin{pmatrix} x_1 \\ x_2 \\ \vdots \\ x_m \end{pmatrix} \\ &= E(\boldsymbol{X}^T \boldsymbol{X}) \end{aligned} \tag{1.1.29}$$

这里 $\boldsymbol{X}$ 表示上述 m 维随机向量或随机场。场的总方差 $E(\boldsymbol{X}^T\boldsymbol{X})$ 的样本估计为 $\langle \boldsymbol{X}^T\boldsymbol{X} \rangle$，分量表示是

$$\langle \boldsymbol{X}^T \boldsymbol{X} \rangle = \frac{1}{n}\sum_{t=1}^{n}\sum_{i=1}^{m} x_{it}{}^2 = \sum_{i=1}^{m}\frac{1}{n}\sum_{t=1}^{n} x_{it}{}^2 = \sum_{i=1}^{m}\mathrm{Var}\ x_i$$

协方差（Covariance）用 Cov 表示，它反映随机变量之间协同变化的程度或相关程度。两个随机变量 x_i 与 x_j 之间的协方差定义为

$$\mathrm{Cov}(x_i, x_j) = E(x_i - Ex_i)(x_j - Ex_j) \tag{1.1.30}$$

因为已假设 $Ex_i = 0, Ex_j = 0$，所以 $\mathrm{Cov}(x_i, x_j) = E(x_i x_j)$，它的估计就是 $x_i x_j$ 的样本平均 $\langle x_i x_j \rangle$ 。

一个气象变量场各格点上随机变量间的相关程度用协方差矩阵表示，它是 m 行 m 列的矩阵

$$\begin{aligned}\boldsymbol{\Sigma} &= \begin{pmatrix} \mathrm{Cov}(x_1,x_1) & \mathrm{Cov}(x_1,x_2) & \cdots & \mathrm{Cov}(x_1,x_m) \\ \mathrm{Cov}(x_2,x_1) & \mathrm{Cov}(x_2,x_2) & \cdots & \mathrm{Cov}(x_2,x_m) \\ \cdots & \cdots & \cdots & \cdots \\ \mathrm{Cov}(x_m,x_1) & \mathrm{Cov}(x_m,x_2) & \cdots & \mathrm{Cov}(x_m,x_m) \end{pmatrix} \\ &= \begin{pmatrix} Ex_1x_1 & Ex_1x_2 & \cdots & Ex_1x_m \\ Ex_2x_1 & Ex_2x_2 & \cdots & Ex_2x_m \\ \cdots & \cdots & \cdots & \cdots \\ Ex_mx_1 & Ex_mx_2 & \cdots & Ex_mx_m \end{pmatrix} \\ &= E\begin{pmatrix} x_1x_1 & x_1x_2 & \cdots & x_1x_m \\ x_2x_1 & x_2x_2 & \cdots & x_2x_m \\ \cdots & \cdots & \cdots & \cdots \\ x_mx_1 & x_mx_2 & \cdots & x_mx_m \end{pmatrix} \\ &= E(\boldsymbol{X}\boldsymbol{X}^T)\end{aligned} \qquad (1.1.31)$$

这里应提醒注意，由（1.1.29）和（1.1.31）式可见，$E(\boldsymbol{X}^T\boldsymbol{X})$ 和 $E(\boldsymbol{X}\boldsymbol{X}^T)$ 无论形式和内容都是不同的量，$E(\boldsymbol{X}^T\boldsymbol{X})$ 是一行一列的矩阵，实为一个数量——场上各格点方差之和，而 $E(\boldsymbol{X}\boldsymbol{X}^T)$ 是 m 阶方阵，有 $m\times m$ 个元素，反映场上所有格点各种可能组合之间的相关，也经常说成场的相关结构。因为 $Ex_ix_j = Ex_jx_i$，所以 $E(\boldsymbol{X}\boldsymbol{X}^T)$ 是对称矩阵。因为求数学期望的估计是求样本平均，所以 $E(\boldsymbol{X}\boldsymbol{X}^T)$ 的估计为 $\langle\boldsymbol{X}\boldsymbol{X}^T\rangle$，由（1.1.31）式，协方差矩阵的第 i 行第 j 列元素的估计是

$$\Sigma_{ij} = \langle x_ix_j\rangle = \frac{1}{n}\sum_{t=1}^{n} x_{it}x_{jt} \qquad (1.1.32)$$

因为协方差矩阵的主对角线元素是各格点上变量的方差，它的主对角线元素之和是场的总方差。线性代数中方阵主对角线元素之和称为矩阵的迹，用 tr 表示，所以，$E(\boldsymbol{X}\boldsymbol{X}^T)$ 与 $E(\boldsymbol{X}^T\boldsymbol{X})$ 之间的关系是 $\mathrm{tr}\,E(\boldsymbol{X}\boldsymbol{X}^T) = E(\boldsymbol{X}^T\boldsymbol{X})$，对于它们的估计量，关系是类似的，容易导出

$$\mathrm{tr}\langle\boldsymbol{X}\boldsymbol{X}^T\rangle = \langle\boldsymbol{X}^T\boldsymbol{X}\rangle = \sum_{i=1}^{m}\frac{1}{n}\sum_{t=1}^{n} x_{it}^2 \qquad (1.1.33)$$

是场的总方差的估计。

大气科学中还经常遇到分析两个场之间关系的问题。设它们分别有 m 和 n 个格点，则可看作两个随机向量

$$\boldsymbol{X} = (x_1,x_2,\cdots,x_m)^T$$
$$\boldsymbol{Y} = (y_1,y_2,\cdots,y_n)^T$$

它们之间的所有联系用交叉协方差矩阵表示。定义 $\boldsymbol{X}$ 与 $\boldsymbol{Y}$ 之间的交叉协方差矩阵为

$$\boldsymbol{\Sigma}_{XY}=\begin{pmatrix}\mathrm{Cov}(x_1,y_1) & \mathrm{Cov}(x_1,y_2) & \cdots & \mathrm{Cov}(x_1,y_n)\\ \mathrm{Cov}(x_2,y_1) & \mathrm{Cov}(x_2,y_2) & \cdots & \mathrm{Cov}(x_2,y_n)\\ \cdots & \cdots & \cdots & \cdots\\ \mathrm{Cov}(x_m,y_1) & \mathrm{Cov}(x_m,y_2) & \cdots & \mathrm{Cov}(x_m,y_n)\end{pmatrix}$$

它表达 $\boldsymbol{X}$ 的各个分量与 $\boldsymbol{Y}$ 的各个分量之间的相关关系。当需要用一个数量表示 $\boldsymbol{X}$ 与 $\boldsymbol{Y}$ 之间总的联系时，因为 $\boldsymbol{\Sigma}_{XY}$ 中的元素有正有负，不能采用简单的求和。其绝对值或平方的大小依旧能表示相关程度，而平方容易参与其他运算，所以采用 $\boldsymbol{\Sigma}_{XY}$ 矩阵的模方，也就是用 $\boldsymbol{\Sigma}_{XY}$ 的所有元素平方和表示 $\boldsymbol{X}$ 与 $\boldsymbol{Y}$ 整体相关程度

$$\left\|\boldsymbol{\Sigma}_{XY}\right\|^2=\sum_{i=1}^{m}\sum_{j=1}^{n}\mathrm{Cov}^2(x_i,y_j)$$

为了方便，还定义 $\boldsymbol{Y}$ 与 $\boldsymbol{X}$ 之间的协方差矩阵 $\boldsymbol{\Sigma}_{YX}$

$$\boldsymbol{\Sigma}_{YX}=\begin{pmatrix}\mathrm{Cov}(y_1,x_1) & \mathrm{Cov}(y_1,x_2) & \cdots & \mathrm{Cov}(y_1,x_m)\\ \mathrm{Cov}(y_2,x_1) & \mathrm{Cov}(y_2,x_2) & \cdots & \mathrm{Cov}(y_2,x_m)\\ \cdots & \cdots & \cdots & \cdots\\ \mathrm{Cov}(y_n,x_1) & \mathrm{Cov}(y_n,x_2) & \cdots & \mathrm{Cov}(y_n,x_m)\end{pmatrix}$$

它们的关系是

$$\boldsymbol{\Sigma}_{XY}=\boldsymbol{\Sigma}_{YX}{}^{T}$$
$$\left\|\boldsymbol{\Sigma}_{XY}\right\|^2=\left\|\boldsymbol{\Sigma}_{YX}\right\|^2$$

类似于（1.1.31）式，它们的总体量用 $\boldsymbol{X}$ 与 $\boldsymbol{Y}$ 表示是

$$\boldsymbol{\Sigma}_{XY}=E(\boldsymbol{XY}^T)$$
$$\boldsymbol{\Sigma}_{YX}=E(\boldsymbol{YX}^T)$$

它们的样本估计分别是〈$\boldsymbol{XY}^T$〉和〈$\boldsymbol{YX}^T$〉。

在后面的应用中，特别在冗余分析中，会遇到两个场 $\boldsymbol{X}$ 与 $\boldsymbol{Y}$ 的交叉协方差矩阵与单个场的协方差矩阵间的各种运算，为了方便，可把（1.1.31）式定义的一个场的协方差矩阵看作 $\boldsymbol{X}$ 与自身的交叉协方差矩阵，所以，一个场 $\boldsymbol{X}$ 的协方差矩阵 $\boldsymbol{\Sigma}$ 有时也写为 $\boldsymbol{\Sigma}_{XX}$。

两个场的交叉协方差矩阵的概念在 SVD、CCA 和冗余分析中用到。由于两个场经常是不同物理量场，有不同单位和数量大小，例如 SSTA 场和 500hPa 高度场，为了消除不同单位的影响，两个场要先各自标准化。这样，上述协方差矩阵实际上是相关系数矩阵。该矩阵的模方是交叉相关系数的平方和。

统计方法的基本任务是用随机变量或随机向量的样本去估计它们的数字特征和推断它们的统计性质。数学期望 E 表示总体平均，它的估计用样本平均，即对样本采用（1.1.23）式定义的运算求其平均值。除数学期望本身以外，方差和协方差也是通过数学期望表示出来的，其估计分别是对 x_i^2 和 x_ix_j 求样本平均，所以（1.1.23）式定义的求样本平均是以后要用到最基本运算。由于（1.1.25）式表达的 E 和（1.1.23）式定义的〈 〉都是线性运算，凡是用 E 推导的式子，用〈 〉去代替 E 同样成立，反之亦然。但是，在原理上，用 E 表示的是随机变量总体的参数，总体参数是未知的，但不是随机变量，而用〈 〉运算得到的对应的估计是随机变量，与取样和样本容量有关，所以，〈 〉运算所得的量又不能等同于 E 表示的量，尽管在我们应用中都是〈 〉运算所得的量，但是它是否可信往往需要作统计检验。

1.1.4 矩阵的特征值和特征向量

一个 m 阶方阵

$$\mathbf{A} = \begin{pmatrix} a_{11} & a_{12} & \cdots & a_{1m} \\ a_{21} & a_{22} & \cdots & a_{2m} \\ \cdots & \cdots & \cdots & \cdots \\ a_{m1} & a_{m2} & \cdots & a_{mm} \end{pmatrix}$$

如果对于数域中一个数 λ，存在一个 m 维的非零列向量 $\mathbf{V}$，使得

$$\mathbf{AV} = \lambda\mathbf{V} \tag{1.1.34}$$

那么，λ 称为 $\mathbf{A}$ 的一个特征值，$\mathbf{V}$ 称为 $\mathbf{A}$ 的属于特征值 λ 的一个特征向量。

如果 $\mathbf{V}$ 是属于特征值 λ 的特征向量，那么 $\mathbf{V}$ 的任何一个非零倍数 $k\mathbf{V}$ 也是属于 λ 的特征向量，这是因为如果（1.1.34）成立，则下式也成立

$$\mathbf{A}(k\mathbf{V}) = \lambda(k\mathbf{V})$$

这说明特征向量不是被特征值所唯一决定的。相反，特征值却是被特征向量所唯一决定的，因为一个特征向量只能属于一个特征值。在我们的应用中会遇到怎样认识和解决特征向量不是被特征值所唯一决定的问题。在 m 维空间中，$\mathbf{V}$ 和 $k\mathbf{V}$ 在一条直线上，$k>0$ 时方向相同，$k<0$ 时方向相反，$|k| \neq 1$ 时它们的长度不同，由于 k 可是任何一个非零数，$k\mathbf{V}$ 可以有任意多个，应用中取哪一个呢？前面我们在 m 维空间中的正交基向量时已说到，为了使在各个基向量上的投影可互相比较，一般规定基向量的长度为 1。如果我们的应用中正需要把某矩阵的特征向量作为基向量的话，那么，对于一个确定的 λ，在属于它的众多的特征向量 $k\mathbf{V}$ 中，自然地选取长度为 1 的，即我们取既满足（1.1.34）式又满足 $\mathbf{V}^T\mathbf{V} = 1$ 的 $\mathbf{V}$ 为特征向量。这种特征向量也常称为归一化的。这样规定后还是要注意，对于同一个特征值 λ，归一化的特征向量还不是唯一的，因为如果 $\mathbf{V}$ 是属于 λ 的归一化的特征

向量，则它的负向量 $-\mathbf{V}$ 也是属于同一 λ 的归一化的特征向量。$\mathbf{V}$ 和 $-\mathbf{V}$ 是相对的，它们长度相同，方向相反，这时，这两者中任选一个就满足先前说的正交基的条件了。

上述是对 $\mathbf{A}$ 的一个特征值 λ 而言的，$\mathbf{A}$ 可以有多少个特征值呢？现在从（1.1.34）式来给出寻找特征值和特征向量的方法。设 m 维向量 $\mathbf{V}$ 的 m 个分量为 v_1，v_2，…，v_m，（1.1.34）式的分量形式为

$$\begin{cases} a_{11}v_1 + a_{12}v_2 + \cdots + a_{1m}v_m = \lambda v_1 \\ a_{21}v_1 + a_{22}v_2 + \cdots + a_{2m}v_m = \lambda v_2 \\ \cdots\cdots\cdots\cdots\cdots\cdots\cdots\cdots \\ a_{m1}v_1 + a_{m2}v_2 + \cdots + a_{mm}v_m = \lambda v_m \end{cases}$$

或

$$\begin{cases} (\lambda - a_{11})v_1 - a_{12}v_2 - \cdots - a_{1m}v_m = 0 \\ -a_{21}v_1 + (\lambda - a_{22})v_2 - \cdots - a_{2m}v_m = 0 \\ \cdots\cdots\cdots\cdots\cdots\cdots\cdots\cdots \\ -a_{m1}v_1 - a_{m2}v_2 - \cdots + (\lambda - a_{mm})v_m = 0 \end{cases} \tag{1.1.35}$$

要求 v_1，v_2，…，v_m 不全为零，即齐次方程组有非零解。我们知道，齐次方程组（1.1.35）有非零解的充分必要条件是它的系数行列式为零，即

$$|\lambda\mathbf{I}_m - \mathbf{A}| = \begin{vmatrix} \lambda - a_{11} & -a_{12} & \cdots & -a_{1m} \\ -a_{21} & \lambda - a_{22} & \cdots & -a_{2m} \\ \cdots & \cdots & \cdots & \cdots \\ -a_{m1} & -a_{m2} & \cdots & \lambda - a_{mm} \end{vmatrix} = 0$$

其中 $\mathbf{I}_m$ 表示 m 阶单位矩阵，行列式 $|\lambda\mathbf{I}_m - \mathbf{A}|$ 称为 $\mathbf{A}$ 的特征多项式。上面的分析说明，如果 λ 是矩阵 $\mathbf{A}$ 的特征多项式的一个根，即它满足 $|\lambda\mathbf{I}_m - \mathbf{A}| = 0$，那么齐次线性方程组（1.1.35）的非零解 v_1，v_2，…，v_m 就是属于特征根 λ 的特征向量的 m 个分量。由于行列式 $|\lambda\mathbf{I}_m - \mathbf{A}|$ 是 λ 的 m 次多项式，$|\lambda\mathbf{I}_m - \mathbf{A}| = 0$ 是 λ 的 m 次方程，一般可以有 m 个根，记为 λ_1，λ_2，…，λ_m。把属于它们的特征向量分别记为 $\mathbf{V}_1$，$\mathbf{V}_2$，…，$\mathbf{V}_m$，则 $\mathbf{A}$ 的全部特征根和特征向量满足的方程为

$$\mathbf{A}\mathbf{V}_k = \lambda_k\mathbf{V}_k \qquad (k = 1, 2, \cdots, m) \tag{1.1.36}$$

其中

$$\mathbf{V}_k = \begin{pmatrix} v_{1k} \\ v_{2k} \\ \vdots \\ v_{mk} \end{pmatrix}$$

上述是对一个一般的方阵 $\mathbf{A}$ 而言的，而矩阵 $\mathbf{A}$ 可以有不同的类型，例如复一般

矩阵、复厄米特矩阵（在复 EOF 分析中用到）、实一般矩阵（在主振荡型分析中用到）、实对称矩阵（在 EOF 和 PCA 中用到）。对于不同类型的 **A**，特征值和特征向量的性质不同，计算程序也不同。在 EOF 和 PCA 中用到实对称矩阵的特征值和特征向量，这里先介绍一下。

设 **A** 是实对称矩阵，即 **A** 的所有元素是实数，且 $a_{ij}=a_{ji}$，也即 $\mathbf{A}^T=\mathbf{A}$，前面所说的协方差矩阵 $\mathbf{\Sigma}$ 就是实对称矩阵。它的特征值、特征向量有以下性质。

性质 1 **A** 的所有特征值都是正实数，$\lambda_k \geqslant 0$，$k=1$，2，…，m，其证明采用正定二次型的概念和公式，把（1.1.36）式左乘 $\mathbf{V}_k$ 的转置，得

$$\mathbf{V}_k^T\mathbf{A}\mathbf{V}_k = \lambda_k \mathbf{V}_k^T \mathbf{V}_k$$

在线性代数课程中已证明，实对称矩阵是正定矩阵，即若 **A** 是实对称矩阵，则对于任意非零向量 $\mathbf{V}_k$，二次多项式

$$\sum_{i=1}^{m}\sum_{j=1}^{m} v_{ik}a_{ij}v_{jk} = \mathbf{V}_k^T\mathbf{A}\mathbf{V}_k \geqslant 0$$

因为 $\mathbf{V}_k$ 不是零向量，它的各分量的平方和，即 $\mathbf{V}_k^T\mathbf{V}_k$ 总大于 0，所以联合以上两式得 $\lambda_k \geqslant 0$。

性质 2 **A** 的属于不同特征值的特征向量相互正交，即当 $\lambda_k \neq \lambda_{k'}$ 时，$\mathbf{V}_k{}^T\mathbf{V}_{k'}=0$。证明如下：已知

$$\mathbf{A}\mathbf{V}_k = \lambda_k \mathbf{V}_k \tag{a}$$

$$\mathbf{A}\mathbf{V}_{k'} = \lambda_{k'} \mathbf{V}_{k'} \tag{b}$$

且

$$\lambda_k \neq 0, \lambda_{k'} \neq 0, \mathbf{V}_k \neq \mathbf{0}, \mathbf{V}_{k'} \neq \mathbf{0} \tag{c}$$

把（a）式两边转置

$$(\mathbf{A}\mathbf{V}_k)^T = \lambda_k \mathbf{V}_k^T$$

$$\mathbf{V}_k^T\mathbf{A}^T = \lambda_k \mathbf{V}_k^T$$

[利用了矩阵乘积的转置公式：$(\mathbf{AB})^T = \mathbf{B}^T\mathbf{A}^T$]

因为 $\mathbf{A}^T=\mathbf{A}$，故

$$\mathbf{V}_k^T\mathbf{A} = \lambda_k \mathbf{V}_k^T \tag{d}$$

把（b）式左乘 $\mathbf{V}_k^T$，得

$$\mathbf{V}_k^T\mathbf{A}\mathbf{V}_{k'} = \lambda_{k'}\mathbf{V}_k^T\mathbf{V}_{k'}$$

用（d）式的 $\mathbf{V}_k^T\mathbf{A}$ 代入上式左边，得

$$\lambda_k\mathbf{V}_k^T\mathbf{V}_{k'} = \lambda_{k'}\mathbf{V}_k^T\mathbf{V}_{k'}$$

因为 $\lambda_k \neq \lambda_{k'} \neq 0$，上式成立必须 $\mathbf{V}_k^T\mathbf{V}_{k'}=0$。

性质 3 实对称矩阵所有特征值之和等于矩阵的主对角线元素之和，即 $\sum_{k=1}^{m}\lambda_k =$

$\sum_{i=1}^{m} a_{ii}$。这个性质在 EOF 和 PCA 原理中非常重要，其证明用到实对称矩阵对角化和矩阵迹的概念和公式。**A** 矩阵的主对角线元素之和称为 **A** 的迹，记为 $\mathrm{tr}\,\mathbf{A} = \sum_{i=1}^{m} a_{ii}$。主要的公式是，如果矩阵 **A** 和 **B** 都是 m 阶方阵，则有

$$\mathrm{tr}(\mathbf{AB}) = \mathrm{tr}(\mathbf{BA})$$

因为

$$\mathrm{tr}(\mathbf{AB}) = \sum_{i=1}^{m}(\mathbf{AB})_{ii} = \sum_{i=1}^{m}\sum_{j=1}^{m} a_{ij}b_{ji} = \sum_{j=1}^{m}\sum_{i=1}^{m} b_{ji}a_{ij} = \sum_{j=1}^{m}(\mathbf{BA})_{jj} = \mathrm{tr}(\mathbf{BA})$$

进一步，如果矩阵 **A**、**B**、**C** 都是 m 阶方阵，因为矩阵乘法满足结合律，利用上面的公式又可得

$$\mathrm{tr}(\mathbf{ABC}) = \mathrm{tr}(\mathbf{BCA}) = \mathrm{tr}(\mathbf{CAB})$$

另外，由（1.1.36）式，取实对称矩阵 **A** 的 m 个归一化的特征向量 $\mathbf{V}_1$，$\mathbf{V}_2$，…，$\mathbf{V}_m$ 作为列向量构成特征向量矩阵

$$\mathbf{V} = (\mathbf{V}_1, \mathbf{V}_2, \cdots, \mathbf{V}_m) = \begin{pmatrix} v_{11} & v_{12} & \cdots & v_{1m} \\ v_{21} & v_{22} & \cdots & v_{2m} \\ \vdots & \vdots & & \vdots \\ v_{m1} & v_{m2} & \cdots & v_{mm} \end{pmatrix}$$

由前述的实对称矩阵的特征向量相互正交的性质，**V** 是正交矩阵，即 $\mathbf{V}^T\mathbf{V}=\mathbf{I}_m$，再根据线性代数中关于矩阵的逆的定理：对于 m 阶方阵 **A**、**B**，如果 $\mathbf{AB}=\mathbf{I}_m$，则 **A**、**B** 都是可逆的，并且它们互为逆矩阵，$\mathbf{V}^T$ 和 **V** 互为逆矩阵，$\mathbf{V}^T\mathbf{V}=\mathbf{I}_m$。再由所有特征值构成对角阵

$$\mathbf{\Lambda} = \begin{pmatrix} \lambda_1 & 0 & \cdots & 0 \\ 0 & \lambda_2 & \cdots & 0 \\ \vdots & \vdots & \ddots & \vdots \\ 0 & 0 & \cdots & \lambda_m \end{pmatrix}$$

也记为 $\mathbf{\Lambda}=\mathrm{diag}(\lambda_1, \lambda_2, \cdots, \lambda_m)$，则（1.1.36）式表示的全部 m 个特征向量满足的方程可写为

$$\mathbf{AV} = \mathbf{V\Lambda}$$

上式左右两边的乘积的第 k 列即为 $\mathbf{AV}_k=\lambda_k\mathbf{V}_k$。上式两边左乘 $\mathbf{V}^T$，得

$$\mathbf{V}^T\mathbf{AV} = \mathbf{V}^T\mathbf{V\Lambda} = \mathbf{I}_m\mathbf{\Lambda} = \mathbf{\Lambda}$$

上式称为实对称矩阵对角化。对上式两边取迹运算，并使用上述关于迹的公式，左边得

$$\mathrm{tr}(\mathbf{V}^T\mathbf{AV}) = \mathrm{tr}(\mathbf{AVV}^T) = \mathrm{tr}(\mathbf{AI}_m) = \mathrm{tr}\,\mathbf{A} = \sum_{i=1}^{m} a_{ii}$$

右边为 $\mathrm{tr}\,\boldsymbol{\Lambda}=\sum_{k=1}^{m}\lambda_k$，故 $\sum_{i=1}^{m}a_{ii}=\sum_{k=1}^{m}\lambda_k$。

计算实对称矩阵特征值和特征向量的方法一般用雅可比法，其原理就是上述的实对称矩阵对角化的关系式。在 **A** 矩阵的左、右两边分别乘一个正交矩阵的转置和该正交矩阵，使乘积的对角线元素增大，非对角线元素绝对值减小，不断重复这一过程，直至非对角线元素的绝对值小于给定的一个很小的数。由于矩阵乘法满足结合律，且正交矩阵的乘积还是正交矩阵，所以，这些不同的正交矩阵的乘积就是特征向量矩阵 **V**，对角阵的对角线元素就是特征值。这一方法有子程序可调用。

§1.2 场的经验正交函数展开和主成分分析

1.2.1 场的 EOF 展开

一个标量场，它的观测或模拟资料在 m 个空间格点上取值，这 m 个格点按一定规则排列，数学上可以把这个场看作一个 m 维随机向量 $\boldsymbol{X}$。如上节所述，假设原始变量的数学期望已被移去，这里的 $\boldsymbol{X}$ 是距平场，$\langle\boldsymbol{X}\rangle=\boldsymbol{0}$（零向量）。它已经有容量为 n 的样本 $\boldsymbol{X}_1$，$\boldsymbol{X}_2$，…，$\boldsymbol{X}_n$，每个样品是 m 维列向量，记为

$$\boldsymbol{X}_t=(x_{1t},x_{2t},\cdots,x_{mt})^T\qquad t=1,2,\cdots,n\tag{1.2.1}$$

$\boldsymbol{X}_t$不是抽象的，把它的 m 个分量填在各自对应格点的位置上，分析等值线，就是该变量场第 t 个样品的分布图，这样的图共有 n 张。

把 $\boldsymbol{X}_t$，$t=1$，2，…，n，看作 m 维空间中的 n 个向量，现在要寻找一组正交基向量，把 $\boldsymbol{X}_t$尽可能准确地表示出来。由前一节所说的用正交基向量的线性组合表示任一向量的方法

$$\boldsymbol{X}_t=\sum_{k=1}^{K}\alpha_k(t)\boldsymbol{V}_k+\boldsymbol{\varepsilon}_t\tag{1.2.2}$$

其中 $\boldsymbol{V}_k$是 m 维向量，$\boldsymbol{\varepsilon}_t$ 是误差向量，也是 m 维。$\boldsymbol{V}_k$不随时间变化，把它的 m 个分量 v_{1k}，v_{2k}，…，v_{mk} 的值填在对应格点的位置上并分析等值线也得到一个空间分布图。当所选的 $\boldsymbol{V}_k$能尽可能准确地表达 $\boldsymbol{X}_1$，$\boldsymbol{X}_2$，…，$\boldsymbol{X}_n$ 时，这些空间分布图就反映了 $\boldsymbol{X}_1$，$\boldsymbol{X}_2$，…，$\boldsymbol{X}_n$ 共同的空间变化特征，国外文献常称 $\boldsymbol{V}_k$为空间型（Spatial Pattern）或模特（Mode），也就是 $\boldsymbol{X}_1$，$\boldsymbol{X}_2$，…，$\boldsymbol{X}_n$ 的典型的样子，国内也有称它为模态的。$\alpha_k(t)$ 是第 k 个空间型 $\boldsymbol{V}_k$在表示 $\boldsymbol{X}_t$中的权重。（1.2.2）式称为展开式，$\alpha_k(t)$为展开的时间系数。

$\boldsymbol{V}_1$，$\boldsymbol{V}_2$，…，是依次建立的。首先寻找单位长度的向量 $\boldsymbol{V}_1$，它使展开式

$$\boldsymbol{X}_t=\alpha_1(t)\boldsymbol{V}_1+\boldsymbol{\varepsilon}_t\tag{1.2.3}$$

的剩余误差平方和的样本平均值达最小，即使得

$$E_1 = \frac{1}{n}\sum_{t=1}^{n}\sum_{i=1}^{m}\varepsilon_{it}^2$$

达最小，因为 E_1 又可写为

$$E_1 = \sum_{i=1}^{m}\frac{1}{n}\sum_{t=1}^{n}\varepsilon_{it}^2 = \sum_{i=1}^{m}\langle\varepsilon_{it}^2\rangle \tag{1.2.4}$$

其中 $\frac{1}{n}\sum_{t=1}^{n}\varepsilon_{it}^2 = \langle\varepsilon_{it}^2\rangle$ 是第 i 格点上的变量序列 x_{it} 被展开式表示后的剩余误差的方差，所以 E_1 是场上各个格点误差的方差之和，以后称为场的总误差方差。用向量表示，由（1.2.3）式得

$$\boldsymbol{\varepsilon}_t = (\varepsilon_{1t},\varepsilon_{2t},\cdots,\varepsilon_{mt})^T = \boldsymbol{X}_t - \alpha_1(t)\boldsymbol{V}_1$$

$$\begin{aligned}E_1 &= \frac{1}{n}\sum_{t=1}^{n}\sum_{i=1}^{m}\varepsilon_{it}^2 = \frac{1}{n}\sum_{t=1}^{n}\boldsymbol{\varepsilon}_t^T\boldsymbol{\varepsilon}_t \qquad (1.2.5)\\ &= \langle\boldsymbol{\varepsilon}_t^T\boldsymbol{\varepsilon}_t\rangle = \langle(\boldsymbol{X}_t - \alpha_1(t)\boldsymbol{V}_1)^T(\boldsymbol{X}_t - \alpha_1(t)\boldsymbol{V}_1)\rangle\end{aligned}$$

由上一节已知，$\alpha_1(t) = \boldsymbol{X}_t^T\boldsymbol{V}_1$ 或 $\boldsymbol{V}_1^T\boldsymbol{X}_t$。$\alpha_1(t)$ 的时间平均为

$$\langle\alpha_1(t)\rangle = \langle\boldsymbol{V}_1^T\boldsymbol{X}_t\rangle = \boldsymbol{V}_1^T\langle\boldsymbol{X}_t\rangle = \boldsymbol{V}_1^T\boldsymbol{0} = 0$$

$\alpha_1(t)$ 的方差为 $\langle\alpha_1^2(t)\rangle$，而基向量是归一化的，即 $\boldsymbol{V}_1^T\boldsymbol{V}_1 = 1$，利用这些关系把（1.2.5）式展开

$$\begin{aligned}E_1 &= \langle\boldsymbol{X}_t^T\boldsymbol{X}_t - \alpha_1(t)\boldsymbol{X}_t^T\boldsymbol{V}_1 - \alpha_1(t)\boldsymbol{V}_1^T\boldsymbol{X}_t + \alpha_1^2(t)\boldsymbol{V}_1^T\boldsymbol{V}_1\rangle\\ &= \langle\boldsymbol{X}_t^T\boldsymbol{X}_t\rangle - \langle\alpha_1(t)\alpha_1(t)\rangle - \langle\alpha_1(t)\alpha_1(t)\rangle + \langle\alpha_1^2(t)\rangle \qquad (1.2.6)\\ &= \langle\boldsymbol{X}_t^T\boldsymbol{X}_t\rangle - \langle\alpha_1^2(t)\rangle\end{aligned}$$

由上节已知，$\langle\boldsymbol{X}_t^T\boldsymbol{X}_t\rangle = \frac{1}{n}\sum_{t=1}^{n}\sum_{i=1}^{m}x_{it}^2 = \sum_{i=1}^{m}\frac{1}{n}\sum_{t=1}^{n}x_{it}^2$，是场的总方差 Var $\boldsymbol{X}$，它与 $\boldsymbol{V}_1$ 和 $\alpha_1(t)$ 无关，是由被展开的场决定的。于是有

$$E_1 = \mathrm{Var}\,\boldsymbol{X} - \mathrm{Var}\,\alpha_1 \tag{1.2.7}$$

为了导出 $\boldsymbol{V}_1$，把 $Var\ \alpha_1$ 用资料 $\boldsymbol{X}$ 和 $\boldsymbol{V}_1$ 表示出来

$$\mathrm{Var}\,\alpha_1 = \langle\alpha_1(t)\alpha_1(t)\rangle = \langle\boldsymbol{V}_1^T\boldsymbol{X}_t\boldsymbol{X}_t^T\boldsymbol{V}_1\rangle = \boldsymbol{V}_1^T\langle\boldsymbol{X}_t\boldsymbol{X}_t^T\rangle\boldsymbol{V}_1 \tag{1.2.8}$$

由上一节已知，$\langle\boldsymbol{X}_t\boldsymbol{X}_t^T\rangle$ 是 m 行 m 列的矩阵，它的第 i 行第 j 列元素是 $\langle x_{it}x_{jt}\rangle$，是第 i 格点和第 j 格点上资料序列间的协方差，$\langle\boldsymbol{X}_t\boldsymbol{X}_t^T\rangle$ 是协方差矩阵，记

$$\boldsymbol{\Sigma} = \langle\boldsymbol{X}_t\boldsymbol{X}_t^T\rangle \tag{1.2.9}$$

于是得

$$E_1 = \mathrm{Var}\,\boldsymbol{X} - \boldsymbol{V}_1^T\boldsymbol{\Sigma}\boldsymbol{V}_1 \tag{1.2.10}$$

E_1 是 $\boldsymbol{V}_1$ 的函数，也就是 v_{11}，v_{21}，…，v_{m1} 为自变量的多元函数，要使它在 $\boldsymbol{V}_1^T\boldsymbol{V}_1 - 1 = 0$

条件下达极小值，是多元函数的条件极值问题，于是用拉格朗日条件极值法。按上节的介绍，先构成

$$F(v_{11}, v_{21}, \cdots, v_{m1}) = F(\boldsymbol{V}_1) = \mathrm{Var}\,\boldsymbol{X} - \boldsymbol{V}_1^T \boldsymbol{\Sigma} \boldsymbol{V}_1 + \lambda(\boldsymbol{V}_1^T \boldsymbol{V}_1 - 1)$$

求上式的无条件极值必要条件，利用上节介绍的对向量求导的公式，得

$$\frac{\partial F}{\partial \boldsymbol{V}_1} = -2\boldsymbol{\Sigma}\boldsymbol{V}_1 + 2\lambda \boldsymbol{V}_1$$

使之等于零向量，得

$$\boldsymbol{\Sigma}\boldsymbol{V}_1 = \lambda \boldsymbol{V}_1 \tag{1.2.11}$$

所以，$\boldsymbol{V}_1$应是协方差矩阵 $\boldsymbol{\Sigma}$ 的特征向量，拉格朗日乘数 λ 是对应的特征值。由上节知，m 阶矩阵 $\boldsymbol{\Sigma}$ 可有 m 个特征向量和特征值，$\boldsymbol{V}_1$应是哪一个呢？当$\boldsymbol{V}_1$是 $\boldsymbol{\Sigma}$ 的特征向量时

$$\begin{aligned}E_1 &= \mathrm{Var}\,\boldsymbol{X} - \boldsymbol{V}_1^T \boldsymbol{\Sigma} \boldsymbol{V}_1 \\ &= \mathrm{Var}\,\boldsymbol{X} - \boldsymbol{V}_1^T \lambda \boldsymbol{V}_1 \\ &= \mathrm{Var}\,\boldsymbol{X} - \lambda \boldsymbol{V}_1^T \boldsymbol{V}_1 \\ &= \mathrm{Var}\,\boldsymbol{X} - \lambda\end{aligned}$$

可见，为了使E_1达最小，这个拉格朗日乘数 λ 应是 $\boldsymbol{\Sigma}$ 的最大的特征值，记 $\lambda=\lambda_1$，$\boldsymbol{V}_1$ 应是 $\boldsymbol{\Sigma}$ 的最大特征值对应的特征向量。这样

$$E_1 = \mathrm{Var}\,\boldsymbol{X} - \lambda_1 \tag{1.2.12}$$

此时 $\alpha_1(t)$的方差为

$$\begin{aligned}\mathrm{Var}\,\alpha_1 &= \langle \alpha_1^2 \rangle = \langle \boldsymbol{V}_1^T \boldsymbol{X}_t \boldsymbol{X}_t^T \boldsymbol{V}_1 \rangle = \boldsymbol{V}_1^T \boldsymbol{\Sigma} \boldsymbol{V}_1 \\ &= \boldsymbol{V}_1^T \lambda \boldsymbol{V}_1 = \lambda_1 \boldsymbol{V}_1^T \boldsymbol{V}_1 = \lambda_1\end{aligned} \tag{1.2.13}$$

接下来寻找$\boldsymbol{V}_2$。当$K=2$，(1.2.2) 式变成

$$\boldsymbol{X}_t = \alpha_1(t)\boldsymbol{V}_1 + \alpha_2(t)\boldsymbol{V}_2 + \boldsymbol{\varepsilon}_t \tag{1.2.14}$$

场的总的误差方差为

$$\begin{aligned}E_2 &= \frac{1}{n}\sum_{t=1}^{n}\sum_{i=1}^{m} \varepsilon_{it}^2 \\ &= \langle \boldsymbol{\varepsilon}_t^T \boldsymbol{\varepsilon}_t \rangle \\ &= \langle (\boldsymbol{X}_t - \alpha_1 \boldsymbol{V}_1 - \alpha_2 \boldsymbol{V}_2)^T (\boldsymbol{X}_t - \alpha_1 \boldsymbol{V}_1 - \alpha_2 \boldsymbol{V}_2) \rangle\end{aligned}$$

与前述做法相同，把右边的括号拆开，并利用对正交基向量的要求 $\boldsymbol{V}_1^T \boldsymbol{V}_2 = \boldsymbol{V}_2^T \boldsymbol{V}_1 = 0, \boldsymbol{V}_1^T \boldsymbol{V}_1 = 1, \boldsymbol{V}_2^T \boldsymbol{V}_2 = 1$，以及 $\alpha_1(t) = \boldsymbol{X}_t^T \boldsymbol{V}_1 = \boldsymbol{V}_1^T \boldsymbol{X}_t, \alpha_2 = \boldsymbol{X}_t^T \boldsymbol{V}_2 = \boldsymbol{V}_2^T \boldsymbol{X}_t$，得

$$\begin{aligned}E_2 &= \mathrm{Var}\,\boldsymbol{X} - \langle \alpha_1^2 \rangle - \langle \alpha_2^2 \rangle \\ &= \mathrm{Var}\,\boldsymbol{X} - \lambda_1 - \langle \boldsymbol{V}_2^T \boldsymbol{X}_t \boldsymbol{X}_t^T \boldsymbol{V}_2 \rangle \\ &= \mathrm{Var}\,\boldsymbol{X} - \lambda_1 - \boldsymbol{V}_2^T \boldsymbol{\Sigma} \boldsymbol{V}_2\end{aligned} \tag{1.2.15}$$

因为 λ_1 是已确定的，所以现在 E_2 取决于 $\boldsymbol{V}_2$，使 E_2 达极小的附加条件是两个：$\boldsymbol{V}_2^T\boldsymbol{V}_2 - 1 = 0$ 和 $\boldsymbol{V}_2^T\boldsymbol{V}_1 = 0$（$\boldsymbol{V}_1^T\boldsymbol{V}_1 = 1$ 不再是附加条件）。这时需两个拉格朗日乘数，分别用 λ 和 μ 表示。使 E_2 在该两个条件下达极小的必要条件是先构成 $\boldsymbol{V}_2$ 的多元函数

$$
\begin{aligned}
F(\boldsymbol{V}_2) &= E_2 + \lambda(\boldsymbol{V}_2^T\boldsymbol{V}_2 - 1) + \mu\boldsymbol{V}_2^T\boldsymbol{V}_1 \\
&= \mathrm{Var}\ \boldsymbol{X} - \lambda_1 - \boldsymbol{V}_2^T\boldsymbol{\Sigma}\boldsymbol{V}_2 + \lambda(\boldsymbol{V}_2^T\boldsymbol{V}_2 - 1) + \mu\boldsymbol{V}_2^T\boldsymbol{V}_1
\end{aligned}
$$

对上式求 $\dfrac{\partial F(\boldsymbol{V}_2)}{\partial \boldsymbol{V}_2}$，并使之等于零向量，得

$$
-2\boldsymbol{\Sigma}\boldsymbol{V}_2 + 2\lambda\boldsymbol{V}_2 + \mu\boldsymbol{V}_1 = \boldsymbol{0} \tag{1.2.16}
$$

先确定 μ，上式两边左乘 $\boldsymbol{V}_1^T$，得

$$
-2\boldsymbol{V}_1^T\boldsymbol{\Sigma}\boldsymbol{V}_2 + 2\lambda\boldsymbol{V}_1^T\boldsymbol{V}_2 + \mu\boldsymbol{V}_1^T\boldsymbol{V}_1 = \boldsymbol{V}_1^T\boldsymbol{0} = 0 \tag{1.2.17}
$$

因为 $\boldsymbol{V}_1$ 满足 $\boldsymbol{\Sigma}\boldsymbol{V}_1 = \lambda_1\boldsymbol{V}_1$，将其转置，并利用 $\boldsymbol{\Sigma}^T = \boldsymbol{\Sigma}$，得 $\boldsymbol{V}_1^T\boldsymbol{\Sigma} = \lambda_1\boldsymbol{V}_1^T$，代入（1.2.17）式左边第一项得

$$
-2\lambda_1\boldsymbol{V}_1^T\boldsymbol{V}_2 + 2\lambda\boldsymbol{V}_1^T\boldsymbol{V}_2 + \mu\boldsymbol{V}_1^T\boldsymbol{V}_1 = 0
$$

因为 $\boldsymbol{V}_1^T\boldsymbol{V}_2=0$，$\boldsymbol{V}_1^T\boldsymbol{V}_1=1$，故得 $\mu=0$，（1.2.16）式变成

$$
\boldsymbol{\Sigma}\boldsymbol{V}_2 = \lambda\boldsymbol{V}_2 \tag{1.2.18}
$$

可见，$\boldsymbol{V}_2$ 和 λ 还应是 $\boldsymbol{\Sigma}$ 的特征向量和特征值，而当 $\boldsymbol{V}_2$ 是 $\boldsymbol{\Sigma}$ 的特征向量时

$$
\begin{aligned}
E_2 &= \mathrm{Var}\ \boldsymbol{X} - \lambda_1 - \boldsymbol{V}_2^T\boldsymbol{\Sigma}\boldsymbol{V}_2 \\
&= \mathrm{Var}\ \boldsymbol{X} - \lambda_1 - \boldsymbol{V}_2^T\lambda\boldsymbol{V}_2 \\
&= \mathrm{Var}\ \boldsymbol{X} - \lambda_1 - \lambda
\end{aligned}
$$

所以，为使 E_2 达极小值，这个拉格朗日乘数 λ 应是 $\boldsymbol{\Sigma}$ 的第二大特征值，记 $\lambda=\lambda_2$，$\boldsymbol{V}_2$ 是 $\boldsymbol{\Sigma}$ 的第二大特征值对应的特征向量。此时

$$
E_2 = \mathrm{Var}\ \boldsymbol{X} - \lambda_1 - \lambda_2 \tag{1.2.19}
$$

$$
\mathrm{Var}\ \alpha_2 = \langle \alpha_2^2 \rangle = \boldsymbol{V}_2^T\boldsymbol{\Sigma}\boldsymbol{V}_2 = \boldsymbol{V}_2^T\lambda_2\boldsymbol{V}_2 = \lambda_2 \tag{1.2.20}
$$

而 α_1 与 α_2 之间的协方差

$$
\begin{aligned}
\mathrm{Cov}(\alpha_1, \alpha_2) &= \langle \alpha_1\alpha_2 \rangle \\
&= \langle \boldsymbol{V}_1^T\boldsymbol{X}_t\boldsymbol{X}_t^T\boldsymbol{V}_2 \rangle = \boldsymbol{V}_1^T\langle \boldsymbol{X}_t\boldsymbol{X}_t^T \rangle\boldsymbol{V}_2 \qquad (1.2.21) \\
&= \boldsymbol{V}_1^T\boldsymbol{\Sigma}\boldsymbol{V}_2 = \boldsymbol{V}_1^T\lambda_2\boldsymbol{V}_2 = \lambda_2\boldsymbol{V}_1^T\boldsymbol{V}_2 = 0
\end{aligned}
$$

也就是第 1、2 空间型的展开时间系数相互独立（也说正交），各自的方差等于对应的特征值。

如此继续导下去，得 $\boldsymbol{V}_k$ 是 $\boldsymbol{\Sigma}$ 的第 k 大特征值对应的特征向量，即满足

$$
\boldsymbol{\Sigma}\boldsymbol{V}_k = \lambda_k\boldsymbol{V}_k \qquad k = 1,2,\cdots,m \tag{1.2.22}
$$

λ_k 按从大到小排列。

$$\mathrm{Var}\,\alpha_k = \langle \alpha_k^2 \rangle = \lambda_k \tag{1.2.23}$$

$$\mathrm{Cov}(\alpha_k, \alpha_{k'}) = 0 \qquad 当\ k \neq k' \tag{1.2.24}$$

$$\begin{aligned} E_K &= \mathrm{Var}\,\boldsymbol{X} - \lambda_1 - \lambda_2 - \cdots - \lambda_K \\ &= \mathrm{Var}\,\boldsymbol{X} - \sum_{k=1}^{K} \lambda_k \end{aligned} \tag{1.2.25}$$

由于作为展开的基向量的 $\boldsymbol{V}_k$ 是 $\boldsymbol{\Sigma}$ 的特征向量，而 $\boldsymbol{\Sigma} = \langle \boldsymbol{X}_t \boldsymbol{X}_t^T \rangle$，因此，$\boldsymbol{V}_k$ 实际上是由被分析的场 $\boldsymbol{X}$ 自身的相关结构确定的，故 $\boldsymbol{V}_k$ 称为经验正交函数（EOF）。

现在分析（1.2.25）式，E_k 是场的总的误差方差，$\mathrm{Var}\,\boldsymbol{X}$ 是场的总方差，$\mathrm{Var}\,\boldsymbol{X}$ 是 $\boldsymbol{\Sigma}$ 矩阵主对角线元素之和，即

$$\mathrm{Var}\,\boldsymbol{X} = \sum_{i=1}^{m} \mathrm{Var}\,x_i = \sum_{i=1}^{m} \sigma_{ii} = \mathrm{tr}\,\boldsymbol{\Sigma}$$

由实对称矩阵特征值的性质

$$\mathrm{tr}\,\boldsymbol{\Sigma} = \sum_{k=1}^{m} \lambda_k$$

所以，当展开式（1.2.2）中的 $K=m$ 时

$$E_m = \mathrm{Var}\,\boldsymbol{X} - \sum_{k=1}^{m} \lambda_k = \mathrm{tr}\,\boldsymbol{\Sigma} - \sum_{k=1}^{m} \lambda_k = 0$$

即当展开式取 m 个空间型时，场的误差方差为零。由它的定义式知，$E_m=0$ 时，所有格点和时间 $\varepsilon_{it}=0$，展开式表达原来的场是绝对准确的。

单个空间型在展开式中重要性有多大呢？我们定义由于 $\boldsymbol{V}_k$ 加入展开式而使场的误差方差减少的数量为 $\boldsymbol{V}_k$ 的方差贡献 Q_k，由此可得

$$Q_k = E_{k-1} - E_k = (\mathrm{Var}\,\boldsymbol{X} - \sum_{l=1}^{k-1} \lambda_l) - (\mathrm{Var}\,\boldsymbol{X} - \sum_{l=1}^{k} \lambda_l) = \lambda_k \tag{1.2.26}$$

由于场的总方差 $\mathrm{Var}\,\boldsymbol{X} = \sum_{k=1}^{m} \lambda_k$，所以，$\boldsymbol{V}_k$ 的方差贡献率（或相对方差贡献）为

$$\frac{\lambda_k}{\sum_{k=1}^{m} \lambda_k} \times 100\% \tag{1.2.27}$$

前 K 个空间型的累积方差贡献率为

$$\frac{\sum_{k=1}^{K} \lambda_k}{\sum_{k=1}^{m} \lambda_k} \times 100\% \tag{1.2.28}$$

以上已给出了 EOF 展开的原理，为了与其他方法比较，它们还可以用其他形式

表达。展开式（1.2.2）的分量形式为

$$x_{it}=\sum_{k=1}^{K}\alpha_k(t)v_{ik}+\varepsilon_{it}\qquad i=1,2,\cdots,m,t=1,2,\cdots,n \tag{1.2.29}$$

用一个矩阵 **X** 表示样本集合，应用中称资料集

$$\mathbf{X}=\begin{pmatrix} x_{11} & x_{12} & \cdots & x_{1n} \\ x_{21} & x_{22} & \cdots & x_{2n} \\ \cdots & \cdots & \cdots & \cdots \\ x_{m1} & x_{m2} & \cdots & x_{mn} \end{pmatrix} \tag{1.2.30}$$

矩阵 **X** 的每一行是一个格点上的资料序列 x_{it}，$t=1$，2，…，n，每一列是一个样本（时间）在各格点的资料，x_{it}，$i=1$，2，…，m。由前 K 个特征向量为列向量构成特征向量矩阵

$$\mathbf{V}=(V_1,V_2,\cdots,V_K)=\begin{pmatrix} v_{11} & v_{12} & \cdots & v_{1K} \\ v_{21} & v_{22} & \cdots & v_{2K} \\ \cdots & \cdots & \cdots & \cdots \\ v_{m1} & v_{m2} & \cdots & v_{mK} \end{pmatrix} \tag{1.2.31}$$

由前 K 个展开系数时间序列为行向量构成矩阵 $\boldsymbol{\alpha}$

$$\boldsymbol{\alpha}=\begin{pmatrix} \alpha_{11} & \alpha_{12} & \cdots & \alpha_{1n} \\ \alpha_{21} & \alpha_{22} & \cdots & \alpha_{2n} \\ \cdots & \cdots & \cdots & \cdots \\ \alpha_{K1} & \alpha_{K2} & \cdots & \alpha_{Kn} \end{pmatrix} \tag{1.2.32}$$

由误差构成矩阵 $\boldsymbol{\varepsilon}$

$$\boldsymbol{\varepsilon}=\begin{pmatrix} \varepsilon_{11} & \varepsilon_{12} & \cdots & \varepsilon_{1n} \\ \varepsilon_{21} & \varepsilon_{22} & \cdots & \varepsilon_{2n} \\ \cdots & \cdots & \cdots & \cdots \\ \varepsilon_{m1} & \alpha_{m2} & \cdots & \varepsilon_{mn} \end{pmatrix} \tag{1.2.33}$$

则展开式（1.2.2）或（1.2.29）可用矩阵乘法表示为

$$\mathbf{X}=\mathbf{V}\boldsymbol{\alpha}+\boldsymbol{\varepsilon} \tag{1.2.34}$$

注意上式的分量式依旧是（1.2.29）式，况且只要 $K\leqslant m$，K 取任意值都可，例如 $K=1$ 时（1.2.34）式为

$$\begin{pmatrix} x_{11} & x_{12} & \cdots & x_{1n} \\ x_{21} & x_{22} & \cdots & x_{2n} \\ \cdots & \cdots & \cdots & \cdots \\ x_{m1} & x_{m2} & \cdots & x_{mn} \end{pmatrix}=\begin{pmatrix} v_{11} \\ v_{21} \\ \vdots \\ v_{m1} \end{pmatrix}(\alpha_{11}\quad \alpha_{12}\quad \cdots\quad \alpha_{1n})+\begin{pmatrix} \varepsilon_{11} & \varepsilon_{12} & \cdots & \varepsilon_{1n} \\ \varepsilon_{21} & \varepsilon_{22} & \cdots & \varepsilon_{2n} \\ \cdots & \cdots & \cdots & \cdots \\ \varepsilon_{m1} & \varepsilon_{m2} & \cdots & \varepsilon_{mn} \end{pmatrix}$$

为了后面说明主成分分析方便，我们再简要总结一下：**V** 的列向量是空间型，相互正

交，各自归一；$\boldsymbol{\alpha}$ 的行向量是时间系数序列，相互正交，各自的方差等于对应的特征值，方差是自大到小排列的，$\boldsymbol{\alpha}$ 的所有行向量（$K=m$ 时）的方差之和等于 $\mathbf{X}$ 矩阵所有行向量的方差之和，即等于 m 个原变量的方差之和；$\boldsymbol{\alpha}$ 的任意一行 α_{kt}，$t=1，2，\cdots，n$ 是 $\mathbf{X}$ 的 m 行的线性组合构成的，即把 $\boldsymbol{\alpha}$ 的一行 α_{kt} 看作一个新变量的话，它是 m 个原变量的线性组合，组合系数是原变量的协方差矩阵的一个特征向量的分量，$\alpha_{kt} = \mathbf{V}_k^{\mathrm{T}}\mathbf{X}_t = \sum_{i=1}^{m} v_{ik}x_{it}, t=1,2,\cdots,n$。

1.2.2 多维随机变量或随机向量的主成分分析

在社会和自然现象中，一个现象常常在很多个方面有反映，需要用很多变量描述一个现象。而这些变量既是相互相关的，所起的作用又是分散的，人们自然地会想到把它们组合起来，使得反映出的信息更集中。例如某地大气的状态需要用多个气象要素来描述，假定用气温、气压、比湿三个要素，它们的序列分别为 T_t，P_t，Q_t，$t=1，2，\cdots，n$。但是单独地直接使用它们既显得累赘，又不能反映全面信息，因为它们在反映大气状态时不是相互独立的，气温高时气压低、湿度大，反之气温低时气压高、湿度小，说明它们综合反映的状态主要是高温、高湿、低气压与低温、低湿、高气压之间的变化，因此，我们可以把它们组合起来构成一个新变量，例如取

$$W_t = C_v T_t + LQ_t + \frac{1}{\rho}P_t$$

C_v 是定容比热，L 是凝结潜热率，ρ 是密度，在固定地点把 ρ 看成常数，C_vT_t 和 LQ_t、$\frac{1}{\rho}P_t$ 分别是单位质量空气的内能、潜热能和压力能，它们之和 W_t 是静力能，W_t 是用 T_t、Q_t、P_t 线性组合构成的，用这个新变量反映大气状态的信息基本上相当于原来三个变量的作用。用向量运算表示，取

$$\boldsymbol{X}_t = \begin{pmatrix} T_t \\ Q_t \\ P_t \end{pmatrix} \qquad \boldsymbol{Z} = \begin{pmatrix} C_v \\ L \\ \frac{1}{\rho} \end{pmatrix}$$

则

$$W_t = \left(C_v, L, \frac{1}{\rho}\right)\begin{pmatrix} T_t \\ Q_t \\ P_t \end{pmatrix} = \boldsymbol{Z}^{\mathrm{T}}\boldsymbol{X}_t = \boldsymbol{X}_t^{\mathrm{T}}\boldsymbol{Z}$$

$\boldsymbol{Z}$ 是线性组合系数向量，$\boldsymbol{X}$ 是原变量，W 是新变量。

以上的例子是通过气象学原理构成新变量的，而大多数现象的物理本质不完全清楚，于是从数学上来考虑，要求有这样一种数学方法，对于原先提出的反映某现象的所

有变量（设为 m 个，$m\geqslant 2$），构成 K 个新变量（$K\leqslant m$），一则要求 K 个新变量相互不相关，二则要求 K 个新变量在反映现象的信息尽可能保持原有信息的原则下，使 $K<m$，“信息”的大小用离差平方和或方差来衡量。这种方法称主成分分析或主分量分析（Principal Component Analysis，简称 PCA）。现在给出它的数学上的定义。

设 $\boldsymbol{X}=(x_1, x_2, \cdots, x_m)^T$ 是 m 维随机向量，$E\boldsymbol{X}=\boldsymbol{0}$，它的第 k 个主成分（以后简称 PC）为 $y_k=\boldsymbol{Z}_k^T\boldsymbol{X}$，$\boldsymbol{Z}_k$ 是 m 维的归一化的向量，并满足如下条件：y_1 是一切形如 $y=\boldsymbol{Z}^T\boldsymbol{X}$ 中方差最大者；y_2 是一切形如 $y=\boldsymbol{Z}^T\boldsymbol{X}$ 中与 y_1 不相关且方差最大者；y_k 是一切形如 $y=\boldsymbol{Z}^T\boldsymbol{X}$ 中与 $y_1, y_2, \cdots, y_{k-1}$ 不相关且方差最大者。

从这个定义可见，本节前半部分介绍的 EOF 展开中，把原来在 m 个格点上给定值的气象变量场看作这里的 m 维随机向量，则 EOF 展开的时间系数序列 $\alpha_k(t)$ 完全满足 PC 的定义，$\alpha_k(t)$ 就是这里要寻求的新变量 y_{kt}，特征向量 $\boldsymbol{V}_k$ 是组成新变量所用的组合系数向量 $\boldsymbol{Z}_k$。那么，EOF 展开和 PCA 这两个似乎是从不同着眼点出发的方法是怎样异途同归的呢？这还需要从 PC 的定义出发细究一下。

根据 PC 的定义，PC 也需逐个依次导出。首先导出 PC_1，$y_1=\boldsymbol{Z}_1^T\boldsymbol{X}$ 或 $\boldsymbol{X}^T\boldsymbol{Z}_1$（样本为 $y_{1t}=\boldsymbol{Z}_1^T\boldsymbol{X}_t$，作为变量名略去 t），因为 $E\boldsymbol{X}=\boldsymbol{0}$，则 $Ey_1=\boldsymbol{Z}_1^T E\boldsymbol{X}=0$。$y_1$ 的方差为

$$\text{Var } y_1 = E(y_1^2) = E(\boldsymbol{Z}_1^T\boldsymbol{X}\boldsymbol{X}^T\boldsymbol{Z}_1) = \boldsymbol{Z}_1^T\boldsymbol{E}(\boldsymbol{X}\boldsymbol{X}^T)\boldsymbol{Z}_1 = \boldsymbol{Z}_1^T\boldsymbol{\Sigma}\boldsymbol{Z}_1 \tag{1.2.35}$$

其中 $\boldsymbol{\Sigma}=E(\boldsymbol{X}\boldsymbol{X}^T)$ 是 m 维随机向量 $\boldsymbol{X}$ 的协方差矩阵，这里用 $\boldsymbol{E}$ 表示总体的量，也可以用 $\langle\boldsymbol{X}\boldsymbol{X}^T\rangle$ 表示协方差矩阵的估计，推导过程是一样的。根据定义，求 PC_1 的关键在于找 $\boldsymbol{Z}_1$，使 Var y_1 在 $\boldsymbol{Z}_1^T\boldsymbol{Z}_1=1$ 条件下达极大。于是用拉格朗日条件极值法

$$F(\boldsymbol{Z}_1) = \text{Var } y_1 - \lambda(\boldsymbol{Z}_1^T\boldsymbol{Z}_1 - 1) = \boldsymbol{Z}_1^T\boldsymbol{\Sigma}\boldsymbol{Z}_1 - \lambda(\boldsymbol{Z}_1^T\boldsymbol{Z}_1 - 1)$$

求 $\dfrac{\partial F(\boldsymbol{Z}_1)}{\partial \boldsymbol{Z}_1}$ 使之等于零向量，得

$$2\boldsymbol{\Sigma}\boldsymbol{Z}_1 - 2\lambda\boldsymbol{Z}_1 = \boldsymbol{0}$$

$$\boldsymbol{\Sigma}\boldsymbol{Z}_1 = \lambda\boldsymbol{Z}_1 \tag{1.2.36}$$

可见，$\boldsymbol{Z}_1$ 应是 $\boldsymbol{\Sigma}$ 的特征向量，拉格朗日乘数是特征值。当 $\boldsymbol{Z}_1$ 是 $\boldsymbol{\Sigma}$ 的特征向量时

$$\text{Var } y_1 = Z_1^T\boldsymbol{\Sigma}\boldsymbol{Z}_1 = \boldsymbol{Z}_1^T\lambda\boldsymbol{Z}_1 = \lambda\boldsymbol{Z}_1^T\boldsymbol{Z}_1 = \lambda$$

为了使 Var y_1 达最大，这个 λ 应是 $\boldsymbol{\Sigma}$ 的最大的特征值，记 $\lambda=\lambda_1$，$\boldsymbol{Z}_1$ 是最大特征值对应的归一化的特征向量，Var $y_1=\lambda_1$。

然后导出 PC_2，归结于找 $\boldsymbol{Z}_2$，

$$y_2 = \boldsymbol{Z}_2^T\boldsymbol{X} \text{ 或 } \boldsymbol{X}^T\boldsymbol{Z}_2 \tag{1.2.37}$$

$$Ey_2 = \boldsymbol{Z}_2^T\boldsymbol{E}\boldsymbol{X} = \boldsymbol{Z}_2^T\boldsymbol{0} = 0 \tag{1.2.38}$$

$$\text{Var } y_2 = E(y_2^2) = E(\boldsymbol{Z}_2^T\boldsymbol{X}\boldsymbol{X}^T\boldsymbol{Z}_2) = \boldsymbol{Z}_2^T\boldsymbol{\Sigma}\boldsymbol{Z}_2 \tag{1.2.39}$$

现在找的 y_2 要在与 y_1 不相关情况下使 y_2 的方差达最大，于是先看 y_1 与 y_2 之间的协方

差。因为 $Ey_1=0$，$Ey_2=0$，所以

$$\begin{aligned}\mathrm{Cov}(y_2,y_1)&=E(y_2y_1)=E(\boldsymbol{Z}_2^T\boldsymbol{X}\boldsymbol{X}^T\boldsymbol{Z}_1)=\boldsymbol{Z}_2^T\boldsymbol{\Sigma}\boldsymbol{Z}_1\\&=\boldsymbol{Z}_2^T\lambda_1\boldsymbol{Z}_1=\lambda_1\boldsymbol{Z}_2^T\boldsymbol{Z}_1\end{aligned}\tag{1.2.40}$$

因为 $\lambda_1=\mathrm{Var}\ y_1>0$，所以要使 Cov（$y_2$，$y_1$）$=0$，应有 $\boldsymbol{Z}_2^T\boldsymbol{Z}_1=0$。由 PC 的定义，要求 Var y_2 在 $\boldsymbol{Z}_2^T\boldsymbol{Z}_2=1$ 和 $\boldsymbol{Z}_2^T\boldsymbol{Z}_1=0$ 两个条件下达最大，于是构成 $\boldsymbol{Z}_2$ 的函数

$$F(\boldsymbol{Z}_2)=\mathrm{Var}\ y_2-\lambda(\boldsymbol{Z}_2^T\boldsymbol{Z}_2-1)-2\mu\boldsymbol{Z}_2^T\boldsymbol{Z}_1$$

其中的拉格朗日乘数因为是待定的，可以写成任意形式，这里用 $-\lambda$ 和 -2μ 更方便。求 $\dfrac{\partial F(\boldsymbol{Z}_2)}{\partial\boldsymbol{Z}_2}$，并使之等于零向量，得

$$\boldsymbol{\Sigma}\boldsymbol{Z}_2-\lambda\boldsymbol{Z}_2-\mu\boldsymbol{Z}_1=\boldsymbol{0}\tag{1.2.41}$$

上式两边左乘 $\boldsymbol{Z}_1^T$，得

$$\boldsymbol{Z}_1^T\boldsymbol{\Sigma}\boldsymbol{Z}_2-\lambda\boldsymbol{Z}_1^T\boldsymbol{Z}_2-\mu\boldsymbol{Z}_1^T\boldsymbol{Z}_1=\boldsymbol{Z}_1^T\boldsymbol{0}=0$$

因为上式是数量关系，每一项是一行一列，可随意转置，注意 $\boldsymbol{\Sigma}$ 是对称矩阵，左边第 1 项变成

$$\boldsymbol{Z}_1^T\boldsymbol{\Sigma}\boldsymbol{Z}_2=(\boldsymbol{Z}_1^T\boldsymbol{\Sigma}\boldsymbol{Z}_2)^T=\boldsymbol{Z}_2^T\boldsymbol{\Sigma}^T\boldsymbol{Z}_1=\boldsymbol{Z}_2^T\boldsymbol{\Sigma}\boldsymbol{Z}_1=\boldsymbol{Z}_2^T\lambda_1\boldsymbol{Z}_1=\lambda_1\boldsymbol{Z}_2^T\boldsymbol{Z}_1,$$

利用条件 $\boldsymbol{Z}_2^T\boldsymbol{Z}_1=0$ 和 $\boldsymbol{Z}_1^T\boldsymbol{Z}_1=1$，于是得 $\mu=0$。（1.2.41）式变成

$$\boldsymbol{\Sigma}\boldsymbol{Z}_2=\lambda\boldsymbol{Z}_2\tag{1.2.42}$$

可见 $\boldsymbol{Z}_2$ 也应是 $\boldsymbol{\Sigma}$ 的特征向量，此时

$$\mathrm{Var}\ y_2=\boldsymbol{Z}_2^T\boldsymbol{\Sigma}\boldsymbol{Z}_2=\boldsymbol{Z}_2^T\lambda\boldsymbol{Z}_2=\lambda\boldsymbol{Z}_2^T\boldsymbol{Z}_2=\lambda$$

为了使 y_2 的方差是仅次于 y_1 方差的第二最大，这个 λ 应是 $\boldsymbol{\Sigma}$ 的第二大特征值，记 $\lambda=\lambda_2$，$\boldsymbol{Z}_2$ 应是对应于 λ_2 的特征向量，这样得

$$\mathrm{Var}\ y_2=\lambda_2\tag{1.2.43}$$

一般地，如此继续，导得 $\boldsymbol{X}$ 的第 k 个 PC 的组合系数向量 $\boldsymbol{Z}_k$ 应是 $\boldsymbol{\Sigma}$ 矩阵的第 k 大特征值对应的归一化的特征向量。由于 EOF 分析中第 k 个空间型的时间系数序列 $\alpha_k(t)$ 正是由原变量采用 $\boldsymbol{\Sigma}$ 的第 k 个特征值对应的特征向量为组合系数线性组合构成的，所以 $\alpha_k(t)$ 就是第 k 个主成分。在原理上，表面看来 EOF 展开与 PCA 对问题的提法不同，但是，分析一下（1.2.25）式就可知两者在提法上也是一致的。（1.2.25）中 Var $\boldsymbol{X}$ 在 EOF 展开中是场的总方差，在 PCA 中是 m 个原变量的总方差，（1.2.25）式表示总方差 Var $\boldsymbol{X}$ 是表示出的方差（方差贡献）与误差方差之和，每个模态的方差贡献是对应的特征值。PCA 中，信息用方差来衡量，每个 PC 的方差也等于对应的特征值，所有主成分方差之和等于所有原变量方差之和，所以特征值也是对原变量总方差的贡献数量。由（1.2.25）式，EOF 展开原理要求误差方差达最小，

就是要求各个模态方差贡献量达最大，所以与 PCA 原理的要求是一致的。

目前在大气科学的应用中，EOF 展开和 PCA 一般不再区分，认为是同一个方法。以后我们也这样看待，并且采用本节 EOF 原理中的符号和公式，$\alpha_k(t)$就是第 k 个主成分。

1.2.3　主成分的性质

性质 1　主成分的协方差矩阵是对角矩阵

$$\begin{bmatrix} \mathrm{Cov}(\alpha_1,\alpha_1) & \mathrm{Cov}(\alpha_1,\alpha_2) & \cdots & \mathrm{Cov}(\alpha_1,\alpha_m) \\ \mathrm{Cov}(\alpha_2,\alpha_1) & \mathrm{Cov}(\alpha_2,\alpha_2) & \cdots & \mathrm{Cov}(\alpha_2,\alpha_m) \\ \cdots & \cdots & \cdots & \cdots \\ \mathrm{Cov}(\alpha_m,\alpha_1) & \mathrm{Cov}(\alpha_m,\alpha_2) & \cdots & \mathrm{Cov}(\alpha_m,\alpha_m) \end{bmatrix} = \begin{bmatrix} \lambda_1 & 0 & \cdots & 0 \\ 0 & \lambda_2 & \cdots & 0 \\ & & \ddots & \\ 0 & 0 & \cdots & \lambda_m \end{bmatrix} = \mathbf{\Lambda} \tag{1.2.44}$$

因为

$$\mathrm{Cov}(\alpha_k,\alpha_{k'}) = E(\alpha_k\alpha_{k'}) = E(\boldsymbol{V}_k^T\boldsymbol{X}\boldsymbol{X}^T\boldsymbol{V}_{k'}) = \boldsymbol{V}_k^T\boldsymbol{\Sigma}\boldsymbol{V}_{k'}$$
$$= \boldsymbol{V}_k^T\lambda_{k'}\boldsymbol{V}_{k'} = \lambda_{k'}\boldsymbol{V}_k^T\boldsymbol{V}_{k'} = \begin{cases} \lambda_k & \text{当 } k = k' \\ 0 & \text{当 } k \neq k' \end{cases}$$

性质 2　所有原变量方差之和等于所有主成分方差之和

$$\mathrm{Var}\ \boldsymbol{X} = \sum_{k=1}^{m} \mathrm{Var}\ \alpha_k \tag{1.2.45}$$

因为 $\mathrm{Var}\ \boldsymbol{X} = \sum_{i=1}^{m} \mathrm{Var}\ x_i = \sum_{i=1}^{m} \sigma_{ii} = \mathrm{tr}\boldsymbol{\Sigma}$,而$\sum_{k=1}^{m} \mathrm{Var}\ \alpha_k = \sum_{k=1}^{m} \lambda_k$，§1.1 中已证明 $\mathrm{tr}\boldsymbol{\Sigma} = \sum_{k=1}^{m} \lambda_k$ 。

性质 3　第 k 个主成分 α_k 与第 i 个原变量 x_i 之间的相关系数

$$r(\alpha_k,x_i) = \sqrt{\lambda_k}v_{ik} / \sqrt{\sigma_{ii}} \tag{1.2.46}$$

这个性质很重要，它用于旋转 EOF 原理中，国外文献中还常采用 $r(\alpha_k,x_i)$，$i=1$，2，…，m 来表示第k 个空间型，它比 $\boldsymbol{V}_k$ 包含更多的空间结构的信息。证明如下：

根据相关系数的定义

$$r(\alpha_k,x_i) = \frac{\mathrm{Cov}(\alpha_k,x_i)}{\sqrt{\mathrm{Var}\ \alpha_k}\sqrt{\mathrm{Var}\ x_i}}$$

已知$\sqrt{\mathrm{Var}\ \alpha_k}=\sqrt{\lambda_k}$，$\sqrt{\mathrm{Var}\ x_i}=\sqrt{\sigma_{ii}}$（$\sigma_{ii}$是 $\boldsymbol{\Sigma}$ 矩阵对角线上第 i 个元素，是 x_i 的方差），因为 $E(\alpha_k) = 0, Ex_i = 0, \alpha_k = \boldsymbol{V}_k^T\boldsymbol{X} = \boldsymbol{X}^T\boldsymbol{V}_k$ ，故

$$\mathrm{Cov}(\alpha_k,x_i) = E(x_i\alpha_k) = E(x_i\boldsymbol{X}^T\boldsymbol{V}_k) = E[x_i(x_1,x_2,\cdots,x_m)]\boldsymbol{V}_k$$
$$= (Ex_ix_1, Ex_ix_2, \cdots, Ex_ix_m)\boldsymbol{V}_k$$

$$=(\mathrm{Cov}(x_i,x_1),\mathrm{Cov}(x_i,x_2),\cdots,\mathrm{Cov}(x_i,x_m))\boldsymbol{V}_k=\lambda_k v_{ik}$$

注意，以上最后一步使用了 $\boldsymbol{\Sigma V}_k=\lambda_k \boldsymbol{V}_k$ 中的一部分，即 $\boldsymbol{\Sigma}$ 的第 i 行与 $\boldsymbol{V}_k$ 对应元素乘积之和等于右边的 $\lambda_k \boldsymbol{V}_k$ 的第 i 行元素 $\lambda_k v_{ik}$。所以

$$r(\alpha_k,x_i)=\frac{\lambda_k v_{ik}}{\sqrt{\lambda_k}\ \sqrt{\sigma_{ii}}}=\frac{\sqrt{\lambda_k}v_{ik}}{\sqrt{\sigma_{ii}}}$$

性质 4　$$\sum_{i=1}^{m} r^2(\alpha_k,x_i)\sigma_{ii}=\lambda_k \tag{1.2.47}$$

把性质 3 代入，并利用特征向量的归一性即得证。

性质 5　$$\sum_{k=1}^{m} r^2(\alpha_k,x_i)=\frac{1}{\sigma_{ii}}\sum_{k=1}^{m}\lambda_k v_{ik}^2 \tag{1.2.48}$$

利用性质 3 即得证。

从方法的原理上说，假设分析对象 $\boldsymbol{X}$ 的数学期望是零向量就行了，它的每个分量是距平。但是，应用中还要考虑分析对象的实际情况，多元统计中的 PCA 原是分析多个变量的方法，多个变量可以是不同物理量，距平有与该物理量相同的单位，所以 $\boldsymbol{X}$ 的各个分量可能单位不同，另外，它们在数量上的变化幅度也可能差别很大。即使分析的对象是一个气象要素场，各分量的单位是相同的，但数量上变化幅度不同，即各分量的标准差（standard deviation）不同，气象变量标准差一般在中高纬大，低纬小。当分析对象 $\boldsymbol{X}$ 的各分量的标准差相差大时，分析的结果会重点反映标准差大的那些分量包含的信息，影响分析结果，所以在应用中也常取标准化距平（standardized anomaly，也称标准化变量）为 $\boldsymbol{X}$ 的各分量。标准化距平是距平除以标准差。如果 $\boldsymbol{X}$ 的每个分量 x_i 已经是标准化距平，则除原有的 $Ex_i=0$ 以外，还有 $\mathrm{Var}\ x_i=1$ 或 $\sigma_{ii}=1$，因此 $\mathrm{Var}\ \boldsymbol{X}=\sum_{i=1}^{m}\mathrm{Var}\ x_i=m$。因此，用标准化距平做 PCA 时，性质更简单，上述性质 2，3，4，5 分别简化成：$\mathrm{Var}\ \boldsymbol{X}=\sum_{k=1}^{m}\lambda_k=m$；$r(\alpha_k,x_i)=\sqrt{\lambda_k}v_{ik}$；$\sum_{i=1}^{m}r^2(\alpha_k,x_i)=\lambda_k$；$\sum_{k=1}^{m}r^2(\alpha_k,x_i)=\sum_{k=1}^{m}\lambda_k v_{ik}^2$。

这里提及为了消除单位（量纲）和标准差不同的影响，可以采用标准化距平作为 EOF 和 PCA 的对象，但并非都要这样做，例如，在分析热带海表温度距平（以后简称 SSTA）时，在厄尔尼诺和拉尼娜活动的区域，即热带中东太平洋，海温异常就是强，即那里的 SSTA 的标准差大。如果采用标准化的 SSTA 做 EOF 分析，则厄尔尼诺现象的空间结构和时间演变就反映不出来了。可见，具体怎样应用，要根据研究的目的和被研究对象的特征确定。

1.2.4　应用中的一些问题

1.2.4.1　EOF 的取样误差

由上述原理知道，λ_k 和 $\boldsymbol{V}_k$ 是随机向量 $\boldsymbol{X}$ 的协方差矩阵的特征值和特征向量。随机向量 $\boldsymbol{X}$ 的总体的协方差矩阵是 $E(\boldsymbol{X}\boldsymbol{X}^T)$，这是未知的。我们用 $\boldsymbol{X}$ 的样本资料 $\boldsymbol{X}_1$，$\boldsymbol{X}_2$，…，$\boldsymbol{X}_n$ 计算得到的 $\boldsymbol{\Sigma}=\langle \boldsymbol{X}\boldsymbol{X}^T\rangle$ 是 $E(\boldsymbol{X}\boldsymbol{X}^T)$ 的估计。$\langle \boldsymbol{X}\boldsymbol{X}^T\rangle$ 取决于样本的选取和样本容量 n，$\langle \boldsymbol{X}\boldsymbol{X}^T\rangle$ 是随机矩阵，其每个元素 $\langle x_i x_j\rangle$ 是随机变量，因此实际上由 $\langle \boldsymbol{X}\boldsymbol{X}^T\rangle \boldsymbol{V}_k=\lambda_k \boldsymbol{V}_k$ 算得的 λ_k 和 $\boldsymbol{V}_k$ 也是总体的未知的特征值和特征向量的样本估计，样本估计量与相应的总体量之间的误差称为取样误差。根据 North（1982）的研究，特征值和特征向量的典型的取样误差分别是

$$\Delta\lambda_k \approx \sqrt{\frac{2}{n}}\lambda_k \tag{1.2.49}$$

$$\Delta v_{ik} \approx \frac{\Delta\lambda_k}{|\lambda_{k'}-\lambda_k|}v_{ik'} \tag{1.2.50}$$

可见，为了使特征值的估计值尽可能接近总体的特征值，样本容量 n 要尽可能大。(1.2.50) 式中另一个特征值和特征向量的序号 k' 是与 λ_k 最相邻的特征值的序号，因此 $k'=k-1$ 或 $k+1$；当 $\lambda_k-\lambda_{k+1}<\lambda_{k-1}-\lambda_k$ 时，$k'=k+1$；当 $\lambda_k-\lambda_{k+1}>\lambda_{k-1}-\lambda_k$ 时，$k'=k-1$。(1.2.50) 式表示，当特征值的取样误差大于等于该特征值与相邻特征值之差时，特征向量的分量的取样误差就达到或超过相邻特征向量的分量，当处在这种情况时，该特征向量的估计就无意义了。一般情况下，前几个特征值相互差异较大，能使 $\Delta\lambda_k/|\lambda_{k'}-\lambda_k|<1$，特征向量的估计还有意义。随着序号 k 增大，$|\lambda_{k'}-\lambda_k|$ 变小，当 $\Delta\lambda_k/|\lambda_{k'}-\lambda_k|\geqslant 1$ 时，特征量就无意义了。

1.2.4.2　计算 $\boldsymbol{V}_k$，λ_k 的时空转换技术

计算时，样本资料是用一个二维数组存放的，这里用矩阵表示，即（1.2.30）式

$$\mathbf{X}=\begin{pmatrix} x_{11} & x_{12} & \cdots & x_{1n} \\ x_{21} & x_{22} & \cdots & x_{2n} \\ \cdots & \cdots & \cdots & \cdots \\ x_{m1} & x_{m2} & \cdots & x_{mn} \end{pmatrix}$$

前面我们把协方差矩阵的估计表示为 $\langle \boldsymbol{X}\boldsymbol{X}^T\rangle$，其中的大写 $\boldsymbol{X}$ 是一个列向量，表示 t 时间 m 个格点上的资料，它是这里的资料矩阵 $\mathbf{X}$ 中的第 t 列。当资料用二维数组和矩阵表示时，协方差矩阵估计为

$$\boldsymbol{\Sigma}=\frac{1}{n}\mathbf{X}\mathbf{X}^T$$

$\mathbf{XX}^T$ 是矩阵相乘，不难看出，$\mathbf{\Sigma}$ 的元素为

$$\sigma_{ij} = \frac{1}{n}\sum_{t=1}^{n} x_{it}x_{jt} = \langle x_i x_j \rangle$$

正是第 i 和 j 格点上的序列 x_{it} 和 x_{jt} 之间的样本协方差。在大气科学应用中，格点数 m 往往很大，$\mathbf{\Sigma}$ 就是一个几百或几千阶方阵。而样本数 n 经常比 m 小，只有几十个。如果计算 $\boldsymbol{V}_k$，λ_k 能通过计算 n 阶矩阵的特征向量和特征值而获得，就可节省很多内存和计算量，有时甚至使自己的计算机不可能实现的计算得以完成。这个技术称时空转换，用于 $n<m$ 时，原理如下。

我们要计算的 $\boldsymbol{V}_k$、λ_k 满足以下方程

$$\left(\frac{1}{n}\mathbf{XX}^T\right)\boldsymbol{V}_k = \lambda_k \boldsymbol{V}_k$$

取另一个矩阵 $\mathbf{S} = \frac{1}{m}\mathbf{X}^T\mathbf{X}$，它是 n 阶方阵，$\mathbf{S}$ 的第 t 行第 t' 列的元素 $S_{tt'} = \frac{1}{m}\sum_{i=1}^{m} x_{it}x_{it'}, t = 1,2,\cdots,n, t' = 1,2,\cdots,n$，记 $\mathbf{S}$ 矩阵的特征值为 μ_k，特征向量为 $\boldsymbol{U}_k$，则

$$\left(\frac{1}{m}\mathbf{X}^T\mathbf{X}\right)\boldsymbol{U}_k = \mu_k \boldsymbol{U}_k$$

上式两边左乘 $\mathbf{X}$ 矩阵，得

$$\frac{1}{m}\mathbf{XX}^T\mathbf{X}\boldsymbol{U}_k = \mu_k \mathbf{X}\boldsymbol{U}_k$$

再在两边乘数量 $\frac{m}{n}$，得

$$\frac{1}{n}\mathbf{XX}^T\mathbf{X}\boldsymbol{U}_k = \frac{m}{n}\mu_k \mathbf{X}\boldsymbol{U}_k$$

矩阵乘法满足结合律，适当结合得

$$\left(\frac{1}{n}\mathbf{XX}^T\right)(\mathbf{X}\boldsymbol{U}_k) = \left(\frac{m}{n}\mu_k\right)(\mathbf{X}\boldsymbol{U}_k)$$

注意，$\frac{1}{n}\mathbf{XX}^T$ 是协方差矩阵的估计，$\mathbf{X}\boldsymbol{U}_k$ 是 m 行一列的向量，即 m 维列向量，$\left(\frac{m}{n}\mu_k\right)$ 是一个数量，将上式与 $\left(\frac{1}{n}\mathbf{XX}^T\right)\boldsymbol{V}_k = \lambda_k \boldsymbol{V}_k$ 相比较，得我们要计算的 $\boldsymbol{V}_k$，λ_k 为

$$\boldsymbol{V}_k = \mathbf{X}\boldsymbol{U}_k$$

$$\lambda_k = \frac{m}{n}\mu_k$$

因此，当 $n<m$ 时，可先计算 $\mathbf{S}$ 矩阵的特征向量和特征值，然后按以上两式计算 $\boldsymbol{V}_k$，λ_k。要注意的是这里 $\mathbf{X}$ 是资料矩阵，而不是列向量，另外，对 $\mathbf{S}$ 矩阵调用雅可比子程

序后，$\boldsymbol{U}_k$ 是归一化的，计算 $\boldsymbol{V}_k=\mathbf{X}\boldsymbol{U}_k$ 后要重新归一化，方法是将 $\mathbf{X}\boldsymbol{U}_k$ 除以 $\sqrt{(\mathbf{X}\boldsymbol{U}_k)^T\ (\mathbf{X}\boldsymbol{U}_k)}$，$(\mathbf{X}\boldsymbol{U}_k)^T\ (\mathbf{X}\boldsymbol{U}_k)$ 是 $\mathbf{X}\boldsymbol{U}_k$ 的各分量平方和。

1.2.4.3　空间型的表示

特征向量反映空间结构，国内论文一般直接画计算得到的 $\boldsymbol{V}_k$ 图，称 EOF 图。但是，计算得到的 $\boldsymbol{V}_k$ 是归一化的，所有分量的平方和等于 1，格点数很多时，每个空间点上的分量甚微，况且对同一气象要素场取的格点数 m 不同时，$\boldsymbol{V}_k$ 的分量值也不同，$\boldsymbol{V}_k$ 只给出分布形势，其分量值的大小没有意义。在 §1.1 中已介绍，对于同一个特征值，矩阵的特征向量可相差任意常数倍，因此，是否可以不画 $\boldsymbol{V}_k$ 图，而画某个 $c\boldsymbol{V}_k$ 图更有意义呢？从展开式（1.2.2）知道，第 k 个空间型表达出的 $\boldsymbol{X}$ 场的部分为 $\hat{\boldsymbol{X}}_k=\alpha_k(t)\boldsymbol{V}_k$，而 α_k 的均方差为$\sqrt{\lambda_k}$，我们把 $\alpha_k(t)$标准化一下，使得该空间型表达出的 $\hat{\boldsymbol{X}}_k$ 在量值上主要依赖于空间型，于是 $\hat{\boldsymbol{X}}_k=[\alpha_k(t)/\sqrt{\lambda_k}](\sqrt{\lambda_k}\boldsymbol{V}_k)$，取$\sqrt{\lambda_k}\boldsymbol{V}_k$ 为新的空间型，其分量为$\sqrt{\lambda_k}v_{ik}$，$i=1$，2，…，m。由主成分的性质 3 知道，如果分析的对象是标准化的，则$\sqrt{\lambda_k}v_{ik}=r(\alpha_k,x_i)$，$i=1$，2，…，$m$，这时$\sqrt{\lambda_k}\boldsymbol{V}_k$ 的图又是每个空间格点上的原变量与第 k 个主成分的相关系数分布图，图上的值在 -1 到 $+1$ 之间，由相关系数的显著性可知，如果资料样本数 $n=40$，41，…，50，则可判断图上绝对值大于 0.3 的地区，x_i 被第 k 空间型表示较有意义。因为，如果 $\boldsymbol{V}_k$ 是 $\boldsymbol{\Sigma}$ 的特征向量的话，$\sqrt{\lambda_k}\boldsymbol{V}_k$ 也是 $\boldsymbol{\Sigma}$ 的对应于 λ_k 的特征向量，所以$\sqrt{\lambda_k}\boldsymbol{V}_k$ 图也称为特征向量图或 EOF 图，它的空间分布形势是与 $\boldsymbol{V}_k$ 图完全一样的，但包含了更多的数量信息。

下面以热带太平洋海表温度距平 EOF 分析为例说明空间型及与它配合的时间系数所能提供的信息。图 1.2.1 和图 1.2.2 的分析对象都是海温距平，其中图 1.2.1 空间型是归一化的特征向量，时间系数是分析对象在归一化特征向量上的投影，厄尔尼诺的距平空间分布和时段都可在图上看到，但是空间型图上的值大多为零点零几，很难说明值的含义，时间系数也类似。图 1.2.2 的空间型是归一化的特征向量乘以特征值的平方根，时间系数是标准化的，因为时间系数的一般大小为 1，所以空间型的量值就是这个模态表示出的分析对象的一般大小，由图上可见，在赤道中、东太平洋地区，EOF1 表示出的距平量值是 1.0～1.1℃左右。图 1.2.3 和 1.2.4 的分析对象是海温标准化距平，其中图 1.2.3 空间型是归一化的特征向量，时间系数是海温标准化距平在其上的投影。与前两个图比较，因为距平已标准化，就没有前两个图那样突出反映热带东太平洋的变率，而较多地定性反映热带中、东太平洋距平符号一致的特征。同样地很难说明图 1.2.3 上数量的定量含义。图 1.2.4 是图 1.2.3 的空间型和时间系数分别乘以和除以特征值的平方根，这样，时间系数是标准化的，空间型图上的值又是海温距平序列与时间系数序列间的相关系数，空间型图上的值的平方又是该EOF

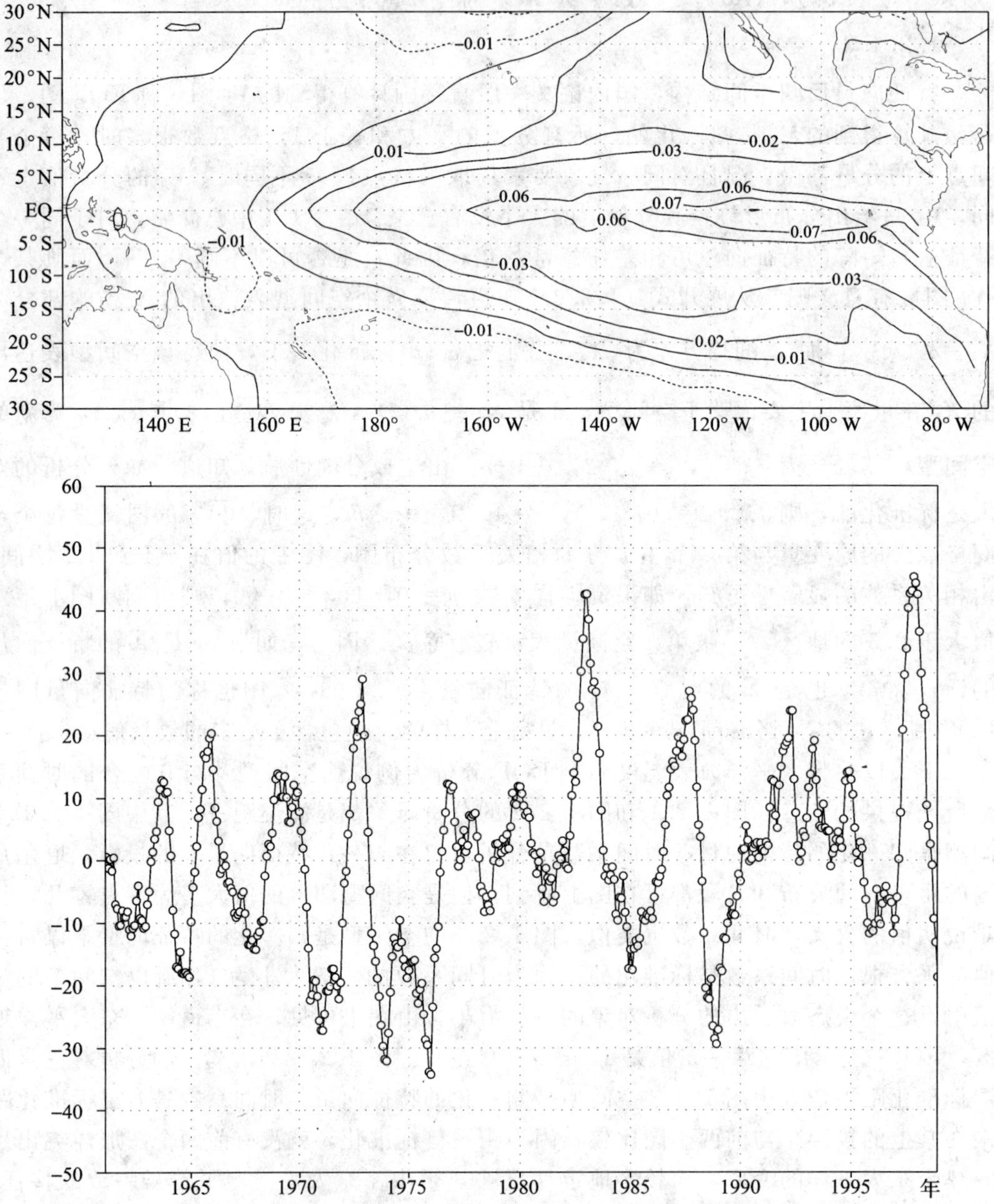

图 1.2.1　热带太平洋海表温度距平场 EOF 展开第一模态
空间型（℃）（归一化的特征向量）（上图）及相应的时间系数序列（下图）

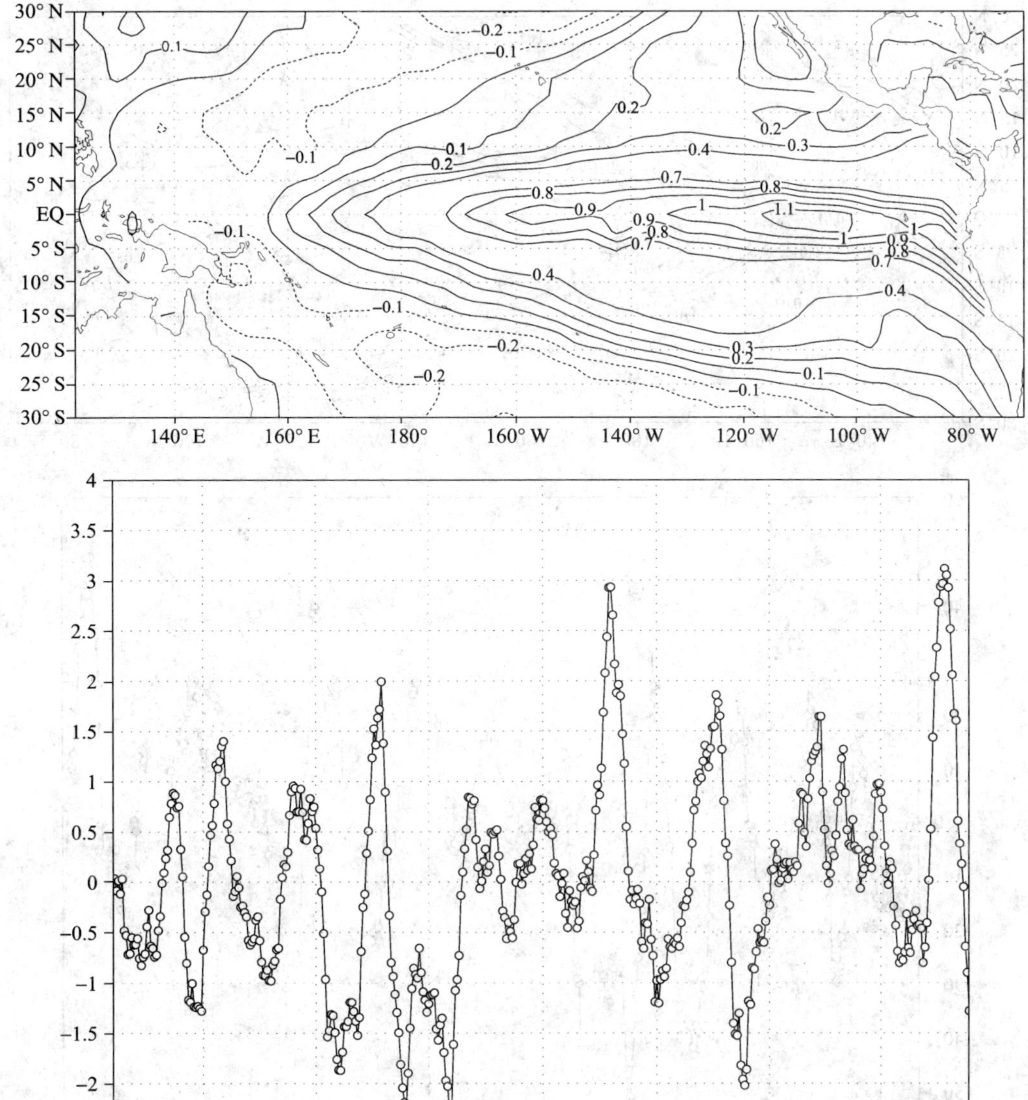

图 1.2.2　热带太平洋海表温度距平场 EOF 展开第一模态空间型（℃）（归一化的特征向量乘以特征值的平方根 $\sqrt{\lambda_1}\mathbf{V}_1$）（上图）及相应的时间系数序列（$\alpha_1(t)/\sqrt{\lambda_1}$）（下图）

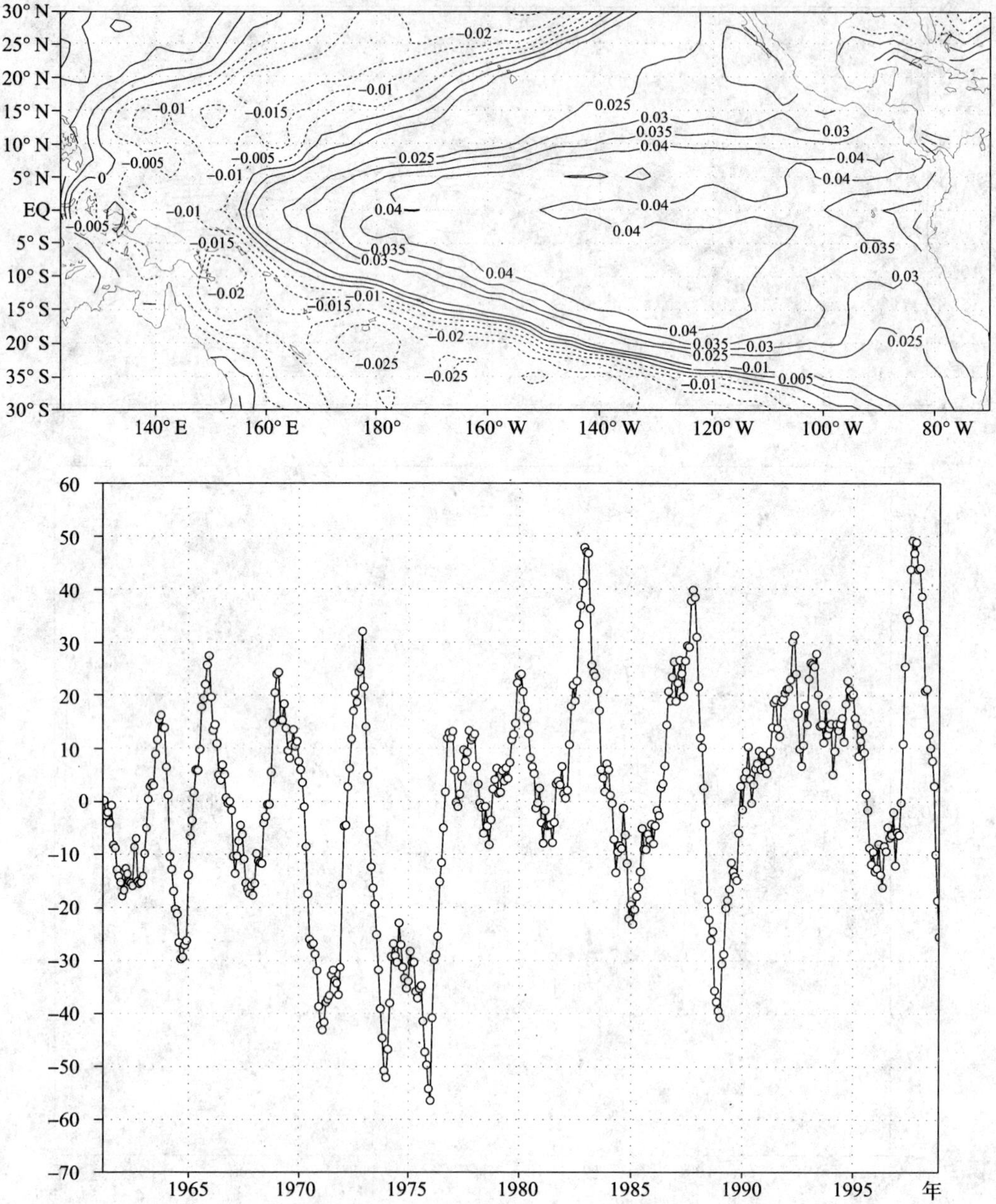

图 1.2.3　热带太平洋海表温度标准化距平场 EOF 展开第一模态空间型（归一化的特征向量）（上图）及相应的时间系数序列（下图）

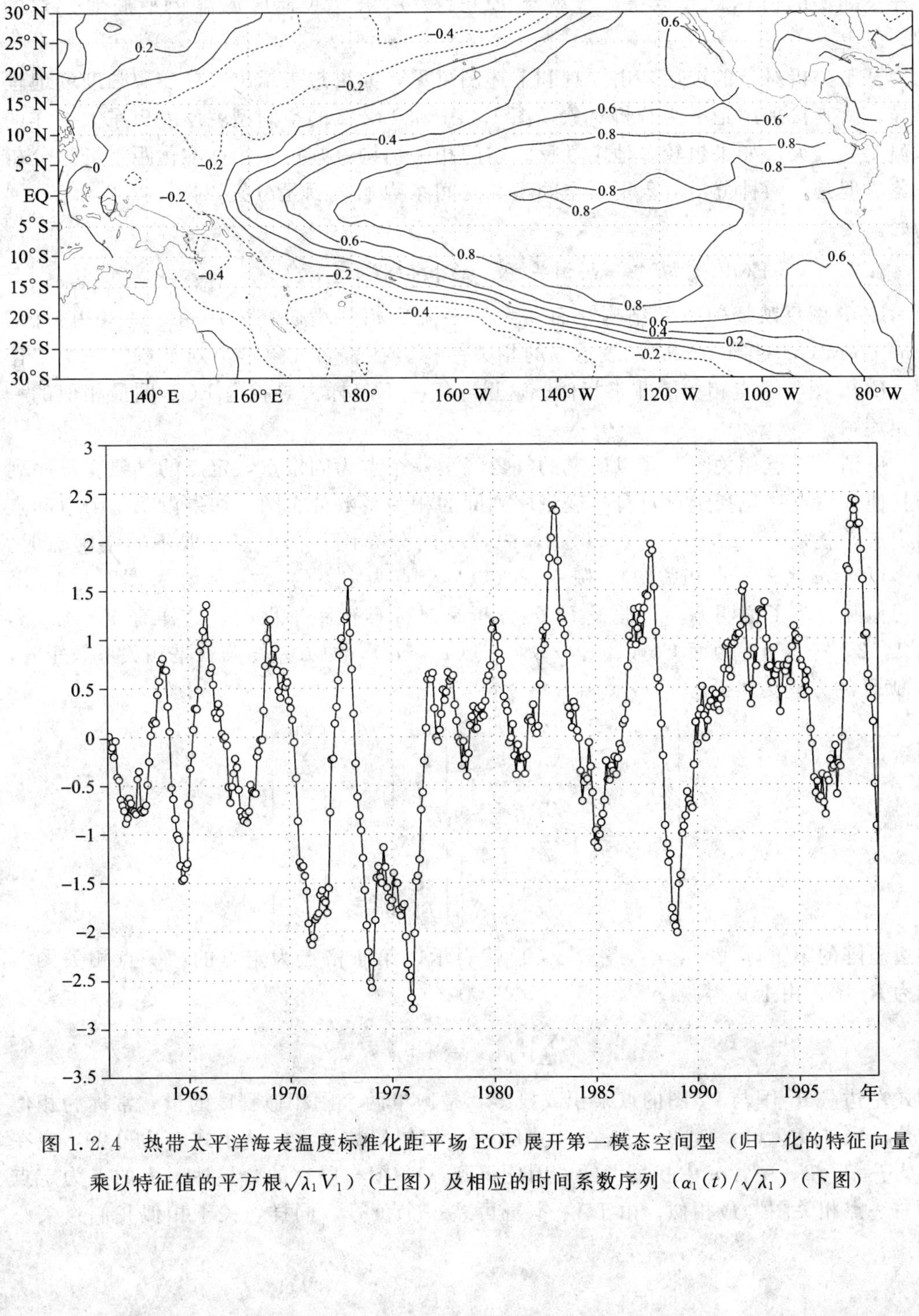

图 1.2.4　热带太平洋海表温度标准化距平场 EOF 展开第一模态空间型（归一化的特征向量乘以特征值的平方根$\sqrt{\lambda_1}V_1$）（上图）及相应的时间系数序列（$\alpha_1(t)/\sqrt{\lambda_1}$）（下图）

型对格点上标准化距平序列的方差贡献率。由图 1.2.4 的空间型可见，在热带中东太平洋空间型的值达 0.8 以上，也就是 EOF1 表示出这些地区海温距平局地方差的 64%以上。

至于分析对象的选用，由原理和上述图可见，如果想表示出气候变率强度的地理差异，就直接采用距平为分析对象，图 1.2.1 和 1.2.2 的空间型就反映出东太平洋的海温变率最大；如果想较多地定性反映空间相关结构，则可采用标准化距平场为分析对象。但是，两种分析对象下，空间型和时间系数的表示是分别以图 1.2.2 和 1.2.4 为好。

1.2.4.4 EOF 图与“一点相关图”的相似性

EOF 图反映场的空间结构，而在大气环流遥相关型研究中还用“一点相关图”（one point correlation map）表示场的相关结构。在著名气象学家刘雅章的一个工作中，EOF 图与一点相关图非常相似。这里介绍一下怎样去寻找与 EOF 图最相似的一点相关图。

所谓“一点相关图”是以研究的气象场上一个点为固定点，定点的气象变量序列与其他各格点（包括定点自身）变量序列间的相关系数分布图，如果以第 j 个空间点为定点，就是 $r(x_j, x_i)$，$i=1, 2, \cdots, m$ 的分布图。当定点 j 取不同空间点时，最多可有 m 张“一点相关图”，哪一张（以哪个点为定点的）“一点相关图”与 $\boldsymbol{V}_k$ 图最相似呢？为了说明方便，假设 EOF 分析是对标准化距平做的，这样有 $\mathrm{Var}x_i=1$，$i=1, 2, \cdots, m$，因而 $\mathrm{Cov}(x_i, x_j)=r(x_i, x_j)$，协方差矩阵就是相关系数矩阵，$\boldsymbol{V}_k$ 满足的方程为

$$\begin{pmatrix} r_{11} & r_{12} & \cdots & r_{1m} \\ r_{21} & r_{22} & \cdots & r_{2m} \\ \cdots & \cdots & \cdots & \cdots \\ r_{j1} & r_{j2} & \cdots & r_{jm} \\ \cdots & \cdots & \cdots & \cdots \\ r_{m1} & r_{m2} & \cdots & r_{mm} \end{pmatrix} \begin{pmatrix} v_{1k} \\ v_{2k} \\ \vdots \\ \vdots \\ \vdots \\ v_{mk} \end{pmatrix} = \lambda_k \begin{pmatrix} v_{1k} \\ v_{2k} \\ \vdots \\ v_{jk} \\ \vdots \\ v_{mk} \end{pmatrix}$$

左边矩阵的第 j 行（$r_{j1}, r_{j2}, \cdots, r_{jm}$）就表示以第 j 格点为定点的“一点相关图”，记为 $\boldsymbol{R}_j$ 图。由上式得

$$\sum_{i=1}^{m} r_{ji} v_{ik} = \lambda_k v_{jk}$$

上式左边是 $\boldsymbol{R}_j$ 图与 $\boldsymbol{V}_k$ 图的点乘积或投影，是衡量两个图相似程度的量，常称为相似指数。$\boldsymbol{V}_k$ 与 $\boldsymbol{R}_j$（$j=1, 2, \cdots, m$）中哪一个相似指数最大，从上式右边可见，应在 v_{jk}，$j=1, 2, \cdots, m$ 中找最大的，因此得到，$\boldsymbol{V}_k$ 图与以它的分量达最大的点为定点的“一点相关图”最相似。由于 $\boldsymbol{V}_k$ 本身可差一个负号，同样，关于相似我们只关心

相似程度，而正、负是相对的，因此，全面一点说，$\boldsymbol{V}_k$ 图与以它的分量绝对值达最大的点为定点的“一点相关图”最相似（或反相似）。

1.2.4.5　EOF 或 PC 的显著性检验

“取样误差”与“假设检验”在数理统计中属于两个概念。取样误差是参数估计中的问题，是估计量的优劣问题，指我们用样本对总体的未知参数做出的估计所包含的误差，主要取决于样本容量、采样方法。我们日常生活中会对一些统计数据产生怀疑，主要缘由是取样不足或样本缺乏代表性和独立性，这就是取样误差问题。前面说到，当特征值的取样误差大于该特征值与相邻特征值之差时，估计出的特征值和特征向量就无意义了，这主要是取样不足使估计结果缺乏可信度。而“显著性检验”在数理统计中属于假设检验。假设检验要提出明确的原假设，原假设是对总体的参数或分布提出的，然后要选定一个样本的统计量，它既要包含判断原假设成立与否的信息，又要知道原假设成立情况下它的概率分布，最后由该统计量的样本值是否落在原假设成立条件下的小概率区间推断是否拒绝原假设。在不能知道样本统计量概率分布的情况下，还常采用 Monte Carlo 检验。这种检验采用计算机生成的纯随机数为样本，通过同样的运算得到相应的统计量的样本值，重复多次试验得到该统计量的样本值集合，将其按大小排序得到该统计量的经验分布，再将我们实际分析对象的统计量的样本值与其比较，当它落在经验分布的小概率区间时认为实际的统计量的值不是来自纯随机总体，意指它超出随机水平，认为总体的相应参数是有意义的。在 EOF 或主成分分析中，如果假设做 EOF 展开的各格点上的序列或主成分分析的多变量序列是互不相关的纯随机数，则所得的特征向量和主成分是没有统计意义的。特征向量和主成分的重要性是由特征值或方差贡献率表示的。在原假设成立条件下特征值的理论分布是未知的，就可以采用 Monte Carlo 检验。Barnett 等 1977 年提出主成分显著性的 Monte Carlo 检验方法，虽然年代久远，但对于纠正目前混淆的应用还是有价值的。下面介绍和讨论。

由实际的分析对象数据做 EOF 分析，得到各个特征模态的方差贡献率，记为 T_k

$$T_k = \frac{\lambda_k}{\sum_{k=1}^{m} \lambda_k} \tag{1.2.51}$$

在这个方法中他们把单个特征值除以所有特征值之和称为“标准化特征值”，应用时要注意随机变量标准化与特征值标准化的区别。现在建立原假设：我们分析的数据集是随机地取自不相关的正态分布变量的总体。检验步骤是，用计算机程序生成（认为总体上相互独立的）标准的（均值为 0，方差为 1）正态分布随机数，构成 m 个长度为 n 的序列，然后计算它们的协方差矩阵、协方差矩阵的特征值和特征向量。为了防止后面讨论中协方差矩阵与相关系数矩阵相混淆，我们要指出，这里随机试验中的协方差矩阵实际上就是相关系数矩阵，因为使用的随机数据是标准化的。另外，检验的原假设是样本取自不相关的正态分布变量的总体，所以，总体的相关系数矩阵是单位矩阵，但是，计算机生成的随机数是总体上不相关的随机变量的样本，计算所得的协方差矩阵是总体协方差矩阵的估计，带有随机性，它不是单位矩阵。多次重复以上试验，例如做 100 次这样的计算。用 λ_k^r 表示第 r 次由纯随机数据计算得到的第 k 个特征值，构成类似于 T_k 的统计量

$$U_k^r = \frac{\lambda_k^r}{\sum_{k=1}^{m} \lambda_k^r} \qquad \begin{aligned} k &= 1,2,\cdots,m \\ r &= 1,2,\cdots,100 \end{aligned} \tag{1.2.52}$$

对于一个固定的特征值序号 k，把 U_k^r 从小到大排序

$$U_k^1 \leqslant U_k^2 \leqslant \cdots \leqslant U_k^5 \leqslant \cdots \leqslant U_k^{95} \leqslant \cdots U_k^{100} \tag{1.2.53}$$

上式给出当样本取自没有任何物理基础的、空间和时间上不相关的总体时，第 k 个特征成分方差贡献率的样本分布，它处在 $[U_k^5, U_k^{95}]$ 区间的可能性为 90%，大于 U_k^{95} 的可能性为 5%。取假设检验的信度 $\alpha = 0.05$，对于每一个序号 k，把 T_k 与 U_k^{95} 比较，若 $T_k \geqslant U_k^{95}$，则认为第 k 特征值明显地区别于从空间和时间上不相关的随机变量所得到的特征值，与这个特征值相联系的空间型和主成分是有意义的。

下面我们对应用中的问题做些讨论。Barnett 等采用上述方法截取 EOF 或主成分分析中特征向量和主成分的个数，称为 N 准则。他们用白令海风暴个数资料做了两种检验，其一是使用实际资料的相关系数矩阵的特征值计算的 T_k，另一途径是用实际资料的协方差矩阵计算的 T_k，也就是分别采用标准化距平场和距平场做 EOF 分析，得到的 T_k 都与同一个 U_k^{95} 比较。结果得到，采用相关系数矩阵时，只有第一个特征值是显著的；采用协方差矩阵时，第一、二两个特征值是显著的。他们认为使用协方差矩阵与使用相关系数矩阵做上述的检验是同样适宜的。但是，我们认为，从原理上说只能使用相关系数矩阵计算的 T_k 与 U_k^{95} 比较，因为 Monte Carlo 试验是对标准化的随机数进行的，U_k^r、U_k^{95} 是由相关系数矩阵计算的，同样是相关系数矩阵计算的“标准化”特征值（方差贡献率）才有比较的基础。协方差是有单位的，量值大小与分析对象场的物理量的单位有关，而相关系数是无单位量。另外，被分析的场的方差（或均方差）地理差异强弱也会明显地影响以上两种情况的结果，如果方差在所有资料格点上比较均衡，则采用协方差矩阵和相关系数矩阵所获结果是相近的，这是因为一个实对称矩阵各元素放大或缩小一个相同倍数的话，归一化的特征向量不变，特征值放大或缩小一个相同倍数，方差贡献率仍不变。然而，当方差的地理差异悬殊，例如，中国夏季降水量，协方差矩阵与相关系数矩阵不是近似的呈比例关系，就不能用协方差矩阵计算的 T_k 做上述检验。即我们认为他们提出的检验方法只适用于对标准化距平场的 EOF 或主成分分析，不适用于对任意距平场的 EOF 分析。

如果我们的工作需要对距平场做 EOF 分析，也就是不希望消除方差地理分布的影响，例如分析热带太平洋海温，我们不仅希望得到空间相关结构，还希望保留在中东太平洋海温变率本身较强（方差大）的信息，怎样做 Monte Carlo 检验呢？我们提出一个改进的 Monte Carlo 检验方案。用计算机程序生成随机数据时，生成 m 个长度为 n 的正态分布的序列，每个序列的均值为 0，方差不再是 1，而等于序号相对应的格点上实际资料的方差。然后计算它们的协方差矩阵、协方差矩阵的特征值和特征向量以及解释方差百分比。这样的试验重复做 100 次，排序得 U_k^{95} 。把 T_k 与 U_k^{95} 比较做出判断。

如果显著性检验得到前 K 个特征值是显著的，第 $K+1$ 个特征值已经不显著，第 $K+2$、$K+3$、…特征值会不会又出现显著的呢？这种情况原理上不能排除，但是，对于实际气象场几乎不可能，因为我们分析的实际对象毕竟有物理过程为基础，主要的相关模态解释了气象场时空变化的大部分方差，即 T_k 随着序号 k 的增大衰减较快，EOF 拟合原场收敛较快。而 U_k^r 及 U_k^{95} 则不然，由于是取自总体上不相关的样本计算出的，它们随着序号 k 的增大衰减较慢。所以，一旦检验得 $T_K > U_K^{95}, T_{K+1} < U_{K+1}^{95}$，就可确定前 K 个特征值显著。

§1.3　旋转 EOF 分析

前述的 EOF 或 PCA 方法能够将气象变量场或多维随机变量的时间与空间变化分离开来，并且用尽可能少的模态表达出它们主要的空间和时间变化，是表示场的空间相关结构或多变量综合信息的有用方法，但是，在有些情况下，应用 EOF 和 PCA 往往得不到接近实际的空间结构或多变量的相互关系。由 EOF 和 PCA 的导出过程知道，第一个 EOF 和 PC 最大可能地反映了所有 m 个原变量的变化或信息，接下来的每个 EOF 或 PC 也都尽其所能地表达所有 m 个原变量的尚未被其他 EOF 和 PC 表示出的部分，这样，当变量个数很多（m 很大），而且变量间的相关只在局部变量之间时，EOF 和 PC 就会过分强调 m 个变量的整体相关结构，而使重要的局部相关结构被掩盖。例如，如果我们做整个北半球冬季月平均 500hPa 高度距平的 EOF 分析，所得的每个 EOF 图将在整个北半球区域都散布着一些中心，这是因为每个 EOF 和 PC 都担任着表示整个区域所有原变量变化的任务，而北半球冬季 500hPa 距平场的实际相关结构是局部区域性的，已经得到公认的是 Wallace 和 Gutzler 提出的 5 个遥相关型：太平洋北美型（PNA）、太平洋西部型（WP）、欧亚型（EU）、大西洋东部型（EA）和大西洋西部型（WA），由于它们都只占北半球的局部地区，因而在整个北半球区域做的 EOF 分析中，每个特征向量图上都难以辨认出它们。Horel 在他的一篇大气环流研究论文中指出，前几个特征向量，尤其是第一特征向量过分地强调与分析区域尺度相当的现象，因而使区域性相关结构反映不出来，并且指出旋转 EOF（REOF）分析能克服 EOF 应用中的这一缺陷。上一节已指出，EOF 分析与 PCA 是同一方法的两种提法，因此大气科学中应用的 REOF 也就是多元统计中的旋转主成分分析（RPCA）。REOF 的想法是：如果 EOF 分析截取了前 K 个空间型，累计解释场的总方差已达一定要求，例如累计方差贡献率达 80%，可否（及怎样）将这 K 个空间型再做调整，使得调整后的 K 个空间型累计解释原场总方差的百分率保持不变，而单个空间型尽量反映场的局部相关结构。采用 PCA 的提法来说，对 m 个原变量构成 K 个主成分，它们累计反映出 m 个原变量的信息已达一定百分率，但每个主成分都表达 m 个原变量的信息比较均衡，我们要在这 K 个主成分之间再做调整，使它们累计反映的 m 个原变量的方差数量不变，而使调整后的每个主成分能侧重反映出某些原变量的信息（方差）。这种对 K 个 EOF 和 PC 再做调整的过程在数学上是在它们之间再做线性变换，几何形象是做旋转，所以称为 REOF 或 RPCA。

在 EOF 和 PCA 原理中，强调每个 EOF 或 PC 对所有 m 个原变量方差贡献大，现在要求 REOF 和 RPC 对 m 个原变量中的某一些变量方差贡献大，因此，首先要找一个数量指标来表达 EOF 和 PC 对单个原变量的方差贡献。这时，视角要变化一下，EOF 分析和 PCA 是怎样从原变量提取空间型和新变量（PC），现在要反过来看，怎样用空间型和 PC 表示出原变量，即把 EOF 展开和 PCA 中的展开式看作用新变量（PC）表示出原变量的回归方程，PC 是表示出原变量的回归因子，多元统计中称公因子，该方法称为因子分析。对单个原变量 x_j，EOF 的展开式为

$$x_{jt} = \sum_{k=1}^{K} v_{jk}\alpha_{kt} + \varepsilon_{jt} \qquad j = 1,2,\cdots,m,t = 1,2,\cdots,n \tag{1.3.1}$$

α_{kt} 作为表示出原变量的公因子，对于 $k=1, 2, \cdots, K$，它们缺乏可比较性，在于它们的数量上变化幅度不同，即均方差不同，为了使可相互比较，把 α_{kt} 标准化，在 §1.2 中已知 $\langle\alpha_k\rangle = 0,\langle\alpha_k^2\rangle = \lambda_k$，所以均方差等于 $\sqrt{\lambda_k}$，把 α_{kt} 除以 $\sqrt{\lambda_k}$ 即标准化，于是（1.3.1）式改写为

$$\begin{aligned} x_{jt} &= \sum_{k=1}^{K} (\sqrt{\lambda_k} v_{jk})(\alpha_{kt}/\sqrt{\lambda_k}) + \varepsilon_{jt} \\ &= \sum_{k=1}^{K} a_{jk} f_{kt} + \varepsilon_{jt} \qquad j = 1,2,\cdots,m,t = 1,2,\cdots,n \end{aligned} \tag{1.3.2}$$

其中 $a_{jk} = \sqrt{\lambda_k} v_{jk}, f_{kt} = \alpha_{kt}/\sqrt{\lambda_k}$。为了方便，把上述变化用矩阵表示

$$\begin{pmatrix} x_{11} & x_{12} & \cdots & x_{1n} \\ x_{21} & x_{22} & \cdots & x_{2n} \\ \vdots & \vdots & & \vdots \\ x_{m1} & x_{m2} & \cdots & x_{mn} \end{pmatrix} = \begin{pmatrix} v_{11} & v_{12} & \cdots & v_{1K} \\ v_{21} & v_{22} & \cdots & v_{2K} \\ \vdots & \vdots & & \vdots \\ v_{m1} & v_{m2} & \cdots & v_{mK} \end{pmatrix} \begin{pmatrix} \alpha_{11} & \alpha_{12} & \cdots & \alpha_{1n} \\ \alpha_{21} & \alpha_{22} & \cdots & \alpha_{2n} \\ \vdots & \vdots & & \vdots \\ \alpha_{K1} & \alpha_{K2} & \cdots & \alpha_{Kn} \end{pmatrix} + \begin{pmatrix} \varepsilon_{11} & \varepsilon_{12} & \cdots & \varepsilon_{1n} \\ \varepsilon_{21} & \varepsilon_{22} & \cdots & \varepsilon_{2n} \\ \vdots & \vdots & & \vdots \\ \varepsilon_{m1} & \varepsilon_{m2} & \cdots & \varepsilon_{mn} \end{pmatrix}$$

$$
=\begin{pmatrix}\sqrt{\lambda_1}v_{11} & \sqrt{\lambda_2}v_{12} & \cdots & \sqrt{\lambda_K}v_{1K}\\ \sqrt{\lambda_1}v_{21} & \sqrt{\lambda_2}v_{22} & \cdots & \sqrt{\lambda_K}v_{2K}\\ \vdots & \vdots & \vdots & \vdots\\ \sqrt{\lambda_1}v_{m1} & \sqrt{\lambda_2}v_{m2} & \cdots & \sqrt{\lambda_K}v_{mK}\end{pmatrix}\begin{pmatrix}\frac{\alpha_{11}}{\sqrt{\lambda_1}} & \frac{\alpha_{12}}{\sqrt{\lambda_1}} & \cdots & \frac{\alpha_{1n}}{\sqrt{\lambda_1}}\\ \frac{\alpha_{21}}{\sqrt{\lambda_2}} & \frac{\alpha_{22}}{\sqrt{\lambda_2}} & \cdots & \frac{\alpha_{2n}}{\sqrt{\lambda_2}}\\ \vdots & \vdots & \vdots & \vdots\\ \frac{\alpha_{K1}}{\sqrt{\lambda_K}} & \frac{\alpha_{K2}}{\sqrt{\lambda_K}} & \cdots & \frac{\alpha_{Kn}}{\sqrt{\lambda_K}}\end{pmatrix}+\begin{pmatrix}\varepsilon_{11} & \varepsilon_{12} & \cdots & \varepsilon_{1n}\\ \varepsilon_{21} & \varepsilon_{22} & \cdots & \varepsilon_{2n}\\ \vdots & \vdots & \vdots & \vdots\\ \varepsilon_{m1} & \varepsilon_{m2} & \cdots & \varepsilon_{mn}\end{pmatrix}
$$

$$
=\begin{pmatrix}v_{11} & v_{12} & \cdots & v_{1K}\\ v_{21} & v_{22} & \cdots & v_{2K}\\ \vdots & \vdots & \vdots & \vdots\\ v_{m1} & v_{m2} & \cdots & v_{mK}\end{pmatrix}\begin{pmatrix}\sqrt{\lambda_1} & 0 & \cdots & 0\\ 0 & \sqrt{\lambda_2} & \cdots & 0\\ \vdots & \vdots & \ddots & \vdots\\ 0 & 0 & \cdots & \sqrt{\lambda_K}\end{pmatrix}\begin{pmatrix}\frac{1}{\sqrt{\lambda_1}} & 0 & \cdots & 0\\ 0 & \frac{1}{\sqrt{\lambda_2}} & \cdots & 0\\ \vdots & \vdots & \ddots & \\ 0 & 0 & \cdots & \frac{1}{\sqrt{\lambda_K}}\end{pmatrix}
$$

$$
\begin{pmatrix}\alpha_{11} & \alpha_{12} & \cdots & \alpha_{1n}\\ \alpha_{21} & \alpha_{22} & \cdots & \alpha_{2n}\\ \vdots & \vdots & \vdots & \vdots\\ \alpha_{K1} & \alpha_{K2} & \cdots & \alpha_{Kn}\end{pmatrix}+\begin{pmatrix}\varepsilon_{11} & \varepsilon_{12} & \cdots & \varepsilon_{1n}\\ \varepsilon_{21} & \varepsilon_{22} & \cdots & \varepsilon_{2n}\\ \vdots & \vdots & \vdots & \vdots\\ \varepsilon_{m1} & \varepsilon_{m2} & \cdots & \varepsilon_{mn}\end{pmatrix}=\mathbf{V}\mathbf{\Lambda}^{\frac{1}{2}}\mathbf{\Lambda}^{-\frac{1}{2}}\boldsymbol{\alpha}+\boldsymbol{\varepsilon} \tag{1.3.3}
$$

简写为

$$
\mathbf{X}=\mathbf{V}\mathbf{\Lambda}^{\frac{1}{2}}\mathbf{\Lambda}^{-\frac{1}{2}}\boldsymbol{\alpha}+\boldsymbol{\varepsilon} \tag{1.3.4}
$$

其中矩阵 $\mathbf{X}$，$\mathbf{V}$，$\boldsymbol{\alpha}$，$\boldsymbol{\varepsilon}$ 与（1.2.30）～（1.2.33）式相同，$\mathbf{\Lambda}^{\frac{1}{2}}$ 和 $\mathbf{\Lambda}^{-\frac{1}{2}}$ 是（1.3.3）式右边第一项中的两个 K 阶对角阵，因为 $\mathbf{\Lambda}^{\frac{1}{2}}\mathbf{\Lambda}^{-\frac{1}{2}}=\mathbf{I}_K$，所以（1.3.3）式中的 ε_{jt} 对所有 $j=1,2,\cdots,m$，$t=1,2,\cdots,n$ 都保持原来 EOF 分析和 PCA 中的值不变，从（1.3.2）式亦可看出这一点，因此，表示出的时空变化的总精度不变，或者说对场的总的方差贡献量不变，以下我们始终在这一原则下对 EOF 和 PC 做调整，即做各种变换。因为矩阵乘法满足结合律，把（1.3.4）右边第一项依旧结合成表示空间变化和时间变化的两部分，记

$$
\mathbf{A}=\mathbf{V}\mathbf{\Lambda}^{\frac{1}{2}}=\begin{pmatrix}a_{11} & a_{12} & \cdots & a_{1K}\\ a_{21} & a_{22} & \cdots & a_{2K}\\ \vdots & \vdots & \vdots & \vdots\\ a_{m1} & a_{m2} & \cdots & a_{mK}\end{pmatrix} \tag{1.3.5}
$$

$$
\mathbf{F}=\mathbf{\Lambda}^{-\frac{1}{2}}\boldsymbol{\alpha}=\begin{pmatrix}f_{11} & f_{12} & \cdots & f_{1n}\\ f_{21} & f_{22} & \cdots & f_{2n}\\ \vdots & \vdots & \vdots & \vdots\\ f_{K1} & f_{K2} & \cdots & f_{Kn}\end{pmatrix} \tag{1.3.6}
$$

其元素就是（1.3.2）和（1.3.3）式所表示出的 $a_{jk}=\sqrt{\lambda_k}v_{jk}$，$f_{kt}=\alpha_{kt}/\sqrt{\lambda_k}$。于是

(1.3.4) 式写为

$$\mathbf{X} = \mathbf{AF} + \boldsymbol{\varepsilon} \tag{1.3.7}$$

其分量式依旧是（1.3.2）式。现在分析矩阵 **F** 和 **A** 的性质。**F** 的每一行向量 $f_k = (f_{k1}, f_{k2}, \cdots, f_{kn})$ 是一个公因子，利用上节的 α_{kt} 的性质有

$$\langle f_{kt} \rangle = \langle \alpha_{kt} / \sqrt{\lambda_k} \rangle = \langle \alpha_{kt} \rangle / \sqrt{\lambda_k} = 0 \tag{1.3.8}$$

$$\mathrm{Var}\ f_k = \langle f_{kt}^2 \rangle = \langle (\alpha_{kt} / \sqrt{\lambda_k})^2 \rangle = \langle \alpha_{kt}^2 \rangle / \lambda_k = 1 \tag{1.3.9}$$

$$\begin{aligned} \mathrm{Cov}(f_k, f_{k'}) &= \langle (\alpha_{kt} / \sqrt{\lambda_k})(\alpha_{k't} / \sqrt{\lambda_{k'}}) \rangle \\ &= \langle \alpha_{kt}\alpha_{k't} \rangle / \sqrt{\lambda_k}\sqrt{\lambda_{k'}} = 0 \qquad \text{当 } k \neq k' \end{aligned} \tag{1.3.10}$$

即每个公因子的平均值为零，方差为 1，相互间的协方差等于零。K 个公因子的协方差矩阵是 K 阶单位矩阵。

A 矩阵的第 k 列

$$\mathbf{A}_k = \begin{pmatrix} a_{1k} \\ a_{2k} \\ \vdots \\ a_{mk} \end{pmatrix} = \sqrt{\lambda_k}\mathbf{V}_k \tag{1.3.11}$$

是第 k 个公因子 f_k 表示出各个原变量的回归系数向量，它的元素 a_{jk}，$j=1, 2, \cdots, m$，是第 j 个原变量在第 k 个公因子 f_k 上的载荷量，$\mathbf{A}_k$ 称为载荷向量（Loading Vector），**A** 称为载荷矩阵，有以下性质：

性质 1　a_{jk} 是第 j 个原变量 x_j 与第 k 个公因子 f_k 之间的相关系数，这里假设原变量是标准化的，$\mathrm{Var}\ x_j = \sigma_{jj} = 1$。这是因为上一节已证明 $r(x_j, \alpha_k) = \sqrt{\lambda_k} v_{jk} / \sqrt{\sigma_{jj}}$，这里设 $\sigma_{jj} = 1$，再由线性相关系数的定义公式可知 $r(x_j, f_k) = r\left(x_j, \dfrac{\alpha_k}{\sqrt{\lambda_k}}\right) = r(x_j, \alpha_k)$，故 $r(x_j, f_k) = \sqrt{\lambda_k} v_{jk} = a_{jk}$。

性质 2　a_{jk}^2 是第 k 个公因子 f_k 对第 j 个原变量 x_j 的方差贡献。在多元回归原理中，定义某个因子加入回归方程而使剩余平方和减少的数量（也是使表示出的方差增加的数量）为该因子的方差贡献，并且导出它等于回归系数的平方除以求回归系数的线性方程组的系数矩阵的逆矩阵的主对角线上的第 k 个元素。对于回归方程（1.3.2），a_{jk} 是回归系数，利用 f_k 的性质（1.3.9）和（1.3.10）式，求回归系数的线性方程组的系数矩阵是 K 阶单位矩阵，它的逆矩阵也为单位矩阵，对角线元素都是 1，所以 a_{jk}^2 就是因子 f_k 对变量 x_j 的方差贡献。

这个性质也说明上节所述的用 $\sqrt{\lambda_k}\mathbf{V}_k$ 表示的空间型还包含更丰富的定量信息，因为 $\sqrt{\lambda_k}\mathbf{V}_k$ 就是第 k 个载荷向量，所以有些论文中称其为载荷向量图，它在某空间点的

值的平方就是该空间型表示出的该点原变量的方差贡献率，例如当 $|a_{jk}|=0.6$，则该空间型表示出第 j 格点原变量方差的 36%。

性质 3　**A** 矩阵的第 j 行元素的平方和

$$h_j^2 = \sum_{k=1}^{K} a_{jk}^2 \tag{1.3.12}$$

是 K 个公因子对第 j 个原变量 x_j 方差贡献之和，反映 x_j 能够被 K 个公因子表示出来的程度，称为变量 x_j 的公共度。

性质 4　**A** 矩阵的第 k 列元素的平方和

$$g_k^2 = \sum_{j=1}^{m} a_{jk}^2 = \sum_{j=1}^{m} (\sqrt{\lambda_k} v_{jk})^2 = \lambda_k \sum_{j=1}^{m} v_{jk}^2 = \lambda_k \tag{1.3.13}$$

是第 k 个公因子 f_k 对各个原变量方差贡献之和，是衡量每个公因子相对重要性的一个尺度。与上一节的结果相同，依旧是对应的特征值。

这里顺便说一下名称问题，因为矩阵的对应于同一特征值的特征向量可以有相差任意非零倍数的无穷多个，当 $\mathbf{V}_k$ 是对应于 λ_k 的特征向量时，$\sqrt{\lambda_k}\mathbf{V}_k$ 也是对应于 λ_k 的特征向量，所以载荷向量图依旧可以称为特征向量图或 EOF 图或空间型，后面我们实际上旋转的是载荷向量，而称为旋转 EOF。但是，反过来，把归一化的特征向量称为载荷向量是不正确的，至于主成分 α_k 和公因子 f_k，气象应用中往往都称为主成分。

为了使每个空间型（载荷向量）能反映原变量场的区域性相关结构，可以对 (1.3.7) 式的 **A** 和 **F** 再做线性变换，同时要保持 $\boldsymbol{\varepsilon}$ 不变，在 **A** 和 **F** 之间应乘以一个正交矩阵和它的转置矩阵。在线性代数中，正交矩阵的定义是，如果一个矩阵的转置矩阵是它的逆矩阵，则该矩阵称为正交矩阵，这样实际上在 **A** 和 **F** 之间乘了 K 阶单位矩阵，所以 **A** 和 **F** 的乘积不变，$\boldsymbol{\varepsilon}$ 也不变。变换的目标是要使 **A** 的各列内部元素的平方之间差异增大，即依据性质 2，要使 a_{jk}^2 在不同 j 之间差异加大。当 **A** 的列数大于 2 时，不能依靠一次变换达到这一目的，于是每次变换使 **A** 的两列（记为第 k 和第 l 列）向这一目标迈进，取 K 阶正交矩阵为

$$\boldsymbol{\Gamma}_{lk}=\begin{pmatrix}1&0&0&0&&0&0&0&0\\0&\ddots&0&0&&0&0&0&0\\0&0&1&0&&0&&&\\0&0&0&\cos\varphi&0&0&-\sin\varphi&0&0\\&&&0&1&0&&&\\&&&&\ddots&&&&\\&&&0&1&0&&&\\0&&0&\sin\varphi&0&0&\cos\varphi&0&0\\&&&0&&0&1&&\\0&&&&&&&\ddots&0\\0&0&&0&&0&&0&1\end{pmatrix}_K \begin{matrix}\\\\\\\text{第 } l \text{ 行}\\\\\\\\\text{第 } k \text{ 行}\\\\\\\\\end{matrix} \tag{1.3.14}$$

第 l 列　　　第 k 列

$1\leqslant l\leqslant k\leqslant K$，即对角线元素中（$\boldsymbol{\Gamma}_{lk}$）$_{ll}$ =（$\boldsymbol{\Gamma}_{lk}$）$_{kk}=\cos\varphi$，对角线上的其他元素都为 1，非对角线元素中（$\boldsymbol{\Gamma}_{lk}$）$_{lk}=-\sin\varphi$，（$\boldsymbol{\Gamma}_{lk}$）$_{kl}=\sin\varphi$，其他非对角线元素都为零。不难证明 $\boldsymbol{\Gamma}_{lk}$ 是正交矩阵

$$\boldsymbol{\Gamma}_{lk}\boldsymbol{\Gamma}_{lk}^T=\mathbf{I}_K \tag{1.3.15}$$

对（1.3.7）式做变换

$$\mathbf{X}=\mathbf{A}\boldsymbol{\Gamma}_{lk}\boldsymbol{\Gamma}_{lk}^T\mathbf{F}+\boldsymbol{\varepsilon} \tag{1.3.16}$$

矩阵乘法满足结合律，记

$$\mathbf{B}=\mathbf{A}\boldsymbol{\Gamma}_{lk} \tag{1.3.17}$$

$$\mathbf{G}=\boldsymbol{\Gamma}_{lk}^T\mathbf{F} \tag{1.3.18}$$

则

$$\mathbf{X}=\mathbf{B}\mathbf{G}+\boldsymbol{\varepsilon} \tag{1.3.19}$$

把（1.3.5）式和（1.3.14）式表示的 **A** 和 $\boldsymbol{\Gamma}_{lk}$ 相乘，得 **B** 矩阵的元素

$$\begin{aligned}b_{jl}&=a_{jl}\cos\varphi+a_{jk}\sin\varphi && j=1\sim m\\b_{jk}&=-a_{jl}\sin\varphi+a_{jk}\cos\varphi && j=1\sim m\\b_{js}&=a_{js}\qquad s\neq k,s\neq l && j=1\sim m\end{aligned} \tag{1.3.20}$$

即 $\mathbf{A}\boldsymbol{\Gamma}_{lk}$ 使 **A** 矩阵的第 l 和 k 列在逆时针方向旋转 φ 角，而其他列不变。利用（1.3.20）式容易证明 **B** 矩阵的第 l，k 列元素平方和等于 **A** 矩阵的第 l，k 列元素平方和

$$\sum_{j=1}^m b_{jl}^2+\sum_{j=1}^m b_{jk}^2=\sum_{j=1}^m a_{jl}^2+\sum_{j=1}^m a_{jk}^2$$

因为除了第 l，k 列以外，其他元素未变，因此，**B** 矩阵所有元素平方和等于 **A** 矩阵所有元素平方和，其含义是所有空间型表示出的所有原变量的方差之和不变。（1.3.7）式和（1.3.19）式中的 $\boldsymbol{\varepsilon}$ 的所有元素都不变也说明表示出的方差总量不变。

由（1.3.18）式，**G** 和 **F** 的元素关系是

$$
\begin{aligned}
\mathbf{G}_{lt} &= f_{lt}\cos\varphi + f_{kt}\sin\varphi \qquad t = 1,2,\cdots,n \\
\mathbf{G}_{kt} &= - f_{lt}\sin\varphi + f_{kt}\cos\varphi \qquad t = 1,2,\cdots,n \\
\mathbf{G}_{st} &= f_{st} \qquad s \neq k, s \neq l \qquad t = 1,2,\cdots,n
\end{aligned}
\tag{1.3.21}
$$

即 $\mathbf{G}$ 的第 l 和 k 行是 $\mathbf{F}$ 的第 l 和 k 行旋转 φ 角得到，$\mathbf{G}$ 的其他行的元素等于 $\mathbf{F}$ 中对应元素。利用（1.3.21）式同样可证明 $\mathbf{G}$ 矩阵的所有元素平方和等于 $\mathbf{F}$ 矩阵的所有元素平方和，其含义是这种变换保持 K 个主成分的总方差不变。

b_{jl}^2 和 b_{jk}^2 反映旋转后的第 l 和第 k 个空间型对第 j 个原变量 x_j 的方差贡献，由于变量的公共度不同，b_{jl}^2 和 b_{jk}^2 在不同 j 之间的差异还要考虑变量的公共度，因此选取的 φ 角应使得 b_{jl}^2/h_j^2 和 b_{jk}^2/h_j^2 在不同 j 之间的差异大，即旋转后，使第 l、k 两个空间型对各个格点上原变量的方差贡献的差异增大，以使反映 m 个原变量中的局部结构。其中 m 个量：b_{1l}^2/h_1^2，b_{2l}^2/h_2^2，…，b_{ml}^2/h_m^2 的差异用它们的方差表示

$$
\begin{aligned}
V_l &= \frac{1}{m}\sum_{j=1}^{m}\left(\frac{b_{jl}^2}{h_j^2}\right)^2 - \left(\frac{1}{m}\sum_{j=1}^{m}\frac{b_{jl}^2}{h_j^2}\right)^2 \\
&= \frac{1}{m^2}\left[m\sum_{j=1}^{m}\left(\frac{b_{jl}^2}{h_j^2}\right)^2 - \left(\sum_{j=1}^{m}\frac{b_{jl}^2}{h_j^2}\right)^2\right]
\end{aligned}
\tag{1.3.22}
$$

同样地

$$
V_k = \frac{1}{m^2}\left[m\sum_{j=1}^{m}\left(\frac{b_{jk}^2}{h_j^2}\right)^2 - \left(\sum_{j=1}^{m}\frac{b_{jk}^2}{h_j^2}\right)^2\right] \tag{1.3.23}
$$

一次旋转要使 V_l 和 V_k 都增大，因此取 $V=V_l+V_k$，使 V 达极值的必要条件是

$$
\frac{\partial V}{\partial \varphi} = 0 \tag{1.3.24}
$$

把（1.3.20）式代入（1.3.22）式和（1.3.23）式后，由（1.3.24）式得

$$
\varphi = \frac{1}{4}\arctan\left[\frac{D - \frac{2}{m}HE}{C - \frac{1}{m}(H^2 - E^2)}\right] \tag{1.3.25}
$$

其中

$$
\begin{aligned}
D &= 2\sum_{j=1}^{m} u_j v_j \\
H &= \sum_{j=1}^{m} u_j \\
E &= \sum_{j=1}^{m} v_j \\
C &= \sum_{j=1}^{m} (u_j^2 - v_j^2) \\
u_j &= \left(\frac{a_{jl}}{h_j}\right)^2 - \left(\frac{a_{jk}}{h_j}\right)^2 \\
v_j &= 2\left(\frac{a_{jl}}{h_j}\right)\left(\frac{a_{jk}}{h_j}\right)
\end{aligned}
\qquad j = 1,2,\cdots,m
$$

因为以上运算只旋转了第 l、k 两个空间型和主成分，当 $K>2$ 时，应对所有不同的 l、k 组合都做这样旋转，共要做 $\frac{1}{2}K(K-1)$ 次不同 l，k 组合的旋转，全部旋转完毕称为一个循环，因为矩阵乘法满足结合律，可把 $\frac{1}{2}K(K-1)$ 个正交矩阵乘在一起，此时得到的载荷矩阵记作

$$\mathbf{B}_1=\mathbf{A}\boldsymbol{\Gamma}_{12}\boldsymbol{\Gamma}_{13}\cdots\boldsymbol{\Gamma}_{K-1,K}=\mathbf{A}\mathbf{P}_1$$

$$\mathbf{P}_1=\boldsymbol{\Gamma}_{12}\boldsymbol{\Gamma}_{13}\cdots\boldsymbol{\Gamma}_{K-1,K}$$

因为正交矩阵的乘积还是正交矩阵，所以 $\mathbf{P}_1\mathbf{P}_1^T=\mathbf{I}_K$，同样地

$$\mathbf{G}_1=\boldsymbol{\Gamma}_{K-1,K}^T\cdots\boldsymbol{\Gamma}_{13}^T\boldsymbol{\Gamma}_{12}^T\mathbf{F}=\mathbf{P}_1^T\mathbf{F}$$

完成一个循环以后，（1.3.19）式变为

$$\mathbf{X}=\mathbf{B}_1\mathbf{G}_1+\boldsymbol{\varepsilon} \tag{1.3.26}$$

此时计算第一循环后载荷矩阵列向量元素平方的方差之和

$$V_{(1)}=\sum_{k=1}^{K}V_k$$

在第一循环的基础上，从（1.3.26）式再出发，再进行第二循环，并计算 $V_{(2)}$，有 $V_{(1)}\leqslant V_{(2)}$。不断重复上述循环的旋转，当载荷矩阵的列向量元素平方的方差之和改变不大时，停止旋转，最后得到的 **B** 矩阵的列向量就是旋转载荷向量或旋转特征向量、REOF，**G** 矩阵的行向量是旋转主成分或旋转公因子。

m 个原变量经过 EOF 展开后截取前几个作旋转变换呢？即怎样选 K？选取不当达不到预期的效果。如果 K 太小，被截留的部分主要包含场的大尺度信息，含区域性结构的信息已较少，旋转也不能再产生区域性结构信息，相反，如果 K 很大，接近 m，则截留后包含很多小尺度变化信息，使得每张 REOF 图上的中心个数减少，倾向于每个 REOF 和 RPC 反映单个原变量的变化，极端情况下，如果取 $K=m$，则充分旋转后每个 REOF 就只有一个中心，只反映一个原变量的变化，同样得不到区域性相关结构。所以要适当确定 K。K 的选取有以下几种方法。一种是使前 K 个 EOF 和 PC 对原场的累计方差贡献率达一定量，例如 60%～80%。另外，Guttman 提出选 $\lambda_k\geqslant 1$ 对应的 EOF 和 PC 参加旋转，这个规则的基础是原变量是标准化的，每个原变量的方差为 1，主成分的方差为 λ_k，既然被称为主成分，当然要求它的方差大于单个原变量的方差，即大于 1。但是当时间观测次数小于空间格点数时，特别是 n 远小于 m 的情况这个准则不能用，因为这种情况下协方差矩阵的不等于零的特征值的个数只有 $n-1$ 个，第 $n-1$ 个主成分的方差还大于 1，前 $n-1$ 个主成分的累计方差贡献率就已达到 100%，取 $n-1$ 个就全部取上了。Edward 提出在特征值随序号变化的曲线上，重大的不连续性点作为有用信息与噪声分割点，有用信息参加旋转，这

个方法称为 Scree 法。Craddock 建议在特征值自然对数曲线上尾部变为线性时为分割点，分割点的序号就是 K。这些取法不能生搬硬套，对具体问题应作一些试验，运用专业知识选取合适的 K。

应用例子

为了与 Wallace 和 Horel 早期的工作相比较，这里用新的资料重新做北半球冬季 500hPa 高度场的 EOF 和 REOF 分析。取 NCEP/NCAR 再分析资料中的北半球冬季（1月）500hPa 高度资料，取赤道到 80°N 纬带区域，2.5×2.5 经纬度格距，纬向 144 个格点，经向 33 个格点，1948 年到 1998 年的 1 月。在进行 EOF 计算以前每个格点上的资料都先做标准化处理得到标准化距平。因为空间格点数为 4752，时间次数仅为 51，所以计算特征值和特征向量时采用上节介绍的时空转换技术。标准化处理后每个格点上变量的方差为 1，场的总方差为 4752。由于不等于零的特征值只有 $n-1$ 个即 50 个，计算得到第 50 个特征值为 1.5，第 51 个起特征值都为零，所以不能使用上述的 Guttman 准则。这里作为例子人为地取前 20 个特征向量和主成分做旋转。旋转前后方差贡献率的变化列在表 1.3.1 中。从原理知道，第一 EOF 的方差贡献率是无条件最大的，旋转后方差贡献率一定变小，由表可见，旋转前后 20 个特征成分的累计方差贡献率不变，都是 94.1%。一般而言，前几个特征成分旋转后方差贡献率变小，序号较大的特征成分旋转后方差贡献变大。

表 1.3.1　北半球 1 月 500hPa 高度标准化距平场前 20 个 EOF 和 REOF 的方差贡献率

序号	特征值	未旋转 EOF 方差贡献率（%）	累积方差贡献率（%）	REOF 的方差贡献率（%）	REOF 累积方差贡献率（%）
1	1245.3	26.2	26.2	24.3	24.3
2	703.4	14.8	41.0	8.1	32.4
3	424.3	8.9	49.9	8.4	40.9
4	324.3	6.8	56.8	6.8	47.7
5	298.3	6.3	63.0	7.2	55.5
6	247.6	5.2	68.2	4.7	60.2
7	190.3	4.0	72.3	5.6	65.8
8	176.4	3.7	76.0	3.0	68.8
9	133.0	2.8	78.8	2.4	71.2
10	114.4	2.4	81.2	3.4	74.6
11	101.3	2.1	83.3	2.2	76.8
12	95.1	2.0	85.3	3.2	80.0
13	80.2	1.7	87.0	1.7	81.7
14	71.2	1.5	88.5	2.6	84.3
15	68.5	1.4	89.9	2.8	87.1

续表

序号	特征值	未旋转 EOF 方差贡献率（%）	累积方差贡献率（%）	REOF 的方差贡献率（%）	REOF 累积方差贡献率（%）
16	52.9	1.1	91.0	1.8	88.9
17	40.6	0.85	91.9	1.5	90.3
18	37.2	0.78	92.7	1.1	91.5
19	35.6	0.75	93.4	1.3	92.8
20	33.7	0.71	94.1	1.4	94.1

图 1.3.1（a）～（d）和（e）～（h）分别是前 4 个 EOF 和 REOF 的空间分布图。明显的区别在于未旋转的前 4 个空间型在整个区域有较多中心，绝对值分布相对均匀，也就是前面所说的每个未旋转的 EOF 都要在与排在它之前的 EOF 正交的条件下尽可能多地表示出整个区域的变化关系。REOF 图上中心个数变少，中心的绝对值变大，更多地反映局部地区的变化。在这个例子中 EOF1 与 REOF1 图很相似，主要反映热带地区与北太平洋东部之间反相关，在加拿大和美国东南部还各有一个反号中心，在约 15°N 以南地区载荷分量的绝对值达 0.8，REOF1 图上达 0.9，表明它们对热带地区局地方差的贡献率分别达 64%、81%以上，并且热带地区不同经度上距平符号一致。把热带太平洋的负中心、北太平洋东部的正中心、加拿大的负中心、美国东南部的正中心看作一个定常波的波列，则非常相似于 Wallace 和 Gutzler1981 年指出的太平洋北美遥相关型，但是北太平洋和加拿大的中心位置比他们的两个相应中心偏东，可能原因是原始资料不同，他们采用的是 1962/1963 到 1976/1977 年 15 个冬季的 12、1、2 月共 45 个冬季月份的资料，我们这里采用的是 1948 至 1998 年共 51 年的 1 月份的资料。在未旋转的第 2、3、4 特征向量图上很难找到 Wallace 和 Gutzler 指出的北半球冬季 500hPa 遥相关型。而第 2、3、4REOF 图上局部地区之间的相关很突出。REOF2 图上大西洋上 30°N 和 70°N 附近分别为达正负 0.8 的中心，而在北半球其他地区量值很小，所以该空间型反映北大西洋中纬与高纬之间的反相关，与 Wallace 和 Gutzler 的遥相关型相比较，该图统括了他们的大西洋西部型和大西洋东部型，这或许是每个遥相关型位置也有些年际变化，这两个紧邻的遥相关型难截然分开。第 3 和第 4REOF 图分别反映他们提出的欧亚型和太平洋西部型。他们提出的太平洋西部型是沿 155°E，高纬（60°N）与中纬（30°N）之间负相关。这个地区是北半球冬季 500hPa 上气候平均西风急流区，REOF4 图上的两个异号中心正位于这里。根据地转风关系，这个遥相关型反映太平洋西部 500hPa 上空西风急流强度的年际变化，在中纬高度场正距平、高纬负距平的 1 月，其间南北向气压梯度比多年平均强，该处的西风急流强度较多年平均强，在相反高度距平分布的 1 月，西风急流强度就偏弱。通过对比这些 EOF 与 REOF 图充分体现出了 REOF 方法揭示局部相关结构的优良功能。

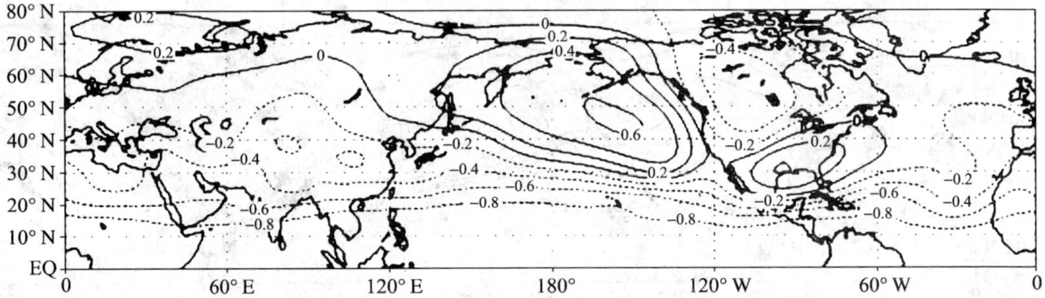
80° N
70° N
60° N
50° N
40° N
30° N
20° N
10° N
EQ
0
60° E
120° E
180°
120° W
60° W
0

(a)

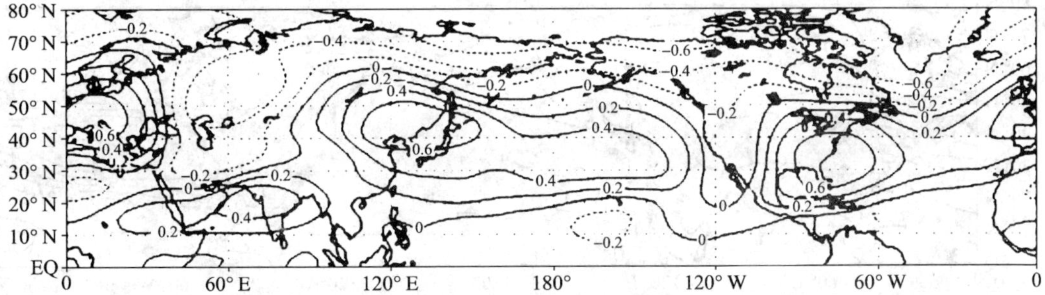
80° N
70° N
60° N
50° N
40° N
30° N
20° N
10° N
EQ
0
60° E
120° E
180°
120° W
60° W
0

(b)

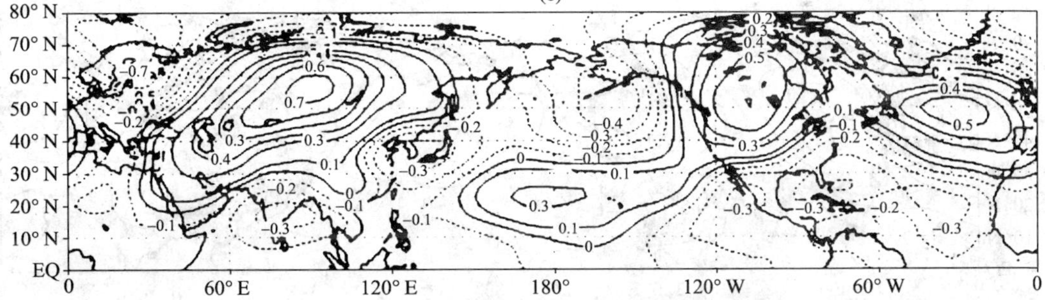
80° N
70° N
60° N
50° N
40° N
30° N
20° N
10° N
EQ
0
60° E
120° E
180°
120° W
60° W
0

(c)

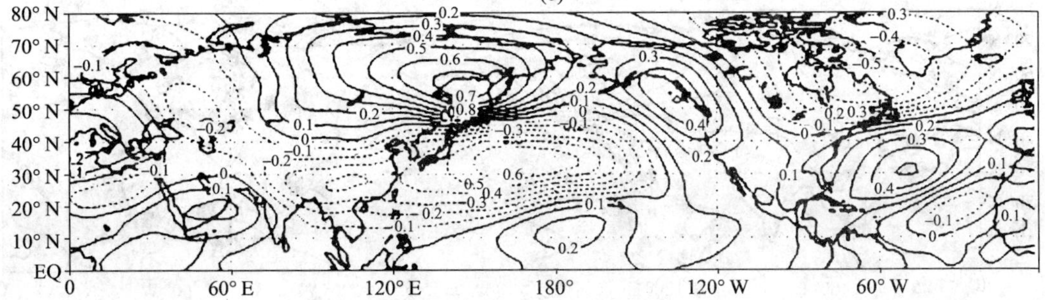
80° N
70° N
60° N
50° N
40° N
30° N
20° N
10° N
EQ
0
60° E
120° E
180°
120° W
60° W

(d)

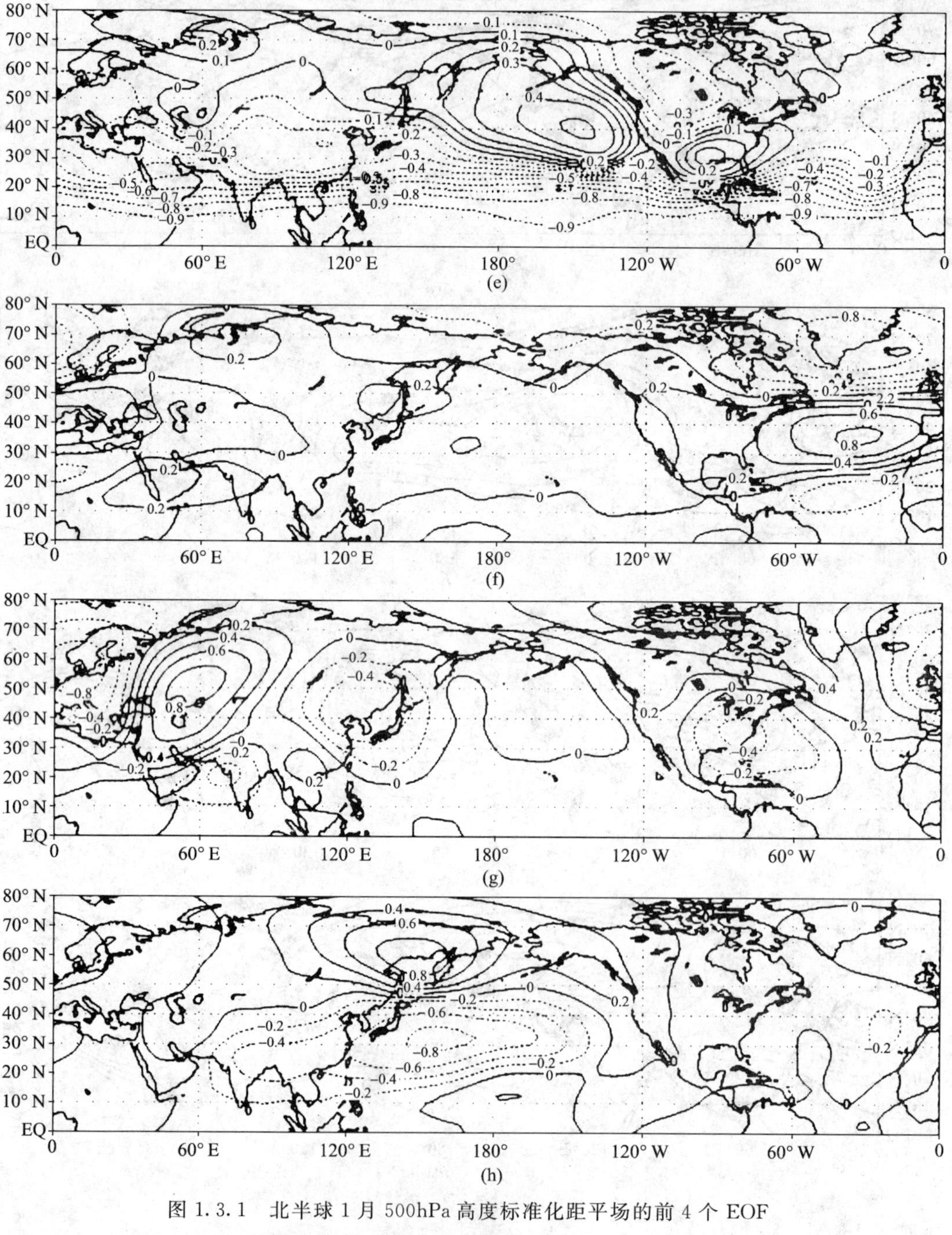

图 1.3.1　北半球 1 月 500hPa 高度标准化距平场的前 4 个 EOF

(a) ～ (d) 和前 4 个 REOF (e) ～ (h) 图

§1.4　复经验正交函数展开

首先，要对容易混淆的名称做一些解释。前两节我们介绍了实值的随机场或随机向量的 EOF 和 PC 分析，当随机向量或场是复值时，可类似地导出 EOF 和 PC，这是一般意义下的复 EOF（Complex EOF，简称 CEOF）。在实的或复的一般意义的 EOF 分析中，EOF 是随机向量 $\boldsymbol{X}$ 的协方差矩阵的特征向量。在多元统计中，由 $\boldsymbol{X}$ 的样本 $X_1, X_2, \cdots\cdots, X_n$ 估计协方差矩阵和它的特征向量、特征值，估计的结果与样本的序号（观测的时间序号）无关，这从估计协方差矩阵元素的公式可以看出。实际上，在多元统计中，根据样本的定义，估计量不仅与样本序号无关，还要求 X_1，X_2，$\cdots\cdots, X_n$ 是互相独立的，其下标只起样品指示码的作用，而可以不与观测的时间顺序相对应。目前，在大气科学中应用得比较多的为大家所熟悉的复 EOF 实际上是上述一般复 EOF 的一种特殊情况。在这种应用中，为了表示大气变量场中波动的传播，把本来是实的随机向量加上它的 Hilbert 变换作为人造的虚部构成复值随机向量，Hilbert 变换可以看作原过程的时间导数。所以，这样构成的复随机向量的 EOF 不仅反映状态变率的性质，还揭示在相同时间的状态的变化。可见，在这样的 CEOF 中，样本的时间序号非常重要。取决于时间的随机变量或随机向量原理是已属于随机过程，因此，这种特殊的 CEOF 应用是随机过程和多元统计相混合的方法。为了避免与通常意义的 CEOF 相混淆，Hans Von Storch 建议将其称为狭义 CEOF 或 Hilbert EOF。下面先介绍通常的 CEOF，再介绍 Hilbert EOF。目前国内应用的 CEOF 实际上都是狭义 CEOF，而通常的 CEOF 可以说没有被国内应用过。

1.4.1　通常的 CEOF

设 $\boldsymbol{Y}$ 是复值的 m 维随机向量，例如一个水平流场的纬向分量为实部，经向分量为虚部，就构成一个复值随机场。类似于§1.2 的 EOF 原理，在 m 维的空间中寻找复的基向量 $\boldsymbol{E}_k$，$\boldsymbol{E}_k$ 的正交归一性质表示为

$$\boldsymbol{E}_k^{*T}\boldsymbol{E}_{k'} = \sum_{i=1}^{m}\boldsymbol{E}_{ik}^{*}\boldsymbol{E}_{ik'} = \begin{cases}1 & \text{当 } k = k' \\ 0 & \text{当 } k \neq k'\end{cases}$$

$\boldsymbol{E}_k$ 是复向量，它的每个分量是复数，要求 $\boldsymbol{E}_k$ 的 m 个分量的模方之和等于 1；不同序号的 $\boldsymbol{E}_k$ 之间共轭正交。这里和以后，“$*$”表示一个复数的共轭，“$*T$”表示一个复向量或复矩阵的共轭转置。

$\boldsymbol{Y}$ 的展开式为

$$\boldsymbol{Y}_t = \sum_k \alpha_k(t)\boldsymbol{E}_k + \boldsymbol{\varepsilon}_t \tag{1.4.1}$$

$\alpha_k(t)$是复值时间系数，$\boldsymbol{\varepsilon}_t$ 是复值误差向量。（1.4.1）两边左乘 $\boldsymbol{E}_k$ 的复共轭转置，利用 $\boldsymbol{E}_k$ 的正交归一性质，得到复时间系数

$$\alpha_k(t) = \boldsymbol{E}_k^{*T}\boldsymbol{Y}_t = \sum_{i=1}^{m} y_{it}E_{ik}^{*} \tag{1.4.2}$$

设随机向量 $\boldsymbol{Y}$ 也是零均值的，$\langle y_{it}\rangle=0$，所以有$\langle \alpha_k(t)\rangle=0$。$\alpha_k(t)$的共轭复数为

$$\alpha_k^{*}(t) = \sum_{i=1}^{m} y_{it}^{*}E_{ik} = \boldsymbol{Y}_t^{*T}\boldsymbol{E}_k$$

$\alpha_k(t)$的方差为

$$\begin{aligned}\mathrm{Var}\alpha_k(t) &= \frac{1}{n}\sum_{t=1}^{n}\alpha_k(t)\alpha_k^{*}(t) = \langle \alpha_k(t)\alpha_k^{*}(t)\rangle \\ &= \langle \boldsymbol{E}_k^{*T}\boldsymbol{Y}_t\boldsymbol{Y}_t^{*T}\boldsymbol{E}_k\rangle = \boldsymbol{E}_k^{*T}\langle \boldsymbol{Y}_t\boldsymbol{Y}_t^{*T}\rangle\boldsymbol{E}_k\end{aligned} \tag{1.4.3}$$

与实 EOF 原理类似，$\boldsymbol{E}_k$ 是逐个导出的。先取第一个复空间型 $\boldsymbol{E}_1$，由（1.4.1）式，得复误差向量为

$$\boldsymbol{\varepsilon}_t = \boldsymbol{Y}_t - \alpha_1(t)\boldsymbol{E}_1$$

复数误差大小用模方来衡量，场的误差方差记为 e_1

$$\begin{aligned}e_1 &= \sum_{i=1}^{m}\frac{1}{n}\sum_{t=1}^{n}|\varepsilon_{it}|^2 = \frac{1}{n}\sum_{t=1}^{n}\sum_{i=1}^{m}\varepsilon_{it}^{*}\varepsilon_{it} = \langle \boldsymbol{\varepsilon}_t^{*T}\boldsymbol{\varepsilon}_t\rangle \\ &= \langle (\boldsymbol{Y}_t - \alpha_1(t)\boldsymbol{E}_1)^{*T}(\boldsymbol{Y}_t - \alpha_1(t)\boldsymbol{E}_1)\rangle \\ &= \langle \boldsymbol{Y}_t^{*T}\boldsymbol{Y}_t\rangle - \langle \alpha_1(t)\boldsymbol{Y}_t^{*T}\boldsymbol{E}_1\rangle - \langle \alpha_1^{*}(t)\boldsymbol{E}_1^{*T}\boldsymbol{Y}_t\rangle + \langle \alpha_1^{*}(t)\alpha_1(t)\boldsymbol{E}_1^{*T}\boldsymbol{E}_1\rangle \\ &= \langle \boldsymbol{Y}_t^{*T}\boldsymbol{Y}_t\rangle - \langle \alpha_1(t)\alpha_1^{*}(t)\rangle - \langle \alpha_1^{*}(t)\alpha_1(t)\rangle + \langle \alpha_1^{*}(t)\alpha_1(t)\rangle \\ &= \langle \boldsymbol{Y}_t^{*T}\boldsymbol{Y}_t\rangle - \langle \alpha_1(t)\alpha_1^{*}(t)\rangle \\ &= \mathrm{Var}\boldsymbol{Y} - \mathrm{Var}\alpha_1(t) \\ &= \mathrm{Var}\boldsymbol{Y} - \boldsymbol{E}_1^{*T}\langle \boldsymbol{Y}_t\boldsymbol{Y}_t^{*T}\rangle\boldsymbol{E}_1 = \mathrm{Var}\boldsymbol{Y} - \boldsymbol{E}_1^{*T}\boldsymbol{\Sigma}_{YY}\boldsymbol{E}_1\end{aligned} \tag{1.4.4}$$

其中

$$\mathrm{Var}\boldsymbol{Y} = \langle \boldsymbol{Y}_t^{*T}\boldsymbol{Y}_t\rangle = \frac{1}{n}\sum_{t=1}^{n}\sum_{i=1}^{m}y_{it}^{*}y_{it} = \sum_{i=1}^{m}\frac{1}{n}\sum_{t=1}^{n}|y_{it}|^2 \tag{1.4.5}$$

是复随机场的总方差。

$\boldsymbol{\Sigma}_{YY} = \langle \boldsymbol{Y}_t\boldsymbol{Y}_t^{*T}\rangle$ 是复随机场的协方差矩阵，它的第 i 行第 j 列元素是

$$(\boldsymbol{\Sigma}_{YY})_{ij} = \langle y_{it}y_{jt}^{*}\rangle = \frac{1}{n}\sum_{t=1}^{n}y_{it}y_{jt}^{*} \tag{1.4.6}$$

因为 $y_{it}y_{jt}^{*}$ 与 $y_{jt}y_{it}^{*}$ 是共轭复数，所以 $(\boldsymbol{\Sigma}_{YY})_{ij} = (\boldsymbol{\Sigma}_{YY})_{ji}^{*}$，即 $\boldsymbol{\Sigma}_{YY}$ 的非对角线元素是共轭对称的。它的对角线元素 $\langle y_{it}y_{it}^{*}\rangle = \langle |y_{it}|^2\rangle$ 是实数，所以 $\boldsymbol{\Sigma}_{YY}$ 是复厄尔米特矩阵。它的对角线元素之和也是复随机场的总方差 $\mathrm{Var}\boldsymbol{Y}$。与实 EOF 导出过程相同，为使（1.4.4）式表示出的 e_1 在 $\boldsymbol{E}_1^{*T}\boldsymbol{E}_1=1$ 条件下达最小，$\boldsymbol{E}_1$ 满足的方程是

$$\boldsymbol{\Sigma}_{YY}\boldsymbol{E}_1 = \lambda_1 \boldsymbol{E}_1 \tag{1.4.7}$$

复空间型 $\boldsymbol{E}_1$ 是 $\boldsymbol{\Sigma}_{YY}$ 的特征向量。当 $\boldsymbol{E}_1$ 取为 $\boldsymbol{\Sigma}_{YY}$ 的第 1 特征向量，（1.4.7）式代入（1.4.4）式并利用 $\boldsymbol{E}_1^{*T}\boldsymbol{E}_1=1$，得

$$e_1 = \mathrm{Var}\boldsymbol{Y} - \lambda_1$$

因为由（1.4.4）式和（1.4.5）式知，e_1 和 Var$\boldsymbol{Y}$ 都是实的，所以 λ_1 也是实数，表示 $\boldsymbol{E}_1$ 对 Var$\boldsymbol{Y}$ 的贡献。接下来的过程是类似的。

$\boldsymbol{\Sigma}_{YY}$ 的一个复特征向量（复 EOF，每个分量是一个复数）可以被表示成一对空间型，分别对应它的实部向量 $\boldsymbol{E}_k^R$ 和虚部向量 $\boldsymbol{E}_k^I$

$$\boldsymbol{E}_k = \boldsymbol{E}_k^R + i\boldsymbol{E}_k^I$$

还可用极坐标表示，$\boldsymbol{E}_k$ 的第 j 个分量记为

$$E_{jk} = A_{jk}\exp(i\varphi_{jk}) \qquad j = 1,2,\cdots,m \tag{1.4.8}$$

因此，第 k 个复 EOF 可以像风矢量图那样表示成两维向量分布型。注意，复特征向量在满足归一化要求下还可以相差任意复常数 $e^{i\xi}$，ξ 是任意一个角度，所以角 φ_{jk} 是相对于一个指定的角表示的。在数学上，把一个已经归一化的复特征向量的每个分量旋转一个相同的角度 ξ，得到的复向量还是与相同特征值对应的归一化的复特征向量。怎样选取这个角度 ξ 要依靠应用者的专业知识。

复 EOF 可以相差任意一个角度的性质还可以用来在复向量域中把复 EOF 旋转使得它的实部向量和虚部向量正交（即 $\boldsymbol{E}_k^{R^T}\boldsymbol{E}_k^I=0$），或者使复 EOF 的时间系数的实部成分和虚部成分不相关（即 $\mathrm{Cov}(\mathrm{Re}(\alpha_k),\mathrm{Im}(\alpha_k))=0$）。我们将在主振荡型（POP）分析中详细介绍使实部向量与虚部向量正交的方法。

复 EOF 的时间系数也可写成 e 指数形式

$$\alpha_k(t) = a_k(t)\exp[i\psi_k(t)] \tag{1.4.9}$$

$a_k(t)$是 $\alpha_k(t)$的模，$\psi_k(t)$是 $\alpha_k(t)$的辐角。

场或信号 $\boldsymbol{Y}$ 被第 k 个复 EOF 及时间系数表示出的部分［即展开式（1.4.1）式右边的第 k 项］为

$$\alpha_k(t)\boldsymbol{E}_k = a_k(t)\boldsymbol{A}_k\exp[i(\psi_k(t) + \boldsymbol{\Phi}_k)] \tag{1.4.10}$$

其中 $\boldsymbol{A}_k$ 是空间振幅向量，$\boldsymbol{A}_k=(A_{1k},\ \ldots,\ A_{mk})^T$，$\boldsymbol{\Phi}_k$ 是空间位相向量，$\boldsymbol{\Phi}_k=(\varphi_{1k},\ \ldots,\ \varphi_{mk})^T$，$a_k(t)$是时间振幅，$\psi_k(t)$是时间位相。这样，在给定时间 t，$\boldsymbol{Y}_t$ 被 $\boldsymbol{E}_k$ 和 $\alpha_k(t)$所表示出的部分是通过把 $\boldsymbol{E}_k$ 的元素旋转一个共公角 $\psi_k(t)$并乘以公共的尺度因子 $a_k(t)$得到的。

在 EOF 分析中，特征值表示相应的特征向量和主成分解释的原场的方差。对于复的场 $\boldsymbol{Y}$，这种说法也是有效的。但是，被 $\boldsymbol{E}_k$ 和 $\alpha_k(t)$的实部和虚部表示出的方差总量各有多大，没有一般的提法，事实上，实部和虚部本身也是相对的。

复厄尔米特矩阵特征值和特征向量的计算程序可以采用郭富印等编著的书《FORTRAN 算法汇编》中的子程序。应注意的是，因为一个复的特征向量乘以一个复常数还是同一特征值对应的特征向量，即使是归一化后，特征向量的各个分量旋转同一角度（乘以 $e^{i\xi}$）还是该特征值对应的特征向量，究竟取怎样的合适，还要依靠专业知识。实际上，复空间型与实空间型一样，只是反映分析对象在空间分布的相对关系，例如，如果分析的对象是热带太平洋的风应力距平场，纬向分量场和经向分量场分别为 $\boldsymbol{Y}$ 的实部和虚部。我们的专业知识知道，厄尔尼诺事件期间，热带中太平洋是西风应力距平，因此，可以找一个适当的 ξ，使归一化的复特征向量乘以 $e^{i\xi}$后，在热带中太平洋的分量是自西指向东的，那么，该特征向量在整个空间的分布（一个向量场）就反映厄尔尼诺事件期间风应力距平的空间结构。

这里介绍复 EOF 的一个应用例子。在加利福尼亚沿海的 Santa Barbara 海峡系留几个感应器，测量海洋表面变量：风应力和次表层流速，观测了 60 天，每 7.5 分钟在 5 个深度（5，10，20，30，45m）记录流速，在两个邻近的测站每小时记录一次风应力。先求得平均的水流速度和风应力，再求得距平。Brink 和 Muench 对 5 个深度的水平流速距平和 2 个测站的风应力距平各做了复 EOF 分析。用 u_j 和 v_j 表示第 j 深度的纬向和经向水流速度距平，复随机向量为 $\boldsymbol{Y}=(u_1,\ ...,\ u_5)^T+i\ (v_1,\ ...,\ v_5)^T$，对于风应力二维的复随机向量类似地组成。得到的复 EOF 用向量表示。流速的第一个 CEOF 表明，在 5 个深度上有相当一致的异常（距平），尽管平均流速无论是大小还是方向在不同深度上明显地不同。水流速度变率的最重要空间型的特征是：最大的速度异常在海表面，随着深度增加方向作逆时针转动，表面层的正的速度距平倾向于与深层的指向相对于表层距平左侧的弱距平相配合。风应力的第一 CEOF 表明，两个测站的距平变化非常相似。

1.4.2 Hilbert EOF

Hilbert EOF 是上述 CEOF 的特殊应用，设计成专门用于识别标量场包含的波动成分，为了介绍这个方法的原理，需要先介绍一些预备知识。

1.4.2.1 波动成分的空间与时间分解

EOF 展开是把场的空间变化和时间变化分离开来，并且用尽可能少的模态表示它的时空变化。那么，如果场的时空变化是由传播的波或驻波组成的，分解出的 EOF 和 PC 将是怎样的呢？为了方便，设空间只是一维的，在 x 方向，一个移行波可表示为

$$Z(x,t) = A\sin(kx - \omega t) \tag{1.4.11}$$

波振幅是 A，位相是 $kx-\omega t$，其中 kx 表示某时间不同空间点上的位相，可称空间位相函数，$-\omega t$ 是波动随时间变化的位相，可称时间位相函数。在 x 方向上，x 每增加

2π 长度，位相角增加 $k\,2\pi$，包含 k 个完整波，所以 k 是 2π 距离内的波数，得波长 $L=2\pi/k$。当时间 t 变化 $2\pi/\omega$，位相 ωt 变化 2π，所以周期 $T=2\pi/\omega$。取 $t=0$，$\frac{T}{4}$，$\frac{T}{2}$，...，得对应的 ωt 是 0，$\frac{\pi}{2}$，π，...，把这些时次的波形画在 x 方向的一维空间图上，容易看出它是正 x 方向传播的。在一个周期时间内，同位相点向 x 正方向位移一个波长，所以相速 $c=L/T=(2\pi/k)/(2\pi/\omega)=\omega/k$。所以，(1.4.11) 式描述的波动传播很清楚。

把 (1.4.11) 式时间和空间变化分离开来，得

$$\begin{aligned} Z(x,t) &= A\sin(kx-\omega t) \\ &= A\sin kx\cos\omega t - A\cos kx\sin\omega t \end{aligned} \tag{1.4.12}$$

可见，一个传播的波需两个空间型和两个时间系数表示，并且两个空间型分别正比于 $\sin kx$ 和 $\cos kx$，它们正交，有相同的空间波数。两个时间系数分别正比于 $\cos\omega t$ 和 $-\sin\omega t$，它们也正交，有相同的频率（周期）。如果把 (1.4.12) 式看作 EOF 展开式，则 $\sin kx$ 和 $\cos kx$ 归一化以后就是 EOF1 和 EOF2，$A\cos\omega t$ 和 $-A\sin\omega t$ 乘以一个适当的数（使 $\sin kx$、$\cos kx$ 归一化的因子的倒数）就是对应的时间系数。常规的 EOF 分析中，特征向量是相互正交的，但不一定满足有相同的空间波数，时间系数也是相互正交的，但不一定有相同的频率。因此，常规 EOF 分析中的一个空间型及时间系数肯定不能表示一个传播的单波，一对空间型和时间系数因不满足以上要求也不能表示一个传播的单波。

如果只取 (1.4.12) 式中的一个空间型和时间系数

$$Z(x,t) = A\sin kx\cos\omega t \tag{1.4.13}$$

取时间 $t=0$，$\frac{T}{4}$，$\frac{T}{2}$，$\frac{3}{4}T$，T，对应于 $\omega t=0$，$\frac{\pi}{2}$，π，$\frac{3}{2}\pi$，2π，作出这些时次的 $Z(x,t)$ 图，可见，该式表示的是驻波振动，kx 等于 $\frac{\pi}{2}$ 和 $\frac{3}{2}\pi$ 处是波腹，kx 等于 π 和 2π 处是波节。类似地，在常规 EOF 分析中，当某个空间型的时间系数是周期性的时，该特征成分表示具有 EOF 样子的一个驻波振动，波节在 EOF 空间型的零线处，波腹在 EOF 空间型的正负中心。

上面为了方便，空间只取一维，如果是平面上传播的波动，讨论是类似的，例如

$$\begin{aligned} Z(x,y,t) &= A\sin(kx+ly-\omega t) \\ &= A\sin(kx+ly)\cos\omega t - A\cos(kx+ly)\sin\omega t \end{aligned} \tag{1.4.14}$$

说明平面上传播的波动也需要一对正交的相同尺度的空间型和一对正交的相同频率变化的时间系数表示。

鉴于前述的常规 CEOF 分析中的一个复 EOF 能表示一对正交的空间型，只要它

的实部型和虚部型分别对应于传播型波动的两个空间型，用一个 CEOF 就能表示场中的一个传播型成分。在（1.4.14）式中，在波动 $Z(x,y,t)$ 呈现 $\cos(kx+ly)$ 型分布以后经历 $T/4$ 时间，波动呈现负 $\sin(kx+ly)$ 型分布。设想 $\cos(kx+ly)$ 和 $\sin(kx+ly)$ 分别对应于一个 CEOF 的实部向量和虚部向量，则由前述的常规 CEOF 分析的原理，构造复资料所用的虚部应是各个周期成分的相对于实际时间滞后 $T/4$（或 $\pi/2$ 角位相）的序列之和。为了求得这种虚部成分，需介绍 Hilbert 变换。

1.4.2.2　Hilbert 变换

如果 x_t 是实数值时间序列，它的 Fourier 分解是

$$x_t = \sum_f \zeta(f) e^{-i2\pi ft} \tag{1.4.15}$$

则 x_t 的 Hilbert 变换是

$$x_t^H = \sum_f \zeta^H(f) e^{-i2\pi ft} \tag{1.4.16}$$

其中 $\zeta^H(f)$ 的定义是

$$\zeta^H(f) = \begin{cases} i\zeta(f) & \text{当 } f \leqslant 0 \\ -i\zeta(f) & \text{当 } f > 0 \end{cases} \tag{1.4.17}$$

x_t 的 Hilbert 变换 x_t^H 与原序列 x_t 除掉位相差 $\pi/2$ 以外是相同的。（1.4.15）式和（1.4.16）式是线性运算，可以在每个频率上分别进行，例如，如果

$$x_t = 2\cos(2\pi f_0 t) \tag{1.4.18}$$

对于这个固定的频率 f_0（设 f_0 大于零），则 $\zeta(\pm f_0)=1$，因为

$$x_t = 2\cos(2\pi f_0 t) = 1e^{-i2\pi f_0 t} + 1e^{-i2\pi(-f_0)t}$$

按（1.4.17）式得

$$\zeta^H(\pm f_0) = \mp i$$

所以，x_t 的 Hilbert 变换是

$$\begin{aligned} x_t^H &= \zeta^H(f_0)e^{-i2\pi f_0 t} + \zeta^H(-f_0)e^{-i2\pi(-f_0)t} \\ &= -ie^{-i2\pi f_0 t} + ie^{i2\pi f_0 t} \\ &= -2\sin(2\pi f_0 t) \\ &= 2\cos\left(2\pi f_0 t + \frac{\pi}{2}\right) \end{aligned} \tag{1.4.19}$$

也就是 Hilbert 变换使 x_t 向左位移 1/4 周期，这个例子的另一解释是 x_t^H 提供了 x_t 随时间 t 变化率的信息，因为 x_t 对时间的导数正比于是 x_t^H。

上面的 Hilbert 变换是用复 Fourier 级数表示的，频率 f 取 $-\infty$ 至 $+\infty$ 对称的，表达比较简洁，但比较难理解。下面再用 $f \geqslant 0$ 一侧的实 Fourier 级数表示，易于理解和应用。

（1.4.15）式中的 $\zeta(f)$ 是复数，我们将其写为

$$\zeta(f)=\frac{1}{2}a(f)+i\,\frac{1}{2}b(f) \tag{1.4.20}$$

因为 x_t 是实值序列，(1.4.15) 式中各频率成分在 $-f$ 和 $+f$ 须是共轭的，因此 $\zeta(f)$ 是共轭对称的。这样可只取正频率一侧 ($f>0$)，(1.4.15)，(1.4.16)式和(1.4.17)式中 f 小于零的一侧的频率用 $-f$ 表示，则

$$\zeta(-f)=\frac{1}{2}a(f)-i\,\frac{1}{2}b(f)=\zeta^{*}(f) \tag{1.4.21}$$

把 (1.4.20) 式和 (1.4.21) 式代入 (1.4.15) 式，并利用欧拉公式得

$$\begin{aligned} x_t &= \sum_{f=0}^{\infty}\left\{\left[\frac{1}{2}a(f)+i\,\frac{1}{2}b(f)\right]e^{-i2\pi ft}+\left[\frac{1}{2}a(f)-i\,\frac{1}{2}b(f)\right]e^{i2\pi ft}\right\} \\ &= \sum_{f=0}^{\infty}[a(f)\cos 2\pi ft+b(f)\sin 2\pi ft]=\sum_{f=0}^{\infty}A(f)\sin[2\pi ft+\varphi(f)] \end{aligned} \tag{1.4.22}$$

其中

$$a(f)=A(f)\sin\varphi(f) \qquad b(f)=A(f)\cos\varphi(f)$$

$$A(f)=\sqrt{a^2(f)+b^2(f)}$$

$$\varphi(f)=\tan^{-1}\frac{a(f)}{b(f)} \tag{1.4.23}$$

用正频率一侧的 f 表示时，(1.4.17) 式表示的 $\zeta^H(f)$在实际的正频率一侧为

$$\zeta^H(f)=-i\zeta(f)=-i\left[\frac{1}{2}a(f)+i\,\frac{1}{2}b(f)\right]=\frac{1}{2}b(f)-i\,\frac{1}{2}a(f) \tag{1.4.24}$$

在 (1.4.17) 式的负频率一侧变为

$$\zeta^H(-f)=i\zeta(-f)=i\left[\frac{1}{2}a(f)-i\,\frac{1}{2}b(f)\right]=\frac{1}{2}b(f)+i\,\frac{1}{2}a(f) \tag{1.4.25}$$

把 (1.4.24)、(1.4.25) 式代入 (1.4.16) 式，并利用欧拉公式，得

$$\begin{aligned} x_t^H &= \sum_{f=0}^{\infty}[\zeta^H(f)e^{-i2\pi ft}+\zeta^H(-f)e^{-i2\pi(-f)t}] \\ &= \sum_{f=0}^{\infty}\left[\left(\frac{1}{2}b(f)-i\,\frac{1}{2}a(f)\right)e^{-i2\pi ft}+\left(\frac{1}{2}b(f)+i\,\frac{1}{2}a(f)\right)e^{i2\pi ft}\right] \\ &= \sum_{f=0}^{\infty}[b(f)\cos 2\pi ft-a(f)\sin 2\pi ft] \\ &= \sum_{f=0}^{\infty}[A(f)\cos\varphi(f)\cos 2\pi ft-A(f)\sin\varphi(f)\sin 2\pi ft] \\ &= \sum_{f=0}^{\infty}A(f)\cos(2\pi ft+\varphi(f)) \\ &= \sum_{f=0}^{\infty}A(f)\sin\left(2\pi ft+\varphi(f)+\frac{\pi}{2}\right) \end{aligned} \tag{1.4.26}$$

比较（1.4.26）式和（1.4.22）式可见，x_t^H 是 x_t 位移 π/2 相位或时间上位移 1/4 周期。并且，从（1.4.22）式和（1.4.26）式导出过程可见，可用 $f>0$ 一边的实的 Fourier 展开来表示 Hilbert 变换，如果 x_t 的 Fourier 展开为

$$x_t = \sum_{f=0}^{\infty}[a(f)\cos 2\pi ft + b(f)\sin 2\pi ft] \tag{1.4.27a}$$

则

$$x_t^H = \sum_{f=0}^{\infty}[b(f)\cos 2\pi ft - a(f)\sin 2\pi ft] \tag{1.4.27b}$$

在一些文献中 Hilbert 变换就是这样定义的。

上面是 Hilbert 变换的解析定义，在应用下面介绍的 Hilbert EOF 方法对资料做分析时，x_t 是有限长度的离散时间序列，可以用一个位相漂移约 π/2 的滤波运算生成 x_t 的 Hilbert 变换

$$x_t^H = \sum_{l=-L}^{L} h(l)x(t-l)$$

其中权系数

$$h(l) = \begin{cases} \dfrac{2}{\pi l}\sin^2\left(\dfrac{\pi l}{2}\right) & \text{当 } l = 1,2,\cdots,L \\ 0 & \text{当 } l = 0 \end{cases}$$

1.4.2.3　Hilbert EOF

上述的 Hilbert 变换是对一个一维时间序列 x_t 而言的，对于一个实值的气象变量场 $\boldsymbol{X}_t$，它的第 j 格点上的序列为 x_{jt}，它的 Hilbert 变换为 x_{jt}^H，则 $\boldsymbol{X}_t$ 的 Hilbert 变换记为

$$\boldsymbol{X}_t^H = (x_{1t}^H, x_{2t}^H, \ldots, x_{mt}^H)^T \tag{1.4.28}$$

考虑复值的 m 维随机过程

$$\boldsymbol{Y}_t = \boldsymbol{X}_t + i\boldsymbol{X}_t^H \tag{1.4.29}$$

把 $\boldsymbol{Y}_t$ 作为前述的常规 CEOF 的对象，这种分析称 Hilbert EOF。可见，它与常规 CEOF 差别主要在于分析对象的虚部组成不同，从而对结果的解释不同。常规 CEOF 主要用于分析平面向量场，实部和虚部分别是它的 x 和 y 方向分量场，所得的一个复空间型表达被分析的向量场异常的一种形态，实部型和虚部型分别对应于 x 和 y 方向分量的异常形态。

以下分析由（1.4.11）式和（1.4.12）式表示的移行波作 Hilbert EOF 的结果。设空间坐标 x 是一维的，离散取等间距的 m 个点 x_1，x_2，…，x_m，因为字符 x 既表示被分析的对象，又表示空间坐标容易混淆，我们改用 z 表示分析对象。它在第 j 格点的时间序列为

$$
\begin{aligned}
z_{jt} &= A\sin(kx_j - \omega t) \\
&= A\sin kx_j \cos\omega t - A\cos kx_j \sin\omega t \qquad j = 1,2,\cdots,m
\end{aligned} \tag{1.4.30}
$$

此处 ω 表示角频率，相当于（1.4.27）式和（1.4.28）式中的 $2\pi f$，把 z_{jt} 看作（1.4.27）式中某个频率的成分，则 $a(\omega)=A\sin kx_j$，$b(\omega)=-A\cos kx_j$，z_{jt} 的Hilbert变换为

$$
\begin{aligned}
z_{jt}^H &= -A\cos kx_j \cos\omega t - A\sin kx_j \sin\omega t \\
&= -A\cos(kx_j - \omega t)
\end{aligned} \tag{1.4.31}
$$

复值随机过程 $\boldsymbol{Y}_t$ 在第 j 格点上的分量为

$$
y_{jt} = z_{jt} + iz_{jt}^H \qquad j = 1,2,\cdots,m \tag{1.4.32}
$$

把（1.4.30）式和（1.4.31）式代入上式，并用 e 指数形式表示复数，使空间部分和时间部分分离

$$
\begin{aligned}
y_j(t) &= A\sin(kx_j - \omega t) - iA\cos(kx_j - \omega t) \\
&= A(-i)[\cos(kx_j - \omega t) + i\sin(kx_j - \omega t)] \\
&= A\mathrm{e}^{-i\frac{\pi}{2}}\mathrm{e}^{i(kx_j - \omega t)} \\
&= A\mathrm{e}^{ikx_j}\mathrm{e}^{-i(\omega t + \pi/2)}
\end{aligned} \tag{1.4.33}
$$

上式中的 $\mathrm{e}^{-i\frac{\pi}{2}}$ 可看作时间初位相，也可看作空间初位相，因为这里的解析分析没有考虑实际场的初位相，所以不失一般性，将其删去也可以。（1.4.33）式中与空间有关的是 e^{ikx_j}，将它归一化就得到复空间型，因为

$$
\sum_{j=1}^{m} |\mathrm{e}^{ikx_j}|^2 = m
$$

所以，归一化的复空间型在第 j 格点的分量为

$$
E_{j1} = \frac{1}{\sqrt{m}}\mathrm{e}^{ikx_j} \tag{1.4.34}
$$

由（1.4.33）式它的复时间系数为

$$
\alpha_1(t) = A\sqrt{m}\,\mathrm{e}^{-i(\omega t + \pi/2)} \tag{1.4.35}
$$

则得复展开式为

$$
y_{jt} = E_{j1}\alpha_1(t) \qquad j = 1,2,\cdots,m
$$

或

$$
\boldsymbol{Y}_t = \boldsymbol{E}_1\alpha_1(t) \tag{1.4.36}
$$

可见，一个传播的波动用 Hilbert EOF 展开后由一个复空间型和时间系数表示。复空间型和复时间系数可以像常规 CEOF 中那样用矢量图表示。但是，根据表示波动特征的需要，还经常采用以下 4 个函数。

复空间型的模定义为空间振幅函数

$$
S_k(j) = |E_{jk}| = \sqrt{E_{jk}^* E_{jk}} \tag{1.4.37}
$$

$S_k(j)$表示第 k 个特征模态（eigenmode）所表示出的变率的空间分布，给出 $\boldsymbol{Z}$ 场空间不均匀性的测度。对于移行波，由（1.4.34）式可见，$S_k(j)=1/\sqrt{m}=\text{const}$，空间变率是均匀分布的。

复空间型的辐角定义为空间位相函数

$$\theta_k(j) = \arg E_{jk} = \tan^{-1}(\text{Im}E_{jk}/\text{Re}E_{jk}) \tag{1.4.38}$$

$\theta_k(j)$表示在不同空间点上振动的空间位相。对于一维的移行波，由（1.4.34）式可见，$\theta_k(j)=kx_j$，正是（1.4.30）式中的空间位相。

复时间系数的模定义为时间振幅函数

$$S_k(t) = |\ \alpha_k(t)\ | = \sqrt{\alpha_k^*(t)\alpha_k(t)} \tag{1.4.39}$$

$S_k(t)$表示第 k 个特征模态表示出的 $\boldsymbol{Z}$ 场的部分在量值上的时间变率。对于一维移行波，由（1.4.35）式，$S_k(t)=A\sqrt{m}=\text{const}$。

复时间系数的辐角定义为时间位相函数

$$\theta_k(t) = \arg\alpha_k(t) = \tan^{-1}[\text{Im}\ \alpha_k(t)/\text{Re}\ \alpha_k(t)] \tag{1.4.40}$$

对于一维移动波，由（1.4.35）式可见 $\theta_k(t)=-\omega t$，正是（1.4.30）式中的时间位相函数。

这里空间振幅函数 $S_k(j)$和时间振幅函数 $S_k(t)$分别是与空间点和时间无关的常数，是因为由（1.4.30）式规定的分析对象 $\boldsymbol{Z}$ 的振幅 A 与空间和时间无关，如果 A 随空间和时间变化，则 $S_k(j)$和 $S_k(t)$就不再是常数。

如果分析的对象是（1.4.13）式表示的驻波振动，则

$$z_{jt} = A\sin kx_j\cos\omega t$$
$$z_{jt}^H = -A\sin kx_j\sin\omega t$$
$$y_{jt} = A\sin kx_j\cos\omega t - iA\sin kx_j\sin\omega t = A\sin kx_j e^{-i\omega t}$$

可见空间型缩简为只有实部 $\sin kx_j$，将它归一化，因为

$$\sum_{j=1}^{m}\sin^2 kx_j = \frac{m}{2}$$

所以

$$E_{j1} = \sin kx_j/\sqrt{m/2} \tag{1.4.41}$$

这样，由展开式得

$$\alpha_1(t) = A\sqrt{m/2}e^{-i\omega t} \tag{1.4.42}$$

由（1.4.41）式，得驻波振动的空间振幅函数为

$$S_k(j) = |\ \sin kx_j\ |/\sqrt{m/2} \tag{1.4.43}$$

$kx_j=\frac{\pi}{2}$，$\frac{3\pi}{2}$，...，的空间点是驻波的波腹，$kx_j=0$，π，2π，...，的空间点是

波节。它的空间位相函数为

$$\theta_k(j)=\begin{cases}0 & \text{当 } \sin kx_j\geqslant 0\\ \pi & \text{当 } \sin kx_j<0\end{cases}\tag{1.4.44}$$

直接从（1.4.13）式也可见，在任意时间，$\sin kx\geqslant 0$ 的点与 $\sin kx<0$ 的空间点 Z 的振动是反相位的。

由（1.4.42）式，驻波振动的时间振幅函数为 $S_k(t)=A\sqrt{m/2}$，时间位相函数为 $\theta_k(t)=-\omega t$。同样，时间振幅函数 $S_k(t)$ 与时间无关是因为事先规定了（1.4.13）式中的 A 与时间无关。

根据 Trenberth，Barnett 等人的经验，应用 Hilbert EOF 分析场的波动时，最好根据自己的研究目的，先对原序列适当滤波，例如，如果资料是逐月距平序列，$\Delta t=$ 1 月，欲研究准两年振荡的结构，最好用一个通过带 20～30 个月的带通滤波器对原序列做滤波，把滤波后的序列作为 Hilbert EOF 的对象，这样处理可使结果容易解释。如果不做任何处理直接做 Hilbert EOF 分析，所得的结果有可能比较凌乱。对于常规 CEOF 的应用，也应考虑所用的资料和所需表达的现象之间时空尺度是否配合的问题。

§1.5 非线性主成分分析

非线性主成分分析（Nonlinear Principal Component Analysis，简写 NLPCA）是 Monahan（2000 年）首先提出的，他提出一个用人工神经网络提取多变量资料集的主要特征的方法，并且用 Lorenz 系统数值积分得到的 3 变量资料集为例子做了 NLPCA 应用试验。随后（2001 年）他用 NLPCA 分析了热带印度—太平洋 SST 和 SLP 的非线性结构。NLPCA 与前几节介绍的传统 PCA 和 EOF 分析在运算上毫无联系，是完全不同的两个途径。但是，它们解决的问题是相同的，都是解决多变量资料集或场的序列中提取主要特征的问题，差别在于传统 PCA 采用线性变换，而 NLPCA 采用非线性变换。为了说明 NLPCA 的想法和实现方法，需要重新叙述特征提取问题和传统 PCA 方法的提法。

1.5.1 特征提取问题

用向量序列 $\boldsymbol{X}(t_n)$，$n=1$，…，N 表示给定的气候资料集，不失一般性，设资料是中心化的，即已经是距平或标准化距平，$\langle \boldsymbol{X}\rangle=\boldsymbol{0}$（零向量），$\boldsymbol{X}(t_n)$是 m 维的，记为 $\boldsymbol{X}(t_n)\in\mathcal{R}^m$，它的分量记为 $x_i(t_n)$，$i=1$，2，…，m，同样有 $\langle x_i\rangle=0$。i 是空间站点的标号，但是，应用中还可以是变量的标号。一般而言，一个气候距平场在不同空间站点上的序列不是相互独立的，也就是说 $\boldsymbol{X}(t_n)$的时间变率包含着来自空间上相关的大尺度特征的贡献。在这种情况下，资料在 m 维空间中的影像点不是散布在整个 m 维空间中，而是倾向于聚集在较低维的平面或曲面附近，这样采用下面的模式描述资料集比较合理

$$\boldsymbol{X}(t_n) = f\{S_f[\boldsymbol{X}(t_n)]\} + \boldsymbol{\varepsilon}_n = \hat{\boldsymbol{X}}(t_n) + \boldsymbol{\varepsilon}_n \tag{1.5.1}$$

其中 S_f 是从 m 维空间到 K 维空间的映射，即 $S_f: \mathcal{R}^m \to \mathcal{R}^K$。映射还被称为算子、对应、变换等。由于资料点聚集在比 $\boldsymbol{X}(t_n)$的维数 m 低的低维空间中，所以 $1 \leqslant K \leqslant m$。$f$ 是从 K 维空间到 m 维空间的变换，$f: \mathcal{R}^K \to \mathcal{R}^m$。$\boldsymbol{\varepsilon}_n$ 是剩余误差向量。(1.5.1) 式表明，$\hat{\boldsymbol{X}}(t_n)$是 $\boldsymbol{X}(t_n)$的近似表示，$\hat{\boldsymbol{X}}(t_n)$是由 $\boldsymbol{X}(t_n)$经 2 次变换得到的。$\hat{\boldsymbol{X}}(t_n)$反映 $\boldsymbol{X}(t_n)$中主要的空间时间变率，是 $\boldsymbol{X}(t_n)$的平滑图像，因为已舍去了 $\boldsymbol{X}(t_n)$中的次要变化 $\boldsymbol{\varepsilon}_n$。如果选取一个标准，例如使剩余平方和达最小，怎样由资料 $\boldsymbol{X}(t_n)$确定变换 S_f 和 f，也就是对给定的包含噪声的资料集 $\boldsymbol{X}(t_n)$，需要重建它的信号 $\hat{\boldsymbol{X}}(t_n) = f\{S_f[\boldsymbol{X}(t_n)]\}$，这是特征提取问题的一般提法。这样，当我们关心的信号处在 $\mathcal{R}^m$ 的一个 K 维子空间时，我们把 $\boldsymbol{X}(t_n)$的维数 m 仅在粗略意义上看待。因为一旦找得 S_f 和 f，就不再需要过问 $\mathcal{R}^m$ 空间中的信号，而只需关心 K 维空间中的信号，所以，特征提取问题还看作降低资料维数问题。

在大气和海洋科学中，最常用的特征提取方法是 PCA，它能够从资料中提取最优的线性特征。但是，如果资料的主要结构是非线性的，它们在 m 维空间中的影像点不是聚集在某些直线方向，而是聚集成团状或曲线状，则传统的 PCA 只能获得次优的低维结构特征。这种情况自然地提出了把传统的 PCA 推广到非线性情况的问题，为此，先把传统 PCA 方法用特征提取问题的提法重新叙述一下。

1.5.2 传统的主成分分析

传统 PCA 可以看作特征提取问题的特殊情况。分析的对象记为 $\boldsymbol{X}(t_n)$，不失一般性，设它是中心化的，时间平均为零向量。在 PCA 中，$\boldsymbol{X}(t_n)$用线性 K 维模型来适应

$$\boldsymbol{X}(t_n) = \sum_{k=1}^{K} [\boldsymbol{X}(t_n) \cdot \boldsymbol{V}_k]\boldsymbol{V}_k + \boldsymbol{\varepsilon}_n = \hat{\boldsymbol{X}}(t_n) + \boldsymbol{\varepsilon}_n \tag{1.5.2}$$

$\boldsymbol{V}_k$ 是 m 维向量，$\boldsymbol{V}_k \in \mathcal{R}^m$，确定 $\boldsymbol{V}_k$ 的原则是使得剩余平方和

$$J = \langle \| \boldsymbol{X} - \hat{\boldsymbol{X}} \|^2 \rangle = \langle \boldsymbol{\varepsilon}^T \boldsymbol{\varepsilon} \rangle = \frac{1}{N} \sum_{n=1}^{N} \sum_{i=1}^{m} [x_i(t_n) - \hat{x}_i(t_n)]^2 \tag{1.5.3}$$

达最小。$x_i(t_n)$和 $\hat{x}_i(t_n)$分别是 $\boldsymbol{X}(t_n)$和 $\hat{\boldsymbol{X}}(t_n)$的第 i 个分量。由 §1.2 已知，使 J 达最小的 $\boldsymbol{V}_k$ 是 $\boldsymbol{X}(t_n)$的协方差矩阵的第 k 个特征向量，或称第 k 个 EOF，$\boldsymbol{X}(t_n)$在 $\boldsymbol{V}_k$ 上的投影 $\boldsymbol{X}(t_n) \cdot \boldsymbol{V}_k = \boldsymbol{X}^T(t_n)\boldsymbol{V}_k = \boldsymbol{V}_k^T\boldsymbol{X}(t_n)$是第 k 个主成分。第 k 个 EOF 与第 k 个主成分序列的乘积定义的向量序列一般称为第 k 个 PC 模态，也就是$[\boldsymbol{X}(t_n) \cdot \boldsymbol{V}_k]\boldsymbol{V}_k, t_n$

$=1,2,\cdots,N$，它是 $\hat{\boldsymbol{X}}(t_n)$ 中第 k 个特征成分贡献的部分。$\hat{\boldsymbol{X}}(t_n)$ 称为 $\boldsymbol{X}(t_n)$ 的 PCA 近似，它位于最优地通过资料中心的 K 维超平面内。PCA 对 m 个原变量的总方差的划分可表示为

$$\sum_{i=1}^{m}\mathrm{Var}(x_i) = \sum_{i=1}^{m}\mathrm{Var}(\hat{x}_i) + \sum_{i=1}^{m}\mathrm{Var}(x_i - \hat{x}_i) \tag{1.5.4}$$

因此，可以在某种意义上说，$\hat{\boldsymbol{X}}(t_n)$ 解释了 $\boldsymbol{X}(t_n)$ 的方差的一定比例，即§1.2 给出的 $\sum_{k=1}^{K}\lambda_k / \sum_{i=1}^{m}\mathrm{Var}(x_i)$。实际上，$\hat{\boldsymbol{X}}(t_n)=[\boldsymbol{X}(t_n)\cdot\boldsymbol{V}_1]\boldsymbol{V}_1$ 是对 $\boldsymbol{X}(t_n)$ 的最优一维线性近似，它解释的方差百分比最高。$\hat{\boldsymbol{X}}(t_n)$ 解释的方差百分比是非降函数，当 PCA 近似的维数 K 增加，$\hat{\boldsymbol{X}}(t_n)$ 解释的方差百分比总是增加的。由求 $\boldsymbol{V}_k$ 的原则（1.5.3）式和对 $\boldsymbol{V}_k$ 的约束条件 $\boldsymbol{V}_k^T\boldsymbol{V}_k=1$，$\boldsymbol{V}_k$ 是 $\boldsymbol{X}(t_n)$ 的协方差矩阵 $\boldsymbol{\Sigma}=\langle\boldsymbol{X}\boldsymbol{X}^T\rangle$ 的对应于第 k 个大特征值的特征向量

$$\boldsymbol{\Sigma}V_k = \lambda_k\boldsymbol{V}_k \tag{1.5.5}$$

其中 $\lambda_1\geqslant\lambda_2\geqslant\cdots\geqslant\lambda_K$。

现在把上述由 $\boldsymbol{X}(t_n)$ 得到它的主成分 $\boldsymbol{X}(t_n)\cdot\boldsymbol{V}_k$，$k=1,2,\cdots,K$，$t_n=1,2,\cdots,N$，再由主成分得到 $\boldsymbol{X}(t_n)$ 的近似 $\hat{\boldsymbol{X}}(t_n)$ 用两个变换表示出来，以便于理解推广到非线性特征提取问题。$\boldsymbol{X}(t_n)$ 的 PCA 近似由两个线性变换组成：

(1)投影变换：

$$S^{(K)}[\boldsymbol{X}(t_n)] = (\boldsymbol{X}(t_n)\cdot\boldsymbol{V}_1,\boldsymbol{X}(t_n)\cdot\boldsymbol{V}_2,\cdots,\boldsymbol{X}(t_n)\cdot\boldsymbol{V}_K)^T = \boldsymbol{\Pi}\boldsymbol{X}(t_n) \tag{1.5.6}$$

其中 $\boldsymbol{\Pi}$ 是 K 行 m 列矩阵，它的第 k 行是 $\boldsymbol{\Sigma}$ 的第 k 个特征向量 $\boldsymbol{V}_k$

$$\boldsymbol{\Pi} = \begin{pmatrix} v_{11} & v_{21} & \cdots & v_{m1} \\ v_{12} & v_{22} & \cdots & v_{m2} \\ \vdots & \vdots & & \vdots \\ v_{1K} & v_{2K} & \cdots & v_{mK} \end{pmatrix}$$

注意，变换的结果 $\boldsymbol{\Pi}\boldsymbol{X}(t_n)$ 是 K 行 1 列的列向量，它的元素是第 1 至第 K 主成分在 t_n 时间的值。所以 $S^{(K)}$ 变换是由 $\boldsymbol{X}(t_n)$ 变换得主成分序列，是由 m 维变成 K 维，$1\leqslant K\leqslant m$，是压缩维数的变换。

如果采用§1.2 的符号来表示，$\alpha_k(t_n)$ 是第 k 个主成分，则

$$\boldsymbol{\Pi}\boldsymbol{X}(t_n) = \begin{pmatrix} \alpha_1(t_n) \\ \alpha_2(t_n) \\ \vdots \\ \alpha_K(t_n) \end{pmatrix}$$

(2)展开变换 $f^{(K)}:\mathcal{R}^K\rightarrow\mathcal{R}^m$，是由 K 维返回到 m 维的线性变换

$$f^{(K)}(S^{(K)}) = \prod^{T} S^{(K)} \tag{1.5.7}$$

这样，$\boldsymbol{X}(t_n)$的 PCA 近似 $\hat{\boldsymbol{X}}(t_n)$由两个变换得到

$$\hat{\boldsymbol{X}}(t_n) = (f^{(K)} \circ S^{(K)})[\boldsymbol{X}(t_n)] = \prod^{T}[\prod \boldsymbol{X}(t_n)] \tag{1.5.8}$$

因此，$\boldsymbol{X}(t_n)$的 PCA 展开式（1.5.2）式可用两个变换写为

$$\boldsymbol{X}(t_n) = \hat{\boldsymbol{X}}(t_n) + \boldsymbol{\varepsilon}_n = \prod^{T}[\prod \boldsymbol{X}(t_n)] + \boldsymbol{\varepsilon}_n \tag{1.5.9}$$

投影变换 $S^{(K)}$ 描述 PCA 在压缩维数方面的特性，展开变换 $f^{(K)}$ 描述 PCA 对 $\boldsymbol{X}$（t_n）近似表示的功能。在传统的 PCA 中，投影变换和展开变换都是线性的。如果被提取的特征能够被一套正交的直线轴很好地描述，也就是在 m 维空间中，资料点的散布是直线方向，则传统 PCA 是最优的。但是，当资料点的散布是网状或弯曲的，在这种情况资料可能有清楚的低维结构，然而不是线性的，就不能用传统的 PCA 把主要特征提取出来。由此启发出把 PCA 推广到非线性的情况。

1.5.3　非线性主成分分析的概念

模式（1.5.1）所描述的多变量资料集特征提取问题是由压缩变换 S_f 和展开变换 f 完成的，如果允许它们是非线性变换，则传统的 PCA 就被推广成非线性 PCA。给定资料 $\boldsymbol{X}(t_n) \in \mathcal{R}^m$，问题是确定压缩变换 $S_f: \mathcal{R}^m \to \mathcal{R}^K$ 和展开变换 $f: \mathcal{R}^K \to \mathcal{R}^m$，$K < m$，使得对 $\boldsymbol{X}(t_n)$的近似

$$\hat{\boldsymbol{X}}(t_n) = f\{S_f[\boldsymbol{X}(t_n)]\} \tag{1.5.10}$$

通过资料的中点，也就是使剩余平方和

$$J = \langle \| \boldsymbol{X}(t_n) - \hat{\boldsymbol{X}}(t_n) \|^2 \rangle \tag{1.5.11}$$

达最小。采用一个 5 层前反馈神经网络能够实现符合上述要求的两个变换，而且变换是非线性的。

前反馈神经网络是一个非参数统计模式，它由一系列平行的层组成，每一层包含若干处理单元，也称神经元或节点（图 1.5.1）。第 1 层为输入层，第 5 层为输出层，用于 NLPCA 时，都是 m 个神经元。第 2 和第 4 层分别称为编码层和解码层，各包含 L 个神经元。第 3 层称为瓶颈层，只包含 1 个神经元，表示该网络用来提取 1 维非线性主成分，输出层输出的是 $\boldsymbol{X}(t_n)$的一维非线性主成分近似 $\hat{\boldsymbol{X}}(t_n)$。一般地，第 3 层也可以是 K 个神经元，得到 K 维主成分和 $\boldsymbol{X}(t_n)$的 K 维主成分近似 $\hat{\boldsymbol{X}}(t_n)$。从第 1 至第 3 层的运算是从 m 维空间到 K 维空间的变换，是压缩变换；由第 3 层到第 5 层的运算是从 K 维到 m 维空间的变换，是展开变换。在每个时间 t_1，t_2，…，t_N，在输入

层 m 维向量 $\boldsymbol{X}(t_n)$ 的分量分别提供给输入层的 m 个神经元。在相邻的两层，第 i 层每个神经元的输出作为第 $i+1$ 层每个神经元的输入。如果用 $y_j^{(i)}$ 表示第 i 层第 j 神经元的输出，则第 $i+1$ 层第 k 神经元的输出为

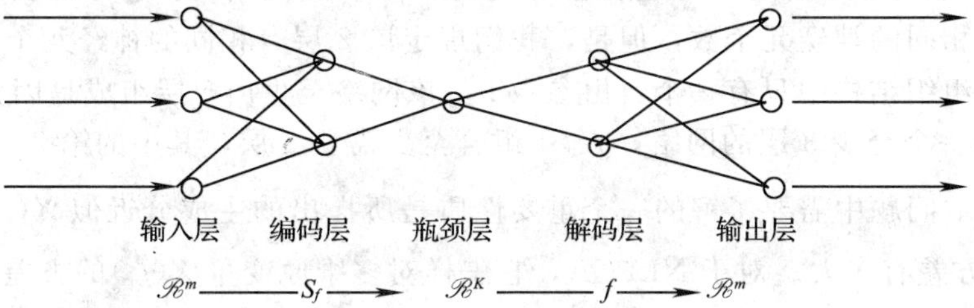

图 1.5.1　用于执行非线性 PCA 的 5 层前反馈神经网络

$$y_k^{(i+1)} = \sigma^{(i+1)}\left[\sum_j \omega_{jk}^{(i+1)} y_j^{(i)} + b_k^{(i+1)}\right] \tag{1.5.12}$$

式中，数组的元素 $\omega_{jk}^{(i+1)}$ 称为权重，$b_k^{(i+1)}$ 称为截距或偏斜（bias）。$\sigma^{(i+1)}$ 表示一个函数关系（而不是一个系数）。方括号中的量是第 i 层各神经元输出量的线性组合，作为函数 $\sigma^{(i+1)}$ 的自变量。$\sigma^{(i+1)}$ 称为传递函数（transfer function）、激活函数（activation function）或压缩函数，它描述第 $i+1$ 层的特征。$\sigma^{(i+1)}$ 可以是线性的或非线性的，一般取双曲正切，是非线性的。第 1 层（输入层）接受到提供给网络的资料值，它的传递函数简单地采用等同变换，即 $\sigma^{(1)}: x \rightarrow x$。神经网络的优良的适应性来源于在其余的一些层或所有层使用非线性传递函数，常用的是双曲正切。图 1.5.1 表示的用于提取 1 维非线性主成分的 5 层神经网络中，瓶颈层和输出层的传递函数是线性的，第 2 和第 4 层的传递函数是双曲正切。网络的输出表示为 $\mathcal{N}[\boldsymbol{X}(t_n)]$。权重系数 ω_{jk} 和偏斜 b_k 用共轭梯度算法调整（迭代），直至输入和输出之间差值平方和

$$J = \langle \| \boldsymbol{X}(t_n) - \mathcal{N}[\boldsymbol{X}(t_n)] \|^2 \rangle$$

达最小（注：实际应用时，不应迭代到使 J 达最小，而是迭代到 J 达一定程度小或迭代次数达一定量就停止迭代，原因和做法在下小节介绍）。调整 ω_{jk} 和 b_k 的过程也称为网络训练或学习。当网络被训练到尽可能地接近输入资料自身时，称为自相联系的。Sanger（1989 年）已经证明，如果第 2 层和第 4 层的传递函数也是线性的，则所得到的网络实现了经典的主成分分析，即瓶颈层的输出序列就是（1.5.6）式表示的 $S^{(1)}[\boldsymbol{X}(t_n)]$（相差一个常数倍——标准化因子）。

现在考虑采用该网络求解 $K=1$ 的特征提取问题的方法，单独地考虑前 3 层和后 3 层，这两个子网络分别是 $\mathcal{R}^m \rightarrow \mathcal{R}^1$ 和 $\mathcal{R}^1 \rightarrow \mathcal{R}^m$ 的变换，所有 5 层组成了这 2 个变换。由于瓶颈层只包含 1 个神经元，网络在最终产生它的 m 维输出以前，必须把它的 m 维输入先压缩为一维时间序列，即瓶颈层的输出，一旦网络训练完成，它的输出

$\mathcal{N}[\boldsymbol{X}(t_n)]$是嵌入在 $\mathcal{R}^m$ 中的对 $\boldsymbol{X}(t_n)$的最优一维近似。根据 Cybenko 的研究结果，如果编码和解码层的神经元个数足够多，则前 3 层能够以任意精度近似任意的连续变换 S_f，后 3 层能以任意精度近似任意的连续变换 f。因此，图 1.5.1 显示的网络能够找到存在于 $\boldsymbol{X}(t_n)$中的在最小二乘意义上最优的一维非线性结构。它不必要求在编码层和解码层有相同的神经元个数，但是，我们规定该 2 层有相同的神经元个数，目的是使得网络的组织结构中只有一个自由参数 L。该网络至少由 5 层组成是因为，变换 S_f 和 f 都需要一个至少 3 层的网络，$f \circ S_f$ 组合至少需要 5 层，其中的第 3 层是共用的。

特征提取问题中需要了解的一个重要性质是所提出的主成分近似 $\hat{\boldsymbol{X}}(t_n)$解释原变量 $\boldsymbol{X}(t_n)$的方差有多大。对于 NLPCA，它怎样对多维原变量 $\boldsymbol{X}(t_n)$的方差进行划分还缺乏严格的理论证明。解一般的特征提取问题的另一个方法是 Hastie 和 Stuetzle（1989 年）提出的，称为主曲线（principal curves）方法，它与 NLPCA 方法是基于完全不同的想法，然而，实际上两个方法都使（1.5.11）式表示的误差平方和达最小，两个方法都浓缩到非线性变换问题的迭代解，是非常类似的解决特征提取问题的方法。而主曲线方法采用与传统 PCA 相同的方式划分原变量的方差，如果 $\hat{\boldsymbol{X}}(t_n)$是对 $\boldsymbol{X}(t_n)$的主曲线近似，则

$$\sum_{i=1}^{m}\mathrm{Var}(x_i) = \sum_{i=1}^{m}\mathrm{Var}(\hat{x}_i) + \sum_{i=1}^{m}\mathrm{Var}(x_i - \hat{x}_i) \tag{1.5.13}$$

所以，与传统 PCA 一样，把主曲线近似叙述为解释原资料集总方差的一定百分比是合理的。由于非线性主成分近似与主曲线近似之间有紧密关系，所以假设非线性主成分分析也以（1.5.13）式划分原变量的总方差是合乎情理的。

图 1.5.1 显示的网络瓶颈层只有一个神经元，只能用于提取最优一维曲线，为了揭示更高维结构，瓶颈层的神经元个数可以增加，例如，如果瓶颈层用 2 个神经元，则网络将得到 $\boldsymbol{X}(t_n)$的最优 2 维特征。一般地，瓶颈层采用 K 个神经元能够得到 $\boldsymbol{X}(t_n)$的 K 维非线性主成分近似 $\hat{\boldsymbol{X}}(t_n)$。

因为传统的 PCA 模式（1.5.2）式具有加法结构，$\boldsymbol{X}(t_n)$的最优 K 维线性结构既可以一下子同时求出，也可以一个模态接一个模态地逐个求出，两种途径得到的结果是相同的。在逐个地求出途径中，$\boldsymbol{X}(t_n)$的第 1 个模态近似 $\hat{\boldsymbol{X}}^{(1)}(t_n)$是从整个资料集计算出来的，随后，第 2 个模态是从剩余 $\boldsymbol{X}(t_n)-\hat{\boldsymbol{X}}^{(1)}(t_n)$计算出的，$\boldsymbol{X}(t_n)$的第 2 个 PC 模态是剩余 $\boldsymbol{X}(t_n)-\hat{\boldsymbol{X}}^{(1)}(t_n)$的第 1 个 PC 模态。由于 K 个变量的最一般的线性函数满足可加性，

$$g(u_1, u_2, \cdots, u_K) = \sum_{i=1}^{K}\alpha_i u_i \tag{1.5.14}$$

所以，对于传统的线性 PCA，多个 PCA 模态同时求出与逐个地求出是等价的。但是，对于非线性主成分分析，性质就不同，K 个变量的任意一个（非线性的）平滑变换 f 不能分解为单个变量的平滑变换之和，一般地

$$f(u_1, u_2, \cdots, u_K) \neq f_1(u_1) + f_2(u_2) + \cdots f_K(u_K) \tag{1.5.15}$$

即 f 一般不能写成加法模式。因此，至少可以有 2 个途径得到资料 $\boldsymbol{X}(t_n)$ 的多维($K \geqslant 2$)非线性近似 $\hat{\boldsymbol{X}}(t_n)$。可以一下子同时得到 K 个非线性主成分近似，方法是把网络的瓶颈层取为 K 个神经元。也可以逐个模态地求取，方法是将瓶颈层神经元取 1 个，把前一个 PC 模态表示 $\boldsymbol{X}(t_n)$后的剩余部分再作为网络的输入，计算随后的一个模态。采用这 2 个途径的 NLPCA 是不等价的，同时求出的 NLPCA 解释的方差百分比最高，因此是合适途径，但是，合适的途径还取决于研究的对象，在一定情况下，逐个地求出也是合适的。

1.5.4　实现非线性主成分分析需注意的一些方面

神经网络是用于函数近似的有用工具。一般地，给定输入资料集 $\boldsymbol{U}(t_n)$和目标资料集 $\mathbf{V}(t_n)$(也称期望输出)，$n=1, 2, \cdots, N$，用 $\mathcal{N}$表示一个神经网络，$\mathcal{N}[\boldsymbol{U}(t_n)]$表示网络的计算输出，只要神经元个数足够大，网络能够被训练得使 $\mathcal{N}[\boldsymbol{U}(t_n)]$任意精确地接近 $\mathbf{V}(t_n)$，也就是，总能够建立一个网络使得

$$\langle \| \mathbf{V}(t_n) - \mathcal{N}[\boldsymbol{U}(t_n)] \|^2 \rangle \tag{1.5.16}$$

任意地小。

神经网络的另一个重要性质是推广性，也就是，对于新给出的资料 $\boldsymbol{U}(t_{N+1})$和 $\mathbf{V}(t_{N+1})$，在这对新资料上网络误差与参加训练的资料集上的网络误差有大约相同的大小。

$$\| \mathbf{V}(t_{N+1}) - \mathcal{N}[\boldsymbol{U}(t_{N+1})] \|^2 \sim \langle \| \mathbf{V}(t_n) - \mathcal{N}[\boldsymbol{U}(t_n)] \|^2 \rangle \tag{1.5.17}$$

使网络误差达最小和使网络的推广能力达最大这两个目的经常是矛盾的，两者之间的敏感平衡必须消除。例如，当 $\boldsymbol{U}(t_n)$和 $\mathbf{V}(t_n)$是如下形式

$$\boldsymbol{U}(t_n) = \boldsymbol{Z}(t_n) + \boldsymbol{\varepsilon}_n \tag{1.5.18}$$

$$\mathbf{V}(t_n) = f(\boldsymbol{Z}(t_n)) + \boldsymbol{\eta}_n \tag{1.5.19}$$

其中 $\boldsymbol{\varepsilon}_n$ 和 $\boldsymbol{\eta}_n$ 是噪声向量，并且希望网络训练得到 $\boldsymbol{U}(t_n)$和 $\boldsymbol{V}(t_n)$之间的确定性关系 f，在这种情况下，必须小心避免允许网络去适应噪声。如果网络被训练到把给定的 $\boldsymbol{U}(t_n)$的特定细节也变换到给定的 $\boldsymbol{V}(t_n)$的特定细节，则它将是不可推广的，这种网络称为过适应的（Overfitting）。一个过适应网络不是基本资料结构的真实表示。在利用神经网络做非线性主成分分析时，目标输出也是 $\boldsymbol{X}(t_n)$，如果网络被训练成过适应

的，则 $\hat{\boldsymbol{X}}(t_n)$无限接近 $\boldsymbol{X}(t_n)$，$\hat{\boldsymbol{X}}(t_n)$包含了 $\boldsymbol{X}(t_n)$中任意小尺度的成分和噪声，背离了主成分近似的初衷。可见，采用一定标准，使网络训练到一定程度就停止训练是必要的。

研究一些方法用于防止网络过适应是神经网络研究的主要领域，其中的一个重要子领域是“先停止”（early stopping）技术，即网络的训练在误差平方和达最小以前就依据某些标准先停止下来。先停止的本质思想是，网络被训练的迭代次数足以使网络模拟资料的真实的基本结构，但是还不足以严格地适应资料中的噪声。在误差函数达最小以前就停止网络训练，初看起来这是与网络训练的目的相违背的，但是，实验表明采用该方法改进了所得到的网络的推广能力。Monahan 采用的先停止技术的具体做法是，随机地选取一部分时次资料留下，一般留下全部资料时次的 20%～30%，留下的资料不参加网络的训练（迭代计算），而是用于检验网络的推广能力。其他 70%～80%时次的资料参加网络训练，在训练进程中，网络在被检验的资料子集上的误差被跟踪监控，当在检验资料集上的误差开始增长，或者迭代已经达 500 次（要视分析的对象特别是 m 和 N 确定，有的工作中为 1000 次），无论哪一种情况先发生，都停止训练。这里再次强调，留下来做检验的资料子集，不参加网络训练，仅仅用来检验网络的推广能力，推广能力开始衰落是停止训练的标准。

当网络训练停止，计算在整个资料集上未被解释的方差百分比（Fraction of Unexplained Variance，简写 FUV），或称剩余方差百分比。因为 NLPCA 是按（1.5.13）式表示的方式划分资料集的总方差的，所以只能经验地求出 FUV，而不能像传统的线性 PCA 那样依据特征值大小计算各种方差百分比。按（1.5.13）式，FUV 是目标资料集的方差减去模式输出资料的方差再除以资料的总方差

$$FUV=\frac{\sum_{i=1}^{m}\mathrm{Var}(x_i)-\sum_{i=1}^{m}\mathrm{Var}(\hat{x}_i)}{\sum_{i=1}^{m}\mathrm{Var}(x_i)}=1-\frac{\sum_{i=1}^{m}\mathrm{Var}(\hat{x}_i)}{\sum_{i=1}^{m}\mathrm{Var}(x_i)} \tag{1.5.20}$$

根据设计思想，NLPCA 是要使 FUV 在上述限制条件下达最小（条件指迭代不超过 500 次及对预留的检验资料误差没有开始增长），然而，实验得出，FUV 达最小值的网络能够具有另外一些不符合要求的性质。实际上，NLPCA 近似在原始资料中可能缺乏对称性，或者 NLPCA 近似可能被歪曲和绕弯，在这两种情况下，在相互独立的网络训练之间 NLPCA 近似都倾向于不能重新产生，因此网络没有牢固地表达资料的特征。NLPCA 近似应该反映原始资料中明显的对称性，应该是平滑的，并且还应该是可以再生的，即使 FUV 不是相当地小。对称性和平滑性采用检测 NLPCA 近似 $\hat{\boldsymbol{X}}(t_n)$来判断，目前对它们还没有客观的度量。第 3 个标准即结果的可再生性有一个客观的定量标准。对资料集 $\boldsymbol{X}(t_n)$的两个 NLPCA 近似 $\hat{\boldsymbol{X}}^{(1)}(t_n)$和 $\hat{\boldsymbol{X}}^{(2)}(t_n)$之间的差

异采用标准化的均方距离（Normalized Mean Square Distance，简写为 NMSD）来度量，定义为

$$\text{NMSD} = \frac{\langle \| \hat{\boldsymbol{X}}^{(1)} - \hat{\boldsymbol{X}}^{(2)} \|^2 \rangle}{\sum_{i=1}^{m} \text{Var}(x_i)} \tag{1.5.21}$$

采用这个统计量的试验表明，如果两个 NLPCA 近似 $\hat{\boldsymbol{X}}^{(1)}(t_n)$ 和 $\hat{\boldsymbol{X}}^{(2)}(t_n)$ 之间的 NMSD 小于 20%，它们是很难区分的，当 NMSD 小于 20%，这两个近似有相同的群体特征，但是在细节上可能不同。当 NMSD 超过 40%，两个 NLPCA 近似将明显地不同。NMSD 是描述两个 NLPCA 近似之间距离特征的有用的统计量，但是，对样本概率分布缺乏理论认识，限制了它的应用功能。利用对 NMSD 的概率分布较严格的认识，能够研究一些有争议的问题，例如，曲线之间差异的显著性问题，并且可以做正规的假设检验。然而，即使没有这种正规的理论认识，NMSD 也是一个有用的量，只是度量两个 NLPCA 近似之间的距离稍微主观一些。

在编码层和解码层神经元的个数 L 决定着变换 S_f 和 f 能够取的函数类型。当 L 增加，S_f 和 f 将有更多的灵活性，但是，模式的参数也变得更多，意味着误差曲面 $\boldsymbol{X}(t_n)-\hat{\boldsymbol{X}}(t_n)$ 变得更复杂，并且网络的参数受资料约束更小。最终，编码层和解码层的神经元个数 L 能够取的最大值应能使所得到的 NLPCA 近似 $\hat{\boldsymbol{X}}(t_n)$ 符合上述的平滑性和可再生性要求。

显然，一个 K 维 NLPCA 模式比一个传统的 K 维 PCA 模式包含更多参数，事实上，这正是 NLPCA 能够比传统 PCA 解决更一般的特征提取问题的关键所在。通常而言，统计模式中的参数个数应缩减到最小，以便压低对资料的过适应。然而，采用上述的先停止技术解决了这个相互矛盾的问题，它允许统计模式中的参数个数增加，而不实质上增加模式对资料过适应的危险性。因此，一个 5 层的自相连网络，在保障网络推广性的条件下使误差函数（1.5.11）式达最小，它的输出 $\hat{\boldsymbol{X}}(t_n)$ 是平滑的、可再生的，反映 $\boldsymbol{X}(t_n)$ 中的对称的子集，它的输出被定义为对资料集的最优NLPCA 近似。

1.5.5　应用例子

非线性主成分分析的应用还很稀有，Monahan（2001 年）用于热带太平洋海温距平和热带印度洋—太平洋海平面气压是最早的应用。这里简要介绍对海温距平的应用步骤和结果。原始资料为 19°S～19°N，125°E～69°W 区域 2×2 经纬度网格点上

1950 年 1 月到 1998 年 12 月的逐月 SST。先计算 12 个月的气候平均，逐月资料减去相应月份的气候平均得到逐月 SST 距平（记为 SSTA）。为了使得非线性主成分分析容易处理，把距平资料集先做传统的 EOF 分析。距平资料集投影到前 10 个 EOF 模态上，10 个 EOF 模态累计解释总方差的 91.4%。这样处理采用了 PCA 压缩资料信息的优点，它与特征提取是明显不同的，这里采用 NLPCA 解特征提取问题。这种资料预处理方法降低问题的维数在旋转 EOF 分析、POP、CCA、LIM 等方法中是常用的。热带太平洋 SSTA 的前 3 个 EOF 分别解释总方差的 57.6%、10.9%和 6.8%，其空间分布特点可直接从 EOF 图上看出（图 1.5.2）。

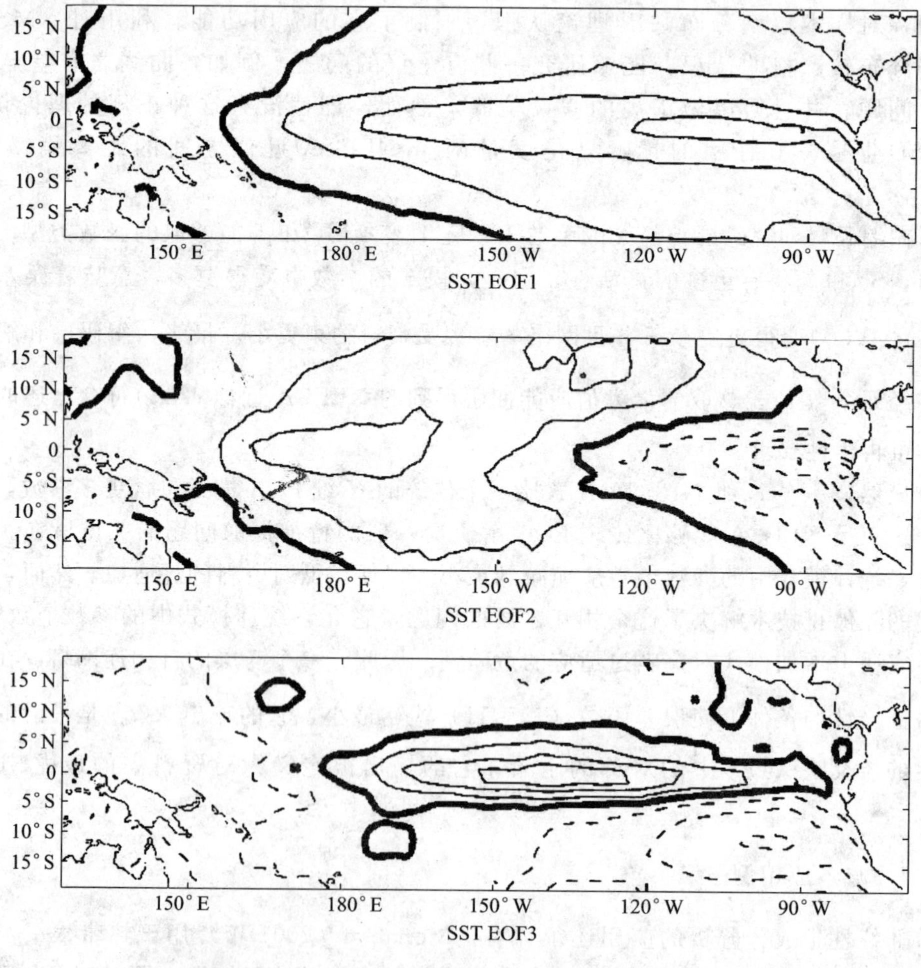

图 1.5.2　热带太平洋 SSTA 的前 3 个 EOF 图，是归一化的，等值线间隔 0.02，虚线是负值，粗线是零线（引自 Monahan 2001 年，下同）

用传统 EOF 分析得到的前 10 个空间型的时间系数序列，即 PC_1，PC_2，…，PC_{10} 作为非线性主成分分析的对象，因此，NLPCA 中 $m=10$，$\boldsymbol{X}(t_n)$ 是 t_n 时次的前 10 个 PC 值构成的向量，$t_n=1$，2，…，588。编码和解码层的神经元个数 $L=4$，瓶颈层神经元取 1 个，即做 1 维 NLPCA 分析。网络训练完成后，解释 10 维 EOF 空间方差 69.1%［即按（1.5.20）式计算出的 FUV=30.9%］，因此，解释原 SSTA 总方差的 63.3%，相当于 1 维传统 PCA 解释的方差百分比（57.6%）。在 20 个模式集合中得到 4 个候选模式，这 4 个模式之间 $\hat{\boldsymbol{X}}(t_n)$ 的差异最多为 1%。$\hat{\boldsymbol{X}}(t_n)$ 也是 10 维的，它的 10 个分量 $\hat{x}_1(t_n),\cdots,\hat{x}_{10}(t_n)$ 分别是对 $PC_1(t_n),\cdots,PC_{10}(t_n)$ 的一维 NLPCA 近似。把第 1 个 NLPCA 模态投影到 SSTA 的 EOF 张开的子空间（$\boldsymbol{V}_1$，$\boldsymbol{V}_2$），（$\boldsymbol{V}_2$，$\boldsymbol{V}_3$），（$\boldsymbol{V}_1$，$\boldsymbol{V}_3$）和（$\boldsymbol{V}_1$，$\boldsymbol{V}_2$，$\boldsymbol{V}_3$）上，见图 1.5.3。例如，（$\boldsymbol{V}_1$，$\boldsymbol{V}_2$）子空间图（图 1.5.3 (a)）是把 PC_1（t_n），PC_2（t_n）和 $\hat{x}_1$（t_n），$\hat{x}_2$（t_n），$t_n=1\sim588$ 点在以 PC_1 为横轴 PC_2 为纵轴的图上，由 PC_1（t_n），PC_2（t_n）确定的点用实心点表示，$\hat{x}_1(t_n)$，$\hat{x}_2(t_n)$ 确定的点用空心圆表示。从主成分分析原理知道，PC_1 和 PC_2 是线性不相关的，在这样的样本点散布图上，样本点不聚集在某直线方向，注意说它们不相关是指没有线性关系。PC_1 与 PC_2 不存在线性关系还不能说它们相互独立，因为还可以有非线性关系，这正是我们要用 NLPCA 提取的特征。PC_1（t_n），$PC_2(t_n)$ 的非线性主成分近似 $\hat{x}_1(t_n)$，$\hat{x}_2(t_n)$ 的样本点（空心圆点）在该图上聚集为一条曲线，在横轴（PC_1）零附近，即 $\hat{x}_1(t_n)$ 位于零附近时，$\hat{x}_2(t_n)$ 也在零附近，而当 $\hat{x}_1(t_n)$ 取较大的正值和绝对值较大的负值时，$\hat{x}_2(t_n)$ 都为绝对值较大的负值，这反映出 NLPCA 的分析对象中 PC_1 和 PC_2 之间的主要非线性关系是，当 PC_1（t_n）取强的正负值时，对应的 PC_2（t_n）都倾向于取强的负值。PC_1 和 PC_2 之间的这种非线性关系结合 EOF1、EOF2 空间型就能够反映最初的变量 SSTA 时间空间变率的不对称性。EOF1 图上沿赤道附近 120°～90°W 之间是正中心，并向西延伸到 180°附近，可见，PC_1（t_n）的强正负值分别对应 El Nino 和 La Nina 事件。EOF2 图上，强的中心是赤道两侧紧靠南美沿岸 90°W 附近的强负中心。第 1 和 2 特征成分对 SSTA 场的近似表示为 PC_1（t_n）乘 EOF1 加 PC_2（t_n）乘 EOF2，考虑 PC_1 和 PC_2 的上述非线性关系：PC_1 的强正负值对应的 PC_2（t_n）都倾向于取强负值，则这两个成分的合成表示出的SSTA特征是，在 El Nino 时段 SSTA 的正距平值大于 La Nina 时段 SSTA 负距平的绝对值，El Nino 时段距平中心的位置比 La Nina 时段距平中心位置偏东。振荡在强度和地理位置上的这种不对称性正是通过 PC_1 和 PC_2 之间的非线性关系反映出来的。

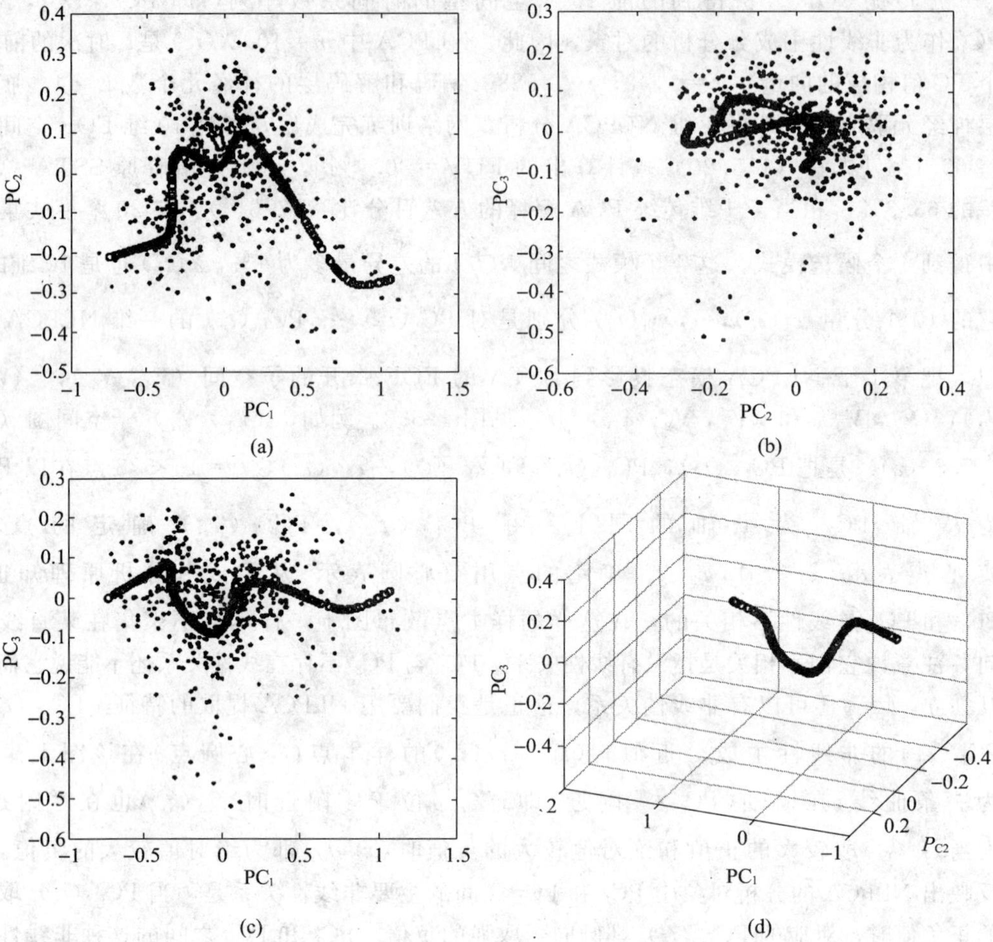

图 1.5.3　SSTA　NLPCA 模态 1 近似的散布图（空心小圆），实心小点是 SSTA 的主成分的投影点，(a) 在 PC_1-PC_2 平面，(b) 在 PC_2-PC_3 平面，(c) 在 PC_1-PC_3 平面，(d) 在 PC_1-PC_2-PC_3 空间

采用在($\boldsymbol{V}_1,\boldsymbol{V}_2$)，($\boldsymbol{V}_2,\boldsymbol{V}_3$)，($\boldsymbol{V}_1,\boldsymbol{V}_3$)，($\boldsymbol{V}_1,\boldsymbol{V}_2,\boldsymbol{V}_3$)四个子空间的投影是因为仅从单个子空间的投影图上很难理解非线性主成分近似 $\hat{\boldsymbol{X}}(t_n)$的结构。其中在($\boldsymbol{V}_2,\boldsymbol{V}_3$)子空间的投影图，即 $\hat{x}_2(t_n)$，$\hat{x}_3(t_n)$的散布图上曲线特别明显，看上去是自相交的。

与 NLPCA 第一模态相联系的标准化的时间序列是

$$\alpha_1(t_n)=\frac{S_f[\boldsymbol{X}(t_n)]-\langle S_f\rangle}{\langle(S_f-\langle S_f\rangle)^2\rangle^{1/2}} \tag{1.5.22}$$

$S_f[\boldsymbol{X}(t_n)]$ 是瓶颈层的神经元输出序列，$\alpha_1(t_n)$ 是将其标准化后的序列，这就是 1 维非线性主成分时间序列（$NLPC_1$）。把 $\alpha_1(t_n)$与 NINO3,4 指数(定义为 7°S～7°N,

119°～171°W 区域平均 SSTA)画在同一图上（图 1.5.4），发现两根曲线非常相似，这两个序列之间的相关系数达 0.88，在两个序列的长度是 588 个月的情况下，这个相关系数值是极高的。

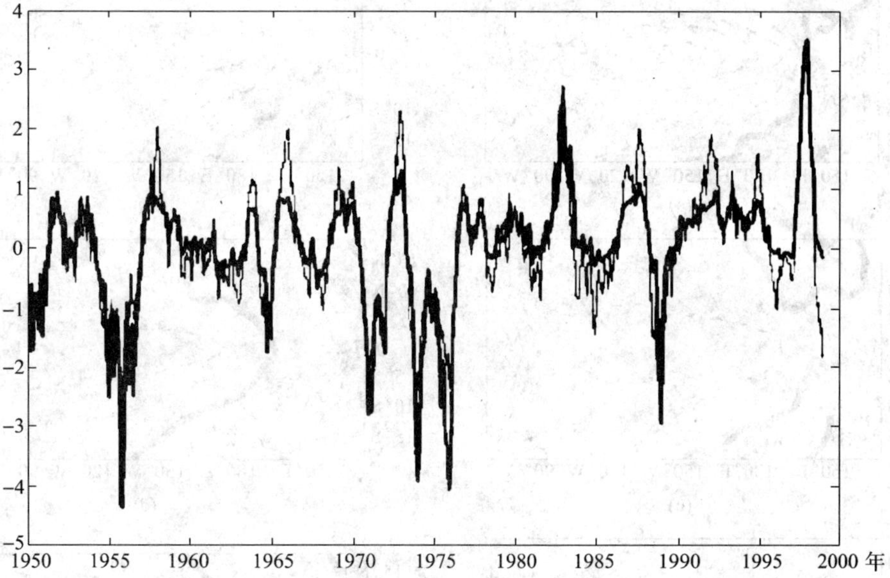

图 1.5.4 SSTA 场的 NLPCA 模态 1 的 $\alpha_1(t_n)$时间曲线（粗线）和标准化的 NINO3，4 指数时间曲线（细线）

与传统 PCA 不同，给定一个 NLPCA 模态，没有单个的空间型与之相配合。但是，可以像电影片一样见到与一系列空间型对应的 NLPCA 近似 $\hat{\boldsymbol{X}}(t_n)$。在传统的线性 PCA 中，这个电影图片的含义是清楚的，传统的 1 维 PCA 近似是 $\hat{\boldsymbol{X}}(t_n)=[\boldsymbol{V}_1\cdot\boldsymbol{X}(t_n)]\boldsymbol{V}_1$，即 $PC_1(t_n)$乘 EOF_1，它描述一个驻波振荡的时间演变，这个振荡有固定的空间结构，振幅随时间变化。更一般的近似 $\hat{\boldsymbol{X}}(t_n)=(f\circ S_f)[\boldsymbol{X}(t_n)]$，当 f 和 S_f 是非线性变换就不受这种限制，它能够描述更复杂的低维结构。通常没有理由期望对一个空间场的一维最优近似是一个驻波振荡，但是，驻波振荡是传统 PCA 能够产生的最优一维近似的唯一结构，NLPCA 的功能就在于有能力表示出更一般的低维结构。

为了提供与 NLPCA 近似相配合的空间结构的代表性样品，取 α_1 分别等于 −3.5，−1.5，−0.75，−0.25，0.25，0.75，1.5，3.5 八个值，按（1.5.22）式计算出 $S_f[\boldsymbol{X}]$，即 α_1 值乘以它的均方差再加上其平均值，所得的值作为瓶颈层的输出，由原已训练好的网络的后 3 层系数计算得八个对应的 $\hat{\boldsymbol{X}}$，它们是原来的 10 个传统

PCA 在一维非线性主成分的 8 个代表性位相下的近似。再结合传统的 10 个 EOF，返回 生成8个位相下SSTA的空间分布图(图1.5.5)。由这8个空间分布图看出，这

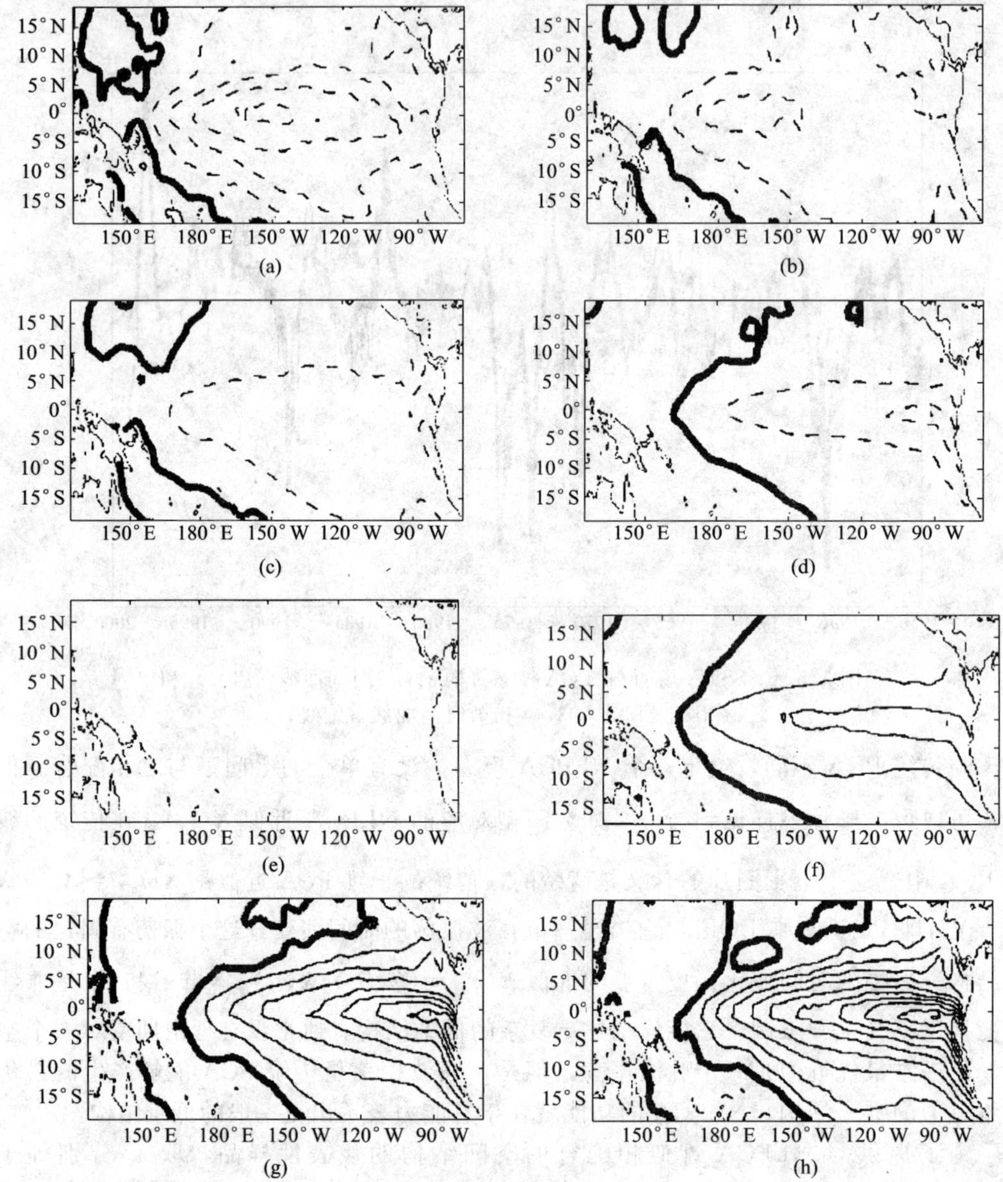

图 1.5.5　NLPCA 模态 1 的 α_1 分别等于－3.5，－1.5，－0.75，－0.25，0.25，0.75，1.5，3.5 时重建的 SSTA 空间分布图，依次是 (a)、(b)、(c)、(d)、(e)、(f)、(g)、(h) 粗线是零线，虚线是负值，等值线间隔 0.5℃

个 NLPCA 模态 1 反映了 ENSO 事件的平均演变。但是，它与传统 PCA 的模态 1 不同，传统 PCA 的模态 1 只能描述驻波振荡，而 NLPCA 模态 1 反映出了 ENSO 的冷暖位相的空间不对称性，$\alpha_1=3.5$ 对应的 SSTA 图相应于 ENSO 最强的暖位相，最强的正距平中心在秘鲁沿海附近，而 $\alpha_1=-3.5$ 对应的 SSTA 图相应于 ENSO 最强的冷位相，其中最强的负中心在赤道 150°W 附近，而且 $\alpha_1=3.5$ 的 SSTA 正中心强度较 $\alpha_1=-3.5$ 时的 SSTA 负中心强度偏强，NLPCA 模态 1 的演变的这种非对称性来源于它混合了传统 PCA 模态 1 和 2 的贡献（其他 PCA 模态是次要的），因为由 EOF_1 图知 PC_1 的强正负值分别对应 El Nino 和 La Nina 事件，而 $NLPC_1$ 反映的 PC_1 和 PC_2 的非线性关系是 PC_1 强正负都倾向于 PC_2 强负值，而 EOF_2 在秘鲁沿海为最强负中心，因此，无论是 El Nino 和 La Nina 事件中，PC_2、EOF_2 对 SSTA 的贡献都是使秘鲁沿海增加正距平，它叠加在 PC_1、EOF_1 的贡献上使 ENSO 的暖、冷事件在位置和强度上呈现了非对称性。

El Nino 和 La Nina 事件平均情况下的空间非对称性在合成研究中也是非常明显的。因为 ENSO 与年循环有锁相关系，暖、冷事件的强度大多在北半球的冬季最强，所以制作了在 Nino3，4 指数大于它的标准差（代表暖事件）和小于负标准差（代表冷事件）两种情况下的 11，12，1 月 SSTA 合成图（图 1.5.6）。从图上也可明显看出上述非对称性，暖事件的正距平中心位置比冷事件的负距平中心位置偏东，强度偏强。NLPCA 反映的是场非对称变化的特征，为了配合 NLPCA 结果的解释，在下小节介绍合成场的对称和反对称成分识别方法。

比较 1 维 NLPCA 和 1 维 PCA 近似的结果还可采用相关系数地理分布图，其一是原来的（观测到的）SSTA 与 1 维 NLPCA 近似 $\hat{\boldsymbol{X}}(t_n)$ 返回到地理空间所得的对 SSTA 的近似之间的相关系数分布图，需要返回到地理空间是因为 1 维 NLPCA 近似 $\hat{\boldsymbol{X}}(t_n)$ 是对前 10 个传统 PC 的近似，要变成 SSTA 还需乘以对应的 EOF 并相加。另一个相关图是原来的 SSTA 与 1 维 PCA 近似（$PC_1(t_n)\cdot EOF_1$）之间的相关系数地理分布图。在中、东太平洋这两个相关图相当一致，除掉在厄瓜多尔沿海，在该处 NLPCA 近似与 SSTA 的相关比 PCA 近似与 SSTA 的相关高。在西太平洋，特别在 EOF_1 的零线附近，NLPCA 对原始 SSTA 的近似比 1 维 PCA 近似逼真得多（见图 1.5.7）。

为了得到热带太平洋 SSTA 的第 2 个 NLPCA 模态，依旧取前 10 个传统 PC 作为 NLPCA 的对象，取 $L=3$，瓶颈层神经元个数取 2 个。瓶颈层的第 2 个神经元的输出经标准化处理后即得到第 2 非线性主成分。一些分析类似于对第一模态的分析，这里省略。

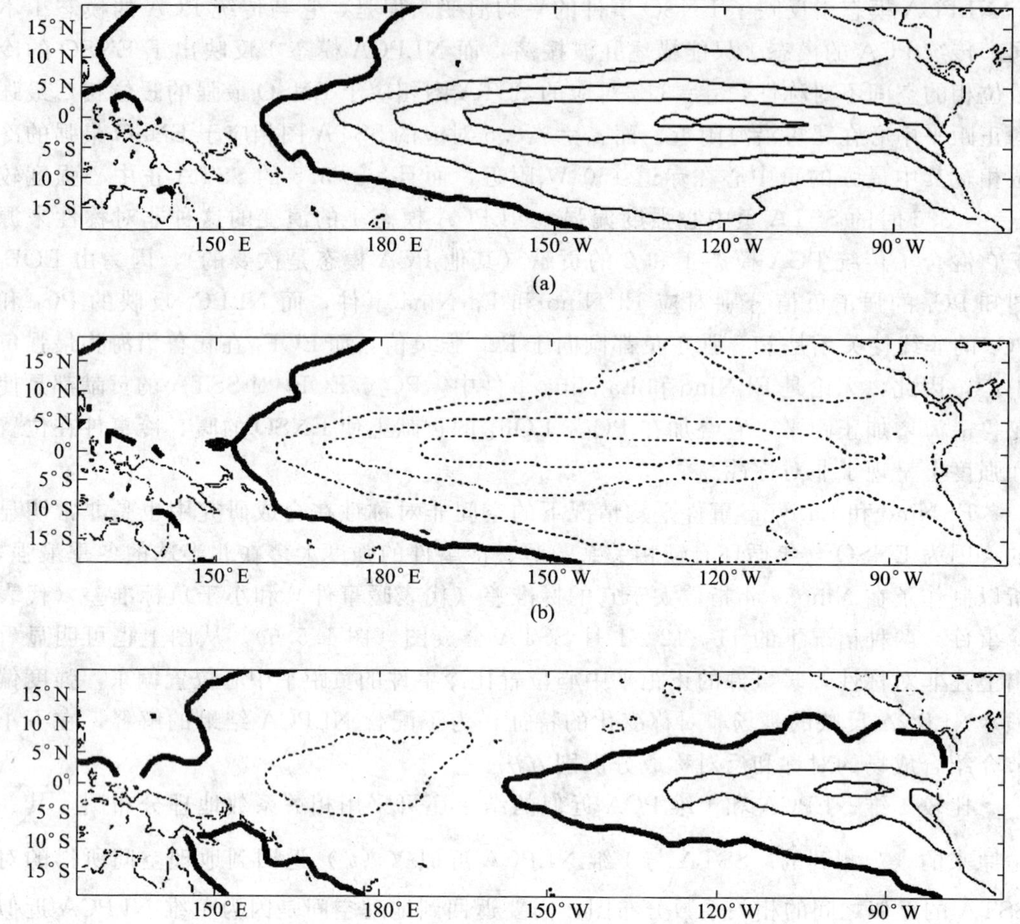

(c)

图 1.5.6　El Nino 和 La Nina 事件 SSTA 合成图［(a) 和 (b)］，(c) 是 (a) 和 (b) 的对称成分（文中定义的 $\boldsymbol{A}^{(2)}$ 图），等值线间距 0.1℃

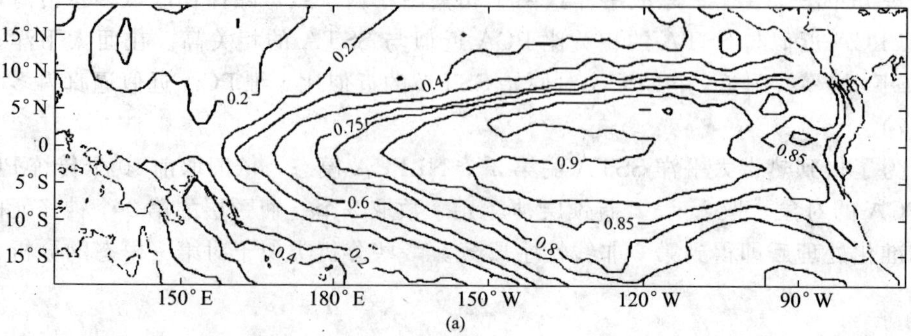

(a)

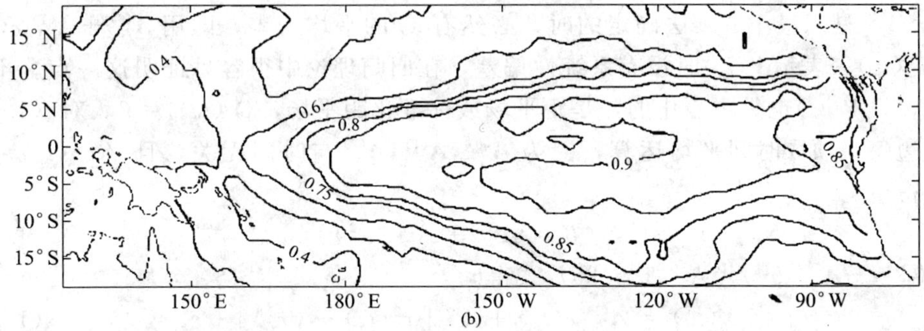

图 1.5.7 观测到的 SSTA 与 1 维传统 PCA 近似之间的相关系数分布图 (a) 以及与 1 维 NLPCA 近似之间的相关系数分布图 (b)

1.5.6 合成场的对称和反对称成分

考虑一个空间场 $\boldsymbol{Y}(t_n), n=1,2,\cdots,N, \boldsymbol{Y}$ 是 m 维向量。根据另一个标量时间序列 $x(t_n)$ 的取值按以下方式做 $\boldsymbol{Y}(t_n)$ 的合成。例如，讨论 ENSO 振荡的对称或反对称性，$\boldsymbol{Y}(t_n)$ 可以是风应力距平场、海平面气压距平场、SSTA 场等，$x(t_n)$ 可以是 Nino3,4 指数或南方涛动指数等。取某个阈值 c，在所有时间 $t_n, n=1,2,\cdots,N$ 中选出两个时间子集，$t_n^{(+)}$ 和 $t_n^{(-)}$，定义为

$$\begin{aligned}\{t_n^{(+)}\} &= \{t_n : x(t_n) > c\} \\ \{t_n^{(-)}\} &= \{t_n : x(t_n) < -c\}\end{aligned} \tag{1.5.23}$$

c 一般取 $x(t_n)$ 序列的均方差。由上式，$x(t_n)$ 要求是零均值的，即 $\langle x\rangle=0$，$x(t_n)>c$ 和 $x(t_n)<-c$ 的时次个数基本是相当的。如果 x 服从正态分布，则 $x(t_n)>c$ 和 $x(t_n)<-c$ 的次数各是约 0.16N。$\boldsymbol{Y}(t_n)$ 场的正合成场和负合成场分别记为 $\boldsymbol{Y}^{(+)}$ 和 $\boldsymbol{Y}^{(-)}$，定义为在时间子集 $\{t_n^{(+)}\}$ 和 $\{t_n^{(-)}\}$ 上的平均

$$\begin{aligned}\boldsymbol{Y}^{(+)} &= \langle \boldsymbol{Y}\rangle_+ \\ \boldsymbol{Y}^{(-)} &= \langle \boldsymbol{Y}\rangle_-\end{aligned} \tag{1.5.24}$$

如果对于 $x(t_n)$ 的振荡，$\boldsymbol{Y}(t_n)$ 场的响应是对称的，则空间型 $\boldsymbol{Y}^{(+)}$ 和 $\boldsymbol{Y}^{(-)}$ 位置和强度是相似的，而只差一个负号。

我们想确定 $\boldsymbol{Y}^{(+)}$ 和 $\boldsymbol{Y}^{(-)}$ 中的对称和反对称成分，为了解决这个问题，我们取 $\boldsymbol{Y}(t_n)$ 取决于 $x(t_n)$ 的最小非线性模式为

$$\boldsymbol{Y}(t_n) = \boldsymbol{A}^{(0)} + \boldsymbol{A}^{(1)} x(t_n) + \boldsymbol{A}^{(2)} x^2(t_n) + \boldsymbol{\varepsilon}_n \tag{1.5.25}$$

$\boldsymbol{\varepsilon}_n$ 是随机噪声过程向量，它与 $\boldsymbol{Y}$ 一样也是 m 维的，假设它的均值为零，即

$$\langle \boldsymbol{\varepsilon}\rangle = \langle \boldsymbol{\varepsilon}\rangle_+ = \langle \boldsymbol{\varepsilon}\rangle_- = \boldsymbol{0} \tag{1.5.26}$$

这个假设的有效性既取决于模式 (1.5.25) 的有效性，还取决于记录长度 $\{t_n\}$、

$\{t_n^{(+)}\}$ 和 $\{t_n^{(-)}\}$。注意到（1.5.25）式是一个多维的回归模型，当系数向量 $\boldsymbol{A}^{(0)}$，$\boldsymbol{A}^{(1)}$，$\boldsymbol{A}^{(2)}$ 是用最小二乘法确定的时，必然有 $\boldsymbol{\varepsilon}_n$ 的平均为零，即用 $\boldsymbol{A}^{(0)}+\boldsymbol{A}^{(1)}x(t_n)+\boldsymbol{A}^{(2)}x^2(t_n)$ 来表示 $\boldsymbol{Y}(t_n)$ 时没有系统性偏差，在回归理论中很容易证明这一点。不失一般性，设 $\boldsymbol{Y}(t_n)$ 也是中心化的，是距平场或标准化距平场，$\langle\boldsymbol{Y}(t_n)\rangle=\boldsymbol{0}$。对（1.5.25）式两边每一项取时间平均运算，因为 $\boldsymbol{A}^{(0)},\boldsymbol{A}^{(1)},\boldsymbol{A}^{(2)}$ 与时间无关，且 $\langle x(t_n)\rangle=0$，所以得

$$\boldsymbol{0}=\boldsymbol{A}^{(0)}+A^{(2)}\langle x^2\rangle \tag{1.5.27}$$

将 $\boldsymbol{A}^{(0)}=-\boldsymbol{A}^{(2)}\langle x^2\rangle$ 代入（1.5.25）式得

$$\boldsymbol{Y}(t_n)=\boldsymbol{A}^{(1)}x(t_n)+\boldsymbol{A}^{(2)}[x^2(t_n)-\langle x^2\rangle]+\boldsymbol{\varepsilon}_n \tag{1.5.28}$$

由上式可见，向量 $\boldsymbol{A}^{(1)}$ 是在 $x(t_n)$ 改变正负符号情况下 $\boldsymbol{Y}$ 场的反对称场型，而 $\boldsymbol{A}^{(2)}$ 是 $x(t_n)$ 改变正负符号情况下 $\boldsymbol{Y}$ 场的对称场型，分别称为合成场的反对称成分和对称成分。

根据正合成场和负合成场的定义（1.5.24）式，对（1.5.28）式两边各项分别在 $\{t_n^{(+)}\}$ 和 $\{t_n^{(-)}\}$ 时间子集上求平均，并利用 $\langle\boldsymbol{\varepsilon}_n\rangle_+=\langle\boldsymbol{\varepsilon}_n\rangle_-=\boldsymbol{0}$，以及 $\boldsymbol{A}^{(1)}$ 和 $\boldsymbol{A}^{(2)}$ 与时间无关，得

$$\begin{aligned}\boldsymbol{Y}^{(+)}&=\boldsymbol{A}^{(1)}\langle x\rangle_++\boldsymbol{A}^{(2)}(\langle x^2\rangle_+-\langle x^2\rangle)\\ \boldsymbol{Y}^{(-)}&=\boldsymbol{A}^{(1)}\langle x\rangle_-+\boldsymbol{A}^{(2)}(\langle x^2\rangle_--\langle x^2\rangle)\end{aligned} \tag{1.5.29}$$

其中 $\langle x\rangle_+$ 和 $\langle x\rangle_-$ 分别是 $x(t_n)$ 在时间子集 $\{t_n^{(+)}\}$ 和时间子集 $\{t_n^{(-)}\}$ 上的平均，显然，如果 $x(t_n)$ 是一个零均值的比较规则的振荡，则 $\langle x\rangle_+$ 与 $\langle x\rangle_-$ 符号相反且绝对值接近相等，可见，$\boldsymbol{A}^{(1)}\langle x\rangle_+$ 和 $\boldsymbol{A}^{(1)}\langle x\rangle_-$ 是正合成场 $\boldsymbol{Y}^{(+)}$ 和负合成场 $\boldsymbol{Y}^{(-)}$ 中的反对称的部分。$\langle x^2\rangle_+$ 和 $\langle x^2\rangle_-$ 分别是 $x^2(t_n)$ 在 $\{t_n^{(+)}\}$ 和 $\{t_n^{(-)}\}$ 时间子集上的平均，如果 $x(t_n)$ 是零均值的比较规则的振荡，则 $\langle x^2\rangle_+$ 和 $\langle x^2\rangle_-$ 都大于零，且接近相等，$\langle x^2\rangle$ 是 $x^2(t_n)$ 在所有时间上的平均，由时间子集 $\{t_n^{(+)}\}$ 和 $\{t_n^{(-)}\}$ 的定义（1.5.23）式可见，$\langle x^2\rangle$ 总小于 $\langle x^2\rangle_+$ 或 $\langle x^2\rangle_-$。所以，（1.5.29）式中的（$\langle x^2\rangle_+-\langle x^2\rangle$）和（$\langle x^2\rangle_--\langle x^2\rangle$）接近相等且总大于零。可见 $\boldsymbol{A}^{(2)}(\langle x^2\rangle_+-\langle x^2\rangle)$ 对 $\boldsymbol{Y}^{(+)}$ 的贡献与 $\boldsymbol{A}^{(2)}(\langle x^2\rangle_--\langle x^2\rangle)$ 对 $\boldsymbol{Y}^{(-)}$ 的贡献是相同的，在这个意义上称 $\boldsymbol{A}^{(2)}$ 是合成场的对称成分，见图 1.5.6（c）。

在 $\boldsymbol{Y}(t_n)$，$x(t_n)$ 的资料已知及阈值 c 给定的情况下，$\boldsymbol{Y}^{(+)},\boldsymbol{Y}^{(-)},\langle x\rangle_+,\langle x\rangle_-,\langle x^2\rangle_+,\langle x^2\rangle_-,\langle x^2\rangle$ 都可由资料计算出来，（1.5.29）式是 $\boldsymbol{A}^{(1)}$，$\boldsymbol{A}^{(2)}$ 为未知量的二元线性方程组，注意共有 m 个二元线性方程组

$$\begin{cases}\langle x\rangle_+a_i^{(1)}+(\langle x^2\rangle_+-\langle x^2\rangle)a_i^{(2)}=y_i^{(+)}\\ \langle x\rangle_-a_i^{(1)}+(\langle x^2\rangle_--\langle x^2\rangle)a_i^{(2)}=y_i^{(-)}\end{cases} \tag{1.5.30}$$

$a_i^{(1)}$，$a_i^{(2)}$，$y_i^{(+)}$，$y_i^{(-)}$ 是向量 $\boldsymbol{A}^{(1)}$，$\boldsymbol{A}^{(2)}$，$\boldsymbol{Y}^{(+)}$，$\boldsymbol{Y}^{(-)}$ 在第 i 格点上的分量，$i=1$，2，…，m。用克莱姆方法解线性方程组，注意方程的系数是相同的，与 i 无关，所以，对不同格点上的解，克莱姆方程的分母是相同的，解依旧可以用向量表示出来

$$\boldsymbol{A}^{(1)}=\frac{(\langle x^2\rangle_- - \langle x^2\rangle)\boldsymbol{Y}^{(+)}-(\langle x^2\rangle_+ - \langle x^2\rangle)\boldsymbol{Y}^{(-)}}{\langle x\rangle_+(\langle x^2\rangle_- - \langle x^2\rangle)-\langle x\rangle_-(\langle x^2\rangle_+ - \langle x^2\rangle)}$$
$$\boldsymbol{A}^{(2)}=\frac{\langle x\rangle_+\boldsymbol{Y}^{(-)}-\langle x\rangle_-\boldsymbol{Y}^{(+)}}{\langle x\rangle_+(\langle x^2\rangle_- - \langle x^2\rangle)-\langle x\rangle_-(\langle x^2\rangle_+ - \langle x^2\rangle)} \tag{1.5.31}$$

向量 $\boldsymbol{A}^{(1)}$，$\boldsymbol{A}^{(2)}$ 是空间场，这里再根据（1.5.29）式归纳一下 $\boldsymbol{Y}$ 的振荡的不对称性。在 $\boldsymbol{A}^{(1)}$ 大于（小于）零的地区，$\boldsymbol{Y}$ 的振荡与 $x(t_n)$ 的振荡同（反）位相。进一步，在 $\boldsymbol{A}^{(1)}$ 大于零的地区，若 $\boldsymbol{A}^{(2)}$ 的分量也大于零，则正合成场上该地区正值强度大于负合成场上该地区负值的强度（绝对值），或者说 $\boldsymbol{Y}$ 的振荡偏在正值的一侧；在 $\boldsymbol{A}^{(1)}$ 大于零的地区若 $\boldsymbol{A}^{(2)}$ 的分量小于零，则正合成场上该地区的正值强度小于负合成场上负值的强度（绝对值），或者说 $\boldsymbol{Y}$ 的振荡在这个地区偏在负的一侧；在 $\boldsymbol{A}^{(1)}$ 小于零的地区，若 $\boldsymbol{A}^{(2)}$ 的分量大于零，则当 $x(t_n)$ 处正位相时，$\boldsymbol{Y}$ 的振荡处在负位相，且强度比 $x(t_n)$ 处在负位相时 $\boldsymbol{Y}$ 正位相的强度弱，即 $\boldsymbol{Y}$ 与 x 振荡反位相且 $\boldsymbol{Y}$ 的振荡偏在正的一侧，$\boldsymbol{Y}^{(-)}$ 图上的该地区正距平强于 $\boldsymbol{Y}^{(+)}$ 图上该地区负距平区；在 $\boldsymbol{A}^{(1)}$ 小于零的地区，若 $\boldsymbol{A}^{(2)}$ 的分量也小于零，则 $\boldsymbol{Y}$ 与 x 振荡反位相，$\boldsymbol{Y}^{(+)}$ 图上该地区为负值区，$\boldsymbol{Y}^{(-)}$ 图上该地区为正值区，且 $\boldsymbol{Y}^{(+)}$ 图上的负值强度（绝对值）强于 $\boldsymbol{Y}^{(-)}$ 图上的正值，即该地区 $\boldsymbol{Y}$ 与 x 振荡反位相，$\boldsymbol{Y}$ 的振荡偏在负值一侧。

表示 $\boldsymbol{Y}$ 场对 $x(t_n)$ 振荡的线性和非线性响应的另一个方法是用线性组合 $\boldsymbol{Y}^{(+)}-\boldsymbol{Y}^{(-)}$ 和 $\boldsymbol{Y}^{(+)}+\boldsymbol{Y}^{(-)}$，显然，如果 $\boldsymbol{Y}^{(+)}+\boldsymbol{Y}^{(-)}=\boldsymbol{0}$，即 $\boldsymbol{Y}^{(+)}=-\boldsymbol{Y}^{(-)}$ 时，$\boldsymbol{Y}$ 的振荡只有反对称成分，即只有对 $x(t_n)$ 的线性响应。在特殊情况下，如果可假设 $\langle x\rangle_-=-\langle x\rangle_+$ 和 $\langle x^2\rangle_-=\langle x^2\rangle_+$，则可证明 $\boldsymbol{A}^{(1)}$ 图正比于 $\boldsymbol{Y}^{(+)}-\boldsymbol{Y}^{(-)}$ 图，$\boldsymbol{A}^{(2)}$ 图正比于 $\boldsymbol{Y}^{(+)}+\boldsymbol{Y}^{(-)}$ 图。因为在这个假设下，（1.5.31）式的分母变成

$$\begin{aligned}&\langle x\rangle_+(\langle x^2\rangle_- - \langle x^2\rangle)-\langle x\rangle_-(\langle x^2\rangle_+ - \langle x^2\rangle)\\&=\langle x\rangle_+(\langle x^2\rangle_- - \langle x^2\rangle+\langle x^2\rangle_+ - \langle x^2\rangle)\\&=2\langle x\rangle_+(\langle x^2\rangle_+ - \langle x^2\rangle)\end{aligned}$$

把它代入（1.5.31）式，得

$$\begin{aligned}\boldsymbol{A}^{(1)}&=\frac{(\langle x^2\rangle_- - \langle x^2\rangle)\boldsymbol{Y}^{(+)}-(\langle x^2\rangle_+ - \langle x^2\rangle)\boldsymbol{Y}^{(-)}}{2\langle x\rangle_+(\langle x^2\rangle_+ - \langle x^2\rangle)}\\&=\frac{(\langle x^2\rangle_- - \langle x^2\rangle)(\boldsymbol{Y}^{(+)}-\boldsymbol{Y}^{(-)})}{2\langle x\rangle_+(\langle x^2\rangle_+ - \langle x^2\rangle)}\\&=\frac{\boldsymbol{Y}^{(+)}-\boldsymbol{Y}^{(-)}}{2\langle x\rangle_+}\end{aligned}$$

因为 $2\langle x\rangle_+$ 与格点 i 无关，所以 $\boldsymbol{A}^{(1)}\propto\boldsymbol{Y}^{(+)}-\boldsymbol{Y}^{(-)}$。同样地导得

$$\boldsymbol{A}^{(2)}=\frac{\boldsymbol{Y}^{(+)}+\boldsymbol{Y}^{(-)}}{2(\langle x^2\rangle_+ - \langle x^2\rangle)}$$

$\langle x^2\rangle_+ - \langle x^2\rangle$ 与格点 i 无关，所以 $\boldsymbol{A}^{(2)}\propto\boldsymbol{Y}^{(+)}+\boldsymbol{Y}^{(-)}$。所以，采用 $\boldsymbol{Y}^{(+)}-\boldsymbol{Y}^{(-)}$ 和 $\boldsymbol{Y}^{(+)}$

$+\boldsymbol{Y}^{(-)}$也可以像$\boldsymbol{A}^{(1)}$，$\boldsymbol{A}^{(2)}$一样分析$\boldsymbol{Y}$场振荡对$x(t_n)$的线性和非线性响应，即分析$\boldsymbol{Y}$场振荡与x振荡的位相关系，以及当x在零两侧较对称地振荡情况下，$\boldsymbol{Y}$场振荡在零两侧的非对称性。当$x(t_n)$是一个零均值的序列，且基本服从正态分布，在零两侧较对称地振荡，序列长度N也很大的情况下，条件$\langle x\rangle_- = -\langle x\rangle_+$和$\langle x^2\rangle_- = \langle x^2\rangle_+$是可以接受的。

§1.6 场的空间自由度的估计

场的空间自由度指描述该场的独立变量的个数。为了导出估计方法，首先要回顾一下数理统计中卡方（χ^2）分布的定义和它的基本统计量及性质。设随机变量ξ_1，$\xi_2,\ldots,\xi_k$相互独立，并且都服从标准正态分布N（0，1），则它们的平方和构成一个新的随机变量，记为

$$\chi^2 = \xi_1^2 + \xi_2^2 + \ldots + \xi_k^2 \tag{1.6.1}$$

它服从自由度（Degrees of Freedom，Dof）为k的χ^2分布。这里自由度k解释为独立随机变量的个数。χ^2分布的概率密度函数（Probability Density Function，PDF）为

$$p_{\chi_k^2}(x) = \begin{cases} 0 & ,x \leqslant 0 \\ \dfrac{1}{2^{\frac{k}{2}}\Gamma\left(\dfrac{k}{2}\right)} x^{\frac{k}{2}-1} e^{-\frac{x}{2}} & ,x > 0 \end{cases} \tag{1.6.2}$$

其中Γ表示伽玛函数。

由PDF可推导出自由度为k的χ^2分布随机变量的数学期望为k，方差为$2k$。χ^2分布随机变量的另一个性质是可加性，若两个随机变量分别服从自由度为k_1和k_2的χ^2分布，且相互独立，则它们相加构成的随机变量服从自由度为$k_1 + k_2$的χ^2分布。这些性质在导出场的空间自由度估计公式时要用到。

如前几节所述，一个标量场若由m个格点的分量构成，可看作一个m维随机向量X，其分量为单个随机变量$X_i, i = 1,2,\ldots,m$。设X_i服从正态分布。为了使用χ^2分布来估计其中独立变量的个数，要先将每个分量标准化，这里，标准化指每个分量减去其平均值，除以其均方差，使每个X_i的均值为0、方差为1，即都服从标准正态分布。由χ^2分布的定义知道，随机变量X_i^2服从自由度为1的χ^2分布，如果X_i，$i = 1,2,\cdots,m$相互独立，则它们的平方和服从自由度为m的χ^2分布，场的空间自由度就是m。但是，$X_i, i = 1,2,\cdots,m$相互之间一般是相关的，现在我们要考察当$X_i, i = 1,2,\cdots,m$相互间存在相关时，它们的平方和服从的分布。

先考察$m=2$的情况，设X_1和X_2是标准正态分布随机变量，构造它们的平方和

$$V^2 = X_1^2 + X_2^2 \tag{1.6.3}$$

如果 X_1 与 X_2 相互独立，则 V^2 服从自由度为 2 的 χ^2 分布。如果它们之间相关，则自由度小于 2。如果把这个随机变量标准化，注意这里的“标准化”指除以变量的个数，它应该服从一个 χ^2 变量用它的自由度标准化后的分布，即

$$PDF\left\{\frac{V^2}{m}\right\} = PDF\left\{\frac{X_1^2+X_2^2}{2}\right\} = PDF\left\{\frac{\chi^2_{dof}}{dof}\right\} \tag{1.6.4}$$

如果 X_1 和 X_2 是观测的气象变量且已标准化，V^2/m 服从的 χ^2 分布的自由度就是关于 X_1 和 X_2 的自由度的估计。因为 X_1 和 X_2 服从标准正态分布，均值为 0，确定 V^2/m 所符合的分布可以进一步简化，只需要将 V^2/m 的方差与卡方变量被自由度标准化后的方差进行比较，这里 $m=2$，也就是使得

$$\text{var}\left\{\frac{X_1^2+X_2^2}{2}\right\} = \text{var}\left\{\frac{\chi^2_{dof}}{dof}\right\} \tag{1.6.5}$$

因为 χ^2 变量的方差是自由度的两倍，所以又得到

$$\text{var}\left\{\frac{X_1^2+X_2^2}{2}\right\} = \text{var}\left\{\frac{\chi^2_{dof}}{dof}\right\} = \frac{2dof}{dof^2} = \frac{2}{dof} \tag{1.6.6}$$

或

$$dof = \frac{2}{\text{var}\left\{\dfrac{X_1^2+X_2^2}{2}\right\}} \tag{1.6.7}$$

其中 $\text{var}\left\{\dfrac{X_1^2+X_2^2}{2}\right\}$ 与 X_1 和 X_2 的协方差矩阵有关，利用主成分分析可以使这个方差计算简化。因为 X_1 和 X_2 已标准化，协方差矩阵就是相关系数矩阵，它们间的相关系数记为 r，协方差矩阵为

$$\boldsymbol{\Sigma} = \begin{pmatrix} 1 & r \\ r & 1 \end{pmatrix}$$

容易计算出它的特征值为 $\lambda_1 = 1 + r$，$\lambda_2 = 1 - r$。对应的两个归一化的特征向量为

$$\mathbf{V}_1 = \begin{pmatrix} \dfrac{1}{\sqrt{2}} \\ \dfrac{1}{\sqrt{2}} \end{pmatrix}, \quad \mathbf{V}_2 = \begin{pmatrix} \dfrac{1}{\sqrt{2}} \\ \dfrac{-1}{\sqrt{2}} \end{pmatrix}$$

现在，相互间相关的 X_1 和 X_2 可以用两个相互独立的标准化的新变量的线性组合表示出来，这两个新变量就是标准化的主成分

$$\eta = \frac{1}{\sqrt{\lambda_1}}\alpha_1, \quad \xi = \frac{1}{\sqrt{\lambda_2}}\alpha_2 \tag{1.6.8}$$

α_1，α_2 是前几节介绍的一般的主成分，或 EOF 分析的时间系数，由主成分的性质知道，η，ξ 相互独立，且方差都是 1。X_1 和 X_2 用 η，ξ 的线性组合表示

$$X_1 = \sqrt{\lambda_1} v_{11} \eta + \sqrt{\lambda_2} v_{12} \xi = \frac{\sqrt{1+r}}{\sqrt{2}} \eta + \frac{\sqrt{1-r}}{\sqrt{2}} \xi$$

$$X_2 = \sqrt{\lambda_1} v_{21} \eta + \sqrt{\lambda_2} v_{22} \xi = \frac{\sqrt{1+r}}{\sqrt{2}} \eta - \frac{\sqrt{1-r}}{\sqrt{2}} \xi$$

得

$$X_1^2 + X_2^2 = (1+r)\eta^2 + (1-r)\xi^2$$

当原变量 X_1 和 X_2 服从正态分布时，因为主成分是原变量的线性组合，也服从正态分布，且 η,ξ 已标准化，服从标准正态分布，η^2 和 ξ^2 各服从自由度为1的 χ^2 分布，方差都是 2。又由于 η 与 ξ 相互独立，η^2 与 ξ^2 也相互独立，因此，由概率论中方差的运算规则得

$$\mathrm{var}\left\{\frac{X_1^2 + X_2^2}{2}\right\} = \frac{1}{4}\mathrm{var}\{X_1^2 + X_2^2\} = \frac{1}{4}(1+r)^2 2 + \frac{1}{4}(1-r)^2 2 = 1 + r^2 \tag{1.6.9}$$

用式(1.6.9)代入式(1.6.7)得

$$dof = \frac{2}{1+r^2} \tag{1.6.10}$$

(1.6.10) 式的含义可如下解释，因为两个变量都是标准化的，相关系数的平方也是方差贡献，这里 r^2 是 X_1 能够表示出 X_2 的方差的数量（当只有两个变量时，表示是相互的，r^2 也是 X_2 能够表示出 X_1 的方差的数量）。单个变量的方差都是 1，系统的总方差是 2。单个变量（ X_1 或 X_2 ）表示自身的方差为 1，表示另一个变量的方差为 r^2 ，单个变量表示出系统的方差为 $1+r^2$ ，所以系统中独立变量的个数等于系统的总方差除以单个变量能够表示出系统方差的量。

上面的估计公式和解释是对 m＝2 的情况，下面要对一般情况导出场空间自由度估计公式。由于 m＞2 的情况存在交互相关，公式的含义不能再像 m＝2 时那么简单。

我们分析的对象，m 维随机向量记为

$$\boldsymbol{X} = \begin{pmatrix} X_1 \\ X_2 \\ \vdots \\ X_m \end{pmatrix} \tag{1.6.11}$$

其每个分量 X_i 服从标准正态分布。自由度或独立分量的个数的定义依旧如前，即 X 的分量平方和除以分量个数后的方差等于一个 χ^2 分布随机变量除以它的自由度后的方差，这个 χ^2 分布变量的自由度就是 $\boldsymbol{X}$ 的自由度，用公式表示如下

$$\mathrm{var}\left\{\frac{\sum_{i=1}^{m} X_i^2}{m}\right\} = \frac{\mathrm{var}\left\{\sum_{i=1}^{m} X_i^2\right\}}{m^2} = \mathrm{var}\left\{\frac{\chi^2_{dof}}{dof}\right\} = \frac{\mathrm{var}\{\chi^2_{dof}\}}{dof^2} = \frac{2dof}{dof^2} = \frac{2}{dof} \tag{1.6.12}$$

得

$$dof = \frac{2m^2}{\mathrm{var}\left\{ \sum_{i=1}^{m} X_i^2 \right\}} \tag{1.6.13}$$

上式关键在计算分母，即各分量平方和的方差。下面利用主成分分析中的量表示出这个方差。$\boldsymbol{X}$ 协方差矩阵为 $\boldsymbol{\Sigma} = E(\boldsymbol{X}\boldsymbol{X}^T)$ 。由协方差矩阵的特征值构成 3 个对角矩阵

$$\boldsymbol{\Lambda} = \begin{pmatrix} \lambda_1 & 0 & \cdots & 0 \\ 0 & \lambda_2 & \cdots & 0 \\ \vdots & \vdots & \ddots & 0 \\ 0 & 0 & \cdots & \lambda_m \end{pmatrix} \tag{1.6.14}$$

$$\boldsymbol{\Lambda}^{\frac{1}{2}} = \begin{pmatrix} \sqrt{\lambda_1} & 0 & \cdots & 0 \\ 0 & \sqrt{\lambda_2} & \cdots & 0 \\ \vdots & \vdots & \ddots & 0 \\ 0 & 0 & \cdots & \sqrt{\lambda_m} \end{pmatrix} \tag{1.6.15}$$

$$\boldsymbol{\Lambda}^{-\frac{1}{2}} = \begin{pmatrix} \frac{1}{\sqrt{\lambda_1}} & 0 & \cdots & 0 \\ 0 & \frac{1}{\sqrt{\lambda_2}} & \cdots & 0 \\ \vdots & \vdots & \ddots & 0 \\ 0 & 0 & \cdots & \frac{1}{\sqrt{\lambda_m}} \end{pmatrix} \tag{1.6.16}$$

以协方差矩阵的归一化的特征向量为列向量构成正交矩阵

$$\mathbf{V} = (\boldsymbol{V}_1, \boldsymbol{V}_2, \cdots, \boldsymbol{V}_m) = \begin{pmatrix} v_{11} & v_{12} & \cdots & v_{1m} \\ v_{21} & v_{22} & \cdots & v_{2m} \\ \vdots & \vdots & \cdots & \vdots \\ v_{m1} & v_{m2} & \cdots & v_{mm} \end{pmatrix} \tag{1.6.17}$$

在 § 1.1 节已指出，$\boldsymbol{V}$ 是正交矩阵，它的转置矩阵是它的逆矩阵，$\boldsymbol{V}^{-1} = \boldsymbol{V}^T$ 。实对称的协方差矩阵可对角化

$$\mathbf{V}^T \boldsymbol{\Sigma} \mathbf{V} = \boldsymbol{\Lambda} \tag{1.6.18}$$

第 k 个主成分

$$\alpha_k = \sum_{i=1}^{m} v_{ik} X_i = \boldsymbol{V}_k^T \boldsymbol{X} \tag{1.6.19}$$

由于其方差为 λ_k ，故标准化的第 k 个主成分为

$$f_k = \frac{1}{\sqrt{\lambda_k}}\alpha_k = \frac{1}{\sqrt{\lambda_k}}\boldsymbol{V}_k^T\boldsymbol{X} \tag{1.6.20}$$

因为已假设所有原变量服从正态分布，f_k 是原变量的线性组合构成的，也服从正态分布，由主成分的性质知，f_k 的均值为 0，方差为 1，所以 f_k 服从标准正态分布。f_k^2 服从自由度为 1 的 χ^2 分布，方差为 2。由所有标准化主成分构成 m 维列向量

$$\boldsymbol{F} = \begin{pmatrix} f_1 \\ f_2 \\ \vdots \\ f_m \end{pmatrix} = \begin{pmatrix} \frac{1}{\sqrt{\lambda_1}}\boldsymbol{V}_1^T\boldsymbol{X} \\ \frac{1}{\sqrt{\lambda_2}}\boldsymbol{V}_2^T\boldsymbol{X} \\ \vdots \\ \frac{1}{\sqrt{\lambda_m}}\boldsymbol{V}_m^T\boldsymbol{X} \end{pmatrix} = \boldsymbol{\Lambda}^{-\frac{1}{2}}\boldsymbol{V}^T\boldsymbol{X} = \boldsymbol{\Lambda}^{-\frac{1}{2}}\boldsymbol{V}^{-1}\boldsymbol{X} \tag{1.6.21}$$

$\boldsymbol{F}$ 的协方差矩阵是 m 阶单位矩阵

$$\begin{aligned} \boldsymbol{\Sigma}_{FF} &= E(\boldsymbol{F}\boldsymbol{F}^T) = E\{(\boldsymbol{\Lambda}^{-\frac{1}{2}}\boldsymbol{V}^T\boldsymbol{X})(\boldsymbol{\Lambda}^{-\frac{1}{2}}\boldsymbol{V}^T\boldsymbol{X})^T\} = \boldsymbol{\Lambda}^{-\frac{1}{2}}\boldsymbol{V}^T E(\boldsymbol{X}\boldsymbol{X}^T)\boldsymbol{V}\boldsymbol{\Lambda}^{-\frac{1}{2}} \\ &= \boldsymbol{\Lambda}^{-\frac{1}{2}}\boldsymbol{V}^T\boldsymbol{\Sigma}\boldsymbol{V}\boldsymbol{\Lambda}^{-\frac{1}{2}} = \boldsymbol{\Lambda}^{-\frac{1}{2}}\boldsymbol{\Lambda}\boldsymbol{\Lambda}^{-\frac{1}{2}} = \boldsymbol{\Lambda}^{-\frac{1}{2}}\boldsymbol{\Lambda}^{\frac{1}{2}}\boldsymbol{\Lambda}^{\frac{1}{2}}\boldsymbol{\Lambda}^{-\frac{1}{2}} = \boldsymbol{I} \end{aligned} \tag{1.6.22}$$

原 m 维随机向量 $\boldsymbol{X}$ 用主成分表示出来

$$\begin{aligned} \boldsymbol{X} &= \begin{pmatrix} X_1 \\ X_2 \\ \vdots \\ X_m \end{pmatrix} = \begin{pmatrix} v_{11} & v_{12} & \cdots & v_{1m} \\ v_{21} & v_{22} & \cdots & v_{2m} \\ \vdots & \vdots & \cdots & \vdots \\ v_{m1} & v_{m2} & \cdots & v_{mm} \end{pmatrix} \begin{pmatrix} \alpha_1 \\ \alpha_2 \\ \vdots \\ \alpha_m \end{pmatrix} \\ &= \begin{pmatrix} v_{11} & v_{12} & \cdots & v_{1m} \\ v_{21} & v_{22} & \cdots & v_{2m} \\ \vdots & \vdots & \cdots & \vdots \\ v_{m1} & v_{m2} & \cdots & v_{mm} \end{pmatrix} \begin{pmatrix} \sqrt{\lambda_1} & 0 & 0 & 0 \\ 0 & \sqrt{\lambda_2} & 0 & 0 \\ 0 & 0 & \ddots & 0 \\ 0 & 0 & 0 & \sqrt{\lambda_m} \end{pmatrix} \begin{pmatrix} \frac{\alpha_1}{\sqrt{\lambda_1}} \\ \frac{\alpha_2}{\sqrt{\lambda_2}} \\ \vdots \\ \frac{\alpha_m}{\sqrt{\lambda_m}} \end{pmatrix} \\ &= \boldsymbol{V}\boldsymbol{\Lambda}^{\frac{1}{2}}\boldsymbol{F} \end{aligned} \tag{1.6.23}$$

$\boldsymbol{X}$ 的分量的平方和

$$\begin{aligned} \sum_{i=1}^{m}\boldsymbol{X}_i^2 &= \boldsymbol{X}^T\boldsymbol{X} = (\boldsymbol{V}\boldsymbol{\Lambda}^{\frac{1}{2}}\boldsymbol{F})^T(\boldsymbol{V}\boldsymbol{\Lambda}^{\frac{1}{2}}\boldsymbol{F}) \\ &= \boldsymbol{F}^T\boldsymbol{\Lambda}^{\frac{1}{2}}\boldsymbol{V}^T\boldsymbol{V}\boldsymbol{\Lambda}^{\frac{1}{2}}\boldsymbol{F} = \boldsymbol{F}^T\boldsymbol{\Lambda}\boldsymbol{F} \\ &= \sum_{k=1}^{m}\lambda_k f_k^2 = \lambda_1 f_1^2 + \lambda_2 f_2^2 + \cdots + \lambda_m f_m^2 \end{aligned} \tag{1.6.24}$$

上式两边求方差

$$\mathrm{var}\left\{\sum_{i=1}^{m} X_i^2\right\} = \lambda_1^2 \mathrm{var}(f_1) + \lambda_2^2 \mathrm{var}(f_2) + \cdots + \lambda_m^2 \mathrm{var}(f_m) =$$

$$= 2(\lambda_1^2 + \lambda_2^2 + \cdots + \lambda_m^2) = 2\sum_{k=1}^{m} \lambda_k^2 \tag{1.6.25}$$

把式(1.6.25)代入式(1.6.13)得

$$dof = \frac{m^2}{\sum_{k=1}^{m} \lambda_k^2}, \tag{1.6.26}$$

(1.6.26) 式是 Fraedrich 等 1995 年给出的，这里我们给出了它的详细导出过程。下面我们要采用将在 § 3.1 节证明了的矩阵 SVD 的两个性质来简化该公式，使空间自由度估计不需要经过主成分分析，直接由相关系数矩阵就可计算空间自由度，并且含义更清楚。在 § 3.1 节，一个实一般矩阵可以做奇异值分解运算，得到左、右奇异向量和奇异值，并且满足一些性质，其中之一是所有奇异值的平方和等于该矩阵所有元素的平方和，另一个性质是，如果该矩阵是实对称矩阵，则左、右奇异向量都等于该矩阵的特征向量，奇异值等于特征值。把这两个性质结合起来，如果矩阵是实对称矩阵，则该矩阵的所有元素平方和等于它的所有特征值的平方和。本节的协方差矩阵正是实对称矩阵，并且每个 X_i 都是标准化的，协方差矩阵也是相关系数矩阵，记 X_i 与 X_j 之间的相关系数为 r_{ij}，因此有

$$\sum_{i=1}^{m}\sum_{j=1}^{m} \sigma_{ij}^2 = \sum_{i=1}^{m}\sum_{j=1}^{m} r_{ij}^2 = \sum_{k=1}^{m} \lambda_k^2 \tag{1.6.27}$$

利用（1.6.27）式，空间自由度估计公式变为

$$dof = \frac{m^2}{\sum_{i=1}^{m}\sum_{j=1}^{m} r_{ij}^2} \tag{1.6.28}$$

上式表明，只要利用变量场的协方差矩阵，不必进行 EOF 或 PCA 的运算，即可计算场的空间自由度。场的各个分量相互之间相关越强，场的空间自由度越小。如果极端地假设场的各个分量相互之间的相关系数都等于 1，则场的空间自由度等于 1。

参考文献

1　Lorenz E N. Empirical orthogonal function and statistical weather prediction. Technical report, Statistical forecast project report 1, Dept of meteo, MIT, 1956, 49pp

2　Kim Kwang-Y, Wu Qigang. A comparison study of EOF techniques: Analysis of nonstationary data with periodic statistics. *J of Climate*, 1999, **12** (1): 185－199

3　Storch H Von. Spatial patterns: EOFs and CCA. Analysis of climate variability: Applications of statistical techniques, 1995, Springer Verlag, 227－257

4 North G R, Bell T L, Cahalan R F. Sampling errors in estimation of Empirical orthogonal function. *Monthly Weather Review*, 1982, **110** (7): 699—706

5 Horel J D. A rotated principal component analysis of the interannual variability of the Northern Hemisphere 500 Height field. *Monthly Weather Review*, 1981, **109** (10): 2080—2091

6 Edward A, Olenic and Robert E Livezey. Practical considerations in the use of rotated principal component analysis (RPCA) in diagnostic studies of upper-air-height fields. *Monthly Weather Review*, 1988, **116** (8): 1682—1689

7 Michael B Richman. Rotation of principal components. *Journal of Climatology*, 1986, **6**: 293—335

8 David L Montroy. Linear relation of central and estern north American precipitation to tropical Pacific sea surface temperature anomalies. *J of Climate*, 1997, **10** (4): 541—558

9 Kevin E Trenberth and Won-Tae K Shin. Quasi-biennial fluctuations in sea level pressures over the Northern Hemisphere. *Monthly Weather Review*, 1984, **112** (4): 761—77

10 Barnett T P. Interaction of the monsoon and pacific trade wind system at interannual time scales, Part Ⅰ: The equatorial zone. *Monthly Weather Review*, 1983, **111** (4): 756—773

11 Willian W Hsieh. Nonlinear multivariate and time series analysis by Neural network methods. *Review of Geophysics*, 2004, **42**: paper 2002RG0000112

12 Adam H Monahan. Nonlinear principal component analysis by neural networks: Theory and application to the Lorenz system. *J of Climate*, 2000, **15** (2): 821—835

13 Adam Hugh Monahan. Nonlinear principal component analysis: Tropical Indo-Pacific SST and SLP. *J of Climate*, 2001, **14** (1): 219—233

14 Wu Aiming and William W Hsieh. Nonlinear modes of North American winter climate Variability derived from a general circulation model simulation. *J of Climate*, 2003, **16** (7): 2325—2339

15 Fredolin T Tangang, Benyang, Adam H Monahan. Forecasting ENSO events: A Neural network-extended EOF approach. *J of Climate*, 1998, **11** (1): 29—41

16 Wu Aiming and William W Hsieh. Nonlinear characteristics of the surface Air temperature over Canada. *Journal of Geophysical Research*, 2002, **107**: NO. D21, 4571, doi: 10. 1029/2001JD001090

17 Wallace B C and R. E. Dickinson Empirical orthogonal representation of time series in the frequency domain. Part I Theoretical consideration. *J Appl Meteor*, 1972, **11**: 887—892

18 Weare B C. and Nasstrom J N. Examples of extended empirical orthogonal function analyses. *Monthly Weather Review*, 1982, **110** (6): 481—485

19 Kim Kwang-Y, North Gerald R and Huang Jianping. EOFs of one-dimensional cyclostationary time series: computations, examples, and stochastic modeling. *Journal of the Atmospheric Sciences*, 1996, **53** (7): 1007—1017

20 Kim Kwang-Y, North Gerald R. EOFs of harmonizable cyclostationary processes. *Journal of the Atmospheric Sciences*, 1997, **54** (10): 2416—2427

21　Kim Kwang-Y. Statistical interpolation using cyclostationary EOFs. *J of Climate*，**1997**（11）：2931－2942

22　Cecile and Prashant. Error and sensitivity analysis of geophsical eigensystems. *J of Climate*，1995，**8**（8）：1988－1998

23　Fraedrich，Ziehmann and Sielmann. Estimates of Spatial degrees of Freedom. Journal of climate，1995，8（2）：361－369

24　Overland and Preisendorfer. A significance test for principal components applied to a Cyclone climatology. Monthly Weather Review，1982，110（1）：1－4

第二章 主振荡型分析和线性转置模型

主振荡型（Principal Oscillation Pattern，简称 POP）分析是一种线性的多元分析方法，用于依据观测资料统计推断高维空间中复杂系统的时空变化特征。其主要功能是识别系统所包含的振荡型，特别是传播的振荡，被广泛地应用于研究马登－朱利恩振荡（也称 30～60 天振荡或季节内振荡）、海洋中的变率、ENSO 现象、平流层准两年振荡（QBO）、对流层斜压波以及大气海洋耦合系统的低频变化。本章介绍它的基本原理。另外，与 POP 分析紧密配合使用的还有线性转置模型（Linear Inverse Model，简称 LIM）。该方法是 Penland 等于 1989 年最早提出的，并且自 1993 年以来在美国 NOAA－CIRES/Climate Diagnostics Center 作为热带印度洋－太平洋、北大西洋、加勒比海海表温度距平业务预报方法使用，本章也一起介绍。

§ 2.1 主振荡型分析

2.1.1 POP 基本原理

POP 分析的对象与 EOF 和 PCA 一样，是多维随机场或随机向量，要求是中心化的，即距平或标准化距平。设是 m 维的，t 时间的状态为

$$\boldsymbol{X}_t = (x_{1t}, x_{2t}, \cdots, x_{mt})^T \tag{2.1.1}$$

假设它的演变是线性的，满足

$$\boldsymbol{X}_{t+1} = \mathbf{B}\boldsymbol{X}_t + \boldsymbol{R}_{t+1} \tag{2.1.2}$$

(2.1.2) 式表示的是多维一阶自回归过程，简称 AR (1)。$\mathbf{B}$ 是回归系数矩阵，也称为系统矩阵；$\boldsymbol{R}_{t+1}$ 是白噪声随机向量。

$$\mathbf{B} = \begin{pmatrix} b_{11} & b_{12} & \cdots & b_{1m} \\ b_{21} & b_{22} & \cdots & b_{2m} \\ \cdots & \cdots & \cdots & \cdots \\ b_{m1} & b_{m2} & \cdots & b_{mm} \end{pmatrix} \tag{2.1.3}$$

$$\boldsymbol{R}_{t+1} = \begin{pmatrix} r_{1t+1} \\ r_{2t+1} \\ \vdots \\ r_{m\,t+1} \end{pmatrix} = (r_{1t+1}, r_{2t+1}, \cdots, r_{m\,t+1})^T \tag{2.1.4}$$

（2.1.2）式的分量式是

$$x_{jt+1} = \sum_{i=1}^{m} b_{ji} x_{it} + r_{jt+1} \quad j = 1,2,\cdots,m \tag{2.1.5}$$

设 $\boldsymbol{R}_{t+1}$ 与 $\boldsymbol{X}_t$ 无关，这是因为 $\boldsymbol{R}_{t+1}$ 是 $\boldsymbol{X}_{t+1}$ 中不能被 $\boldsymbol{X}_t$ 表示出的部分。这意味着 $\boldsymbol{R}_{t+1}$ 的各个分量与 $\boldsymbol{X}_t$ 的各分量之间的协方差等于零。

$$\mathrm{Cov}(r_{it+1}, x_{jt}) = E(r_{it+1} x_{jt}) = 0 \quad i = 1,2,\cdots,m, j = 1,2,\cdots,m \tag{2.1.6}$$

用矩阵表示是 $\boldsymbol{R}_{t+1}$ 和 $\boldsymbol{X}_t$ 的协方差矩阵是零矩阵

$$E(\boldsymbol{R}_{t+1}\boldsymbol{X}_t^T) = \mathbf{0} \tag{2.1.7}$$

把模型（2.1.2）式两边右乘 $\boldsymbol{X}_t^T$，再对各项求数学期望，并且利用（2.1.7）式，得

$$E(\boldsymbol{X}_{t+1}\boldsymbol{X}_t^T) = \mathbf{B}E(\boldsymbol{X}_t\boldsymbol{X}_t^T) \tag{2.1.8}$$

记

$$\mathbf{C}_1 = E(\boldsymbol{X}_{t+1}\boldsymbol{X}_t^T) \tag{2.1.9}$$

$$\mathbf{C}_0 = E(\boldsymbol{X}_t\boldsymbol{X}_t^T) \tag{2.1.10}$$

由§1.1的介绍可知，$\mathbf{C}_0$ 就是 $\boldsymbol{X}$ 的协方差矩阵，类似地，$\mathbf{C}_1$ 是迟后1（Δt）的协方差矩阵。由（2.1.8）式，得

$$\mathbf{B} = \mathbf{C}_1\mathbf{C}_0^{-1} \tag{2.1.11}$$

矩阵 $\mathbf{B}$ 是 $m\times m$ 阶实矩阵，一般是不对称的，它的一部分或全部特征值 λ 和特征向量是复的。然而，因为 $\mathbf{B}$ 是实矩阵，当 λ 和 $\boldsymbol{P}$ 是 $\mathbf{B}$ 的复特征值和复特征向量，满足 $\mathbf{B}\boldsymbol{P}=\lambda\boldsymbol{P}$，则它们的共轭复数 λ^* 和共轭向量 $\boldsymbol{P}^*$ 也满足特征方程 $\mathbf{B}\boldsymbol{P}^*=\lambda^*\boldsymbol{P}^*$，所以复特征值和特征向量一定是成对共轭出现的。在大多数情况下，所有的特征值是不同的，因此，所有特征向量构成线性基。在任意时间 t，$\boldsymbol{X}$ 的状态 $\boldsymbol{X}_t$ 可以用特征向量唯一地表示出来

$$\boldsymbol{X}_t = \sum_k Z_k(t)\boldsymbol{P}_k \tag{2.1.12}$$

因为 $\boldsymbol{X}_t$ 是实的，所以展开式中复特征向量和时间系数一定要与它的复共轭特征向量和时间系数同时出现，并且一对复共轭特征向量的时间系数也是共轭复数，这样在展开式中一对复共轭特征向量表示出的虚部是抵消的。把（2.1.12）式代入（2.1.2）式，并且只考虑线性系统可表示出的部分，得

$$\begin{aligned}\sum_k Z_k(t+1)\boldsymbol{P}_k &= \mathbf{B}\sum_k Z_k(t)\boldsymbol{P}_k \\ &= \sum_k Z_k(t)\mathbf{B}\boldsymbol{P}_k \\ &= \sum_k Z_k(t)\lambda_k\boldsymbol{P}_k\end{aligned} \tag{2.1.13}$$

假设展开式（2.2.12）中各个特征向量表示出的部分是可分离的，由（2.1.13）式得

$$Z_k(t+1)\boldsymbol{P}_k = \lambda_k Z_k(t)\boldsymbol{P}_k \qquad k = 1,2,\cdots,m \tag{2.1.14}$$

模式（2.1.2）或（2.1.5）是 m 个分量列联的系统，而（2.1.14）式是非列联的 m 个单独的方程。

现在分析 $\boldsymbol{X}_t$ 被一对复共轭特征向量表示出来的部分的演变。为了方便，略去序号 k。这一对复特征向量记为

$$\begin{aligned}\boldsymbol{P} &= \boldsymbol{P}^r + i\boldsymbol{P}^i \\ \boldsymbol{P}^* &= \boldsymbol{P}^r - i\boldsymbol{P}^i\end{aligned} \tag{2.1.15}$$

其中，$\boldsymbol{P}^r$ 和 $\boldsymbol{P}^i$ 都是实的 m 维向量，称为 $\boldsymbol{P}$ 的实部向量和虚部向量，或实部型和虚部型。

它们的复特征值记为

$$\begin{aligned}\lambda &= \rho e^{i\eta} \\ \lambda^* &= \rho e^{-i\eta}\end{aligned} \tag{2.1.16}$$

这一对复特征向量表示出的 $\boldsymbol{X}_t$ 的部分记为 $\boldsymbol{P}(t)$，则

$$\boldsymbol{P}(t) = Z(t)\boldsymbol{P} + Z^*(t)\boldsymbol{P}^* \tag{2.1.17}$$

注意，$\boldsymbol{P}(t)$ 是 $\boldsymbol{X}_t$ 的一部分，一定是实的，（2.1.17）式右边形式上是复的，只要把它的实部和虚部分开，就能显示出 $\boldsymbol{P}(t)$ 与 $\boldsymbol{P}$ 的实部型 $\boldsymbol{P}^r$ 和虚部型 $\boldsymbol{P}^i$ 的关系，为此，把复时间系数 $Z(t)$ 记为

$$\begin{aligned}Z(t) &= \frac{1}{2}Z^r(t) - i\,\frac{1}{2}Z^i(t) \\ Z^*(t) &= \frac{1}{2}Z^r(t) + i\,\frac{1}{2}Z^i(t)\end{aligned} \tag{2.1.18}$$

把（2.1.18）式和（2.1.15）式代入（2.1.17）式，得

$$\begin{aligned}\boldsymbol{P}(t) &= \left[\frac{1}{2}Z^r(t) - i\,\frac{1}{2}Z^i(t)\right](\boldsymbol{P}^r + i\boldsymbol{P}^i) + \left[\frac{1}{2}Z^r(t) + i\,\frac{1}{2}Z^i(t)\right](\boldsymbol{P}^r - i\boldsymbol{P}^i) \\ &= Z^r(t)\boldsymbol{P}^r + Z^i(t)\boldsymbol{P}^i\end{aligned} \tag{2.1.19}$$

（2.1.19）式中 $Z^r(t)$，$Z^i(t)$ 是实值的时间系数，$\boldsymbol{P}^r$ 和 $\boldsymbol{P}^i$ 是实值的的空间型，其含义与 EOF 展开式相同。

由（2.1.14）式，得

$$Z(t+1) = \lambda Z(t)$$

由此得系数变化的递推公式

$$Z(t) = Z(0)\lambda^t \tag{2.1.20}$$

$Z(0)$ 一般是复数，为了方便，暂时取 $Z(0)=1$，利用（2.1.16）式，得

$$Z(t) = Z(0)\lambda^t = \lambda^t = \rho^t e^{i\eta t} \tag{2.1.21}$$

由（2.1.18）式和（2.1.21）式得

$$\begin{aligned}Z^r(t) &= 2\mathrm{Re}\{Z(t)\} = 2\rho^t\cos\eta\, t \\ Z^i(t) &= -2\mathrm{Im}\{Z(t)\} = -2\rho^t\sin\eta\, t\end{aligned} \tag{2.1.22}$$

把（2.1.22）式代入（2.1.19）式，得

$$\boldsymbol{P}(t) = 2\rho^t(\cos\eta t\boldsymbol{P}^r - \sin\eta t\boldsymbol{P}^i) \tag{2.1.23}$$

把（2.1.23）式与§1.3中介绍的一个传播的波动的时空分解相对照，可见 $\boldsymbol{P}(t)$是 $\boldsymbol{X}_t$ 中的一个传播的波动，所需的两个空间型是复特征向量的实部型和虚部型。这个波动随时间变化的角频率是复特征值的辐角 η，故周期 $T=2\pi/\eta$，复特征值的辐角给出振荡周期的信息，恢复其下标 k，得

$$T_k = 2\pi/\eta_k \tag{2.1.24}$$

取时间 $t=0$，$\frac{T}{4}$，$\frac{T}{2}$，$\frac{3}{4}T$，T，对应的 $\eta t=0$，$\frac{\pi}{2}$，π，$\frac{3\pi}{2}$，2π，由（2.1.23）式可看出 $\boldsymbol{P}$（t）的演变序列是

$$\boldsymbol{P}^r \to -\boldsymbol{P}^i \to -\boldsymbol{P}^r \to \boldsymbol{P}^i \to \boldsymbol{P}^r \to \cdots \tag{2.1.25}$$

（2.1.23）式中的 ρ^t 描述振荡的振幅随时间的变化，记

$$\tau = -1/\ln\rho \tag{2.1.26}$$

则

$$\rho^t = \mathrm{e}^{-\frac{t}{\tau}} \tag{2.1.27}$$

因为 $\rho^{(t+\tau)}/\rho^t=1/\mathrm{e}$，所以，$\tau$ 是振荡的振幅打折为 1/e 倍所需的时间，称 e 折时间（e－folding time），所以，复特征值的模给出振荡的振幅随时间演变速度的信息。恢复其下标 k，（2.1.26）式成为

$$\tau_k = -1/\ln\rho_k$$

刚才我们取了 $Z(0)=1$，现在回过来考虑 $Z(0)$的作用。$Z(0)$是复数，一般地可写为

$$Z(0) = |Z(0)|\mathrm{e}^{i\theta_0}$$

$|Z(0)|$为 $Z(0)$的模，θ_0 为 $Z(0)$的辐角，将其代入（2.1.20）式，同样地推导，不难得到

$$\boldsymbol{P}(t) = 2|Z(0)|\mathrm{e}^{-\frac{t}{\tau}}[\cos(\eta t + \theta_0)\boldsymbol{P}^r - \sin(\eta t + \theta_0)\boldsymbol{P}^i]$$

把上式与（2.1.23）式比较可见，复时间系数的初值的模给出振荡的初始振幅的信息，辐角给出振荡的初位相。

综上所述可见，AR（1）模型（2.1.2）的系统矩阵 **B** 的复特征值和复特征向量给出了 $\boldsymbol{X}_t$ 中一个传播的波动的完整的信息，所以，系统矩阵的一对复特征向量称为一个主振荡型。为了完整起见，我们把序号 k 补上，设 **B** 的第 k 个特征向量和特征值是复的，则它和它的复共轭特征向量共同表示出的 $\boldsymbol{X}_t$ 的变化为

$$\boldsymbol{P}_k(t) = 2|Z_k(0)|\mathrm{e}^{\frac{-t}{\tau_k}}[\cos(\eta_k t + \theta_{0k})\boldsymbol{P}_k^r - \sin(\eta_k t + \theta_{0k})\boldsymbol{P}_k^i] \tag{2.1.28}$$

对于 **B** 矩阵的某个实特征值和特征向量，由（2.1.12）式，它表示出的 $\boldsymbol{X}_t$ 的部分为

$$\boldsymbol{P}(t) = Z_k(t)\boldsymbol{P}_k$$

$Z_k(t)$ 的变化依旧满足（2.1.20）式，因此

$$\boldsymbol{P}(t) = Z_k(0)\lambda^t\boldsymbol{P}_k \tag{2.1.29}$$

用观测资料估计 **B** 矩阵和它的特征值、特征向量时，满足 $|\lambda|<1$，所以，(2.1.29) 式描述的是初始时间出现的异常型的衰减过程。过去曾提出 **B** 中的实特征向量及其系数表示一个驻波振荡，这是一个误解，因为（2.1.29）式中的时间系数不做周期变化。

2.1.2 POP 估计

在实际应用中，我们要根据 m 维随机向量 $\boldsymbol{X}$ 的有限样本 $\boldsymbol{X}_1$，$\boldsymbol{X}_2$，…，$\boldsymbol{X}_n$ 去估计 POP。根据§1.1 中的介绍，数学期望的估计用样本平均。$\mathbf{C}_0=E(\boldsymbol{X}_t\boldsymbol{X}_t^T)$，则 $\mathbf{C}_0$ 的估计为

$$\hat{\mathbf{C}}_0 = \langle \boldsymbol{X}_t\boldsymbol{X}_t^T \rangle \tag{2.1.30}$$

它的第 i 行第 j 列元素为

$$\hat{\mathbf{C}}_{0ij} = \frac{1}{n}\sum_{t=1}^{n} x_{it}x_{jt} \quad i = 1,2,\cdots,m, j = 1,2,\cdots,m \tag{2.1.31}$$

$\mathbf{C}_1=E(\boldsymbol{X}_{t+1}\boldsymbol{X}_t^T)$，则 $\mathbf{C}_1$ 的估计为

$$\hat{\mathbf{C}}_1 = \langle \boldsymbol{X}_{t+1}\boldsymbol{X}_t^T \rangle \tag{2.1.32}$$

其元素为

$$\hat{\mathbf{C}}_{1ij} = \frac{1}{n-1}\sum_{t=1}^{n-1} x_{it+1}x_{jt} \quad i = 1,2,\cdots,m, j = 1,2,\cdots,m \tag{2.1.33}$$

B 的估计为

$$\hat{\mathbf{B}} = \hat{\mathbf{C}}_1\hat{\mathbf{C}}_0^{-1} \tag{2.1.34}$$

然后要计算 $\hat{\mathbf{B}}$ 矩阵的特征值和特征向量，即估计 POP

$$\hat{\mathbf{B}}\hat{\boldsymbol{P}}_k = \hat{\lambda}_k\hat{\boldsymbol{P}}_k \tag{2.1.35}$$

这个矩阵的特征值总满足 $|\hat{\lambda}_k|<1$。

实一般矩阵的特征值和特征向量的计算程序可以参考郭富印等编著的书《FORTRAN 算法汇编》第三分册（国防工业出版社，1982 年 8 月第一版）。应注意，如果某个特征值是实的，对应的实特征向量乘以任意不等于零的实常数依旧是与该特征值对应的特征向量。如果某特征值是复的，对应的复特征向量乘以任意不等于零的复常数依旧是与该复特征值对应的特征向量。该书给出了一个计算一个 4 阶实一般矩阵特征值和特征向量的例子，在正确地输入和运用该书程序的情况下，

重算该例所得的特征值应与书中的一致，但是，复特征向量可能与书中的结果相差一个复常数倍。

2.1.3　使 POP“唯一”

对应于同一个复特征值，它的复特征向量不是唯一的，而是有相差任意复常数倍的无穷多个，也就是说，如果 $\hat{\boldsymbol{P}}_k$ 是一个复特征向量，则 $(m_k\exp(i\theta_k))\hat{\boldsymbol{P}}_k$ 也是复特征向量，只要 m_k 不等于零。为此，我们需要选以某种方式标准化的 POP，使不同系统的 POP 可以直接比较。对应于不同特征值的 POP 不是相互正交的，这是因为 $\hat{\mathbf{B}}$ 矩阵不是对称的。但是，每个 POP 自身可以标准化。$\hat{\boldsymbol{P}}_k$ 标准化是适当地选取 m_k 使得复特征向量 $(m_k\exp(i\theta_k))\hat{\boldsymbol{P}}_k$ 的模方等于 1；适当地选取 θ_k，使得复特征向量 $(m_k\exp(i\theta_k))\hat{\boldsymbol{P}}_k$ 的实部向量和虚部向量正交。为了简洁，下面把由（2.1.35）式计算得的一个复特征向量 $\hat{\boldsymbol{P}}_k$ 去掉表示估计量的“ˆ”号。因为

$$\|(m_k\exp(i\theta_k))\boldsymbol{P}_k\|^2 = m_k^2\|\boldsymbol{P}_k\|^2$$

所以取

$$m_k^2 = \frac{1}{\|\boldsymbol{P}_k\|^2} = \frac{1}{\sum_{s=1}^{m}[(\boldsymbol{P}_{ks}^r)^2 + (\boldsymbol{P}_{ks}^i)^2]} \tag{2.1.36}$$

其中 $\boldsymbol{P}_{ks}^r$ 和 $\boldsymbol{P}_{ks}^i$ 是 $\boldsymbol{P}_k$ 的实部向量和虚部向量在第 s 格点的分量。

因为

$$\begin{aligned} m_k\exp(i\theta_k)\boldsymbol{P}_k &= m_k(\cos\theta_k + i\sin\theta_k)(\boldsymbol{P}_k^r + i\boldsymbol{P}_k^i) \\ &= m_k(\cos\theta_k\boldsymbol{P}_k^r - \sin\theta_k\boldsymbol{P}_k^i) + im_k(\cos\theta_k\boldsymbol{P}_k^i + \sin\theta_k\boldsymbol{P}_k^r) \end{aligned}$$

用（•，•）表示 m 维空间中向量的内积，定义为两个向量的对应分量乘积之和。θ_k 的选取要使上式的实部向量和虚部向量正交，即要使这两个向量的内积为零，利用内积满足线性运算的性质，得

$$\begin{aligned} &(m_k(\cos\theta_k\boldsymbol{P}_k^r - \sin\theta_k\boldsymbol{P}_k^i), m_k(\cos\theta_k\boldsymbol{P}_k^i + \sin\theta_k\boldsymbol{P}_k^r)) \\ =& m_k^2[\cos\theta_k\cos\theta_k(\boldsymbol{P}_k^r,\boldsymbol{P}_k^i) + \cos\theta_k\sin\theta_k(\boldsymbol{P}_k^r,\boldsymbol{P}_k^r) \\ &- \sin\theta_k\cos\theta_k(\boldsymbol{P}_k^i,\boldsymbol{P}_k^i) - \sin\theta_k\sin\theta_k(\boldsymbol{P}_k^i,\boldsymbol{P}_k^r)] \\ =& m_k^2\{\cos 2\theta_k(\boldsymbol{P}_k^r,\boldsymbol{P}_k^i) + \frac{1}{2}\sin 2\theta_k[(\boldsymbol{P}_k^r,\boldsymbol{P}_k^r) - (\boldsymbol{P}_k^i,\boldsymbol{P}_k^i)]\} \end{aligned}$$

使上式等于零，得

$$\theta_k = \frac{1}{2}\arctan\frac{2(\boldsymbol{P}_k^r,\boldsymbol{P}_k^i)}{(\boldsymbol{P}_k^i,\boldsymbol{P}_k^i) - (\boldsymbol{P}_k^r,\boldsymbol{P}_k^r)}$$

$$= \frac{1}{2}\arctan\frac{2\sum_{s=1}^{m}\boldsymbol{P}_{ks}^{r}\boldsymbol{P}_{ks}^{i}}{\sum_{s=1}^{m}(\boldsymbol{P}_{ks}^{i})^{2}-\sum_{s=1}^{m}(\boldsymbol{P}_{ks}^{r})^{2}} \tag{2.1.37}$$

归纳一下，复特征向量的标准化是将（2.1.35）式计算得到的复特征向量 $\boldsymbol{P}_k$ 乘以复常数 $m_k(\cos\theta_k + i\sin\theta_k)$，$m_k$ 和 θ_k 分别由（2.1.36）式和（2.1.37）式确定。那么，经过这样处理后 $\boldsymbol{P}_k$（或 POP_k）是否唯一地确定了呢，答案是仍有不确定性，因为，如果将 $\boldsymbol{P}_k$ 乘以复常数 $\pm m_k$（$\cos\theta_k - i\sin\theta_k$），其中 m_k，θ_k 依旧由（2.1.36）式和（2.1.37）式确定，则它们还是同一特征值的复特征向量，且模方也都为1，实部型和虚部型也正交。即已经标准化的复特征向量再乘以 i 或 $-i$ 或 -1 还是与同一复特征值对应的标准化的复特征向量，这如同标准化的实特征向量乘以 -1 还是标准化的实特征向量一样。标准化的复特征向量还可以乘以 i 或 $-i$ 说明它的实部型与虚部型是相对的，可以根据需要决定是否再乘 i 或 $-i$。Hans von Storch 提出可以选取标准化后的复特征向量的实部型的模方大于虚部型的模方来消除这种不确定性。在 POP 分析应用于 ENSO 研究时，一般把 POP（即复 $\boldsymbol{P}_k$）的实部型对应于 ENSO 暖事件时要素的距平型，而虚部型对应于过渡型。但是，这一般只能用于一个主要的 POP，其他 POP 的实部和虚部空间型很难再相似于 ENSO 事件的距平型，因此，还是再采用 Storch 的方法。

如果（2.1.35）式计算出的某个特征向量是实的，则与 EOF 分析中相同，使它在 m 维空间中的长度等于 1 就行了。一般而言，程序计算出的实特征向量就是归一化的。

2.1.4 时间系数的估计

用 POP 分析实际问题时，POP 的时间系数也应由 $\boldsymbol{X}$ 的样本 $\boldsymbol{X}_1$，$\boldsymbol{X}_2$，…，$\boldsymbol{X}_n$ 估计出来。设估计出的某一复特征向量经过上述“唯一”处理后依旧记为 $\boldsymbol{P}_k = \boldsymbol{P}_k^r + i\boldsymbol{P}_k^i$，它及它的复共轭特征向量共同表示出的 $\boldsymbol{X}_t$ 的部分由（2.1.19）式为

$$\boldsymbol{P}_k(t) = Z_k^r(t)\boldsymbol{P}_k^r + Z_k^i(t)\boldsymbol{P}_k^i$$

在 t 时间估计实部系数 Z_k^r（t）和虚部系数 Z_k^i（t）是使得

$$\| \boldsymbol{X}_t - \boldsymbol{P}_k(t) \| = \| \boldsymbol{X}_t - Z_k^r(t)\boldsymbol{P}_k^r - Z_k^i(t)\boldsymbol{P}_k^i \|$$

达最小，上式写成分量式是使

$$\sum_{s=1}^{m}(x_{st} - Z_k^r(t)\boldsymbol{P}_{ks}^r - Z_k^i(t)\boldsymbol{P}_{ks}^i)^2$$

达最小。这相当于在每个时间 t 解一个二元回归问题，Z_k^r（t）和 Z_k^i（t）相当于回归系数，满足的线性方程组是

$$\begin{pmatrix} \sum_{s=1}^{m} \boldsymbol{P}_{ks}^{r}\boldsymbol{P}_{ks}^{r} & \sum_{s=1}^{m} \boldsymbol{P}_{ks}^{r}\boldsymbol{P}_{ks}^{i} \\ \sum_{s=1}^{m} \boldsymbol{P}_{ks}^{i}\boldsymbol{P}_{ks}^{r} & \sum_{s=1}^{m} \boldsymbol{P}_{ks}^{i}\boldsymbol{P}_{ks}^{i} \end{pmatrix} \begin{pmatrix} Z_k^r(t) \\ Z_k^i(t) \end{pmatrix} = \begin{pmatrix} \sum_{s=1}^{m} x_{st}\boldsymbol{P}_{ks}^{r} \\ \sum_{s=1}^{m} x_{st}\boldsymbol{P}_{ks}^{i} \end{pmatrix}$$

因为实部型与虚部型正交，即 $\sum_{s=1}^{m} \boldsymbol{P}_{ks}^{r}\boldsymbol{P}_{ks}^{i}=0$，所以

$$Z_k^r(t) = \frac{\sum_{s=1}^{m} x_{st}\boldsymbol{P}_{ks}^{r}}{\sum_{s=1}^{m} (\boldsymbol{P}_{ks}^{r})^2} = \frac{(\boldsymbol{X}_t, \boldsymbol{P}_k^r)}{(\boldsymbol{P}_k^r, \boldsymbol{P}_k^r)} = \frac{\boldsymbol{X}_t^T \boldsymbol{P}_k^r}{\boldsymbol{P}_k^{rT} \boldsymbol{P}_k^r} \tag{2.1.38}$$

$$Z_k^i(t) = \frac{\sum_{s=1}^{m} x_{st}\boldsymbol{P}_{ks}^{i}}{\sum_{s=1}^{m} (\boldsymbol{P}_{ks}^{i})^2} = \frac{(\boldsymbol{X}_t, \boldsymbol{P}_k^i)}{(\boldsymbol{P}_k^i, \boldsymbol{P}_k^i)} = \frac{\boldsymbol{X}_t^T \boldsymbol{P}_k^i}{\boldsymbol{P}_k^{iT} \boldsymbol{P}_k^i} \tag{2.1.39}$$

如果 $\hat{\mathbf{B}}$ 矩阵的某个特征向量是实的，且已经是归一化的，则同样地可导出它的时间系数为

$$Z_k(t) = \sum_{s=1}^{m} x_{st}\boldsymbol{P}_{ks} = (\boldsymbol{X}_t, \boldsymbol{P}_k) = \boldsymbol{X}_t^T \boldsymbol{P}_k \tag{2.1.40}$$

2.1.5 统计评估

在多数情况下，作为模拟原来的多变量资料序列，我们只对一个或少数几个 POP 感兴趣，这里给出评估一个给定的 POP“有用程度”（或相对重要性）的方法。POP 分析与 EOF 分析不同，EOF 分析中，特征值等于同序号的空间型解释原场总方差的数量，而 POP 分析中，特征值的模给出振荡的振幅的时间衰减速度，特征值的辐角给出振荡的角频率，特征值不能给出各 POP 模态重要性（解释多少方差）的信息，因而需要给出另外的定量指标。

对于一对复特征向量表示的 POP，它表示出 $\boldsymbol{X}_t$ 的部分为 $\boldsymbol{P}_k(t)$，剩余误差向量为

$$\boldsymbol{R}_t = \boldsymbol{X}_t - \boldsymbol{P}_k(t) = \boldsymbol{X}_t - Z_k^r(t)\boldsymbol{P}_k^r - Z_k^i(t)\boldsymbol{P}_k^i$$

定义相对误差为

$$\varepsilon_k = \sqrt{\frac{\langle \boldsymbol{R}_t^T \boldsymbol{R}_t \rangle}{\langle \boldsymbol{X}_t^T \boldsymbol{X}_t \rangle}} = \sqrt{\frac{\frac{1}{n}\sum_{t=1}^{n}\sum_{s=1}^{m}(x_{st} - Z_k^r(t)\boldsymbol{P}_{ks}^r - Z_k^i(t)\boldsymbol{P}_{ks}^i)^2}{\frac{1}{n}\sum_{t=1}^{n}\sum_{s=1}^{m} x_{st}^2}} \tag{2.1.41}$$

显然，ε_k 愈小的 POP 愈重要。由 ε_k 还可给出该 POP 解释原多变量序列方差的份额或

方差贡献率

$$1-\varepsilon_k^2=1-\frac{\langle \boldsymbol{R}_t^T\boldsymbol{R}_t\rangle}{\langle \boldsymbol{X}_t^T\boldsymbol{X}_t\rangle}=\frac{\langle \boldsymbol{X}_t^T\boldsymbol{X}_t\rangle-\langle \boldsymbol{R}_t^T\boldsymbol{R}_t\rangle}{\langle \boldsymbol{X}_t^T\boldsymbol{X}_t\rangle} \tag{2.1.42}$$

与 EOF 分析中相同，上式中的 $\langle \boldsymbol{X}_t^T\boldsymbol{X}_t\rangle$ 是被分析对象场的总方差的样本估计，$\langle \boldsymbol{R}_t^T\boldsymbol{R}_t\rangle$ 是总的误差方差，两者之差是该 POP 解释的方差，故（2.1.42）式表示的是该 POP 的方差贡献率。但是，在 POP 分析中，由于对应于不同特征值的特征向量之间不互相正交，各个 POP 表达的 $\boldsymbol{X}_t$ 的部分可能有重叠，因此，所有 POP 的方差贡献率之和可能会大于 100%。然而，该方法既然称为主振荡型分析，应用时就该抓住其中主要的振荡型进行分析，事实上也不可能分析所有 POP 型。

另一个评估指标是偏斜因子（biasing factor），定义为

$$\zeta_k=\sqrt{\frac{\langle \boldsymbol{P}_k(t)^T\boldsymbol{X}_t\rangle}{\langle \boldsymbol{X}_t^T\boldsymbol{X}_t\rangle}} \tag{2.1.43}$$

其中 $\langle \boldsymbol{P}_k(t)^T\boldsymbol{X}_t\rangle$ 是该 POP 表示出的部分 $\boldsymbol{P}_k(t)$ 与原场 $\boldsymbol{X}_t$ 之间的相似系数的时间平均，显然，ζ_k 越大的 POP 越重要。

对于复 POP，还要挑选 τ_k/T_k 大的 POP，因为 τ_k/T_k 越大，振荡的衰减越慢，是 $\boldsymbol{X}_t$ 中稳定的振荡。

对于实 POP，重要性的指标 ε_k，$1-\varepsilon_k^2$，ζ_k 是相同于复 POP 定义的，差别仅在于 $\boldsymbol{R}_t=\boldsymbol{X}_t-Z_k(t)\boldsymbol{P}_k$。

2.1.6 POP 作为预报工具

POP 的空间型与 EOF 一样不随时间变化，而前面已导得它的复时间系数 $Z(t)$ 的变化规则为

$$Z(t+1)=\lambda Z(t) \tag{2.1.44}$$

注意，复系数 $Z(t)$ 与它的实部型系数 $Z^r(t)$、虚部型系数 $Z^i(t)$ 之间的关系是（2.1.18）式。由当前时间的 $Z^r(t)$ 和 $Z^i(t)$ 可按（2.1.18）式得当前时间的复系数 $Z(t)$，利用（2.1.44）式得到预报的 $Z(t+1)$，再利用（2.1.18）式得到预报的 $Z^r(t+1)$ 和 $Z^i(t+1)$。最后利用（2.1.19）式，得到这一对（第 k 对）复 POP 对原分析变量的预报为

$$\hat{\boldsymbol{P}}_k(t+1)=Z_k^r(t+1)\boldsymbol{P}_k^r+Z_k^i(t+1)\boldsymbol{P}_k^i \tag{2.1.45}$$

对于实 POP，其系数变化公式也是（2.1.44）式，预报过程是类似的。

对一个多变量系统作 POP 分析，如果我们已按前述的统计评估指标 ε，$1-\varepsilon^2$，ζ，τ_k/T_k 选取了几个重要的 POP 模态，则多变量序列 $\boldsymbol{X}_t$ 的预报应是这些 POP 模态预报之和

$$\hat{\boldsymbol{X}}(t+1)=\sum_{k}\hat{\boldsymbol{P}}_k(t+1) \tag{2.1.46}$$

这一预报方法在一有限时段内可能是有用的。但是，当预报超前时间比较长，或预报的步数较多时，由于 POP 分析是建立在系统线性演变基础上的［见（2.1.2）式］，而实际对象不能完全满足线性演变，预报效果可能会逐步恶化。

对于一个实际资料的系统，$\hat{\mathbf{B}}$ 矩阵的特征值的模总小于 1（即 $\rho<1$），这样，（2.1.44）式预报的复系数的模总是衰减的，最终导致按（2.1.46）式预报的气象变量距平的强度总是逐渐减弱的。然而，对于一个平稳时间序列，在给定时间，衰减的概率应等于增强的概率，即都等于 50%。所以，可以重新规定（2.1.44）中复特征值 λ 的模等于 1（$|\lambda|=\rho=1$）。这样，预报变成了振幅不变的周期性变化的延伸，只能预报规则的位相变化。但是，对于目前的短期气候预测水平来说，即使振幅的变化预报不出来，位相预报也是有价值的。

实践表明，POP 作为预报工具比较适合于一类准周期振荡现象，例如 ENSO、MJO（马登—朱里恩振荡或 30～60 天振荡）、QBO（准两年振荡）。选入（2.1.46）式中的 POP 模态不宜过多，例如对于 ENSO 预报，很多研究指出 ENSO 不是由单个振荡组成的，而是由准两年和准四年振荡（QBO 和 QQO）共同组成的，所以用周期为准两年和准四年的两个 POP 模态预报 ENSO 比较合理。相反，对于没有明显周期振荡的系统，POP 分析得到的 POP 模态的物理意义很难理解，也不能提供有用的预报技巧。

由于被分析的变量包含噪声成分，按一个时次的资料估计出的 POP 系数作为预报时的初始值是不够的。改进的方法可以采用一个单侧的数字滤波器去压制短时间尺度的方差。还可采用多时间平均初始化方法，用时间位于 -1 的 POP 系数为初值做一个时间步的预报，用时间位于 -2 的 POP 系数为初值做 2 时间步预报，等等，把这些预报出的在时间位于 0（（2.1.44）中的 t 时间）的 POP 系数和时间位于 0 的实际 POP 系数加权平均，用这个加权平均的 POP 系数作为初始值向后做预报，加权平均所用的权重对新近的信息给大一些，过去的信息给小一些。当 POP 系数很小，且在二维复平面内变化不规则时，则说明过程处在不活跃阶段，系统处在寂静位相，在这种情况下不能依赖于 POP 预报。

2.1.7　伴随相关型（Associated correlation patterns）

POP 的时间系数经常可以看作某个过程的指数，例如，对于 MJO 和 ENSO 现象，取适当的变量场做 POP 分析，得到的主要空间型的时间系数序列可作为这些振荡现象的指数。在这种情况下，常常需要研究另外的变量场与该振荡现象相联系的变化，这可以用伴随相关型来实现。设另一个场的序列为 $\boldsymbol{Y}_t$，空间区域和格点数可以

与 $\boldsymbol{X}_t$ 相同也可以不同，假定是 m_y 维的，但是在时间上与 $\boldsymbol{X}_t$ 有对应的样本，$t=1$，2，…，n。对 $\boldsymbol{Y}$ 场寻找一对空间型 $\boldsymbol{Q}_k^r$ 和 $\boldsymbol{Q}_k^i$，使得

$$\langle \| \boldsymbol{Y}_t - \frac{Z_k^r(t)}{\sigma_r}\boldsymbol{Q}_k^r - \frac{Z_k^i(t)}{\sigma_i}\boldsymbol{Q}_k^i \| \rangle \tag{2.1.47}$$

达最小，其中 Z_k^r（t），Z_k^i（t）是 $\boldsymbol{X}$ 场的 POP 分析得到的第 k 个 POP 模态的实部空间型、虚部空间型的时间系数，σ_r，σ_i 是 Z_k^r（t），Z_k^i（t）的均方差。$\boldsymbol{Q}_k^r$ 和 $\boldsymbol{Q}_k^i$ 都是 m_y维向量。(2.1.47) 式的含义是要在 $\boldsymbol{Y}$ 场中寻找与 $\boldsymbol{X}$ 场中第 k 个主振荡型同步变化的振荡型，$\boldsymbol{X}_t$ 的 POP 循环为

$$\cdots \rightarrow \boldsymbol{P}_k^r \rightarrow -\boldsymbol{P}_k^i \rightarrow -\boldsymbol{P}_k^r \rightarrow \boldsymbol{P}_k^i \rightarrow \boldsymbol{P}_k^r \rightarrow \cdots \tag{2.1.48}$$

$\boldsymbol{Y}_t$ 对应的演变为

$$\cdots \rightarrow \boldsymbol{Q}_k^r \rightarrow -\boldsymbol{Q}_k^i \rightarrow -\boldsymbol{Q}_k^r \rightarrow \boldsymbol{Q}_k^i \rightarrow \boldsymbol{Q}_k^r \rightarrow \cdots \tag{2.1.49}$$

(2.1.47) 式的求解可以对 $\boldsymbol{Q}_k^r$，$\boldsymbol{Q}_k^i$ 的分量 $\boldsymbol{Q}_{kj}^r$，$\boldsymbol{Q}_{kj}^i$，$j=1$，2，…，m_y分别进行。为简便，略去下标 k，并且标准化的时间系数记为 $\widetilde{Z}^r(t)=Z^r(t)/\sigma_r$，$\widetilde{Z}^i(t)=Z^i(t)/\sigma_i$。对 $\boldsymbol{Y}$ 场的第 j 格点，要求

$$\sum_{t=1}^{n}(y_{jt} - \widetilde{Z}^r(t)\boldsymbol{Q}_j^r - \widetilde{Z}^i(t)\boldsymbol{Q}_j^i)^2$$

达最小。这相当于求二元回归方程

$$y_{jt} = \boldsymbol{Q}_j^r\widetilde{Z}^r(t) + \boldsymbol{Q}_j^i\widetilde{Z}^i(t)$$

的回归系数 $\boldsymbol{Q}_j^r$，$\boldsymbol{Q}_j^i$，满足的线性方程组是

$$\begin{pmatrix} \sum_{t=1}^{n}\widetilde{Z}^r(t)\widetilde{Z}^r(t) & \sum_{t=1}^{n}\widetilde{Z}^r(t)\widetilde{Z}^i(t) \\ \sum_{t=1}^{n}\widetilde{Z}^i(t)\widetilde{Z}^r(t) & \sum_{t=1}^{n}\widetilde{Z}^i(t)\widetilde{Z}^i(t) \end{pmatrix}\begin{pmatrix}\boldsymbol{Q}_j^r \\ \boldsymbol{Q}_j^i\end{pmatrix} = \begin{pmatrix}\sum_{t=1}^{n}\widetilde{Z}^r(t)y_{jt} \\ \sum_{t=1}^{n}\widetilde{Z}^i(t)y_{jt}\end{pmatrix} \tag{2.1.50}$$

$$j = 1,2,\cdots,m_y$$

2.1.8　气候资料分析中应用 POP 的实际步骤

气候资料中一般包含有噪声和不同时空尺度的信号，空间格点数很多，也称空间自由度很大。POP 分析的原理表明它不具备从多变量序列中识别出主要时空变化信息的功能，所以直接对很多网格点的气象场做 POP 分析和预报往往效果不好，而且计算量会很大。而 EOF 或主成分分析的功能是提取多变量序列的主要时空变率，压缩变量的自由度。因此，实际应用中，POP 分析方法不是直接应用于气候变量的距平场，而是应用于气候变量距平场 EOF 分析截取的前几个时间系数（主成分）。对主成分做 POP 分析后，再结合 EOF 分析的空间型，返回到原来的气候变量距平场的空间（也称地理空间）做解释。下面用公式说明这一

过程的相互联系。

记气候要素距平（或标准化距平）场序列为 $\boldsymbol{X}_t$，$t=1, 2, \cdots, n$，格点数 m，将其做 EOF 展开，截取前 M（$M<m$）个空间型

$$\boldsymbol{X}_t = \alpha_1(t)\boldsymbol{V}_1 + \alpha_2(t)\boldsymbol{V}_2 + \cdots + \alpha_M(t)\boldsymbol{V}_M + \boldsymbol{\varepsilon}_t \tag{2.1.51}$$

前 M 个主成分解释了原 $\boldsymbol{X}_t$ 序列的主要的大尺度成分的方差。因为特征向量（空间型）不随时间变化，所以，$\alpha_1(t), \alpha_2(t), \cdots, \alpha_M(t)$ 反映系统的时间演变。把主成分向量记为

$$\boldsymbol{\alpha}_t = \begin{pmatrix} \alpha_1(t) \\ \alpha_2(t) \\ \vdots \\ \alpha_M(t) \end{pmatrix} \quad t = 1,2,\cdots,n \tag{2.1.52}$$

对 $\boldsymbol{\alpha}_t$ 做前述的 POP 分析和预报（$\boldsymbol{\alpha}_t$ 作为前述原理中的 $\boldsymbol{X}_t$）。设 $\boldsymbol{\alpha}_t$ 的 POP 分析得到第 k 对复 POP，是经 ε，$1-\varepsilon^2$，ζ，τ_k/T_k 等指标评估有意义的 POP，它的实部系数为 $Z_k^r(t)$、虚部系数为 $Z_k^i(t)$，实部"空间"（在 $\boldsymbol{\alpha}_t$ 张开的空间中，是 M 维的）型为 $\boldsymbol{P}_k^r$，虚部"空间"型为 $\boldsymbol{P}_k^i$，则这个复 POP 表示的 $\boldsymbol{\alpha}_t$ 的演变为（省略 k）

$$\begin{pmatrix} \alpha_1(t) \\ \alpha_2(t) \\ \vdots \\ \alpha_M(t) \end{pmatrix} = Z^r(t) \begin{pmatrix} P_1^r \\ P_2^r \\ \vdots \\ P_M^r \end{pmatrix} + Z^i(t) \begin{pmatrix} P_1^i \\ P_2^i \\ \vdots \\ P_M^i \end{pmatrix} \tag{2.1.53}$$

由主成分的这个振荡型表示出的原气候变量距平的部分，按（2.1.51）式来恢复，得

$$\begin{aligned} \hat{\boldsymbol{X}}_t^k &= \alpha_1(t)\boldsymbol{V}_1 + \cdots + \alpha_M(t)\boldsymbol{V}_M \\ &= (Z^r(t)\boldsymbol{P}_1^r + Z^i(t)\boldsymbol{P}_1^i)\boldsymbol{V}_1 + (Z^r(t)\boldsymbol{P}_2^r + Z^i(t)\boldsymbol{P}_2^i)\boldsymbol{V}_2 + \cdots \\ &\quad + (Z^r(t)\boldsymbol{P}_M^r + Z^i(t)\boldsymbol{P}_M^i)\boldsymbol{V}_M \\ &= Z^r(t)\sum_{l=1}^{M}\boldsymbol{P}_l^r\boldsymbol{V}_l + Z^i(t)\sum_{l=1}^{M}\boldsymbol{P}_l^i\boldsymbol{V}_l \end{aligned} \tag{2.1.54}$$

记

$$\boldsymbol{P}_g^r = \sum_{l=1}^{M}\boldsymbol{P}_l^r\boldsymbol{V}_l, \boldsymbol{P}_g^i = \sum_{l=1}^{M}\boldsymbol{P}_l^i\boldsymbol{V}_l$$

则

$$\hat{\boldsymbol{X}}_t^k = Z^r(t)\boldsymbol{P}_g^r + Z^i(t)\boldsymbol{P}_g^i \tag{2.1.55}$$

因为 $\boldsymbol{V}_1$，$\boldsymbol{V}_2$，…，$\boldsymbol{V}_M$ 是原地理空间中的空间型，是 m 维的，所以（2.1.55）式表示的 $\boldsymbol{P}_g^r$ 和 $\boldsymbol{P}_g^i$ 也是原地理空间中的向量或空间型。（2.1.55）式表示的是原地理空间中气象变量距平场的一个振荡成分，其时间系数还是对主成分进行 POP 分析得到 POP

的实部和虚部型的时间系数，而空间型应是 $\boldsymbol{P}_g^r$ 和 $\boldsymbol{P}_g^i$。

如果对 $\boldsymbol{\alpha}_t$ 进行 POP 分析得到一个有意义的实的 POP，系数为 $Z_k(t)$，“空间型”为 $\boldsymbol{P}_k$，则它表示出的 $\boldsymbol{\alpha}_t$ 的部分再返回到原变量空间是（省去 k）

$$\hat{\boldsymbol{X}}_t = Z(t)\sum_{l=1}^{M}\boldsymbol{P}_l\boldsymbol{V}_l \tag{2.1.56}$$

记 $\boldsymbol{P}_g = \sum\limits_{l=1}^{M}\boldsymbol{P}_l\boldsymbol{V}_l$，则　　(2.1.57)

$$\hat{\boldsymbol{X}}_t = Z(t)\boldsymbol{P}_g \tag{2.1.58}$$

$\boldsymbol{P}_g$ 是 $\boldsymbol{\alpha}_t$ 的实 POP 返回到地理空间中的空间型。

§2.2　复主振荡型分析

根据§1.3介绍，驻波振荡能够被单个空间型及其系数描述，因此，对于一个驻波振荡，如果用 POP 描述，要求（2.1.25）式描述的序列满足 $\boldsymbol{P}^r = \alpha\boldsymbol{P}^i$，$\alpha$ 是一个适当的实数。这个关系意味着相应的特征值是实的，根据上节所述，实 POP 描述的不是一个振荡，而是一个衰减系统。因此，线性系统（2.1.2）式不能模拟驻波振荡。

复 POP（Complex POP，简称 CPOP）的思想在于，构造变量序列 $x(t)$ 的变化倾向（或动量）时间序列 $\dot{x}(t)$，与连续性的过程不同，连续过程的 $\dot{x}(t)$ 是由 $x(t)$ 直接对 t 求导数得到，而对离散过程，倾向没有惟一的定义。一个合理的定义是用 Hilbert 变换（见§1.3CEOF）得到 $\dot{x}(t)$，记

$$\dot{x}(t) = x(t)^{\mathrm{H}} \tag{2.2.1}$$

$\dot{x}(t)$ 与 $x(t)$ 除掉在每个频率上位相均匀地位移 $\pi/2$ 以外，两者是相等的。

$x(t)$ 和 $\dot{x}(t)$ 是一个格点上的变量（距平）序列和变化倾向序列，由所有 m 个格点的 $x(t)$ 和 $\dot{x}(t)$ 与构成 m 维向量序列 $\boldsymbol{X}(t)$ 与 $\dot{\boldsymbol{X}}(t)$ 并由它们构成复向量序列 $\boldsymbol{W}(t)$

$$\boldsymbol{W}(t) = \boldsymbol{X}(t) + i\dot{\boldsymbol{X}}(t) \tag{2.2.2}$$

假设复向量序列 $\boldsymbol{W}(t)$ 满足一阶线性模型

$$\boldsymbol{W}(t+1) = \mathbf{B}\boldsymbol{W}(t) + \text{noise} \tag{2.2.3}$$

类似于实 POP 原理，导得复的系统矩阵 $\mathbf{B}$ 为

$$\mathbf{B} = E[\boldsymbol{W}(t+1)\boldsymbol{W}^{T*}(t)]\cdot[E[\boldsymbol{W}(t)\boldsymbol{W}^{T*}(t)]]^{-1} \tag{2.2.4}$$

$\mathbf{B}$ 的估计为

$$\hat{\mathbf{B}} = \langle[\boldsymbol{W}(t+1)\boldsymbol{W}^{T*}(t)]\rangle\langle[\boldsymbol{W}(t)\boldsymbol{W}^{T*}(t)]\rangle^{-1} \tag{2.2.5}$$

其中“^{T*}”是共轭转置，〈 〉是样本平均，上标“-1”依旧是矩阵求逆。

$\hat{\mathbf{B}}$ 矩阵的特征向量就是估计出的复 POP（以下省略估计量符号“ˆ”）。因为 $\mathbf{B}$ 是复矩阵，不同于实 POP，特征向量不再成对地共轭出现，CPOP 的最多个数等于复向

量序列的维数 m。

为了求得 CPOP 的时间系数，将复的状态向量 $\boldsymbol{W}(t)$ 用 CPOP 为基展开

$$\boldsymbol{W}(t)=\sum_k \gamma_k(t)\boldsymbol{P}_k \tag{2.2.6}$$

在任一时间 t，某个 CPOP$\boldsymbol{P}_k$ 对整个复信号 $\boldsymbol{W}(t)$ 的贡献为

$$\boldsymbol{P}_k(t)=\gamma_k(t)\boldsymbol{P}_k \tag{2.2.7}$$

它包含实部和虚部两部分

$$\boldsymbol{P}_k(t)=\boldsymbol{P}_k^r(t)+i\boldsymbol{P}_k^i(t) \tag{2.2.8}$$

其中复 POP 记为

$$\boldsymbol{P}_k=\boldsymbol{P}_k^r+i\boldsymbol{P}_k^i \tag{2.2.9}$$

复时间系数表示为

$$\gamma_k(t)=\gamma_k^r(t)-i\gamma_k^i(t) \tag{2.2.10}$$

把（2.2.9）式和（2.2.10）式代入（2.2.7）式，并按（2.2.8）式把实部和虚部分开，得

$$\boldsymbol{P}_k^r(t)=\gamma_k^r(t)\boldsymbol{P}_k^r+\gamma_k^i(t)\boldsymbol{P}_k^i \tag{2.2.11}$$

$$\boldsymbol{P}_k^i(t)=\gamma_k^r(t)\boldsymbol{P}_k^i-\gamma_k^i(t)\boldsymbol{P}_k^r \tag{2.2.12}$$

实部 $\boldsymbol{P}_k^r(t)$ 描述在 $\boldsymbol{X}$ 空间中的信号，虚部 $\boldsymbol{P}_k^i(t)$ 描述在变化倾向 $\dot{\boldsymbol{X}}$ 空间中的信号。

不考虑噪声，把（2.2.6）式代入（2.2.3）式，得

$$\boldsymbol{W}(t+1)=\mathbf{B}\sum_k \gamma_k(t)\boldsymbol{P}_k=\sum_k \gamma_k(t)\mathbf{B}\boldsymbol{P}_k=\sum_k \gamma_k(t)\lambda_k\boldsymbol{P}_k \tag{2.2.13}$$

而

$$\boldsymbol{W}(t+1)=\sum_k \gamma_k(t+1)\boldsymbol{P}_k \tag{2.2.14}$$

设各个 CPOP 基表示出的部分可以分离，比较（2.2.13）式和（2.2.14）式后得

$$\gamma_k(t+1)=\lambda_k\gamma_k(t) \tag{2.2.15}$$

记复特征值 $\lambda_k=\rho_k \mathrm{e}^{-i\eta}$，取 $\gamma_k(0)=1$，则

$$\gamma_k(t)=\lambda_k^t\gamma_k(0)=\rho_k^t \mathrm{e}^{-i\eta t}=\rho_k^t(\cos\eta t-i\sin\eta t) \tag{2.2.16}$$

$$\gamma_k^r(t)=\rho_k^t\cos\eta t \tag{2.2.17}$$

$$\gamma_k^i(t)=-\rho_k^t\sin\eta t \tag{2.2.18}$$

把（2.2.17）式和（2.2.18）式代入（2.2.11）式和（2.2.12）式，得

$$\boldsymbol{P}_k^r(t)=\rho_k^t[\cos(\eta t)\boldsymbol{P}_k^r-\sin(\eta t)\boldsymbol{P}_k^i] \tag{2.2.19}$$

$$\boldsymbol{P}_k^i(t)=\rho_k^t[\cos(\eta t)\boldsymbol{P}_k^i+\sin(\eta t)\boldsymbol{P}_k^r] \tag{2.2.20}$$

如果时间系数的初值 $\gamma_k(0)$ 取为一个实际的复数，则在（2.2.19）式和（2.2.20）式中增加初始振幅和位相，分别是 $\gamma_k(0)$ 的模和辐角。由（2.2.19）式和（2.2.20）式，第 k 个 CPOP 描述的典型的时间演变是

在 $\boldsymbol{X}$ 空间

$$\cdots \to \boldsymbol{P}_k^r \to -\boldsymbol{P}_k^i \to -\boldsymbol{P}_k^r \to \boldsymbol{P}_k^i \to \boldsymbol{P}_k^r \to \cdots$$

$$\cdots \to \boldsymbol{P}_k^i \to \boldsymbol{P}_k^r \to -\boldsymbol{P}_k^i \to -\boldsymbol{P}_k^r \to \boldsymbol{P}_k^i \to \cdots$$

在 $\dot{\boldsymbol{X}}$ 空间

上图中每个箭头代表时间经历 1/4 周期，周期等于 $2\pi/\eta$。

§2.3　循环平稳 POP 分析

§2.1 叙述的 POP 假设时间序列是平稳的，然而，在很多实际情况下时间序列不是平稳的，而是循环平稳的（Cyclostationary，定义和性质见§5.2），也就是一阶和二阶矩（数学期望和方差）取决于外部循环，这个循环经常是年循环或日循环。这里把常规的 POP 分析推广，使之能考虑时间序列明显的非平稳性。

用一对整数（t，τ）表示时间，其中 t 计数循环（例如，第几个年循环），τ 计数“季节时期”，也就是在一个循环内的时间步，$\tau=1$，2，…，n（即月），有关系$(t,n+1)=(t+1,1)$或更一般地是$(t,\tau+n)=(t+1,\tau)$。像常规的 POP 分析一样，我们假设循环平稳过程能够被近似为

$$\boldsymbol{X}(t,\tau+1)=\boldsymbol{A}(\tau)\boldsymbol{X}(t,\tau)+\text{noise} \tag{2.3.1}$$

并且 $\boldsymbol{X}(t,\tau+n)=\boldsymbol{X}(t+1,\tau),\boldsymbol{A}(\tau+n)=\boldsymbol{A}(\tau)$。

把（2.3.1）式用于相邻接的 n 个时间步，即

$$\begin{aligned}
\boldsymbol{X}(t,\tau+2)&=\boldsymbol{A}(\tau+1)\boldsymbol{X}(t,\tau+1)+\text{noise}\\
\boldsymbol{X}(t,\tau+3)&=\boldsymbol{A}(\tau+2)\boldsymbol{X}(t,\tau+2)+\text{noise}\\
&\vdots\\
\boldsymbol{X}(t,\tau+n-1)&=\boldsymbol{A}(\tau+n-2)\boldsymbol{X}(t,\tau+n-2)+\text{noise}\\
\boldsymbol{X}(t,\tau+n)&=\boldsymbol{A}(\tau+n-1)\boldsymbol{X}(t,\tau+n-1)+\text{noise}
\end{aligned}$$

将上面 n 个式子逐个代入它的下一式的右边，得

$$\boldsymbol{X}(t,\tau+n)=\boldsymbol{A}(\tau+n-1)\boldsymbol{A}(\tau+n-2)\cdots\boldsymbol{A}(\tau+1)\boldsymbol{A}(\tau)\boldsymbol{X}(t,\tau)+\text{noise} \tag{2.3.2}$$

而 $\boldsymbol{X}(t,\tau+n)=\boldsymbol{X}(t+1,\tau)$，记

$$\mathbf{B}(\tau)=\boldsymbol{A}(\tau+n-1)\boldsymbol{A}(\tau+n-2)\cdots\boldsymbol{A}(\tau+1)\boldsymbol{A}(\tau)=\prod_{s=1}^{n}\boldsymbol{A}(\tau+s-1) \tag{2.3.3}$$

则得

$$\boldsymbol{X}(t+1,\tau)=\mathbf{B}(\tau)\boldsymbol{X}(t,\tau)+\text{noise} \tag{2.3.4}$$

其中的噪声是（2.3.1）式表示的噪声项在相邻接的 n 个时间步的滑动平均。假设在循环的时间尺度内，这个累积的噪声是白噪声。由周期性假设，（2.3.4）式形式的模型有 n 个，含有参数 τ，$\tau=1, 2, \cdots, n$。对这 n 个模型的每一个进行常规的 POP 分析，得到特征向量 $\boldsymbol{P}^\tau$ 和特征值 λ^τ 的 n 个集合，满足

$$\mathbf{B}(\tau)\boldsymbol{P}^\tau = \lambda^\tau \boldsymbol{P}^\tau \tag{2.3.5}$$

所有特征向量标准化到单位长度，也就是使

$$(\boldsymbol{P}^\tau)^{T*}\boldsymbol{P}^\tau = 1 \tag{2.3.6}$$

注意，特征值 λ^τ 实际上与 τ 无关，尽管为了与公式（2.3.5）中其他量对应加了上标 τ。这是因为，把（2.3.5）式两边乘 $\boldsymbol{A}(\tau+n)$，得

$$\boldsymbol{A}(\tau+n)\mathbf{B}(\tau)\boldsymbol{P}^\tau = \lambda^\tau \boldsymbol{A}(\tau+n)\boldsymbol{P}^\tau$$

由（2.3.3）式可得 $\boldsymbol{A}(\tau+n)\ \mathbf{B}(\tau) = \mathbf{B}(\tau+1)\ \boldsymbol{A}(\tau)$，另外，由循环平稳过程周期性的假设，（2.3.1）式中的 $\boldsymbol{A}(\tau)$ 有周期性，满足 $\boldsymbol{A}(\tau) = \boldsymbol{A}(\tau+n)$，所以得

$$\mathbf{B}(\tau+1)(\boldsymbol{A}(\tau)\boldsymbol{P}^\tau) = \lambda^\tau(\boldsymbol{A}(\tau)\boldsymbol{P}^\tau) \tag{2.3.7}$$

上式表明，$\mathbf{B}(\tau)$ 的特征值 λ^τ 也是 $\mathbf{B}(\tau+1)$ 的特征值，$\boldsymbol{A}(\tau)\ \boldsymbol{P}^\tau$ 是 $\mathbf{B}(\tau+1)$ 的特征向量（当 $\boldsymbol{P}^\tau$ 是 $\mathbf{B}(\tau)$ 的特征向量）。

$$\boldsymbol{P}^{\tau+1} = \boldsymbol{A}(\tau)\boldsymbol{P}^\tau \tag{2.3.8}$$

这样得到了一个递推关系，只要解出一个特征问题，就可生成所有 n 个问题的特征向量。因为特征向量可以乘以一个复常数，如果 $\boldsymbol{P}^\tau$ 是标准化的，满足（2.3.6）式，我们可以把（2.3.8）式右边 $\boldsymbol{A}(\tau)\ \boldsymbol{P}^\tau$ 乘复常数（$r_\tau^{-1}\exp i\varphi_\tau$）使 $\boldsymbol{P}^{\tau+1}$ 也标准化

$$\boldsymbol{P}^{\tau+1} = (r_\tau^{-1}\exp i\varphi_\tau)\boldsymbol{A}(\tau)\boldsymbol{P}^\tau \tag{2.3.9}$$

因为 $|r_\tau^{-1}\exp i\varphi_\tau| = r_\tau^{-1}$，要使 $(\boldsymbol{P}^{\tau+1})^{T*}\ (\boldsymbol{P}^{\tau+1}) = 1$，应取

$$r_\tau = \|\boldsymbol{A}(\tau)\boldsymbol{P}^\tau\| = [\boldsymbol{A}(\tau)\boldsymbol{P}^\tau]^{T*}[\boldsymbol{A}(\tau)\boldsymbol{P}^\tau] \tag{2.3.10}$$

角度 φ_τ 的选取取决于周期性条件 $\boldsymbol{P}^{\tau+n} = \boldsymbol{P}^\tau$，对所有的 τ，取

$$\varphi_\tau = \eta/n \tag{2.3.11}$$

其中的 η 与特征值的关系是

$$\lambda^\tau = \lambda = \rho e^{-i\eta} \tag{2.3.12}$$

这样，在一个循环内，POP 衰减一个倍数 ρ，并且旋转一个角度 $-\eta$，为了保障 $\boldsymbol{P}^{\tau+n} = \boldsymbol{P}^\tau$，在每个时间步，对应的型被放大 r_τ 倍，并且返回旋转 η/n 角度。对于循环平稳 POP 的时间系数的演变，在循环内部的变化应有

$$Z(t,\tau+1) = r_\tau \exp(-i\eta/n)Z(t,\tau) + \text{noise} \tag{2.3.13}$$

对一个循环内的时间步重复使用（2.3.13）式 n 次，就能得到类似于常规 POP 分析的时间演变关系

$$Z(t+1,\tau) = \left(\prod_{k=0}^{n-1} r_{\tau+k}\right)\exp(-i\eta)Z(t,\tau) + \text{noise} = \lambda Z(t,\tau) + \text{noise} \tag{2.3.14}$$

因此，$\rho=\prod_{k=0}^{n-1} r_{\tau+k}$。

在给定时间 t，时间系数的估计可以像常规 POP 分析中那样采用最小二乘法。$\mathbf{A}(\tau)$的估计为

$$\hat{\mathbf{A}}(\tau) = \hat{\boldsymbol{\Sigma}}_{\tau,1} \hat{\boldsymbol{\Sigma}}_{\tau,0}^{-1}$$

其中，$\hat{\boldsymbol{\Sigma}}_{\tau,1}$ 是 $\boldsymbol{X}(t,\tau+1)$和 $\boldsymbol{X}(t,\tau)$之间（迟后 1）的交叉协方差矩阵的估计，$\hat{\boldsymbol{\Sigma}}_{t,0}$ 是 $\boldsymbol{X}_{(t,\tau)}$的协方差矩阵的估计。对不同的 $\tau=1$，2，…，n 分别估计 $\hat{\mathbf{A}}(\tau)$。由 $\hat{\mathbf{A}}(\tau),\tau=1,2,\cdots,n$ 和 $\hat{\mathbf{A}}(\tau+n)=\hat{\mathbf{A}}(\tau)$代替（2.3.3）式右边的 $\mathbf{A}(\tau),\cdots,\mathbf{A}(\tau+n-1)$得 $\mathbf{B}(\tau)$的估计 $\hat{\mathbf{B}}(\tau)$，再由 $\hat{\mathbf{B}}(\tau)$估计得 λ^{τ}和 $\boldsymbol{P}^{\tau}$。

§2.4　线性转置模型

线性转置模型（Linear Inverse Modeling，简称 LIM）是 Cecile Penland 于 1989 年最早提出的，并且自 1993 年以来在美国 NOAA-CIRES/Climate Diagnostic Center 作为热带印度洋—太平洋、北大西洋、加勒比海海表温度距平业务预报方法之一使用。“线性转置”的基本含义在于，假设预报对象场的时间演变是线性的，那么它的主成分演变也是线性的，由于前几个主成分代表着原场大尺度成分的演变，具有较长的可预报时间界限，因而只要对截取的前几个主成分建立线性预报模型，再用预报出的主成分结合主成分分析的特征向量就能重建原预报对象场的预报。这样的仅就线性转置含义上的预报是容易实现的。然而，Penland 提出的 LIM 要复杂得多，他把对主成分做 POP 分析所得到的有意义的几个主振荡型用于组建主成分线性自回归预报的回归系数矩阵，使得大尺度的有规则的振荡成分在预报中起关键作用。因此，这个预报方法是主成分分析、POP 分析、多维序列线性自回归预报相结合的方法。本节首先简要介绍多维时间序列的线性自回归预报模型，然后介绍与 PCA、POP 分析相结合的 LIM。

2.4.1　多维时间序列的线性模型

设预报对象是距平或标准化距平，有 m 个变量，n 个样本。在 t 时间的状态（第 t 个样品）用矢量表示为

$$\boldsymbol{X}_t = \begin{pmatrix} x_{1t} \\ x_{2t} \\ \vdots \\ x_{mt} \end{pmatrix} = (x_{1t}, x_{2t}, \cdots, x_{mt})^T \quad t = 1,2,\cdots,n \tag{2.4.1}$$

（2.4.1）式表示 m 维时间序列。$\boldsymbol{X}_t$ 可以是一个气象距平场的时间序列，也可以是气象

距平场 EOF 分析截取的前几个主成分时间序列。这里 $\boldsymbol{X}_t$ 表示分析预报的一般对象。

设 $\boldsymbol{X}_t$ 是线性演变的，则做 1 步或 τ 步预报的线性模型为

$$\boldsymbol{X}_{t+1} = \mathbf{G}(1)\boldsymbol{X}_t + \boldsymbol{\varepsilon}_{t+1} \tag{2.4.2}$$

$$\boldsymbol{X}_{t+\tau} = \mathbf{G}(\tau)\boldsymbol{X}_t + \boldsymbol{\varepsilon}_{t+\tau} \tag{2.4.3}$$

其中 $\mathbf{G}(1)$和 $\mathbf{G}(\tau)$是 $m\times m$ 阶常数矩阵，是自回归系数矩阵。$\mathbf{G}(\tau)$，$\tau=1$，2，3…也称为格林函数。

$$\boldsymbol{\varepsilon}_{t+1} = \begin{pmatrix} \varepsilon_{1,t+1} \\ \varepsilon_{2,t+1} \\ \vdots \\ \varepsilon_{m,t+1} \end{pmatrix} \tag{2.4.4}$$

是误差向量，假设为正态白噪声向量。(2.4.2) 式的分量形式为

$$x_{i,t+1} = \sum_{j=1}^{m} \mathbf{G}(1)_{ij} x_{j,t} + \varepsilon_{i,t+1} \quad i = 1,2,\cdots,m \tag{2.4.5}$$

这是线性回归预报模型。(2.4.3) 式的含义是类似的，仅是提前预报的时间步数不同，因而回归系数、误差也不同。

注意，模型 (2.4.2) 式和 (2.4.5) 式与 POP 基本原理中的 (2.1.2) 和 (2.1.5) 式是完全相同的，除字符不同以外。这里的 $\mathbf{G}$ (1) 相当于 §2.1 的 $\mathbf{B}$ 矩阵，所以 $\mathbf{G}$ (1) 不仅是回归系数矩阵，$\mathbf{G}$ (1) 的特征向量还是多维时间序列 $\boldsymbol{X}_t$ 的主振荡型。后面还将导出，$\mathbf{G}$ (1)与 $\mathbf{G}$ (τ)，$\tau=2$，3…的特征向量是相同的，因此，$\mathbf{G}$ (τ)的特征向量也是主振荡型，这样就把多维时间序列的线性回归预报与 POP 分析联系起来了。

格林函数 $\mathbf{G}$ (τ) 是序列 $\boldsymbol{X}_t$ 本身决定的。把 (2.4.3) 式两边右乘 $\boldsymbol{X}_t^T$，然后求数学期望，注意 $\mathbf{G}$ (τ) 是常数矩阵，可以提出至数学期望符号之外，得

$$E(\boldsymbol{X}_{t+\tau}\boldsymbol{X}_t^T) = \mathbf{G}(\tau)E(\boldsymbol{X}_t\boldsymbol{X}_t^T) + E(\boldsymbol{\varepsilon}_{t+\tau}\boldsymbol{X}_t^T) \tag{2.4.6}$$

其中 E ($\boldsymbol{\varepsilon}_{t+\tau}\boldsymbol{X}_t^T$) 是预报误差与预报场迟后 τ 的协方差矩阵，模型已假设 $\boldsymbol{\varepsilon}_{t+\tau}$是白噪声向量，它是 $\boldsymbol{X}_{t+\tau}$中用 $\boldsymbol{X}_t$ 表示不出的部分，所以 $\boldsymbol{\varepsilon}_{t+\tau}$与 $\boldsymbol{X}_t$ 不相关，它们间的协方差矩阵 $E(\boldsymbol{\varepsilon}_{t+\tau}\boldsymbol{X}_t^T)$ 是零矩阵，因而得

$$\mathbf{G}(\tau) = E(\boldsymbol{X}_{t+\tau}\boldsymbol{X}_t^T)[E(\boldsymbol{X}_t\boldsymbol{X}_t^T)]^{-1} \tag{2.4.7}$$

记

$$\mathbf{C}_\tau = E(\boldsymbol{X}_{t+\tau}\boldsymbol{X}_t^T) \tag{2.4.8}$$

$$\mathbf{C}_0 = E(\boldsymbol{X}_t\boldsymbol{X}_t^T) \tag{2.4.9}$$

则

$$\mathbf{G}(\tau) = \mathbf{C}_\tau\mathbf{C}_0^{-1} \tag{2.4.10}$$

$\mathbf{C}\tau$ 和 $\mathbf{C}_0$ 是 $\boldsymbol{X}_t$ 的迟后 τ 和迟后零（同时）的协方差矩阵，是 $m\times m$ 阶的。

模型的建立是要由 $\mathbf{X}_t$ 的样本 $\mathbf{X}_1$，$\mathbf{X}_2$，…，$\mathbf{X}_n$ 估计出 $\mathbf{G}(\tau)$，因此，用样本平均代替（2.4.8）式和（2.4.9）式中的求总体数学期望，得

$$\hat{\mathbf{C}}_\tau = \langle \mathbf{X}_{t+\tau}\mathbf{X}_t^T \rangle \tag{2.4.11}$$

$$\hat{\mathbf{C}}_0 = \langle \mathbf{X}_t\mathbf{X}_t^T \rangle \tag{2.4.12}$$

$$\hat{\mathbf{G}}(\tau) = \hat{\mathbf{C}}_\tau\hat{\mathbf{C}}_0^{-1} \tag{2.4.13}$$

它们的元素的估计分别为

$$\mathbf{C}_{\tau\alpha\beta} = \langle x_{\alpha,t+\tau}x_{\beta,t} \rangle = \frac{1}{n-\tau}\sum_{t=1}^{n-\tau} x_{\alpha,t+\tau}x_{\beta,t} \quad \alpha,\beta = 1,\cdots,m \tag{2.4.14}$$

$$\hat{\mathbf{C}}_{0\alpha\beta} = \langle x_{\alpha,t}x_{\beta,t} \rangle = \frac{1}{n}\sum_{t=1}^{n} x_{\alpha,t}x_{\beta,t} \tag{2.4.15}$$

估计出了 $\mathbf{G}(\tau)$ 即建立了线性预报模型，预报方程为

$$\hat{\mathbf{X}}_{t+\tau} = \hat{\mathbf{G}}(\tau)\mathbf{X}_t \tag{2.4.16}$$

分量形式为

$$\hat{x}_{i,t+\tau} = \sum_{j=1}^{m}\hat{\mathbf{G}}(\tau)_{ij}x_{j,t} \quad i = 1,\cdots,m \tag{2.4.17}$$

以下为了省事，再把 $\hat{\mathbf{G}}(\tau)$ 省写为 $\mathbf{G}(\tau)$。〈 〉运算所得的量就是估计量。

2.4.2　简单的线性转置模型

把（2.4.1）式表示的多变量序列先做 EOF（主成分）分析，截取前 M 个主成分近似地表示出原序列的状态，得

$$\mathbf{X}_t = \alpha_1(t)\mathbf{V}_1 + \alpha_2(t)\mathbf{V}_2 + \cdots + \alpha_M(t)\mathbf{V}_M = \mathbf{V}\boldsymbol{\alpha}_t \tag{2.4.18}$$

其中 $\mathbf{V}$ 是 m 行 M 列矩阵，列向量是 EOF 分析的特征向量

$$\mathbf{V} = (\mathbf{V}_1, \mathbf{V}_2, \cdots, \mathbf{V}_M) \tag{2.4.19}$$

$\boldsymbol{\alpha}_t$ 是 M 个 EOF 的时间系数（主成分）在 t 时间值构成的列向量，$\boldsymbol{\alpha}_t$ 是 M 维时间序列，而 $\mathbf{X}_t$ 是 m 维时间序列，$M<m$。$\boldsymbol{\alpha}_t$ 解释原序列 $\mathbf{X}_t$ 的大部分方差，特别是时间尺度大的变化的方差。

$$\boldsymbol{\alpha}_t = \begin{pmatrix} \alpha_1(t) \\ \alpha_2(t) \\ \vdots \\ \alpha_M(t) \end{pmatrix} \quad t = 1,2,\cdots,n \tag{2.4.20}$$

如果原变量序列 $\mathbf{X}_t$ 满足线性演变关系（2.4.2）式和（2.4.3）式，则 $\boldsymbol{\alpha}_t$ 序列也满足线性演变。例如，把（2.4.18）式用于（2.4.3）式，得

$$\mathbf{V}\boldsymbol{\alpha}_{t+\tau} = \mathbf{G}(\tau)\mathbf{V}\boldsymbol{\alpha}_t + \boldsymbol{\varepsilon}_{t+\tau}$$

把上式两边左乘 $\mathbf{V}^T$，利用特征向量的正交归一性质 $\mathbf{V}^T\mathbf{V}=\mathbf{I}$（$M$ 阶单位矩阵），则得到

$$\boldsymbol{\alpha}_{t+\tau} = \mathbf{V}^T\mathbf{G}(\tau)\mathbf{V}\boldsymbol{\alpha}_t + \mathbf{V}^T\boldsymbol{\varepsilon}_{t+\tau}$$

其中 $\mathbf{V}^T\mathbf{G}(\tau)\mathbf{V}$ 与时间无关，是 $M\times M$ 阶常数矩阵，记

$$\overline{\mathbf{G}}(\tau) = \mathbf{V}^T\mathbf{G}(\tau)\mathbf{V} \tag{2.4.21}$$

$$\boldsymbol{\eta}_{t+\tau} = \mathbf{V}^T\boldsymbol{\varepsilon}_{t+\tau} \tag{2.4.22}$$

得

$$\boldsymbol{\alpha}_{t+\tau} = \overline{\mathbf{G}}(\tau)\boldsymbol{\alpha}_t + \boldsymbol{\eta}_{t+\tau} \tag{2.4.23}$$

（2.4.23）式是主成分序列 $\boldsymbol{\alpha}_t$ 的线性变化模型，它的格林函数 $\overline{\mathbf{G}}$（τ）与 $\mathbf{X}_t$ 序列的格林函数 $\mathbf{G}(\tau)$的关系由（2.4.21）式给出。

线性转置模型中，线性预报是对主成分序列 $\boldsymbol{\alpha}_t$ 进行的，以下为了方便把 $\overline{\mathbf{G}}(\tau)$依旧写为 $\mathbf{G}(\tau)$。而这里估计 $\mathbf{G}(\tau)$时所用的样本是 $\boldsymbol{\alpha}_1$，$\boldsymbol{\alpha}_2$，…，$\boldsymbol{\alpha}_n$，而不再是 $\mathbf{X}_1$，$\mathbf{X}_2$，…，$\mathbf{X}_n$。利用主成分的性质，现在的计算变得更简单，因为主成分的方差等于对应的特征值，不同序号的主成分之间协方差等于零，主成分的协方差矩阵是对角阵，所以这时的 $\hat{\mathbf{C}}_0$ 为

$$\hat{\mathbf{C}}_0 = \langle \boldsymbol{\alpha}_t\boldsymbol{\alpha}_t^T \rangle = \begin{pmatrix} \lambda_1 & 0 & 0 & \cdots & 0 \\ 0 & \lambda_2 & 0 & \cdots & 0 \\ & & \vdots & & \\ 0 & 0 & 0 & \cdots & \lambda_M \end{pmatrix} \tag{2.4.24}$$

$$\hat{\mathbf{C}}_0^{-1} = \begin{pmatrix} \frac{1}{\lambda_1} & 0 & 0 & \cdots & 0 \\ 0 & \frac{1}{\lambda_2} & 0 & \cdots & 0 \\ & & \vdots & & \\ 0 & 0 & 0 & \cdots & \frac{1}{\lambda_M} \end{pmatrix} \tag{2.4.25}$$

按（2.4.13）式估计 $\mathbf{G}(\tau)$，利用（2.4.25）式表示的 $\hat{\mathbf{C}}_0^{-1}$ 只有主对角线元素不为零的特征，得 $\mathbf{G}(\tau)$的第 k 行第 l 列元素的估计为

$$\mathbf{G}(\tau)_{kl} = (\hat{\mathbf{C}}_\tau)_{kl}\frac{1}{\lambda_l} = \langle \alpha_{k,t+\tau}\alpha_{l,t} \rangle / \lambda_l \quad k,l = 1,2,\cdots,M \tag{2.4.26}$$

得 $\mathbf{G}(\tau)$后，即建立了主成分的线性预报模型。由(2.4.23)式，$\boldsymbol{\alpha}_t$ 的第 k 个分量的预报方程为

$$\hat{\alpha}_{k,t+\tau} = \sum_{l=1}^{M}\mathbf{G}(\tau)_{kl}\alpha_{l,t} \quad k = 1,2,\cdots,M \tag{2.4.27}$$

最后，返回原变量序列做预报，依据 EOF 分析中由特征向量和时间系数重建原变量的公式，得到原变量的预报

$$\hat{x}_{i,t+\tau} = \sum_{k=1}^{M} v_{ik} \hat{\alpha}_{k,t+\tau} = \sum_{k=1}^{M} \sum_{l=1}^{M} v_{ik} \mathbf{G}(\tau)_{kl} \alpha_{l,t} \quad i = 1,2,\cdots,m \tag{2.4.28}$$

其中 v_{ik} 是 $\boldsymbol{X}_t$ 作 EOF 分析得到的第 k 个特征向量在第 i 格点的分量。

以上是简单的线性转置含义上的预报方法。

2.4.3 利用 POP 分析的线性转置模型

§2.1POP 分析原理中的线性模型（2.1.2）式是本节的线性模型（2.4.3）式在 $\tau=1$ 的情况，所以，**G**（1）相当于§2.1 的 **B** 矩阵，**G**（1）的复特征向量就是系统的主振荡型。为了进一步说明 $\mathbf{G}(\tau)$ 的特征向量与 τ 无关，我们把线性模型改为另一形式

$$\frac{\mathrm{d}\boldsymbol{X}}{\mathrm{d}t} = \mathbf{A}\boldsymbol{X} + \boldsymbol{\xi} \tag{2.4.29}$$

上式中随机向量 $\boldsymbol{X}$ 是表示一般的分析和预报的对象，当它代表原变量时是 m 维的。但是，在§2.1 和本节已指出，POP 模型中的变量和 LIM 中线性预报的对象是 $\boldsymbol{X}$ 场的 EOF 分析截取的前 M 个主成分，所以，（2.4.29）式中的 $\boldsymbol{X}$ 实际上是主成分 $\boldsymbol{\alpha}_t$，是 M 维的。**A** 是 $M\times M$ 阶确定性的系数矩阵，称反馈矩阵。$\boldsymbol{\xi}$ 是 M 维的高斯白噪声向量。

把（2.4.29）式从 t 到 $t+\tau$ 积分，得

$$\boldsymbol{X}(t+\tau) = \mathrm{e}^{\mathbf{A}\tau}\boldsymbol{X}(t) + \mathrm{e}^{\mathbf{A}(t+\tau)} \int_t^{t+\tau} \mathrm{e}^{-\mathbf{A}t'} \boldsymbol{\xi}(t')\,\mathrm{d}t'$$

定义有色噪声

$$\boldsymbol{\zeta}(t,\tau) = \mathrm{e}^{\mathbf{A}(t+\tau)} \int_t^{t+\tau} \mathrm{e}^{-\mathbf{A}t'} \boldsymbol{\xi}(t')\,\mathrm{d}t'$$

则得

$$\boldsymbol{X}(t+\tau) = \mathrm{e}^{\mathbf{A}\tau}\boldsymbol{X}(t) + \boldsymbol{\zeta}(t,\tau) \tag{2.4.30}$$

把（2.4.30）式与（2.4.3）式比较，得

$$\mathbf{G}(\tau) = \mathrm{e}^{\mathbf{A}\tau} \quad \tau = 1,2,\cdots \tag{2.4.31}$$

为了把 **A** 的特征值、特征向量与 $\boldsymbol{X}_t$ 的主成分分析中的特征值、特征向量相区别，记 **A** 的特征值为 β_1，β_2，…，β_M，特征向量为 $\boldsymbol{U}_1$，$\boldsymbol{U}_2$，…，$\boldsymbol{U}_M$。全部特征值和特征向量构成两个矩阵

$$\mathbf{U} = (\boldsymbol{U}_1, \boldsymbol{U}_2, \cdots, \boldsymbol{U}_M) \tag{2.4.32}$$

$$\boldsymbol{\beta} = \begin{pmatrix} \beta_1 & 0 & 0 & \cdots & 0 \\ 0 & \beta_2 & 0 & \cdots & 0 \\ & & \vdots & & \\ 0 & 0 & 0 & \cdots & \beta_M \end{pmatrix} \tag{2.4.33}$$

它们满足的方程 $\mathbf{A}\boldsymbol{U}_\alpha = \beta_\alpha \boldsymbol{U}_\alpha$，$\alpha=1$，2，…，$M$，结合在一起可写为

$$\mathbf{AU} = \mathbf{U}\boldsymbol{\beta} \tag{2.4.34}$$

A 的转置矩阵 $\mathbf{A}^T$ 与 **A** 有相同的特征值，不同的特征向量，记 $\mathbf{A}^T$ 的特征向量为 $\boldsymbol{W}_1$，$\boldsymbol{W}_2$，…，$\boldsymbol{W}_M$，称为 **A** 的伴随特征向量，以它们为列向量构成矩阵

$$\boldsymbol{W} = (\boldsymbol{W}_1, \boldsymbol{W}_2, \cdots, \boldsymbol{W}_M) \tag{2.4.35}$$

则 $\mathbf{A}^T$ 的全部特征值和特征向量满足的方程为

$$\mathbf{A}^T\boldsymbol{W} = \boldsymbol{W}\boldsymbol{\beta} \tag{2.4.36}$$

(2.4.34) 式与 (2.4.36) 式共用一个 **β** 矩阵只要证明 **A** 与 $\mathbf{A}^T$ 的特征值相同。因为 $\mathbf{A}\boldsymbol{U}_\alpha = \beta_\alpha \boldsymbol{U}\alpha$ 有非零的 $\boldsymbol{U}_\alpha$ 解的条件是齐次方程 $(\mathbf{A} - \beta_\alpha \mathbf{I}) = \mathbf{0}$ 的系数行列式等于零

$$\det(\mathbf{A} - \beta_\alpha \mathbf{I}) = 0$$

其中 **I** 是 M 阶单位矩阵，可随意转置。因为行列式与它的转置行列式相等，所以又有

$$\det(\mathbf{A}^T - \beta_\alpha \mathbf{I}) = 0$$

所以，β_α 也是 $\mathbf{A}^T$ 的特征值。

如果 $\boldsymbol{U}_k$ 是 **A** 的第 k 个特征向量，对应的特征值为 β_k，$\boldsymbol{W}_j$ 是 $\mathbf{A}^T$ 的第 j 个特征向量，对应的特征值为 β_j，当 $\beta_k \neq \beta_j$ 时，有 $\boldsymbol{U}_k \cdot \boldsymbol{W}_j^* = 0$。点乘表示对应分量乘积之和。

证明如下：

$$\begin{aligned}\beta_k(\boldsymbol{U}_k \cdot \boldsymbol{W}_j^*) &= (\beta_k \boldsymbol{U}_k) \cdot \boldsymbol{W}_j^* \\ &= (\mathbf{A}\boldsymbol{U}_k) \cdot \boldsymbol{W}_j^* = \boldsymbol{U}_k \cdot (\mathbf{A}^T \boldsymbol{W}_j^*) \\ &= \boldsymbol{U}_k \cdot (\beta_j^* \boldsymbol{W}_j^*) = \beta_j(\boldsymbol{U}_k \cdot \boldsymbol{W}_j^*)\end{aligned}$$

当 $\beta_k \neq \beta_j$ 时，上式成立只有 $\boldsymbol{U}_k \cdot \boldsymbol{W}_j^* = 0$。

由以上性质，矩阵 **U** 和 $\boldsymbol{W}$ 可构成正交系

$$\mathbf{U}\boldsymbol{W}^T = \mathbf{U}^T\boldsymbol{W} = \mathbf{I} \tag{2.4.37}$$

因为 **A** 的特征向量 $\boldsymbol{U}_k$，$\mathbf{A}^T$ 的特征向量 $\boldsymbol{W}_j$ 的模方大小可以是任意的，所以，满足 (2.4.37) 式的标准化可以有无穷多组，一般先取标准化的 $\boldsymbol{U}_k$，即使得 $\boldsymbol{U}_k^{*T}\boldsymbol{U}_k = 1$，然后按满足 (2.4.37) 式决定 $\boldsymbol{W}_j$ 的模方。

利用 **A** 和 $\mathbf{A}^T$ 的特征值和特征向量，可把 **A** 矩阵谱分解。把 (2.4.36) 式转置，得

$$\boldsymbol{W}^T\mathbf{A} = \boldsymbol{\beta}\boldsymbol{W}^T \tag{2.4.38}$$

其中 **β** 是对角阵，转置后不变，上式两边左乘 **U** 矩阵

$$\mathbf{U}\boldsymbol{W}^T\mathbf{A} = \mathbf{U}\boldsymbol{\beta}\boldsymbol{W}^T$$

利用 (2.4.37) 式，$\mathbf{U}\boldsymbol{W}^T = \mathbf{I}$，故得

$$\mathbf{A} = \mathbf{U}\boldsymbol{\beta}\boldsymbol{W}^T \tag{2.4.39}$$

上式称为 **A** 矩阵的谱分解。根据矩阵乘法规则，(2.4.39) 式又可改写为

$$\mathbf{A} = \sum_{k=1}^{M} \boldsymbol{U}_k \beta_k \boldsymbol{W}_k^T = \sum_{k=1}^{M} \beta_k \boldsymbol{U}_k \boldsymbol{W}_k^T \tag{2.4.40}$$

A 是一般的实矩阵。$\mathbf{G}(\tau)$ 也是一般的实矩阵，如果采用 $\mathbf{G}(\tau)$ 和 $\mathbf{G}(\tau)^T$ 的特征值和特

征向量，那么，也可对 $\mathbf{G}(\tau)$ 做谱分解。下面要说明，$\mathbf{G}(\tau)$ 与 $\mathbf{A}$ 的特征向量相同，并且与 τ 无关。

注意，以 $\mathbf{A}$ 矩阵的特征向量为列向量构成的矩阵 $\mathbf{U}$ 以及特征值构成的对角阵 $\boldsymbol{\beta}$ 满足（2.4.32）、（2.4.33）、（2.4.34）式。由 $\mathbf{G}(\tau)$ 与 $\mathbf{A}$ 的关系（2.4.31）式，把 e 指数做级数展开，得

$$\mathbf{G}(\tau)=\mathrm{e}^{\mathbf{A}\tau}=\mathbf{I}+\frac{\mathbf{A}\tau}{1!}+\frac{\mathbf{A}\tau\mathbf{A}\tau}{2!}+\frac{\mathbf{A}\tau\mathbf{A}\tau\mathbf{A}\tau}{3!}+\cdots$$

其中 $\mathbf{I}$ 是单位矩阵，τ 是数量，$\mathbf{I}$ 和 τ 在参与矩阵乘积运算中可根据需要变动位置。上式两边右乘 $\mathbf{U}$ 矩阵，并利用（2.4.34）式，得

$$\begin{aligned}\mathbf{G}(\tau)\mathbf{U}&=\mathbf{IU}+\frac{\tau\mathbf{AU}}{1!}+\frac{\mathbf{A}\tau\tau\mathbf{AU}}{2!}+\cdots\\&=\mathbf{UI}+\frac{\tau\mathbf{U}\boldsymbol{\beta}}{1!}+\frac{\tau^2\mathbf{AU}\boldsymbol{\beta}}{2!}+\cdots\\&=\mathbf{UI}+\mathbf{U}\frac{\tau\boldsymbol{\beta}}{1!}+\frac{\tau^2\mathbf{U}\boldsymbol{\beta}\boldsymbol{\beta}}{2!}+\cdots\\&=\mathbf{UI}+\mathbf{U}\frac{\tau\boldsymbol{\beta}}{1!}+\mathbf{U}\frac{\tau\boldsymbol{\beta}\tau\boldsymbol{\beta}}{2!}+\cdots\\&=\mathbf{U}\left(\mathbf{I}+\frac{\tau\boldsymbol{\beta}}{1!}+\frac{\tau\boldsymbol{\beta}\tau\boldsymbol{\beta}}{2!}+\cdots\right)\\&=\mathbf{U}\mathrm{e}^{\tau\boldsymbol{\beta}}\end{aligned}\tag{2.4.41}$$

注意，$\mathrm{e}^{\tau\boldsymbol{\beta}}$ 用级数展开也是对角矩阵，只有主对角线元素不等于零

$$\mathrm{e}^{\tau\boldsymbol{\beta}}=\mathbf{I}+\frac{\tau\boldsymbol{\beta}}{1!}+\frac{\tau^2\boldsymbol{\beta}\boldsymbol{\beta}}{2!}+\cdots$$

把上式与（2.4.34）式对比可见，$\mathbf{U}$ 矩阵的列向量也是 $\mathbf{G}(\tau)$ 矩阵的特征向量，并且与 τ 无关，而 $\mathbf{G}(\tau)$ 的特征值构成的对角矩阵为 $\mathrm{e}^{\tau\boldsymbol{\beta}}$，$\mathbf{G}(\tau)$ 的第 k 个特征值是 $\mathrm{e}^{\tau\boldsymbol{\beta}}$ 的第 k 个主对角线元素，记为 $g_k(\tau)$，由上式得

$$g_k(\tau)=1+\frac{\tau\beta_k}{1!}+\frac{\tau\beta_k\tau\beta_k}{2!}+\cdots=\mathrm{e}^{\beta_k\tau}\tag{2.4.42}$$

采用 $\mathbf{G}(\tau)$ 的特征向量和特征值，得到 $\mathbf{G}(\tau)$ 的谱分解

$$\mathbf{G}(\tau)=\sum_{k=1}^{M}\boldsymbol{U}_k\mathrm{e}^{\beta_k\tau}\boldsymbol{W}_k^T\tag{2.4.43}$$

上式还利用了 $\mathbf{A}^T$ 的特征向量 $\boldsymbol{W}_k$ 也是 $\mathbf{G}(\tau)^T$ 的特征向量。

我们要对不同提前时间 $\tau=1$，2，…，做预报，需要计算 $\mathbf{G}(1)$，$\mathbf{G}(2)$，…，由于 $\mathbf{G}(\tau)$ 的特征向量与 τ 无关，就可利用（2.4.43）式简化计算。先选取一个特定的 τ 值，记为 τ_0，由主成分的样本估计出 $\mathbf{G}(\tau_0)$，计算出 $\mathbf{G}(\tau_0)$ 和 $\mathbf{G}(\tau_0)^T$ 的特征向量 $\boldsymbol{U}_k$ 和 $\boldsymbol{W}_k$，$k=1$，2，…，M，以及特征值 $g_k(\tau_0)$，$k=1,2,\cdots,M$。因为由（2.4.42）式，g_k

$(\tau_0)=e^{\beta_k\tau_0}$，$g_k(\tau)=e^{\beta_k\tau}$，故得 $\mathbf{G}(\tau)$ 与 $\mathbf{G}(\tau_0)$ 的对应于同一特征向量的特征值的关系

$$g_k(\tau) = e^{\beta_k\tau} = (e^{\beta_k\tau_0})^{\frac{\tau}{\tau_0}} = (g_k(\tau_0))^{\frac{\tau}{\tau_0}} \tag{2.4.44}$$

由此得 $\mathbf{G}$（τ）的谱分解式为

$$\mathbf{G}(\tau) = \sum_{k=1}^{M}\boldsymbol{U}_k[g_k(\tau_0)]^{\frac{\tau}{\tau_0}}\boldsymbol{W}_k^T \tag{2.4.45}$$

$\boldsymbol{U}_k$ 和 $\boldsymbol{W}_k$ 是 $\mathbf{G}(\tau_0)$ 和 $\mathbf{G}(\tau_0)^T$ 的特征向量，$g_k(\tau_0)$ 是 $\mathbf{G}(\tau_0)$ 的特征值。

由于 $\mathbf{G}(\tau)$ 的特征向量与 τ 无关，故 $\mathbf{G}(\tau_0)$ 的特征向量也是 $\boldsymbol{G}(1)$ 的特征向量，是主振荡型。在§2.1中已介绍过不同序号的主振荡型相对重要性的几个定量指标。为了突出大尺度的规则的振荡型在预报中的作用，消除一些小尺度的气候噪声对预报的干扰，在（2.4.45）式的求和中，序号 k 可以不再是 1，…，M，而是只对有意义的主振荡型的指标求和，这就需要对分析和预报的对象做主振荡型分析。另一方面，原理上 $\mathbf{G}(\tau)$ 的特征向量与 τ 无关，这是利用了序列严格线性演变的假设导出的，而实际的序列不严格线性变化，故与 τ_0 多少有关。考虑了这两个方面，(2.4.45）式改写为

$$\mathbf{G}(\tau,\tau_0) = \sum\boldsymbol{U}_k[g_k(\tau_0)]^{\tau/\tau_0}\boldsymbol{W}_k^T \tag{2.4.46}$$

求得格林函数 $\mathbf{G}$（τ，τ_0），τ=1，2，…后，就建立了预报模型，用这里的 $\mathbf{G}$（τ，τ_0）替代（2.4.28）式中的 $\mathbf{G}$（τ），得到返回原变量（或称返回到地理空间）的预报

$$\hat{x}_{i,t+\tau} = \sum_{k=1}^{M}v_{ik}\hat{\alpha}_{k,t+\tau} = \sum_{k=1}^{M}v_{ik}\mathbf{G}(\tau,\tau_0)_{kl}\alpha_{l,t} \quad i=1,2,\cdots,m \tag{2.4.47}$$

预报效果与 τ_0 的选取有关。Penland 等做热带印度洋—太平洋 SSTA 预报中，选 τ_0 分别为 5，7，9（个月）做比较和试验，对于 τ 小于 9 个月，τ_0 取 5，7，9 个月，预报的均方根误差是相似的。τ 大于 9 个月，τ_0 也应加大。

2.4.4　应用例子

美国 NOAA～CIRES/Climate Diagnostics Center 目前用该方法做印度洋—太平(30°S～30°N，30°E～70°W)、北热带大西洋（NTA）和加勒比海（CAR）的 SSTA 预报。以印度洋—太平洋区域的预报为例，距平场是 SST 场去掉 COADS（综合海洋大气资料集）1950～1979 年气候平均年循环得到的，做 EOF 分析截取前 20 个空间型和主成分，约解释 70%的总方差。用 2002 年 6，7，8 月为初始条件对未来四个季度的预报见图 2.4.1。由整个区域的 SSTA 预报再计算出 Nino3 区平均的 SSTA 预报。Nino3 区 SSTA 本身的均方差约 0.7℃，当 τ=9 个月时，预报的均方根误差为 0.5℃，当超前时间 τ=18 个月时，预报的均方根误差接近 Nino3 区 SSTA 本身的均方差。可见，平均而言，LIM 用于预报热带印度洋—太平洋 SSTA 预报，在超前时间小于 18 个月时，预报能提供正确的信息。图 2.4.2 是该方法用于预报加勒比海地区 SSTA 自 1996 年以来的实况曲线和提前 3，6，9，12 个月的预报曲线及预报加减一倍均方差曲线。

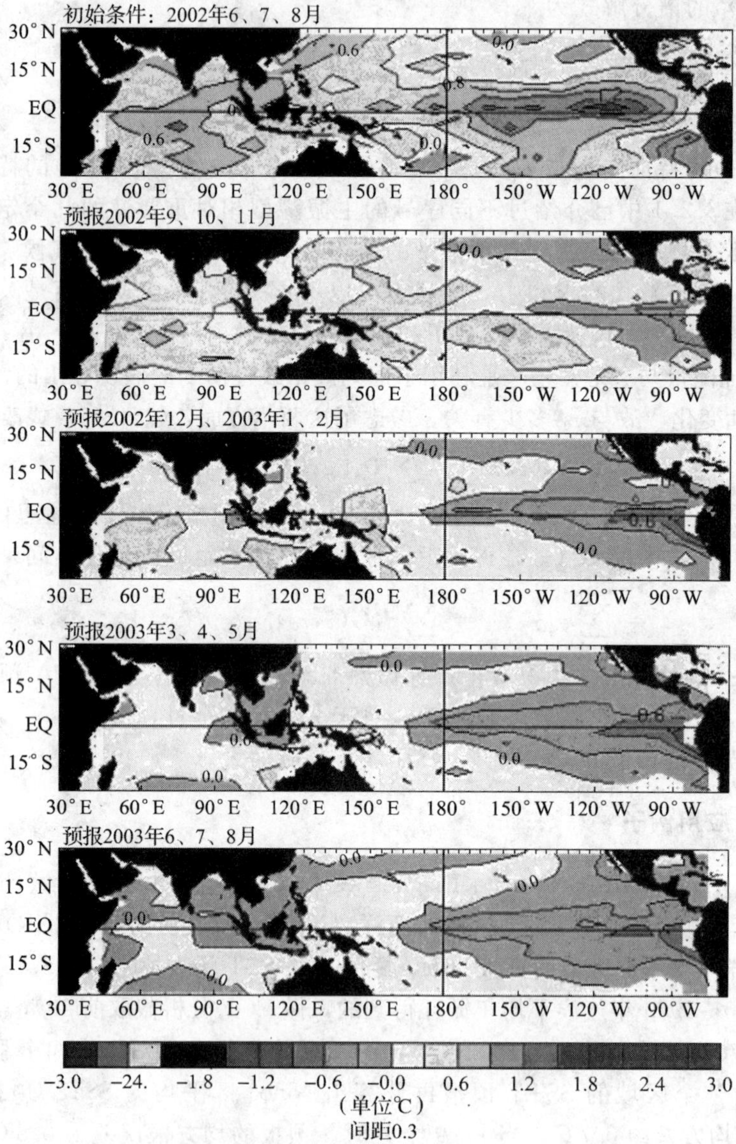

图 2.4.1　热带印度—太平洋地区以 2002 年 6，7，8 月

为初始条件 LIM 对未来四个季度 SSTA 的预报

（引自 Experimental long-lead forecast bulletin，

September，2002，vol11，No. 3，下图同）

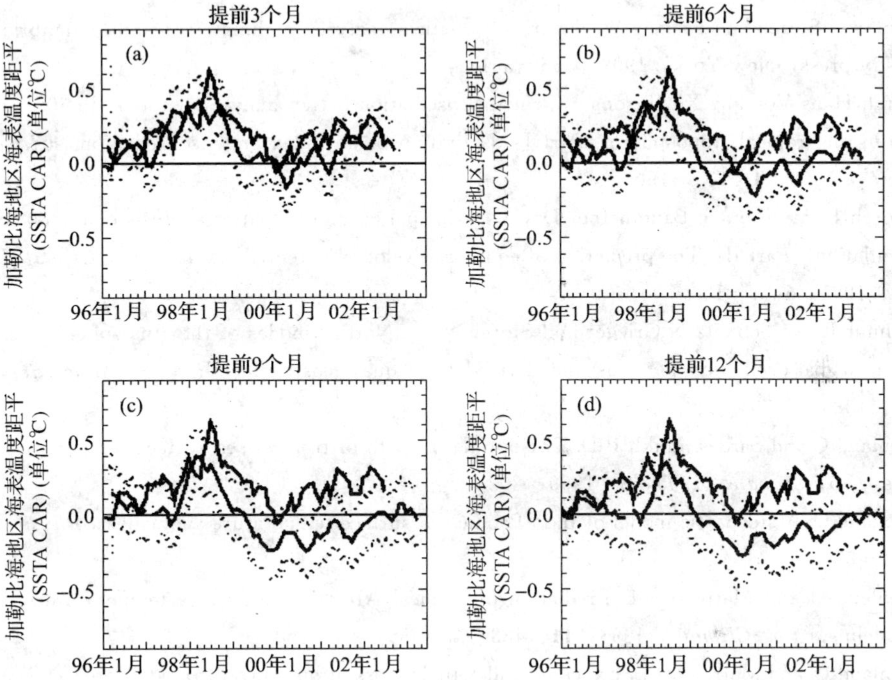

图 2.4.2　LIM 用于预报加勒比海地区 SSTA 自 1996 年以来的实况曲线和提前 3，6，9，12 个月的预报曲线及预报加减一倍均方差曲线。

参 考 文 献

1　Storch H V，Burger G，Schnur R，Xu Jinsong. Principal oscillation patterns：A review. *J of Climate*，1995，**8**（3）：377－400

2　Hasselmann K. PIP and POPs：The reduction of complex dynamical systems using principal interaction and oscillation patterns. *Journal of Geophysical Research*，1988，**93**（D9）：11，015－11，021

3　Xu Jinsong，Storch H V. Predicting the state of the southern oscillation using principal oscillation pattern analysis. *J of Climate*，1990，**3**（12）：1316－1329

4　Tang B. Perids of linear development of the ENSO cycle and POP forecast experiments. *J of Climate*，1995，**8**（4）：682－691

5　Penland C. Random forcing and forecasting using principal oscillation pattern analysis. *Monthly Weather Review*，1989，**117**（10）：2165－2185

6　Penland C，Magorian T. Prediction of Nino3 SST using linear inverse modeling. *J of Climate*，1993，**6**（6）：1067－1076

7　Blumenthal M B. Predictability of coupled ocean-atmosphere model. *J of Climate*，1991，**4**（8）：

766—784

8 Hans von Storch and Francis W. Zwiers. Statistical analysis in climate research. Cambridge University press, New York, 1999, 335—351

9 Storch Hans Von ang Xu Jinsong . Principal oscillation patter analysis of the 30 to 60 day oscillation in the tropical troposphere. Part Ⅰ: Definition of an index and its prediction. *Climate Dynamics*, 1990, **4**: 175—190

10 Storch Hans Von ang Baumhefner David. Principal oscillation patter analysis of the 30 to 60 day oscillation. Part II: The prediction of equatorial velocity potential and its skill. *Climate Dynamics*, 1991, **6**: 1—12

11 Schnur R G, Schmitz N Grieger and Storch Von. Normal modes of the atmosphere as estimated by principal oscillation patterns and derived from quasigeostrophic thory. *J Atmos Sci*, 1993, **50**: 1386—2400

12 Penland C and Sardeshmukh P D. The optimal growth of tropical sea surface temperature anomalies. *J of Climate*, 1995, **8**: 1999—2024

13 Penland C. A stochastic model of Indo-Pacific sea surface temperature anomalies. *Physica*, D98, 534—558

14 Penland C. and Matrosova L. Prediction of tropical Atlantic sea surface temperature using LIM modeling. *J of Climate*, 1998, **11**: 483—496

15 Penland C. and Matrosova L. Expected and actual errors of liner inverse model forecasts. *Monthly Weather Review*, 2001, **129**: 1740—1745

第三章　奇异值分解和典型相关分析

EOF（PCA）和 POP 分析主要用于分析一个随机场或随机向量的时空变化结构。在大气科学中还经常需要分析两个或多个场时空变化之间的关系，这可以使用多种不同方法实现。比较容易实现的有合成分析和选择参考点或指数之间求相关系数。但是，在参考点序列或指数序列的选择上包含主观性。而一些矩阵运算能够提供比较客观地确定随机场之间相互联系的可能性。第一种方法是两个或多个场相结合的 EOF（或 PCA）分析，例如，刘雅章把 1000hPa 高度、500hPa 高度、850hPa 温度的标准化距平序列排列在一个资料矩阵内做 EOF 分析，所得到的主成分是这 3 个场共有的，每一个 EOF 按 3 个场的格点排列序号组成 3 个对应的空间型，反映这 3 个场相互配合变化的距平的空间结构。实际上，正如第一章所说，在多元统计中，PCA 的功能本来就是用来分析不同变量间相互关系的，它的分析对象多个变量完全可以是不同的物理量，作为一个数学方法，它有广泛的应用性，并没有限定它的分析对象只能是一个场的多个格点上的序列。因此，多变量场相结合的 EOF 分析仅是 EOF 应用的一种不同方式，而不是一个独立的或改进的方法。有的材料中把纬向风分量 u 场和经向风分量 v 场结合在一起做 EOF 分析，称之为向量场 EOF 分析方法，这是对 EOF 和 PCA 的狭义理解，因为 PCA 作为一个数学方法它的使用对象本来就是多变量。分析两个场之间联系的第二种方法是，把其中的一个场做 EOF 分析，用它的 EOF 展开系数（PC）与另一个场的变量序列求相关系数，得到相关系数分布图，这种方法称为单个场为基础的 PCA（Single-Filed-based PCA，简称 SFPCA）。第三种方法是典型相关分析（Canonical Correlation Analysis，简称 CCA），它是将两个随机向量各自线性组合构成新变量，使得它们的新变量序列间的相关系数达极大。这个方法首先由 Hotelling（1935 年）提出，并且在社会科学中有广泛应用。在大气科学中，Glaha（1968 年）首先把 CCA 应用于统计天气预报，随后，Barnett 和 Preisendorfer（1981、1983、1987 年）用 CCA 研究了太平洋上季节平均的 SSTA 与迟后一季的美国地面气温之间的相关型。他们在 1987 年还提出了先把两个场投影到各自的前几个 EOF 上，用它们的主成分做 CCA，再返回到原变量场做分析和预报，这样可以减少分析结果对由于时间序列较短而产生的样本振荡的敏感性。一般称这种变形的 CCA 为 BP 法。第四种方法是目前被广泛采用的奇异值分解（Singular Value Decomposition，简称 SVD）。在四个方法中，SVD 最容易实现和解释，所得的结果类似于 BP 法。在数学上，SVD 是矩阵的一种基本运算，是把 PCA 中应用到的矩阵对角化推广到非方的和非对称的矩阵。与 CCA 类似，SVD 可分离出两个场内变量的线性组合，使线性组合成的新变量成对地相互相关。但是，SVD 与 CCA 中最优相关的标准略有不同，在不同文献中也有差别，在一些特殊应用中，SVD 和 CCA 是一致的。在气象中，首先使用 SVD 是 Prohaska（1976 年），研究美国地面气温与北半球海平面气压之间的相关型，SVD 目前的应用已经非常广泛。本章先介绍 SVD 方法。

§3.1 一般实矩阵 SVD 运算的定义、性质和算法

SVD 本来是矩阵的一种基本运算，与一个方的矩阵可求特征值、特征向量相类似，一个非方的矩阵可以进行奇异值分解。气象中研究两个场之间相互关系的一个方法之所以称之为 SVD，是因为该方法的核心部分是矩阵的 SVD 运算。因此，要掌握气象中 SVD 方法的应用必须先理解数学中 SVD 的定义、性质及算法。目前，尽管气象中 SVD 应用非常广泛，但是，也常常见到一些不合理的结果、不恰当的提法和解释，这都是源于对矩阵 SVD 运算缺乏了解。

3.1.1 SVD 定义

一般实矩阵指行数和列数可以不等的实元素矩阵。设 $\mathbf{C}$ 为 $m\times n$ 阶矩阵，则存在一个 $m\times m$ 阶的列正交矩阵 $\mathbf{U}$ 和 $n\times n$ 阶列正交矩阵 $\mathbf{V}$，使

$$\mathbf{C}=\mathbf{U}\begin{pmatrix}\mathbf{\Sigma} & \mathbf{0}\\ \mathbf{0} & \mathbf{0}\end{pmatrix}\mathbf{V}^T \tag{3.1.1}$$

成立。其中 $\mathbf{\Sigma}$ 是 r 阶对角矩阵

$$\mathbf{\Sigma}=\begin{pmatrix}\sigma_1 & 0 & 0 & \cdots & 0\\ 0 & \sigma_2 & 0 & \cdots & 0\\ & & \vdots & & \\ 0 & 0 & 0 & \cdots & \sigma_r\end{pmatrix} \tag{3.1.2}$$

或写成 $\mathbf{\Sigma}=\mathrm{diag}\ (\sigma_1,\ \sigma_2,\ \cdots,\ \sigma_r)$ $(r\leqslant\min\ \{m,\ n\})$，且 $\sigma_1\geqslant\sigma_2\geqslant\cdots\geqslant\sigma_r>0$。(3.1.1) 式右边括号中的 3 个零矩阵是否实际上存在及阶数取决于 m，n 和 r 的大小，r 是 $\mathbf{C}$ 矩阵的秩。

(3.1.1) 式称为实一般矩阵 $\mathbf{C}$ 的奇异值分解。σ_i $(i=1,\ 2,\ \cdots,\ r)$ 称为 $\mathbf{C}$ 的奇异值。$\mathbf{U}$ 矩阵的列向量称为左奇异向量，$\mathbf{V}$ 矩阵的列向量称为右奇异向量。

为了方便推导和应用，需要了解上述定义的其他表示形式。记 $\mathbf{U}$ 矩阵的第 k 列为

$$\boldsymbol{U}_k = \begin{pmatrix} u_{1k} \\ u_{2k} \\ \vdots \\ u_{mk} \end{pmatrix} \tag{3.1.3}$$

$\boldsymbol{U}_k$ 为第 k 个左奇异向量，**U** 矩阵可写为

$$\mathbf{U} = (\boldsymbol{U}_1, \boldsymbol{U}_2, \cdots, \boldsymbol{U}_m) \tag{3.1.4}$$

由定义，要求

$$\mathbf{U}^T\mathbf{U} = {}_m\mathbf{I}_m \tag{3.1.5}$$

同样地

$$\mathbf{V}_k = \begin{pmatrix} v_{1k} \\ v_{2k} \\ \vdots \\ v_{nk} \end{pmatrix} \tag{3.1.6}$$

$\mathbf{V}_k$ 为第 k 个右奇异向量。类似地构成 **V** 矩阵

$$\mathbf{V} = (\mathbf{V}_1, \mathbf{V}_2, \cdots, \mathbf{V}_n) \tag{3.1.7}$$

按 SVD 定义，有

$$\mathbf{V}^T\mathbf{V} = {}_n\mathbf{I}_n \tag{3.1.8}$$

把（3.1.1）式两边左乘 $\mathbf{U}^T$，右乘 **V**，得

$$\mathbf{U}^T\mathbf{C}\mathbf{V} = \mathbf{U}^T\mathbf{U}\begin{pmatrix} \boldsymbol{\Sigma} & 0 \\ 0 & 0 \end{pmatrix}\mathbf{V}^T\mathbf{V} = \begin{pmatrix} \boldsymbol{\Sigma} & 0 \\ 0 & 0 \end{pmatrix} \tag{3.1.9}$$

按矩阵乘法规则，得上式右边矩阵中的第 k 行第 k' 列元素与 **U**，**C**，**V** 的元素的关系为

$$\sigma_{kk'} = \boldsymbol{U}_k^T\mathbf{C}\mathbf{V}_{k'} = \sum_{i=1}^{m}\sum_{j=1}^{n} u_{ik}c_{ij}v_{jk'} = \begin{cases} 0 & \text{当 } k \neq k' \\ 0 & \text{当 } k = k' > r \\ \sigma_k & \text{当 } k = k' \leqslant r \end{cases} \tag{3.1.10}$$

注意，右边的 $\sigma_k (k = 1, 2, \cdots, r)$ 是奇异值，按 SVD 定义全部 σ_k 大于零。

按矩阵的乘法规则，（3.1.1）式还可写为另一种形式

$$\begin{pmatrix} c_{11} & c_{12} & \cdots & c_{1n} \\ c_{21} & c_{22} & \cdots & c_{2n} \\ \vdots & \vdots & \cdots & \vdots \\ c_{m1} & c_{m2} & \cdots & c_{mn} \end{pmatrix} = \begin{pmatrix} u_{11} & u_{12} & \cdots & u_{1m} \\ u_{21} & u_{22} & \cdots & u_{2m} \\ \vdots & \vdots & \cdots & \vdots \\ u_{m1} & u_{m2} & \cdots & u_{mm} \end{pmatrix} \begin{pmatrix} \sigma_1 & 0 & 0 & 0 & 0 & \cdots & 0 \\ 0 & \sigma_2 & 0 & 0 & 0 & \cdots & 0 \\ 0 & 0 & \ddots & 0 & 0 & \cdots & 0 \\ 0 & 0 & 0 & \sigma_r & 0 & \cdots & 0 \\ 0 & 0 & 0 & 0 & 0 & \cdots & 0 \\ \vdots & \vdots & \vdots & \vdots & \vdots & \vdots & \vdots \\ 0 & 0 & 0 & 0 & 0 & \cdots & 0 \end{pmatrix} \begin{pmatrix} v_{11} & v_{21} & \cdots & v_{n1} \\ v_{12} & v_{22} & \cdots & v_{n2} \\ \vdots & \vdots & \cdots & \vdots \\ v_{1n} & v_{2n} & \cdots & v_{nn} \end{pmatrix}$$

$$= \begin{pmatrix} \sigma_1 u_{11} & \sigma_2 u_{12} & \cdots & \sigma_r u_{1r} & 0 & 0 & \cdots & 0 \\ \sigma_1 u_{21} & \sigma_2 u_{22} & \cdots & \sigma_r u_{2r} & 0 & 0 & \cdots & 0 \\ \vdots & \vdots & \cdots & \vdots & \vdots & \vdots & \vdots & \vdots \\ \sigma_1 u_{m1} & \sigma_2 u_{m2} & \cdots & \sigma_r u_{mr} & 0 & 0 & \cdots & 0 \end{pmatrix} \begin{pmatrix} v_{11} & v_{21} & \cdots & v_{n1} \\ v_{12} & v_{22} & \cdots & v_{n2} \\ \vdots & \vdots & \cdots & \vdots \\ v_{1n} & v_{2n} & \cdots & v_{m} \end{pmatrix}$$

$$= (\sigma_1 \boldsymbol{U}_1 \quad \sigma_2 \boldsymbol{U}_2 \quad \cdots \quad \sigma_r \boldsymbol{U}_r \quad \boldsymbol{0} \quad \cdots \quad \boldsymbol{0}) \begin{pmatrix} \boldsymbol{V}_1^T \\ \boldsymbol{V}_2^T \\ \vdots \\ \boldsymbol{V}_n^T \end{pmatrix} = \sum_{k=1}^{r} \sigma_k \boldsymbol{U}_k \boldsymbol{V}_k^T$$

即 $\boldsymbol{C} = \sum_{k=1}^{r} \sigma_k \boldsymbol{U}_k \boldsymbol{V}_k^T$ (3.1.11)

在一些文献中，例如 Bretherton 、Smith 和 Wallace 的论文中，实一般矩阵 SVD 的定义式就是（3.1.11）式。(3.1.1）和（3.1.11）的分量形式都是

$$c_{ij} = (u_{i1}\sigma_1, u_{i2}\sigma_2, \cdots u_{ir}\sigma_r, 0, 0, \cdots, 0) \begin{pmatrix} v_{j1} \\ v_{j2} \\ \vdots \\ v_{jr} \\ \vdots \\ \vdots \\ v_{jn} \end{pmatrix} = \sum_{k=1}^{r} \sigma_k u_{ik} v_{jk} \tag{3.1.12}$$

如果把 **U** 和 **V** 矩阵都截取它的前 r 列构成矩阵

$${}_m\mathbf{U}_r = (\boldsymbol{U}_1, \boldsymbol{U}_2, \cdots, \boldsymbol{U}_r) \tag{3.1.13}$$

$${}_n\mathbf{V}_r = (\mathbf{V}_1, \mathbf{V}_2, \cdots, \mathbf{V}_r) \tag{3.1.14}$$

则(3.1.1)可写成

$${}_m\mathbf{C}_n = {}_m\mathbf{U}_r\, {}_r\boldsymbol{\Sigma}_r ({}_n\mathbf{V}_r)^T = \sum_{k=1}^{r} \sigma_k \boldsymbol{U}_k \boldsymbol{V}_k^T \tag{3.1.15}$$

其中的${}_r\boldsymbol{\Sigma}_r$ 是对角矩阵，即(3.1.2)式。这种表示下，(3.1.9)式变成

$$({}_m\mathbf{U}_r)^T\, {}_m\mathbf{C}_n\, {}_n\mathbf{V}_r = {}_r\boldsymbol{\Sigma}_r \tag{3.1.16}$$

(3.1.16）式实际上是（3.1.9）式中右边非零的元素与左边的关系，是（3.1.9）式中真正有用的部分。(3.1.16）式是使非方的（$m \neq n$）矩阵对角化。(3.1.16）式右边的元素 $\sigma_{kk'}$ 与 **U**，**C**，**V** 的关系为

$$\sigma_{kk'} = \boldsymbol{U}_k^T \mathbf{C}\, \mathbf{V}_{k'} = \sum_{i=1}^{m} \sum_{j=1}^{n} u_{ik} c_{ij} v_{jk'} = \begin{cases} 0 & \text{当 } k \neq k' \\ \sigma_k > 0 & \text{当 } k = k' \end{cases} \tag{3.1.17}$$

显然，(3.1.17）式又是（3.1.10）式的一部分。

以上定义中的 r 是 $\mathbf{C}$ 矩阵的秩，$r \leqslant \min\{m, n\}$。可见，$\mathbf{C}$ 矩阵的奇异值共有 r 个。对于某个奇异值 σ_k，相配合的左、右奇异向量为 $\boldsymbol{U}_k$ 和 $\boldsymbol{V}_k$，所以，$\mathbf{C}$ 矩阵奇异值分解的结果是成组给出的，即 σ_k，$\boldsymbol{U}_k$，$\boldsymbol{V}_k$，$k=1, 2, \cdots, r$。那么，对于一个确定的 σ_k，是否只有惟一的 $\boldsymbol{U}_k$，$\boldsymbol{V}_k$ 与它配合呢？从 SVD 的定义和以上分析的式子可见，不是惟一的。如果 σ_k，$\boldsymbol{U}_k$，$\boldsymbol{V}_k$ 是矩阵 $\mathbf{C}$ 的 SVD 的一组结果，那么，很显然的，σ_k，$-\boldsymbol{U}_k$，$-\boldsymbol{V}_k$ 同样满足以上诸式，即 $-\boldsymbol{U}_k$，$-\boldsymbol{V}_k$ 也是与 σ_k 配合的左、右奇异向量。但是，$-\boldsymbol{U}_k$，$\boldsymbol{V}_k$ 或者 $\boldsymbol{U}_k$，$-\boldsymbol{V}_k$ 就不是与 σ_k 配合的左、右奇异向量。因为，当 $\boldsymbol{U}_k$，$\boldsymbol{V}_k$ 是 σ_k 配合的左、右奇异向量值时，

$$\boldsymbol{U}_k^T \mathbf{C} \boldsymbol{V}_k = \sigma_k > 0$$

则

$$(-\boldsymbol{U}_k)^T \mathbf{C}(-\boldsymbol{V}_k) = \sigma_k > 0$$

所以，$-\boldsymbol{U}_k$，$-\boldsymbol{V}_k$ 也是与 σ_k 配合的左、右奇异向量。但是，

$$(-\boldsymbol{U}_k)^T \mathbf{C}\, \boldsymbol{V}_k = -\sigma_k < 0$$

$$\boldsymbol{U}_k^T \mathbf{C}(-\boldsymbol{V}_k) = -\sigma_k < 0$$

因为 SVD 的定义奇异值必须大于 0，所以 $-\boldsymbol{U}_k$，$\boldsymbol{V}_k$ 及 $\boldsymbol{U}_k$，$-\boldsymbol{V}_k$ 不是与 σ_k 对应的左、右奇异向量。

如果某种计算方法得到的一组 σ_k，$\boldsymbol{U}_k$，$\boldsymbol{V}_k$ 不能保障 $\boldsymbol{U}_k^T \mathbf{C} \boldsymbol{V}_k = \sigma_k > 0$，那么，它不是矩阵 SVD 运算的正确算法，这是 SVD 在气象中出现某种错误应用的原因之一。

3.1.2　实一般矩阵 SVD 的性质

要正确地解释两个气象场 SVD 分析的结果，应该了解矩阵 SVD 的一些性质。

性质 1

$$\mathbf{C}^T \boldsymbol{U}_k = \sigma_k \boldsymbol{V}_k \tag{3.1.18}$$

$$\mathbf{C}\, \boldsymbol{V}_k = \sigma_k \boldsymbol{U}_k \tag{3.1.19}$$

证明：把（3.1.11）式两边求转置，得

$$\mathbf{C}^T = \left(\sum_{k=1}^{r} \sigma_k \boldsymbol{U}_k \boldsymbol{V}_k^T\right)^T = \sum_{k=1}^{r} (\sigma_k \boldsymbol{V}_k \boldsymbol{U}_k^T)$$

求和与指标的字符无关，为了与（3.1.18）式中特定的一个 k 值相区别，上式可改写为

$$\mathbf{C}^T = \sum_{k'=1}^{r} \sigma_{k'} \boldsymbol{V}_{k'} \boldsymbol{U}_{k'}^T$$

把它两边右乘 $\boldsymbol{U}_k$，得

$$\mathbf{C}^T \boldsymbol{U}_k = \sum_{k'=1}^{r} \sigma_{k'} \boldsymbol{V}_{k'} \boldsymbol{U}_{k'}^T \boldsymbol{U}_k$$

因为，由矩阵 SVD 的定义，U 矩阵是列正交矩阵，满足

$$\boldsymbol{U}_{k'}^T\boldsymbol{U}_k = \begin{cases} 0 & \text{当 } k' \neq k \\ 1 & \text{当 } k' = k \end{cases}$$

所以，$\mathbf{C}^T\boldsymbol{U}_k$ 的右边求和项中，只有 $k'=k$ 的一项不为零，故得

$$\mathbf{C}^T\boldsymbol{U}_k = \sigma_k\boldsymbol{V}_k\boldsymbol{U}_k^T\boldsymbol{U}_k = \sigma_k\boldsymbol{V}_k$$

$\mathbf{C}\boldsymbol{V}_k=\sigma_k\boldsymbol{U}_k$ 可类似地证明。只要直接把（3.1.11）式两边右乘 $\boldsymbol{V}_k$，并利用 $\boldsymbol{V}_k$ 的正交归一性即获证。

在气象场 SVD 分析中，异类相关图正比于奇异向量图就是利用这个性质导出的。

性质 2　σ_k^2 是 $\mathbf{C}^T\mathbf{C}$ 和 $\mathbf{C}\mathbf{C}^T$ 的第 k 个非零特征值，$k=1, 2, \cdots, r$。$\mathbf{C}^T\mathbf{C}$ 和 $\mathbf{C}\mathbf{C}^T$ 的其他特征值为零。

性质 3　$\boldsymbol{U}_k$ 是 $\mathbf{C}\mathbf{C}^T$ 矩阵的特征向量，$\boldsymbol{V}_k$ 是 $\mathbf{C}^T\mathbf{C}$ 矩阵的特征向量。

性质 2 和性质 3 是一回事情的两个方面，证明它们要用 § 1.1 介绍的实对称矩阵的特征值、特征向量及实对称矩阵的对角化。$\mathbf{C}^T\mathbf{C}$ 是 $n\times n$ 阶实对称矩阵，因为 $(\mathbf{C}^T\mathbf{C})^T=\mathbf{C}^T\mathbf{C}$。而 $\mathbf{C}\,\mathbf{C}^T$ 是 $m\times m$ 阶实对称矩阵，因为 $(\mathbf{C}\,\mathbf{C}^T)^T=\mathbf{C}\,\mathbf{C}^T$。一般情况下，$\mathbf{C}^T\mathbf{C}\neq\mathbf{C}\,\mathbf{C}^T$。它们有相同的特征值、不同的特征向量，因为，如果 λ_k 和 $\boldsymbol{U}_k$ 是 $\mathbf{C}\,\mathbf{C}^T$ 的特征值和特征向量，则 $(\mathbf{C}\,\mathbf{C}^T)\,\boldsymbol{U}_k=\lambda_k\boldsymbol{U}_k$，两边左乘 $\mathbf{C}^T$，得

$$\mathbf{C}^T(\mathbf{C}\,\mathbf{C}^T)\boldsymbol{U}_k = \mathbf{C}^T\lambda_k\boldsymbol{U}_k$$

矩阵乘法满足结合律，λ_k 是数量，可移动位置，上式重新结合，得

$$(\mathbf{C}^T\mathbf{C})(\mathbf{C}^T\boldsymbol{U}_k) = \lambda_k(\mathbf{C}^T\boldsymbol{U}_k)$$

其中 $\mathbf{C}^T\mathbf{C}$ 是 $n\times n$ 阶实对称矩阵，$\mathbf{C}^T\boldsymbol{U}_k$ 是 $n\times 1$ 阶矩阵，即 n 维列向量，λ_k 是数量，所以上式说明 λ_k 也是 $\mathbf{C}^T\mathbf{C}$ 的特征值，$\mathbf{C}^T\boldsymbol{U}_k$ 是 $\mathbf{C}^T\mathbf{C}$ 的特征向量。

现在看 $\mathbf{C}^T\mathbf{C}$ 的特征值和特征向量与 $\mathbf{C}$ 的奇异值、奇异向量的关系，利用 SVD 的定义式（3.1.1），得

$$\begin{aligned}
\mathbf{C}^T\mathbf{C} &= \left(\mathbf{U}\begin{pmatrix}\boldsymbol{\Sigma} & \mathbf{0}\\ \mathbf{0} & \mathbf{0}\end{pmatrix}\mathbf{V}^T\right)^T\mathbf{U}\begin{pmatrix}\boldsymbol{\Sigma} & \mathbf{0}\\ \mathbf{0} & \mathbf{0}\end{pmatrix}\mathbf{V}^T \\
&= \mathbf{V}\begin{pmatrix}\boldsymbol{\Sigma} & \mathbf{0}\\ \mathbf{0} & \mathbf{0}\end{pmatrix}^T\mathbf{U}^T\mathbf{U}\begin{pmatrix}\boldsymbol{\Sigma} & \mathbf{0}\\ \mathbf{0} & \mathbf{0}\end{pmatrix}\mathbf{V}^T \\
&= \mathbf{V}\begin{pmatrix}\boldsymbol{\Sigma} & \mathbf{0}\\ \mathbf{0} & \mathbf{0}\end{pmatrix}^T\begin{pmatrix}\boldsymbol{\Sigma} & \mathbf{0}\\ \mathbf{0} & \mathbf{0}\end{pmatrix}\mathbf{V}^T
\end{aligned}$$

$$
= \mathbf{V}\begin{pmatrix}
\sigma_1^2 & 0 & 0 & 0 & 0 & \cdots & 0 \\
0 & \sigma_2^2 & 0 & 0 & 0 & \cdots & 0 \\
\vdots & & \ddots & & & & \vdots \\
0 & \cdots & 0 & \sigma_r^2 & 0 & \cdots & 0 \\
0 & \cdots & \cdots & \cdots & \cdots & \cdots & 0 \\
\cdots & \cdots & \cdots & \cdots & \cdots & \cdots & \cdots \\
0 & \cdots & \cdots & \cdots & \cdots & \cdots & 0
\end{pmatrix}\mathbf{V}^T \tag{3.1.20}
$$

因为（3.1.1）式中的$\begin{pmatrix}\mathbf{\Sigma} & \mathbf{0} \\ \mathbf{0} & \mathbf{0}\end{pmatrix}$是 $m\times n$ 阶的，所以，上式中的$\begin{pmatrix}\mathbf{\Sigma} & \mathbf{0} \\ \mathbf{0} & \mathbf{0}\end{pmatrix}^T\begin{pmatrix}\mathbf{\Sigma} & \mathbf{0} \\ \mathbf{0} & \mathbf{0}\end{pmatrix}$是 $n\times n$阶的对角阵，主对角线上的前 r 个元素分别为σ_1^2，σ_2^2，…，σ_r^2，其他主对角线元素和全部非对角线元素都为零。$\mathbf{C}^T\mathbf{C}$ 是 $n\times n$ 阶实对称矩阵，$\mathbf{V}$ 是 $n\times n$ 阶列正交矩阵。（3.1.20）式左乘 $\mathbf{V}^T$，右乘 $\mathbf{V}$，得

$$
\mathbf{V}^T(\mathbf{C}^T\mathbf{C})\mathbf{V} = \begin{pmatrix}
\sigma_1^2 & 0 & 0 & 0 & 0 & \cdots & 0 \\
0 & \sigma_2^2 & 0 & 0 & 0 & \cdots & 0 \\
\vdots & & \ddots & & & & \vdots \\
0 & \cdots & 0 & \sigma_r^2 & 0 & \cdots & 0 \\
0 & \cdots & \cdots & \cdots & \cdots & \cdots & 0 \\
\cdots & \cdots & \cdots & \cdots & \cdots & \cdots & \cdots \\
0 & \cdots & \cdots & \cdots & \cdots & \cdots & 0
\end{pmatrix} \tag{3.1.21}
$$

上式是把实对称矩阵 $\mathbf{C}^T\mathbf{C}$ 对角化的关系式，根据§1.1介绍的实对称矩阵对角化与全部特征值、特征向量的关系，上式表明，σ_k^2 是 $\mathbf{C}^T\mathbf{C}$ 的特征值，$\mathbf{V}$ 矩阵的列向量 $\mathbf{V}_k$ 是 $\mathbf{C}^T\mathbf{C}$ 的特征向量，$k=1$，2，…，r，其他特征值等于零。$\boldsymbol{U}_k$ 是 $\mathbf{C}\,\mathbf{C}^T$ 的特征向量可类似地证明。

如果把（3.1.20）式只右乘 $\mathbf{V}$，则得

$$
(\mathbf{C}^T\mathbf{C})\mathbf{V} = \mathbf{V}\begin{pmatrix}
\sigma_1^2 & 0 & 0 & 0 & 0 & \cdots & 0 \\
0 & \sigma_2^2 & 0 & 0 & 0 & \cdots & 0 \\
\vdots & & \ddots & & & & \vdots \\
0 & \cdots & 0 & \sigma_r^2 & 0 & \cdots & 0 \\
0 & \cdots & \cdots & \cdots & \cdots & \cdots & 0 \\
\cdots & \cdots & \cdots & \cdots & \cdots & \cdots & \cdots \\
0 & \cdots & \cdots & \cdots & \cdots & \cdots & 0
\end{pmatrix} \tag{3.1.22}
$$

把（3.1.22）式两边的乘积按列分开，得

$$
(\mathbf{C}^T\mathbf{C})\mathbf{V}_k = \sigma_k^2\mathbf{V}_k \quad k = 1,2,\cdots,r \tag{3.1.23}
$$

这就是单个特征值、特征向量的定义式。类似地可导得

$$(\mathbf{C}\,\mathbf{C}^T)\boldsymbol{U}_k = \sigma_k^2\boldsymbol{U}_k \quad k = 1,2,\cdots,r \tag{3.1.24}$$

目前，在一些大气科学的科研论文中，在介绍 SVD 方法时，直接地提出先计算两个场的交叉协方差矩阵，若记为 $\mathbf{C}$ 矩阵，则认为按（3.1.23）和（3.1.24）计算出 $\boldsymbol{V}_k$ 和 $\boldsymbol{U}_k$ 就是右、左奇异向量，分别作为两个场正交展开的空间型。这种做法有时会得到错误结果，原因在于，(3.1.23）式和（3.1.24）式是 $\mathbf{C}$ 矩阵 SVD 的性质，而不是 SVD 的定义，从 SVD 的定义（3.1.1）式以及 $\mathbf{U}^T\mathbf{U}=\mathbf{I}$，$\mathbf{V}^T\mathbf{V}=\mathbf{I}$ 可导出（3.1.23）式和（3.1.24）式，但是，逆命题不成立，由（3.1.23）式和（3.1.24）式不能得到（3.1.1）式，换言之，满足（3.1.1）式的 $\boldsymbol{U}_k$，$\boldsymbol{V}_k$，σ_k 一定满足（3.1.23）式和（3.1.24）式，而满足（3.1.23）式和（3.1.24）式的 $\boldsymbol{U}_k$，$\boldsymbol{V}_k$，σ_k 不一定满足（3.1.1）式，因而不一定是 $\mathbf{C}$ 矩阵的奇异向量。要理解这一点还需从一般实矩阵 SVD 的定义和实对称矩阵特征向量的定义说起。在 SVD 的定义中，强调的是 σ_k，$\boldsymbol{U}_k$，$\boldsymbol{V}_k$ 的配合，前已提到，当一组 σ_k，$\boldsymbol{U}_k$，$\boldsymbol{V}_k$ 满足（3.1.1）式时，σ_k，$-\boldsymbol{U}_k$，$-\boldsymbol{V}_k$ 也满足（3.1.1）式，即同一组解可有两种可能。而在（3.1.23）式和（3.1.24）式中，σ_k^2 只起联系 $\boldsymbol{U}_k$，$\boldsymbol{V}_k$ 量值的作用，对 $\boldsymbol{U}_k$，$\boldsymbol{V}_k$ 的正负号不起约束作用，也就是说（2.1.23）式和（2.1.24）式的解有四种可能：如果 σ_k^2，$\boldsymbol{U}_k$，$\boldsymbol{V}_k$ 是一组解，则 σ_k^2，$-\boldsymbol{U}_k$，$-\boldsymbol{V}_k$ 和 σ_k^2，$-\boldsymbol{U}_k$，$\boldsymbol{V}_k$ 和 σ_k^2，$\boldsymbol{U}_k$，$-\boldsymbol{V}_k$ 也都是（2.1.23）式和（2.1.24）式的解（其中 $\boldsymbol{U}_k$，$\boldsymbol{V}_k$ 都已是归一化的），用计算机程序计算的结果，是这四种情况中的一种，具体是哪一种是不确定的，况且正与负是相对的。而对于同一个 σ_k^2 的 $\boldsymbol{U}_k$，$\boldsymbol{V}_k$ 只有两种搭配是矩阵 $\mathbf{C}$ 的奇异向量，按（3.1.23）式和（3.1.24）式计算的结果有一半的可能性并不是矩阵 $\mathbf{C}$ 的奇异向量。从（3.1.1）式到（3.1.23）式和（3.1.24）式增加了两组解的原因在于，(3.1.1）式中的 $\boldsymbol{U}_k$，$\boldsymbol{V}_k$ 正负号可有两种搭配，再求它的乘积 $\mathbf{C}^T\mathbf{C}$ 和 $\mathbf{C}\,\mathbf{C}^T$ 用 σ_k，$\boldsymbol{U}_k$，$\boldsymbol{V}_k$ 表示时，对同一个 σ_k（或 σ_k^2），$\boldsymbol{U}_k$，$\boldsymbol{V}_k$ 就有四种符号搭配满足所得的关系。在大气科学中两个场的 SVD 分析方法中，如果 σ_k，$\boldsymbol{U}_k$，$\boldsymbol{V}_k$ 是两个场的交叉协方差矩阵的一组奇异值和奇异向量，用 $\boldsymbol{U}_k$ 和 $\boldsymbol{V}_k$ 表示两个场在时间上协同变化的空间型，即各自正交展开的基向量，那么 $-\boldsymbol{U}_k$ 和 $-\boldsymbol{V}_k$ 表示它们间相互联系的空间型所反映的关系是一样的，所以，SVD 运算中 $\boldsymbol{U}_k$ 和 $\boldsymbol{V}_k$ 可有的两种符号搭配并不影响我们的应用。而按（3.1.23）式和（3.1.24）式的计算结果，如果 σ_k^2，$\boldsymbol{U}_k$，$\boldsymbol{V}_k$ 表示两个场之间的相关空间型，那么 σ_k^2，$-\boldsymbol{U}_k$，$\boldsymbol{V}_k$ 和 σ_k^2，$\boldsymbol{U}_k$，$-\boldsymbol{V}_k$ 反映的就是相反的空间型。计算机输出的结果究竟是哪一种是不确定的，因此，有可能导致对结果的解释是错误的。所以，把气象中应用的 SVD 方法用（3.1.23）式和（3.1.24）式来表示是不严格的。正确地表示该方法，既然被称为 SVD 方法，就应归结到矩阵的 SVD 运算。(3.1.23）式和（3.1.24）式仅是早期没有直接计算 SVD 程序时，采用求实对称矩阵特征值、特征向量计算程序的一种替代算法，只能是一种有缺陷的计算方法，而不是 SVD 的提法。要克服（3.1.23）式和（3.1.24）式计算的不确定性，

还应对该两式增加一个关系，才能满足SVD定义

$$\boldsymbol{U}_k^T\mathbf{C}\boldsymbol{V}_k=\sum_{i=1}^{m}\sum_{j=1}^{n}u_{ik}c_{ij}v_{jk}=\sigma_k>0 \tag{3.1.25}$$

性质4　如果 $\mathbf{C}$ 矩阵是实对称矩阵，则左、右奇异向量都等于特征向量，奇异值就是特征值。

证明：因为 $\mathbf{C}$ 是实对称矩阵，所以 ${}_m\mathbf{C}_m^T={}_m\mathbf{C}_m$，它的SVD式

$$\mathbf{C}={}_m\mathbf{U}_m\ {}_m\begin{pmatrix}\boldsymbol{\Sigma} & \mathbf{0}\\ \mathbf{0} & \mathbf{0}\end{pmatrix}_m\ {}_m\mathbf{V}_m^T$$

这种情况下 ${}_m\begin{pmatrix}\boldsymbol{\Sigma} & \mathbf{0}\\ \mathbf{0} & \mathbf{0}\end{pmatrix}_m$ 也是对称方阵，转置后不变。把上式转置，得

$$\mathbf{C}^T={}_m\mathbf{V}_m\ {}_m\begin{pmatrix}\boldsymbol{\Sigma} & \mathbf{0}\\ \mathbf{0} & \mathbf{0}\end{pmatrix}_m\ {}_m\mathbf{U}_m^T$$

因为 $\mathbf{C}^T=\mathbf{C}$，且中间的对角阵不变，故 $\mathbf{U}=\mathbf{V}$。把第一式左乘 $\mathbf{V}^T$，右乘 $\mathbf{V}$，得

$$\mathbf{V}^T\mathbf{C}\mathbf{V}=\mathbf{V}^T\mathbf{U}\begin{pmatrix}\boldsymbol{\Sigma} & \mathbf{0}\\ \mathbf{0} & \mathbf{0}\end{pmatrix}\mathbf{V}^T\mathbf{V}=\mathbf{V}^T\mathbf{V}\begin{pmatrix}\boldsymbol{\Sigma} & \mathbf{0}\\ \mathbf{0} & \mathbf{0}\end{pmatrix}\mathbf{V}^T\mathbf{V}=\begin{pmatrix}\boldsymbol{\Sigma} & \mathbf{0}\\ \mathbf{0} & \mathbf{0}\end{pmatrix}$$

上式是使实对称矩阵对角化的关系式，故奇异向量 $\mathbf{V}_k$ 也是 $\mathbf{C}$ 的特征向量，奇异值 σ_k 是对应的特征值。

性质5　$\mathbf{C}$ 矩阵的模方（所有元素平方和）等于所有奇异值的平方和，即

$$\|\mathbf{C}\|^2=\sum_{i=1}^{m}\sum_{j=1}^{n}c_{ij}^2=\sum_{k=1}^{r}\sigma_k^2 \tag{3.1.26}$$

证明：矩阵SVD定义（3.1.1）式的分量式是（3.1.12）式，

$$c_{ij}=\sum_{k=1}^{r}\sigma_k u_{ik}v_{jk}$$

得

$$\begin{aligned}c_{ij}^2&=\Big(\sum_{k=1}^{r}\sigma_k u_{ik}v_{jk}\Big)\Big(\sum_{k'=1}^{r}\sigma_{k'}u_{ik'}v_{jk'}\Big)\\&=\sum_{k=1}^{r}\sum_{k'=1}^{r}\sigma_k\sigma_{k'}u_{ik}u_{ik'}v_{jk}v_{jk'}\end{aligned}$$

$$\begin{aligned}\|\mathbf{C}\|^2&=\sum_{i=1}^{m}\sum_{j=1}^{n}c_{ij}^2\\&=\sum_{i=1}^{m}\sum_{j=1}^{n}\sum_{k=1}^{r}\sum_{k'=1}^{r}\sigma_k\sigma_{k'}u_{ik}u_{ik'}v_{jk}v_{jk'}\\&=\sum_{k=1}^{r}\sigma_k\sum_{k'=1}^{r}\sigma_{k'}\sum_{i=1}^{m}u_{ik}u_{ik'}\sum_{j=1}^{n}v_{jk}v_{jk'}\end{aligned}$$

$$= \sum_{k=1}^{r} \sigma_k^2$$

导出上式利用了 **U** 和 **V** 是列正交矩阵，满足

$$\sum_{i=1}^{m} u_{ik} u_{ik'} = \begin{cases} 1 & \text{当 } k = k' \\ 0 & \text{当 } k \neq k' \end{cases}$$

$$\sum_{j=1}^{n} v_{jk} v_{jk'} = \begin{cases} 1 & \text{当 } k = k' \\ 0 & \text{当 } k \neq k' \end{cases}$$

还可以利用（3.1.23）或（3.1.24）式，以及§1.1节介绍的实对称矩阵全部特征值之和等于该矩阵主对角线之和来证明性质5，例如，采用（3.1.24）式，($\mathbf{CC}^T$)是 m 行 m 列的实对称矩阵，它有 r 个非零特征值 $\sigma_1^2, \sigma_2^2, \cdots, \sigma_r^2$，所以，$tr(\mathbf{CC}^T) = \sum_{k=1}^{r} \sigma_k^2$，而 $tr(\mathbf{CC}^T) = \sum_{i=1}^{m} (\mathbf{CC}^T)_{ii} = \sum_{i=1}^{m} \sum_{j=1}^{n} c_{ij}^2$，所以得到 $\sum_{i=1}^{m} \sum_{j=1}^{n} c_{ij}^2 = \sum_{k=1}^{r} \sigma_k^2$。利用（3.1.23）式也是一样的，因为 $tr(\mathbf{CC}^T) = tr(\mathbf{C}^T\mathbf{C}) = \sum_{i=1}^{m} \sum_{j=1}^{n} c_{ij}^2$。

在气象场 SVD 分析中，正是依据性质5提出了各 SVD 模态相对重要性的度量指标 SCF_k。

3.1.3 实一般矩阵 SVD 的计算

实一般矩阵指行数与列数可以不等的，元素都为实数的矩阵。计算它的奇异值和奇异向量利用豪斯荷尔德（Householder）变换及变形 QR 算法。建议读者使用徐士良编著的程序（《FORTRAN 常用算法程序集》，清华大学出版社）。该书销售时附有程序软盘。其中第二章矩阵运算有“一般实矩阵奇异值分解”计算方法和子程序。

§3.2 两个场相互关系的 SVD 分析方法

在大气科学中经常要寻找两个场之间的相互联系，例如 500hPa 高度距平场与海表温度距平场之间的联系，目前广泛使用 SVD 方法。为了方便，把两个场分别称为左场和右场。左场用 $\boldsymbol{S}(x, t)$ 表示，x 是左场的空间格点序号，$x=1, 2, \cdots, N_s$。右场用 $\boldsymbol{Z}(y, t)$ 表示，y 是右场的空间格点序号，$y=1, 2, \cdots, N_z$。两个场的地理区域和空间格点数可以相同，也可以不同。t 表示样本序号，$t=1, 2, \cdots, n$。要寻找两个场之间的联系，它们的样本必须一一对应，对于同一个样本序号，它们可以是同时的，或者两个场的样本间有一个固定时差。

3.2.1 耦合空间型

设两个场的样本都已处理成距平或标准化距平，讨论的是它们的异常之间的联

系。两个场的样本用矩阵表示为

$$\mathbf{S} = \begin{pmatrix} s_{11} & s_{12} & \cdots & s_{1n} \\ s_{21} & s_{22} & \cdots & s_{2n} \\ \cdots & \cdots & \cdots & \cdots \\ s_{N_s1} & s_{N_s2} & \cdots & s_{N_sn} \end{pmatrix} \tag{3.2.1}$$

$$\mathbf{Z} = \begin{pmatrix} z_{11} & z_{12} & \cdots & z_{1n} \\ z_{21} & z_{22} & \cdots & z_{2n} \\ \cdots & \cdots & \cdots & \cdots \\ z_{N_z1} & z_{N_z2} & \cdots & z_{N_zn} \end{pmatrix} \tag{3.2.2}$$

第 t 个样本或状态是 **S** 和 **Z** 矩阵的第 t 列，记为

$$\boldsymbol{S}_t = \begin{pmatrix} s_{1t} \\ s_{2t} \\ \vdots \\ s_{N_st} \end{pmatrix} = (s_{1t}, s_{2t}, \cdots, s_{N_st})^T \tag{3.2.3}$$

$$\boldsymbol{Z}_t = \begin{pmatrix} z_{1t} \\ z_{2t} \\ \vdots \\ z_{N_zt} \end{pmatrix} = (z_{1t}, z_{2t}, \cdots, z_{N_zt})^T \tag{3.2.4}$$

我们需要对 $\boldsymbol{S}$ 场寻找一套 N_s 维的正交归一的向量 $\boldsymbol{P}_k$，$k=1$，2，…，对 $\boldsymbol{Z}$ 场寻找一套 N_z 维的正交归一的向量 $\boldsymbol{Q}_k$，$k=1$，2，…，使得 $\boldsymbol{S}$ 场投影到 $\boldsymbol{P}_1$ 和 $\boldsymbol{Z}$ 场投影到 $\boldsymbol{Q}_1$ 的投影系数时间序列间的协方差达最大；$\boldsymbol{S}$ 场投影到 $\boldsymbol{P}_2$ 和 $\boldsymbol{Z}$ 场投影到 $\boldsymbol{Q}_2$ 的投影系数时间序列间的协方差达次大；…，两个时间序列之间的协方差表示它们之间协同变化的程度，或相关的强弱，所以，寻找的空间型 $\boldsymbol{P}_k$，$\boldsymbol{Q}_k$ 是使 $\boldsymbol{S}$ 和 $\boldsymbol{Z}$ 场时空变化被分离时，时间变化上同步性最好所对应的空间型。以下按这一原则寻找 $\boldsymbol{P}_k$ 和 $\boldsymbol{Q}_k$。

记左、右场投影到 $\boldsymbol{P}_k$ 和 $\boldsymbol{Q}_k$ 的时间系数分别为 a_{kt} 和 b_{kt}。各自用空间型和时间系数展开表示为

$$\boldsymbol{S}_t = \sum_k a_{kt} \boldsymbol{P}_k + \boldsymbol{\varepsilon}_t \tag{3.2.5}$$

$$\boldsymbol{Z}_t = \sum_k b_{kt} \boldsymbol{Q}_k + \boldsymbol{\eta}_t \tag{3.2.6}$$

因为 $\boldsymbol{P}_k$ 和 $\boldsymbol{Q}_k$ 都是正交归一向量，满足

$$\boldsymbol{P}_k^T \boldsymbol{P}_{k'} = \begin{cases} 1 & \text{当 } k = k' \\ 0 & \text{当 } k \neq k' \end{cases} \tag{3.2.7}$$

$$\boldsymbol{Q}_k^T \boldsymbol{Q}_{k'} = \begin{cases} 1 & \text{当 } k = k' \\ 0 & \text{当 } k \neq k' \end{cases} \tag{3.2.8}$$

把（3.2.5）式和（3.2.6）式分别左乘 $\boldsymbol{P}_k^T$ 和 $\boldsymbol{Q}_k^T$，利用（3.2.7）式和（3.2.8）式，得

$$a_{kt} = \boldsymbol{P}_k^T\boldsymbol{S}_t = \boldsymbol{S}_t^T\boldsymbol{P}_k = \sum_{i=1}^{N_s} s_{it}p_{ik} \tag{3.2.9}$$

$$b_{kt} = \boldsymbol{Q}_k^T\boldsymbol{Z}_t = \boldsymbol{Z}_t^T\boldsymbol{Q}_k = \sum_{j=1}^{N_z} z_{jt}q_{jk} \tag{3.2.10}$$

其中 p_{ik} 和 q_{jk} 分别是 $\boldsymbol{P}_k$ 和 $\boldsymbol{Q}_k$ 的分量，即

$$\boldsymbol{P}_k = \begin{pmatrix} p_{1k} \\ p_{2k} \\ \vdots \\ p_{N_sk} \end{pmatrix} = (p_{1k}, p_{2k}, \cdots, p_{N_sk})^T \tag{3.2.11}$$

$$\boldsymbol{Q}_k = \begin{pmatrix} q_{1k} \\ q_{2k} \\ \vdots \\ q_{N_zk} \end{pmatrix} = (q_{1k}, q_{2k}, \cdots, q_{N_zk})^T \tag{3.2.12}$$

因为分析的对象 $\boldsymbol{S}$ 和 $\boldsymbol{Z}$ 场已经是距平或标准化距平，有 $\langle s_{it}\rangle = 0$，$\langle z_{it}\rangle = 0$，由（3.2.9）式和（3.2.10）式得

$$\langle a_{kt}\rangle = \sum_{i=1}^{N_s} p_{ik}\langle s_{it}\rangle = 0$$

$$\langle b_{kt}\rangle = \sum_{j=1}^{N_z} q_{jk}\langle z_{jt}\rangle = 0$$

即时间系数序列的时间平均等于零。a_{kt} 和 b_{kt} 间的协方差为

$$\begin{aligned} \mathrm{Cov}(a_{kt}, b_{kt}) &= \frac{1}{n}\sum_{t=1}^{n} a_{kt}b_{kt} = \langle a_{kt}b_{kt}\rangle \\ &= \langle \boldsymbol{P}_k^T\boldsymbol{S}_t\boldsymbol{Z}_t^T\boldsymbol{Q}_k\rangle \\ &= \boldsymbol{P}_k^T\langle \boldsymbol{S}_t\boldsymbol{Z}_t^T\rangle\boldsymbol{Q}_k \\ &= \boldsymbol{P}_k^T\mathbf{C}_{sz}\boldsymbol{Q}_k \end{aligned} \tag{3.2.13}$$

其中

$$\begin{aligned} \mathbf{C}_{sz} &= \langle \boldsymbol{S}_t\boldsymbol{Z}_t^T\rangle \\ &= \left\langle \begin{pmatrix} s_{1t} \\ s_{2t} \\ \vdots \\ s_{N_st} \end{pmatrix} (z_{1t} \quad z_{2t} \quad \cdots \quad z_{N_zt}) \right\rangle \end{aligned} \tag{3.2.14}$$

$$
=\begin{bmatrix}
\langle s_{1t}z_{1t}\rangle & \langle s_{1t}z_{2t}\rangle & \cdots & \langle s_{1t}z_{N_zt}\rangle \\
\langle s_{2t}z_{1t}\rangle & \langle s_{2t}z_{2t}\rangle & \cdots & \langle s_{2t}z_{N_zt}\rangle \\
\cdots & \cdots & \cdots & \cdots \\
\langle s_{N_st}z_{1t}\rangle & \langle s_{N_st}z_{2t}\rangle & \cdots & \langle s_{N_st}z_{N_zt}\rangle
\end{bmatrix}
$$

上面矩阵的第 i 行第 j 列元素为

$$
(\mathbf{C}_{sz})_{ij}=\langle s_{it}z_{jt}\rangle=\frac{1}{n}\sum_{t=1}^{n}s_{it}z_{jt}=\mathrm{Cov}(s_{it},z_{jt})\quad i=1,2,\cdots,N_s,j=1,2,\cdots,N_z \tag{3.2.15}
$$

所以，$\mathbf{C}_{sz}$ 矩阵是 $\boldsymbol{S}$ 场各格点上的序列与 $\boldsymbol{Z}$ 场各格点序列的交叉协方差矩阵。

注意，Cov（a_{kt}，b_{kt}）是一个数量，(3.2.13) 式右边向量和矩阵乘积的结果是一行一列，可以根据需要转置，所以 a_{kt} 与 b_{kt} 之间的协方差还等于

$$
\mathrm{Cov}(a_{kt},b_{kt})=\boldsymbol{Q}_k^T\mathbf{C}_{zs}\boldsymbol{P}_k \tag{3.2.16}
$$

其中 $\mathbf{C}_{zs}=\mathbf{C}_{sz}^T=\langle \boldsymbol{Z}_t\boldsymbol{S}_t^T\rangle$ (3.2.17)

对于给定的 $\boldsymbol{S}$ 场和 $\boldsymbol{Z}$ 场，就给定了 $\mathbf{C}_{sz}$ 矩阵，由 (3.2.13) 式或 (3.2.16) 式可见，Cov（a_{kt}，b_{kt}）取决于 $\boldsymbol{P}_k$ 和 $\boldsymbol{Q}_k$，于是需要求在 $\boldsymbol{P}_k^T\boldsymbol{P}_k=1$ 和 $\boldsymbol{Q}_k^T\boldsymbol{Q}_k=1$ 条件下，使 Cov（a_{kt}，b_{kt}）达最大的 $\boldsymbol{P}_k$ 和 $\boldsymbol{Q}_k$。用§1.1 介绍的多元函数的条件极值——Lagrange乘数法，Lagrange 函数用向量表示为

$$
\begin{aligned}
F(\boldsymbol{P}_k,\boldsymbol{Q}_k)&=\mathrm{Cov}(a_{kt},b_{kt})-\frac{1}{2}\lambda_1(\boldsymbol{P}_k^T\boldsymbol{P}_k-1)-\frac{1}{2}\lambda_2(\boldsymbol{Q}_k^T\boldsymbol{Q}_k-1)\\
&=\boldsymbol{P}_k^T\mathbf{C}_{sz}\boldsymbol{Q}_k-\frac{1}{2}\lambda_1(\boldsymbol{P}_k^T\boldsymbol{P}_k-1)-\frac{1}{2}\lambda_2(\boldsymbol{Q}_k^T\boldsymbol{Q}_k-1)
\end{aligned}
$$

利用§1.1 介绍的多元函数求导数的公式把上式对 $\boldsymbol{P}_k$ 和 $\boldsymbol{Q}_k$ 求导数，并令其等于零向量，得

$$
\frac{\partial F(\boldsymbol{P}_k,\boldsymbol{Q}_k)}{\partial \boldsymbol{P}_k}=\mathbf{C}_{sz}\boldsymbol{Q}_k-\frac{1}{2}\lambda_1 2\boldsymbol{P}_k=\boldsymbol{0}
$$

$$
\frac{\partial F(\boldsymbol{P}_k,\boldsymbol{Q}_k)}{\partial \boldsymbol{Q}_k}=\mathbf{C}_{zs}\boldsymbol{P}_k-\frac{1}{2}\lambda_2 2\boldsymbol{Q}_k=\boldsymbol{0}
$$

整理，得

$$
\mathbf{C}_{sz}\boldsymbol{Q}_k=\lambda_1\boldsymbol{P}_k \tag{3.2.18}
$$

$$
\mathbf{C}_{zs}\boldsymbol{P}_k=\lambda_2\boldsymbol{Q}_k \tag{3.2.19}
$$

上两式分别左乘 $\boldsymbol{P}_k^T$ 和 $\boldsymbol{Q}_k^T$，并且利用 $\boldsymbol{P}_k^T\boldsymbol{P}_k=1$ 和 $\boldsymbol{Q}_k^T\boldsymbol{Q}_k=1$，得

$$
\boldsymbol{P}_k^T\mathbf{C}_{sz}\boldsymbol{Q}_k=\lambda_1
$$

$$
\boldsymbol{Q}_k^T\mathbf{C}_{zs}\boldsymbol{P}_k=\lambda_2
$$

由于 $\boldsymbol{P}_k^T\mathbf{C}_{zs}\boldsymbol{Q}_k$ 和 $\boldsymbol{Q}_k^T\mathbf{C}_{zs}\boldsymbol{P}_k$ 都是数量，转置后相等，都等于 Cov（a_{kt}，b_{kt}），故 $\lambda_1=$

λ_2，记 $\lambda_1=\lambda_2=\sigma$，(3.2.18) 式和 (3.2.19) 式变为

$$\mathbf{C}_{sz}\boldsymbol{Q}_k=\sigma\boldsymbol{P}_k$$

$$\mathbf{C}_{zs}\boldsymbol{P}_k=\sigma\boldsymbol{Q}_k$$

由下一式，$\boldsymbol{Q}_k=\frac{1}{\sigma}\mathbf{C}_{zs}\boldsymbol{P}_k$，代入上一式，得

$$(\mathbf{C}_{sz}\mathbf{C}_{zs})\boldsymbol{P}_k=\sigma^2\boldsymbol{P}_k$$

或

$$(\mathbf{C}_{sz}\mathbf{C}_{sz}^T)\boldsymbol{P}_k=\sigma^2\boldsymbol{P}_k \tag{3.2.20}$$

类似地，用 $\boldsymbol{P}_k=\frac{1}{\sigma}\mathbf{C}_{sz}\boldsymbol{Q}_k$ 代入 $\mathbf{C}_{zs}\boldsymbol{P}_k=\sigma\boldsymbol{Q}_k$，得

$$(\mathbf{C}_{sz}^T\mathbf{C}_{sz})\boldsymbol{Q}_k=\sigma^2\boldsymbol{Q}_k \tag{3.2.21}$$

因此，所求的空间型 $\boldsymbol{P}_k$ 必须是 $\mathbf{C}_{sz}\mathbf{C}_{sz}^T$ 矩阵的特征向量，$\boldsymbol{Q}_k$ 必须是 $\mathbf{C}_{sz}^T\mathbf{C}_{sz}$ 矩阵的特征向量。但是，这还仅是 Cov（a_{kt}，b_{kt}）达极值的必要条件，还不是使 Cov（a_{kt}，b_{kt}）达最大的充分条件。满足 (3.2.20) 式和 (3.2.21) 式的 $\boldsymbol{P}_k$，$\boldsymbol{Q}_k$ 既能使 Cov（a_{kt}，b_{kt}）达最大，也可能使 Cov（a_{kt}，b_{kt}）达最小，而我们需要使 Cov（a_{kt}，b_{kt}）达最大的 $\boldsymbol{P}_k$ 和 $\boldsymbol{Q}_k$，因而需要对 (3.2.20) 式和 (3.2.21) 式的解 $\boldsymbol{P}_k$ 和 $\boldsymbol{Q}_k$ 作进一步的限定。(3.2.20) 式和 (3.2.21) 式是齐次线性方程组，对于一个确定的 σ^2 值，方程组只能得到一组成比例的解，在 $\boldsymbol{P}_k$ 和 $\boldsymbol{Q}_k$ 都是归一化的规定下，每个方程组也有两种解，两个方程组联立有四种可能解，如果 σ^2，$\boldsymbol{P}_k$，$\boldsymbol{Q}_k$ 是联立方程组 (3.2.20) 式和 (3.2.21) 式的解，那么，σ^2，$-\boldsymbol{P}_k$，$-\boldsymbol{Q}_k$ 或 σ^2，$-\boldsymbol{P}_k$，$\boldsymbol{Q}_k$ 或 σ^2，$\boldsymbol{P}_k$，$-\boldsymbol{Q}_k$ 也都是满足联立的线性方程组。把它们与 (3.1.24) 式和 (3.1.23) 式比较，并且注意前面对 SVD 性质 2 和性质 3 的讨论，可见其中有两组解是 $\mathbf{C}_{sz}$ 矩阵的奇异向量。当 (3.2.20) 式和 (3.2.21) 式的解满足 $\boldsymbol{P}_k^T\mathbf{C}_{sz}\boldsymbol{Q}_k=\sigma>0$，那么 $(-\boldsymbol{P}_k)^T\mathbf{C}_{sz}(-\boldsymbol{Q}_k)$ 也等于 σ，大于零，所以 $\boldsymbol{P}_k$，$\boldsymbol{Q}_k$ 或 $-\boldsymbol{P}_k$，$-\boldsymbol{Q}_k$ 都是 $\mathbf{C}_{sz}$ 矩阵的奇异向量，当采用它们作为 (3.2.5) 式和 (3.2.6) 式的空间型时，Cov（a_{kt}，b_{kt}）$=\boldsymbol{P}_k^T\mathbf{C}_{sz}\boldsymbol{Q}_k=\sigma_k$，由矩阵 SVD 的定义，奇异值 $\sigma_1\geqslant\sigma_2\geqslant\cdots\geqslant\sigma_r>0$，所以，取 $\mathbf{C}_{sz}$ 矩阵的第一对奇异向量 $\boldsymbol{P}_1$，$\boldsymbol{Q}_1$ 为空间型时，Cov（a_{1t}，b_{1t}）$=\sigma_1$ 是最大，第二对奇异向量 $\boldsymbol{P}_2$，$\boldsymbol{Q}_2$ 为空间型时的时间系数间协方差 Cov（a_{2t}，b_{2t}）$=\sigma_2>0$ 是次大，余类推，共有 r 对空间型。而 (3.2.20) 式和 (3.2.21) 式联列的解的另外两种情况，$-\boldsymbol{P}_k$，$\boldsymbol{Q}_k$ 或 $\boldsymbol{P}_k$，$-\boldsymbol{Q}_k$ 使 Cov（a_{2t}，b_{2t}）$=-\sigma_k<0$，它们不满足矩阵 SVD 的定义，不是 $\mathbf{C}_{sz}$ 矩阵的奇异向量，如果将其误做两个场的耦合空间型，将使分析结果与实际情况正相反。

综上所述，**S** 场和 **Z** 场耦合变化的空间型必须是它们交叉协方差矩阵的左、右奇异向量，必须采用矩阵 SVD 的计算方法。这正是 SVD 方法名称的来源。然而，上一节已介绍，SVD 本来是矩阵的一种运算的名称，并非气象专用，我们上面提出的问

题归结为需要对矩阵做 SVD 运算，按理不应称为 SVD 方法，例如，如果我们在某方法中用到了积分运算，不能直接地把该方法的名称称为积分。一个方法的名称应能体现它的功能或解问题的原则，这里，解问题的原则是使两个场的展开系数间的协方差达最大，所以，Hans von Storch 和 Francis W. Zwiers 建议该分析方法的合适名称应是最大协方差分析（Maximum Covariance Analysis，简称 MCA），空间型称为最大协方差型（Maximum Covariance Patterns）。

3.2.2 SVD 模态的性质

把两个场交叉协方差矩阵奇异值分解的一对奇异向量称为一对 SVD 模态。与一对空间模态配合的还有一对时间系数。它们有以下性质：

性质 1　每个场内部的空间型相互正交。这是由矩阵 SVD 的定义得到的。即 $\boldsymbol{P}_k^T\boldsymbol{P}_{k'}=0$，$\boldsymbol{Q}_k^T\boldsymbol{Q}_{k'}=0$，当 $k\neq k'$。

性质 2　只有同一对 SVD 模态的两个时间系数序列之间存在相关，不属于同一对的时间序列之间不相关，用式子表示为

$$\mathrm{Cov}(a_{kt},b_{k't})=\begin{cases}\sigma_k & \text{当 } k'=k\\ 0 & \text{当 } k'\neq k\end{cases}\tag{3.2.22}$$

因为

$$\begin{aligned}\mathrm{Cov}(a_{kt},b_{k't})&=\langle a_{kt}b_{k't}\rangle\\&=\langle\boldsymbol{P}_k^T\boldsymbol{S}_t\boldsymbol{Z}_t^T\boldsymbol{Q}_{k'}\rangle\\&=\boldsymbol{P}_k^T\langle\boldsymbol{S}_t\boldsymbol{Z}_t^T\rangle\boldsymbol{Q}_{k'}\\&=\boldsymbol{P}_k^T\mathbf{C}_{sz}\boldsymbol{Q}_{k'}=\begin{cases}\sigma_k & \text{当 } k=k'\\ 0 & \text{当 } k\neq k'\end{cases}\end{aligned}\tag{3.2.23}$$

导出上式最后结果，使用了（3.1.17）式，这里字符 $\boldsymbol{P}$ 和 $\boldsymbol{Q}$ 分别表示左、右奇异向量，相当于（3.1.17）式的 $\boldsymbol{U}$，$\mathbf{V}$。

3.2.3 SVD 模态的相对重要性、显著性

上述方法能从两个场的样本资料中识别出时间系数之间协方差达最大、次大…的空间型。但是，它无法说明两个场之间确实有联系，协方差最大也是相对大小，其量值也可能甚微，也不能说明两个场之间确实存在协同变化的空间型。任意两个场，即使总体上毫无关系，用它们的样本资料做 SVD 分析，也能计算出 SVD 空间型和时间系数。所以，两个场 SVD 分析的结果是否可信，还要进一步做定量检验。

两个场整体上看的相关程度用 $\boldsymbol{S}$ 场上 N_s 个格点上的样本序列与 $\boldsymbol{Z}$ 场上 N_z 个格点上的样本序列之间协方差的平方和表示，即 $\mathbf{C}_{sz}$ 或 $\mathbf{C}_{zs}$ 矩阵的模方来表示

$$\| \mathbf{C}_{sz} \|^2 = \| \mathbf{C}_{zs} \|^2 = \sum_{i=1}^{N_s} \sum_{j=1}^{N_z} c_{ij}^2 \tag{3.2.24}$$

采用平方和是因为两个场格点上序列之间的协方差有正有负,其绝对值大小反映相关强弱,直接求和会使正和负的协方差相互抵消,反映不出总的相关程度,所以应该采用平方和。

$\| \mathbf{C}_{sz} \|^2$ 达多大可以认为两个场整体上存在相关,可通过后面将叙述的随机试验定量地检验。

由矩阵奇异值分解的性质 5,$\| \mathbf{C}_{sz} \|^2$ 分解到各个 SVD 模态的部分为 σ_k^2,即

$$\| \mathbf{C}_{sz} \|^2 = \sum_{i=1}^{N_s} \sum_{j=1}^{N_z} c_{ij}^2 = \sum_{k=1}^{r} \sigma_k^2$$

所以,第 k 对 SVD 模态解释总协方差平方和的数量为 σ_k^2,占总协方差平方和的比例为

$$\mathrm{SCF}_k = \frac{\sigma_k^2}{\| \mathbf{C}_{sz} \|^2} = \frac{\sigma_k^2}{\sum\limits_{k=1}^{r} \sigma_k^2} \tag{3.2.25}$$

SCF_k 是 Squared Covariance Fraction 的缩写,下标 k 表示第 k 对 SVD 模态。根据(3.2.25)式,SCF_k 还可说为第 k 对 SVD 模态解释总协方差平方和的百分比或对总协方差平方和的贡献率。把(3.2.25)式定义的比率称之为“对两个场总方差的贡献率”、“联合展开精度”是错误说法,因为总方差与总协方差平方和无论在数量上还是含义上都是两回事,由前面的推导已知 σ_k^2 是两个场的总协方差平方和的组成部分,而不是两个场的总方差的组成部分,况且,(3.2.25)式的分母也是两个场的总协方差平方和,而不是两个场的总方差,所以,SCF_k 与总方差贡献率和展开精度是毫无关系的。SVD 方法的原则是保障展开系数之间的协方差达最大,而不保障展开的误差平方和达最小。至于每一对 SVD 模态在展开式(3.2.5)和(3.2.6)式中对 $\boldsymbol{S}$ 场和 $\boldsymbol{Z}$ 场的展开精度各起多大作用或对各自场的方差贡献率多大在后面再介绍。

前 K 对 SVD 模态对总协方差平方和的累积贡献率为

$$\mathrm{CSCF}_k = \sum_{k=1}^{K} \mathrm{SCF}_k = \frac{\sum\limits_{k=1}^{K} \sigma_k^2}{\sum\limits_{k=1}^{r} \sigma_k^2} \tag{3.2.26}$$

$\| \mathbf{C}_{sz} \|^2$ 达多大可认为 $\boldsymbol{S}$ 场与 $\boldsymbol{Z}$ 场之间整体上存在相关,在已经确信 $\boldsymbol{S}$ 场和 $\boldsymbol{Z}$ 场整体上相关的前提下,SCF_k 达多大可认为第 k 对 SVD 模态反映的联系可信(或显著)。目前一般采用随机试验,将实际的 $\boldsymbol{S}$ 场和 $\boldsymbol{Z}$ 场样本资料 SVD 所得的 $\| \mathbf{C}_{sz} \|^2$ 及 SCF_k 与 $\boldsymbol{S}$(或 $\boldsymbol{Z}$)场和纯随机数构成的 $\boldsymbol{Z}$(或 $\boldsymbol{S}$)场 SVD 分析所得的 $\| \mathbf{C}_{sz} \|^2$ 及 SCF_k 比较,作出判断。目前见到两种随机试验方法。第一种试验,固定一个实际场,即 $\boldsymbol{S}$(或 $\boldsymbol{Z}$)场取气象场样本资料(已标准化),另一个场 $\boldsymbol{Z}$(或 $\boldsymbol{S}$)的每个格点上的序列都用计算机程序产生的标准正态分布随机数序列代替,序列长度也为 n,一个实际场与一个随机场做

SVD分析，得到一次 $\|\mathbf{C}_{sz}\|^2$ 和 SCF_k。再更替随机场反复做这样的SVD，例如，做100次，得到100个随机试验的 $\|\mathbf{C}_{sz}\|^2$ 和 SCF_k（对同一序号 k），将它们从大至小排列。当实际的 $\boldsymbol{S}$ 场和 $\boldsymbol{Z}$ 场的 $\|\mathbf{C}_{sz}\|^2$ 大于随机试验得到的100个 $\|\mathbf{C}_{sz}\|^2$ 中第5位最大值时，一般可认为 $\boldsymbol{S}$ 与 $\boldsymbol{Z}$ 场之间的关系，整体上存在相关。在此前提下，对于某个模态序号 k，如果实际 $\boldsymbol{S}$ 与 $\boldsymbol{Z}$ 场的 SCF_k 大于随机试验的100个 SCF_k 的第5位最大值时，认为第 k 对SVD模态反映的联系是可信的或显著的。另一种试验方法是，两个场都采用实际的气象场样本资料，其中一个场资料的序号是按实际时间顺序排列的，另一个场的资料的序号随机地排列，即两个场的样本在时间上不再对应，这样做SVD，得 $\|\mathbf{C}_{sz}\|^2$ 和 SCF_k。再反复地随机地更替第二个场资料样本序号，得一系列随机试验的 $\|\mathbf{C}_{sz}\|^2$ 和 SCF_k。再类似地把 $\boldsymbol{S}$ 与 $\boldsymbol{Z}$ 场序号相对应的实际资料SVD分析 $\|\mathbf{C}_{sz}\|^2$，SCF_k 与随机试验的一系列 $\|\mathbf{C}_{sz}\|^2$，SCF_k 做比较，做出判断。后一种试验应该更合理一些，因为一个场的资料序号虽被搅乱了，但它还包含该场本身空间结构的信息，$\|\mathbf{C}_{sz}\|^2$ 反映相关程度与格点数有关，一个场本身的空间结构反映有效的空间格点数，第二种随机试验把有效格点数对相关程度的影响包含在内了。Wallace等做的北半球冬季500hPa月平均高度和北太平洋月平均SST的SVD分析中即采用了这种随机试验的检验方法。

3.2.4　各个SVD模态对 S 和 Z 场的方差贡献率

在展开式（3.2.5）和（3.2.6）式中，$\boldsymbol{P}_k$ 和 $\boldsymbol{Q}_k$ 在表示出 $\boldsymbol{S}$ 场和 $\boldsymbol{Z}$ 场中起多大作用，或对 $\boldsymbol{S}$ 场和 $\boldsymbol{Z}$ 场方差贡献多大，下面以 $\boldsymbol{S}$ 场的展开式为例进行讨论。当（3.2.5）式中 k 只取1时

$$\boldsymbol{S}_t = a_{1t}\boldsymbol{P}_1 + \boldsymbol{\varepsilon}_t$$

$\boldsymbol{S}$ 场展开的总的误差方差为

$$\begin{aligned} E_1 &= \sum_{i=1}^{N_s} \frac{1}{n}\sum_{t=1}^{n} \varepsilon_{it}^2 = \frac{1}{n}\sum_{t=1}^{n} \boldsymbol{\varepsilon}_t^T\boldsymbol{\varepsilon}_t = \langle \boldsymbol{\varepsilon}_t^T\boldsymbol{\varepsilon}_t \rangle \\ &= \langle (\boldsymbol{S}_t - a_{1t}\boldsymbol{P}_1)^T(\boldsymbol{S}_t - a_{1t}\boldsymbol{P}_1) \rangle \\ &= \langle \boldsymbol{S}_t^T\boldsymbol{S}_t \rangle - \langle a_{1t}\boldsymbol{P}_1^T\boldsymbol{S}_t \rangle - \langle \boldsymbol{S}_t^T a_{1t}\boldsymbol{P}_1 \rangle + \langle a_{1t}^2\boldsymbol{P}_1^T\boldsymbol{P}_1 \rangle \end{aligned}$$

利用 $\boldsymbol{P}_1^T\boldsymbol{S}_t = \boldsymbol{S}_t^T\boldsymbol{P}_1 = a_{1t}$ 和 $\boldsymbol{P}_1^T\boldsymbol{P}_1 = 1$，得

$$E_1 = \langle \boldsymbol{S}_t^T\boldsymbol{S}_t \rangle - \langle a_{1t}^2 \rangle \tag{3.2.27}$$

上式中 $\langle \boldsymbol{S}_t^T\boldsymbol{S}_t \rangle = \dfrac{1}{n}\sum_{t=1}^{n}\sum_{i=1}^{N_s} s_{it}^2$ 是场的总方差，场的总误差方差等于场的总方差减去被空间型表示出的方差，故 $\boldsymbol{P}_1$ 表示出 $\boldsymbol{S}$ 场方差的数量为 $\langle a_{1t}^2 \rangle$，即 a_{1t} 的方差。

当（3.2.5）式中 k 取1和2时，类似地推导，再利用 $\boldsymbol{P}_2^T\boldsymbol{S}_t = \boldsymbol{S}_t^T\boldsymbol{P}_2 = a_{2t}$，$\boldsymbol{P}_2^T\boldsymbol{P}_2 = 1$ 和 $\boldsymbol{P}_2^T\boldsymbol{P}_1 = \boldsymbol{P}_1^T\boldsymbol{P}_2 = 0$，得

$$E_2 = \langle \boldsymbol{S}_t^T \boldsymbol{S}_t \rangle - \langle a_{1t}^2 \rangle - \langle a_{2t}^2 \rangle \tag{3.2.28}$$

上式说明，$\boldsymbol{P}_2$ 对 $\boldsymbol{S}$ 场方差贡献的数量为 $\langle a_{2t}^2 \rangle$。一般地，$\boldsymbol{P}_k$ 对 $\boldsymbol{S}$ 场方差贡献量为 $\langle a_{kt}^2 \rangle$，$\boldsymbol{P}_k$ 对 $\boldsymbol{S}$ 场的方差贡献率为

$$\rho_{sk} = \frac{\langle a_{kt}^2 \rangle}{\langle \boldsymbol{S}_t^T \boldsymbol{S}_t \rangle} = \frac{\frac{1}{n}\sum_{t=1}^{n} a_{kt}^2}{\sum_{i=1}^{N_s} \frac{1}{n}\sum_{t=1}^{n} s_{it}^2} \tag{3.2.29}$$

同样地可导出 $\boldsymbol{Q}_k$ 对 $\boldsymbol{Z}$ 场的方差贡献量为 $\langle b_{kt}^2 \rangle$，贡献率为

$$\rho_{zk} = \frac{\langle b_{kt}^2 \rangle}{\langle \boldsymbol{Z}_t^T \boldsymbol{Z}_t \rangle} = \frac{\frac{1}{n}\sum_{t=1}^{n} b_{kt}^2}{\sum_{i=1}^{N_z} \frac{1}{n}\sum_{t=1}^{n} z_{it}^2} \tag{3.2.30}$$

ρ_{sk}，ρ_{zk} 与 SCF_k 含义不同。SCF_k 反映出第 k 对 SVD 模态在表示出的 $\boldsymbol{S}$ 场和 $\boldsymbol{Z}$ 场之间总的相关中所起作用的大小，由 SVD 分析的原理，SCF_k 总是从大到小排列的，不管分析的对象是什么场。而 ρ_{sk}，ρ_{zk} 反映第 k 对 SVD 模态在表示各自场的变率中所起作用的大小，它不一定按序号从大至小排列。如果某一对 SVD 模态（特别是 $k=1$ 或 2）的 SCF_k 很大，而 ρ_{sk}，ρ_{zk} 很小，说明被分析的两个场相互相关的变率不是两个场自身变率的主要部分，这种结果很难解释其物理意义，说明这两个场另有相互独立的引起自身变化的原因存在，SVD 方法不能找到它们。

这里附带讨论一个问题，$\dfrac{\sigma_k}{\sum_{k=1}^{r} \sigma_k}$，即单个奇异值与所有奇异值之和的比率有什么含义。我们认为，这应该依据奇异值 σ_k 在方法中的作用来确定。因为 $\mathrm{cov}(a_{kt}, b_{kt}) = \sigma_k$，且 $\sigma_1 \geqslant \sigma_2 \geqslant \cdots \geqslant \sigma_r \geqslant 0$，所以 $\dfrac{\sigma_k}{\sum_{k=1}^{r} \sigma_k}$ 反映第 k 对模态展开时间系数序列间的协方差在所有模态时间系数序列协方差中的相对大小。有的应用中称它为“方差贡献率”，这是没有依据的。因为，方差贡献和方差贡献率都有明确的含义，不可以再自定义。方差贡献是展开式中每增加一项（这里是一对空间型），使得剩余误差的方差减少的数量，也等于该项的加入使得表示出的方差增加的数量，因为展开取不同项数时，原变量的总方差是不变的，都等于表示出的方差与剩余误差方差之和。而方差贡献率是方差贡献的数量与原变量场总方差的比率。在 SVD 分析中，σ_k 是 $\mathbf{C}_{sz}$ 矩阵的奇异值，$\mathbf{C}_{sz}$ 矩阵是 $\mathbf{S}$ 场各格点上的序列与 $\mathbf{Z}$ 场各格点序列的交叉协方差矩阵，它只反映两个场各格点之间的相关情况，它没有任何一个元素表示原序列的方差或两个场的总

方差，即 $\boldsymbol{C}_{sz}$ 不包含任何有关方差的信息，所以，$\sum_{k=1}^{r}\sigma_k$ 既不等于某个场的总方差，也不等于两个场的方差之和。同样地，单个奇异值 σ_k 也不是第 k 对空间型的加入使剩余误差的方差减少的数量，即不是方差贡献的数量。上面已经导出，第 k 对 SVD 模态对两个场的方差贡献分别等于展开时间系数序列 a_{kt} 和 b_{kt} 的方差 $\langle a_{kt}^2\rangle$ 和 $\langle b_{kt}^2\rangle$，而 $\sigma_k = \mathrm{cov}(a_{kt},b_{kt})=\langle a_{kt}b_{kt}\rangle$，协方差与方差在含义上和数量上都完全不同。因为 σ_k 不是方差贡献数量，且 $\sum_{k=1}^{r}\sigma_k$ 不是总方差，自然 $\dfrac{\sigma_k}{\sum_{k=1}^{r}\sigma_k}$ 不是方差贡献率。或许会说，$\dfrac{\sigma_k}{\sum_{k=1}^{r}\sigma_k}$ 是参照 EOF 分析中第 k 个空间型的方差贡献率为 $\dfrac{\lambda_k}{\sum_{k=1}^{m}\lambda_k}$ 提出的。这样径直地参照不合理，忽视了两个方法在原则上和算法上的区别。EOF 分析寻找空间型的原则是使剩余误差的方差尽可能小，也是使表示出的方差尽可能大，每个空间型都尽可能地去拟合被分析对象在每个格点上每个时间的值，是从精确地表示出被分析场时空变化的角度出发的。而 SVD 分析识别空间型的原则是尽可能多地反映两个场相互协同变化的部分，它不顾及展开的剩余误差大小。算法上，EOF 分析的空间型是被展开场自协方差矩阵的特征向量，该矩阵主对角线元素分别是各格点上序列的方差，主对角线元素之和是场的总方差，在 § 1.1 节已证明，实对称矩阵全部特征值之和等于主对角线元素之和，即 $\sum_{k=1}^{m}\lambda_k$ 等于场的总方差。而 λ_k 也等于第 k 个空间型加入展开式而使误差的方差减少的数量（见（1.2.26）式），即 λ_k 正是方差贡献，所以，在 EOF 分析中，$\dfrac{\lambda_k}{\sum_{k=1}^{m}\lambda_k}$ 是方差贡献率。如前所述，SVD 中没有这些关系。

还可以从另一个角度说明 $\dfrac{\sigma_k}{\sum_{k=1}^{r}\sigma_k}$ 不是第 k 对 SVD 模态的方差贡献率。如果是，则有 $\sum_{k=1}^{r}\dfrac{\sigma_k}{\sum_{k=1}^{r}\sigma_k}=1$，$r$ 对 SVD 模态总方差贡献率将为 100%，也就是解释的方差为 100%，误差的方差为 0，这要求在 SVD 的展开式（3.2.5）和（3.2.6）中在两个场的每个格点上、每个时间展开误差都为 0。这是违背数学原理的，原因之一是 SVD 的原则不是使误差平方和达最小的最小二乘法，其二是，r 是两个场交叉协方差矩阵的秩，$r\leqslant\min\{N_s,N_z\}$，对于分别有 N_s 和 N_Z 个格点的两个场而言，r 对空间型不能构成完备的正交坐标系，空间型个数不够。只有当正交空间型的个数等于格点数，况且展开的原则是尽可能地使误差小，才能使合计的方差贡献率达 100%。EOF 分析中，m 个格点的场取 m 个特征向量展开时，合计的方差贡献率达 100%。

3.2.5 a_{kt}与 b_{kt}之间的相关系数

根据相关系数的定义，a_{kt}与 b_{kt}之间的相关系数

$$r(a_{kt},b_{kt})=\frac{\mathrm{Cov}(a_{kt},b_{kt})}{\sqrt{\langle a_{kt}^2\rangle}\sqrt{\langle b_{kt}^2\rangle}} \tag{3.2.31}$$

在应用中，常常见到 r（a_{kt}，b_{kt}）。这里说明两点。首先，r（a_{kt}，b_{kt}）总大于0，因为 Cov（a_{kt}，b_{kt}）$=\sigma_k>0$，但是不一定从大至小排列，这从（3.2.31）式可看出，因为尽管分子 Cov（a_{kt}，b_{kt}）$=\sigma_k$ 是从大到小排列的，但是分母 $\sqrt{\langle a_{kt}^2\rangle}$和 $\sqrt{\langle b_{kt}^2\rangle}$的大小排列与序号没有关系，所以 r（a_{kt}，b_{kt}）不一定按顺序排列，这在一些论文中已多见。这也是 SVD 分析与 CCA 的区别所在。CCA 是要求新变量间相关系数从大至小排列的。

另一个要注意的方面是怎样看待 r（a_{kt}，b_{kt}）的大小，在很多应用中，r（a_{kt}，b_{kt}）很大，当采用 40～50 年气候资料时，r（a_{kt}，b_{kt}）常常达 0.7～0.8，甚至达 0.9。一些论文中用 r（a_{kt}，b_{kt}）通过相关系数 t 检验的显著性标准来说明相应的 SVD 模态是显著的。这种应用方法是不妥当的，原因在于，a_{kt}和 b_{kt}序列分别是 $\boldsymbol{S}$ 场和 $\boldsymbol{Z}$ 场上 N_s个和 N_z个气象变量序列的线性组合构成的新序列，不能再看作单个随机变量，它们间的相关系数不是一般的两个随机变量间的相关系数，而是类以于多元回归分析中的“复相关系数”。在回归分析中，复相关系数是否显著与样本容量和因子个数都有关，它的值一般很高，当因子的个数等于样本容量减 1 时，即使单个预报因子与预报对象不相关，复相关系数也等于 1，但这种多元回归方程没有任何预报功能。在 SVD 中，$r(a_{kt},b_{kt})$ 也与样本容量及两个场的格点数有关。复相关系数不能采用两个正态随机变量间总体相关系数等于 0 的 t 统计量检验方法，因为已不满足该检验的假设条件。$r(a_{kt},b_{kt})$ 的检验应采用 CCA 中典型相关变量之间相关系数是否显著的检验方式。

3.2.6 空间型的表示

从原理上看，两个场协同变化的空间型由左、右奇异向量表示，但是，由于 $\boldsymbol{P}_k$ 和 $\boldsymbol{Q}_k$ 是归一化的，其分量与格点数有关，分量的大小只有相对意义。如果能把 $\boldsymbol{P}_k$ 和 $\boldsymbol{Q}_k$ 表示的空间型变换成一种相关系数分布图则更好。

用 SVD 空间型对应的时间系数 a_{kt} 和 b_{kt}，可以生成两种类型的相关图。用 r［f_t，g_t］表示两个时间序列之间的相关系数，为了表示相关系数分布图，可以将其中之一取为向量，例如 $\boldsymbol{F}_t$ 为向量，r［$\boldsymbol{F}_t$，g_t］表示 $\boldsymbol{F}_t$ 的各分量序列与 g_t 之间的相关系数构成的向量，因而是相关系数向量或空间分布图。第 k 个左同类相关图

（Homogeneous correlation map）定义为左场的格点上气象变量序列与左场的第 k 个 SVD 模态展开系数序列间的相关系数向量，即 $r[\boldsymbol{S}_t, a_{kt}]$ 向量。类似的，第 k 个左异类相关图（Heterogeneous correlation map）定义为左场的格点上气象变量序列与右场的第 k 个 SVD 模态展开系数序列间的相关系数向量，即 $r[\boldsymbol{S}_t, b_{kt}]$ 向量。左同类相关图反映 $\boldsymbol{S}$ 场的协同变化部分的地理分布，而左异类相关图表示左场的格点上的变量序列多大程度上能够被右场的第 k 个展开系数表达出来。在这里，“左”和“右”可互换。右同类相关图是向量 $r[\boldsymbol{Z}_t, b_{kt}]$，右异类相关图是 $r[\boldsymbol{Z}_t, a_{kt}]$。

左、右异类相关图与左、右奇异向量图是平行的或成比例的，即 $r[\boldsymbol{S}_t, b_{kt}]$ 等于某个与格点无关的常数乘以 $\boldsymbol{P}_k$；$r[\boldsymbol{Z}_t, a_{kt}]$ 等于常数乘以 $\boldsymbol{Q}_k$。而左、右同类相关图与 $\boldsymbol{P}_k$ 和 $\boldsymbol{Q}_k$ 无简单关系。证明上面的关系要假设 $\boldsymbol{S}$ 场和 $\boldsymbol{Z}$ 场都是标准化的，即格点上序列的均方差都等于 1。这个假设不过分，两个不同物理量场做 SVD 分析就应先将各自标准化。根据相关系数的定义

$$r[\boldsymbol{S}_t, b_{kt}] = \frac{\langle \boldsymbol{S}_t b_{kt} \rangle}{1 \times \sqrt{\langle b_{kt}^2 \rangle}} = \frac{\langle \boldsymbol{S}_t \boldsymbol{Z}_t^T \boldsymbol{Q}_k \rangle}{\sqrt{\langle b_{kt}^2 \rangle}}$$
$$= \frac{\langle \boldsymbol{S}_t \boldsymbol{Z}_t^T \rangle \boldsymbol{Q}_k}{\sqrt{\langle b_{kt}^2 \rangle}} = \frac{\mathbf{C}_{sz} \boldsymbol{Q}_k}{\sqrt{\langle b_{kt}^2 \rangle}}$$

利用矩阵奇异值分解的性质 1，（3.1.19）式中 $\mathbf{C}$，$\boldsymbol{V}_k$，$\boldsymbol{U}_k$ 相应于这里的符号 $\mathbf{C}_{sz}$，$\boldsymbol{Q}_k$，$\boldsymbol{P}_k$，故得

$$\mathbf{C}_{sz} \boldsymbol{Q}_k = \sigma_k \boldsymbol{P}_k$$

代入上式，得

$$r[\boldsymbol{S}_t, b_{kt}] = \frac{\sigma_k}{\sqrt{\langle b_{kt}^2 \rangle}} \boldsymbol{P}_k \tag{3.2.32}$$

其中 $\sigma_k / \sqrt{\langle b_{kt}^2 \rangle}$ 是与格点无关的常数，所以，$r[\boldsymbol{S}_t, b_{kt}]$ 空间分布图与 $\boldsymbol{P}_k$ 图的分布形势是完全一样的，差别仅在于 $r[\boldsymbol{S}_t, b_{kt}]$ 图上的值是相关系数，其量值大小在 -1 与 1 之间，而 $\boldsymbol{P}_k$ 图上的量值很难估计它的含义。

类似地可导出

$$r[\boldsymbol{Z}_t, a_{kt}] = \frac{\sigma_k}{\sqrt{\langle a_{kt}^2 \rangle}} \boldsymbol{Q}_k \tag{3.2.33}$$

而同类相关图与奇异向量图没有直接关系，例如

$$r[\boldsymbol{S}_t, a_{kt}] = \frac{\langle \boldsymbol{S}_t a_{kt} \rangle}{1 \times \sqrt{\langle a_{kt}^2 \rangle}} = \frac{\langle \boldsymbol{S}_t \boldsymbol{S}_t^T \boldsymbol{P}_k \rangle}{\sqrt{\langle a_{kt}^2 \rangle}}$$
$$= \frac{\langle \boldsymbol{S}_t \boldsymbol{S}_t^T \rangle \boldsymbol{P}_k}{\sqrt{\langle a_{kt}^2 \rangle}} = \frac{\mathbf{C}_{ss} \boldsymbol{P}_k}{\sqrt{\langle a_{kt}^2 \rangle}} \tag{3.2.34}$$

其中 $\mathbf{C}_{ss} = \langle \boldsymbol{S}_t \boldsymbol{S}_t^T \rangle$ 是 $\boldsymbol{S}$ 场的自协方差矩阵，上式说明 $r[\boldsymbol{S}_t, a_{kt}]$ 与 $\boldsymbol{P}_k$ 不是简单地

相差一个常数倍的关系。

类似地，

$$r[\boldsymbol{Z}_t, b_{kt}] = \frac{\mathbf{C}_{zz}\boldsymbol{Q}_k}{\sqrt{\langle b_{kt}^2 \rangle}} \tag{3.2.35}$$

同类相关图与奇异向量图虽然不是简单的相差一常数倍的关系，但是，很多实际资料分析表明，r [$\boldsymbol{S}_t$，a_{kt}] 图与 $\boldsymbol{P}_k$ 图、r [$\boldsymbol{Z}_t$，b_{kt}] 图与 $\boldsymbol{Q}_k$ 图分布形势很相似。

3.2.7　SVD 与 EOF 分析方法的比较

关于 SVD 方法与 EOF 分析方法的关系，存在着不同的观点，这里做一些讨论。

如果 SVD 方法的左场和右场是同一个场，$\mathbf{C}_{sz}$ 矩阵就变成了 EOF 分析中同一个场的各格点上序列间的协方差矩阵 $\boldsymbol{\Sigma}$，$\boldsymbol{\Sigma}$ 是实对称矩阵。根据 §3.1 介绍的矩阵 SVD 运算的性质 4，实对称矩阵的左、右奇异向量都等于特征向量，奇异值就是特征值。所以同一个场做的 SVD 分析就是 EOF 分析。根据这种虚拟情况下的比较，有一种观点认为，SVD 方法是 EOF 分析方法推广到应用于两个场的情况。

作者认为，上述观点的依据不当。因为 EOF 方法与 SVD 方法的原则不同。EOF 分析一个场，寻找空间型的原则是使得用这些空间型为基向量展开该场时，场的总误差方差达最小，或者使空间型和时间系数表示出的场的方差达最大（PCA 原则）。用前几个空间型及其时间系数表达出该场时空变率的主要结构，即表示出场总方差的大部分。而 SVD 分析的实际对象是两个不同的场，功能是寻找两个场时空变化的联系。如前所述，SVD 方法寻找空间型的原则是使成对的空间型的时间系数之间的协方差达最大、次大……，是从表示出两个场相关结构的角度出发的，而不顾及所寻找的空间型是否能表达各个场自身的变率结构。用（3.2.5）式和（3.2.6）式来解释，SVD 方法的原则是使 Cov（a_{kt}，b_{kt}）达最大，所以它不保障误差方差 $\langle \boldsymbol{\varepsilon}_t^T \boldsymbol{\varepsilon}_t \rangle$ 和 $\langle \boldsymbol{\eta}_t^T \boldsymbol{\eta}_t \rangle$ 达最小，也就是说 SVD 不是从描述（或拟合）$\boldsymbol{S}_t$，$\boldsymbol{Z}_t$ 角度出发的，前几对空间型及其时间系数不一定能表示出两个场方差的主要部分。所以，SVD 方法不是 EOF 方法推广到两个场的情况，不是两个场联合的 EOF 展开，它不能代替 EOF 的功能。如果研究的目的是要揭示场的时空结构，那么，应该用 EOF 方法。如果研究目的是要寻找两个场的配合变化，那么，应该用 SVD 方法。

在具体应用中，如果 SVD 分析的两个场的大尺度异常的成因是相互联系的，那么，它们单独做 EOF 分析所得的空间型与两个场 SVD 所得的空间型可能很相似。例如 Wallace 等采用月平均 500hPa 高度和 SST 资料既做 EOF 分析，也做 SVD 分析，所得的 EOF 型与异类相关图很相似。原因在于，对于月时间尺度的异常，大气的异常是向海温的异常适应的，在海表温度异常冷（暖）的地区和时间，海平面至 500hPa 等压面之间的空气柱也比气候平均偏冷（暖），500hPa 等压面的高度相应地偏低（高）。这种联系机制体现在历史资料中，所以，各自场 EOF 分析与两个场 SVD 分析所得的空间型是相似的。相反地，如果两个场缺乏联系机制，这两种方法所得的空间型不会相似。所分析的两个场各自的时空变率总是存在的，例如，如果都是用标准化距平表示的，那么，每个场的总方差等于该场的各点数，EOF 型表示出每个场的总方差。但是，两个场之间总的相关（用交叉协方差平方和表示）程度就与具体对象有关，当相关很微弱时 SVD 方法识别出的空间型就不可能是各自场变化的主要空间型。

所以，无论从功能、原理和应用结果看，SVD 方法不是 EOF 方法的推广。

3.2.8　应用举例

海洋和大气是地球气候系统的两个主要成员，其关系是气候研究的重要内容，其中尤其受关注的是热带太平洋区域的海气关系，即 ENSO 现象。ENSO 在海洋中表现为海表温度异常（厄尔尼诺和拉尼娜），大气中表现为南方涛动（SO），SO 是热带印度洋到东南太平洋区域在日界线东西两侧海平面气压反相关的年际振荡，伴随着 SO，热带太平洋东西方向的气压梯度距平和纬向风距平做相应的振荡。因此表示 ENSO 现象采用的物理量在海洋中大多采用海表温度距平（SSTA），在大气中采用纬向和经向风应力距平。ENSO 现象中 SSTA 与海洋表面风距平配置的物理模型由 Wyrtki 在 20 世纪 70 年代提出，但是从随后的观测知道，ENSO 现象中风和海温距平的配合变化不是单一的形态所能够概括的，因而在 Wyrtki 模式下有不同的几种形态。随着观测资料的延伸，用合适的方法揭示不同的特征形态还是需要的。下面用 SVD 方法研究 SSTA 与风应力距平之间的协同变化关系。

风应力资料取自佛罗里达州立大学（FSU）整编的风应力资料。注意，风应力资料有所谓的假应力（Pseudo stress），假应力并非假冒伪劣的应力资料，海洋表面大气施加给海洋的水平方向的应力本来就不是直接用仪器观测的，风应力是一个在水平面上的矢量，其方向与风速方向相同，大小与风速量值的平方及空气密度成正比，然后分解为纬向和经向两个分量。假应力资料只与真应力相差两个常数因子——空气密度和拖曳系数，把海表空气密度当作常数时假应力与真应力只差一个常数倍。提供给海洋动力学模式使用时，假应力乘以空气密度和拖曳系数就变成真应力。做统计分析时，一般要做标准化处理，相差常数倍是无所谓的，标准化后完全一样。该资料区域是 29°S～29°N，124°E～290°E，2×2经纬度网格，矩形区域内规则格点是 84×30＝2520 个。研究海洋问题时不可避免要处理好海洋格点和陆地格点混杂的问题，正确的方法是在做 EOF、SVD 等计算以前要把陆地格点排除在外，因为陆表温度和海表温度不连续，陆面大气对土表应力也不起动力作用。这只需采用 FSU 提供的 MASK 文件，该文件是一个 84×30 的两维整型数组，值是 1 或 0，分别表示风应力资料区域内的格点是海洋格点和陆地格点。经过这样识别以后该区域实有 2155 个海洋格点。

资料时段是1961年1月到1998年12月共456个月的逐月资料，每个格点的资料减去同月份的38年平均值再除以同月份的均方差，得到标准化距平，存放在有2155×456个元素的两维实型数组中，作为SVD计算的左场资料。

海表温度取NCEP/NCAR的再分析资料。区域取122.5°E～290°E，30°S～30°N，2.5×2.5经纬度网格距，规则格点有68×25个，同样地采用NCEP/NCAR提供的MASK文件（在GRADS系统中），识别出该区域内实有1519个海洋格点。资料时段同风应力。同样地计算出标准化距平，存放在1519×456个元素的两维实型数组中，作为SVD计算的右场资料。

为了说明EOF与SVD功能上的区别，正确理解SVD的结果，这里同时给出纬向风应力标准化距平EOF分析的结果。Wallace等做的冬季500hPa高度场与SSTA场的SVD分析和其他一些工作中也同时给出两个场单独的EOF分解结果和两个场的SVD结果。通过对比可见，认为SVD分析是两个场结合的EOF展开是错误的。计算得到纬向风应力标准化距平场的前5个特征向量的方差贡献率分别是8.54%、6.63%、5.66%、3.97%、3.56%。初看起来，头几个空间型的方差贡献率也不大，但是，要注意空间格点数是2155，时间次数是456，资料的自由度很大，不等于零的特征值有$n-1$个，即前455个特征向量的累积方差贡献率才达100%，所以前几个空间型的贡献率相对地还是大的。图3.2.1是它的前4个特征向量图，图中的值是归一化的特征向量乘以对应特征值的平方根，因而也是各格点上纬向风应力资料序列与第k个主成分时间序列之间的相关系数分布图。

从图3.2.1可见，纬向风应力距平的空间和时间变化较复杂，并非最主要的空间变化就是ENSO型。第一个空间型几乎在各格点上都是正值，表示整个区域距平符号相一致的变化，这种变化型的中心地区在15°S附近的中东太平洋。第二个空间型图上大的正值带在约20°N以北区域，主要表示北半球副高南侧纬向风的变率，该地区与其南侧的西太平洋及南半球副热带中东太平洋地区负相关。与Wyrtki的物理模型相对照可见，第一、二空间型不是ENSO的纬向风距平型，因为ENSO主要是赤道附近的中、东太平洋SSTA和纬向风距平的配合变化，而这两个空间型绝对值大的区域都不在赤道带。第三个EOF空间型的绝对值大的区域位于赤道带，正区在赤道中太平洋，区域较宽广；负区在赤道东太平洋，负中心约在110°W。这个空间型正是Wyrtki物理模型的纬向风距平型，在该空间型的时间系数小于零时段，第三空间型图的正值区为负的纬向风距平，即赤道中太平洋偏东的信风增强，引起海平面西高东低的梯度增强，热带西太平洋暖水积累加厚，随后，当时间系数转变为大于零时，赤道中太平洋纬向风转变为正距平，实际现象为偏东的信风减弱，导致表层暖水向东回流，东太平洋海平面变高，同时扼制冷水上翻的强度，表层增暖，出现厄尔尼诺的海表温度距平型。第四个EOF空间型主要负值中心在赤道120°～140°W附近，正中心

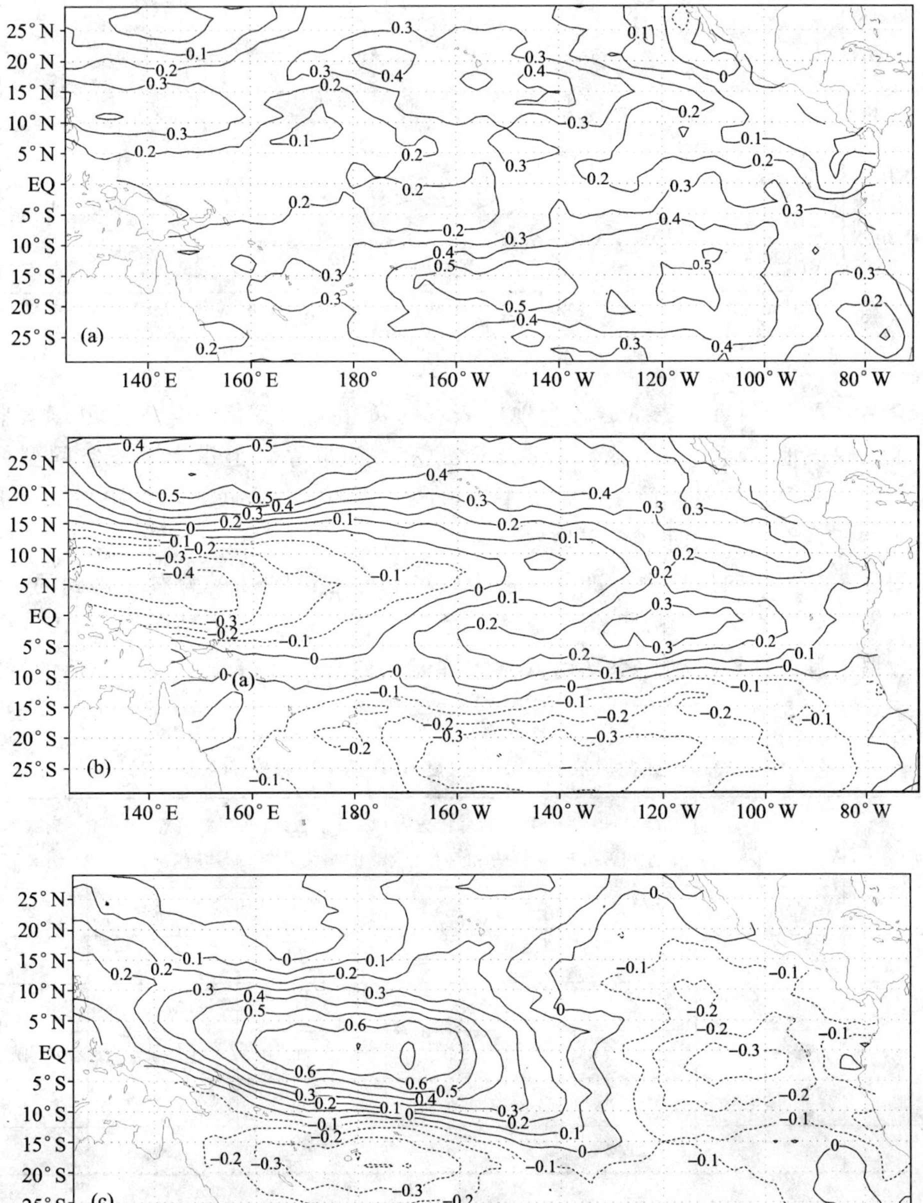
25° N
20° N
15° N
10° N
5° N
EQ
5° S
10° S
15° S
20° S
25° S
140° E
160° E
180°
160° W
140° W
120° W
100° W
80° W
(a)
(b)
(c)

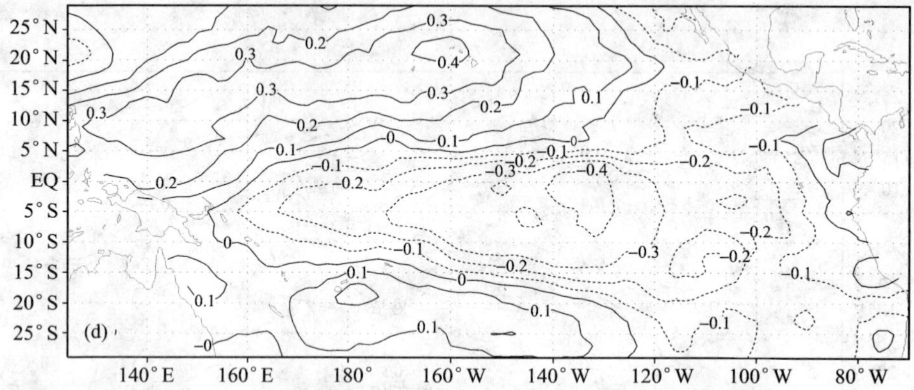

图 3.2.1　纬向风应力标准化距平场的前 4 个 EOF 空间型（依次是 a，b，c，d）

在 160°W，20°N 附近，表示这两个地区表现为负相关的变化，其中赤道东太平洋的变化也反映该地区信风的张弛，与 ENSO 也有一定联系，但没有第三空间型那样与物理模型相一致。可见即使在热带太平洋地区，风的变化有较之海温距平变化更复杂的自我特征，大气中的时空变率显然比海洋中的复杂。

图 3.2.2 是纬向风应力标准化距平为左场、标准化 SSTA 为右场得到的 SVD 的第一模态的左、右异类相关图及左、右同类相关图，表 3.2.1 是前 6 个 SVD 模态的主要数据信息。计算得到，交叉协方差矩阵元素的平方和等于所有奇异值的平方和，都等于 51792.87。

表 3.2.1　纬向风应力与海表温度 SVD 前 6 个模态的数据信息

序号	奇异值	解释协方差平方和百分比	累积解释协方差平方和百分比	展开系数之间的相关系数	解释左场的方差百分比	解释右场的方差百分比
1	177.4	60.6	60.6	0.84	5.14	26.47
2	93.8	16.9	77.5	0.64	6.97	9.33
3	69.3	9.2	86.7	0.58	5.28	8.34
4	39.4	3.0	89.7	0.46	5.48	4.14
5	30.9	1.8	91.6	0.63	2.24	3.24
6	25.3	1.2	92.8	0.47	1.94	4.54

由表 3.2.1 可见，奇异值从大到小排列，都大于零，符合矩阵 SVD 运算的定义。因为左右场展开系数序列之间的协方差等于对应的奇异值，所以展开系数之间的相关系数在符号上一定大于零，但是，因为展开系数序列的方差（或均方差）随模态序号变化

没有固定的关系，且展开系数时间序列的方差等于该模态解释单个左（或右）场的方差数量，前几个模态解释左（或右）场的方差往往也较大，相关系数等于两个序列之间的协方差除以这两个序列均方差的积，所以左右场展开系数之间的相关系数不一定从大到小排列。上表中第 5 个模态左右场展开系数之间的相关系数等于 0.63，大于第 3，4 模态的，从表可见，原因在于尽管第 5 模态的奇异值比第 3，4 模态的小，但它解释的左右场的方差更小，也就是第 5 模态左右场展开系数序列的均方差比第 3，4 模态的更小得厉害，所以第 5 模态的左右场展开序列之间的相关系数反而比第 3，4 模态的大。这种情况在国外文献也多见。第一模态解释两个场之间总协方差平方和的 60.6%，解释 SSTA 方差的 26.47%，解释纬向风应力标准化距平场方差的 5.14%，大致上相当于纬向风应力第 3EOF 的方差贡献率（5.60%）。可见两个场的耦合变化型在海温场中占较大的方差比例，在纬向风应力变率中占较小比例。这再次说明，风应力的变化具有比海温变化更复杂的特征，尤其是我们所选的区域包括到南北半球副热带纬度，那里的风受副热带高压影响较多。另外从绝对量值来看，方差贡献率较小是由于所取的格点数和时间次数很多，不等于零的奇异值个数是 455，所以，单个 SVD 模态对各自场方差贡献率不容易达较大值，况且，寻找 SVD 模态的原则是尽可能多地反映两个场的相互联系，而不是尽可能多地反映单个场的自我变率。

由图 3.2.2 可见，SVD 的第 1 模态左异类相关图与纬向风应力标准化距平的第 3 特征向量图很相似，而右异类相关图相似于厄尔尼诺海温距平型。与 Wyrtki 的物理模型相对照可见，SVD 的第 1 个模态就是反映 ENSO 现象纬向风距平与海温距平的配置关系。这个模态的左右场展开时间系数序列间的相关系数达 0.84，因此平均而言左右场时间系数是同符号的，当时间系数为强正值时，赤道中太平洋纬向风是西风距平，偏东信风减弱，同时赤道中东太平洋广大区域海温正距平，是厄尔尼诺现象，纬向风正距平区的位置比海表温度正距平中心位置偏西，这是很多工作中指出过的，例如见 Chao 和 Philander1993 年、Dahang Gu1995 年的论文。当该模态的左右时间系数是强负值时，赤道中太平洋是强东风距平，中东太平洋是强的负海温距平，是拉尼娜事件距平型。这里再次可见，单独的纬向风 EOF 展开的第 3 空间型才是 ENSO 的纬向风距平型。由前所述，左右异类相关图分别正比于左右奇异向量图，用异类相关图表示空间分布的优点是图上的值是相关系数，还具有定量信息，这个例子中序列的长度是 456 个月，在异类相关图上绝对值在 0.3 以上的地区表示两个要素场在该型中的相关已很显著。在原理中已说到，同类相关图与奇异向量图没有直接关系，但是，它表示两个要素场的耦合变化成分在各自场中的地理分布，因此，同类相关图与奇异向量图很相似，也就与异类相关图很相似，这可以从比较图 3.2.2 的（a）与（c）、（b）与（d）得到证实。

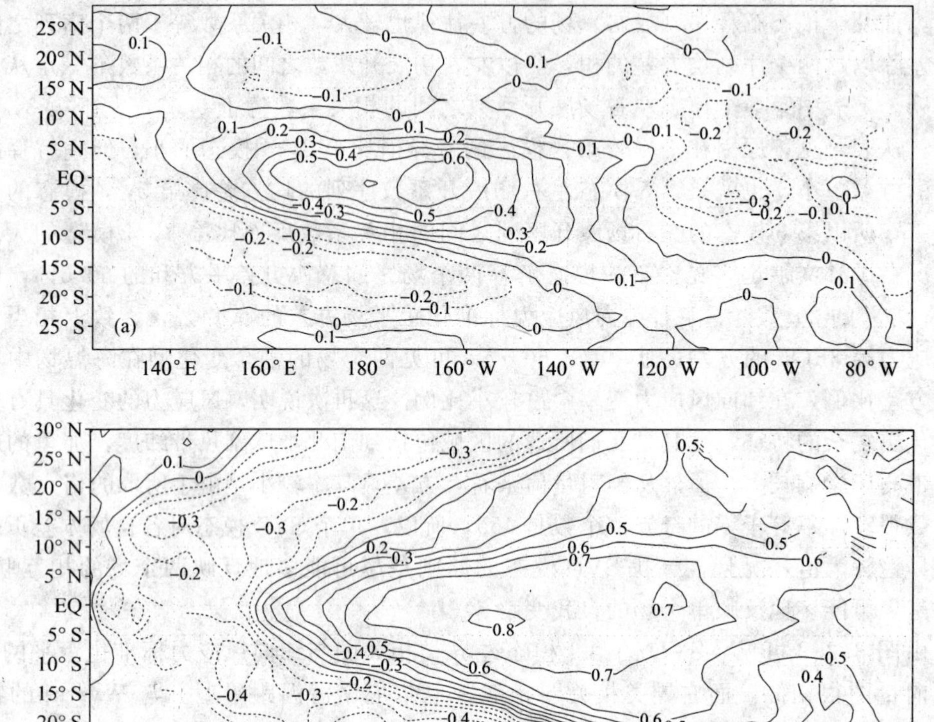
25° N
20° N
15° N
10° N
5° N
EQ
5° S
10° S
15° S
20° S
25° S
(a)
140° E
160° E
180°
160° W
140° W
120° W
100° W
80° W
30° N
30° S
(b)
(c)

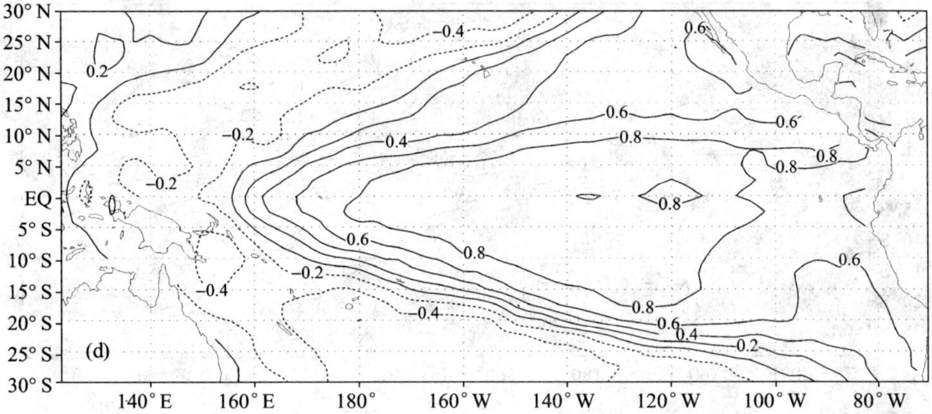

图 3.2.2　纬向风应力为左场、海表温度为右场 SVD 第一模态的左异类相关图(a)、右异类相关图(b)、左同类相关图(c)、右同类相关图(d)

表 3.2.2 是经向风应力标准化距平为左场、SSTA 为右场 SVD 的前 6 个模态的数据信息。计算得到的两个场之间总的协方差平方和等于 67706.9。第 1 个模态解释总协方差平方和的 71.9%，可见它已基本反映了经向风应力距平与 SSTA 的协同变化关系。

图 3.2.3 是经向风应力标准化距平为左场、SSTA 为右场 SVD 第 1 模态的左右异类相关图和左右同类相关图。该模态左右场展开系数间的相关系数为 0.84，可见平均而言，左右场展开系数是同号的。当展开系数大于零，由左异类相关图可见，赤道北侧的经向风应力距平大于零，赤道南侧中、西太平洋经向风应力距平小于零，经向风应力距平是从赤道向两半球辐散的，不利于表层暖水在赤道附近积聚，从右异类

表 3.2.2　经向风应力与海表温度 SVD 前 6 个模态的数据信息

序号	奇异值	解释协方差平方和百分比	累积解释协方差平方和百分比	展开系数之间的相关系数	解释左场的方差百分比	解释右场的方差百分比
1	221.0	71.9	71.9	0.84	8.17	25.79
2	87.5	12.3	84.2	0.72	4.25	9.98
3	59.5	5.2	89.4	0.62	2.96	9.38
4	40.8	2.5	91.9	0.64	3.39	3.61
5	35.2	1.8	93.7	0.61	3.50	2.91
6	28.7	1.2	94.9	0.53	2.15	4.25

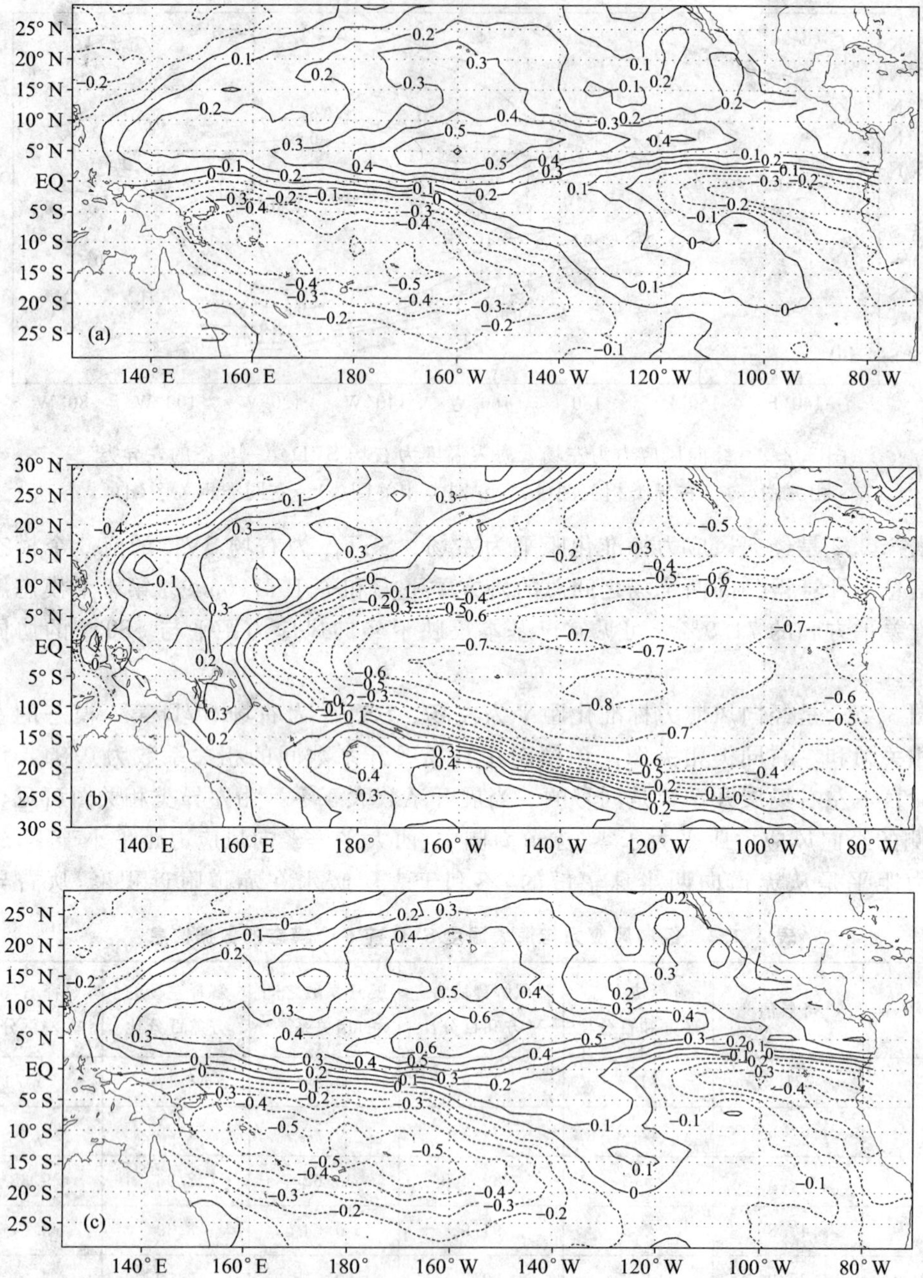
(a)
(b)
(c)
30° N
25° N
20° N
15° N
10° N
5° N
EQ
5° S
10° S
15° S
20° S
25° S
30° S
140° E
160° E
180°
160° W
140° W
120° W
100° W
80° W

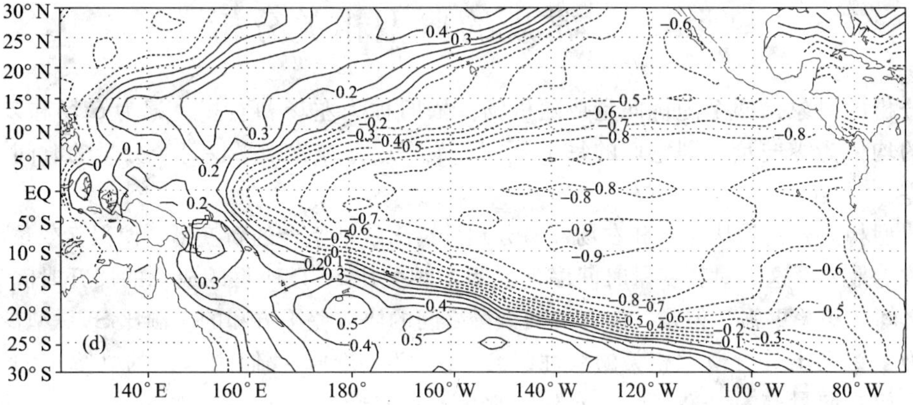

图 3.2.3　经向风应力为左场、海表温度为右场 SVD 第一模态的左异类相关图(a)、右异类相关图(b)、左同类相关图(c)、右同类相关图(d)

相关图可见，热带中东太平洋广大地区为负距平，是拉尼娜事件海温距平型。当展开系数小于零时，则经向风应力距平向赤道辐合，中东太平洋海表温度正距平，是厄尔尼诺事件距平型。与上述一样，左右同类相关图分别与左右异类相关图相似。

上面的图和数据都是直接计算得到的，在原理一节说过，对于同一奇异值的左右奇异向量，如果都改变符号（乘以－1），则还满足矩阵 SVD 运算的定义，还是对应于这个奇异值的左右奇异向量，所以图 3.2.2 和 3.2.3 中的（a）和（b）都改变符号也是一样可用的，这样，左右展开时间系数也都改变了符号，因此左右同类相关图也改变符号。也就是每个模态的成对空间型图和时间系数图都改变符号是完全可以的。取哪一种为准，以解释现象方便为好。例如，这里给出的图 3.2.3 对应的是拉尼娜事件的距平型，如果把它的四个图都改变正负号后给出，则对应于厄尔尼诺事件的距平型。目前国内见到一些不正确的应用结果，给出的左右场展开系数间相关系数是负的，当然两者的协方差也小于零，而根据原理，展开系数间的协方差等于对应的奇异值，而 SVD 运算的定义中每个奇异值都大于零，所以那样的应用不符合 SVD 原理。这种应用相当于把这里图 3.2.2 或 3.2.3 中的（a）或（b）改变了其中之一的符号，很难直截了当地解释现象。得到这种结果的原因可能是没有采用 SVD 运算的定义公式（3.1.1）以及满足奇异值都大于零的要求来进行计算，而是采用它的性质 3 的公式（3.1.23）和（3.1.24）进行计算的。在§3.1 我们已分析，满足性质公式的两个向量的组合情况比满足定义公式的情况多，其中一半向量组合不是配对的左右奇异向量。在基础数学中，每一种运算的定义一定是非常严密的，一般不能用它的某一个性质来代替定义。

§ 3.3　常规的典型相关分析

分析的对象是两个随机向量或随机场。依旧称为左场和右场，记为 $\boldsymbol{S}$ 场和 $\boldsymbol{Z}$ 场。它们的均值为零向量，即它们的每个分量是距平或标准化距平，每个分量的时间平均值为零。

典型相关分析是从左场和右场资料分别分离出线性组合的新变量，使得新变量间相关系数达最大。这一对新变量时间序列之间的相关比 SVD 所得的成对的展开时间系数序列之间的相关更强，但是，解释的两个场之间的协方差平方和的份额比 SVD 型少。

为了识别出具有最大相关的线性组合 $a(t)$ 和 $b(t)$，我们用未知的（待定的）线性组合权重向量与左、右场时间序列的乘积表示它们

$$a(t) = \boldsymbol{U}^T\boldsymbol{S}(t) \tag{3.3.1}$$

$$b(t) = \boldsymbol{V}^T\boldsymbol{Z}(t) \tag{3.3.2}$$

这里，$\boldsymbol{U}$ 和 $\boldsymbol{V}$ 分别是与 $\boldsymbol{S}(t)$ 和 $\boldsymbol{Z}(t)$ 相同维数的列向量。已省略序号 k。不改变左、右权重向量的空间结构（因此也没有改变左右场展开系数间的相关系数），我们可以要求 $a(t)$ 和 $b(t)$ 标准化到方差等于 1（因为当展开系数乘以任一常数时，它们间的相关系数不变）。为了便于与 SVD 比较，我们把 $a(t)$ 和 $b(t)$ 依旧称为左、右展开系数（而不称为很多这方面论文中的预报因子和预报对象），把 $\boldsymbol{U}$ 和 $\boldsymbol{V}$ 称为左、右权重向量（而不采用一般的术语“典型向量”）。

在 SVD 方法中，规定权重向量相互之间空间正交，它们保障场的格点上的资料能够被展开系数与相应的权重向量乘积之和重建出来，也就是空间型和权重向量是相同的。在 CCA 中，规定同一个场的展开系数相互间在时间上是不相关的，但是，权重向量一般不是空间上相互正交的。权重向量表示场的哪些点上的值在构成展开系数中是主要的。对于 CCA，空间型是同类相关图，它表示每个格点上的值与展开系数之间的相关。正如 SVD 的情况一样，当使用 CCA 时，左、右权重向量和同类相关图是被分析的场的重要的成对的空间型。

在目前应用 CCA 的大气科学文献中，有两种数学途径实现典型相关分析。一种是常规的 CCA，可以在很多多元统计书中找到。另一种是 Barnett 和 Preisendorfer 在 1987 年提出的，他们先把每个场做 EOF 分析，得到各自的前几个主成分，称为原来场的预过滤时间序列，然后寻找两个场的预过滤序列的线性组合之间的最大相关，这种变形的 CCA 途径称为 BP 法，下节介绍。本节介绍传统的 CCA 方法。

在传统的 CCA 方法中，寻找权重向量是采用 Lagrange 乘数法解下面的条件极值问题

$$r[a(t),b(t)] = \langle a(t)b(t)\rangle = \boldsymbol{U}^T\langle \boldsymbol{S}(t)\boldsymbol{Z}^T(t)\rangle\boldsymbol{V}$$

$$= \boldsymbol{U}^T \mathbf{C}_{sz} \boldsymbol{V} = \max \tag{3.3.3}$$

在以下条件下

$$\langle a^2(t) \rangle = \boldsymbol{U}^T \langle \boldsymbol{S}(t) \boldsymbol{S}^T(t) \rangle \boldsymbol{U}$$

$$= \boldsymbol{U}^T \mathbf{C}_{ss} \boldsymbol{U} = 1 \tag{3.3.4a}$$

$$\langle b^2(t) \rangle = \mathbf{V}^T \langle \boldsymbol{Z}(t) \boldsymbol{Z}^T(t) \rangle \mathbf{V}$$

$$= \mathbf{V}^T \mathbf{C}_{zz} \mathbf{V} = 1 \tag{3.3.4b}$$

条件（3.3.4）式是规定 $a(t)$ 和 $b(t)$ 的方差为 1，由（3.3.1）式和（3.3.2）式可见，$a(t)$ 和 $b(t)$ 数量变动的程度取决于 $\boldsymbol{U}$ 和 $\mathbf{V}$ 的长度，因为 $\boldsymbol{S}$ 和 $\boldsymbol{Z}$ 场是给定的。因此，我们可以定义“标准化的”权重向量 $\hat{\boldsymbol{U}}_k$ 和 $\hat{\mathbf{V}}_k$ 使得约束条件的形式简化。取

$$\boldsymbol{U}_k = \mathbf{C}_{ss}^{-\frac{1}{2}} \hat{\boldsymbol{U}}_k \tag{3.3.5a}$$

$$\mathbf{V}_k = \mathbf{C}_{zz}^{-\frac{1}{2}} \hat{\mathbf{V}}_k \tag{3.3.5b}$$

把（3.3.5）式代入最大值问题（3.3.3）式，得到等价的最大值问题

$$r[a_k(t), b_k(t)] = \langle a_k(t) b_k(t) \rangle = \langle \boldsymbol{U}_k^T \boldsymbol{S}(t) \boldsymbol{Z}^T(t) \mathbf{V}_k \rangle$$

$$= (\mathbf{C}_{ss}^{-\frac{1}{2}} \hat{\boldsymbol{U}}_k)^T \langle \boldsymbol{S}(t) \boldsymbol{Z}^T(t) \rangle (\mathbf{C}_{zz}^{-\frac{1}{2}} \hat{\mathbf{V}}_k)$$

$$= \hat{\boldsymbol{U}}_k^T (\mathbf{C}_{ss}^{-\frac{1}{2}}) \mathbf{C}_{sz} \mathbf{C}_{zz}^{-\frac{1}{2}} \hat{\mathbf{V}}_k$$

$$= \hat{\boldsymbol{U}}_k^T \mathbf{C}_{ss}^{-\frac{1}{2}} \mathbf{C}_{sz} \mathbf{C}_{zz}^{-\frac{1}{2}} \hat{\mathbf{V}}_k$$

$$= \hat{\boldsymbol{U}}_k^T \hat{\mathbf{A}} \hat{\mathbf{V}}_k = \max \tag{3.3.6}$$

其中 $\hat{\mathbf{A}} = \mathbf{C}_{ss}^{-\frac{1}{2}} \mathbf{C}_{sz} \mathbf{C}_{zz}^{-\frac{1}{2}}$，$\mathbf{C}_{ss}^{-\frac{1}{2}}$ 的定义是 $\mathbf{C}_{ss}^{-\frac{1}{2}} \mathbf{C}_{ss}^{-\frac{1}{2}} = \mathbf{C}_{ss}^{-1}$，同样 $\mathbf{C}_{zz}^{-\frac{1}{2}} \mathbf{C}_{zz}^{-\frac{1}{2}} = \mathbf{C}_{zz}^{-1}$。$\mathbf{C}_{ss}$，$\mathbf{C}_{ss}^{-1}$，$\mathbf{C}_{ss}^{-\frac{1}{2}}$ 都是实对称矩阵。

约束条件（3.3.4a）式变成

$$\langle a_k^2(t) \rangle = \boldsymbol{U}_k^T \mathbf{C}_{ss} \boldsymbol{U}_k$$

$$= (\mathbf{C}_{ss}^{-\frac{1}{2}} \hat{\boldsymbol{U}}_k)^T \mathbf{C}_{ss} (\mathbf{C}_{ss}^{-\frac{1}{2}} \hat{\boldsymbol{U}}_k)$$

$$= \hat{\boldsymbol{U}}_k^T (\mathbf{C}_{ss}^{-\frac{1}{2}})^T \mathbf{C}_{ss} \mathbf{C}_{ss}^{-\frac{1}{2}} \hat{\boldsymbol{U}}_K$$

$$= \hat{\boldsymbol{U}}_k^T \mathbf{C}_{ss}^{-\frac{1}{2}} \mathbf{C}_{ss} \mathbf{C}_{ss}^{-\frac{1}{2}} \hat{\boldsymbol{U}}_k$$

$$= \hat{\boldsymbol{U}}_k^T \hat{\boldsymbol{U}}_k = 1 \tag{3.3.7a}$$

同样地，得

$$\langle b_k^2(t) \rangle = \hat{\mathbf{V}}_k^T \hat{\mathbf{V}}_k = 1 \tag{3.3.7b}$$

这样，原来所提出的问题变成了求 $\hat{\boldsymbol{U}}_k$ 和 $\hat{\mathbf{V}}_k$，使 $\hat{\boldsymbol{U}}_k^T \hat{\mathbf{A}} \hat{\mathbf{V}}_k$ 在 $\hat{\boldsymbol{U}}_k^T \hat{\boldsymbol{U}}_k = 1$ 和 $\hat{\mathbf{V}}_k^T \hat{\mathbf{V}}_k = 1$ 条件下达最大的问题。这等同于上一节中求解 $\boldsymbol{P}_k^T \mathbf{C}_{sz} \boldsymbol{Q}_k$ 在 $\boldsymbol{P}_k^T \boldsymbol{P}_k = 1$ 和 $\boldsymbol{Q}_k^T \boldsymbol{Q}_k = 1$ 条件下达最大值问题。求 $\hat{\boldsymbol{U}}_k$ 和 $\hat{\mathbf{V}}_k$ 的导出过程与上一节相同，只需要换一下字符。得到 $\hat{\boldsymbol{U}}_k$ 和 $\hat{\mathbf{V}}_k$ 是 $\hat{\mathbf{A}}$ 矩阵的左和右奇异向量。再用（3.3.5）式由 $\hat{\boldsymbol{U}}_k$ 和 $\hat{\mathbf{V}}_k$ 得到权重向量 $\boldsymbol{U}_k$ 和 $\mathbf{V}_k$。

因为$a_k(t)$和$b_k(t)$的方差都等于1，所以协方差$\langle a_k(t)\ b_k(t)\rangle$就是相关系数$r[a_k(t),\ b_k(t)]$。由（3.3.6）式及§3.1介绍的矩阵SVD运算的定义，$r[a_k(t),\ b_k(t)]=\hat{\boldsymbol{U}}_k^T\hat{\mathbf{A}}\hat{\boldsymbol{V}}_k=\sigma_k$，$\sigma_k$是$\hat{\mathbf{A}}$矩阵的奇异值。所以，在CCA中，$\sigma_k$一般称为典型相关系数。把得到的左、右权重向量$\boldsymbol{U}_k$和$\boldsymbol{V}_k$代入（3.3.1）式和（3.3.2）式，得到展开系数$a_k(t)$和$b_k(t)$。$a_k(t)$和$b_k(t)$一般称为典型相关变量。$a_k(t)$和$b_k(t)$服从时间上的正交关系。$a_k(t)$与所有的$a_{k'}(t)$，$k'<k$之间不相关，$b_k(t)$与所有的$b_{k'}(t)$，$k'<k$之间不相关，在此条件下，每一对$a_k(t)$和$b_k(t)$之间的相关系数依次达最大、次大……。这些性质容易利用矩阵SVD运算的性质得到证明。

空间型的选取是使得对左、右场的每个格点实际场时间序列与拟合场的时间序列之间的均方误差达最小。注意，这与SVD方法中不同，这是更自然地适应的标准。记左、右场的第k对空间型分别为$\boldsymbol{P}_k$和$\boldsymbol{Q}_k$

$$\boldsymbol{P}_k=\begin{pmatrix}p_{1k}\\p_{2k}\\\vdots\\p_{N_sk}\end{pmatrix}\tag{3.3.8a}$$

$$\boldsymbol{Q}_k=\begin{pmatrix}q_{1k}\\q_{2k}\\\vdots\\q_{N_zk}\end{pmatrix}\tag{3.3.8b}$$

空间型拟合的$\boldsymbol{S}$场和$\boldsymbol{Z}$场的部分为

$$\hat{\mathbf{S}}(t)=\sum_{k=1}^{r}a_k(t)\boldsymbol{P}_k\tag{3.3.9a}$$

$$\hat{\mathbf{Z}}(t)=\sum_{k=1}^{r}b_k(t)\boldsymbol{Q}_k\tag{3.3.9b}$$

求$\boldsymbol{P}_k$的分量p_{ik}是使得

$$\langle[s_i(t)-\hat{s}_i(t)]^2\rangle=\langle[s_i(t)-\sum_{k=1}^{r}a_k(t)p_{ik}]^2\rangle=\frac{1}{n}\sum_{t=1}^{n}\left[s_i(t)-\sum_{k=1}^{r}a_k(t)p_{ik}\right]^2\tag{3.3.10}$$

达最小。（3.3.10）式是最小二乘适应，相当于用$a_1(t)$，$a_2(t)$，…，$a_r(t)$为因子表示出$s_i(t)$的回归问题，p_{ik}是回归系数。采用多元回归求回归系数的正规方程组，但是，只要注意$a_k(t)$序列的正交性$\langle a_k(t)\ a_{k'}(t)\rangle=0$，当$k'\neq k$和归一性$\langle a_k^2(t)\rangle=1$，就使这个求解问题非常简单（求回归系数的线性方程组的系数矩阵是单位矩阵），因此得

$$p_{ik}=\langle s_i(t)a_k(t)\rangle \text{ 或 } \boldsymbol{P}_k=\langle\boldsymbol{S}(t)a_k(t)\rangle\tag{3.3.11a}$$

类似地，得

$$q_{jk}=\langle z_j(t)b_k(t)\rangle \text{ 或 } \boldsymbol{Q}_k=\langle \boldsymbol{Z}(t)b_k(t)\rangle \tag{3.3.11b}$$

因为两个场可能是不同的物理量场，做 CCA 分析一般要分别标准化，所以格点上序列的方差都为 1，即 $\langle s_i^2(t)\rangle=1$，$i=1, 2, \cdots, N_s$；$\langle z_j^2(t)\rangle=1$，$j=1, 2, \cdots, N_z$。并且，前已指出 $a_k(t)$，$b_k(t)$ 的方差都是 1，所以（3.3.11）式表示的空间型就是同类相关图。

$$\boldsymbol{P}_k=\langle \boldsymbol{S}(t)a_k(t)\rangle=r[\boldsymbol{S}(t),a_k(t)] \tag{3.3.12a}$$

$$\boldsymbol{Q}_k=\langle \boldsymbol{Z}(t)b_k(t)\rangle=r[\boldsymbol{Z}(t),b_k(t)] \tag{3.3.12b}$$

用 $a_k(t)=\boldsymbol{S}_t^T\boldsymbol{U}_k$ 和 $b_k(t)=\boldsymbol{Z}_t^T\boldsymbol{V}_k$ 代入（3.3.11）式，得

$$\boldsymbol{P}_k=\langle \boldsymbol{S}(t)\boldsymbol{S}^T(t)\rangle\boldsymbol{U}_{\mathrm{k}}=\mathbf{C}_{ss}\boldsymbol{U}_k \tag{3.3.13a}$$

$$\boldsymbol{Q}_k=\langle \boldsymbol{Z}(t)\boldsymbol{Z}^T(t)\rangle\boldsymbol{V}_k=\mathbf{C}_{zz}\boldsymbol{V}_k \tag{3.3.13b}$$

在大气科学应用中，观测的时间次数可能小于场的空间格点数。在这种情况下，$\mathbf{C}_{ss}$ 和 $\mathbf{C}_{zz}$ 矩阵不是满秩的，因而也是不可逆的。解仍然可以用广义逆求出来，但是，这个解的计算和解释更加困难。实际上，除非观测的时间次数 n 远远大于场的空间格点数，相同的问题还会以其他形式表示出来，例如，协方差矩阵的估计包含的随机抽样振荡会产生偶尔具有特别高相关的成对权重向量。

由于空间格点数多，而观测的时间次数远小于空间格点数，使得协方差矩阵和典型相关系数的估计产生较大的样本振荡，统计上称这种情况为估计量的方差大，估计量的有效性差。因此，尽管估计出的典型相关系数很高，但是不一定能说明两个场的总体之间存在这一模态的相关。为解决这一问题，就需要做统计显著性检验。在上一节已提到，SVD 方法中，成对的展开系数 $a_k(t)$ 和 $b_k(t)$ 之间的相关系数不能采用常用的相关系数显著性的 t 检验方法。在 CCA 方法中，典型相关系数的显著性检验同样不能采用 t 检验法，现在较常用的是 Bartlett 检验法，下面介绍其用法。

根据假设检验的思想，检验的原假设是针对总体的量提出的，总体的量是未知的。检验的步骤是由被检验的量的样本估计构成一个函数，称为统计量。该统计量的构成应能够提供判断原假设是否成立的信息，还应知道在原假设成立的条件下，它的概率分布的类型和参数，从而可查表知道该统计量的小概率（或大概率）取值区间，当统计量的样本值落在小概率区间时拒绝原假设。

把总体的典型相关系数记为 ρ_k。前面，我们为了应用上方便，直接采用了样本估计的符号 $\langle\ \rangle$，$r_k=r[a_k(t), b_k(t)]=\langle a_k(t)\ b_k(t)\rangle=\sigma_k$，是 ρ_k 的样本估计。总体典型相关系数 ρ_k 是总体的 $\mathbf{C}_{ss}^{-\frac{1}{2}}\mathbf{C}_{sz}\mathbf{C}_{zz}^{-\frac{1}{2}}$ 矩阵的奇异值，尽管总体的 $\mathbf{C}_{ss}^{-\frac{1}{2}}\mathbf{C}_{sz}\mathbf{C}_{zz}^{-\frac{1}{2}}$ 矩阵及总体 ρ_k 是未知的，但是因为是奇异值，它满足

$$\rho_1\geqslant\rho_2\geqslant\cdots\geqslant\rho_N\geqslant 0 \tag{3.3.14}$$

其中 $N=\min(N_s, N_z)$，是样本 $\mathbf{C}_{ss}^{-\frac{1}{2}}\mathbf{C}_{sz}\mathbf{C}_{zz}^{-\frac{1}{2}}$ 矩阵的不等于零的奇异值个数。

所以，先检验

$$H_{10}: \rho_1 = 0$$

注意，由（3.3.14）式，H_{10} 还可写为 $\rho_1=\rho_2=\cdots=\rho_N=0$。当不否定 H_{10} 时，检验停止，这意味着这两个场之间没有通过显著性检验的典型相关变量。若否定 H_{10}，则要检验

$$H_{20}: \rho_2 = 0$$

当不否定 H_{20} 时，检验停止，因为 $\rho_2=0$ 也意味着 $\rho_3=\cdots=\rho_N=0$，只有第一对典型相关变量间的相关是显著的。若否定 H_{20}，则要继续检验

$$H_{30}: \rho_3 = 0$$

一般只需检验若干个 ρ_i，检验就可结束。

一般步为

$$H_0: \rho_{l+1} = 0$$

注意，由（3.3.14）式，这个 H_0 也是 $\rho_{l+1}=\rho_{l+2}=\cdots=\rho_N=0$，即总体的最后的 $N-l$ 个典型相关系数为零，当已知前 l 个典型相关系数不为零。Bartlett 检验的统计量是

$$\chi^2=-\left[n-1-l-\frac{1}{2}(N_s+N_z+1)\right]+\sum_{i=1}^{l} r_i^{-2}\ln\left(\prod_{i=l+1}^{N}(1-r_i^2)\right) \quad (3.3.15)$$

在原假设成立的条件下，（3.3.15）式表示的统计量近似地服从 χ^2 分布，自由度为 $(N_s-l)\times(N_z-l)$。给定一个小概率 α，查 χ^2 分布上侧临界值表 $P(\chi^2>\chi_\alpha^2)=\alpha$，得 χ_α^2 值。由样本典型相关系数计算出（3.3.15）式表示的统计量 χ^2 的样本值，当 $\chi^2>\chi_\alpha^2$ 时，拒绝 H_0，即认为第 $l+1$ 对典型相关变量是显著的，此时，前 l 对典型相关变量的相关也都是显著的，显著性水平是 α。当不否定 H_0 时，最后 $N-l$ 对典型相关变量间的相关是不显著的，在这种情况下，只需考虑前 l 对典型相关变量，用于研究原来两个随机场或向量之间的相关特征。

§3.4 变形的 CCA-BP 法

前已提及，变形的 CCA 或称 BP 法是在对两个场做主成分分析的基础上的 CCA。它等价于用 EOF 和 PC 对资料进行预过滤后做 CCA。要了解该方法的原理和应用步骤应先了解方法的思路。

SVD 和 CCA 方法的共同点是识别出两个场或两个随机向量之间在时间上相关的模态。它们都没有提取原来的格点场资料的主要变化信息的功能。大气科学中分析的场的格点数往往很多，或者说，维数很高，相应地，SVD 和 CCA 识别出的模态数目

很多，反映的信息不集中。而EOF（或称PCA）能够提取场的时空变化的主要信息，或者说压缩变量的自由度，保留下时空尺度大的变化成分的方差，而消除一些小尺度变化及噪声的影响。如果对CCA的对象$\boldsymbol{S}$场和$\boldsymbol{Z}$场先做EOF分析，截取前几个EOF及主成分，用它们重建原来的场，得$\hat{\boldsymbol{S}}$和$\hat{\boldsymbol{Z}}$场，它们包含$\boldsymbol{S}$和$\boldsymbol{Z}$场的时空变率中主要的大尺度成分。$\hat{\boldsymbol{S}}$和$\hat{\boldsymbol{Z}}$场分别称为$\boldsymbol{S}$和$\boldsymbol{Z}$场的EOF预过滤场。如果用$\hat{\boldsymbol{S}}$和$\hat{\boldsymbol{Z}}$场资料做CCA或SVD，可以预料能得到空间上更平滑的尺度大的模态，时间上的相关也因少受短时间扰动的影响而更稳定。另一方面，SVD和CCA方法都是构成两个场格点资料序列的线性组合$a_k(t)$和$b_k(t)$，两个方法分别使Cov（$a_k(t)$，$b_k(t)$）和r $[a_k(t), b_k(t)]$达最大。在SVD方法中，线性组合的权重系数向量就是空间型$\boldsymbol{P}_k$和$\boldsymbol{Q}_k$，分别是$\mathbf{C}_{sz}$矩阵的左、右奇异向量。在CCA中，构成$a_k(t)$和$b_k(t)$的权重系数向量分别是$\hat{\mathbf{A}}$矩阵的左右奇异向量。当用EOF预过滤的$\hat{\boldsymbol{S}}$场和$\hat{\boldsymbol{Z}}$场作为SVD或CCA的对象时，$a_k(t)$本应是$\hat{\boldsymbol{S}}$场的各格点序列的线性组合，$b_k(t)$是$\hat{\boldsymbol{Z}}$场各格点序列的线性组合。然而，在EOF分析中，$\hat{\boldsymbol{S}}$场和$\hat{\boldsymbol{Z}}$场的各格点序列又分别是$\boldsymbol{S}$和$\boldsymbol{Z}$场的主成分线性组合（在这个线性组合中各自的EOF是权重系数）。因此，$a_k(t)$和$b_k(t)$是由$\boldsymbol{S}$场和$\boldsymbol{Z}$场的主成分经过两次线性组合构成的。两次线性组合可以合并成一次，所以$a_k(t)$和$b_k(t)$可直接由$\boldsymbol{S}$场和$\boldsymbol{Z}$场的主成分线性组合代替。在这个过程中，关键是由主成分线性组合构成$a_k(t)$和$b_k(t)$时截取的主成分的个数，如果把全部EOF和PC包含在内，则$\hat{\boldsymbol{S}}$和$\hat{\boldsymbol{Z}}$场又回到$\boldsymbol{S}$和$\boldsymbol{Z}$场，最终结果等同于对$\boldsymbol{S}$场和$\boldsymbol{Z}$场的样本直接做SVD和传统CCA。根据上述第一个方面的考虑，对$\hat{\boldsymbol{S}}$和$\hat{\boldsymbol{Z}}$场的CCA分析只能截取前几个主成分进行，预过滤的程度取决于截取的主成分的个数。又因为$\boldsymbol{S}$场和$\boldsymbol{Z}$场的主成分又分别是$\boldsymbol{S}$场和$\boldsymbol{Z}$场的各格点上序列的线性组合，所以，对两个场的主成分做SVD或CCA得到的$a_k(t)$和$b_k(t)$实际上依旧是$\boldsymbol{S}$场和$\boldsymbol{Z}$场的各格点序列的线性组合。所以，在此方法中，各个量还是能够而且需要用$\boldsymbol{S}$场和$\boldsymbol{Z}$场样本表示出来。

分析的对象依旧为$\boldsymbol{S}$场和$\boldsymbol{Z}$场，分别有N_s和N_z个格点，有相对应的n次观测。样本资料都是距平或标准化距平，因此，各格点上序列的时间平均为零，它们的主成分及各种线性组合序列的时间平均值也都为零。

$\boldsymbol{S}$场做EOF分析。$\mathbf{C}_{ss} = \langle \boldsymbol{S}(t)\ \boldsymbol{S}(t)^T \rangle$是$\boldsymbol{S}$场的协方差矩阵。特征向量记为$\boldsymbol{E}_k$，特征值为$\lambda_k$，满足

$$\mathbf{C}_{ss}\boldsymbol{E}_k = \lambda_k \boldsymbol{E}_k, k = 1,2,\cdots,N_s \tag{3.4.1}$$

第k个时间系数（或PC）序列为

$$\alpha'_k(t) = \boldsymbol{E}_k^T \boldsymbol{S}_t, t = 1,2,\cdots,n \tag{3.4.2}$$

按解释$\boldsymbol{S}$场的方差百分比累积达一定数量（例如70%）截取前N_1个EOF和时间系数，用它们重建$\boldsymbol{S}$场

$$\hat{\boldsymbol{S}}(t)=\sum_{k=1}^{N_1}\alpha'_k(t)\boldsymbol{E}_k=\sum_{k=1}^{N_1}\boldsymbol{E}_k^T\boldsymbol{S}_t\boldsymbol{E}_k \tag{3.4.3}$$

时间系数 $\alpha'_k(t)$ 的方差为 λ_k，均方差为 $\sqrt{\lambda_k}$。在旋转 EOF 分析一节已介绍过，从表示出原场的角度出发应该采用公因子模型，即要把主成分标准化，取

$$\alpha_k(t)=\alpha'_k(t)/\sqrt{\lambda_k},t=1,2,\cdots,n \tag{3.4.4}$$

这样，$\alpha_k(t)$ 已标准化，均值 $\langle\alpha_k(t)\rangle=0$，方差为 1，并且相互正交

$$\langle\alpha_k^2(t)\rangle=1$$

$$\langle\alpha_k(t)\alpha_{k'}(t)\rangle=0,当\ k\neq k'$$

$\alpha_k(t)$ 在多元统计书中一般称为公因子，在我们的应用中称为标准化的主成分，而且还常简单地称为主成分。

为了简化运算，再用向量和矩阵表示以上关系。用各个特征向量为列向量构成特征向量矩阵 $\mathbf{E}$

$$\mathbf{E}=(\boldsymbol{E}_1,\boldsymbol{E}_2,\cdots,\boldsymbol{E}_{N_1}) \tag{3.4.5}$$

是 N_s 行 N_1 列矩阵，有性质

$$\mathbf{E}^T\mathbf{E}={}_{N_1}\mathbf{I}_{N_1} \tag{3.4.6}$$

由特征值构成 N_1 阶对角矩阵 $\mathbf{\Lambda}$

$$\mathbf{\Lambda}=\begin{pmatrix}\lambda_1 & 0 & \cdots & 0\\ 0 & \lambda_2 & & \vdots\\ \vdots & & \ddots & 0\\ 0 & \cdots & 0 & \lambda_{N_1}\end{pmatrix} \tag{3.4.7}$$

(3.4.1) 式变成

$$\mathbf{C}_{ss}\mathbf{E}=\mathbf{E}\,\mathbf{\Lambda} \tag{3.4.8}$$

把 N_1 个已标准化的主成分 $\alpha_1(t)$，$\alpha_2(t)$，…，$a_{N_1}(t)$ 为元素构成向量序列

$$\boldsymbol{\alpha}(t)=\begin{pmatrix}\alpha_1(t)\\ \alpha_2(t)\\ \vdots\\ \alpha_{N_1}(t)\end{pmatrix}\quad t=1,2,\cdots,n \tag{3.4.9}$$

$\mathbf{\Lambda}$ 的逆为对角矩阵

$$\mathbf{\Lambda}^{-1}=\begin{pmatrix}1/\lambda_1 & 0 & \cdots & 0\\ 0 & 1/\lambda_2 & & \vdots\\ \vdots & & \ddots & 0\\ 0 & \cdots & 0 & 1/\lambda_{N_1}\end{pmatrix}$$

$$\mathbf{\Lambda}^{-\frac{1}{2}}\mathbf{\Lambda}^{-\frac{1}{2}}=\mathbf{\Lambda}^{-1}$$

$$\mathbf{\Lambda}^{-\frac{1}{2}} = \begin{pmatrix} 1/\sqrt{\lambda_1} & 0 & \cdots & 0 \\ 0 & 1/\sqrt{\lambda_2} & & \vdots \\ \vdots & & \ddots & 0 \\ 0 & \cdots & 0 & 1/\sqrt{\lambda_{N_1}} \end{pmatrix}$$

故

$$\boldsymbol{\alpha}(t) = \begin{pmatrix} \frac{1}{\sqrt{\lambda_1}}\alpha'_1(t) \\ \frac{1}{\sqrt{\lambda_2}}\alpha'_2(t) \\ \vdots \\ \frac{1}{\sqrt{\lambda_{N_1}}}\alpha'_{N_1}(t) \end{pmatrix} = \mathbf{\Lambda}^{-\frac{1}{2}} \begin{pmatrix} \alpha'_1(t) \\ \alpha'_2(t) \\ \vdots \\ \alpha'_{N_1}(t) \end{pmatrix} = \mathbf{\Lambda}^{-\frac{1}{2}} \begin{pmatrix} \boldsymbol{E}_1^T\boldsymbol{S}(t) \\ \boldsymbol{E}_2^T\boldsymbol{S}(t) \\ \vdots \\ \boldsymbol{E}_{N_1}^T\boldsymbol{S}(t) \end{pmatrix} = \mathbf{\Lambda}^{-\frac{1}{2}}\mathbf{E}^T\boldsymbol{S}(t) \tag{3.4.10}$$

由 $\alpha_k(t)$ 的性质知 $\boldsymbol{\alpha}(t)$ 的协方差矩阵是 N_1 阶单位矩阵，即

$$\mathbf{C}_{\alpha\alpha} = \begin{pmatrix} \mathrm{Cov}(\alpha_1,\alpha_1) & \mathrm{Cov}(\alpha_1,\alpha_2) & \cdots & \mathrm{Cov}(\alpha_1,\alpha_{N_1}) \\ \vdots & & & \vdots \\ \mathrm{Cov}(\alpha_{N_1}\alpha_1) & \mathrm{Cov}(\alpha_{N_1},\alpha_2) & \cdots & \mathrm{Cov}(\alpha_{N_1},\alpha_{N_1}) \end{pmatrix} = {}_{N_1}\mathbf{I}_{N_1}$$

上式还可由（3.4.10）式导出

$$\begin{aligned} \mathbf{C}_{\alpha\alpha} &= \langle \boldsymbol{\alpha}(t)\boldsymbol{\alpha}^T(t) \rangle \\ &= \langle \mathbf{\Lambda}^{-\frac{1}{2}}\mathbf{E}^T\boldsymbol{S}(t)(\mathbf{\Lambda}^{-\frac{1}{2}}\mathbf{E}^T\boldsymbol{S}(t))^T \rangle \\ &= \mathbf{\Lambda}^{-\frac{1}{2}}\mathbf{E}^T\langle \boldsymbol{S}(t)\boldsymbol{S}^T(t)\rangle\mathbf{E}\,\mathbf{\Lambda}^{-\frac{1}{2}} \\ &= \mathbf{\Lambda}^{-\frac{1}{2}}\mathbf{E}^T\mathbf{C}_{ss}\mathbf{E}\,\mathbf{\Lambda}^{-\frac{1}{2}} \\ &= \mathbf{\Lambda}^{-\frac{1}{2}}\mathbf{E}^T\mathbf{E}\mathbf{\Lambda}\mathbf{\Lambda}^{-\frac{1}{2}} \\ &= \mathbf{\Lambda}^{-\frac{1}{2}}\mathbf{\Lambda}\mathbf{\Lambda}^{-\frac{1}{2}} \\ &= \mathbf{\Lambda}^{-\frac{1}{2}}\mathbf{\Lambda}^{\frac{1}{2}}\mathbf{\Lambda}^{\frac{1}{2}}\mathbf{\Lambda}^{-\frac{1}{2}} \\ &= \mathbf{I} \end{aligned} \tag{3.4.11}$$

导出上式使用过（3.4.6）式和（3.4.8）式。

$\boldsymbol{Z}$ 场做 EOF 分析。协方差矩阵为 $\mathbf{C}_{zz} = \langle \boldsymbol{Z}(t)\ \boldsymbol{Z}^T(t) \rangle$。单个特征值记为 μ_k，特征向量记为 $\boldsymbol{F}_k$，截取前 N_2 个，累计解释 $\boldsymbol{Z}$ 场总方差约 70%。截取的全部特征向量和特征值构成矩阵

$$\mathbf{F} = (\boldsymbol{F}_1, \boldsymbol{F}_2, \cdots, \boldsymbol{F}_{N_2}) \tag{3.4.12}$$

$$\mathbf{M}=\begin{pmatrix}\mu_1 & 0 & \cdots & 0\\ 0 & \mu_2 & \cdots & 0\\ \cdots & \cdots & \cdots & \cdots\\ 0 & \cdots & 0 & \mu_{N_2}\end{pmatrix} \tag{3.4.13}$$

满足

$$\mathbf{C}_{zz}\mathbf{F}=\mathbf{F}\,\mathbf{M} \tag{3.4.14}$$

$$\mathbf{F}^T\mathbf{F}={}_{N_2}\mathbf{I}_{N_2} \tag{3.4.15}$$

$$\mathbf{M}^{-\frac{1}{2}}=\begin{pmatrix}1/\sqrt{\mu_1} & 0 & \cdots & 0\\ 0 & 1/\sqrt{\mu_2} & \cdots & 0\\ \cdots & \cdots & \cdots & \cdots\\ 0 & \cdots & 0 & 1/\sqrt{\mu_{N_2}}\end{pmatrix} \tag{3.4.16}$$

$$(\mathbf{M}^{-\frac{1}{2}})^T=\mathbf{M}^{-\frac{1}{2}},\qquad \mathbf{M}^{-\frac{1}{2}}\mathbf{M}^{-\frac{1}{2}}=\mathbf{M}^{-1}$$

记 $\boldsymbol{\beta}$ 是 $\boldsymbol{Z}$ 场的前 N_2 个已经标准化的主成分构成的列向量序列，类似于（3.4.10）式，得

$$\boldsymbol{\beta}(t)=\begin{pmatrix}\beta_1(t)\\ \beta_2(t)\\ \vdots\\ \beta_{N_2}(t)\end{pmatrix}=\mathbf{M}^{-\frac{1}{2}}\mathbf{F}^T\mathbf{Z}(t) \tag{3.4.17}$$

依据标准化主成分的性质有 $\langle\beta_k^2(t)\rangle=1$，$\langle\beta_k(t)\,\beta_{k'}(t)\rangle=0$，当 $k\neq k'$，即它们在时间上是正交归一的。用矩阵表示为

$$\mathbf{C}_{\beta\beta}=\langle\boldsymbol{\beta}(t)\boldsymbol{\beta}^T(t)\rangle={}_{N_2}\mathbf{I}_{N_2} \tag{3.4.18}$$

根据前述思路，用 $\alpha_i(t)$，$i=1, 2, \cdots, N_1$ 的线性组合构成典型相关变量 $a_k(t)$，组合的权重系数向量记为 $\boldsymbol{L}_k$

$$\boldsymbol{L}_k=\begin{pmatrix}l_{1k}\\ l_{2k}\\ \vdots\\ l_{N_1k}\end{pmatrix} \tag{3.4.19}$$

则

$$a_k(t)=\sum_{i=1}^{N_1}l_{ik}\alpha_i(t)=\boldsymbol{L}_k^T\boldsymbol{\alpha}(t) \tag{3.4.20}$$

因为 $a_k(t)$ 是数量，所以也等于 $\boldsymbol{\alpha}^T(t)\boldsymbol{L}_k$。

同样地，记

$$\boldsymbol{R}_k = \begin{pmatrix} r_{1k} \\ r_{2k} \\ \vdots \\ r_{N_2 k} \end{pmatrix} \tag{3.4.21}$$

则

$$b_k(t) = \sum_{j=1}^{N_2} r_{jk}\beta_j(t) = \boldsymbol{R}_k^T \boldsymbol{\beta}(t) \tag{3.4.22}$$

$\boldsymbol{L}_k$ 和 $\boldsymbol{R}_k$ 称为主成分基础上 CCA 的权重向量。

在表示出的 $a_k(t)$ 与 $b_k(t)$ 的协方差或相关系数之前先看它们的方差，$a_k(t)$ 的方差为

$$\begin{aligned} \mathrm{Var}[a_k(t)] &= \langle a_k^2(t)\rangle = \langle \boldsymbol{L}_k^T \boldsymbol{\alpha}(t)\boldsymbol{\alpha}^T(t)\boldsymbol{L}_k\rangle \\ &= \boldsymbol{L}_k^T \langle \boldsymbol{\alpha}(t)\boldsymbol{\alpha}^T(t)\rangle \boldsymbol{L}_k = \boldsymbol{L}_k^T \mathbf{C}_{\alpha\alpha}\boldsymbol{L}_k \\ &= \boldsymbol{L}_k^T \mathbf{I}\, \boldsymbol{L}_k = \boldsymbol{L}_k^T \boldsymbol{L}_k \end{aligned} \tag{3.4.23}$$

类似地

$$\mathrm{Var}[b_k(t)] = \langle b_k^2(t)\rangle = \boldsymbol{R}_k^T \boldsymbol{R}_k \tag{3.4.24}$$

从（3.4.23）式和（3.4.24）式可见，在这种情况下，SVD 方法的约束条件 $\boldsymbol{L}_k^T\boldsymbol{L}_k=1$，$\boldsymbol{R}_k^T\boldsymbol{R}_k=1$ 与 CCA 方法的约束条件 $\langle a_k^2(t)\rangle=1$ 和 $\langle b_k^2(t)\rangle=1$ 是一致的。如果采用 SVD 方法的原则，选取 $\boldsymbol{L}_k$ 和 $\boldsymbol{R}_k$，使

$$\begin{aligned} \mathrm{Cov}(a_k(t), b_k(t)) &= \langle a_k(t) b_k(t)\rangle \\ &= \langle \boldsymbol{L}_k^T \boldsymbol{\alpha}(t)\boldsymbol{\beta}^T(t)\boldsymbol{R}_k\rangle = \boldsymbol{L}_k^T \mathbf{C}_{\alpha\beta}\boldsymbol{R}_k \end{aligned}$$

在 $\boldsymbol{R}_k^T\boldsymbol{R}_k=1$，$\boldsymbol{L}_k^T\boldsymbol{L}_k=1$ 条件下达最大，则 $\boldsymbol{L}_k$ 和 $\boldsymbol{R}_k$ 应是 $\mathbf{C}_{\alpha\beta}$ 矩阵的左右奇异向量，$k=1, 2, \cdots, \mathrm{rank}(\mathbf{C}_{\alpha\beta})$，$\mathrm{rank}(\mathbf{C}_{\alpha\beta})$ 是矩阵 $\mathbf{C}_{\alpha\beta}$ 的秩。

如果采用 CCA 方法的原则，选取 $\boldsymbol{L}_k$ 和 $\boldsymbol{R}_k$，使

$$r[a_k(t), b_k(t)] = \langle a_k(t) b_k(t)\rangle = \boldsymbol{L}_k^T \mathbf{C}_{\alpha\beta}\boldsymbol{R}_k$$

在 $\langle a_k^2(t)\rangle=1$，$\langle b_k^2(t)\rangle=1$ 条件下达最大，则 $\boldsymbol{L}_k$ 和 $\boldsymbol{R}_k$ 应是 $\hat{\mathbf{A}}$ 矩阵的左、右奇异向量，由上一节的公式，这里

$$\hat{\mathbf{A}} = \mathbf{C}_{\alpha\alpha}^{-\frac{1}{2}} \mathbf{C}_{\alpha\beta}\, \mathbf{C}_{\beta\beta}^{-\frac{1}{2}}$$

由（3.4.11）式和（3.4.18）式，$\mathbf{C}_{\alpha\alpha}$ 和 $\mathbf{C}_{\beta\beta}$ 是单位矩阵，因此 $\mathbf{C}_{\alpha\alpha}^{-1}$，$\mathbf{C}_{\beta\beta}^{-1}$，$\mathbf{C}_{\alpha\alpha}^{-\frac{1}{2}}$，$\mathbf{C}_{\beta\beta}^{-\frac{1}{2}}$ 也都是单位矩阵，故 $\hat{\mathbf{A}}=\mathbf{C}_{\alpha\beta}$，也是得到 $\boldsymbol{L}_k$ 和 $\boldsymbol{R}_k$ 应是 $\mathbf{C}_{\alpha\beta}$ 矩阵的左右奇异向量。

当 $\boldsymbol{L}_k$ 和 $\boldsymbol{R}_k$ 取 $\mathbf{C}_{\alpha\beta}$ 矩阵的左和右奇异向量，则 $a_k(t)$ 与 $b_k(t)$ 之间的相关系数为

$$r[a_k(t), b_k(t)] = \boldsymbol{L}_k^T \mathbf{C}_{\alpha\beta}\boldsymbol{R}_k = \sigma_k \tag{3.4.25}$$

$$k = 1, 2, \cdots, \mathrm{rank}(\mathbf{C}_{\alpha\beta})$$

由矩阵 SVD 运算的定义，$\sigma_1 \geqslant \sigma_2 \geqslant \cdots \geqslant \sigma_k \geqslant 0$。

恢复到用场的格点资料的线性组合表示展开系数 $a_k(t)$ 与 $b_k(t)$，组合的权重系数向量分别为 $\boldsymbol{U}_k$ 和 $\mathbf{V}_k$，分别是 N_s 和 N_z 维列向量

$$a_k(t) = \boldsymbol{U}_k^T \boldsymbol{S}(t) = \boldsymbol{S}^T(t)\boldsymbol{U}_k \tag{3.4.26a}$$

$$b_k(t) = \mathbf{V}_k^T \boldsymbol{Z}(t) = \boldsymbol{Z}^T(t)\mathbf{V}_k \tag{3.4.26b}$$

由（3.4.20）式和（3.4.10）式，得

$$a_k(t) = \boldsymbol{L}_k^T \boldsymbol{\alpha}(t) = \boldsymbol{L}_k^T \boldsymbol{\Lambda}^{-\frac{1}{2}} \mathbf{E}^T \boldsymbol{S}(t) \tag{3.4.27}$$

比较（3.4.26a）式和（3.4.27）式，得

$$\boldsymbol{U}_k^T = \boldsymbol{L}_k^T \boldsymbol{\Lambda}^{-\frac{1}{2}} \mathbf{E}^T$$

故

$$\boldsymbol{U}_k = (\boldsymbol{L}_k^T \boldsymbol{\Lambda}^{-\frac{1}{2}} \mathbf{E}^T)^T = \mathbf{E}\boldsymbol{\Lambda}^{-\frac{1}{2}} \boldsymbol{L}_k \tag{3.4.28a}$$

类似地可得

$$\mathbf{V}_k = \mathbf{F}\,\mathbf{M}^{-\frac{1}{2}} \boldsymbol{R}_k \tag{3.4.28b}$$

$\boldsymbol{U}_k$ 和 $\mathbf{V}_k$ 称为格点资料基础上的权重系数向量。

同一场的展开系数序列时间上相互正交，例如

$$\begin{aligned} r[a_k(t), a_{k'}(t)] &= \langle a_k(t) a_{k'}(t) \rangle = \langle \boldsymbol{L}_k^T \boldsymbol{\alpha}(t) \boldsymbol{\alpha}^T(t) \boldsymbol{L}_{k'} \rangle \\ &= \boldsymbol{L}_k^T \langle \boldsymbol{\alpha}(t) \boldsymbol{\alpha}^T(t) \rangle \boldsymbol{L}_{k'} = \boldsymbol{L}_k^T \mathbf{C}_{\alpha\alpha} \boldsymbol{L}_{k'} \\ &= \boldsymbol{L}_k^T \mathbf{I}\, \boldsymbol{L}_{k'} = \boldsymbol{L}_k^T \boldsymbol{L}_{k'} = 0 \qquad \text{当 } k \neq k' \end{aligned} \tag{3.4.29a}$$

同样地

$$r[b_k(t), b_{k'}(t)] = 0 \qquad \text{当 } k \neq k' \tag{3.4.29b}$$

因为 $r\ [a_k(t),\ b_k(t)]$，$k=1$，2，…分别达最大、次大……，自然地需寻找以 $a_k(t)$ 与 $b_k(t)$ 作为左、右场展开系数时左、右场耦合的空间型 $\boldsymbol{P}_k$ 和 $\boldsymbol{Q}_k$。求 $\boldsymbol{P}_k$ 和 $\boldsymbol{Q}_k$ 的方法与传统 CCA 相同，含义是（3.3.10）式表示的最小二乘适应，况且，同样地由于 $\langle a_k^2(t) \rangle =1$，$\langle a_k(t)\ a_{k'}(t) \rangle =0$，当 $k \neq k'$，所以结果也与传统 CCA 相同，即（3.3.13）式。再利用（3.4.8）、（3.4.14）式和（3.4.28）式，得

$$\begin{aligned} \boldsymbol{P}_k &= \mathbf{C}_{ss} \boldsymbol{U}_k = \mathbf{C}_{ss} \mathbf{E}\boldsymbol{\Lambda}^{-\frac{1}{2}} \boldsymbol{L}_k \\ &= \mathbf{E}\boldsymbol{\Lambda}\boldsymbol{\Lambda}^{-\frac{1}{2}} \boldsymbol{L}_k = \mathbf{E}\boldsymbol{\Lambda}^{\frac{1}{2}} \boldsymbol{L}_k \end{aligned} \tag{3.4.30a}$$

$$\begin{aligned} \boldsymbol{Q}_k &= \mathbf{C}_{zz} \mathbf{V}_k = \mathbf{C}_{zz} \mathbf{F}\,\mathbf{M}^{-\frac{1}{2}} \boldsymbol{R}_k \\ &= \mathbf{F}\,\mathbf{M}\mathbf{M}^{-\frac{1}{2}} \boldsymbol{R}_k = \mathbf{F}\,\mathbf{M}^{\frac{1}{2}} \boldsymbol{R}_k \end{aligned} \tag{3.4.30b}$$

与传统 CCA 相同，$\boldsymbol{P}_k$ 和 $\boldsymbol{Q}_k$ 原来的解是（3.3.11）式和（3.3.12）式，所以，$\boldsymbol{P}_k$ 和 $\boldsymbol{Q}_k$ 也是同类相关图。注意，这与 SVD 方法中不同，在 SVD 方法中，空间型正比于异类相关图。

现在把这一方法的步骤归纳一下。首先对两个场分别做主成分分析，并且计算出

标准化的主成分（EOF 展开时间系数序列除以对应特征值的均方根）$\alpha_i(t)$，$i=1$，2，…，N_1 和 $\beta_j(t)$，$j=1$，2，…，N_2。这里强调只截取前几个标准化的主成分。在大气科学应用中，$N_1 \ll N_s$，$N_2 \ll N_z$。再计算 $\alpha_i(t)$ 与 $\beta_j(t)$ 间的协方差矩阵 $\mathbf{C}_{\alpha\beta}$，它是 $N_1 \times N_2$ 阶实一般矩阵，它的元素 $(\mathbf{C}_{\alpha\beta})_{ij}=\frac{1}{n}\sum_{t=1}^{n}\alpha_i(t)\ \beta_j(t)$。再对 $\mathbf{C}_{\alpha\beta}$ 矩阵做 SVD 运算，得到的左、右奇异向量 $\boldsymbol{L}_k$ 和 $\boldsymbol{R}_k$，是在主成分基础上的（或称 EOF 空间中的）权重系数向量，奇异值是典型相关系数。由权重系数向量和 $\alpha_i(t)$，$\beta_j(t)$ 计算得 CCA 展开系数 $a_k(t)$ 与 $b_k(t)$（在 CCA 中也称典型相关变量）。由 $a_k(t)$，$b_k(t)$ 分别与两个场的格点序列间的相关系数得到同类相关图，它们也是该方法得到的两个场在时间上协同变化最强的空间型 $\boldsymbol{P}_k$ 和 $\boldsymbol{Q}_k$。最后，在格点资料基础上的权重向量也可由 (3.4.28) 式计算得。

该方法的优点主要在两个方面。一是 EOF 分析截取了两个场的主要的大尺度的时空变化信息，滤去了小尺度振动和噪声的干扰，使 CCA 的结果比较稳定，集中反映两个场的主要联系。另一个方面是减少了矩阵 SVD 运算的阶数。在大气科学中应用 CCA 时，这往往使不可能实现的计算问题成为可能。正如上节指出的，如果直接对两个气候场 $\boldsymbol{S}$ 和 $\boldsymbol{Z}$ 场用传统的 CCA 方法做分析，需要对矩阵 $\hat{\mathbf{A}}=\mathbf{C}_{ss}^{-\frac{1}{2}}\mathbf{C}_{sz}\mathbf{C}_{zz}^{-\frac{1}{2}}$ 做奇异值分解，这个矩阵是 $N_s \times N_z$ 阶，N_s 和 N_z 一般在几百至上千，计算它的奇异值分解一般很难正常结束。况且，气候资料场一般空间格点数大于样本容量数，$N_s > n$，$N_z > n$，在这种情况下，$\mathbf{C}_{ss}$ 和 $\mathbf{C}_{zz}$ 矩阵不满秩，不可求逆，也就计算不出 $\mathbf{C}_{ss}^{-\frac{1}{2}}$，$\mathbf{C}_{zz}^{-\frac{1}{2}}$ 及 $\hat{\mathbf{A}}$。所以，对气候资料场做传统的 CCA 往往不能实现。而本节介绍的 BP 法完全可避开这一困难，因为 N_s 和 N_z 尽管可很大，但截取的主成分的个数 N_1 和 N_2 一般不大，$\mathbf{C}_{\alpha\beta}$ 矩阵的阶数为 $N_1 \times N_2$，容易实现奇异值分解计算。

§3.5　CCA 用于月、季平均气温降水距平预报

目前，美国 NOAA 的气候预报中心用 CCA 方法做地面月平均气温距平预报、热带太平洋岛屿季降水量距平预报、非洲降水季节预报。加拿大气象局气候研究组用 CCA 方法做气温和降水量季节预报。这里说的 CCA 方法实际上是 BP 法或者说 PCA +CCA，其原理已在上节介绍了。作为预报方法，这里还要介绍怎样选取预报因子场和建立预报关系。

CCA 作为预报方法，在应用初期是单独地使用，近年来又提出了集合典型相关分析预报方法（Ensemble canonical correlation prediction method，简称 ECC），但是单独地应用 CCA 方法是 ECC 的基础，所以本节先介绍单独使用方法，下节介绍 ECC。

用上节的符号，设 $\boldsymbol{S}$ 场为预报因子场，$\boldsymbol{Z}$ 场为预报对象场。它们的选取和搭配应注意以下方面。首先，时空尺度要对应，气象要素场相互之间的相关有空间和时间尺度对应问题，在同一个场内部，时空变率也有尺度对应问题。作为预报对象场，它的变量是工作任务确定的。但是空间点的选取应与变量的时间尺度相配合，例如做中国月或季平均的近地面气温距平预报，实际上月、季平均气温异常是大范围现象，特别在冬季，它没有必要采用空间上过密的站点资料表示它，站点过密非但不能提供更多的有用信息，反而增加了样本的采样误差对统计结果的影响。如果预报对象是月、季平均的距平场，预报因子场也应是月、季平均的，而且空间格点也没有必要过密。其次，预报因子场的选取应尽可能考虑有物理意义，对于短期气候预报来说，大气外部的强迫因子例如海温、陆温、海冰等要重点考虑。加拿大气象局的 CCA 预报方法中，选取的预报因子有准全球海表温度、北半球 500hPa 高度，都是季平均标准化距平，取预报对象时段以前连续三个季的。因为要建立预报关系，作为常识，预报因子与预报对象的对应样本要有时间差，对应于同一样本序号 t，因子场的实际时间在预报对象场之前，序号 t 不表示实际时间。

在进行了 PCA＋CCA 的基础上，并且进行了统计检验确认存在几对相关显著的典型相关变量，就可建立统计的预报关系。建立预报关系的方法可以有多种，其中最简单和直观的是由 $a_k(t)$ 预报 $b_k(t)$。因为 $a_k(t)$ 和 $b_k(t)$ 都是正交、归一的。由回归分析的原理可知，只有同序号的 $a_k(t)$ 在预报 $b_k(t)$ 的方程中回归系数不为零。而且，这个回归系数就等于 $a_k(t)$ 和 $b_k(t)$ 之间的相关系数，即等于典型相关系数 σ_k。再由预报出的 $b_k(t)$ 恢复 $\boldsymbol{Z}_t$ 的预报是利用（3.3.9）式和（3.3.11）式，所以，预报关系是

$$\hat{z}_{jt} = \sum_k \sigma_k a_k(t) \langle z_j(t) b_k(t) \rangle \qquad j = 1,2,\cdots,N_z \tag{3.5.1}$$

或

$$\hat{\boldsymbol{Z}}_t = \sum_k \sigma_k a_k(t) \boldsymbol{Q}_k \tag{3.5.2}$$

利用（3.4.30）式，在 BP 法中还可写为

$$\hat{\boldsymbol{Z}}_t = \sum_k \sigma_k a_k(t) \boldsymbol{F}\,\mathbf{M}^{\frac{1}{2}} \boldsymbol{R}_k \tag{3.5.3}$$

不过，实际计算还是用（3.5.1）式容易，其中 σ_k 和 $\langle z_j(t)\ b_k(t)\rangle$ 是与预报时间无关的量，是在 CCA 中计算出的。在使用预报关系时，预报因子场的资料获得后，应按原来做 PCA＋CCA 的处理方法进行加工（标准化）和排列，得 $\boldsymbol{S}(t)$ 场，按（3.4.26）式计算出 $a_k(t)$，然后代入预报关系式（3.5.1）。

建立的一个预报方法是否实用，要估计方法的预报技巧。估计预报技巧的方法可采用交叉验证（cross validation）。设预报因子和预报对象场对应的样本 $\boldsymbol{S}(t)$ 和 $\boldsymbol{Z}(t)$

的容量为 $n+1$，即 $t=1, 2, \cdots, n, n+1$。对每个样本序号 γ $(1\leqslant\gamma\leqslant n+1)$，移去预报因子和预报对象的第 γ 个样本资料 $\boldsymbol{S}(\gamma)$ 和 $\boldsymbol{Z}(\gamma)$，将留下的 n 个时次的样本资料重新按顺序排列，记为 $\boldsymbol{S}(t/\gamma)$ 和 $\boldsymbol{Z}(t/\gamma)$，$t=1, 2, \cdots, n$。用 $\boldsymbol{S}(t/\gamma)$ 和 $\boldsymbol{Z}(t/\gamma)$ 作为样本资料，做前述的 PCA 和 CCA，并且建立起预报 $\boldsymbol{Z}$ 场的方程。用移去的 $\boldsymbol{S}(\gamma)$ 为因子，利用建立起的预报方程得到 $\boldsymbol{Z}(\gamma)$ 的预报 $\hat{\boldsymbol{Z}}(\gamma)$。$\gamma$ 分别取 1，2，…，$n+1$，重复上述过程，得到 $n+1$ 个时次的预报 $\hat{\boldsymbol{Z}}(\gamma)$，$\gamma=1, 2, \cdots, n+1$。将预报与实况进行比较估计出预报技巧。最早的 BP 法中，月平均气温距平分偏高、正常、偏低三个等级评判预报是否正确，根据等级报对与否，用百分率表示。对 $\boldsymbol{Z}$ 场的每个格点可得到局地预报技巧

$$S_j = \left(\frac{N_c}{n+1}\right)\times 100\% \quad j = 1,2,\cdots,N_z \tag{3.5.4}$$

N_c 是在 $n+1$ 次去掉一个样本的交叉检验中，$\boldsymbol{Z}$ 场的第 j 格点气温距平预报等级预报正确的次数。在最近的一些文献及美国发布的试验性长期预报公报中，交叉检验的预报技巧用相关系数分布图表示

$$r_j = r(z_{jt},\hat{z}_{jt}) \quad j = 1,2,\cdots,N_z \tag{3.5.5}$$

在上述交叉验证方法中，用 $\boldsymbol{S}(\gamma)$ 去预报 $\boldsymbol{Z}(\gamma)$ 所利用的预报方程在它的建立过程中没有使用历史样本 $\boldsymbol{S}(\gamma)$ 和 $\boldsymbol{Z}(\gamma)$，所以是独立样本检验。可以预料这样估计出的预报技巧与实际使用该方法时的预报技巧相接近。加拿大气象局的 CCA 为基础的季平均气温和降水标准化距平预报方法的预报技巧估计，气温预报相关系数达 0.3～0.4，降水预报相关系数 0.2 左右。

§3.6　NCEP/CPC 的集合典型相关分析预报（ECC）

集合预报（Ensemble forecasting 或 Ensemble prediction）原先用在动力学方法中。其过程是，模式从叠加了不同扰动的多个初始场出发，模式运行后获得对同一个时间同一对象场的多份预报，然后用适当的统计方法归纳多份预报提供的信息。这样处理的理由是大气是一个高度非线性系统，数值预报的结果对初始场的微小误差非常敏感，而事实上，大气的状态经过观测、客观分析和控制分析等程序后得到的初始场和真实大气之间总是有误差的。所以，从这样的单一初始场出发得到的单一预报不确定性较大。从叠加了扰动的多个初始场出发得到多个预报成员求平均，可以减少初始误差引起的不确定性。这种类型的集合预报要解决主要问题是怎样产生初始的扰动（目前，已不是仅仅在模式开始运行时加入扰动，NECP 的集合预报系统在模式运行的过程中每隔 6 小时也增殖出新的扰动状态往下运行），研究误差增长规律、怎样利

用最后得到的多个预报成员发布预报等。从1992年起，欧洲中期天气预报中心和美国NCEP已把集合预报系统用于业务工作。

集合典型相关分析预报方法（简称ECC）完全不同于上述方法，它是对同一预报对象采用多个预报因子场基于CCA方法得到的一套预报，然后通过适当的方法合成。Lau K. M. 等2002年首先提出ECC方法，并用于美国夏季降水预报。他的工作中，术语“集合”表示从不同海洋区域的SSTA采用CCA方法得到的一套预报。全球海洋被划分为不同的海区，每个海区的SSTA分别地作为预报因子场采用CCA方法做夏季降水预报，这些预报出来的场构成了一个集合，集合平均是集合中所有成员的加权平均。通过把全球海洋划分成不同的海区，一些较弱的更局部性的强迫作用可以被识别出来。后来，Mo K. C. 和T. M. Smith也使用ECC方法预报Sahel的夏季降水，他俩不是采用不同海区的海温为预报因子，而是使用不同的变量，例如SST和200hPa等压面上的流函数距平，他们的集合成员中除掉CCA预报以外，还包括模式预报。因为取不同变量为因子的预报能识别出不同的强迫作用，集合预报的不同成员对Sahel的不同地区具有预报技巧。集合预报能够根据需要包含尽可能多的成员。因为每一个预报因子变量进入CCA方法是单独进行的，所以，训练期（即建立预报关系所用的历史资料样本时段）可以是不同的，这使得预报系统具有必需的灵活性。

变量间的权重函数能够在CCA以后确定。建立集合平均预报可以采用很多方法。最简单的方法是对集合的成员取等权平均。也可以选择Krishnamurti等2000年提出的超级集合方法（Superensemble method），Kharin和Zwiers把这种超级集合预报称为回归改进预报，以便强调该方法使用回归方案。如果预报是以等级给出的，则还可以选用Rajagopalan发展了的Bayes方法。

对于任何统计方法的预报，选取合适的预报因子是非常重要的。在季节和年际时间尺度上，可预报性主要来源于SST和ENSO的长期倾向。除SST以外，在夏季地表气温还受土壤湿度影响。大气变量例如SLP和700hPa高度也可以作为预报因子场。除SST以外，大气变量还受土壤湿度、雪盖和海冰影响，它们能够捕捉到与SST主要模态不相关的大气变率。

这里以美国NCEP气候预报中心（NCEP/CPC）地面气温预报为例介绍ECC方法。预报对象是夏季（7，8，9月，简写为JAS）和冬季（1，2，3月，简写为JFM）地面温度（Surface temperature，简写为Tsurf），选这两个季节是因为NCEP/CPC的业务季节预报在JFM预报技巧得分最高，在JAS技巧得分最低。美国大陆划分为102个Tsurf气候区，预报因子不是取不同海洋区域的海温，而是采用不同的变量。预报因子采用海表温度、海平面气压（SLP）和土壤湿度的观测资料。此外，一些试验中还采用NCEP的一个季节预报模型预报出的Tsurf作为CCA预报的因子场，预报对象场是观测到的Tsurf。预报对象和因子场的格点分布见图3.6.1，并且给出

JAS 季 Tsurf 均方差，以及第一 REOF。由图可见，夏季美国中部气温年际变率最大，并且距平符号有一致性。

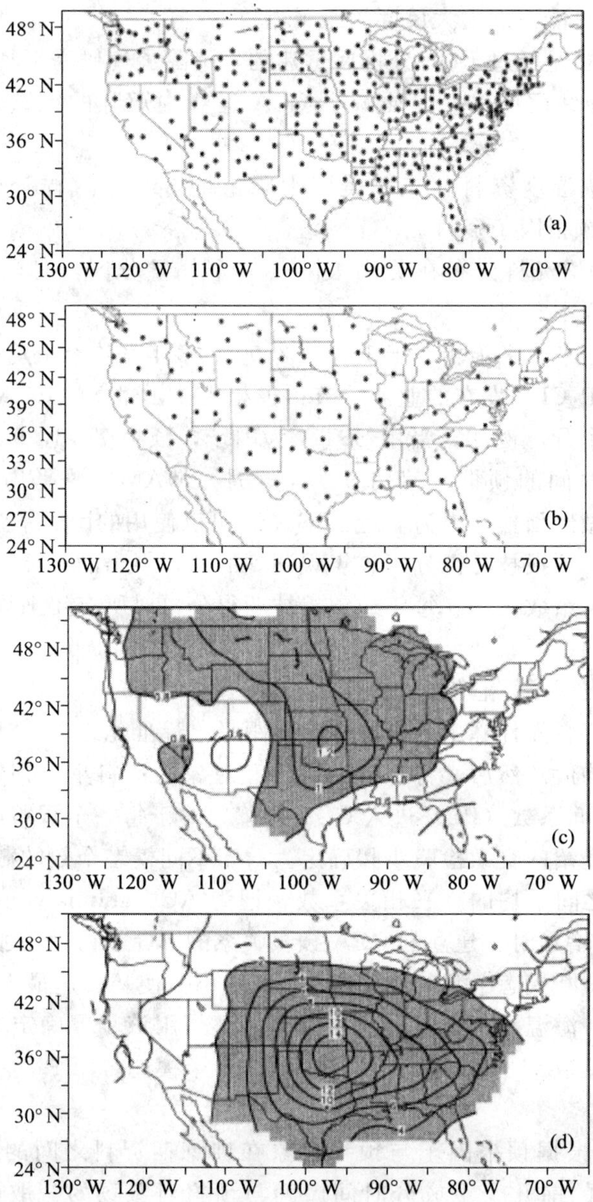

图 3.6.1　(a) 土壤湿度气候分区，(b) Tsurf 气候分区，
(c) JAS Tsurf 的均方差，(d) JAS Tsurf 的 REOF1
(引自 Kingtse C. Mo 2003，下同)

季平均的 SLP 距平取自 NCEP/NCAR 的再分析资料，区域取北半球 20°～90°N，时段是 1950 年 1 月～2000 年 12 月，格距缩减为 10×10 经纬度网格，因为对于季平均的变量，CCA 只能识别出大尺度的距平型。

全球 SST 资料是经过 EOF 分析后重建的，消除了气候季平均得到距平。空间分辨率减为 6×6 经纬度网格，以便减小 CCA 运算中矩阵的维数。时间覆盖 1950～2000 年。

季平均的土壤湿度资料分布在美国大陆上的 344 个气候分区，时段为 1950～2000 年。以上是预报因子资料。

Tsurf 的季平均资料分布在美国大陆 102 个气候分区，时段为 1950～2000 年。这是预报对象的样本资料。

所有的季节距平定义为相对于 1950～2000 年多年平均季平均的偏差。

为了与 NCEP/CPC 发布的业务季节预报相比较，建立的 CCA 预报方法的预报时效是提前时间 1 个月，例如，当用 SSTA 为因子，预报 7，8，9 月（JAS）的 Tsurf 时，一个月提前时间的预报是使用 3，4，5 月（MAM）季平均的 SSTA 为预报因子，在 6 月中旬做出预报，因为靠近 JAS 季又可以使用的因子季节是 MAM。

对于每一年，预报技巧得分用该年观测到的和预报出的目标季平均的 Tsurf 距平空间场之间的相关系数表示。每年的预报技巧得分再对所有年平均得到该预报方案总体技巧的一个总的指标。

对于每个预报因子，它们分别地与 Tsurf 建立以 CCA 为基础的预报关系。预报因子和预报对象资料先计算出各自的标准化距平。标准化距平再计算出在资料的各个气候分区上的平均值。然后，将得到的因子和对象的资料集分别做 EOF 分析，截取前几个 EOF 的时间系数（PC）进入 CCA 步骤。对于每一个预报因子变量，截取 PC 的个数依据上节介绍的交叉检验步骤确定。对于不同模态个数的截断，分别确定预报和观测的 Tsurf 之间平均的距平相关系数，记为 AC（anomaly correlation）。当截断的 EOF 模态个数增加时，建立的 CCA 预报关系的 AC 起初是增加的，直到达到一个最大值后，随着截断模态个数的增加，AC 将减小。使 AC 达最大的模态个数用来建立最后预报关系。海温场、SLP 和土壤湿度场都采用该步骤确定 EOF 截取模态的个数，得到全球海温取 11 个模态，土壤湿度取 16 个模态，SLP 的 EOF 模态个数介于两者之间。

CCA 的模态根据预报因子与预报对象在训练期资料之间的协同变率确定（预报因子场的截取的前几个主成分时间序列与预报对象场的截取的前几个主成分时间序列之间的交叉协方差矩阵的左右奇异向量）。预报因子在目标年 T 的资料先投影到它的前几个 EOF 上得到它的前几个主成分在目标年 T 的值，然后所得的主成分再投影到预报因子的 CCA 载荷型上，即计算出预报目标年预报因子的典型相关变量值，然后利用预报关系生成预报对象值，并且与目标年 T 观测到的 Tsurf 做对比检验。

所有的预报技巧得分估计采用交叉验证方法。设资料记录长度为 N。预报因子和预报对象在目标年 T 的资料先搁置一边，留作检验时使用。训练期长度是 $N-1$ 年。所有的计算包括求平均、标准化距平、EOF 分析、CCA 模态、建立预报关系都要对每个目标年重复计算，即目标年 T 应分别取第 1，2，…，N 年。这个过程对 N 个目标年共重复 N 次。因为 SSTA 具有强烈的持续性倾向，所以排除 1 年在外的交叉检验仍旧可能过高估计预报技巧。我们的目的是把集合平均预报与集合中的单个成员做比较，所以，这种过高估计预报技巧不影响结论的有效性。典型相关分析的计算过程既产生出预报对象和预报因子的 CCA 载荷型（组成典型相关变量的权系数向量）同时也生成它们的振幅时间系数（典型相关变量）。如果是以诊断为目的，则计算 CCA 载荷型和它的振幅时间系数可以使用 N 年的全部资料。

NCEP/CPC 的集合 CCA 预报系统使用两种集合平均方法：等权集合平均（Equally weighted ensemble mean，简称 EE）和超级集合平均（Superensemble mean，简称 SE），SE 也称为回归改进预报。

集合预报的成员包括上述的以 SST、SLP、土壤湿度观测资料分别作为预报因子的 3 份 CCA 预报。还有以 NCEP 的一个季节预报模型预报出 Tsurf 为因子，观测到的 Tsurf 为预报对象的 CCA 方法预报，该 CCA 预报是对动力学季节预报模型的修正。所以，集合预报的成员有 4 个。

设记录长度为 N，对于资料期 1950～2000 年，$N=51$。因子个数为 M，因为因子是 SST、SLP、土壤湿度和一个模式输出的 Tsurf，所以，$M=4$，集合有 4 个成员。

如前所述，为了检验 ECC 的实际预报能力，对所有的观测资料，预报目标年（记为第 T 年）的资料应先排除在外，不作为训练期资料。对每一个单个预报因子场 m，$m=1, 2, \cdots, M$，用其余 $N-1$ 年的资料做前述的 CCA 建立预报关系的全部过程。将目标年的预报因子资料进入预报关系，这样得到 M 个预报出的 Tsurf 场，记为 $R(m, x, T)$，其中 T 表示目标年是第 T 年，$T=1, 2, \cdots, N$；x 是 Tsurf 场的离散的空间位置，即 102 个气候分区的序号，$x=1, 2, \cdots, 102$；m 是预报因子场序号，$m=1, 2, \cdots, M$。

对于目标年（第 T 年）的预报，简单的集合平均即等权平均可以写为

$$E(x,T) = \sum_{m=1}^{M} R(m,x,T)/M \tag{3.6.1}$$

其中 $E(x, T)$ 是第 x 气候分区第 T 目标年的集合平均预报。$E(x, T)$ 应该与被排除在训练资料以外的第 T 年的观测到的 Tsurf 场相比较，该场记为 $P(x, T)$。在

这种情况，集合中的每一个成员是等权重的，权系数都是 $1/M$。

确定权重系数的另一个方法是所谓的 SE 法，集合平均写为集合成员 R（m，x，T）的线性组合

$$E(x,T) = \sum_{m=1}^{M}[b(m,x)R(m,x,T)] \tag{3.6.2}$$

R（m，x，T）依旧是上述的由第 m 个因子场建立的 CCA 预报关系对第 T 目标年第 x 气候分区的预报。组合系数 b（m，x）采用回归方法确定。为此，需要有 $N-1$ 对预报出的和观测到的 Tsurf 场供回归过程使用，它们可以通过以下方法获得。

在 $N-1$ 年资料记录中，再把其中的一年（记为 y 年）的资料排除在外。现在，有两年的资料排除在外，第 T 年和第 y 年。对每个预报因子场 m，用其余的 $N-2$ 年资料来执行建立 CCA 预报关系的过程。每次针对不同的 T 和 y，计算标准化距平、平均、EOF 分析、计算 CCA 模态等。记 r（m，x，y）是采用因子场 m，排除 y 年资料所建立的预报方法对气候分区 x 的预报，集合平均能够写成（3.6.2）式的形式

$$e(x,y) = \sum_{m=1}^{M}[b(m,x)r(m,x,y)] \tag{3.6.3}$$

对每个 y 年，$e(x, y)$ 应该与观测到的场 $P(x, y)$ 对比做检验。这个过程要对不同的 y 年重复 $N-1$ 次，在整个过程中，目标年第 T 年的资料没有使用。这样有 $N-1$对 $e(x, y)$ 和对应的观测到的场 $P(x, y)$。

确定系数 b（m，x）的原则是使集合平均预报 e（x，y）和相应的观测场 P（x，y）在 $N-1$ 年训练期的误差的方差达最小

$$V(x) = \sum_{y=1}^{N-1}[e(x,y) - P(x,y)]^2 \tag{3.6.4}$$

使 V（x）达最小求 b（m，x）的方法就是常规的回归分析。在这一步的回归分析中，对给定的一个气候区 x，P（x，y）是回归的对象，r（m，x，y）是回归因子，$m=1$，2，3，4，$y=1$，2，…，$N-1$ 是样本序号，b（m，x）是回归系数。

然后，系数 b（m，x）代入（3.6.2）式得到 E（x，T）。在这个过程中，被排除在外的目标年的资料没有用于求取系数 b（m，x）或 R（x，m，T），r（m，x，y）。这个过程然后再对目标年 $T=1$，2，…，N 重复，以便将 E（x，T）与 P（x，T）做交叉检验。这样，对于 51 年资料和 3 个预报因子，T 取 51 次不同年份。在 T 取定一个年份情况下，在排除第 T 年后留下的 50 年资料中，为了用独立样本求系数 b（m，x），再留下第 y 年，y 在 50 年内逐个选取。用第 T 和 y 两次排除后留下的资料进行 CCA 计算建立预报关系，所以总共要进行 7650（51×50×3）次分别的 CCA 计算。

检验预报效果用上述的最后的集合平均预报场与观测场之间的相关系数 AC，此外，Barnston 和 Smith（1996）还提出使用预报技巧的地理分布来反映预报效果。预报出的和观测到的一对 Tsurf 在每个气候分区 x 在 51 年（1950～2000 年）时段的时间相关系数给出这个气候分区的交叉检验预报技巧，所有气候分区一起给出了预报技巧的地理分布。假定 Tsurf 服从正态分布，则对于样本长度为 50，相关系数大于 0.28 是在 5%信度上显著的。

NCEP 的业务预报是根据 Heidke 得分检验的。在每一个气候分区，预报的 Tsurf 用 3 个等级给出：偏低、正常、偏高。Heidke 得分定义为

$$S = (\text{Hit} - E) \times 100/(N - E) \tag{3.6.5}$$

其中 Hit 是正确预报的站点个数，用于这里是正确预报的气候分区个数。注意，上式中的 N 是做检验的站点总数，而非样本资料年数，所以 $N=102$。E 是如果依赖于纯偶然性预报，预报和实况能够正确搭配的个数，所以，$E=N/3$。

Livezey 和 Chen 在 1983 年提出了场的相关显著性检验，得到广泛应用。应用于这里，我们把预报的和相应的观测场的年序号随机地搅乱 1000 次，同样地计算相关。实际的预报与对应观测场之间的相关与 1000 次随机地搅乱之间的相关做比较，可判断预报技巧是否优于随机水平。

下面简要介绍夏季（JAS）平均 Tsurf 年际变率特征及 ECC 预报方法。变率强弱的地理分布用夏季平均的 Tsurf 1950～2000 年资料的标准差地理分布图表示，图上最大值区在俄克拉何马和堪萨斯州，约 1.2℃。最小的区域在美国西部和佛罗里达，约 0.6℃（图 3.6.1（c））。变率的相关结构用 REOF1 图表示（图 3.6.1（d））。旋转 EOF 分析是取前 8 个 EOF 做的方差最大正交旋转，第一 REOF 空间型解释总方差的 27%，该图上正的最大载荷在俄克拉何马和堪萨斯州及美国中部，负的载荷在美国西部，表明西部与中部夏季气温负相关，且中部气温年际变率最大。

分别以 1，2，3 月平均 SST（简写为 SST（JFM），下同）、SST（MAM）、SLP（MAM）、土壤湿度 SM（MAM）为预报因子，Tsurf（JAS）为预报对象，做单因子场预报的交叉检验。对 Tsurf 的每个气候分区计算交叉检验预报和观测值之间相关系数，得相关系数分布图（图 3.6.2），并且计算出 102 个气候分区的平均值 AC。结果表明，以 SM（MAM）为预报因子所得的 AC 最大，为 0.25。其次是 SST（JFM），AC=0.23。以 SST（MAM）和 SLP（MAM）为因子场所得的 AC 都是 0.2。从相关系数的地理分布看，以 SST（JFM）、SST（MAM）为因子，交叉检验的相关系数在美国南部较大，一般为 0.3～0.4，小块区域达 0.6。以 SM（MAM）为因子时，相关系数大值区在美国中部，在 0.5 以上。以 SLP（MAM）为因子时，相关技巧大的区域在美国东部。这就是前面指出的，以不同变量为单因子时，它们对美国不同地区的夏季气温预报提供较高预报技巧，所以有必要使用多个预报因子场的集合预报。

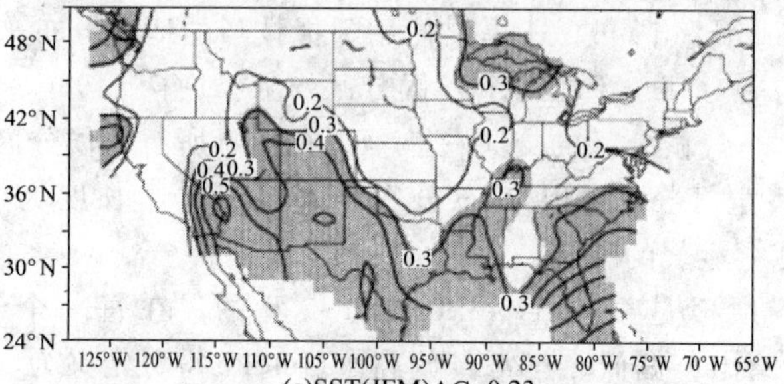

(a)SST(JFM)AC=0.23

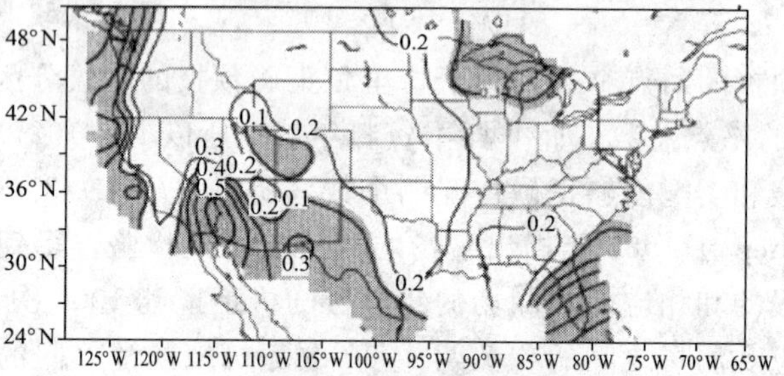

(b)SST(MAM)AC=0.20

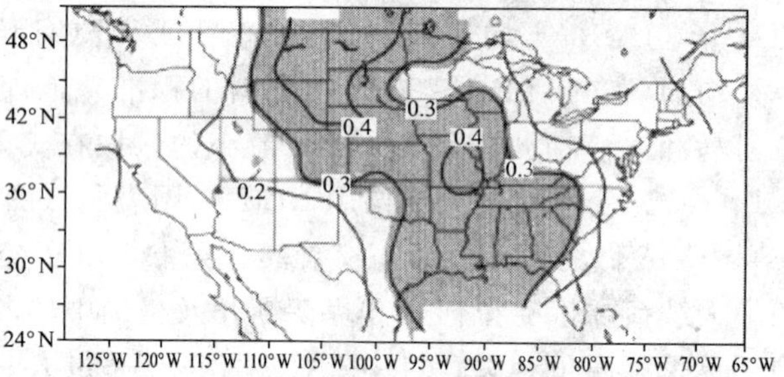

(c)SLP(MAM)AC=0.2

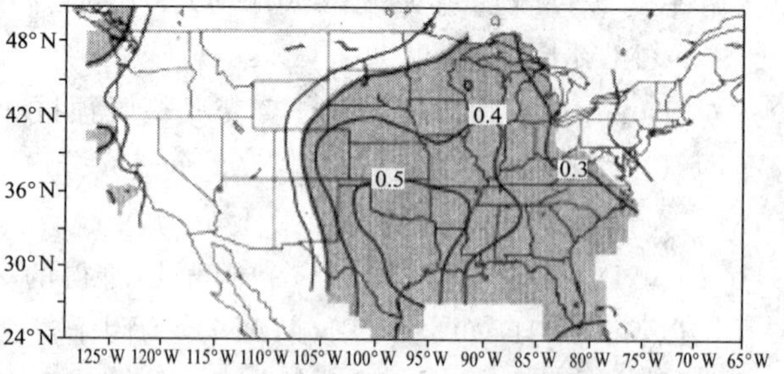

(d)SM (MAM)AC=0.25

图 3.6.2　Tsurf (JAS) 为预报对象场，分别用 SST (JFM)、SST (MAM)、SLP (MAM)、SM(MAM)为单个预报因子场，CCA 预报交叉检验得分(相关系数)地理分布图

等值线间距 0.1，阴暗区达 0.05 信度，AC 是 102 个气候分区平均的相关系数

对每个预报因子场，可以用它与预报对象场之间的 CCA 模态来表示它的预报技巧来源，这里作为例子，仅介绍以 SST（JFM）为预报因子场的预报技巧来源。其过程是，先把 Tsurf（JAS）做 EOF 分析，截取前 8 个 EOF 的时间系数序列，把 SST（JFM）也做 EOF 分析，截取前 11 个 EOF 的时间系数序列。然后对两组时间系数序列做 CCA。一对 CCA 模态的空间型（也称 CCA 载荷型）分别是，Tsurf（JAS）各气候分区序列与相应模态的振幅时间序列（典型相关变量）之间的相关系数分布图和 SST（JFM）各格点序列与对应模态的振幅时间序列（典型相关变量）之间的相关系数的空间分布图，相当于 SVD 中的一对同类相关图，见图 3.6.3，其中（a）和（b）是第一模态 Tsurf（JAS）的空间型和 SST（JFM）的空间型，等值线间距 0.1，阴暗区域是信度 0.05 相关显著区。图 3.6.3（c）是预报因子场的 CCA 第一模态的时间系数序列，即典型相关变量 b_1（t）。图 3.6.3（d）、（e）、（f）是 CCA 第二模态的图，与（a）、（b）、（c）相对应。

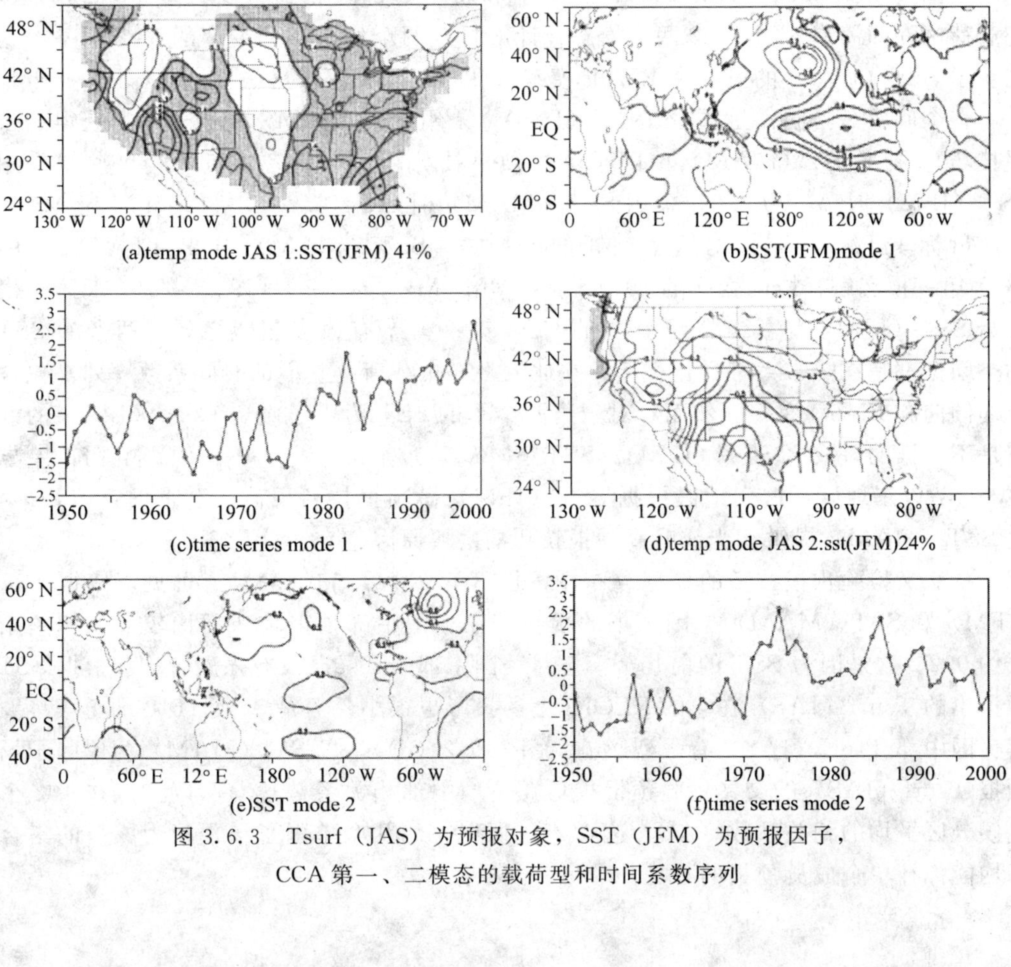

图 3.6.3　Tsurf（JAS）为预报对象，SST（JFM）为预报因子，CCA 第一、二模态的载荷型和时间系数序列

结果得出，SST（JFM）与 Tsurf（JAS）的 CCA 第一模态解释两个场总协同变率的 41%。第一模态 SST（JFM）的空间型（图 3.6.3（b））相似于厄尔尼诺位相海温距平分布形势，宽广的正载荷位于热带太平洋和北美西海岸，负载荷位于北太平洋。SST（JFM）第一模态的时间系数序列（图 3.6.3（c））反映了 SSTA 的长期倾向和 ENSO，ENSO 强的冷暖位相对应于该序列的主要谷、峰。第一模态 Tsurf（JAS）的空间型（图 3.6.3（a））正值区位于美国西海岸、西南部、得克萨斯和 93°W以东地区。所以，这两个场的 CCA 的第一模态主要表明 1，2，3 月热带太平洋 SSTA 能够对 7，8，9 月美国西海岸、西南部等地的 Tsurf 提供预报信息。

SST（JFM）与 Tsurf（JAS）的 CCA 第 2 模态解释两个场总协同变率的 24%。第 2 模态主要反映 1，2，3 月北大西洋海温距平对 7，8，9 月美国 Tsurf 的影响。SST（JFM）的空间型（图 3.6.3（e））在北大西洋上有一个强负中心，在太平洋，北太平洋是弱的负载荷，正载荷在北美西岸附近。在 Tsurf（JAS）的 CCA 第 2 模态空间型图上（图 3.6.3（d）），从得克萨斯和新墨西哥向北到科罗拉多是负载荷区，正载荷区在西海岸。第 1，2 两个模态合计解释这两个场总协同变率的 65%，基本上捕获了 SST（JFM）的第一个 REOF 模态对 Tsurf（JAS）的影响。

一个问题是，同样是预报 Tsurf（JAS），采用 SST（JFM）单因子场所获得的预报技巧与采用 SST（MAM）单因子场的预报技巧相当，或者前者还稍好些（采用 SST（JFM）时 AC=0.23，采用 SST（MAM）时 AC=0.20），尽管 JFM 比 MAM 距离目标季 JAS 更早。对这个问题的解释是，SST（MAM）与 Tsurf（JAS）的 CCA 第一模态解释协同变率的 39%。SST（MAM）与 Tsurf（JAS）的 CCA 第一模态与 SST（JFM）与 Tsurf（JAS）的 CCA 第一模态有很多相似之处。两者的 SST 的空间型都是在热带太平洋正载荷，在北太平洋负载荷。它们的时间系数序列都包含长期倾向和 ENSO 变率。然而，对于这两个季的 SST 为因子场，Tsurf（JAS）的载荷是不一样的，较之 SST（JFM），SST（MAM）对 Tsurf（JAS）的影响弱，差异在 90°W 以东地区，这个地区根据 SST（JFM）做预报技巧更高，这是 SST（JFM）比 SST（MAM）提供相当或略高预报技巧的主要原因。

从交叉检验预报技巧的地理分布图（图 3.6.2（a）和（b））上可见，依据 SST（JFM）和 SST（MAM）单因子场的预报，在美国中部预报技巧都比较低，相关系数约 0.2。这是因为 SST 的前几个模态对美国中部的 Tsurf 没有强烈影响。根据 SST 预报出的 Tsurf（JAS）在它的 REOF1 上的投影也很小。但是 3，4，5 月的土壤湿度对美国中部 Tsurf（JAS）有强烈影响（图 3.6.2（d）），以 SM（MAM）为单因子场预报 Tsurf（JAS）的交叉检验预报技巧在美国中部相关系数达 0.5 以上，在 102 个气候分区平均的相关系数（AC）达 0.25。所以，用几个单因子场预报为成员的集合平均能弥补单个成员预报的不足。

因为根据 SST（JFM）、SLP（MAM）、SM（MAM）做 Tsurf（JAS）预报，3 个因子场分别对美国的不同地区具有较高预报技巧，所以选取这 3 个因子场的预报构成集合预报的成员。采用前述的等权集合平均（EE）和超级集合平均（SE），表示集合预报的预报技巧采用两种表达方式。一是计算每个气候分区上交叉检验得到的 51 年的预报值与对应观测值之间的相关系数，画成交叉检验技巧的地理分布图，并且计算出 102 个气候分区的平均值（AC）（见图 3.6.4（a）和（b））。结果得到，SE 法在美国中部和西南部用相关系数表示的预报技巧达 0.6 以上，AC＝0.40；EE 法在南部达 0.6 以上，西南部达 0.4 左右，AC＝0.32。应该指出，交叉检验中，预报目标年的资料没有用于建立预报关系的运算，而只用于检验预报方法，所以交叉检验是独立样本检验，况且，计算相关系数用了 51 个目标年，相关系数达 0.4 甚至 0.6 以上是极显著的。第 2 种表达方式是，对每一个目标年 T，$T=1, 2, \cdots, 51$，计算交叉检验预报出的 Tsurf（JAS）场与同一年观测到的 Tsurf（JAS）场之间的相关系数，即空间相关系数，样本是 102 个气候分区上的预报值和观测值。这样每年有一个预报技巧值，画成 1950～2000 年的时间曲线，见图 3.6.4（c）。图上，空心点连线是超级

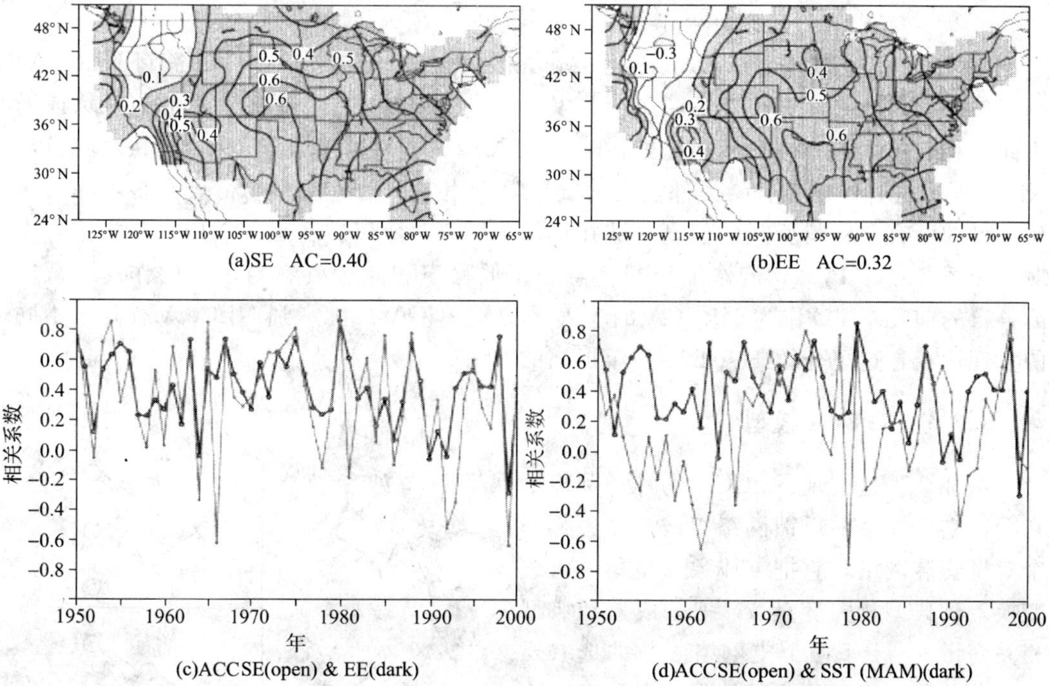

图 3.6.4　SE 法和 EE 法 CCA 集合预报交叉检验时间相关系数的地理分布（a 和 b），空间相关系数的时间曲线（c），SE 法与 SST（MAM）单因子场 CCA 法预报检验空间相关系数的时间曲线（d）

集合平均（SE）法的曲线，实心点连线是等权集合平均（EE）法的曲线。由图可见，SE 法大部分年相关系数为 0.4～0.6，个别年达 0.8，最小接近 0.0；EE 法振动较大，最大也达 0.8 左右，最小为－0.6 左右，也即个别年份大部分气候分区预报和实况距平符号是相反的。再把集合预报与单因子场的预报作比较，见图 3.6.4（d）。图上，空心点连线依旧是超级集合平均（SE）法的曲线，实心点连线是以 SST（MAM）为单因子场预报相应的曲线。由图可见，用 SST（MAM）的单因子场预报，预报技巧很不稳定，在 1950 年代中期至 1960 年代相关大多在 0.0 左右，甚至－0.4～－0.6，在 1970～1980 年代预报技巧高些，约 0.4～0.6。

最后简要总结一下，用 CCA 建立场的预报方法浓缩和提炼出了预报因子场与预报对象场之间最相关的成分；用多个预报因子场分别通过 CCA 方法建立预报关系，组成一个预报集合，比单因子场的 CCA 预报提供更全面充实的预报依据；采用回归法的集合平均比简单的等权平均预报技巧更稳定。

§3.7　非线性典型相关分析（NLCCA）

非线性典型相关分析（Nonlinear Canonical Correlation Analysis，简写 NLCCA）是近年来提出的非线性统计方法之一，其功能类似于 CCA，是分析两个随机场或随机向量相互关系的方法。不同之处在于，CCA 中典型相关变量是原变量的线性组合，NLCCA 中是非线性组合。另外，在大气科学应用中，由于两个场格点数多，相对于研究目的而言，资料反映的信息分散并且包含噪声，所以，在运用 NLCCA 之前，先对两个场各自做 PCA，起浓缩资料信息、压低噪声和减少资料自由度的作用。截取的各自的前几个 PC 作为 NLCCA 的输入 $\boldsymbol{x}$ 和 $\boldsymbol{y}$。CCA 被推广到 NLCCA 有几个不同的实现途径，这里介绍 Hsieh2000 年提出的方法。

3.7.1　NLCCA 模型

图 3.7.1 是实现 NLCCA 的神经网络示意图。它由 3 个前反馈网络组成，左边是一个双排套装网络，它把 $\boldsymbol{x}$ 成象（也称映射或变换）到典型相关变量 u，把 $\boldsymbol{y}$ 成象到典型相关变量 v，上下两个支网络参数的选取要使得 u 与 v 之间相关系数达最大，所以左边这两个支网络是结合在一起的。右边上部的网络从典型相关变量 u 成象到输出 $\boldsymbol{x}'$，它的参数选取使得 $\boldsymbol{x}'$ 与 $\boldsymbol{x}$ 之间的均方误差达

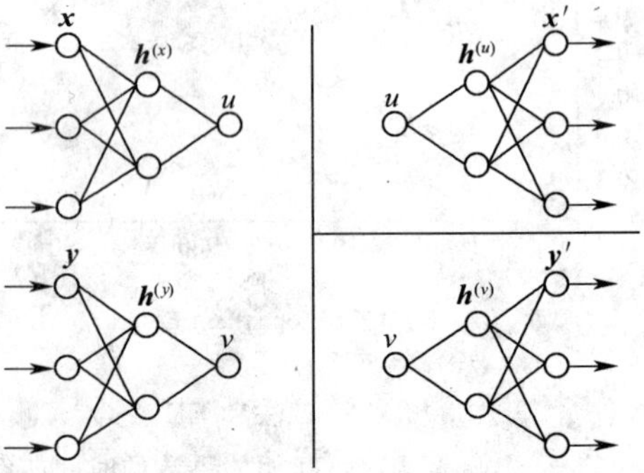

图 3.7.1　实现 NLCCA 的神经网络

最小。右下部的网络从典型相关变量 v 成象到输出 $\boldsymbol{y}'$，它的参数选取使得 $\boldsymbol{y}'$ 与 $\boldsymbol{y}$ 之间的均方误差达最小。

左边的网络从输入 $\boldsymbol{x}$ 和 $\boldsymbol{y}$ 先成象到各自的隐层 $\boldsymbol{h}^{(x)}$ 和 $\boldsymbol{h}^{(y)}$，$\boldsymbol{x}$，$\boldsymbol{y}$，$\boldsymbol{h}^{(x)}$，$\boldsymbol{h}^{(y)}$ 分别是 m_1，m_2，l_1，l_2 维列向量。计算 $\boldsymbol{h}^{(x)}$ 和 $\boldsymbol{h}^{(y)}$ 分量的公式是

$$h_k^{(x)} = \tanh[(\boldsymbol{w}^{(x)}\boldsymbol{x} + \boldsymbol{b}^{(x)})_k]$$

$$h_n^{(y)} = \tanh[(\boldsymbol{w}^{(y)}\boldsymbol{y} + \boldsymbol{b}^{(y)})_n] \tag{3.7.1}$$

$\boldsymbol{w}^{(x)}$ 是 l_1 行 m_1 列权系数矩阵，$\boldsymbol{w}^{(y)}$ 是 l_2 行 m_2 列权系数矩阵，$\boldsymbol{b}^{(x)}$ 是 l_1 维列向量，$\boldsymbol{b}^{(y)}$ 是 l_2 维列向量，是偏斜参数。tanh 表示双曲正切函数。

再从隐层成象到典型相关变量 u 和 v，计算典型相关变量 u 和 v 采用隐层神经元的线性组合

$$u = \boldsymbol{w}_2^{(x)} \cdot \boldsymbol{h}^{(x)} + \bar{b}^{(x)}$$

$$v = \boldsymbol{w}_2^{(y)} \cdot \boldsymbol{h}^{(y)} + \bar{b}^{(y)} \tag{3.7.2}$$

其中 $\boldsymbol{w}_2^{(x)}$ 是 l_1 维列向量，$\boldsymbol{w}_2^{(y)}$ 是 l_2 维列向量，是权系数，$\bar{b}^{(x)}$ 和 $\bar{b}^{(y)}$ 是单个实数，是偏斜参数。

这些成象是标准的前反馈神经网络，只要 l_1 和 l_2 足够大，能够以任意精度表示从 $\boldsymbol{x}$ 到 u 和从 $\boldsymbol{y}$ 到 v 的任意连续函数变换。

为了使 u 与 v 之间的相关系数 Cor（u，v）达最大，损失函数取 $J=-\mathrm{Cor}$（u，v），要寻找上述权系数和偏斜参数的最优值使 J 达最小。左边这个双排套装网络共有 $l_1\times m_1+l_2\times m_2+2l_1+2l_2+2$ 个参数。另外，我们还希望 u，v 是标准化的，即接受约束 $\langle u\rangle=\langle v\rangle=0$ 和 $\langle u^2\rangle=\langle v^2\rangle=1$，把损失函数修改成以下形式可以近似满足约束条件

$$J = -\mathrm{Cor}(u,v) + \langle u\rangle^2 + \langle v\rangle^2 + (\langle u^2\rangle^{1/2} - 1)^2 + (\langle v^2\rangle^{1/2} - 1)^2 \tag{3.7.3}$$

图 3.7.1 右边上部的网络分 2 步从 u 成象到输出 $\boldsymbol{x}'$。先从 u 成象到隐层 $\boldsymbol{h}^{(u)}$，它是 l_1 维列向量，其分量计算公式是

$$h_k^{(u)} = \tanh[(\boldsymbol{w}_3^{(u)} u + \boldsymbol{b}^{(u)})_k] \tag{3.7.4}$$

其中 $\boldsymbol{w}_3^{(u)}$ 和 $\boldsymbol{b}^{(u)}$ 是 l_1 维列向量，分别是权系数和偏斜参数。再从隐层成象到输出

$$\boldsymbol{x}' = \boldsymbol{w}_4^{(u)} \boldsymbol{h}^{(u)} + \bar{\boldsymbol{b}}^{(u)} \tag{3.7.5}$$

其中 $\boldsymbol{w}_4^{(u)}$ 是 m_1 行 l_1 列矩阵，$\bar{\boldsymbol{b}}^{(u)}$ 是 m_1 维列向量，分别是权系数和偏斜参数。这个网络有 $m_1\times l_1+2l_1+m_1$ 个参数。损失函数是

$$J_1 = \langle \| \boldsymbol{x}' - \boldsymbol{x} \|^2 \rangle \tag{3.7.6}$$

我们要取 $\boldsymbol{w}_3^{(u)}$，$\boldsymbol{b}^{(u)}$，$\boldsymbol{w}_4^{(u)}$，$\bar{\boldsymbol{b}}^{(u)}$ 的最优值使 J_1 达最小。这样该网络的输出与输入之间的均方误差达最小。

类似地，右边下部的神经网络分 2 步从 v 成象到 $\boldsymbol{y}'$

$$h_n^{(v)} = \tanh[(\boldsymbol{w}_5^{(v)} v + \boldsymbol{b}^{(v)})_n] \tag{3.7.7}$$

$$\boldsymbol{y}' = \boldsymbol{w}_6^{(v)} \boldsymbol{h}^{(v)} + \overline{\boldsymbol{b}}^{(v)} \tag{3.7.8}$$

$\boldsymbol{w}_5^{(v)}$ 和 $\boldsymbol{b}^{(v)}$ 是 l_2 维列向量，$\boldsymbol{w}_6^{(v)}$ 是 m_2 行 l_2 列矩阵，$\overline{\boldsymbol{b}}^{(v)}$ 是 m_2 维列向量。该网络共 $m_2 \times l_2 + 2l_2 + m_2$ 个参数。要取这些参数的最优值使 J_2 达最小

$$J_2 = \langle \| \boldsymbol{y}' - \boldsymbol{y} \|^2 \rangle \tag{3.7.9}$$

执行 NLCCA 的这 3 个神经网络总的参数个数是 $2(m_1 \times l_1 + m_2 \times l_2) + 4l_1 + 4l_2 + m_1 + m_2 + 2$ 个，m_1 和 m_2 分别是 $\boldsymbol{x}$ 和 $\boldsymbol{y}$ 的维数，l_1 和 l_2 分别是上部和下部网络隐层神经元个数。由于对 u 和 v 限制均值为零，方差为 1，实际的有效自由参数少 4 个。

为防止网络训练陷入损失函数的局部极小，图 3.7.1 左边的从（$\boldsymbol{x}$，$\boldsymbol{y}$）成像到（u，v）的网络应取不同的随机初始权重系数和偏斜参数运行多次，其中使 Cor（u，v）达最高的一次执行选作结果。然后，从 u 成像到 $\boldsymbol{x}'$ 的网络也取不同的随机初始权重系数和偏斜参数运行多次，从中找出使 $\boldsymbol{x}'$ 与 $\boldsymbol{x}$ 间均方误差达最小的解。从 v 成像到 $\boldsymbol{y}'$ 类似地执行。当从资料开始完成上述过程，得到的结果称为 NLCCA 第 1 模态（或模态 1），把模态 1 的剩余 $\boldsymbol{x} - \boldsymbol{x}'$ 和 $\boldsymbol{y} - \boldsymbol{y}'$ 当作新的输入重复全部过程，得到的是 NLCCA的第 2 模态，依次类推。如果（3.7.1）、（3.7.4）、（3.7.7）式中的传递函数双曲正切用等同变换代替，则 NLCCA 退变成线性 CCA，典型相关变量 u 和 v 仅是原变量的线性组合。

在执行 NLCCA 的 3 个神经网络时都可能出现过适应解（Overfitting，解呈现很多小抖动，去适应资料中的噪声）。对于包含噪声的资料，损失函数可以增加一项，用来惩罚权重系数绝对值过大，修改成

$$J = -\mathrm{Cor}(u,v) + \langle u \rangle^2 + \langle v \rangle^2 + (\langle u^2 \rangle^{1/2} - 1)^2 + (\langle v^2 \rangle^{1/2} - 1)^2 + \\ + p[\sum_{ki} (w_{ki}^{(x)})^2 + \sum_{nj} (w_{nj}^{(y)})^2] \tag{3.7.10}$$

$$J_1 = \langle \| \boldsymbol{x}' - \boldsymbol{x} \|^2 \rangle + p_1 \sum_k (w_{3k}^{(u)})^2 \tag{3.7.11}$$

$$J_2 = \langle \| \boldsymbol{y}' - \boldsymbol{y} \|^2 \rangle + p_2 \sum_n (w_{5n}^{(v)})^2 \tag{3.7.12}$$

其中 p，p_1，p_2 是非负的权重惩罚参数，因为网络的非线性强弱受双曲正切传递函数中的权重控制（详见 §6.5），所以只需对这些权重系数过大作惩罚。

3.7.2 NLCCA 应用例子

Hsieh（2001）用 NLCCA 分析了热带太平洋海平面气压距平（SLPA）和海表温度距平（SSTA）场之间的非线性配置关系。资料是 1950～2000 年逐月的。每个场各自先做主成分分析，各截取前 6 个 PC 作为 NLCCA 的输入，$m_1 = m_2 = 6$。隐层神经

元个数取 2 个，$l_1=l_2=2$（如果取 1 个则只能得到线性解）。第一个 NLCCA 模态在 PC 空间散布图见图 3.7.2。

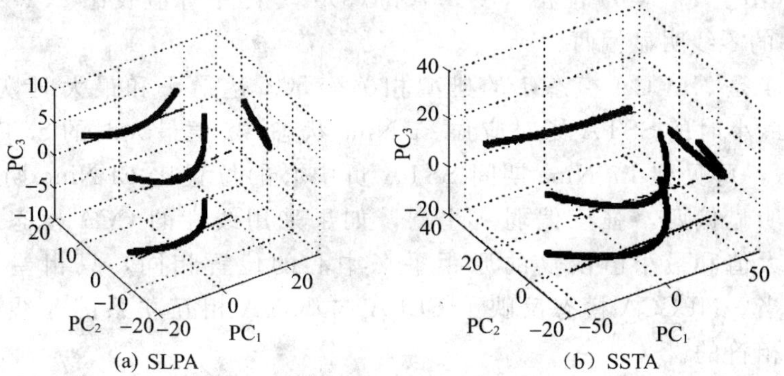

图 3.7.2　SLPA 与 SSTA 的 NLCCA 第 1 模态输出的前 3 个 PC（引自 Hsieh，2004）

图中只给出前 3 个 PC 的 NLCCA 近似，即 $\boldsymbol{x}'$和 $\boldsymbol{y}'$的前 3 个分量。这 3 个分量在 PC_1—PC_2—PC_3 三维空间中的样本点用小方框表示，这些小方框聚集成一根曲线。小方框点在 PC_1—PC_2 和 PC_1—PC_3、PC_2—PC_3 平面上的投影用小圆圈表示。另外，还用各自的前 6 个 PC 做线性的 CCA，得到的第一模态对 PC 的近似也画在图上，在 3 维空间的图用虚线表示，在 2 维平面的图用实线表示，显然，线性近似是直线，因为在这种情况下，SLPA 的各个 PC 被同一个典型相关变量 u 线性表示，SSTA 的各个 PC 被同一个典型相关变量 v 线性表示。

图 3.7.2 上，对 NLCCA 模态、SLPA（图 3.7.2（a）），在 PC_1—PC_2 平面上，La Nina 状态在左角（相应于低的 u 值），而 El Nino 状态在右上角（相应于高的 u 值）。对于 SSTA（图 3.7.2（b）），在 PC_1—PC_2 平面上的投影是 U 型曲线，La Nina状态在左上角（相应于低的 v 值），而 El Nino 状态在右上角（相应于高的 v 值），两个状态在 U 型曲线的两端。对比两个图可见，SSTA 的非线性程度比SLPA 强，因为 NLCCA 模态与 CCA 模态的差异在图 3.7.2（b）上比在图 3.7.2（a）上大，即曲线的曲率大。

NLCCA 模态的均方误差除以 CCA 模态的均方误差是非线性解与线性解差异程度的一个有用的度量，这个比率愈小意味着非线性程度愈强，这个比率等于 1 意味着 NLCCA 只能求得线性解。计算得到，对于 SLPA 和 SSTA 这个比率分别是 0.951 和 0.935，这证实对 SSTA 场的成像非线性程度比对 SLPA 强。为了研究年代际变化，又把历史资料分成 1950 到 1975 年和 1976 至 1999 年两个时段分别做以上分析，得到在第二个时段这个比率减小了，这表明 ENSO 的非线性程度在最近时段增强了。

NLCCA 模态 1 的典型相关变量 u 从最小值变化到最大值，恢复的 SLPA 场（由

u 值变换出的 x' 是 PC 的近似，要再乘以 PCA 所得的空间特征向量，并且把 6 个 PC 模态的拟合相加才得到恢复的原距平场）从强 La Nina 位相变化到强 El Nino 位相，见图 3.7.3。图上 La Nina 位相（图 3.7.3（a））零距平等值线比 El Nino 位相（图 3.7.3（b））的零线明显偏西。

图 3.7.4 是 NLCCA 模态 1 的典型相关变量 v 达最小和最大时恢复的 SSTA 场。可见 v 最小时的 SSTA 场对应强 La Nina 状态，v 值最大时的 SSTA 场对应强 Ll Nino 状态，可见到 La Nina 期间 SSTA 负中心的位置比 El Nino 期间 SSTA 正中心的位置明显偏西，强度偏弱。注意，如果采用线性的 CCA 模态，则由典型相关变量最大值和最小值恢复的原距平场中心的位置相同，只相差一个正负符号，强度相当。NLCCA 模态反映了 SLPA 与 SSTA 相互联系的非线性性质，与观测事实是相符的。

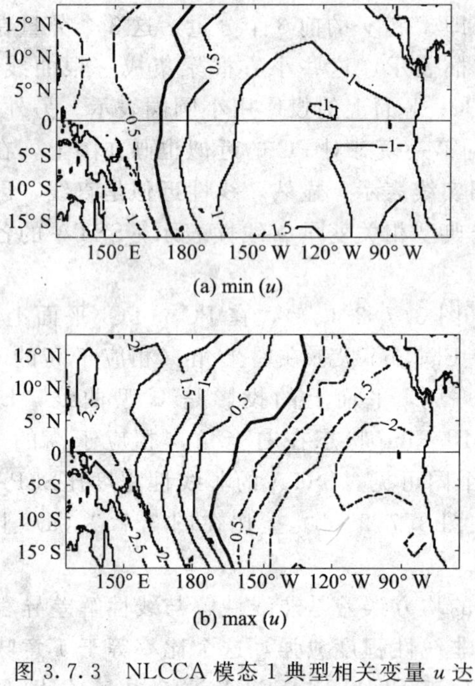

图 3.7.3　NLCCA 模态 1 典型相关变量 u 达最小和最大时恢复的 SLPA 场，等值线间隔 0.5hPa（引自 Hsieh，2004）

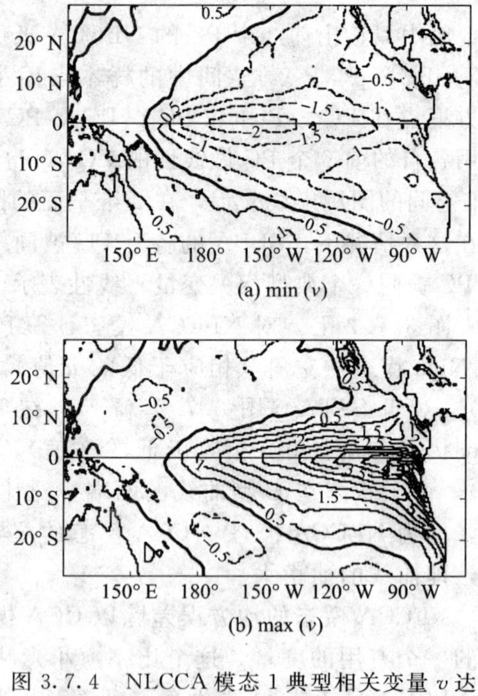

图 3.7.4　NLCCA 模态 1 典型相关变量 v 达最小和最大时恢复的 SSTA 场，等值线间隔 0.5℃（引自 Hsieh，2004）

§3.8　非线性典型相关分析用于热带太平洋SSTA预报

本节介绍加拿大 British Columbia 大学的 Aiming Wu 和 William W. Hsieh 采用非线性典型相关分析做热带太平洋 SSTA 预报的方法。

如上一节所述，非线性典型相关分析（NLCCA）是在 2000 年提出的，采用人工神经网络实现。已用于研究热带太平洋区域海平面气压（SLP）与海表温度之间，以及风应力场与海表温度之间的非线性关系。这里运用 SLP 与 SST 之间的非线性关系，以 SLP 为预报因子场，做 SST 的季节预报。

热带太平洋区域月平均的 SLP 和 SST 资料先消除各自的季节循环，得到距平资料。为了滤去短时间尺度的月际振荡的影响，对距平序列再做 3 个月滑动平均。然后，对预报对象距平场（SSTA）做主成分分析，截取前 6 个主成分（PC）作为NLCCA预报模型中的预报对象。对预报因子距平场（SLP 距平记为 SLPA）做多通道奇异谱分析（简称 MSSA，见§6.3 和§6.4），窗口长度 M 取 9 个月，MSSA 得到的前 10 个空间一时间主成分（ST-PC）作为 NLCCA 方法中的预报因子。这 6 个主成分和 10 个空间一时间主成分作为 NLCCA 方法的左、右场输入。为了做交叉检验，建立了 5 个不同的模式。第一个模式是把 1950 到 1959 年的 10 年资料排除在外建立的，这 10 年时段的资料留做独立样本预报，检验第一模式的预报能力。类似地，其他 4 个模式也是依次地排除 10 年资料建立预报关系，而将留下的 10 年资料用于独立样本预报检验。

由于人工神经网络的训练可能会陷入损失函数的局部最小，所以只采用了NLCCA的第一个模态。从留下的资料中用线性的 CCA 提取附加的模态。在应用于预报中，实际上结合使用了 NLCCA 的第一模态和线性 CCA 的前 4 个模态。他们比较了 NLCCA 和 CCA 方法的预报技巧。

第六个预报模式是使用 1951 年到 2001 年 9 月全部资料建立起来的，即全部资料参与了建立预报关系的全过程。一共六个模型构成了预报模型集合。下面介绍 2004 年 9 月发布的预报，预报所用的初始资料是到 2004 年 8 月底及其之前的，采用NLCCA方法，六个模式的预报最后平均得到一个集合平均预报，对 NINO3，4 区 SSTA 不同超前时间的预报见图 3.8.1。

图 3.8.2 是热带太平洋区域季平均 SSTA 提前 3，6，9，12 个月的预报。预报 2004 年最后一个季到 2005 年秋季热带太平洋地区海温接近正常到略偏高。

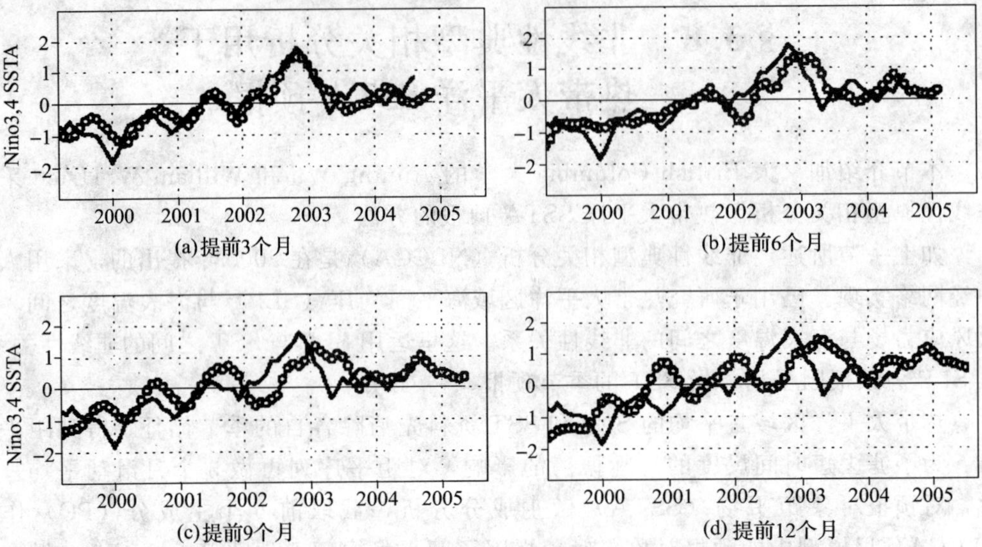

图 3.8.1　NINO3，4 区 SSTA 提前 3，6，9，12 个月的预报（小圆点）和历年观测值（实线），单位℃，横轴上的短刻线表示给定年的 1 月

（引自 Experimental long-lead forecast bulletin，September，2004，vol 13，no.3）

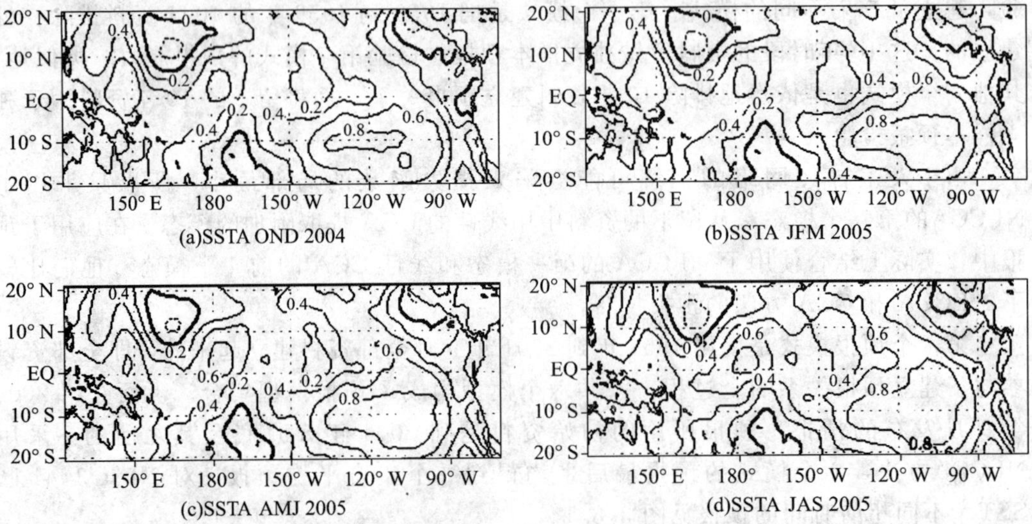

图 3.8.2　热带太平洋区域季平均 SSTA 提前 3，6，9，12 个月的预报，(a)、(b)、(c)、(d) 预报的季分别是 2004 年 10,11,12 月平均；2005 年 1,2,3 月平均；4,5,6 月平均；7,8,9 月平均，单位℃（引自 Experimental long-lead forecast bulletin，September，2004，vol 13，no.3）

参 考 文 献

1 Bretherton Christopher S , Smith Catherine, Wallace John M. An intercomparison of methods for finding coupled patterns in climate data. *J of Climate*, 1992, **5** (6): 541—560

2 Wallace John M, Smith Catherine, Christopher S. Bretherton. Singular value decomposition of wintertime sea surface temperature and 500-mb height anomalies. *J of Climate*, 1992, **5** (6): 561—576

3 Prihaska. A technique for analyzing the linear relationships between two meteorological fields. *Monthly Weather Review*, 1976, **104**: 1345—1353

4 Xinhua. Orthogonal rotation of spatial patterns derived from SVD analysis, *J of Climate*, 1995, **8**: 2631—2643

5 Cherry S. Some comments on singular value decomposition analysis. *J of Climate*, 1997, **10** (7): 1759—1761

6 Hu Qi. On the uniqueness of the singular value decomposition in meteorological applications. *J of Climate*, 1997, **10** (7): 1762—1766

7 Hsieh W W. Nonlinear multivariate and time series analysis by neural network methods. *Review of Geophysics*, 2004, **42**: paper number 2002RG000112

8 Storch Hans von and Zwiers Francis W. Statistical analysis in climate research. Cambridge University press, New York, 1999, 317—334

9 Kingtse C Mo. Ensemble canonical correlation prediction of surface temperature over the United States. *J of Climate*, 2003, **16** (6): 1665—1683

10 Hsieh W W. Nonlinear canonical correlation analysis by neural networks. *Neural Networks*, 2000, **13**: 1095—1105

11 William W Hsieh. Nonlinear canonical correlation analysis of the tropical Pacific climate variability using a neural networw approach. *J of Climate*, 2001, **14** (6): 2528—2539

12 Wu Aiming and William W Hsieh. Nonlinear canonical correlation analysis forecasts of the tropical Pacific sea surface temperatures. *Experimental long-lead forecast bulletin*, 2004, **13** (3): 34—36

13 徐士良. FORTRAN 常用算法程序集（第 2 版）. 北京：清华大学出版社，1995，80—93

14 Chen Jeng-Ming , Chang C P and Patrick A Harr. A technigue for analyzing optimal relationships among multiple sets of data field. *Monthly Weather Review*,1994,**122**(11):2482—2493

15 Barnett T P, Preisendorfer R. Origins and levels of monthly and seasonal forecast skill for United States surface air temperatures determined by CCA. *Monthly Weather Review*, 1987, **115** (9): 1825—1849

第四章　冗余分析和主预报因子分析

前面介绍的主成分分析是对多维随机变量（或称随机向量或随机场）做线性组合构成低维新变量，要求新变量维数尽可能低，反映原变量的方差尽可能多。典型相关分析是对两个多维随机变量分别做线性组合构成低维的新变量，要求成对的新变量序列间的相关系数达最大、次大……。既然是通过线性组合构成新变量，这些方法的关键是寻找能够满足上述要求的线性组合系数，前几章已说到，在 PCA 中，组合系数向量是协方差矩阵的特征向量，在 CCA 中组合系数向量是两个多维随机变量的交叉协方差矩阵的左、右奇异向量。现在提出一个类似的问题，如果有两个多维随机变量，一个是预报对象，另一个为预报因子，通过回归方程建立关系，能否把因子场做线性组合构成新变量，也要求新变量比原变量维数低，第一个新变量在回归中对预报对象场的方差贡献最大，第二、三……个新变量的方差贡献依次达次大、第三大……。与此同时，预报对象场也要找出线性组合新变量，它是能够最优地被预报出来的部分，应该怎样构成这样的线性组合变量呢？后面将导出，满足这些要求的线性组合系数也是某矩阵的特征向量。这个方法称为冗余分析（Redundancy Analysis，RA），名称来源于该方法的原则是使回归方程的剩余平方和最小。这个方法的功能是用一个随机向量最优地预报（或表示出）另一个随机向量，在大气科学中是用一个场最优地预报另一个场。应该说它在气候分析和预报中是很有用的，但是，目前还未见我国短期气候预报中应用冗余分析，所以还没有应用例子可举。本章前半部分介绍 RA 原理。

与 RA 类似的另一个分析方法是主预报因子分析（Principal Predictor Analysis，PPA），是 Thacker（1999）首先提出的，功能也是寻找两套变量之间的预报关系。与 RA 不同之处在于，PPA 只将预报因子做线性组合，原则是使线性组合构成的新变量序列与预报对象向量各分量的相关系数平方和达最大。当预报对象各分量是标准化的时，该原则也是使预报对象的预报误差平方和达最小。Alex J Cannon（2006）又将 PPA 推广成非线性主预报因子分析（Nonlinear Principal Predictor Analysis，NLPPA）。这两个分析方法在本章后半部分介绍。

§4.1　预备知识

冗余分析与回归分析紧密相关，所以，为了理解冗余分析的一些术语和表示方法，应先熟悉一下多元回归的基本概念和基本公式的向量和矩阵表示方法。

设 $\boldsymbol{X}$ 为预报因子，是 m_x 维随机向量或随机场，$\boldsymbol{Y}$ 是预报对象，是 m_y 维随机向量或随机场。它们的数学期望都是零向量。在本科课程中，已学过单个随机变量为预报对象的多元回归。单个随机变量 y_j 是随机向量 $\boldsymbol{Y}$ 的一个分量，其回归模型为

$$y_j = r_{j1}x_1 + r_{j2}x_2 + \cdots + r_{jm_x}x_{m_x} + \varepsilon_j = \sum_{i=1}^{m_x} r_{ji}x_i + \varepsilon_j \tag{4.1.1}$$

记

$$\mathcal{R}_j = (r_{j1}, r_{j2}, \cdots, r_{jm_x}) \tag{4.1.2}$$

其中 r_{j1}，r_{j2}，…，r_{jm_x} 是回归系数，$\mathcal{R}_j$ 是一个行向量，则

$$y_j = \mathcal{R}_j\boldsymbol{X} + \varepsilon_j \tag{4.1.3}$$

其中 $\boldsymbol{X}$ 是列向量

$$\boldsymbol{X} = \begin{pmatrix} x_1 \\ x_2 \\ \vdots \\ x_{m_x} \end{pmatrix} \tag{4.1.4}$$

在多元回归原理中，为了使回归方程表示出的 y_j 的方差达最大，也是使误差 ε_j 的方差达最小，回归系数满足正规方程组

$$\begin{pmatrix} \mathrm{Cov}(x_1,x_1) & \mathrm{Cov}(x_1,x_2)\cdots\mathrm{Cov}(x_1,x_{m_x}) \\ \mathrm{Cov}(x_2,x_1) & \mathrm{Cov}(x_2,x_2)\cdots\mathrm{Cov}(x_2,x_{m_x}) \\ \cdots & \cdots\quad\cdots\quad\cdots \\ \mathrm{Cov}(x_{m_x},x_1) & \mathrm{Cov}(x_{m_x},x_2)\cdots\mathrm{Cov}(x_{m_x},x_{m_x}) \end{pmatrix} \begin{pmatrix} r_{j1} \\ r_{j_2} \\ \vdots \\ r_{jm_x} \end{pmatrix} = \begin{pmatrix} \mathrm{Cov}(x_1,y_j) \\ \mathrm{Cov}(x_2,y_j) \\ \vdots \\ \mathrm{Cov}(x_{m_x},y_j) \end{pmatrix}$$

或者表示为

$$\boldsymbol{\Sigma}_{XX}\,\mathcal{R}_j^T = \boldsymbol{\Sigma}_{Xy_j} \tag{4.1.5}$$

解得

$$\mathcal{R}_j = (\boldsymbol{\Sigma}_{Xy_j})^T\boldsymbol{\Sigma}_{XX}^{-1} = (\mathrm{Cov}(y_j,x_1),\mathrm{Cov}(y_j,x_2),\cdots,\mathrm{Cov}(y_j,x_{m_x}))\boldsymbol{\Sigma}_{XX}^{-1} \tag{4.1.6}$$

其中 $\boldsymbol{\Sigma}_{XX}$ 是对称矩阵，$\boldsymbol{\Sigma}_{XX}^{-1}$ 也是对称矩阵，转置后不变。

y_j 的方差是 $D(y_j) = \mathrm{Cov}(y_j, y_j) = E(y_j^2)$。回归模型的误差方差是 $D(\varepsilon_j) = \mathrm{Cov}(\varepsilon_j, \varepsilon_j) = E(\varepsilon_j^2)$。回归方程表示出的 y_j 的方差是 $D(y_j) - D(\varepsilon_j)$，记为 u_j。

注意，(4.1.3) 式中的 $\mathcal{R}_j\boldsymbol{X}$ 是一行一列矩阵，是一个数量，所以还可以用 $\mathcal{R}_j\boldsymbol{X} = \boldsymbol{X}^T\mathcal{R}_j^T$，得

$$\begin{aligned} u_j &= D(y_j) - D(\varepsilon_j) = E(y_j^2) - E(\varepsilon_j^2) = E(y_j^2) - E(y_j - \mathcal{R}_j\boldsymbol{X})^2 \\ &= E(y_j^2) - E(y_j^2) - E(\mathcal{R}_j\boldsymbol{X})^2 + 2E(y_j\mathcal{R}_j\boldsymbol{X}) \end{aligned}$$

$$
\begin{aligned}
&= -E(\mathcal{R}_j \boldsymbol{X}\boldsymbol{X}^T \mathcal{R}_j^T) + 2E(y_j \boldsymbol{X}^T \mathcal{R}_j^T) \\
&= -\mathcal{R}_j \boldsymbol{\Sigma}_{XX} \mathcal{R}_j^T + 2\boldsymbol{\Sigma}_{y_j X} \mathcal{R}_j^T \\
&= -(\boldsymbol{\Sigma}_{X y_j})^T \boldsymbol{\Sigma}_{XX}^{-1} \boldsymbol{\Sigma}_{XX} \mathcal{R}_j^T + 2\boldsymbol{\Sigma}_{y_j X} \mathcal{R}_j^T \\
&= -\boldsymbol{\Sigma}_{y_j X} \mathcal{R}_j^T + 2\boldsymbol{\Sigma}_{y_j X} \mathcal{R}_j^T \\
&= \boldsymbol{\Sigma}_{y_j X} \mathcal{R}_j^T \\
&= (\mathrm{Cov}(y_j, x_1), \mathrm{Cov}(y_j, x_2), \cdots, \mathrm{Cov}(y_j, x_{m_x})) \begin{pmatrix} r_{j1} \\ r_{j2} \\ \vdots \\ r_{j m_x} \end{pmatrix} \qquad (4.1.7) \\
&= \sum_{i=1}^{m_x} \mathrm{Cov}(y_j, x_i) r_{ji}
\end{aligned}
$$

其中 $\boldsymbol{\Sigma}_{XX}=E(\boldsymbol{X}\boldsymbol{X}^T)$ 是 $\boldsymbol{X}$ 的协方差矩阵，$\boldsymbol{\Sigma}_{y_j X}=E(y_j \boldsymbol{X}^T)$ 是 y_j 与 $\boldsymbol{X}$ 的协方差行向量。注意在本科统计教材中，多元回归方程的回归平方和的计算公式就是（4.1.7）式，仅仅字符不同，常写为 $u=\sum_{i=1}^{m} b_i s_{iy}$，其中 b_i 是回归系数，s_{iy} 是 y 与因子 x_i 间的协方差。

以上是对 $\boldsymbol{Y}$ 的一个分量而言的，现在要表示出对它的所有分量的回归。把预报对象表示为列向量

$$
\boldsymbol{Y} = \begin{pmatrix} y_1 \\ y_2 \\ y_3 \\ \vdots \\ y_{m_y} \end{pmatrix} \qquad (4.1.8)
$$

把回归模型（4.1.3）式取 $j=1，2，\cdots，m_y$，并按顺序排列，得

$$
\begin{pmatrix} y_1 \\ y_2 \\ \vdots \\ y_{m_y} \end{pmatrix} = \begin{pmatrix} \mathcal{R}_1 \\ \mathcal{R}_2 \\ \vdots \\ \mathcal{R}_{m_y} \end{pmatrix} \boldsymbol{X} + \begin{pmatrix} \varepsilon_1 \\ \varepsilon_2 \\ \vdots \\ \varepsilon_{m_y} \end{pmatrix}
$$

记

$$\mathcal{R} = \begin{pmatrix} \mathcal{R}_1 \\ \mathcal{R}_2 \\ \vdots \\ \mathcal{R}_{m_y} \end{pmatrix} \tag{4.1.9}$$

$$\boldsymbol{\varepsilon} = \begin{pmatrix} \varepsilon_1 \\ \varepsilon_2 \\ \vdots \\ \varepsilon_{m_y} \end{pmatrix} \tag{4.1.10}$$

得

$$\boldsymbol{Y} = \mathcal{R}\boldsymbol{X} + \boldsymbol{\varepsilon} \tag{4.1.11}$$

其中$\mathcal{R}$是 m_y 行 m_x 列矩阵，它的第 j 行是 y_j 为预报对象的回归方程的回归系数构成的行向量，利用（4.1.6）式，得

$$\mathcal{R} = \begin{pmatrix} \mathcal{R}_1 \\ \mathcal{R}_2 \\ \vdots \\ \mathcal{R}_{m_y} \end{pmatrix} = \begin{pmatrix} \mathrm{Cov}(y_1,x_1) & \mathrm{Cov}(y_1,x_2) & \cdots & \mathrm{Cov}(y_1,x_{m_x}) \\ \mathrm{Cov}(y_2,x_1) & \mathrm{Cov}(y_2,x_2) & \cdots & \mathrm{Cov}(y_2,x_{m_x}) \\ \cdots & \cdots & \cdots & \cdots \\ \mathrm{Cov}(y_{m_y},x_1) & \mathrm{Cov}(y_{m_y},x_2) & \cdots & \mathrm{Cov}(y_{m_y},x_{m_x}) \end{pmatrix} \boldsymbol{\Sigma}_{XX}^{-1} \tag{4.1.12}$$

$$= \boldsymbol{\Sigma}_{YX}\boldsymbol{\Sigma}_{XX}^{-1}$$

$\boldsymbol{Y}$ 的总方差是（关于随机向量的总方差和协方差矩阵参见§1.1）

$$\mathrm{Var}\boldsymbol{Y} = \sum_{j=1}^{m_y} D(y_j) = \mathrm{tr}\boldsymbol{\Sigma}_{YY} = \mathrm{tr}\mathrm{Cov}(\boldsymbol{Y},\boldsymbol{Y}) \tag{4.1.13}$$

这里字符 D 和 Var 都表示方差，tr 表示矩阵的迹。

$\boldsymbol{Y}$ 的总的误差方差等于误差向量的协方差矩阵的跡，即

$$\begin{aligned} \sum_{j=1}^{m_y} D(\varepsilon_j) &= \sum_{j=1}^{m_y} E(\varepsilon_j)^2 \\ &= \mathrm{tr}[E(\boldsymbol{\varepsilon}\boldsymbol{\varepsilon}^T)] \\ &= \mathrm{tr}[E(\boldsymbol{Y} - \mathcal{R}\boldsymbol{X})(\boldsymbol{Y} - \mathcal{R}\boldsymbol{X})^T] \\ &= \mathrm{tr}[E(\boldsymbol{Y} - \hat{\boldsymbol{Y}})(\boldsymbol{Y} - \hat{\boldsymbol{Y}})^T] \\ &= \mathrm{tr}\mathrm{Cov}(\boldsymbol{Y} - \hat{\boldsymbol{Y}}, \boldsymbol{Y} - \hat{\boldsymbol{Y}}) \end{aligned} \tag{4.1.14}$$

其中

$$\hat{\boldsymbol{Y}} = \mathcal{R}\boldsymbol{X} = \boldsymbol{\Sigma}_{YX}\boldsymbol{\Sigma}_{XX}^{-1}\boldsymbol{X} \tag{4.1.15}$$

是回归表示出的 $\boldsymbol{Y}$ 的部分。误差向量的协方差矩阵为

$$\mathrm{Cov}(\boldsymbol{Y} - \hat{\boldsymbol{Y}}, \boldsymbol{Y} - \hat{\boldsymbol{Y}}) = E(\boldsymbol{Y} - \hat{\boldsymbol{Y}})(\boldsymbol{Y} - \hat{\boldsymbol{Y}})^T = \boldsymbol{\Sigma}_{YY} + \boldsymbol{\Sigma}_{\hat{Y}\hat{Y}} - 2\boldsymbol{\Sigma}_{Y\hat{Y}} \tag{4.1.16}$$

以 $\boldsymbol{X}$ 为因子的回归表示出的 $\boldsymbol{Y}$ 的方差等于 $\boldsymbol{Y}$ 的总方差减去总的误差方差

$$
\begin{aligned}
u &= \mathrm{tr}[\mathrm{Cov}(\boldsymbol{Y},\boldsymbol{Y})] - \mathrm{tr}[\mathrm{Cov}(\boldsymbol{Y}-\hat{\boldsymbol{Y}},\boldsymbol{Y}-\hat{\boldsymbol{Y}})] \\
&= \mathrm{tr}[\boldsymbol{\Sigma}_{YY} - (\boldsymbol{\Sigma}_{YY} + \boldsymbol{\Sigma}_{\hat{Y}\hat{Y}} - 2\boldsymbol{\Sigma}_{Y\hat{Y}})] \\
&= \mathrm{tr}[-\boldsymbol{\Sigma}_{\hat{Y}\hat{Y}} + 2\boldsymbol{\Sigma}_{Y\hat{Y}}] \\
&= \mathrm{tr}[-E(\hat{\boldsymbol{Y}}\hat{\boldsymbol{Y}}^T) + 2E(\boldsymbol{Y}\hat{\boldsymbol{Y}}^T)] \\
&= \mathrm{tr}[-E(\mathcal{R}\boldsymbol{X}\boldsymbol{X}^T\mathcal{R}^T) + 2E(\boldsymbol{Y}\boldsymbol{X}^T\mathcal{R}^T)] \\
&= \mathrm{tr}[-\mathcal{R}\boldsymbol{\Sigma}_{XX}\mathcal{R}^T + 2\boldsymbol{\Sigma}_{YX}\mathcal{R}^T] \\
&= \mathrm{tr}[-\boldsymbol{\Sigma}_{YX}\boldsymbol{\Sigma}_{XX}^{-1}\boldsymbol{\Sigma}_{XX}\boldsymbol{\Sigma}_{XX}^{-1}\boldsymbol{\Sigma}_{YX}^T + 2\boldsymbol{\Sigma}_{YX}\boldsymbol{\Sigma}_{XX}^{-1}\boldsymbol{\Sigma}_{YX}^T] \qquad (4.1.17\mathrm{a}) \\
&= \mathrm{tr}[-\boldsymbol{\Sigma}_{YX}\boldsymbol{\Sigma}_{XX}^{-1}\boldsymbol{\Sigma}_{XY} + 2\boldsymbol{\Sigma}_{YX}\boldsymbol{\Sigma}_{XX}^{-1}\boldsymbol{\Sigma}_{XY}] \\
&= \mathrm{tr}[\boldsymbol{\Sigma}_{YX}\boldsymbol{\Sigma}_{XX}^{-1}\boldsymbol{\Sigma}_{XY}]
\end{aligned}
$$

因为$\mathcal{R}=\boldsymbol{\Sigma}_{YX}\boldsymbol{\Sigma}_{XX}^{-1}$，所以

$$u = \mathrm{tr}(\mathcal{R}\boldsymbol{\Sigma}_{XY}) = \sum_{j=1}^{m_y}\sum_{i=1}^{m_x} r_{ji}\mathrm{Cov}(y_j, x_i) = \sum_{j=1}^{m_y} u_j \qquad (4.1.17\mathrm{b})$$

其中 u_j 是 y_j 的回归方程（4.1.1）式或（4.1.3）式表示出的 y_j 的方差，见（4.1.7）式。u 与 $\boldsymbol{Y}$ 的总方差的比值反映回归的效果好坏，冗余指数就是依据这个比值定义的。

§4.2　冗余分析

4.2.1　冗余指数

考虑一对随机向量 $\boldsymbol{X}$ 和 $\boldsymbol{Y}$，分别是 m_x 和 m_y 维。进一步假设它们的数学期望是零向量。现在有一个线性算子，用 m_x 行 k 列矩阵 $\mathbf{Q}_k$ 表示，它把 $\boldsymbol{X}$ 线性变换成 $\mathbf{Q}_k^T\boldsymbol{X}$，新的随机向量 $\mathbf{Q}_k^T\boldsymbol{X}$ 是 k 维的，一般 $k<m_x$ 或 $k\ll m_x$。要问 $\boldsymbol{Y}$ 的方差有多少能够被 $\mathbf{Q}_k^T\boldsymbol{X}$ 对于 $\boldsymbol{Y}$ 的回归表示出来（回归中所用的因子不再是 $\boldsymbol{X}$，而是它的一个低维的线性组合新变量，类似于主成分）。该回归模型为

$$\boldsymbol{Y} = \mathcal{R}(\mathbf{Q}_k^T\boldsymbol{X}) + \boldsymbol{\varepsilon} \qquad (4.2.1)$$

其中$\mathcal{R}$是 m_y 行 k 列矩阵，它的第 i 行第 j 列元素是预报 $\boldsymbol{Y}$ 的第 i 个分量的回归方程中，$\mathbf{Q}_k^T\boldsymbol{X}$ 的第 j 个分量上的回归系数。根据多元回归中回归系数估计公式，使 $\boldsymbol{Y}$ 的方差被 $\mathbf{Q}_k^T\boldsymbol{X}$ 表示出的部分达最大，类似于（4.1.12）式，只要把该式中的 $\boldsymbol{X}$ 在这里用 $\mathbf{Q}_k^T\boldsymbol{X}$ 代替（下标用 QX），得到这里的回归系数矩阵为

$$\mathcal{R} = \boldsymbol{\Sigma}_{Y,QX}(\boldsymbol{\Sigma}_{QX,QX})^{-1} \qquad (4.2.2)$$

其中

$$\boldsymbol{\Sigma}_{Y,QX} = \mathrm{Cov}(Y, \mathbf{Q}_k^T\boldsymbol{X})$$

$$= E(\boldsymbol{Y}(\mathbf{Q}_k^T\boldsymbol{X})^T) \tag{4.2.3}$$
$$= E(\boldsymbol{Y}\boldsymbol{X}^T)\boldsymbol{Q}_k$$
$$= \boldsymbol{\Sigma}_{YX}\mathbf{Q}_k$$

$\boldsymbol{\Sigma}_{Y,QX}$是$\boldsymbol{Y}$与$\mathbf{Q}_k^T\boldsymbol{X}$之间的协方差矩阵，$m_y$行$k$列。$\boldsymbol{\Sigma}_{Y,X}$是$\boldsymbol{Y}$与$\boldsymbol{X}$之间的协方差矩阵，$m_y$行$m_x$列。$(\boldsymbol{\Sigma}_{Y,X})^T=\boldsymbol{\Sigma}_{X,Y}$。

$$\boldsymbol{\Sigma}_{QX,QX} = \mathrm{Cov}(\mathbf{Q}_k^T X, \mathbf{Q}_k^T\boldsymbol{X})$$
$$= E(\mathbf{Q}_k^T\boldsymbol{X}(\mathbf{Q}_k^T\boldsymbol{X})^T) \tag{4.2.4}$$
$$= \mathbf{Q}_k^T E(\boldsymbol{X}\boldsymbol{X}^T)\mathbf{Q}_k$$
$$= \mathbf{Q}_k^T\boldsymbol{\Sigma}_{XX}\mathbf{Q}_k$$

$\boldsymbol{Y}$的总方差是$\boldsymbol{\Sigma}_{YY}$矩阵主对角线元素之和，即$\boldsymbol{Y}$的各分量方差之和

$$\boldsymbol{Y}\text{的总方差} = \mathrm{tr}(\mathrm{Cov}(\boldsymbol{Y},\boldsymbol{Y})) = \mathrm{tr}\boldsymbol{\Sigma}_{YY} \tag{4.2.5}$$

记$\boldsymbol{Y}$被回归表示出的部分为

$$\hat{\boldsymbol{Y}} = \mathcal{R}(\mathbf{Q}_k^T\boldsymbol{X}) \tag{4.2.6}$$

总的剩余部分的方差为

$$\sum_{j=1}^{m_y} E(\varepsilon_j^2) = \mathrm{tr}[E(\boldsymbol{\varepsilon}\boldsymbol{\varepsilon}^T)]$$
$$= \mathrm{tr}[\mathrm{Cov}(\boldsymbol{\varepsilon},\boldsymbol{\varepsilon})] \tag{4.2.7}$$
$$= \mathrm{tr}[\mathrm{Cov}(\boldsymbol{Y}-\hat{\boldsymbol{Y}},\boldsymbol{Y}-\hat{\boldsymbol{Y}})]$$

定义回归方程表示出的$\boldsymbol{Y}$的方差与$\boldsymbol{Y}$的总方差之比为冗余指数（Redundancy Index，简写 RI），公式表示为

$$\mathrm{R}^2(\boldsymbol{Y}:\mathbf{Q}_k^T\boldsymbol{X}) = \frac{\mathrm{tr}(\mathrm{Cov}(\boldsymbol{Y},\boldsymbol{Y}) - \mathrm{Cov}(\boldsymbol{Y}-\hat{\boldsymbol{Y}},\boldsymbol{Y}-\hat{\boldsymbol{Y}}))}{\mathrm{tr}(\mathrm{Cov}(\boldsymbol{Y},\boldsymbol{Y}))} \tag{4.2.8}$$

这个提法的含义是，当$\boldsymbol{X}$已经提供了信息后，$\boldsymbol{Y}$还有多少剩余信息。利用（4.2.2）式、（4.2.3）式和（4.2.4）式，得上式分子中的

$$\mathrm{Cov}(\boldsymbol{Y},\boldsymbol{Y}) - \mathrm{Cov}(\boldsymbol{Y}-\hat{\boldsymbol{Y}},\boldsymbol{Y}-\hat{\boldsymbol{Y}})$$
$$= \boldsymbol{\Sigma}_{YY} - (\boldsymbol{\Sigma}_{YY} + \boldsymbol{\Sigma}_{\hat{Y}\hat{Y}} - 2\boldsymbol{\Sigma}_{Y\hat{Y}})$$
$$= -\boldsymbol{\Sigma}_{\hat{Y}\hat{Y}} + 2\boldsymbol{\Sigma}_{Y\hat{Y}}$$
$$= -E(\hat{\boldsymbol{Y}}\hat{\boldsymbol{Y}}^T) + 2E(\boldsymbol{Y}\hat{\boldsymbol{Y}}^T)$$
$$= -\mathcal{R}\boldsymbol{\Sigma}_{QX,QX}\mathcal{R}^T + 2\boldsymbol{\Sigma}_{Y,QX}\mathcal{R}^T$$
$$= -\boldsymbol{\Sigma}_{Y,QX}(\boldsymbol{\Sigma}_{QX,QX})^{-1}\boldsymbol{\Sigma}_{QX,QX}\mathcal{R}^T + 2\boldsymbol{\Sigma}_{Y,QX}\mathcal{R}^T$$
$$= \boldsymbol{\Sigma}_{Y,QX}\mathcal{R}^T$$
$$= \boldsymbol{\Sigma}_{YX}\mathbf{Q}_k(\boldsymbol{\Sigma}_{QX,QX})^{-1}\boldsymbol{\Sigma}_{Y,QX}^T$$

$$= \mathbf{\Sigma}_{YX}\mathbf{Q}_k(\mathbf{Q}_k^T\mathbf{\Sigma}_{XX}\mathbf{Q}_k)^{-1}\mathbf{Q}_k^T\mathbf{\Sigma}_{XY}$$

所以得

$$\mathrm{R}^2(Y:\boldsymbol{Q}_k^TX) = \frac{\mathrm{tr}(\mathbf{\Sigma}_{YX}\boldsymbol{Q}_k(\boldsymbol{Q}_k^T\mathbf{\Sigma}_{XX}\mathbf{Q}_k)^{-1}\mathbf{Q}_k^T\mathbf{\Sigma}_{XY})}{\mathrm{tr}(\mathbf{\Sigma}_{YY})} \tag{4.2.9}$$

4.4.2　冗余指数对线性变换的不变性

冗余指数有一些有意义的性质，其中之一是对 $\boldsymbol{Y}$ 的正交变换的不变性：如果 $\mathbf{A}$ 是一个正交矩阵，则

$$\mathrm{R}^2(\mathbf{A}\boldsymbol{Y}:\mathbf{Q}_k^T\boldsymbol{X}) = \mathrm{R}^2(\boldsymbol{Y}:\mathbf{Q}_k^T\boldsymbol{X}) \tag{4.2.10}$$

这个性质的含义在于这样一个事实，我们能够将任意一个正交变换等同于一个方差守恒的线性变换，因为 $\mathbf{A}\boldsymbol{Y}$ 的总方差为

$$\begin{aligned}
\mathrm{tr}\mathbf{\Sigma}_{\mathbf{A}\boldsymbol{Y},\mathbf{A}\boldsymbol{Y}} &= \mathrm{tr}([E(\mathbf{A}\boldsymbol{Y}(\mathbf{A}\boldsymbol{Y})^T])\\
&= \mathrm{tr}(\mathbf{A}E[\boldsymbol{Y}\boldsymbol{Y}^T]\mathbf{A}^T)\\
&= \mathrm{tr}(\mathbf{A}\mathbf{\Sigma}_{YY}\mathbf{A}^T)\\
&= \mathrm{tr}(\mathbf{A}^T\mathbf{A}\mathbf{\Sigma}_{YY})\\
&= \mathrm{tr}\mathbf{\Sigma}_{YY}
\end{aligned} \tag{4.2.11}$$

导出上式过程中使用了§1.1 中介绍的矩阵迹的运算公式（如果 $\mathbf{A}$，$\mathbf{B}$，$\mathbf{C}$ 是相同阶数的方阵，则 tr（$\mathbf{ABC}$）＝tr（$\mathbf{CAB}$）)，以及这里 $\mathbf{A}$ 是正交矩阵，满足 $\mathbf{A}^T\mathbf{A}=\mathbf{I}$。上式说明当 $\mathbf{A}$ 是正交矩阵，则 $\mathbf{A}\boldsymbol{Y}$ 的总方差等于 $\boldsymbol{Y}$ 的总方差。（4.2.10）式的证明只要利用（4.2.9）式和（4.2.11）式以及矩阵的迹的运算公式，因为

$$\mathbf{\Sigma}_{\mathbf{A}Y,X} = E(\mathbf{A}\boldsymbol{Y}\boldsymbol{X}^T) = \mathbf{A}E(\boldsymbol{Y}\boldsymbol{X}^T) = \mathbf{A}\mathbf{\Sigma}_{YX}$$

$$\mathbf{\Sigma}_{X,\mathbf{A}Y} = (\mathbf{\Sigma}_{\mathbf{A}Y,X})^T = \mathbf{\Sigma}_{XY}\boldsymbol{A}^T$$

所以

$$\begin{aligned}
\mathrm{R}^2(\mathbf{A}\boldsymbol{Y}:\mathbf{Q}_k^T\boldsymbol{X}) &= \frac{\mathrm{tr}(\mathbf{\Sigma}_{\mathbf{A}Y,X}\boldsymbol{Q}_k(\boldsymbol{Q}_k^T\mathbf{\Sigma}_{XX}\mathbf{Q}_k)^{-1}\mathbf{Q}_k^T\mathbf{\Sigma}_{X;\mathbf{A}Y})}{\mathrm{tr}(\mathbf{\Sigma}_{\mathbf{A}Y\mathbf{A}Y})}\\
&= \frac{\mathrm{tr}(\boldsymbol{A}\mathbf{\Sigma}_{YX}\mathbf{Q}_k(\mathbf{Q}_k^T\mathbf{\Sigma}_{XX}\mathbf{Q}_k)^{-1}\mathbf{Q}_k^T\mathbf{\Sigma}_{XY}\mathbf{A}^T)}{\mathrm{tr}(\mathbf{\Sigma}_{YY})}\\
&= \frac{\mathrm{tr}(\mathbf{A}^T\boldsymbol{A}\mathbf{\Sigma}_{YX}\mathbf{Q}_k(\mathbf{Q}_k^T\mathbf{\Sigma}_{XX}\mathbf{Q}_k)^{-1}\mathbf{Q}_k^T\mathbf{\Sigma}_{XY})}{\mathrm{tr}(\mathbf{\Sigma}_{YY})}\\
&= \frac{\mathrm{tr}(\mathbf{\Sigma}_{YX}\mathbf{Q}_k(\mathbf{Q}_k^T\mathbf{\Sigma}_{XX}\mathbf{Q}_k)^{-1}\mathbf{Q}_k^T\mathbf{\Sigma}_{XY})}{\mathrm{tr}(\mathbf{\Sigma}_{YY})}\\
&= \mathrm{R}^2(\boldsymbol{Y}:\mathbf{Q}_k^T\boldsymbol{X})
\end{aligned}$$

从以上证明可见，如果 $\mathbf{A}$ 是一般的非奇异矩阵，不满足 $\mathbf{A}^T\mathbf{A}=\mathbf{I}$，则关系式（4.2.10）不成立，特别是 $\mathbf{A}$ 不是正交矩阵的情况下，$\boldsymbol{Y}$ 的总方差也改变了，回归所截获的方差对总方差的比率发生了变化，这种线性变换就不满足关系式（4.2.10）。

另一方面，如果 $\mathbf{Q}_k$ 矩阵有 m_x 列，即 $k=m_x$，$\mathbf{Q}_k$ 是 $\mathbf{Q}_{m_x}$，是方的（$m_x\times m_x$ 阶）非奇异矩阵，用 $\mathbf{Q}_{m_x}$ 变换指定的变量 $\boldsymbol{X}$，那么，对冗余指数也没有影响（上述推导都与 k 无关，只要 k 小于等于 m）。在这种情况下，$(\mathbf{Q}_{m_x})^{-1}$ 存在，利用（4.2.10）式

$$
\begin{aligned}
\mathrm{R}^2(\boldsymbol{Y}:\boldsymbol{Q}_{m_x}^T\boldsymbol{X}) &= \frac{\mathrm{tr}(\boldsymbol{\Sigma}_{YX}\mathbf{Q}_{m_x}(\mathbf{Q}_{m_x}^T\boldsymbol{\Sigma}_{XX}\mathbf{Q}_{m_x})^{-1}\mathbf{Q}_{m_x}^T\boldsymbol{\Sigma}_{XY})}{\mathrm{tr}(\boldsymbol{\Sigma}_{YY})} \\
&= \frac{\mathrm{tr}(\boldsymbol{\Sigma}_{YX}\mathbf{Q}_{m_x}\mathbf{Q}_{m_x}^{-1}\boldsymbol{\Sigma}_{XX}^{-1}(\mathbf{Q}_{m_x}^T)^{-1}\mathbf{Q}_{m_x}^T\boldsymbol{\Sigma}_{XY})}{\mathrm{tr}(\boldsymbol{\Sigma}_{YY})} \\
&= \frac{\mathrm{tr}(\boldsymbol{\Sigma}_{YX}\boldsymbol{\Sigma}_{XX}^{-1}\boldsymbol{\Sigma}_{XY})}{\mathrm{tr}(\boldsymbol{\Sigma}_{YY})} \\
&= \mathrm{R}^2(\boldsymbol{Y}:\boldsymbol{X})
\end{aligned}
\tag{4.2.12}
$$

R^2（$\boldsymbol{Y}:\boldsymbol{X}$）是直接使用 $\boldsymbol{X}$ 的所有分量为因子的回归方程的冗余指数，在§4.1 中已导出它的总回归方差等于 tr（$\boldsymbol{\Sigma}_{YX}\boldsymbol{\Sigma}_{XX}^{-1}\boldsymbol{\Sigma}_{XY}$）（见（4.1.17a）式）。（4.2.12）式说明，随机向量 $\boldsymbol{X}$ 所在的坐标系是不重要的，只要它描述同一个线性空间。这是一个有意义的性质，因为包含在 $\boldsymbol{X}$ 中的有关 $\boldsymbol{Y}$ 的信息不应取决于 $\boldsymbol{X}$ 的表示的特殊性，例如，$\boldsymbol{X}$ 的分量的单位，或 $\boldsymbol{X}$ 的分量的序号等。

然而，如果用 $\mathbf{Q}_k$ 表示的线性变换把 m_x 维变量 $\boldsymbol{X}$ 映射成 k 维变量 $\boldsymbol{X}'_k=\mathbf{Q}_k^T\boldsymbol{X}$，该新变量包含的有关 $\boldsymbol{Y}$ 的信息较少，所以只要 $\mathbf{Q}_k$，$\mathbf{Q}_{k+1}$，…，$\mathbf{Q}_{m_x}$ 的“列空间”是逐个套入的，且 $\mathbf{Q}_{m_x}$ 可逆，就得到

$$
\mathrm{R}^2(\boldsymbol{Y}:\boldsymbol{X}'_k)\leqslant\mathrm{R}^2(\boldsymbol{Y}:\boldsymbol{X}'_{k+1})\leqslant\mathrm{R}^2(\boldsymbol{Y}:\boldsymbol{X}'_{m_x})=\mathrm{R}^2(\boldsymbol{Y}:\boldsymbol{X}) \tag{4.2.13}
$$

如果对所有的 k，$\mathbf{Q}_{k+1}$ 是在 $\mathbf{Q}_k$ 上加一列构成的，则不等式（4.2.13）反映出有 k 个因子 $\mathbf{X}'_k$ 情况下对 Y 的回归与相同的 k 个因子再加一个共 $k+1$ 个因子 $\boldsymbol{X}'_{k+1}$ 情况下对 $\boldsymbol{Y}$ 的回归冗余指数之间的关系。由（4.2.13）式可见，在原有的因子基础上再增加因子，冗余指数是递增的。注意，多元回归中关于方差贡献的概念也给出这个关系，单因子方差贡献总大于等于零，因子在原有基础上增加时，方程的回归平方和总是增加的。

对于给定的变换 $\mathbf{Q}_k$，再考虑 $\mathbf{Q}_k$ 矩阵的列支撑起的子空间，这就是，对任一个 $k\times k$ 阶矩阵 $\mathbf{L}$，可得到

$$
\mathrm{R}^2(\boldsymbol{Y}:\mathbf{L}^T(\mathbf{Q}_k^T\boldsymbol{X}))=R^2(\boldsymbol{Y}:\mathbf{Q}_k^T\boldsymbol{X}) \tag{4.2.14}
$$

因此，对于两个变量 $\boldsymbol{X}$ 和 $\boldsymbol{Y}$，冗余指数取决于 $\boldsymbol{X}$ 变量投影到的子空间以及度量 $\boldsymbol{Y}$ 的方式。

因为 R^2 不依赖于变量 $\boldsymbol{X}$ 和 $\boldsymbol{X}'_k$ 的特定坐标，可以假定所选取的 $\mathbf{Q}_k$ 的不同列与 $\boldsymbol{X}$

的变换相互正交，即使得

$$\mathrm{Cov}(\boldsymbol{q}_l^T\boldsymbol{X},\boldsymbol{q}_j^T\boldsymbol{X}) = E(\boldsymbol{q}_l^T\boldsymbol{X}\boldsymbol{X}^T\boldsymbol{q}_j) = \boldsymbol{q}_l^T\boldsymbol{\Sigma}_{XX}\boldsymbol{q}_j = 0 \quad 当\ l \neq j \tag{4.2.15}$$

则

$$\mathrm{R}^2(\boldsymbol{Y} : \mathbf{Q}_k^T\ \mathbf{X}) = \sum_{j=1}^{k}\mathrm{R}^2(\boldsymbol{Y} : \boldsymbol{q}_j^{\mathrm{T}}\ \boldsymbol{X}) \tag{4.2.16}$$

$\boldsymbol{q}_l$，$\boldsymbol{q}_j$ 是 $\mathbf{Q}_k$ 的第 l，j 列。注意，如果 $\mathbf{Q}_k$ 的列向量是 $\boldsymbol{X}$ 的 EOF，则（4.2.15）式成立。（4.2.16）式可以看作（4.2.13）式的特殊形式。

4.2.3 冗余分析

冗余分析的理论基础是，存在一个非奇异的变换 $\mathbf{B}=(\boldsymbol{b}_1, \boldsymbol{b}_2, \cdots, \boldsymbol{b}_{m_x})$ 使得冗余指数（也就是 $\mathbf{B}_k^T\boldsymbol{X}$ 对 $\boldsymbol{Y}$ 的回归所解释的 $\boldsymbol{Y}$ 的方差与 $\boldsymbol{Y}$ 的总方差之比）对任意 $k=1, 2, \cdots, \min(m_x, m_y)$ 达最大。$\boldsymbol{b}_1$，$\boldsymbol{b}_2$，…，$\boldsymbol{b}_m$ 是 $\mathbf{B}$ 矩阵的列向量，是 m_x 维的。$\mathbf{B}_k$ 矩阵包含 $\mathbf{B}$ 的前 k 列。因此，冗余分析是确定一个 k 维子空间，使得能最有效地对 $\boldsymbol{Y}$ 回归。因为选取这个子空间的坐标不受约束，我们可以选取满足（4.2.15）式的 k 个正交型为线性基，使得冗余指数能够被表示成（4.2.16）式的形式。这两个公式含义是，如果 $\mathbf{B}$ 的列向量满足（4.2.15）式，则列向量是 $\boldsymbol{X}$ 的 EOF 型，是相互正交的，新变量 $\mathbf{B}_k^T\boldsymbol{X}$ 是 k 维的，它的 k 个分量相互正交，例如第 j 与第 j' 个分量间的协方差为 $E(\boldsymbol{b}_j^T\boldsymbol{X}\boldsymbol{X}^T\boldsymbol{b}_{j'})=\boldsymbol{b}_j^T\boldsymbol{\Sigma}_{XX}\boldsymbol{b}_{j'}=0$（因 $\boldsymbol{b}_j$ 与 $\boldsymbol{b}_{j'}$ 满足（4.2.15）式），在多元回归原理中已知，当回归方程中的因子相互正交时，多元回归方程的回归平方和等于各单因子一元回归的回归平方和之和，根据冗余指数的定义（4.2.8）式，得到在这种情况下，k 个新变量回归方程的 R^2 等于各新变量单因子回归方程的 R^2 之和，即（4.2.16）式。

接下来要识别出第二套空间型 $\mathbf{A}=(\boldsymbol{a}_1, \boldsymbol{a}_2, \cdots, \boldsymbol{a}_k)$，它表示 $\boldsymbol{X}$ 对 $\boldsymbol{Y}$ 的回归所解释的 $\boldsymbol{Y}$ 的方差的正交划分，更准确地说，回归把由向量 $\boldsymbol{X}'_k$ 表示的子空间映射到由 $\mathbf{A}$ 矩阵的前 k 列支撑的空间。

4.2.4 冗余分析变换

冗余分析变换的原理是，对任意 m_y 维随机向量 $\boldsymbol{Y}$ 和 m_x 维随机向量 $\boldsymbol{X}$，存在一个正交变换 $\mathbf{A}$ 和非奇异变换 $\mathbf{B}$，使得

$$\mathrm{Cov}(\mathbf{B}^T\boldsymbol{X},\mathbf{B}^T\boldsymbol{X}) = \mathbf{B}^T\boldsymbol{\Sigma}_{XX}\mathbf{B} = \mathbf{I} \tag{4.2.17}$$

$$\mathrm{Cov}(\mathbf{A}^T\boldsymbol{Y},\mathbf{B}^T\boldsymbol{X}) = \mathbf{A}^T\boldsymbol{\Sigma}_{YX}\mathbf{B} = \mathbf{D} \tag{4.2.18}$$

Cov 表示协方差矩阵，其中 $\mathbf{D}$ 是 $m_y \times m_x$ 阶矩阵，其元素 $d_{ij}=0$，当 $i \neq j$，对角元素 $d_{jj}=\sqrt{\lambda_j}$，对于 $j \leqslant \min(m_x, m_y)$，因为 m_x 与 m_y 不一定相等，所以 $\mathbf{D}$ 不一定是对角方阵。

这个原理的证明可分两步。首先对矩阵 **A** 和 **B** 导出两个特征方程，以及两个矩阵之间的一个线性联系作为必要条件，然后证明这两个特征方程的解满足（4.2.17）式和（4.2.18）式。

假定确定了两个矩阵 **A** 和 **B** 满足该定理，方程（4.2.17）可改写

$$\mathrm{Cov}(\mathbf{B}^T X, \mathbf{B}^T X) = \boldsymbol{\Sigma}_{B^T X, B^T X} = E(\mathbf{B}^T \boldsymbol{X}\boldsymbol{X}^T \mathbf{B}) = \mathbf{B}^T \boldsymbol{\Sigma}_{XX} \mathbf{B} = \mathbf{I}$$

解得

$$\boldsymbol{\Sigma}_{XX} = (\mathbf{B}\mathbf{B}^T)^{-1}$$

$$\boldsymbol{\Sigma}_{XX}^{-1} = \mathbf{B}\mathbf{B}^T \tag{4.2.19}$$

$$\mathrm{Cov}(\mathbf{A}^T Y, \mathbf{B}^T X) = \boldsymbol{\Sigma}_{\mathbf{A}^T Y, \mathbf{B}^T X} = E(\mathbf{A}^T \boldsymbol{Y}(\mathbf{B}^T \boldsymbol{X})^T) = \mathbf{A}^T E(YX^T)\mathbf{B} = \mathbf{A}^T \boldsymbol{\Sigma}_{YX} \mathbf{B} = \mathbf{D} \tag{4.2.20}$$

把（4.2.20）式右乘自己的转置，并利用（4.2.19）式得

$$\mathbf{A}^T \boldsymbol{\Sigma}_{YX} \mathbf{B}\mathbf{B}^T \boldsymbol{\Sigma}_{XY} \mathbf{A} = \mathbf{A}^T \boldsymbol{\Sigma}_{YX} \boldsymbol{\Sigma}_{XX}^{-1} \boldsymbol{\Sigma}_{XY} \mathbf{A} = \mathbf{D}\mathbf{D}^T \tag{4.2.21}$$

其中 $\mathbf{DD}^T$ 是 $m_y \times m_y$ 阶对角矩阵，对角元素为正值，$d_{jj}^2 = \lambda_j$，$j = \min$（m_x，m_y）。因为 **A** 是正交矩阵，把（4.2.21）式左乘 **A** 得

$$\boldsymbol{\Sigma}_{YX} \boldsymbol{\Sigma}_{XX}^{-1} \boldsymbol{\Sigma}_{XY} \mathbf{A} = \mathbf{A}\mathbf{D}\mathbf{D}^T \tag{4.2.22}$$

上式表明 **A** 的列向量满足

$$(\boldsymbol{\Sigma}_{YX} \boldsymbol{\Sigma}_{XX}^{-1} \boldsymbol{\Sigma}_{XY})\boldsymbol{a}_j = \lambda_j \boldsymbol{a}_j \tag{4.2.23}$$

方程（4.2.23）有 min（m_x，m_y）个特征值 $\lambda_j = d_{jj}^2$。再把（4.2.20）式的转置左乘（4.2.20）式，得

$$\mathbf{B}^T \boldsymbol{\Sigma}_{XY} \boldsymbol{A}\boldsymbol{A}^T \boldsymbol{\Sigma}_{YX} \mathbf{B} = \mathbf{B}^T \boldsymbol{\Sigma}_{XY} \boldsymbol{\Sigma}_{YX} \mathbf{B} = \mathbf{D}^T \mathbf{D} \tag{4.2.24}$$

把（4.2.19）式表示为 $\mathbf{B}^T = \mathbf{B}^{-1} \boldsymbol{\Sigma}_{XX}^{-1}$，代入（4.2.24）式，并且两边左乘 **B**，得

$$\boldsymbol{\Sigma}_{XX}^{-1} \boldsymbol{\Sigma}_{XY} \boldsymbol{\Sigma}_{YX} \mathbf{B} = \mathbf{B}\mathbf{D}^T \mathbf{D}$$

注意 $\mathbf{D}^T\mathbf{D}$ 依旧为对角矩阵，是 $m_x \times m_x$ 阶的。因此，**B** 的列向量满足特征方程

$$(\boldsymbol{\Sigma}_{XX}^{-1} \boldsymbol{\Sigma}_{XY} \boldsymbol{\Sigma}_{YX})\boldsymbol{b}_j = \lambda_j \boldsymbol{b}_j \tag{4.2.25}$$

现在定义矩阵 **A** 和 **B** 分别是 $\boldsymbol{\Sigma}_{YX} \boldsymbol{\Sigma}_{XY}^{-1} \boldsymbol{\Sigma}_{XY}$ 矩阵和 $\boldsymbol{\Sigma}_{XX}^{-1} \boldsymbol{\Sigma}_{XY} \boldsymbol{\Sigma}_{YX}$ 矩阵的特征向量为列向量构成的矩阵，并证明 **A** 和 **B** 满足定理的要求。

$\boldsymbol{\Sigma}_{XX}$ 是正定的对称矩阵，$\boldsymbol{\Sigma}_{XX}$ 可以开平方，$\boldsymbol{\Sigma}_{XX}$ 的均方根写为 $\boldsymbol{\Sigma}_{XX}^{\frac{1}{2}} = \boldsymbol{\Lambda}^{\frac{1}{2}} \boldsymbol{P}^T$，其中 $\boldsymbol{P}$ 是 $\boldsymbol{\Sigma}_{XX}$ 的特征向量构成的正交矩阵，$\boldsymbol{\Lambda} = \mathrm{diag}$（$\lambda_1$，$\lambda_2$，…，$\lambda_{m_x}$）是对应的特征值构成的对角阵，$\boldsymbol{\Lambda}^{\frac{1}{2}} = \mathrm{diag}$（$\sqrt{\lambda_1}$，$\sqrt{\lambda_2}$，……，$\sqrt{\lambda_{m_x}}$），则 $\boldsymbol{\Sigma}_{XX} =$（$\boldsymbol{\Sigma}_{XX}^{\frac{1}{2}}$）$^T \boldsymbol{\Sigma}_{XX}^{\frac{1}{2}}$。$\boldsymbol{\Sigma}_{XX}$ 的均方根的逆为 $\boldsymbol{\Sigma}_{XX}^{-\frac{1}{2}} = \mathbf{P}\boldsymbol{\Lambda}^{-\frac{1}{2}}$，其中 $\boldsymbol{\Lambda}^{-\frac{1}{2}} = \mathrm{diag}$（$\lambda_1^{-\frac{1}{2}}$，$\lambda_2^{-\frac{1}{2}}$，…，$\lambda_{m_x}^{-\frac{1}{2}}$）。注意，$\boldsymbol{\Sigma}_{XX}^{\frac{1}{2}} \boldsymbol{\Sigma}_{XX}^{-\frac{1}{2}} =$

$\mathbf{\Sigma}_{XX}^{-\frac{1}{2}}\mathbf{\Sigma}_{XX}^{\frac{1}{2}}=\mathbf{I}$，$\mathbf{\Sigma}_{XX}^{-1}=\mathbf{\Sigma}_{XX}^{-\frac{1}{2}}(\mathbf{\Sigma}_{XX}^{-\frac{1}{2}})^T$。因此，解方程（4.2.25）的途径是，当且仅当

$$\boldsymbol{c}=\mathbf{\Sigma}_{XX}^{\frac{1}{2}}\boldsymbol{b} \tag{4.2.26}$$

时（$\boldsymbol{c}$（小写黑斜体）是 m_x 维列向量），解特征方程

$$(\mathbf{C}^T\mathbf{C})\boldsymbol{c}=\lambda\boldsymbol{c} \tag{4.2.27}$$

其中，矩阵 $\mathbf{C}$（大写黑正体）为

$$\mathbf{C}=\mathbf{\Sigma}_{YX}\mathbf{\Sigma}_{XX}^{-\frac{1}{2}} \tag{4.2.28}$$

因为，$\mathbf{C}^T\mathbf{C}$ 是 Hermitian 矩阵，所有特征值是非负实值，有 m_x 个正交的特征向量，所以，特征值问题有 m_x 个线性独立的解

$$\boldsymbol{b}_j=\mathbf{\Sigma}_{XX}^{-\frac{1}{2}}\boldsymbol{c}_j \tag{4.2.29}$$

它满足（4.2.17）式，因为

$$\boldsymbol{b}_i^T\mathbf{\Sigma}_{XX}\boldsymbol{b}_j=\boldsymbol{c}_i^T(\mathbf{\Sigma}_{XX}^{-\frac{1}{2}})^T\mathbf{\Sigma}_{XX}\mathbf{\Sigma}_{XX}^{-\frac{1}{2}}\boldsymbol{c}_j=\boldsymbol{c}_i^T\boldsymbol{c}_j=\begin{cases}1 & \text{当 } i=j\\ 0 & \text{当 } i\neq j\end{cases}$$

特征值问题（4.2.23）式可改写为

$$(\mathbf{C}\mathbf{C}^T)\boldsymbol{a}=\lambda\boldsymbol{a} \tag{4.2.30}$$

$\mathbf{C}\mathbf{C}^T$ 与 $\mathbf{C}^T\mathbf{C}$ 有相同的特征值，如果 $\boldsymbol{c}$ 是 $\mathbf{C}^T\mathbf{C}$ 的特征向量，对应的特征值为 λ，则

$$\boldsymbol{a}=\frac{1}{\sqrt{\lambda}}\mathbf{C}\boldsymbol{c} \tag{4.2.31}$$

是 $\mathbf{C}\mathbf{C}^T$ 的特征向量，对应的特征值也是 λ。

尚待证明的是，这些向量满足（4.2.18）式。设 $\mathbf{C}^T\mathbf{C}$ 和 $\mathbf{C}\mathbf{C}^T$ 有 r 个非零特征值和对应的特征向量，对所有序号 j 和 $i\leqslant r$，有

$$\begin{aligned}\boldsymbol{a}_i^T\mathbf{\Sigma}_{YX}\mathbf{b}_j&=(\frac{1}{\sqrt{\lambda_i}}\mathbf{C}\mathbf{c}_i)^T\mathbf{\Sigma}_{YX}(\mathbf{\Sigma}_{XX}^{-\frac{1}{2}}\boldsymbol{c}_j)\\&=\frac{1}{\sqrt{\lambda_i}}\mathbf{c}_i^T\mathbf{C}^T\mathbf{\Sigma}_{YX}\mathbf{\Sigma}_{XX}^{-\frac{1}{2}}\boldsymbol{c}_j\\&=\frac{1}{\sqrt{\lambda_i}}\mathbf{c}_i^T\mathbf{C}^T\mathbf{C}\mathbf{c}_j\\&=\frac{1}{\sqrt{\lambda_i}}\boldsymbol{c}_i^T\lambda_j\boldsymbol{c}_j=\begin{cases}\sqrt{\lambda_i} & \text{当 } i=j\\ 0 & \text{当 } i\neq j\end{cases}\end{aligned} \tag{4.2.32}$$

当 $i>r$

$$\boldsymbol{a}_i^T\mathbf{\Sigma}_{YX}\boldsymbol{b}_j=\boldsymbol{a}_i^T\mathbf{C}\mathbf{c}_j=0 \tag{4.2.33}$$

这是因为 $\boldsymbol{a}_i^T\mathbf{C}$ 是零向量，这可用反证法证明，假定 $\boldsymbol{a}_i^T$ 不是零向量，则 $\boldsymbol{a}_i^T\mathbf{C}\mathbf{C}^T\boldsymbol{a}_i=\|\boldsymbol{a}_i^T\mathbf{C}\|>0$，这意味着 $\mathbf{C}\mathbf{C}^T\boldsymbol{a}_i$ 不等于零向量，这与 $\boldsymbol{a}_i$ 对应于 $\mathbf{C}\mathbf{C}^T$ 的零特征值相矛

盾，所以当 $i>r$，$\boldsymbol{a}_i^T$ 是零向量。所以 **A** 和 **B** 矩阵满足（4.2.18）式。分别由 $\boldsymbol{a}_j$ 和 $\boldsymbol{b}_j$ 组成的矩阵 **A** 和 **B** 是满足定理要求的惟一矩阵。

从计算的角度出发，因为 $\boldsymbol{\Sigma}_{YX}\boldsymbol{\Sigma}_{XX}^{-1}\boldsymbol{\Sigma}_{XY}$ 是实对称矩阵（如果 $\boldsymbol{Y}$ 和 $\boldsymbol{X}$ 是实的），先解特征值问题（4.2.23）式比较方便，它的所有特征向量是实的。然后使用 $\boldsymbol{b}_j$ 与 $\boldsymbol{a}_j$ 的关系计算 $\boldsymbol{b}_j$

$$\boldsymbol{b}_j = \frac{1}{\sqrt{\lambda_j}}\boldsymbol{\Sigma}_{XX}^{-1}\boldsymbol{\Sigma}_{XY}\boldsymbol{a}_j \tag{4.2.34}$$

$\boldsymbol{b}_j$ 也是实值的特征向量。

根据上面的分析，得到下面的定理：当选取 $\mathbf{Q}_k=\mathbf{B}_k$ 时，对所有 $k\leqslant m_x$，冗余指数 $\mathrm{R}^2(\boldsymbol{Y}:\mathbf{Q}_k\boldsymbol{X})$ 达最大，其中 $\mathbf{B}_k$ 是 $m_x\times k$ 阶矩阵，它由满足（4.2.25）式的与 k 个最大特征值对应的特征向量组成。

因此，在所有可能的单个空间型 $\boldsymbol{q}$ 中，对应于矩阵 $\boldsymbol{\Sigma}_{XX}^{-1}\boldsymbol{\Sigma}_{XY}\boldsymbol{\Sigma}_{YX}$ 的最大特征值的特征向量 $\boldsymbol{b}_1$ 在线性意义上提供最多的有关 $\boldsymbol{Y}$ 方差的信息，即对于任意 m_x 维向量 $\boldsymbol{q}$，有

$$\mathrm{R}^2(\boldsymbol{Y}:\boldsymbol{q}^T\boldsymbol{X})\leqslant R^2(\boldsymbol{Y}:\boldsymbol{b}_1^T\boldsymbol{X}) \tag{4.2.35}$$

况且，由（4.2.17）式和（4.2.16）式，冗余指数可写为特别简单的形式

$$\mathrm{R}^2(\boldsymbol{Y}:\boldsymbol{B}_k^T X) = \sum_{j=1}^{k}\mathrm{R}^2(\boldsymbol{Y}:\boldsymbol{b}_j^T\boldsymbol{X}) \tag{4.2.36}$$

因此，不等式（4.2.35）还能推广到更一般的形式：对于任意的一套 $\boldsymbol{q}_1$，…，$\boldsymbol{q}_k$，有

$$\sum_{j=1}^{k}\mathrm{R}^2(\boldsymbol{Y}:\boldsymbol{q}_j^T\boldsymbol{X})\leqslant\sum_{j=1}^{k}\mathrm{R}^2(\boldsymbol{Y}:\boldsymbol{b}_j^T\boldsymbol{X}) \tag{4.2.37}$$

现在归纳一下，引言中提出的由预报因子场做线性组合构成新变量，使新变量对预报对象的方差贡献逐个地达最大、次大……，新变量的线性组合系数应是 $\boldsymbol{\Sigma}_{XX}^{-1}\boldsymbol{\Sigma}_{XY}\boldsymbol{\Sigma}_{YX}$ 的特征向量（即 $\boldsymbol{b}_1$、$\boldsymbol{b}_2$，…）。而预报对象场的线性组合系数向量取 $\boldsymbol{\Sigma}_{YX}\boldsymbol{\Sigma}_{XX}^{-1}\boldsymbol{\Sigma}_{XY}$ 的特征向量（即 $\boldsymbol{a}_1$、$\boldsymbol{a}_2$，…）时，构成的新变量能够被预报出的方差依次最多、次多…

4.2.5　A 矩阵的作用

因为 $\mathbf{B}=(\boldsymbol{b}_1, \boldsymbol{b}_2, \cdots, \boldsymbol{b}_{m_x})$ 是非奇异矩阵，随机向量 $\boldsymbol{X}$ 能够用通常的方式展开

$$\boldsymbol{X} = \sum_{j=1}^{m_x}(\boldsymbol{X}^T\boldsymbol{b}_j)\boldsymbol{p}_j \tag{4.2.38}$$

其中伴随型 $\mathbf{P}=(\mathbf{p}_1, \mathbf{p}_2, \cdots, \mathbf{p}_{m_x})$ 由下式给出

$$\mathbf{P}^T = \mathbf{B}^{-1} \tag{4.2.39}$$

当重新用矩阵和向量的形式表示（4.2.38）式时，又回到

$$\boldsymbol{X} = \mathbf{PB}^T\boldsymbol{X} \tag{4.2.40}$$

类似地，因为 $\mathbf{A}$ 是正交矩阵，$\boldsymbol{Y}$ 的能够被 $\boldsymbol{X}$ 表示出的部分 $\hat{\boldsymbol{Y}}$ 可以被展开为

$$\hat{\boldsymbol{Y}} = \mathbf{A}\mathbf{A}^T\hat{\boldsymbol{Y}} = \sum_j (\hat{\boldsymbol{Y}}^T\boldsymbol{a}_j)\boldsymbol{a}_j \tag{4.2.41}$$

当用因子 $\boldsymbol{X}$ 对 $\boldsymbol{Y}$ 进行回归表示时，$\hat{\boldsymbol{Y}} = \boldsymbol{\Sigma}_{YX}\boldsymbol{\Sigma}_{XX}^{-1}\boldsymbol{X}$（见（4.1.15）式），因此，（4.2.41）式中的展开系数 $\mathbf{A}^T\hat{\boldsymbol{Y}}$ 为

$$\mathbf{A}^T\hat{\boldsymbol{Y}} = \mathbf{A}^T\boldsymbol{\Sigma}_{YX}\boldsymbol{\Sigma}_{XX}^{-1}\boldsymbol{X} \tag{4.2.42}$$

再由（4.2.19）式和（4.2.20）式，得

$$\mathbf{A}^T\hat{\boldsymbol{Y}} = \mathbf{A}^T\boldsymbol{\Sigma}_{YX}\mathbf{B}\mathbf{B}^T\boldsymbol{X} = \mathbf{D}\mathbf{B}^T\boldsymbol{X} \tag{4.2.43}$$

所以，（4.2.41）式中的展开系数是

$$\hat{\boldsymbol{Y}}^T\boldsymbol{a}_j = \sqrt{\lambda_j}\boldsymbol{X}^T\boldsymbol{b}_j \tag{4.2.44}$$

同时考虑（4.2.38）式和（4.2.41）式可以看出，回归把 $\boldsymbol{X}$ 的空间型 $\boldsymbol{p}_j$ 的振幅的变化映射到 $\boldsymbol{Y}$ 的空间型 $\boldsymbol{a}_j$ 的振幅的变化。平均情况下，当 $\boldsymbol{X}_j = \boldsymbol{p}_j$ 时，$\boldsymbol{Y}_j = \sqrt{\lambda_j}\boldsymbol{a}_j$（见（4.2.38）式和（4.2.44）式）。这些空间型本身是相关的，因为，由（4.1.12）和（4.2.19）、（4.2.39）式得

$$\mathcal{R}\mathbf{P} = \boldsymbol{\Sigma}_{YX}\boldsymbol{\Sigma}_{XX}^{-1}(\mathbf{B}^T)^{-1} = \boldsymbol{\Sigma}_{YX}\boldsymbol{\Sigma}_{XX}^{-1}\boldsymbol{\Sigma}_{XX}\mathbf{B} = \boldsymbol{\Sigma}_{YX}\mathbf{B} = \mathbf{A}\mathbf{D}$$

所以

$$\mathbf{A}\mathbf{D} = \boldsymbol{\Sigma}_{YX}\boldsymbol{\Sigma}_{XX}^{-1}\mathbf{P} \tag{4.2.45}$$

也就是回归算符把 $\boldsymbol{X}$ 型变换到 $\boldsymbol{Y}$ 型的标量形式。

因此，冗余分析能提供许多有用的结果。首先，它提供我们一个有效的途径，从另一个随机向量提供的信息确定一个随机向量的方差最大值，它还指导我们寻找因子变量（$\boldsymbol{X}$）中包含有关被认识变量（对象 $\boldsymbol{Y}$）最多方差的成分，最后，它提供相互映射的成对空间型，如果我们在因子场中观测到某个型 $\boldsymbol{p}_j$，则在对象场中观测到 $\boldsymbol{a}_j$ 型的可能性增加。

如果考虑整个 $\boldsymbol{X}$ 空间，利用以上关系容易得到

$$\boldsymbol{\Sigma}_{\hat{Y}\hat{Y}} = \boldsymbol{\Sigma}_{YX}\boldsymbol{\Sigma}_{XX}^{-1}\boldsymbol{\Sigma}_{XY} \tag{4.2.46}$$

把上式与特征值问题（4.2.23）式比较可见，$\boldsymbol{a}$ 向量是 $\hat{\boldsymbol{Y}}$ 的经验正交函数（EOF）。所以，$\boldsymbol{a}_1$ 的系数解释 $\hat{\boldsymbol{Y}}$ 的方差最多（等于 λ_1），$\boldsymbol{a}_2$ 的系数解释 $\hat{\boldsymbol{Y}}$ 的方差第二多（等于 λ_2），等等。回归所得的向量 $\hat{\boldsymbol{Y}}$ 的总方差等于 $\sum_j \lambda_j$。在导出（4.2.9）式的过程中，可看出 $\boldsymbol{\Sigma}_{Y\hat{Y}} = \boldsymbol{\Sigma}_{\hat{Y}\hat{Y}}$，所以得

$$\mathrm{R}^2(\boldsymbol{Y}:\hat{\boldsymbol{Y}}) = \mathrm{R}^2(\boldsymbol{Y}:\boldsymbol{X}) = \frac{\mathrm{tr}(\boldsymbol{\Sigma}_{\hat{Y}\hat{Y}})}{\mathrm{tr}(\boldsymbol{\Sigma}_{YY})} = \frac{\sum_j \lambda_j}{\mathrm{tr}(\boldsymbol{\Sigma}_{YY})} \tag{4.2.47}$$

当我们截取（4.2.38）式中包含有关 $\boldsymbol{Y}$ 的信息最多的 k 个成分时，则得到

$$R^2(\boldsymbol{Y}:\hat{\boldsymbol{Y}}) = R^2(\boldsymbol{Y}:\mathbf{B}_k^T\boldsymbol{X}) = \frac{\sum_{j=1}^{k}\lambda_j}{\mathrm{tr}(\boldsymbol{\Sigma}_{YY})} \tag{4.2.48}$$

§ 4.3　冗余分析与 CCA 比较

这里考虑一种特殊情况，设 $\boldsymbol{\Sigma}_{XX}$ 和 $\boldsymbol{\Sigma}_{YY}$ 是单位矩阵，则 **B** 和 **P** 也是单位矩阵，并且回归型 $\boldsymbol{a}$，即 $\hat{\boldsymbol{Y}}$ 的 EOF 是 $\boldsymbol{\Sigma}_{YX}\boldsymbol{\Sigma}_{XY}$ 矩阵的特征向量。也就是 $\boldsymbol{X}$ 提供 $\boldsymbol{Y}$ 在 $\boldsymbol{a}_1$ 方向的分量信息最多，$\boldsymbol{a}_1$ 是 $\boldsymbol{\Sigma}_{YX}\boldsymbol{\Sigma}_{XY}$ 矩阵的第一特征向量，这个分量的最好的预报因子是 $\boldsymbol{X}^T\boldsymbol{\Sigma}_{XY}\boldsymbol{a}_1$。

当对同样的情况做 CCA 时，需求解一对特征值问题，用本章的符号表示为

$$(\boldsymbol{\Sigma}_{XY}\boldsymbol{\Sigma}_{YX})\boldsymbol{f}_x = \lambda\boldsymbol{f}_x$$
$$(\boldsymbol{\Sigma}_{YX}\boldsymbol{\Sigma}_{XY})\boldsymbol{f}_y = \lambda\boldsymbol{f}_y$$

这套方程组的第一对特征向量记为 $\boldsymbol{f}_y=\boldsymbol{a}_1$ 和 $\boldsymbol{f}_x=\boldsymbol{\Sigma}_{XY}\boldsymbol{a}_1$，它表明 $\boldsymbol{X}^T\boldsymbol{\Sigma}_{XY}\boldsymbol{a}_1$ 是 $\boldsymbol{X}$ 中与 $\boldsymbol{Y}^T\boldsymbol{a}_1$ 相关最强的成分。

在这种特殊情况下，冗余分析和 CCA 识别出 $\boldsymbol{X}$ 和 $\boldsymbol{Y}$ 间相同的协同变化方向，两种分析方法是等价的。

然而，在一般情况下，这两个方法不是等价的。冗余分析通过求 $\boldsymbol{\Sigma}_{YX}\boldsymbol{\Sigma}_{XX}^{-1}\boldsymbol{\Sigma}_{XY}$ 矩阵的特征向量寻找 $\boldsymbol{Y}$ 中能被最优地预报出的成分，然后寻找带来这一预报信息的 $\boldsymbol{X}$ 中的空间型 **P**。而在 CCA 方法中，通过求 $(\boldsymbol{\Sigma}_{YY}^{-\frac{1}{2}})^T\boldsymbol{\Sigma}_{YX}\boldsymbol{\Sigma}_{XX}^{-1}\boldsymbol{\Sigma}_{XY}\boldsymbol{\Sigma}_{YY}^{-\frac{1}{2}}$ 矩阵的特征向量 $\boldsymbol{\Sigma}_{YY}^{-\frac{1}{2}}\boldsymbol{f}_y$ 得到 $\boldsymbol{Y}$ 的最强烈相关成分。也就是说，CCA 是对 $\boldsymbol{Y}'=(\boldsymbol{\Sigma}_{YY}^{-\frac{1}{2}})^T\boldsymbol{Y}$ 做冗余分析，这个随机向量是由 $\boldsymbol{Y}$ 投影到它的 EOF 上，并且每个成分用它的标准差为单位表示得到的。所以，可以预料，如果 $\boldsymbol{Y}$ 投影到它的前几个 EOF 上，并且这几个 EOF 有相近的特征值，则两个分析方法产生的结果是相似的。

§ 4.4　主预报因子分析

主预报因子分析（Principal Predictor Analysis，PPA）是 Thacker（1999 年）首先提出的，功能也是寻找两套变量之间的预报关系，主要目的是从多变量预报因子集中提取预报对象集变率的主要线性模态。Thacker 将该方法应用于数值天气预报的产品，集中提取大量数据中包含的预报信息。这里我们按他提出的方法的原则，采用本书的表达方式，将主预报因子分析作为一个独立的方法，详细导出它的公式来。

设预报因子有 I 个分量，记为

$$\boldsymbol{X}(t)=\begin{pmatrix}x_1(t)\\x_2(t)\\\vdots\\x_I(t)\end{pmatrix}\tag{4.4.1}$$

预报对象有 K 个分量，记为

$$\boldsymbol{Y}(t)=\begin{pmatrix}y_1(t)\\y_2(t)\\\vdots\\y_K(t)\end{pmatrix}\tag{4.4.2}$$

不失一般性，设预报对象和预报因子都是中心化的，况且多数情况下应是标准化的。PPA 是要寻找一个组合系数向量 $\boldsymbol{A}$，用它构成预报因子的线性组合

$$p(t)=\boldsymbol{A}^T\boldsymbol{X}(t)=\boldsymbol{X}^T(t)\boldsymbol{A}\tag{4.4.3}$$

$$\boldsymbol{A}=\begin{pmatrix}a_1\\a_2\\\vdots\\a_I\end{pmatrix}\tag{4.4.4}$$

$p(t)$ 称为主预报因子。系数向量 $\boldsymbol{A}$ 是 I 维列向量，它的选取原则是使 $p(t)$ 与 $\boldsymbol{Y}(t)$ 的各分量的相关系数的平方和达最大。由多元回归的原理我们知道，如果 $\boldsymbol{Y}(t)$ 的各个分量是标准化的，则 $p(t)$ 与 $\boldsymbol{Y}(t)$ 的分量 $y_k(t)$ 之间的相关系数就是用 $p(t)$ 预报 $y_k(t)$ 的回归系数，相关系数的平方是 $p(t)$ 对 $y_k(t)$ 的方差贡献，所以，寻找 $\boldsymbol{A}$ 的原则也是使 $p(t)$ 对 $\boldsymbol{Y}(t)$ 的各个分量的方差贡献之和达最大，或者使 $\boldsymbol{Y}(t)$ 与 $\hat{\boldsymbol{Y}}(t)$ 之间的误差平方和达最小，其中 $\hat{\boldsymbol{Y}}(t)$ 是用 $p(t)$ 为因子采用回归方法预报出的 $\boldsymbol{Y}(t)$。这样，$\hat{\boldsymbol{Y}}(t)$ 是贯穿预报对象空间的直线，因为它的各个分量 $\hat{y}_k(t)$ 是被同一个因子 $p(t)$ 线性表示出来的。

在预报因子空间，以 $p(t)$ 为回归方程的因子，采用回归方程表示出原预报因子 $\boldsymbol{X}(t)$ 的各个分量，记为 $\hat{x}_i(t)$，它们在预报因子空间也聚集在一条直线。

下面在这一原则下导出线性组合的系数向量 $\boldsymbol{A}$。

因为预报因子已是距平或标准化距平，各分量的均值都是零，所以 $p(t)$ 的均值为零。$p(t)$ 的方差为

$$\mathrm{var}(p(t))=\langle(p(t))^2\rangle=\langle\boldsymbol{A}^T\boldsymbol{X}_t\boldsymbol{X}_t^T\boldsymbol{A}\rangle=\boldsymbol{A}^T\boldsymbol{\Sigma}_{XX}\boldsymbol{A}\tag{4.4.5}$$

其中 $\boldsymbol{\Sigma}_{XX}=\langle\boldsymbol{X}_t\boldsymbol{X}_t^T\rangle$ 是预报因子的协方差矩阵

$$\boldsymbol{\Sigma}_{XX}=\begin{pmatrix}\operatorname{cov}(x_1,x_1) & \operatorname{cov}(x_1,x_2) & \cdots & \operatorname{cov}(x_1,x_I)\\ \operatorname{cov}(x_2,x_1) & \operatorname{cov}(x_2,x_2) & \cdots & \operatorname{cov}(x_2,x_I)\\ \cdots & \cdots & \cdots & \cdots\\ \operatorname{cov}(x_I,x_1) & \operatorname{cov}(x_I,x_2) & \cdots & \operatorname{cov}(x_I,x_I)\end{pmatrix} \tag{4.4.6}$$

预报对象与预报因子之间的交叉协方差矩阵为

$$\boldsymbol{\Sigma}_{YX}=\begin{pmatrix}\operatorname{cov}(y_1,x_1) & \operatorname{cov}(y_1,x_2) & \ldots & \operatorname{cov}(y_1,x_I)\\ \operatorname{cov}(y_2,x_1) & \operatorname{cov}(y_2,x_2) & \ldots & \operatorname{cov}(y_2,x_I)\\ \ldots & \ldots & \ldots & \ldots\\ \operatorname{cov}(y_K,x_1) & \operatorname{cov}(y_K,x_2) & \ldots & \operatorname{cov}(y_K,x_I)\end{pmatrix} \tag{4.4.7}$$

预报因子与预报对象之间的交叉协方差矩阵为

$$\boldsymbol{\Sigma}_{XY}=\begin{pmatrix}\operatorname{cov}(x_1,y_1) & \operatorname{cov}(x_1,y_2) & \ldots & \operatorname{cov}(x_1,y_K)\\ \operatorname{cov}(x_2,y_1) & \operatorname{cov}(x_2,y_2) & \ldots & \operatorname{cov}(x_2,y_K)\\ \ldots & \ldots & \ldots & \ldots\\ \operatorname{cov}(x_I,y_1) & \operatorname{cov}(x_I,y_2) & \ldots & \operatorname{cov}(x_I,y_K)\end{pmatrix} \tag{4.4.8}$$

$p(t)$ 与 $y_k(t)$ 相关系数的平方和为

$$R=\sum_{k=1}^{K}\operatorname{cor}^2(y_k,p)=\sum_{k=1}^{K}\frac{\operatorname{cov}^2(y_k,p)}{\operatorname{var}(y_k)\operatorname{var}(p)} \tag{4.4.9}$$

设 $\boldsymbol{Y}(t)$ 的各分量是标准化的，$\operatorname{var}(y_k)=1$ 。$\boldsymbol{Y}(t)$ 的分量与主预报因子间的协方差为

$$\operatorname{cov}(y_k,p)=\operatorname{cov}(y_k,\boldsymbol{X}_t^T\boldsymbol{A})=\operatorname{cov}(y_k,\boldsymbol{X}_t^T)\boldsymbol{A}$$

$$=(\operatorname{cov}(y_k,x_1)\operatorname{cov}(y_k,x_2)\quad\cdots\quad\operatorname{cov}(y_k,x_I))\begin{pmatrix}a_1\\ a_2\\ \vdots\\ a_I\end{pmatrix} \tag{4.4.10}$$

其中 $\operatorname{cov}(y_k,\boldsymbol{X}_t^T)$ 是一个行向量，是 $\boldsymbol{\Sigma}_{YX}$ 矩阵的第 k 行。由(4.4.10)式，$\operatorname{cov}(y_k,p)$ 是 $\boldsymbol{\Sigma}_{YX}$ 矩阵的第 k 行与列向量 $\boldsymbol{A}$ 的乘积，因为 $\operatorname{cov}(y_k,p)$ 是一个数量，可以转置，所以，$\operatorname{cov}(y_k,p)$ 还可表示为 $\boldsymbol{A}^T$ 与 $\boldsymbol{\Sigma}_{XY}$ 的第 k 列的乘积。因此得

$$\sum_{k=1}^{K}\operatorname{cov}^2(y_k,p)=(\operatorname{cov}(y_1,p)\operatorname{cov}(y_2,p)\quad\cdots\quad\operatorname{cov}(y_K,p))\begin{pmatrix}\operatorname{cov}(y_1,p)\\ \operatorname{cov}(y_2,p)\\ \vdots\\ \operatorname{cov}(y_K,p)\end{pmatrix}$$

$$=(\boldsymbol{A}^T\boldsymbol{\Sigma}_{XY})(\boldsymbol{\Sigma}_{YX}\boldsymbol{A})=\boldsymbol{A}^T\boldsymbol{\Sigma}_{XY}\boldsymbol{\Sigma}_{YX}\boldsymbol{A} \tag{4.4.11}$$

因此得

$$R = \frac{\boldsymbol{A}^T \boldsymbol{\Sigma}_{XY} \boldsymbol{\Sigma}_{YX} \boldsymbol{A}}{\boldsymbol{A}^T \boldsymbol{\Sigma}_{XX} \boldsymbol{A}} \tag{4.4.12}$$

或写为

$$R(\boldsymbol{A}^T \boldsymbol{\Sigma}_{XX} \boldsymbol{A}) = \boldsymbol{A}^T \boldsymbol{\Sigma}_{XY} \boldsymbol{\Sigma}_{YX} \boldsymbol{A} \tag{4.4.13}$$

上式两边对 $\boldsymbol{A}$ 求导数，并且注意 $\boldsymbol{\Sigma}_{XX}$ 和 $\boldsymbol{\Sigma}_{XY}\boldsymbol{\Sigma}_{YX}$ 是对称矩阵，得

$$\frac{\partial R}{\partial \boldsymbol{A}}(\boldsymbol{A}^T \boldsymbol{\Sigma}_{XX} \boldsymbol{A}) + R2\boldsymbol{\Sigma}_{XX}\boldsymbol{A} = 2\boldsymbol{\Sigma}_{XY}\boldsymbol{\Sigma}_{YX}\boldsymbol{A}$$

为使 R 取极大值，必须取 $\frac{\partial R}{\partial \boldsymbol{A}}$ 为零向量，因此得

$$\boldsymbol{\Sigma}_{XY}\boldsymbol{\Sigma}_{YX}\boldsymbol{A} = R\boldsymbol{\Sigma}_{XX}\boldsymbol{A}$$

或

$$(\boldsymbol{\Sigma}_{XX}^{-1}\boldsymbol{\Sigma}_{XY}\boldsymbol{\Sigma}_{YX})\boldsymbol{A} = R\boldsymbol{A} \tag{4.4.14}$$

因此得到结果，构成主预报因子的组合系数向量应是（$\boldsymbol{\Sigma}_{XX}^{-1}\boldsymbol{\Sigma}_{XY}\boldsymbol{\Sigma}_{YX}$）的特征向量，对应的特征值就是该主预报因子与预报对象的各分量相关系数的平方和。因为该矩阵有 I 个特征值和特征向量，所以最多可以有 I 个主预报因子，（4.4.14）式改写为

$$(\boldsymbol{\Sigma}_{XX}^{-1}\boldsymbol{\Sigma}_{XY}\boldsymbol{\Sigma}_{YX})\boldsymbol{A}_j = R_j\boldsymbol{A}_j \tag{4.4.15}$$

$\boldsymbol{A}_j$ 是第 j 个主预报因子的组合系数向量，R_j 是第 j 个主预报因子与预报对象的各分量相关系数的平方和。

另外一种设想是，当第一个主预报因子被识别出来后，再将剩余 $\boldsymbol{X}(t)-\hat{\boldsymbol{X}}(t)$ 和 $\boldsymbol{Y}(t)-\hat{\boldsymbol{Y}}(t)$ 为分析对象，得到第二主预报因子，并依次得到更高序号的主预报因子。但是，实际上，因为组合系数向量是（$\boldsymbol{\Sigma}_{XX}^{-1}\boldsymbol{\Sigma}_{XY}\boldsymbol{\Sigma}_{YX}$）矩阵的特征向量，不同序号的主因子是一起找到的。

根据该方法的原理，如果预报对象和预报因子是相同的，即如果 $\boldsymbol{Y}(t)$ 就是 $\boldsymbol{X}(t)$，则 PPA 退化为 PCA，主成分序列就是主预报因子 $p(t)$，第一主成分 $\alpha_1(t)$ 就是第一主预报因子，第一特征向量 $\boldsymbol{V}_1$ 就是线性组合构成第一主预报因子所需的系数向量 $\boldsymbol{A}_1$，因为由主成分分析原理，用 $\hat{x}_i(t) = v_{i1}\alpha_1(t)$ 表示 $x_i(t)$，能使所有分量的误差平方和达最小，符合这里 PPA 的提法。况且从（4.4.15）式也可导出，当 $\boldsymbol{Y}(t)$ 就是 $\boldsymbol{X}(t)$，则 $\boldsymbol{\Sigma}_{XX}$、$\boldsymbol{\Sigma}_{YX}$、$\boldsymbol{\Sigma}_{XY}$ 是同一矩阵，（4.4.15）式退化为

$$\boldsymbol{\Sigma}_{XX}\boldsymbol{A}_j = R_j\boldsymbol{A}_j \tag{4.4.16}$$

因此这种特殊情况下，主预报因子的组合系数向量就是预报因子的协方差矩阵的特征向量，PPA 退化为 PCA。

再将 PPA 与冗余分析（RA）做比较。PPA 要求线性组合的预报因子与预报对象各分量的相关系数平方和达最大，RA 要求冗余指数达最大，就是要求线性组合的

预报因子对预报对象各分量的方差贡献之和达最大。前面我们已经说到，根据多元回归的原理，如果预报对象是标准化的，则线性组合的预报因子与预报对象各分量的相关系数就是回归系数，线性组合的预报因子与预报对象各分量的相关系数的平方就是该线性组合的预报因子对预报对象分量的方差贡献。线性组合的预报因子与预报对象各分量的相关系数平方和就是该线性组合预报因子对预报对象各分量方差贡献之和，所以，两个分析方法要求达最大值的量是一致的，因此，它们的线性组合系数向量应相同。实际上也正是这样，把（4.4.15）式与（4.2.25）式比较可见，预报因子线性组合的系数向量满足的方程是一样的，本节的 $\boldsymbol{A}_j$ 就是§4.2 节的 b_j 。与 RA 不同之处在于 PPA 不要求构成预报对象的线性组合。

关于 PPA 的应用，我们还未见到国内有应用 PPA 的论文。Thacker 的应用中，预报因子是数值模式输出资料，有 17983 个变量，预报对象有 17931 个变量，文中未提及对预报因子和预报对象做预处理。我们认为，这样应用不甚合理，一方面，不仅计算量很大，况且可能不可以计算，因为 $\boldsymbol{\Sigma}_{XX}$ 是 17983×17983 维的，如果资料样本数小于 17983，则 $\boldsymbol{\Sigma}_{XX}$ 就不满秩，$\boldsymbol{\Sigma}_{XX}^{-1}$ 不存在。为了使 $\boldsymbol{\Sigma}_{XX}^{-1}$ 存在，Thacker 文中提出，至少要有 25 年以上的每日两次资料。对于一个数值天气预报模式来说，维持 25 年以上不变是不太可能的。另一方面，原始的预报对象和预报因子资料直接做 PPA 不能浓缩两套资料主要变率之间的关系。所以，我们认为合理的应用应该像 BP 法那样，先对预报对象和预报因子资料集分别做 PCA，截取前几个主成分作为 PPA 的对象。进一步，如果截取的主成分做了标准化处理后再进入 PPA，则 $\boldsymbol{\Sigma}_{XX}$ 和它的逆矩阵变成了单位矩阵，（4.4.15）式就变成了

$$(\boldsymbol{\Sigma}_{XY}\boldsymbol{\Sigma}_{YX})\boldsymbol{A}_j = R_j\boldsymbol{A}_j \tag{4.4.17}$$

在这种情况下，由矩阵 SVD 运算的性质 3（见（3.1.24）式），$\boldsymbol{A}_j$ 又是 $\boldsymbol{\Sigma}_{XY}$ 矩阵的左奇异向量，要寻找的主预报因子就是典型相关变量。

§4.5　非线性主预报因子分析

4.5.1　非线性主预报因子分析原理

非线性的主预报因子分析（Nonlinear Principal Predictor Analysis，NLPPA）是 Alex J Cannon 于 2006 年首先提出的，该方法是把 PPA 推广到非线性变换的情况，采用的数学手段与 NLPCA、NLCCA 相同，即采用人工神经网络。与 PPA 类似，如果预报对象和预报因子是相同的，即如果 $\boldsymbol{Y}(t)$ 就是 $\boldsymbol{X}(t)$，则 PPA 退化为 PCA，而 NLPPA 退化为 NLPCA。根据这种情况，NLPPA 可以采用与 NLPCA 相同结构的人

工神经网络，即由两个多层网络联合组成（图 4.5.1 左侧的网络）。这个网络由两个映射组成，它的第一部分三层网络是从 R^I 空间变换到 R^1 空间，即由预报因子向量，经有 J 个神经元的隐层，到瓶颈层，由预报因子 $\boldsymbol{X}(t)$ 非线性变换得到一维主预报因子序列 $p(t)$，是压缩变换。其第二部分是从 R^1 空间变换到 R^K 空间，即由一维主预报因子 $p(t)$ 经过有 L 个神经元的隐层变换到网络的输出 $\hat{\boldsymbol{Y}}(t)$，是展开变换。与 NLPCA 不同之处在于 NLPPA 的网络的计算输出 $\hat{\boldsymbol{Y}}(t)$ 不是去逼近网络自身的输入 $\boldsymbol{X}(t)$，而是去逼近预报对象 $\boldsymbol{Y}(t)$，即网络不是自相联系的。

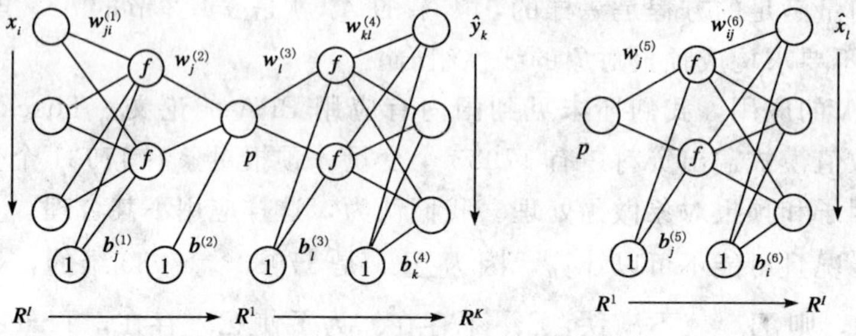

图 4.5.1　用于执行 NLPPA 的神经网络示意图
（本节的图引自 Alex J Cannon2006 年）

在该网络的第一部分，从输入 $X(t)$ 到有 J 个神经元的隐层采用的传递函数是双曲正切，是非线性变换，而由隐层到瓶颈层采用线性变换，得到一维主预报因子

$$p = \sum_{j=1}^{J} f\Big(\sum_{i=1}^{I} x_i w_{ji}^{(1)} + b_j^{(1)}\Big) w_j^{(2)} + b^{(2)} \tag{4.5.1}$$

其中 f 是传递函数，即双曲正切。可调整的参数是隐层的每个权重系数 $w_{ji}^{(1)}$、隐层的偏斜系数 $b_j^{(1)}$、压缩变换输出层的权重系数 $w_j^{(2)}$ 和该输出层的偏斜系数 $b^{(2)}$。括号内的上标表示层序号。上式省略了时间序号 t，即 p 为 $p(t)$，x_i 为 $x_i(t)$。在下面的公式中采用与这里相同的表示规则。

从主预报因子 $p(t)$ 到展开变换的隐层采用非线性的传递函数，从该隐层到输出层采用线性传递函数，得到 $\boldsymbol{Y}(t)$ 的第 k 个分量的预报值 $\hat{y}_k$

$$\hat{y}_k = \sum_{l=1}^{L} f\big[p w_l^{(3)} + b_l^{(3)}\big] w_{kl}^{(4)} + b_k^{(4)} \tag{4.5.2}$$

其中 $\hat{y}_k$ 和 p 省略了时间序号 t。

如果传递函数简单地采用等同变换，即 $f: x \rightarrow x$，则该网络是线性的。此时(4.5.1)式变成

$$p = \sum_{j=1}^{J} \Big(\sum_{i=1}^{I} x_i w_{ji}^{(1)} + b_j^{(1)}\Big) w_j^{(2)} + b^{(2)} \tag{4.5.3}$$

上式组合了两套线性回归方程：首先以 $\boldsymbol{X}(t)$ 的各分量为因子通过多元线性回归得到隐层各神经元的值，隐层有 J 个神经元，所以有 J 个多元线性回归方程，回归得到第 j 个神经节点值的回归方程的回归系数是 $w_{ji}^{(1)}$，常系数是 $b_j^{(1)}$；然后由隐层各神经元的值多元回归到瓶颈层神经元值，即 $p(t)$，回归系数是 $w_j^{(2)}$，常系数是 $b^{(2)}$。两次线性变换能够压缩为 $\boldsymbol{X}(t)$ 与一个权重系数向量的内积，等价于线性 PPA 的 (4.4.3) 式。注意，因为预报因子和预报对象是距平或标准化距平，均值都是零，所以这里的偏斜系数或回归方程中的常系数实际上是零。相应地 (4.5.2) 式变成

$$\hat{y}_k = \sum_{l=1}^{L}\left[p w_l^{(3)} + b_l^{(3)}\right] w_{kl}^{(4)} + b_k^{(4)} \tag{4.5.4}$$

上式从主因子 p 线性变换到预报对象。在这种情况下，该网络表示穿过预报对象空间中资料点的一根直线。

然而，如果传递函数是非线性的，该网络能够表达预报因子与预报对象间的非线性关系，也就是网络能执行 NLPPA，非线性的传递函数一般取双曲正切。在这种情况下，网络表示穿过预报对象空间中资料点的一维曲线。

网络参数的调整是使得以下损失函数达最小

$$J_1 = \frac{\sum_{k=1}^{K}\langle (y_k - \hat{y}_k)^2 \rangle}{K} + \langle p \rangle + (\langle p^2 \rangle^{\frac{1}{2}} - 1)^2 + \lambda^{(1)} \frac{\sum_{j=1}^{J}\sum_{i=1}^{I}(w_{ji}^{(1)})^2}{IJ} + \lambda^{(3)} \frac{\sum_{l=1}^{L}(w_l^{(3)})^2}{L} \tag{4.5.5}$$

其中尖角括号表示样本平均或时间平均。右边第一项是模式预报与实际预报对象之间的均方误差。因为主预报因子 p 的度量尺度对均方误差没有影响，所以引入第二、三项，目的是分别使主预报因子 p 的均值为零、方差为 1。后面的两项用来惩罚模式中非线性项的权重系数绝对值过大，这是因为，非线性项的权重系数绝对值过大将导致双曲正切函数的自变量绝对值过大，致使双曲正切函数变成阶梯函数，模式只能取到双曲正切函数的两个极限值，正 1 和负 1。参数 $\lambda^{(1)}$ 和 $\lambda^{(3)}$ 用来调节惩罚的强度，称为权重惩罚系数。因为双曲正切函数在自变量取零附近值时是近似线性的，所以，如果权重惩罚系数过大，将使得权重系数变小，因而导致模式表达非线性联系的能力减弱。权重系数惩罚项（也称为调节项或平滑项）还经常用于防止模式过适应。模式中神经元节点的个数和权重惩罚系数的大小决定了模式的整体复杂性。一般而言，增加神经元节点数，或者减小权重惩罚系数都将增强模式的非线性模拟能力。确定节点数、权重惩罚系数最优值的方法在§1.5 已介绍过，可把全部样本划分为训练样本（占全部样本的 70%～80%）和检验样本（20%～30%），或者采用交叉检验，

这些参数的选取使得到在检验样本或交叉检验中的误差估计达最小。

与 NLPCA 不同，执行 NLPCA 只要一个网络，而 NLPPA 需要第二个网络（图 4.5.1 右侧的网络），它用于从主预报因子 $p(t)$ 返回到预报因子空间，表示出预报因子对应的近似 $\hat{X}(t)$，它是从 1 维空间到 I 维空间的变换。在 NLCCA 中采用相同类型的神经网络，从典型相关变量变换到预报因子、预报对象空间。这个网络输出得到预报因子的第 k 个分量的预报值为

$$\hat{x}_i = \sum_{j=1}^{J} f[pw_j^{(5)} + b_j^{(5)}]w_{ij}^{(6)} + b_i^{(6)} \tag{4.5.6}$$

上式省略了 $\hat{x}_i$ 和 p 的样本序号 t。上式表明，从主预报因子 p（t）到该网络的隐层神经元采用非线性变换，从隐层神经元到输出层的每个分量采用线性变换。$\hat{x}_i(t)$ 在预报因子空间聚集成一条连续曲线。该网络中的权重系数的选取是使得以下损失函数达最小

$$J_2 = \frac{\sum_{i=1}^{I}\langle(x_i - \hat{x}_i)^2\rangle}{I} + \lambda^{(5)}\frac{\sum_{j=1}^{J}[w_j^{(5)}]^2}{J} \tag{4.5.7}$$

在 NLPPA 中，一个模态由一个 1 维的主预报因子和相应的 $\hat{\boldsymbol{X}}(t)$ 和曲线 $\hat{\boldsymbol{Y}}(t)$ 组成。主预报因子的每一个值成像得到预报因子空间中 $\hat{\boldsymbol{X}}(t)$ 曲线上一个对应坐标，以及预报对象空间中 $\hat{\boldsymbol{Y}}(t)$ 曲线上一个对应坐标。类似于 NLPCA，NLPPA 的模态能够像“电影片”那样解释。

例如，如果 NLPPA 方法中的预报因子和预报对象分别是 SSTA 和 SLPA 格点资料 EOF 分析截取的前几个标准化的时间系数，即前几个标准化的主成分，则非线性主预报因子 p（t）的值对应于这些主成分的不同值。当 p（t）的值从它的最小值变化到最大值，在 $\hat{\boldsymbol{X}}(t)$ 和 $\hat{\boldsymbol{Y}}(t)$ 曲线上的对应点从一个端点移动到另一端，由对应的主成分近似值与 EOF 空间型恢复到原距平场，距平场将呈现电影片式的变化。由于 NLPPA 能够表示预报因子和预报对象空间中的曲线，所以无论是量值还是场的空间型都可以自由地变化。PPA 则不然，它只能表示预报因子空间和预报对象空间中的直线，只能生成一个固定的空间型，当主预报因子从它的最小值变化到它的最大值时，所恢复的场只有量值能自由变化，空间分布形势不变。

当第一个主预报因子被识别出来后，再将剩余 $\boldsymbol{X}(t)-\hat{\boldsymbol{X}}(t)$ 和 $\boldsymbol{Y}(t)-\hat{\boldsymbol{Y}}(t)$ 为分析对象，采用另一套网络训练，得到第二主预报因子，并依次得到更高序号的主预报因子。

上述的 NLPPA 网络结构在压缩变换和展开变换的隐层可以有不同个数的神经节点，还可以有不同的权重惩罚系数。但是，在很多情况中，特别是预报对象和预报因子的变量个数相近时，两个隐层可以取相同的神经节点数，权重惩罚系数也可取相同

的，下面的例子就是这样取的。

4.5.2　NLPPA 应用于人造数据例子

为了说明 NLPPA 与 PPA 的不同，这里用人造的预报因子与预报对象数据来演示方法的功能。预报因子和预报对象各有两个分量，取

$$\boldsymbol{X}=\begin{pmatrix}x_1\\x_2\end{pmatrix}=\begin{pmatrix}s+m_1\\-0.7s^2-0.7+m_2\end{pmatrix} \tag{4.5.8}$$

$$\boldsymbol{Y}=\begin{pmatrix}y_1\\y_2\end{pmatrix}=\begin{pmatrix}1.6\tanh(s)+n_1\\3.2\tanh(s^2)-1.2+n_2\end{pmatrix} \tag{4.5.9}$$

其中 s 取自均值为零均方差为 1 的正态分布随机数，噪声 m_1 、m_2 、n_1 、n_2 取自均值为零均方差为 0.2 的正态分布随机数。样本点的散布见图 4.5.2。

图 4.5.3 是人造资料做 PPA 得到的第一、二模态，两个模态分别是水平和垂直的直线。可见，尽管资料有非线性结构，但PPA只能提取线性模态。在这种情况，

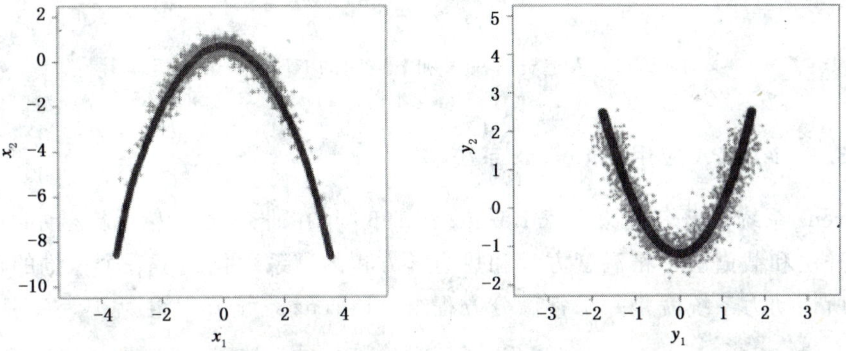

图 4.5.2　人造噪声资料散布（点）及在 **X** 和 **Y** 空间的理论模态（曲线）

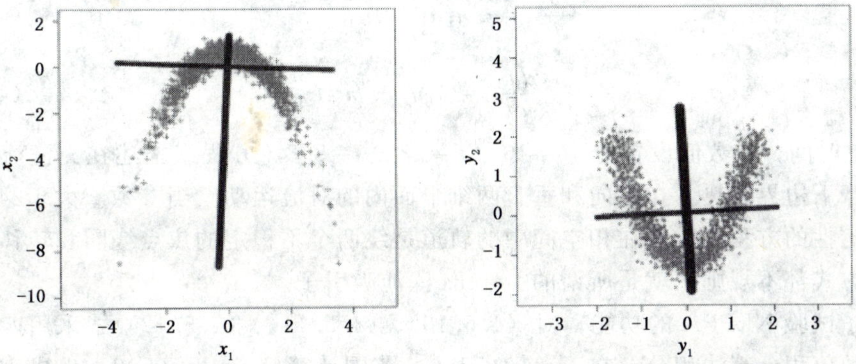

图 4.5.3　人造资料在 **X** 和 **Y** 空间的 PPA 第一（细直线）、第二（粗直线）模态

非线性结构被扩展成两个线性模态，尽管理论模态是单一曲线。PPA 第一、二模态分别解释带有噪声的预报对象资料总方差的 43%和 30%，而理论模态是一根二次曲线，解释带有噪声的预报对象资料总方差的 96%。

图 4.5.4 是人造资料做 NLPPA 得到的第一模态，可见，NLPPA 能够用单根曲线提取资料的二次曲线结构。它解释带有噪声的预报对象资料总方差的 91%。

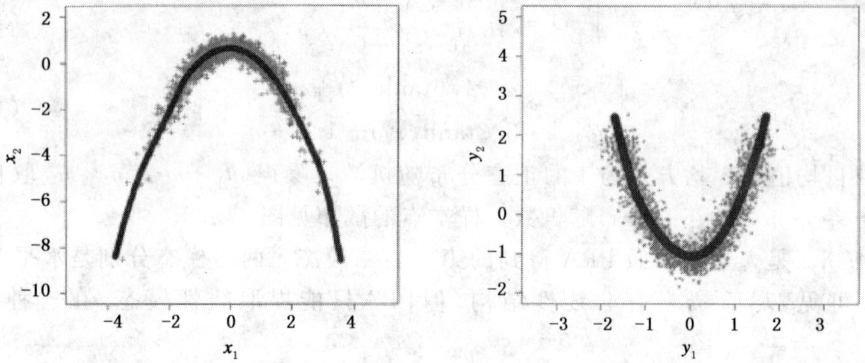

图 4.5.4　人造资料在 ***X*** 和 ***Y*** 空间的 NLPPA 第一模态

4.5.3　NLPPA 应用于 Lorenz 系统

Lorenz 系统是著名气象学家 Lorenz 在 1963 年在研究大气热对流运动时应用伽辽金谱展开法和截谱法，将涡度方程和热力学方程的谱系数化成了一个三维的自治动力系统。所谓动力系统就是一个常微分方程组，Lorenz 系统方程组为

$$\frac{du_1}{dt} = -\sigma u_1 + \sigma u_2 \tag{4.5.10}$$

$$\frac{du_2}{dt} = -u_1 u_3 + r u_1 - u_2 \tag{4.5.11}$$

$$\frac{du_3}{dt} = u_1 u_2 - b u_3 \tag{4.5.12}$$

其中 t 是时间，参数值设置为 $\sigma = 10$ 、$r=28$、$b=8/3$。方程组描述在充满流体的槽中，由于下边界受热，在纬向和垂直两维平面内的对流运动。当参数 r 大于24.7368，上述确定性的方程组的解在相空间中的轨道是绕两个不稳定的焦点绕圈和转移，圈数和转移方式都不规则，就是所谓的 Lorenz 浑沌吸引子。

为了试验 NLPPA 的功能，对（4.5.10）、（4.5.11）、（4.5.12）式采用四阶龙格一库塔数值积分算法积分，在 $t=$［1，100］范围计算解，$\Delta t=0.02$，生成 10000 个样品。在各个变量上再叠加噪声，噪声取零均值的正态分布随机数，噪声的均方差分别取信号均方差的 0.1、0.2、0.3、0.4、0.5 倍，这样共生成 5 套资料。用于多变量模式，预报因子 X 取 t 时间的资料解，并且标准化到均值为零，均方差为 1。而预报对象 Y 取预报因子采样时间再加 3、6、9、12 Δt 时间的资料。

生成一套基准预报因子，方法是在每个时间步采用带有噪声的预报因子作为初始条件把 Lorenz 方程组在时间上向前积分。因为对于 NLPPA 试验，PPA 和 CCA 的性能是类似的，所以 PPA 和 CCA 的结果也一起介绍。资料的前 2000 个样品作为这些模式的训练样本，剩余的 8000 个样品用作检验不同模式特性（独立样本比较 NLPPA、NLCCA、CCA－PPA）。

为了找到 NLPPA 和 NLCCA 的最好的网络结构，把 2000 个训练样本再分割做试验。80％的资料（1600 个样品）用于训练模式，剩余的 20％（400 个样品）用于检验模式性能。隐层的神经元节点数和权重惩罚系数的值通过一系列的旨在使检验样本上均方误差达最小的调试来确定。因为 NLPPA 和 NLCCA 是非线性的，需要做反复的非线性最优化（迭代运算），使得损失函数达最小，并且确定网络中的权重和偏斜参数。由于最优化能够陷入损失函数的局部最小，损失函数可能不接近全局最小，为了保障网络的优良性能，网络的训练应该从多套随机初始权重系数和偏斜参数开始训练，训练重复 10 次，每一次从不同的随机的初始参数开始（取自－0.5 至 0.5 区间的均匀分布随机数），使检验样本的误差达最小的一次训练运行的权重系数和偏斜参数用于最终的模式。所有的模式在隐层包含两个节点（$J=L=2$）。权重惩罚系数的值随模式和噪声水平变化。一旦确定了模式复杂性的合理水平，为了避免陷入损失函数的局部极小值，再使用随机的初始参数，在全套的 2000 个训练样本上重新训练这些模式。

图 4.5.5 显示，随着预报提前时间的延伸或资料中噪声水平的加强，模式预报的均方误差（Mean－square－error 简写 MSE）增大。模式性能排序是，总的说来，在相同提前预报时间和噪声水平情况下，直接把 Lorenz 系统方程组向前积分最优，随后的排序是 NLPPA、NLCCA、CCA－PPA。当信噪比比较低（噪声均方差与信号均方差之比较大，为 0.4 和 0.5），提前 9 和 12 时间步的预报 NLPPA 相当于或稍优于数值积分方程组。图 4.5.6 给出不同提前时间和噪声水平情况下，NLPPA 预报较之 NLCCA 预报均方误差改善的百分比（(NLCCA 预报均方误差减 NLPPA 预报均方误差）/NLCCA 预报均方误差 $*$ 100％），正值表示 NLPPA 优于 NLCCA。可见，多数情况下 NLPPA 预报较之 NLCCA 预报均方误差有改善。在噪声水平为 0.1 提前 3 Δt 的预报是例外，NLPPA 预报次于 NLCCA。对于一个给定的噪声水平，随着预报提前时间的延长，NLPPA 预报性能优于 NLCCA 愈明显。在预报提前时间为 12 Δt 情况下，NLPPA 预报的均方误差较之 NLCCA 预报改善 10％（当噪声水平为 0.5）至 40％（当噪声水平为 0.1）。

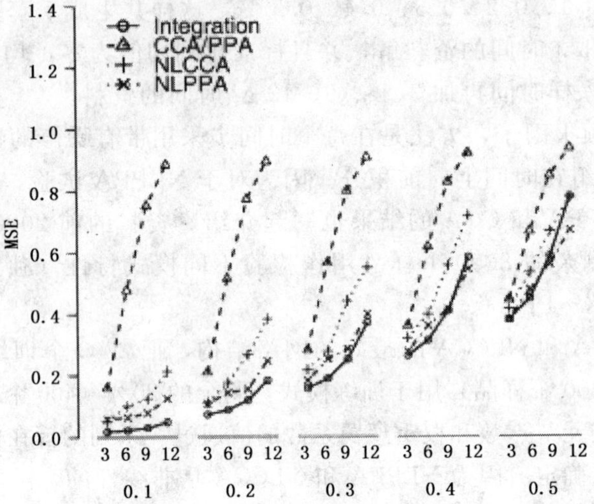

图 4.5.5　不同提前时间和噪声水平情况下模式预报的均方误差
横坐标第一行是预报提前时间（3～12 Δt），第二行表示噪声均方差
分别是信号均方差的 0.1～0.5 倍

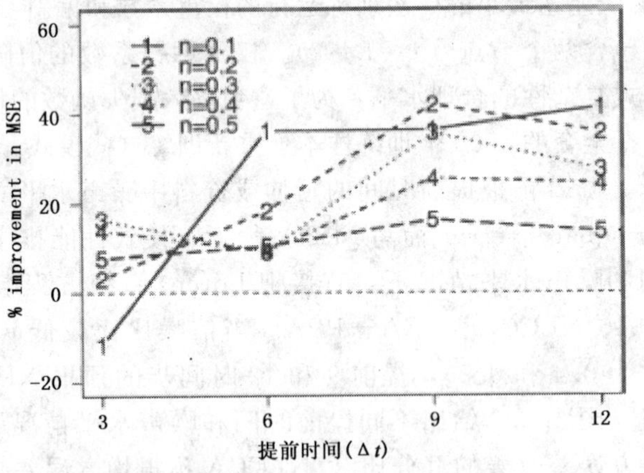

图 4.5.6　不同提前时间和噪声水平情况下 NLPPA 预报较之 NLCCA 预报
均方误差改善的百分比，正值表示 NLPPA 预报优于 NLCCA 预报

图 4.5.7 给出的是对噪声水平为 0.3 的检验资料，提前时间为 9 Δt 的预报，不同预报方法中截取的模态逐个增加时均方误差的变化。在试验资料集中，这个噪声水平是中等强度的。其他噪声水平和提前时间的预报，方法中截取的模态个数增加时，均方误差的变化相似于图 4.5.7。相对于线性模式，NLPPA 和 NLCCA 对均方误差的

改善大部分来自第一模态。第二模态对均方误差的改善较小，而第三模态的贡献更小。在信噪比低（噪声水平强）的情况下，为了减小均方误差，NLPPA 的第一、二模态是必需的。

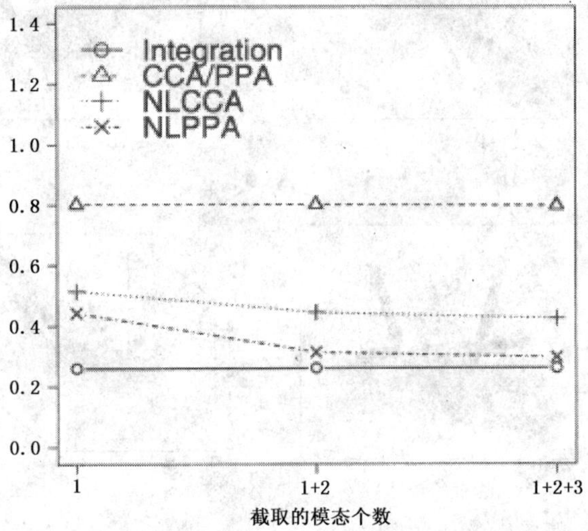

图 4.5.7　噪声水平 0.3 提前时间 9 Δt 不同预报方法中截取的模态逐个增加时均方误差的变化

Lorenz 系统的低维性质意味着所截取的模态的非线性结构容易被显现出来。为了评估 NLPPA 重演 Lorenz 吸引子特征的能力，把这里 NLPPA 的结果与 NLPCA 应用于没有叠加噪声的预报对象资料集的结果作比较。如原理中所述，当预报因子和预报对象资料集是相同的时，NLPCA 等价于 NLPPA，所以，NLPCA 从没有叠加噪声的资料中提取的模态表示了 Lorenz 吸引子的最优一维结构的一个估计，可以作为评估 NLPPA 性能的一个基准。

图 4.5.8 给出 NLPCA 的结果。NLPPA 应用于噪声水平为 0.3（叠加的正态分布的噪声的均方差是信号均方差的 0.3 倍）提前 9 Δt 的预报。为了试验非线性模态提取的稳定性和可靠程度，模式建立 10 次，每一次带有不同的随机生成的噪声，其中之一的结果显示于图 4.5.9。为了比较，运用 NLCCA 提取的预报对象的相应的模态显示于图 4.5.10。

从以上诸图可见，NLPCA 第一模态表现出较强的非线性特征（见图 4.5.8 的 3 维空间散布图中粗实线）。NLPPA 和 NLCCA 的模态都截获了 NLPCA 第一模态的主要特征，尽管 NLPPA 的均方误差比 NLCCA 低，且均方误差的分散程度比 NLCCA 小（见图 4.5.11 mode1）。NLPCA 第二和第三模态没有表现出明显的非线性特征。

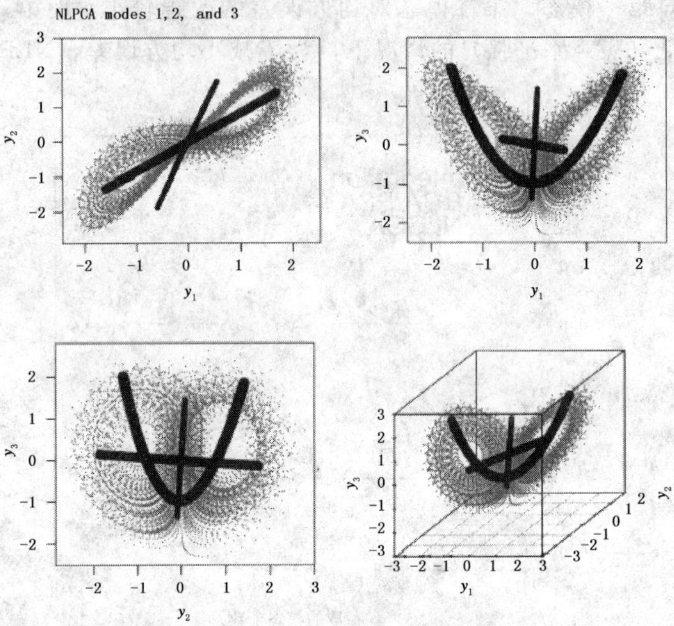

图 4.5.8　Lorenz 系统资料（浅色点）和它的 NLPCA 第一、二、三模态（分别是粗、中、细线），表示成在 Y 的 2 维分量平面投影和 3 维空间散布

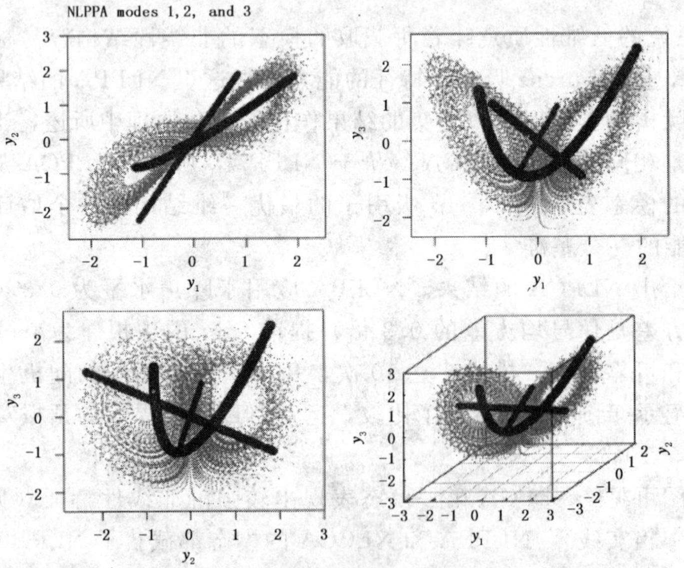

图 4.5.9　噪声水平 0.3 提前时间 9 Δt 预报 NLPPA 预报对象的前 3 个模态其他说明同图 4.5.8

NLPPA 能够提取 NLPCA 的第二和第三模态特征，无论是在一致性方面还是中等的误差水平方面，主要变化是在 $y_3 - y_1$ 和 $y_3 - y_2$ 平面内 NLPPA 第二、三模态线较之 NLPCA 相应线在顺时针方向稍旋转。NLCCA 第二、三模态存在类似的旋转，但是，它的结果比 NLPPA 的差，在 10 次试验中稳定性差、误差大（见图 4.5.11 mode2、3）。总的说来，NLPPA 表现得比 NLCCA 好，提取的每个模态比 NLCCA 的可靠。

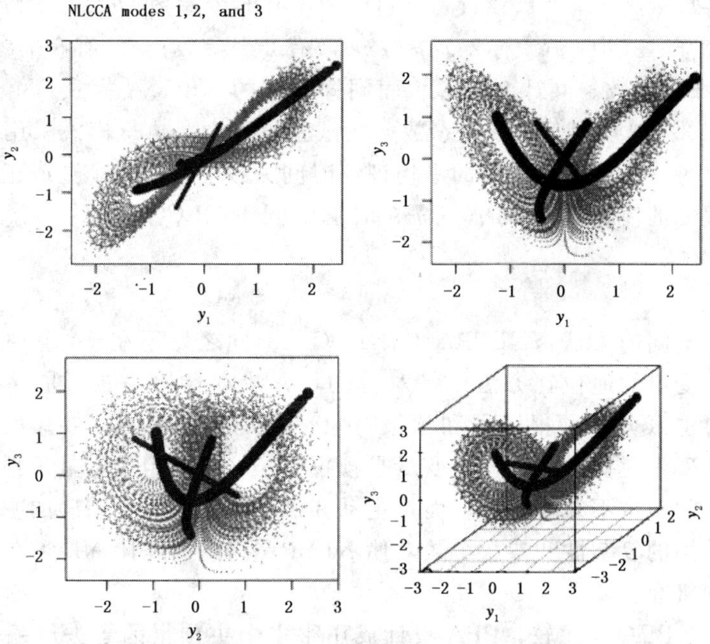

图 4.5.10 NLCCA 的前 3 个模态，其他说明同图 4.5.9

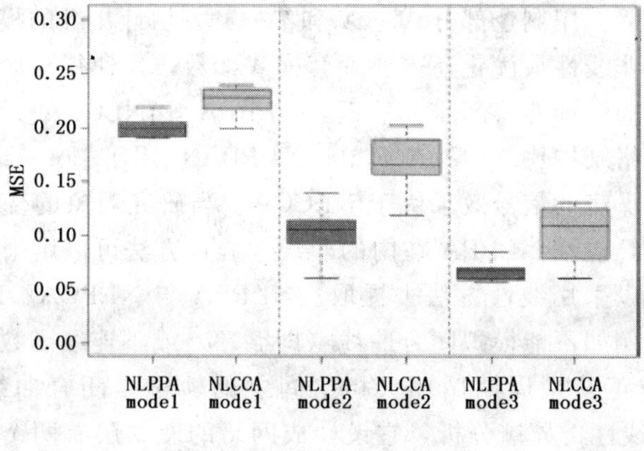

图 4.5.11 NLPCA 从不带噪声的资料提取的模态以及 NLPPA、NLCCA 从带有噪声的资料中提取的预报对象的模态在 10 次试验中的均方误差

NLPPA 模式需要的参数个数比相应的 NLCCA 模式少。对于这里应用于 Lorenz 系统，图 4.5.1 所示的网络中，输入和输出层各有 3 个节点，$I=3$，$K=3$，隐层取 2 个节点，$J=L=2$，瓶颈层 1 个节点，共需要 37 个参数（(4.5.1) 式中：$w_{ji}^{(1)}$，j=1、2，i=1、2、3，有 6 个参数；$b_j^{(1)}$，j=1、2，有 2 个参数；$w_j^{(2)}$，j=1、2，有 2 个参数；$b^{(2)}$ 是 1 个参数。(4.5.2) 式中：$w_l^{(3)}$，$l=1$、2，有 2 个参数；$b_l^{(3)}$，$l=1$、2，有 2 个参数；$w_{kl}^{(4)}$，$k=1$、2、3，$l=1$、2，有 6 个参数；$b_k^{(4)}$，$k=1$、2、3，有 3 个参数。(4.5.6) 式中：$w_j^{(5)}$ 有 2 个参数；$b_j^{(5)}$ 有 2 个参数；$w_{ij}^{(6)}$ 有 6 个参数；$b_i^{(6)}$，$i=1$、2、3，有 3 个参数。共计 37 个）。而同样等级的 NLCCA 模式，由于额外多一个子网络（见图 3.7.1），需要 48 个参数。在试验过程中，执行模式采用相同的最优化算法，为提取每一个模态，网络的平均训练时间大致上与参数个数成正比，因此，对于同样复杂程度的模式，NLPPA 所需的计算时间比 NLCCA 少约 23%。

4.5.4 讨论

作为两个不同的方法，NLPPA 与 NLCCA 不同之处还在于，NLCCA 的分析对象，即两组多变量的地位在方法中是对等的，方法本身的功能只是寻找它们间的联系，虽然有时也区分为预报因子和预报对象，那是应用中的需要。而 NLPPA 则不同，方法本身事先就要区分哪一组变量是预报因子，哪一组变量是预报对象，两组多变量在方法中的地位不是对等的，而是主动和被动关系。这种明确的主动和被动关系减少了网络结构的复杂性和参数个数，使 NLPPA 网络训练比 NLCCA 快，也减少了网络过适应的机会。

NLPPA 与 PPA 相比较，PPA 设计成用很多个主预报因子去压缩大量资料中包含的预报信息。而 NLPPA 更适用于提取少数几个模态，既易于解释，也适用预报。当第一模态被提取后，用剩余部分 $\boldsymbol{X}-\hat{\boldsymbol{X}}$ 和 $\boldsymbol{Y}-\hat{\boldsymbol{Y}}$ 去估计相继的模态，此时资料中信噪比已被减少了，非线性最优化还需要一套模式参数，这使得获取更高序号的非线性主预报因子的稳定的估计变得困难。然而，NLPPA 比 NLCCA 更能处理带有噪声的问题，因为它的网络结构比 NLCCA 简单。NLPPA 应用于 Lorenz 系统方程组的结果表明，它处理带有噪声的信号效果优于 NLCCA。当研究对象的变率非线性结构最明显并且容易被模拟，包括 NLPPA 在内的非线性统计方法可以用来提取第一或第二模态，剩余的变率可以采用线性方法去提取。NLPPA 与 NLPCA、NLCCA 的相类似，存在一些局限性，例如不能模拟闭合曲线（即循环）或不连续函数（例如阶梯变化）。模拟带有噪声的非正弦型周期循环（相空间中的轨迹是闭合曲线）可以采用本书§6.5 节介绍的非线性奇异谱分析，它设计成网络的瓶颈层有两个节点，且限制两个节点的值分别正比于一个角度的正弦和余弦值，当角度在零到 2π 变化，网络输出值在相空间的轨迹是闭合曲线，当然，网络的主要约束还是使计算输出与期望输出间的均方误差达最小，也就是使损失函数达最小，即网络提取的还是分析对象的主要变率。

参 考 文 献

1　Hans von Storch and Francis W. Zwiers. Statistical analysis in climate research. Cambridge University press，2000，327－334.

2　Thacker W C. Principal predictors. International Journal of Climatology，1999，19：821－834.

3　Cannon A J. Nonlinear principal predictor analysis：Application to the Lorenz system. Journal of climate，2006February，19：579－589.

4　Wu Aiming and Hsieh W W. Nonlinear canonical correlation analysis of tropical Pacific wind stress and sea surface temperature. Climate dynamics，2002，19：713－722.

5　Monahan A H. Nonlinear principal component analysis by neural network ：Theory and application to the Lorenz system. Journal of climate ，2000，13，821－835.

6　Monahan A H. Nonlinear principal component analysis：Tropical Indo－Pacific sea surface temperature and sea level pressure. Journal of climate ，2001，14，219－233.

7　Hsieh W W. Nonlinear multivariate and time series analysis by neural network methods. Review of geophysics，2004，41，RG1003，doi：10. 1029/2002RG000112.

8　Hsieh W W . Nonlinear canonical correlation analysis by neural networks. Neural networks ，2000，13：1095－1105.

9　Hsieh W W. Nonlinear canonical correlation analysis of the tropical Pacific climate variability using a neural networks approach. Journal of climate，June2001，14，2528－2539.

10　Wu Aiming and Hsieh W W. Nonlinear canonical correlation analysis forecasts of the tropical Pacific sea surface temperatures. Experimental long－lead forecast bulletin，2004，13 (3)：34－36.

11　Hsieh W W and Hamilton K. Nonlinear singular spectrum analysis of tropical stratospheric wind. Q J R Meteorol Soc，2003，129：2367－2382.

12　Hsieh W W and Wu Aiming . Nonlinear multichannel singular spectrum analysis of the tropical Pacific climate variability using a neural network approach. Journal of Geophys Res，2002 ，107 (c7)：3076，doi：10. 1029/2001JC000957.

第五章　时间序列的频率域分析方法

对气候资料序列做频率域分析或对序列做预报也是气候研究中经常遇到的工作。目前经常看到应用小波分析、奇异谱分析做的工作。然而，小波分析的思想和公式来源于 Fourier 分析，它是 Fourier 分析的新发展，但不能代替 Fourier 分析，只能与 Fourier 分析相辅相成使用。奇异谱分析的核心是谱分析，因而也是在 Fourier 分析基础上发展起来的。另外，常用的数字滤波器，其理论基础也是 Fourier 分析。因此，要正确理解和应用这些方法必须对 Fourier 分析和传统的功率谱分析、谐波分析有较透彻的了解。功率谱分析又离不开平稳随机过程的概念。为此，本章和下章将从 Fourier 分析出发按顺序介绍这些概念和方法，本章的重点是小波分析。

§5.1　时间函数的频谱

在基础数学中，已学习过傅里叶（Fourier）级数和傅氏变换。我们知道，如果时间函数 $x(t)$ 在无限区间（$-\infty$，$+\infty$）上绝对可积，记为 $x(t)\in L^1$，即满足

$$\int_{-\infty}^{+\infty}|x(t)|\mathrm{d}t<\infty \tag{5.1.1}$$

则有傅氏积分定理

$$x(t)=\frac{1}{2\pi}\int_{-\infty}^{+\infty}\left[\int_{-\infty}^{+\infty}x(\tau)\mathrm{e}^{-i\omega\tau}\mathrm{d}\tau\right]\mathrm{e}^{i\omega t}\mathrm{d}\omega \tag{5.1.2}$$

其中 $i=\sqrt{-1}$，上式方括号内的积分的结果仅是圆频率 ω 的函数，因此上式总的积分是把 $x(t)$ 表示成连续的频率成分之和。从（5.1.2）式出发，把方括号内的积分记为 $G(\omega)$

$$G(\omega)=\int_{-\infty}^{+\infty}x(t)\mathrm{e}^{-i\omega t}\mathrm{d}t \tag{5.1.3}$$

则

$$x(t)=\frac{1}{2\pi}\int_{-\infty}^{+\infty}G(\omega)\mathrm{e}^{i\omega t}\mathrm{d}\omega \tag{5.1.4}$$

从上面两式可以看出，$x(t)$ 和 $G(\omega)$ 通过积分可以相互表达。（5.1.3）式称为 $x(t)$ 的傅氏变换式，可简记为

$$G(\omega)=F[x(t)]$$

$G(\omega)$ 叫做 $x(t)$ 的象函数。(5.1.4) 式叫做 $G(\omega)$ 的傅氏逆变换式，可记为

$$x(t)=F^{-1}[G(\omega)]$$

$x(t)$ 叫做 $G(\omega)$ 的象原函数。

傅氏变换式 (5.1.3) 式和傅氏逆变换式 (5.1.4) 式还可写成其他形式，例如，定义

$$G(\omega)=\frac{1}{\sqrt{2\pi}}\int_{-\infty}^{+\infty}x(t)\mathrm{e}^{-i\omega t}\mathrm{d}t \tag{5.1.5}$$

则

$$x(t)=\frac{1}{\sqrt{2\pi}}\int_{-\infty}^{+\infty}G(\omega)\mathrm{e}^{i\omega t}\mathrm{d}\omega \tag{5.1.6}$$

(5.1.5) 式和 (5.1.6) 式与 (5.1.3) 式和 (5.1.4) 式反映的关系是完全一样的，只是调节了一下常数，但形式上，(5.1.5) 式和 (5.1.6) 式具有完美的对称形式，只是要注意 e 的复指数部分，傅氏变换和逆变换中是共轭复数。

上述诸式中的 ω 是角频率（也称圆频率）。在大气科学中，常用的频率是 $x(t)$ 在单位时间内完成的周期性循环的个数，用 f 表示，因为一个周期性循环三角函数的位相角变化 2π，所以 $\omega=2\pi f$。$x(t)$ 完成一个周期性循环所需的时间为周期，用 T 表示，所以 $T=1/f=2\pi/\omega$。这样，傅氏变换和逆变换式可用 f 为参数表示。以后，我们用 $X(f)$ 表示 $x(t)$ 的傅氏变换，(5.1.3) 式只需更换字符，写为

$$X(f)=\int_{-\infty}^{\infty}x(t)\mathrm{e}^{-i2\pi ft}\mathrm{d}t \tag{5.1.7}$$

(5.1.4) 式只要用变量替换 $\omega=2\pi f$ 改写积分，得

$$x(t)=\int_{-\infty}^{\infty}X(f)\mathrm{e}^{i2\pi ft}\mathrm{d}f \tag{5.1.8}$$

注意，用 f 作为频率参数时，(5.1.7) 式和 (5.1.8) 式具有完美的对称形式。所以，用 ω 为参数时，傅氏变换和逆变换用 (5.1.5) 式和 (5.1.6) 式较好，而用 f 作为参数时，采用 (5.1.7) 式和 (5.1.8) 式较方便。然而，不同形式只是常数有差异，正变换和逆变换式被积函数中的 e 复指数总是互为共轭复数。当从傅氏变换和逆变换过渡到小波变换和小波逆变换时，将依旧保留这种对称性。

$x(t)$ 的傅氏变换 $X(f)$ 称为 $x(t)$ 的频谱。下面分析 $X(f)$ 包含的信息。由 (5.1.7) 式知道 $X(f)$ 是复数，它的实部是 $x(t)\cos 2\pi ft$ 的积分，虚部是 $-x(t)\sin 2\pi ft$ 的积分。如果把 $X(f)$ 写成指数形式

$$X(f)=|X(f)|\mathrm{e}^{i\theta_x(f)} \tag{5.1.9}$$

$|X(f)|$ 是 $X(f)$ 的模，$\theta_x(f)$ 是 $X(f)$ 的辐角，把 (5.1.9) 式代入 (5.1.8) 式，并使用欧拉公式，则得

$$\begin{aligned} x(t) &= \int_{-\infty}^{\infty} |X(f)| e^{i\theta_x(f)} e^{i2\pi ft} df \\ &= \int_{-\infty}^{\infty} |X(f)| e^{i(2\pi ft+\theta_x(f))} df \\ &= \int_{-\infty}^{\infty} |X(f)| \cos(2\pi ft+\theta_x(f)) df + i\int_{-\infty}^{\infty} |X(f)| \sin(2\pi ft+\theta_x(f)) df \end{aligned}$$

另外，由(5.1.7)式，$X(-f)=X^*(f)$，* 表示共轭，所以 $|X(f)|=|X(-f)|$，是偶函数，而 $\sin(2\pi ft+\theta_x(f))$ 是奇函数，上式右边第二项的积分为零，事实上，当 $x(t)$ 是实数，上式能够成立，也只有第二项为零，所以得

$$x(t)=\int_{-\infty}^{\infty} |X(f)| \cos(2\pi ft+\theta_x(f)) df \tag{5.1.10}$$

由（5.1.10）式，频谱 $X(f)$ 的意义已很清楚：当把 $x(t)$ 表示成连续频率的余弦函数的积分时，频谱的模是频率为 f 的成分的振幅，频谱的辐角是初位相。表示成连续频率的正弦函数的积分时，振幅是相同的，位相增加 $\pi/2$。当用三角函数 sin 和 cos 来表示 $x(t)$ 的周期成分时，对于一个频率为 f 的成分，只需知道它的振幅和初位相，所以，$X(f)$ 完整地表达了 $x(t)$ 的频率特征。

频谱直接应用于大气科学或其他领域比较困难，因为我们既没有无限区间 $(-\infty, +\infty)$ 上的 $x(t)$，也不满足（5.1.1）式条件。为此，描述 $x(t)$ 的频率特征还要借助频谱引入其他概念。

最早在无线电科学中，把 $x(t)$ 看作通过 1 欧姆电阻的电流强度，分析 $x(t)$ 中不同频率成分在该电阻上所做的功，以此反映 $x(t)$ 的频率结构。$x(t)$ 在 $(-\infty, +\infty)$ 时间内在该电阻上释放的总能量为

$$\begin{aligned} \int_{-\infty}^{\infty} x^2(t) dt &= \int_{-\infty}^{\infty} x(t) \left[\int_{-\infty}^{\infty} X(f) e^{i2\pi ft} df\right] dt \\ &= \int_{-\infty}^{\infty} X(f) \left[\int_{-\infty}^{\infty} x(t) e^{i2\pi ft} dt\right] df \\ &= \int_{-\infty}^{\infty} X(f) X^*(f) df = \int_{-\infty}^{\infty} |X(f)|^2 df \end{aligned}$$

所以，$|X(f)|^2 df$ 是 $x(t)$ 中频率介于 f 至 $f+df$ 的周期成分对总能量的贡献。$|X(f)|^2$ 表示频率 f 处的能量密度，也称能量谱。

数学中的上述概念还不适用于大气科学，主要有两方面的原因。

首先，上述的 $x(t)$ 是时间的确定性函数，而大气科学中某个变量随时间的变化受很多主要的和偶然性的次要因素影响，它不是时间的确定性的函数，应当作为随机序列（或称随机过程）看待，它的频率特征是一种统计平均性质。我们用的资料序列仅是随机过程的一个样本函数，用资料计算出的结果只是它的统计平均量的估计。这样就涉及随机序列的一些知识。关于随机过程的详细内容可参考其他教材，为了方

便，我们在下一节简要介绍一些定义、术语和基本公式。$X(f)$ 不能直接应用于大气科学的另一原因是（5.1.1）式条件不能满足，这将在引入功率谱概念中解决。

§5.2 随机过程

5.2.1 随机过程定义

随机过程是一族取决于时间 t 的无限多个随机变量（一维随机过程）或随机向量（多维随机过程）。在一个固定时间 t，一维随机过程是概率论和数理统计中的一个随机变量 X_t，多维随机过程是概率论和数理统计中的一个随机向量 $\boldsymbol{X}_t$，它们称为随机过程的一个截口。当 t 在某段时间 $[a, b]$ 内变化，一维随机过程便是一族随机变量 $\{X_t; t\in[a, b]\}$，多维随机过程便是一族随机向量 $\{\boldsymbol{X}_t; t\in[a, b]\}$。因此随机过程也是无限多个截口的集合。下面，不特别说明维数的话，指一维随机过程，一些术语和定义实际上是通用的，只是分别指单个变量和多个变量。

理解上述定义需注意，不能把随机过程与概率论和数理统计中随机变量的样本相混淆。在概率论与数理统计中，一个随机变量 X 的样本是与 X 有相同概率分布的相互独立的 N 个随机变量 $X_1, X_2, \cdots, X_N$。它们既然有相同的概率分布，就有相同的数学期望和方差，但它们相互间是独立的。而随机过程的每一个截口 X_t 是一个随机变量，因此，在不同截口，按定义可以有不同的概率分布，也可以有不同的数学期望和方差，不同截口 X_t 和 X_s 之间不仅可以不独立，况且恰恰相反，随机过程正是要研究不同截口之间的相互关系。所以，随机过程和一个随机变量的样本是两回事。在气象应用中，由于所取的资料是取决于时间的，容易将两者混淆。区别它们只有从定义出发，前面介绍的 PCA、CCA、SVD 都是由随机向量的样本估计随机向量总体的性质，与单个随机变量的样本一样，随机向量的样本也要求是相互独立的，它们的样本下标实际上只起样本标号的作用，可以与时间无关。从这些方法的计算公式也可看出，把样本的序号随意排列不改变估计结果。而作为随机过程的分析对象，物理量在不同时间是相关的，时间序号特别重要，况且时间序号不是随机过程的样本序号。

对于随机过程而言，它的一个样品应是在所定义的时段 $[a, b]$ 上的一次观测或试验得到的一个时间函数，记为 $x(t)$，称为随机过程 X_t 的一个样本函数，也称为一个现实（realization）。如果用类似于概率论与数理统计中的方法，采用样本容量为 N 的样本来估计总体的参数和推断总体的统计性质，那么，需要对随机过程在同一时段上观测或试验 N 次，得到 N 个时间函数，也就是 N 个现实。但是，大家知道，时间 t 流逝过去了就不再能重复，天气和气候随实际时间变化只能观测一次，或只有一个现实，所以，不能采用概率论与数理统计中对样本求平均的方法。解决问题的方法是提出平稳随机过程和各态历经性的概念，使得由随机过程的一个样本函数可以估计它的统计参数。为此，需先介绍随机过程统计性质的表述方法。

随机过程 X_t 在某时刻 $t=t_k$ 的截口是一个一般的随机变量，因而有概率密度函数，例如服从正态分布，因为与时间有关，正态分布的数学期望记为 $\mu(t_k)$，方差记为 $\sigma^2(t_k)$。两个截口或多个截口是两个或多个随机变量，就有联合概率密度分布函数，例如 K 个截口的联合概率密度函数记为 $f(x_1, x_2, \cdots, x_K; t_1, t_2, \cdots, t_K)$。但是，在我们的应用中，用联合概率密度函数表述随机过程的统计性质太复杂，甚至不可能，也没有必要，所以，只在提出严平稳随机过程定义时用到它以外，其他地方不使用随机过程的任意维联合概率密度函数。与概率论和数理统计中一样，用数字特征来表示统计性质比较简单，随机过程 $\{X_t\}$ 的数学期望定义为

$$\mu(t) = E(X_t) = \int_{-\infty}^{\infty} xf(x,t)\mathrm{d}x \tag{5.2.1}$$

方差为

$$\sigma^2(t) = DX_t = E(X_t - \mu(t))^2 = \int_{-\infty}^{\infty} [x-\mu(t)]^2 f(x,t)\mathrm{d}t \tag{5.2.2}$$

这两个定义与概率论中是相同的，相当于每个截口的数学期望和方差，所以是 t 的函数。其中 $f(x,t)$ 是随机过程在 t 时间截口的概率密度函数。

为了分析随机过程 $\{X_t\}$ 在不同时间的统计关系，需要考虑任意两个时间 t_1，t_2 间的相互关系，这两个截口之间的协方差为

$$\begin{aligned} C(t_1,t_2) &= \mathrm{Cov}(X_{t_1}, X_{t_2}) = E[(X_{t_1}-\mu(t_1))(X_{t_2}-\mu(t_2))] \\ &= \int_{-\infty}^{\infty}\int_{-\infty}^{\infty} [(x_1-\mu(t_1))(x_2-\mu(t_2))] f(x_1,x_2;t_1,t_2)\mathrm{d}x_1\mathrm{d}x_2 \end{aligned} \tag{5.2.3}$$

$C(t_1, t_2)$ 也称为随机过程的自协方差函数。它具有以下性质：

当 $t_1=t_2$ 时，$C(t_1, t_2)$ 就是在截口 t_1 的方差，即 $C(t_1, t_1)=\sigma^2(t_1)$。

如果另外一个时间的确定性函数 $\varphi(t)$（在每个时间 t，有确定性的值 $\varphi(t)$，而不是随机变量），$\{X_t\}$ 是随机过程，把 $\{X_t\}$ 加 $\varphi(t)$ 构成新的随机过程 $\{Y_t\}$，则 $\{Y_t\}$ 的每个截口是 $\{X_t\}$ 的同时间截口加一个确定性的数，根据概率论中数学期望、方差、协方差的性质，或根据上述 3 个定义式，容易得到

$$\mu_Y(t) = \mu_X(t) + \varphi(t)$$
$$D_Y(t) = D_X(t)$$
$$C_Y(t_1,t_2) = C_X(t_1,t_2)$$

实际应用中，常应用标准自协方差函数

$$\rho(t_1,t_2) = \frac{C(t_1,t_2)}{\sqrt{\sigma^2(t_1)}\sqrt{\sigma^2(t_2)}} \tag{5.2.4}$$

$\rho(t_1, t_2)$ 是随机过程 X_t 在 t_1，t_2 两个截口随机变量的相关系数。$\rho(t_1, t_2)$ 也称

为随机过程 X_t 的自相关函数。与 $C(t_1, t_2)$ 不同，$C(t_1, t_2)$ 有物理量 X_t 的单位的平方量纲，而 $\rho(t_1, t_2)$ 是无量纲的。$C(t_1, t_2)$ 和 $\rho(t_1, t_2)$ 都刻划了 $\{X_t\}$ 中不同时刻 t_1 和 t_2 的随机变量 X_{t_1} 和 X_{t_2} 间的统计相关程度。如果对任意时间 t_1 和 t_2，当 $t_1 \neq t_2$，$\rho(t_1, t_2)=0$，则称 $\{X_t\}$ 为不相关随机过程。由概率论中相关系数的性质可知，这里的 $|\rho(t_1, t_2)| \leqslant 1$。

5.2.2　平稳随机过程

如果随机过程的所有统计性质与 t 无关，则称为严平稳随机过程。那么，它要求：

① 任一时间截口上的一维概率密度函数与 t 无关，即 $f(x, t)=f(x)$。由（5.2.1）式和（5.2.2）式，这意味着期望和方差也与时间无关，$\mu(t)=\mu$，$\sigma^2(t)=\sigma^2$。

② 任意两个截口 t_1 和 t_2 的二维概率密度函数只与时间间隔有关，而与时间起点无关，即对任意的时间平移 s 有 $f(x_1, x_2; t_1, t_2)=f(x_1, x_2; t_1+s, t_2+s)=f(x_1, x_2; t_1-t_2, 0)$（当 $s=-t_2$）。

当满足①和②时，由（5.2.3）式可见，$C(t_1, t_2)$ 只取决于 t_1-t_2，因为 $C(t_1, t_2)=C(t_2, t_1)$，所以也可说只取决于 t_2-t_1，记 $\tau=t_2-t_1$，那么，$C(t_1, t_2)=C(\tau)$。因为 $\sigma^2(t)$ 也与时间无关，所以还有 $\rho(t_1, t_2)=\rho(\tau)$

③ 任意个截口 $t_1, t_2, \cdots, t_K$ 的 K 维联合概率密度函数只与它们间的时间间隔有关，而与时间起点无关，即对任意时间平移 s，有

$$f(x_1, x_2, \cdots, x_K; t_1, t_2, \cdots, t_K) = f(x_1, x_2, \cdots, x_K; t_1+s, t_2+s, \cdots, t_K+s)。$$

严平稳随机过程需要研究它的一切有穷维概率密度函数，这在实际中很困难，而且常不必要。所以经常应用的是下面的弱平稳过程。

随机过程 X_t，如果它的数学期望和方差是与时间无关的常数，自协方差函数和自相关函数只与时间间隔 $\tau=t_2-t_1$ 有关，即

$$\mu(t) = E(X_t) = \mu \tag{5.2.5}$$

$$DX_t = \sigma^2(t) = \sigma^2 \tag{5.2.6}$$

$$C(t_1, t_2) = C(\tau) = C(t_2 - t_1) \tag{5.2.7}$$

$$\rho(t_1, t_2) = \rho(\tau) = \rho(t_2 - t_1) \tag{5.2.8}$$

则称 X_t 为弱平稳过程（Weakly Stationary Processes）。

由上述两种定义可见，严平稳过程一定是弱平稳过程，但是，弱平稳过程不一定是严平稳过程。当随机过程是平稳的，它的数学期望是与时间无关的常数，就不妨把原来的随机过程减去它的数学期望，这样得到的新随机过程依旧记为 X_t。这样，它的参数就简单了，即

$$E(X_t) = \mu = 0 \tag{5.2.9a}$$

$$\sigma^2(t) = DX_t = E(X_t^2) = \sigma^2 = \text{const} \tag{5.2.10a}$$

$$C(t_1,t_2)=E(X_{t_1}X_{t_2}) \tag{5.2.11a}$$

这样的随机过程称为中心化的。因为平稳随机过程的方差和均方差也是常数，把中心化的平稳随机过程再除以它的均方差 σ，得到的新随机过程依旧记为 X_t，则有

$$E(X_t)=\mu=0 \tag{5.2.9b}$$

$$E(X_t^2)=\sigma^2=1 \tag{5.2.10b}$$

$$E(X_{t_1}X_{t_2})=C(t_1,t_2)=\rho(t_1,t_2) \tag{5.2.11b}$$

这样的随机过程称为标准化的平稳随机过程，当然，它也是中心化的，因为 $\mu=0$。

上述的严平稳和弱平稳过程的假设对于描述很多实际的气候过程是严厉的约束条件。我们知道，气候过程的随机性质经常与一个受外部强迫的确定性的循环联系在一起，例如，与年循环、日循环或米朗柯维奇（Milankovitch）循环相联系（米朗柯维奇，前南斯拉夫数学家，他在1941年提出，地球绕太阳公转的轨道几何形状有周期性变化。由3个参数组成，第1个参数是倾斜度，即地球自转轴与公转轨道平面垂线间的倾角，在22度到24.5度间变动，平均周期4.1万年，第2个参数是岁差，平均周期2.2万年，第3个参数是偏心率，平均周期9.58万年）。对于几小时至几天的时间尺度，日循环是重要的。对于数千至几十万年时间尺度的变化，米朗柯维奇循环将明显地包含于资料中。所以，在最近的气候研究中提出了弱循环平稳过程（weakly cyclo-stationary processes）。它具有下列性质：

① 它的平均（数学期望）是外部循环内时间的函数，也就是 $E(X_t)=\mu_{t/m}$，其中下标 t/m＝MOD（t/m），即 t/m 的余数，m 是外部循环的长度。m 的单位与随机过程的观测间距一致，例如，以月为时间单位的随机过程中嵌有年循环，则 $m=12$，$\mu_{t/m}$ 就是 X_t 的均值取决于 t 所在的月份。t/m 表示了外部循环的位相。

② 自协方差（也称二阶中心矩）$E\left[(X_{t_1}-\mu_{t_1/m})(X_{t_2}-\mu_{t_2/m})\right]$ 仅取决于时间差 $|t_1-t_2|$ 和外部循环的位相 t_1/m。还是以上述的以月为时间单位的随机过程为例，在严平稳和弱平稳过程中，自协方差函数仅取决于时间差 $|t_1-t_2|$，而在弱循环平稳过程中，对于外部循环的每个位相（即每个月份）分别有与不同时间差的截口之间的自协方差函数和自相关函数。

由第2个条件得出，弱循环平稳过程的方差也是外部的确定性循环内的时间函数。例如，方差与月份有关。

弱循环平稳过程的两个条件是对应于原来的弱平稳过程提出的，除掉这些参数还取决于外部循环的位相以外。对于弱平稳随机过程能够解决的统计推断问题一般也能用于弱循环平稳过程。但是，循环平稳过程比平稳过程有更多的参数要估计，因此，对于资料有非常巨大的要求，这往往限止了这些方法的应用。

因为实际应用中的平稳随机过程基本上都是指弱平稳随机过程，所以，以后一般不再区分严与弱，简称平稳过程和循环平稳过程。

5.2.3　平稳随机过程的各态历经性质

根据随机过程和它的统计参数的定义，它的数学期望和方差是在每个截口的期望和方差，是随时间变化的，若按数理统计中参数估计的方法估计它们，就需要随机过程 X_t 的许多样本函数（现实）。而实际上，由于时间流逝不能复返，我们只能得到它的一个样本函数（记为 $x(t)$）。由于平稳过程的数学期望和方差是常数，在各个截口是相等的，自协方差函数只是时间间隔的函数，也与两个截口所在的时间无关，这就提出一个问题，能否采用一个现实对时间的平均代替对很多现实的平均来估计平稳过程的统计参数。如果可以这样处理，称这个平稳过程是各态历经的或遍历性的(ergodicity)。各态历经性保障平稳过程的单个现实包含足够的可以得到可靠参数估计的信息。各态历经性的理论叙述可在统计教材中见到，这里从略。然而，不太严格地说，各态历经性保证平稳过程的现实在时间上变化得足够地快，它增加有关过程参数的信息量，可以通过延伸时间获得有关过程参数的信息。在气候研究中，只要一个随机过程可以看作平稳的，就认为它是各态历经的。

如果一个平稳随机过程 X_t 是各态历经的，它的一个现实为 $x(t)$，那么，可用一个现实对时间的平均代替对所有现实的平均，即

$$\mu = \frac{1}{T}\int_0^T x(t)\mathrm{d}t \tag{5.2.12}$$

自协方差函数是

$$c(\tau) = \frac{1}{T-\tau}\int_0^{T-\tau}[(x(t)-\mu)(x(t+\tau)-\mu)]\mathrm{d}t \tag{5.2.13}$$

当 $\tau=0$ 时，$c(0)$ 就是方差。

当随机过程的时间是离散的等间距取值时，它的一个有限长度的现实也成为一个时间序列，记为 x_1，x_2，…，x_n，(5.2.12) 式和 (5.2.13) 式改为求和，则得它们的估计为

$$\hat{\mu} = \frac{1}{n\Delta t}\sum_{t=1}^{n} x(t)\Delta t = \frac{1}{n}\sum_{t=1}^{n} x(t) \tag{5.2.14}$$

$$\hat{c}(\tau) = \frac{1}{n-\tau}\sum_{t=1}^{n-\tau}[(x(t)-\hat{\mu})(x(t+\tau)-\hat{\mu})] \tag{5.2.15}$$

$$\hat{\sigma}^2 = \hat{c}(0) = \frac{1}{n}\sum_{t=1}^{n}[x(t)-\hat{\mu}]^2 \tag{5.2.16}$$

前已说及，平稳随机过程可以中心化和标准化，如果是中心化和标准化的，则期望为零，(5.2.15) 式和 (5.2.16) 式可省去 $\hat{\mu}$。

5.2.4　白噪声过程

白噪声过程是一种特殊的很有用的平稳随机过程。它的数学期望为零，方差是常数，它没有任何记忆力，每个时间截口与其他截口相互独立。记白噪声过程为 ε_t，则

$$E(\varepsilon_t) = 0 \tag{5.2.17}$$

$$\mathrm{Cov}(\varepsilon_{t_1}, \varepsilon_{t_2}) = E(\varepsilon_{t_1}\varepsilon_{t_2}) = \begin{cases} 0 & \text{当 } t_1 \neq t_2 \\ \sigma_\varepsilon^2 & \text{当 } t_1 = t_2 \end{cases} \tag{5.2.18}$$

ε_t 显然是弱平稳过程，所以

$$c_\varepsilon(\tau) = \begin{cases} 0 & \text{当 } \tau \neq 0 \\ \sigma_\varepsilon^2 & \text{当 } \tau = 0 \end{cases} \tag{5.2.19}$$

$$\rho_\varepsilon(\tau) = \begin{cases} 0 & \text{当 } \tau \neq 0 \\ 1 & \text{当 } \tau = 0 \end{cases} \tag{5.2.20}$$

白噪声过程经常用于表示随机误差、随机强迫、随机力等，表示它的强度用方差 σ_ε^2，就这一个参数。如果一个白噪声过程还服从正态分布，则称它为正态白噪声。对于不具备上述特征的噪声，统称为色噪声。

5.2.5　例子

假设 X_t 是平稳过程，加上一个线性倾向得到一个新的随机过程 $Y_t = X_t + \alpha t$，则 Y_t 不再是平稳过程。因为 $E(Y_t) = E(X_t) + \alpha t$，尽管 $E(X_t) = \mu_x = \text{const}$，但是 $E(Y_t)$ 已经是 t 的函数。不是平稳过程当然更不能说具有各态历经性质，也就不能用它的一个现实估计它的参数。后面，还要介绍平稳随机过程的功率谱及估计，像 Y_t 这样的过程就不能由它的一个现实估计功率谱。然而，在一些科研论文中，对有明显倾向的随机序列也直接地使用了只适合平稳随机过程的相应方法，这样做是违背原理的，其结果不可信。合理的处理方法是应先把倾向成分识别出来，把资料序列减去倾向成分，这样至少使其数学期望变平稳了。

如果把一个振荡加在平稳过程 X_t 上得新随机过程 $Y_t = X_t + \cos(\omega t)$，则 Y_t 是循环平稳过程。因为 Y_t 的数学期望显然随 t 变化，所以它不再是一般的平稳过程，也不能直接使用只适合平稳随机过程的方法。

受到大家关注的大气中的 CO_2 浓度（经常见到 Hawaii 的 Muun Loa 站观测的 CO_2 浓度曲线）既含有倾向成分也含有周期成分，它的倾向不是严格线性的，年循环的最大值在北半球冬季，最小值在北半球夏季，倾向的变率和年循环的振幅都是随时间增强的，这样的序列也不能直接使用平稳随机过程的方法。

如果 ε_t 是一个白噪声过程，方差 $D(\varepsilon_t) = \sigma_\varepsilon^2$，构造另一个随机过程

$$X_t = \sum_{j=1}^{t} \varepsilon_j \tag{5.2.21}$$

X_t 的数学期望和方差分别为

$$E(X_t) = E(\sum_{j=1}^{t} \varepsilon_j) = \sum_{j=1}^{t} E(\varepsilon_j) = 0 \tag{5.2.22}$$

$$\begin{aligned} D(X_t) &= E(X_t^2) = E((\sum_{j=1}^{t} \varepsilon_j)^2) = E((\sum_{j=1}^{t} \varepsilon_j)(\sum_{k=1}^{t} \varepsilon_k)) \\ &= E[\sum_{j=1}^{t} \varepsilon_j^2 + \sum_{j=1}^{t} \sum_{\substack{k=1 \\ k\neq j}}^{t} \varepsilon_j \varepsilon_k] = \sum_{j=1}^{t} E(\varepsilon_j^2) + \sum_{j=1}^{t} \sum_{\substack{k=1 \\ k\neq j}}^{t} E(\varepsilon_j \varepsilon_k) \\ &= \sum_{j=1}^{t} \sigma_\varepsilon^2 = t\sigma_\varepsilon^2 \end{aligned} \tag{5.2.23}$$

可见，X_t 的数学期望与 t 无关，但是，方差与 t 有关，所以 X_t 是非平稳的。这个随机过程称为随机徘徊过程（random walk）。它描述经历随机位移的粒子的路径，如果考虑大量的这种质点，其重心将不移动，也就是 E（X_t）$=0$，但是，散布程度不断增长，因此，随机徘徊过程是描述大气和海洋示踪物输送的有效随机模型。一个质点的移动，或从团体中逸出，是由确定性气流（或水流）U 和很多微小的不可预测的位移确定的，如果该质点在 t 时刻位于 R（t），则在 $t+l$ 时刻的位置是 R（$t+1$）$=R$（t）$+U+\varepsilon_t$，其中 ε_t 是白噪声。它在 $t+l$ 时刻的位置是 R（$t+l$）$=R$（t）$+ lU+\sum_{k=t}^{t+l-1} \varepsilon_k$。如果很多粒子以这种方式输送或逸出，浓度的时间演变可以在 3 维空间中模拟出来。

§ 5.3　平稳随机过程的功率谱

在 § 5.1 中已介绍，一个时间函数 x（t）的傅氏变换 X（f）是 x（t）的频谱，$|X(f)|^2$ 是能谱。但是，傅氏变换 X（f）存在的条件（5.1.1）式在应用中一般不满足。下面要做些变化，使它能用于表示平稳随机过程的频率性质。

构造一个新的时间函数 x_T（t）

$$x_T(t) = \begin{cases} x(t) & \text{当 } t \in [-T, T] \\ 0 & \text{其他 } t \end{cases} \tag{5.3.1}$$

这样，x_T（t）绝对可积，满足（5.1.1）式，傅氏变换和逆变换存在

$$X_T(f) = \int_{-\infty}^{\infty} x_T(t) \mathrm{e}^{-i2\pi ft} \mathrm{d}t = \int_{-T}^{T} x(t) \mathrm{e}^{-i2\pi ft} \mathrm{d}t \tag{5.3.2}$$

$$x_T(t) = \int_{-\infty}^{\infty} X_T(f) \mathrm{e}^{i2\pi ft} \mathrm{d}f \tag{5.3.3}$$

根据§5.1所述，$|X_T(f)|^2$ 是 $x_T(t)$ 的能量密度。能否通过 $T\to\infty$ 使 $x_T(t)$ 在所有 t 处都和 $x(t)$ 相同，从而用 $\lim\limits_{T\to\infty}|X_T(f)|^2$ 描述 $x(t)$ 的频率特征呢？因为 $\lim\limits_{T\to\infty}\int_{-T}^{T}|x(t)|\mathrm{d}t<\infty$ 又不能满足，所以还不行。解决的办法是引入平均功率来代替能量，因为 $T\to\infty$ 时，$|X_T(\mathrm{f})|^2$ 虽然趋于无穷，但平均功率收敛到有限值，即

$$\lim_{T\to\infty}\frac{1}{2T}|X_T(f)|^2<\infty \tag{5.3.4}$$

这是 $x_T(t)$ 中频率为 f 的成分的平均功率，由于它是 f 的函数，称为功率密度，表示平均功率随频率的分布。

以上是对一个时间函数 $x(t)$ 而言的，如果用于随机过程 X_t，$x(t)$ 只是一个特定的现实，对随机过程总体的相应量，还要引入数学期望，记

$$g(f)=\lim_{T\to\infty}E\left[\frac{1}{2T}|X_T(f)|^2\right] \tag{5.3.5}$$

则 $g(f)$ 是频率为 f 的成分对平均（时间平均）功率的贡献的平均（对所有现实的平均，即数学期望 E）。$g(f)$ 称为功率谱密度，简称功率谱。

如果 X_t 是一个平稳随机过程，假设是中心化的，$\mu=0$

$$E(X_tX_s)=c(t-s)=c(\tau),\tau=t-s(\text{或 } s-t) \tag{5.3.6}$$

把（5.3.2）式代入（5.3.5）式，并利用（5.3.6）式，得

$$\begin{aligned}g(f)&=\lim_{T\to\infty}E\left[\frac{1}{2T}X_T(f)X_T^*(f)\right]\\&=\lim_{T\to\infty}E\left[\frac{1}{2T}\left(\int_{-T}^{T}X_T(t)\mathrm{e}^{-i2\pi ft}\mathrm{d}t\right)\left(\int_{-T}^{T}X_T(s)\mathrm{e}^{i2\pi fs}\mathrm{d}s\right)\right]\\&=\lim_{T\to\infty}\frac{1}{2T}\int_{-T}^{T}\int_{-T}^{T}\mathrm{e}^{-i2\pi f(t-s)}E(X_tX_s)\mathrm{d}t\mathrm{d}s\\&=\lim_{T\to\infty}\frac{1}{2T}\int_{-T}^{T}\int_{-T}^{T}\mathrm{e}^{-i2\pi f\tau}c(\tau)\mathrm{d}t\mathrm{d}s\end{aligned}$$

作变量替换 $\tau=t-s$，内层积分改写为

$$\lim_{T\to\infty}\int_{-T-s}^{T-s}\mathrm{e}^{-i2\pi f\tau}c(\tau)\mathrm{d}\tau=\int_{-\infty}^{\infty}c(\tau)\mathrm{e}^{-i2\pi f\tau}\mathrm{d}\tau=F[c(\tau)] \tag{5.3.7}$$

这个积分是 $c(\tau)$ 的傅氏变换，记为 $F[c(\tau)]$，它只含参数 f，与时间无关，所以

$$\begin{aligned}g(f)&=\lim_{T\to\infty}\frac{1}{2T}\int_{-T}^{T}F[c(\tau)]\mathrm{d}s\\&=F[c(\tau)]\lim_{T\to\infty}\frac{1}{2T}\int_{-T}^{T}1\mathrm{d}s\\&=F[c(\tau)]\end{aligned}$$

可见，对于平稳随机过程，它的功率谱与自协方差函数互为傅氏变换和逆变换

$$g(f)=\int_{-\infty}^{\infty}c(\tau)\mathrm{e}^{-i2\pi f\tau}\mathrm{d}\tau \tag{5.3.8}$$

$$c(\tau)=\int_{-\infty}^{\infty}g(f)\mathrm{e}^{i2\pi f\tau}\mathrm{d}f \tag{5.3.9}$$

当 $\tau=0$，得

$$\sigma^2=c(0)=\int_{-\infty}^{\infty}g(f)\mathrm{d}f \tag{5.3.10}$$

σ^2 是平稳随机过程的方差，物理意义是随机过程的平均功率，所以 $g(f)$ 也称为方差谱，是频率为 f 的成分对总方差贡献的密度。

如果平稳随机过程是标准化的，则 $c(\tau)=\rho(\tau)$，$\rho(0)=1$，$g(f)$ 是自相关函数的傅氏变换

$$g(f)=\int_{-\infty}^{\infty}\rho(\tau)\mathrm{e}^{-i2\pi f\tau}\mathrm{d}\tau \tag{5.3.11}$$

$$\sigma^2=\rho(0)=\int_{-\infty}^{\infty}g(f)\mathrm{d}f=1 \tag{5.3.12}$$

因为 $c(\tau)=\mathrm{Cov}(X_t, X_{t+\tau})=\mathrm{Cov}(X_{t+\tau}, X_t)=c(-\tau)$ 是偶函数，余弦是偶函数，正弦是奇函数，所以（5.3.8）式的虚部积分为零，由（5.3.8）式得

$$g(f)=\int_{-\infty}^{\infty}c(\tau)\cos 2\pi f\tau\mathrm{d}\tau=2\int_{0}^{\infty}c(\tau)\cos 2\pi f\tau\mathrm{d}\tau \tag{5.3.13}$$

以及

$$g(-f)=g(f) \tag{5.3.14}$$

因为 $g(f)$ 在 $f>0$ 和 $f<0$ 两边都是定义域，称为双边功率谱。这样的定义在数学上有完美的对称性，但应用中较难理解，考虑到（5.3.14）式，定义单边功率谱

$$G(f)=\begin{cases}2g(f) & \text{当 } f\geqslant 0\\ 0 & \text{当 } f<0\end{cases} \tag{5.3.15}$$

则

$$G(f)=4\int_{0}^{\infty}c(\tau)\cos 2\pi f\tau\mathrm{d}\tau \tag{5.3.16}$$

平稳随机过程的功率谱的估计就是以（5.3.16）式为依据的。

当随机过程 X_t 是平稳的，假设它是各态历经的，它的一个有限长度的现实离散等间距取值，记为 x_1，x_2，…，x_n。为了简单起见，假定随机过程是中心化的，$\mu=0$，样本函数的均值 $\bar{x}=0$，否则，从现实的数据中减去 $\bar{x}$，并重新记为 x_1，x_2，…，x_n，就总有 $\bar{x}=0$。

自协方差函数的估计（省略估计符号ˆ）

$$c(\tau)=\frac{1}{n-\tau}\sum_{t=1}^{n-\tau}x_t x_{t+\tau}\quad \tau=0,1,2,\cdots,m \tag{5.3.17}$$

因为 n 有限，当 τ 增大时，$n-\tau$ 减小，$c(\tau)$ 估计量的方差逐步增大，所以，τ 太大时 $c(\tau)$ 的估计变得不可信，一般取最大迟后 $m<\frac{n}{5}\sim\frac{n}{4}$，也就是说（5.3.16）式中的积分上限最大为 m。

因为样本函数是离散取值的，时间间距 Δt，把 Δt 作为时间单位，则样本函数 x_1，x_2，…，x_n 所能表达出的最短周期为 2（Δt），最大频率为 $f_c=\frac{1}{2\Delta t}$，Δt 为时间单位，$f_c=\frac{1}{2}$，这是用样本函数估计功率谱的频率上限，称奈奎斯特频率。对（5.3.16）式做样本估计时，频率区间为 $0\sim\frac{1}{2}$。在此区间内需要在一些离散频率上估计 $G(f)$。由 $c(0)$，$c(1)$，…，$c(m)$ 加权求和得到 $G(f)$ 的估计，只有在 $m+1$ 个离散频率上是独立的，所以，f 离散化时间隔不能过密。一般把频率区间 $[0,\frac{1}{2}]$ 等分为 m 份，频率间隔为 $\Delta f=\frac{1}{2m}$，用于估计 $G(f)$ 的离散频率取

$$f_k = k\Delta f = \frac{k}{2m} \quad k = 0,1,2,\cdots,m \tag{5.3.18}$$

当 $k=m$ 时，$f_m=\frac{1}{2}$ 是奈奎斯特频率，所以，k 的最大值是 m。可见，这里的 k 是离散频率的序号，它与频率的关系就是（5.3.18）式。它与周期的关系是

$$T_k = \frac{2m}{k} \tag{5.3.19}$$

顺便指出，把这种离散的频率或周期的序号 k 称为波数不妥当，因为它既没有类似于动力气象学中 x 或 y 方向 2π 距离内（用于这里应是 2π 时间内）完整波形个数的含义，也没有这里的样本时段 x_1，x_2，…，x_n 中包含几个波的含义。

把（5.3.16）式改为有限项求和时，在积分下限和上限处，$c(0)$ 和 $c(m)$ 的项对应的 τ 的增量 $\Delta\tau$ 取为 $\frac{1}{2}$（Δt），其他 $c(\tau)$ 项对应的 τ 的增量取为 1（Δt），并且取 $f=f_k=k/2m$，则 $G(f)$ 的估计为

$$\begin{aligned}\hat{G}(f_k) &= 4\left[c(0)\cdot\frac{1}{2}+\sum_{\tau=1}^{m-1}c(\tau)\cos\frac{\pi k\tau}{m}\cdot 1+c(m)\cos(\pi k)\cdot\frac{1}{2}\right] \\ &= 2\left[c(0)+2\sum_{\tau=1}^{m-1}c(\tau)\cos\frac{\pi k\tau}{m}+(-1)^k c(m)\right]\end{aligned} \tag{5.3.20}$$

如果平稳随机过程的样本函数是标准化的，自协方差函数就是自相关函数，其样本估计还记为 $\rho(\tau)$，$\tau=0$，1，2，…，m，则功率谱估计相应地是

$$\hat{G}(f_k) = 2\left[\rho(0)+2\sum_{\tau=1}^{m-1}\rho(\tau)\cos\frac{\pi k\tau}{m}+(-1)^k\rho(m)\right] \tag{5.3.21}$$

根据（5.3.20）式或（5.3.21）式计算出的功率谱称为粗估计。粗估计受到随机过程取样偶然性影响较大，会产生所谓的功率泄漏问题，以致使个别频率上出现功率谱粗估计小于零的不合理结果。为此，再对粗估计在相邻频率上做平滑处理可部分地消除抽样振动的影响，常用的平滑公式是

$$\begin{aligned}&\widetilde{G}(f_0)=0.5\hat{G}(f_0)+0.5\hat{G}(f_1)\\&\widetilde{G}(f_k)=0.25\hat{G}(f_{k-1})+0.5\hat{G}(f_k)+0.25\hat{G}(f_{k+1})\quad k=1,2,\cdots,m-1\\&\widetilde{G}(f_m)=0.5\hat{G}(f_{m-1})+0.5\hat{G}(f_m)\end{aligned}\tag{5.3.22}$$

采用（5.3.22）式处理过以后的功率谱估计称为平滑估计。

分析估计结果一般通过功率谱图表示，横轴是离散的频率或周期的序号 k，它与频率和周期的关系是（5.3.18）式和（5.3.19）式。纵轴是功率谱的平滑估计。$\widetilde{G}(f_k)$ 峰值对应的频率是随机过程 X_t 包含的主要周期成分。但是，非周期性随机过程的功率谱的样本估计也不等于零，这样，谱峰达多大强度对应的频率成分是统计上可信的就要做统计显著性检验。常用的检验方法有原假设为白噪声过程和红噪声过程两种。

上一节已介绍过，白噪声随机过程没有记忆力，在任意两个时间之间自协方差函数等于零，显然它不含任何周期成分。它的总体的功率谱在所有频率上相等，是一个常数。检验的原假设 H_0：我们分析的对象是白噪声过程，则由它的功率谱的样本估计构成统计量

$$\chi^2=H\frac{\widetilde{G}(f_k)}{\overline{\widetilde{G}(f_k)}}\tag{5.3.23}$$

$$H=\frac{2n-\dfrac{3}{2}m}{m}\tag{5.3.24}$$

其中 $\widetilde{G}(f_k)$ 是频率 f_k 上的功率谱平滑估计。f_k 一般是需检验的谱峰对应的频率，$\overline{\widetilde{G}(f_k)}$ 是所有频率上平均的功率谱估计，n 是序列长度，m 是最大后延。在原假设成立的条件下，该统计量服从自由度为 H 的 χ^2 分布。给定置信水平 α，查 χ^2 分布临界值表 $P(\chi^2>\chi^2_\alpha)=\alpha$，得临界值 χ^2_α。用功率谱样本估计的值计算出该统计量的样本值 χ^2，当 $\chi^2>\chi^2_\alpha$，那么，在原假设成立的条件下出现 $\chi^2>\chi^2_\alpha$ 是小概率事件，可能性不大，应拒绝原假设，认为随机过程 X_t 中频率为 f_k 的周期成分是显著的，置信概率为 $1-\alpha$。如果 $\chi^2<\chi^2_\alpha$，则认为该谱峰不显著。

白噪声过程除 $c(0)$ 和 $\rho(0)$ 不等于零以外，其他 $c(\tau)$ 和 $\rho(\tau)$ 都等于零。如果随机过程的 $c(1)\neq0$ 和 $\rho(1)\neq0$，可以把原假设改为随机过程是红噪声过程，这时，由功率谱样本估计构成统计量

$$\chi^2=\gamma\frac{\widetilde{G}(f_k)}{\overline{\widetilde{G}}\left[\dfrac{1-\rho_1^2}{1+\rho_1^2-2\rho_1\cos\left(\dfrac{\pi k}{m}\right)}\right]}\tag{5.3.25}$$

$$\gamma = \frac{2n - \frac{m}{2}}{m} \tag{5.3.26}$$

其中 ρ_1 是迟后 1（Δt）的自相关函数的估计，（5.3.25）式适用于标准化平稳随机过程功率谱的检验，如果随机过程是非标准化的，ρ_1 应改用自协方差函数 c（1）的估计。在原假设成立的条件下，（5.3.25）式构成的统计量服从自由度为 γ 的 χ^2 分布。当该统计量的样本值大于 χ^2_α 时，拒绝原假设，认为频率为 f_k 的成分显著，置信概率为 $1-\alpha$。

§ 5.4　时间序列的离散傅里叶级数分析

5.4.1　三角函数系的正交性

在基础数学中，下面几个关系式是常见的，也很容易验证。当 k 和 k' 是正整数，有

$$\int_0^{2\pi} \cos k\theta \mathrm{d}\theta = 0 \tag{5.4.1}$$

$$\int_0^{2\pi} \sin k\theta \mathrm{d}\theta = 0 \tag{5.4.2}$$

$$\int_0^{2\pi} \cos k\theta \cos k'\theta \mathrm{d}\theta = \begin{cases} \pi & \text{当 } k = k' \\ 0 & \text{当 } k \neq k' \end{cases} \tag{5.4.3}$$

$$\int_0^{2\pi} \sin k\theta \sin k'\theta \mathrm{d}\theta = \begin{cases} \pi & \text{当 } k = k' \\ 0 & \text{当 } k \neq k' \end{cases} \tag{5.4.4}$$

$$\int_0^{2\pi} \sin k\theta \cos k'\theta \mathrm{d}\theta = 0 \quad \text{不管 } k \text{ 与 } k' \text{ 是否相等} \tag{5.4.5}$$

做变量替换，把 θ 的区间［0，2π］与时间区间［0，N］相对应，即取 $\theta=\frac{2\pi}{N}t$ 或 $t=\frac{N}{2\pi}\theta$，则以上各式变为

$$\int_0^N \cos \frac{2\pi kt}{N} \mathrm{d}t = 0 \tag{5.4.6}$$

$$\int_0^N \sin \frac{2\pi kt}{N} \mathrm{d}t = 0 \tag{5.4.7}$$

$$\int_0^N \cos \frac{2\pi kt}{N} \cos \frac{2\pi k't}{N} \mathrm{d}t = \begin{cases} \frac{N}{2} & \text{当 } k = k' \\ 0 & \text{当 } k \neq k' \end{cases} \tag{5.4.8}$$

$$\int_0^N \sin \frac{2\pi kt}{N} \sin \frac{2\pi k't}{N} \mathrm{d}t = \begin{cases} \frac{N}{2} & \text{当 } k = k' \\ 0 & \text{当 } k \neq k' \end{cases} \tag{5.4.9}$$

$$\int_0^N \sin\frac{2\pi kt}{N}\cos\frac{2\pi k't}{N}\mathrm{d}t = 0 \quad \text{不管 } k \text{ 与 } k' \text{ 是否相等} \tag{5.4.10}$$

把时间区间 $[0, N]$ 等分 N 份，$\Delta t=1$ 时间单位，积分改为求和，得

$$\sum_{t=1}^{N}\cos\frac{2\pi k}{N}t = 0 \tag{5.4.11}$$

$$\sum_{t=1}^{N}\sin\frac{2\pi k}{N}t = 0 \tag{5.4.12}$$

$$\sum_{t=1}^{N}\cos\frac{2\pi kt}{N}\cos\frac{2\pi k't}{N} = \begin{cases}\dfrac{N}{2} & \text{当 } k = k' \\ 0 & \text{当 } k \neq k'\end{cases} \tag{5.4.13}$$

$$\sum_{t=1}^{N}\sin\frac{2\pi kt}{N}\sin\frac{2\pi k't}{N} = \begin{cases}\dfrac{N}{2} & \text{当 } k = k' \\ 0 & \text{当 } k \neq k'\end{cases} \tag{5.4.14}$$

$$\sum_{t=1}^{N}\sin\frac{2\pi kt}{N}\cos\frac{2\pi k't}{N} = 0 \quad \text{不管 } k \text{ 与 } k' \text{ 是否相等} \tag{5.4.15}$$

以上关系还可用三角函数的一些基本公式导出。$\cos\frac{2\pi kt}{N}$和 $\sin\frac{2\pi kt}{N}$是在 $[0, N]$ 内经历 k 个波，两者位相差$\frac{\pi}{2}$。这里的 k 有明确的含义，它是时间 $[0, N]$ 内的波数，对应的周期 $T_k=\frac{N}{k}$，(5.4.13)、(5.4.14)、(5.4.15) 式表示它们之间的正交性。

5.4.2　时间序列的离散傅里叶级数表示

一个离散的等时间间隔的时间序列 x_1，x_2，…，x_N，可用上述的 $[0, N]$ 上的周期函数 $\sin\frac{2\pi kt}{N}$，$\cos\frac{2\pi kt}{N}$的级数表示。因为是周期函数，显然，在 $t=0$ 和$t=N$三角函数是相等的，例如 $\sin\frac{2\pi k0}{N}=\sin\frac{2\pi kN}{N}$。那么被表示的对象也应是时间 $[0, N]$ 上的周期函数，即可以在时间零处补序列值 x_0，而 $x_0=x_N$。因此，在有的介绍离散傅里叶级数的文献中把序列写成 x_0，x_1，…，x_{N-1}。两种写法都表示有序的 N 个取值，且时间间距相同，占据的时间范围都是 $[0, N]$，所以，两种写法是一样的。但是，如果把时间序列写成 x_0，x_1，…，x_{N-1}，那么，为了能够导出级数的系数，相应地，(5.4.6) ～ (5.4.10) 式改写为求和时，要把时间 $0\sim N$ 划分成的 N 个等分的时段，这些时段的序号也应记为 $t=0$，$t=1$，…，$t=N-1$，公式 (5.4.11) ～ (5.4.15) 式的求和应改为 $t=0$，1，…，$N-1$。以下，我们把时间序列记为 x_1，x_2，…，x_N。

波数 $k=0$ 时，$\cos\frac{2\pi kt}{N}$恒等于 1，把这一项的系数记为 a_0。$k=0$ 的 $\sin\frac{2\pi kt}{N}$恒等于零，这一项不存在。$k>0$ 的 $\cos\frac{2\pi kt}{N}$和 $\sin\frac{2\pi kt}{N}$项的系数分别记为 a_k 和 b_k，展开式为

$$x_t = a_0 + \sum_{k=1}^{K}\left(a_k\cos\frac{2\pi kt}{N} + b_k\sin\frac{2\pi kt}{N}\right) \tag{5.4.16}$$

把（5.4.16）式两边对 t 从 1 到 N 求和，利用（5.4.11）式和（5.4.12）式，得

$$\sum_{t=1}^{N} x_t = Na_0$$

所以

$$a_0 = \frac{1}{N}\sum_{t=1}^{N} x_t \tag{5.4.17}$$

对 k 分别取 1，2，…中的一个特定值，把（5.4.16）式两边乘 $\cos\frac{2\pi kt}{N}$，再对 t 从 1～N求和，利用（5.4.11）式和正交性公式（5.4.13）、（5.4.14）、（5.4.15）式，得

$$\sum_{t=1}^{N} x_t\cos\frac{2\pi kt}{N} = a_k\frac{N}{2}$$

所以

$$a_k = \frac{2}{N}\sum_{t=1}^{N} x_t\cos\frac{2\pi kt}{N} \tag{5.4.18}$$

类似地，两边乘 $\sin\frac{2\pi kt}{N}$，再对 t 求和，得

$$b_k = \frac{2}{N}\sum_{t=1}^{N} x_t\sin\frac{2\pi kt}{N} \tag{5.4.19}$$

级数展开式（5.4.16）中 k 可取至多大，可以从正交展开的角度来确定。被表示的对象 x_1，x_2，…，x_N 可表示为 N 维空间中的一个列向量

$$\boldsymbol{X} = (x_1, x_2, \cdots, x_N)^T \tag{5.4.20}$$

基函数也表示成 N 维空间中的列向量，$\cos\frac{2\pi kt}{N}$，$t=1$，2，…，N 表示成列向量

$$\boldsymbol{C}_k = \left(\cos\frac{2\pi k\cdot 1}{N}, \cos\frac{2\pi k\cdot 2}{N}, \cdots, \cos\frac{2\pi k\cdot N}{N}\right)^T \tag{5.4.21}$$

其中

$$\boldsymbol{C}_0 = (1, 1, \cdots, 1)^T$$

类似地

$$\boldsymbol{S}_k = \left(\sin\frac{2\pi k\cdot 1}{N}, \sin\frac{2\pi k\cdot 2}{N}, \cdots, \sin\frac{2\pi k\cdot N}{N}\right)^T \tag{5.4.22}$$

其中 $\boldsymbol{S}_0$ 是零向量，不存在。另外，当 N 是偶数，且 $k=\frac{N}{2}$时，$\boldsymbol{S}_{\frac{N}{2}}$也是零向量。当 N 是奇数，因为 k 是正整数（波数），k 不可能取$\frac{N}{2}$值。由于这种差异，需分开考虑。当 N 是偶数时，正交的基函数取 $\boldsymbol{C}_0$，$\boldsymbol{C}_1$，…，$\boldsymbol{C}_{\frac{N}{2}}$和 $\boldsymbol{S}_1$，$\boldsymbol{S}_2$，…，$\boldsymbol{S}_{\frac{N}{2}-1}$共 N 个正交基函数，由于 $\boldsymbol{S}_{\frac{N}{2}}$是零向量，所以，取 $k=1$，2，…，$\frac{N}{2}$，实际的正交基函数还是 N 个。当 N 是奇数时，取 $\boldsymbol{C}_0$，$\boldsymbol{C}_1$，…，$\boldsymbol{C}_{\frac{N-1}{2}}$和 $\boldsymbol{S}_1$，$\boldsymbol{S}_2$，…，$\boldsymbol{S}_{\frac{N-1}{2}}$，也正好是 N 个正交基函数。综合这两种情况，取（5.4.16）式中的 $K=[\frac{N}{2}]$，[　] 表示取整数，当 N 是偶数时，$[\frac{N}{2}]=\frac{N}{2}$，当 N 是奇数，$[\frac{N}{2}]=\frac{N-1}{2}$。所以波数 k 的最大值为 $K=[\frac{N}{2}]$。引入正交基向量和确定其个数后，可把（5.4.16）式改写为正交展开形式

$$\boldsymbol{X}=a_0\boldsymbol{C}_0+\sum_{k=1}^{K}(a_k\boldsymbol{C}_k+b_k\boldsymbol{S}_k) \tag{5.4.23}$$

注意,(5.4.23)式中的每一项都是一个 N 维列向量,列向量的元素对应于时间 1,2,…,N。

当 N 是偶数，而且 $k=\frac{N}{2}$时，周期 $T_k=2$，频率 $f_k=\frac{1}{2}$，已是混淆频率，$\cos\frac{2\pi kt}{N}=\cos(\pi t)$，$t=1$，2，…，$N$ 都在余弦函数的波峰、波谷上，$\sin\frac{2\pi kt}{N}=\sin(\pi t)$，$t=1$，2，…，$N$ 都在正弦函数的零点上，在这一特殊情况下，（5.4.13）式和（5.4.14）式中的 $k=k'$时变成

$$\sum_{t=1}^{N}\cos^2(\pi t)=N \tag{5.4.24}$$

$$\sum_{t=1}^{N}\sin^2(\pi t)=0 \tag{5.4.25}$$

所以，当 N 是偶数，且 $k=\frac{N}{2}$时

$$a_{\frac{N}{2}}=\frac{1}{N}\sum_{t=1}^{N}x_t\cos\pi t \tag{5.4.26}$$

$$b_{\frac{N}{2}}=0 \tag{5.4.27}$$

为了清楚地表达（5.4.16）式的含义，再把它改写为

$$x_t=a_0+\sum_{k=1}^{K}A_k\sin\left(\frac{2\pi kt}{N}+\theta_k\right) \tag{5.4.28}$$

利用两个角之和的正弦函数公式化开（5.4.28）式，并与（5.4.16）式比较得 A_k，θ_k 与 a_k，b_k 间的关系

$$a_k = A_k \sin\theta_k \tag{5.4.29}$$

$$b_k = A_k \cos\theta_k \tag{5.4.30}$$

$$A_k = \sqrt{a_k^2 + b_k^2} \tag{5.4.31}$$

$$\theta_k = \arctan \frac{a_k}{b_k} \tag{5.4.32}$$

(5.4.28) 式把 x_t 表示成平均值与 K 个正弦波之和，正弦波的周期 $T_k = \frac{N}{k}$，振幅为 A_k，初位相为 θ_k。计算 θ_k 时要根据 a_k 和 b_k 大于零或小于零的搭配确定 θ_k 所在的象限：$a_k > 0$，$b_k > 0$ 时，θ_k 在第一象限；$a_k < 0$，$b_k < 0$ 时，在第三象限；$a_k > 0$，$b_k < 0$ 时，在第二象限；$a_k < 0$，$b_k > 0$ 时，在第四象限。用 FORTRAN 语言计算时，调用内部函数 ATAN2，能自动判断 θ_k 的象限。

谐波展开式 (5.4.16) 式中各个单波的相对重要性可以用它们表示出的 x_t 的方差的数量来衡量。利用 (5.4.13)、(5.4.14)、(5.4.15) 式，可以导出

$$\begin{aligned}
D(x_t) &= \frac{1}{N}\sum_{t=1}^{N}(x_t - \bar{x})^2 \\
&= \frac{1}{N}\sum_{t=1}^{N}(x_t - a_0)^2 \\
&= \frac{1}{N}\sum_{t=1}^{N}\left[\sum_{k=1}^{K}\left(a_k \cos\frac{2\pi kt}{N} + b_k \sin\frac{2\pi kt}{N}\right)\right]^2 \\
&= \frac{1}{N}\sum_{t=1}^{N}\left[\left(\sum_{k=1}^{K} a_k \cos\frac{2\pi kt}{N} + b_k \sin\frac{2\pi kt}{N}\right)\left(\sum_{k'=1}^{K} a_{k'} \cos\frac{2\pi k't}{N} + b_{k'} \sin\frac{2\pi k't}{N}\right)\right] \\
&= \frac{1}{N}\sum_{k=1}^{K}\sum_{k'=1}^{K}\left[a_k a_{k'}\sum_{t=1}^{N}\cos\frac{2\pi kt}{N}\cos\frac{2\pi k't}{N} + a_k b_{k'}\sum_{t=1}^{N}\cos\frac{2\pi kt}{N}\sin\frac{2\pi k't}{N}\right. \\
&\qquad \left. + b_k a_{k'}\sum_{t=1}^{N}\sin\frac{2\pi kt}{N}\cos\frac{2\pi k't}{N} + b_k b_{k'}\sum_{t=1}^{N}\sin\frac{2\pi kt}{N}\sin\frac{2\pi k't}{N}\right] \\
&= \frac{1}{N}\sum_{k=1}^{K}\left(a_k^2\frac{N}{2} + b_k^2\frac{N}{2}\right) \\
&= \sum_{k=1}^{K}\frac{1}{2}(a_k^2 + b_k^2)
\end{aligned} \tag{5.4.33}$$

当 N 是偶数时，考虑到 (5.4.24) 式和 (5.4.25) 式，上式应为

$$D(x_t) = \sum_{k=1}^{K-1}\frac{1}{2}(a_k^2 + b_k^2) + a_{\frac{N}{2}}^2 \tag{5.4.34}$$

在 § 5.3 已介绍过，功率谱也是方差谱，是不同频率（周期）成分对时间序列方差的贡献，所以可定义

$$I_k = \frac{1}{2}(a_k^2 + b_k^2) \tag{5.4.35}$$

$$I_{\frac{N}{2}} = a_{\frac{N}{2}}^2 \quad 当 N 是偶数, k = \frac{N}{2} \tag{5.4.36}$$

则

$$D(x_t) = \sum_{k=1}^{K} I_k \tag{5.4.37}$$

I_k 也可称为功率谱。它与 § 5.3 的 $G(f)$ 差别在于，$G(f)$ 是连续频率的，I_k 是离散频率的，所以 I_k 也称为离散功率谱。

分析离散功率谱的估计结果一般采用谱图，横轴为波数 k，纵坐标 I_k。I_k 峰值对应的频率成分是 x_t 中包含的主要周期变化成分。

5.4.3　离散傅里立叶级数的复数表示形式

由尤拉公式

$$e^{i\frac{2\pi kt}{N}} = \cos\frac{2\pi kt}{N} + i\sin\frac{2\pi kt}{N} \tag{5.4.38}$$

$$e^{-i\frac{2\pi kt}{N}} = \cos\frac{2\pi kt}{N} - i\sin\frac{2\pi kt}{N} \tag{5.4.39}$$

$$\cos\frac{2\pi kt}{N} = \frac{e^{i\frac{2\pi kt}{N}} + e^{-i\frac{2\pi kt}{N}}}{2} \tag{5.4.40}$$

$$\sin\frac{2\pi kt}{N} = \frac{e^{i\frac{2\pi kt}{N}} - e^{-i\frac{2\pi kt}{N}}}{2i} \tag{5.4.41}$$

把（5.4.40）式和（5.4.41）式代入（5.4.16）式，并且记

$$c_0 = a_0$$

$$c_k = \frac{1}{2}(a_k - ib_k) \tag{5.4.42}$$

$$c_{-k} = \frac{1}{2}(a_k + ib_k) = c_k^*$$

则（5.4.16）式变成复级数形式

$$x_t = \sum_{k=-K}^{K} c_k e^{i\frac{2\pi kt}{N}} \tag{5.4.43}$$

上式 x_t 是实数时间序列，而右边各项的系数 c_k 和基函数 $e^{i\frac{2\pi kt}{N}}$ 是复数，由导出过程知道，这些项的虚部是由波数 k 的绝对值相等的每两项相抵消的。

把（5.4.18）式和（5.4.19）式代入（5.4.42）式得

$$c_k = \frac{1}{N}\sum_{t=1}^{N} x_t e^{-i\frac{2\pi kt}{N}} \tag{5.4.44}$$

（5.4.43）式和（5.4.44）式是离散的傅氏变换和逆变换。上述离散的功率谱也可以用复系数 c_k 的模方表示，显然，$I_k=2\|c_k\|^2$。

描述时间函数的频率特征，简单说来需要知道不同频率（周期）成分的振幅、初位相以及对方差（功率）的贡献。从时间函数的频谱、平稳随机过程的功率谱和离散傅氏级数的原理可见，振幅、初位相和对方差的贡献是由该时间函数在同样频率的正弦和余弦函数上的投影共同决定的，用实数形式表示时，由正弦和余弦系数共同确定，用复数形式表示时由复系数的模或模方（功率谱来源于频谱的模方）和辐角共同确定。如果分析中单独地只取正弦系数或余弦系数，或者用复数形式表示时只单独地取复系数的实部或虚部进行分析，将不能给出不同频率成分的振幅、位相、方差贡献的信息，所以只分析正弦系数或余弦系数或复系数的实部是毫无意义的。理解这一点对正确地应用小波分析很有帮助。小波分析是傅里叶分析的发展，它揭示时间函数中不同频率成分在局部时段的振幅、位相和功率分布特征，称为时—频局部化特征。目前应用中常采用 Morlet 小波，它是复小波，其实部和虚部对应于相同频率的正弦型和余弦型变化。所以，时间函数的 Morlet 小波变换的系数是复系数，类似于傅氏分析，不同频率成分在局部时段的振幅、位相和功率贡献是分别由复小波系数的模、辐角和模方确定的。可见，在小波分析应用中对复小波变换只取复系数的实部进行分析是没有意义的。

§5.5　滤　　波

大气运动是多种时间和空间尺度的系统组成的，空间尺度与时间尺度有基本上对应的关系，空间尺度愈大的系统时间尺度也愈大，或活动周期愈长。当一系列高空槽脊自西向东移动时，在固定地理位置上的等压面高度序列就呈现不同周期的时间变化。对流层低层中小尺度天气系统活动、地面气压系统活动、行星尺度的副热带高压进退综合影响产生固定地点地面天气变量的时间序列包含着复杂的周期成分。月、季平均的气温、海温、气压、月、季总降水量等气候要素受大气环流异常、气候系统内部成员间的相互作用振荡（ENSO 振荡、QBO 等）、太阳活动周期性等影响，也表现出季节循环、年际变化、十年际变化及更长时间尺度的振荡。由于研究目的不同，经常需要把我们感兴趣的周期成分从原来的序列中识别和提取出来，这就要采用滤波方法。

5.5.1　数字滤波器原理

时间序列滤波使用的是数字滤波器，它是一个线性运算系统，从输入的时间序列 x（t）产生输出的时间序列 y（t）经过的运算是

$$y(t)=\int_{-\infty}^{\infty}c(k)x(t-k)\mathrm{d}k \tag{5.5.1}$$

它是线性运算，因为它满足以下关系：若

$$x(t) = a_1 x_1(t) + a_2 x_2(t)$$

则

$$y(t) = a_1 y_1(t) + a_2 y_2(t)$$

$y(t)$，$y_1(t)$ 和 $y_2(t)$ 分别是 $x(t)$，$x_1(t)$ 和 $x_2(t)$ 作为输入序列时的输出序列。这意味着当输入序列 $x(t)$ 是很多频率成分叠加而成时，输出序列 $y(t)$ 也是对各频率成分运算结果的叠加。这种运算要起到滤波作用，它对不同频率成分的振幅、位相和功率谱的影响应该不同。下面首先分析引起频谱的变化。

根据频谱的定义，$y(t)$ 的频谱是

$$Y(f) = \int_{-\infty}^{\infty} y(t) e^{-i2\pi ft} dt \tag{5.5.2}$$

把（5.5.1）式代入（5.5.2）式，并交换积分顺序

$$\begin{aligned} Y(f) &= \int_{-\infty}^{\infty} \left[\int_{-\infty}^{\infty} c(k) x(t-k) dk\right] e^{-i2\pi ft} dt \\ &= \int_{-\infty}^{\infty} c(k) e^{-i2\pi fk} \left[\int_{-\infty}^{\infty} x(t-k) e^{-i2\pi ft} \cdot e^{i2\pi fk} dt\right] dk \\ &= \int_{-\infty}^{\infty} c(k) e^{-i2\pi fk} \left[\int_{-\infty}^{\infty} x(t-k) e^{-i2\pi f(t-k)} dt\right] dk \\ &= \int_{-\infty}^{\infty} c(k) e^{-i2\pi fk} X(f) dk \\ &= X(f) \int_{-\infty}^{\infty} c(k) e^{-i2\pi fk} dk \end{aligned}$$

上式右边的积分是 $c(k)$ 的傅里叶变换，积分的结果只含参数 f，记它为 $H(f)$

$$H(f) = \int_{-\infty}^{\infty} c(k) e^{-i2\pi fk} dk = F[c(k)] \tag{5.5.3}$$

则得到

$$Y(f) = X(f) H(f) \tag{5.5.4}$$

$$H(f) = Y(f)/X(f) \tag{5.5.5}$$

$H(f)$ 称为滤波器的频率响应函数。根据（5.5.3）式，一般而言，$H(f)$ 是复数，实部和虚部分别是

$$\mathrm{Re}H(f) = \int_{-\infty}^{\infty} c(k) \cos 2\pi fk \, dk \tag{5.5.6}$$

$$\mathrm{Im}H(f) = -\int_{-\infty}^{\infty} c(k) \sin 2\pi fk \, dk \tag{5.5.7}$$

从 $x(t)$ 到 $y(t)$，不同频率成分的振幅、位相、功率谱的变化是 $H(f)$ 在不同频率上的差异决定的。由（5.1.10）式，$y(t)$ 可用 $Y(f)$ 表示为

$$y(t) = \int_{-\infty}^{\infty} |Y(f)| \cos(2\pi ft + \theta_y(f)) df \tag{5.5.8}$$

由（5.5.4）式得

$$|Y(f)| = |X(f)||H(f)| \tag{5.5.9}$$

可见，$H(f)$ 的模 $|H(f)|$ 是频率为 f 的成分在输出序列中的振幅较之输入序列中的振幅增长的倍数，称为振幅响应函数或增益函数，$|H(f)|=1$ 的频率成分滤波前后振幅不变。

因为两个复数相乘辐角相加，由（5.5.4）式得

$$\begin{aligned}\theta_y(f) &= \arg Y(f) = \arg X(f) + \arg H(f) \\ &= \theta_x(f) + \arg H(f)\end{aligned} \tag{5.5.10}$$

可见，$H(f)$ 的辐角 $\arg H(f)$ 是频率为 f 的成分在输出序列中的初位相相对于输入序列初位相的位相移动，称为位相响应函数或相移函数。

如果 $x(t)$ 和 $y(t)$ 都看做平稳随机过程，根据功率谱的定义（5.3.5）式，输出序列的功率谱为

$$g_y(f) = \lim_{T\to\infty}\left\{E\left[\frac{|Y(f)|^2}{2T}\right]\right\} \tag{5.5.11}$$

由（5.5.9）式，得

$$|Y(f)|^2 = |X(f)|^2|H(f)|^2$$

所以

$$\begin{aligned}g_y(f) &= \lim_{T\to\infty}\left\{E\left[\frac{|X(f)|^2|H(f)|^2}{2T}\right]\right\} = |H(f)|^2\lim_{T\to\infty}\left\{E\left[\frac{|X(f)|^2}{2T}\right]\right\} \\ &= |H(f)|^2 g_x(f)\end{aligned} \tag{5.5.12}$$

由上式可见，$H(f)$ 的模方 $|H(f)|^2$ 是频率为 f 的成分在输出序列中的功率较之在输入序列中的功率增长的倍数，称为功率谱传递函数。因为功率谱也是方差谱，所以也称为方差传递函数。

综上所述可见，频率响应函数 $H(f)$ 完整地反映了不同频率成分经过滤波运算引起的振幅、位相、功率变化。

在大多数应用中，不希望滤波后产生位相移动，这要求 $\arg H(f)=0$，这往往不能完全办到。但是，可先使 $H(f)$ 的虚部为零，由（5.5.7）式，只要取 $c(k)$ 为偶函数，$c(-k)=c(k)$，则 $\mathrm{Im}H(f)=0$，这样 $H(f)$ 是实的。当 $H(f)$ 是实的，$H(f)$ 的辐角还有两个可能值：当 $H(f)>0$，$\arg H(f)=0$，频率为 f 的成分在输出序列中与输入序列中同位相；当 $H(f)<0$，$\arg H(f)=\pi$，频率为 f 的成分在输出序列中与输入序列中反位相。$\arg H(f)=\pi$ 当然是不希望出现的，但是，在不可避免的情况下，只要 $\arg H(f)=\pi$ 所对应的 $H(f)\ll 1$，它所对应的频率成分通过滤波运算后振幅被抑制了，也就是这个频率成分是被滤去的成分，就无妨碍了。所以，一般取 $c(-k)=c(k)$。

实际应用中，时间 t 是离散的等间距的，序列 x_t 的长度有限，（5.5.1）式要改为有限项求和

$$y_t = \sum_{k=-m}^{m} c_k x_{t-k} \tag{5.5.13}$$

当 $c(-k)=c(k)$，且 k 从 $-m$ 到 m 对称，$H(f)$ 的虚部为零，（5.5.3）式也相应地改写为有限项求和，得

$$H(f) = \sum_{k=-m}^{m} c_k \cos 2\pi fk = c_0 + 2\sum_{k=1}^{m} c_k \cos 2\pi fk \tag{5.5.14}$$

5.5.2　实际应用的滤波器

从应用需求出发，滤波器可分为三类：用于从原序列中滤出低于某个频率（周期大于一定值）成分的滤波器，称为低通滤波器；用于滤出高于某个频率（周期小于一定值）成分的滤波器称为高通滤波器；滤出两个频率之间一个频带成分的滤波器称为带通滤波器。注意，因为应用中原序列是等时间间隔（Δt）离散取值的，它能够反映出的最短周期为 2（Δt），最大频率为 $\frac{1}{2}\ \frac{1}{\Delta t}$，所以，这三类滤波器的频率参数只能在 $\left[0, \frac{1}{2}\right]$ 范围内，并且不能过分接近 0 和 $\frac{1}{2}$。

如果理想化地要求把原序列中包含的我们需要的频率成分振幅和位相都不变地滤出，而把不需要的频率成分完全滤去，那么，原理上要求在需要的频率上，$H(f)=1$，在不需要的频率上，$H(f)=0$。这种合乎理想的 $H(f)$ 能否得到取决于能否由这样的 $H(f)$ 通过与（5.5.3）式对应的傅氏逆变换得到合乎理想的 $c(k)$。由（5.5.1）式和（5.5.3）式，它要求 $x(t)$ 连续且无限长，滑动加权求和的区间也应无穷长，对应地（5.5.13）式中的 m 要无穷大。显然，这样完全合乎理想的滤波器是不能实现的。下面介绍的滤波器是常用的但不是理想的，对滤波后的输出序列只能相对地看待和解释。

5.5.2.1　低通滤波器

由（5.5.13）式可见规定了 m 和 c_k 也就确定了一个滤波器。最常用的是等权滑动平均，（5.5.13）式右边有 $2m+1$ 项，所以取

$$c_k = 1/(2m+1) \tag{5.5.15}$$

该滤波器的频率响应函数是

$$H(f) = \frac{1}{2m+1}\sum_{k=-m}^{m} \cos 2\pi fk$$

$$= \frac{1}{2m+1}\left(1 + 2\sum_{k=1}^{m} \cos 2\pi fk\right)$$

$$= \frac{1}{2m+1} \frac{\sin(2m+1)\pi f}{\sin\pi f} \tag{5.5.16}$$

图 5.5.1 是取 $m=2$ 时,5 项等权滑动平均滤波器的 $H(f)$。可见,$H(f)$接近于 1 的部分位于低频一端,所以,它是低通滤波器。在 $f=1/5$ 和 2/5 处,$H(f)=0$,说明这 2 个频率成分完全被滤去了,这是很容易理解的。这 2 个频率对应的周期分别是 5 和 2.5,取 5 项等权滑动求和时,5 项总是分别包含 1 个和 2 个完整的波,由(5.4.11)式和(5.4.12)式,正弦或余弦函数在一个完整的波内求和等于零,所以,周期为 5 和 2.5 的成分取 5 项滑动平均就被完全滤去了。在 $0<f<1/5$ 范围内,$H(f)>0$ 即 $\arg H(f)=0$,所以,频率小于 1/5(周期大于 $5\Delta t$)的成分滤波后位相没有变化。在 $1/5<f<2/5$ 区间,$H(f)<0$,$\arg H(f)=\pi$,因此,周期大于 2.5 小于 5 的成分在该滤波器的输出序列中与在输入序列中反位相,这是我们很不想见到的,好在在该频率区间的 $|H(f)|$ 小于 0.3,即大部分振幅被抑制了。在 $2/5<f<1/2$,$H(f)>0$,$|H(f)|$ 较小,这一部分频率的成分位相不变,振幅被强烈抑制了。综合各频率范围的 $H(f)$可大致上认为,5 项等权滑动保留了 $5\Delta t$ 以上的周期成分,抑制了 $5\Delta t$ 以下的周期成分。一般而言,$2m+1$ 等权滑动平均保留了周期大于 $2m+1(\Delta t)$的成分,抑制了其他成分。气候资料中常用的月平均的气象要素序列是日平均的序列 31 天等权平均得到的,因此可看做保留了月以上时间尺度的成分,抑制了月以下尺度成分。

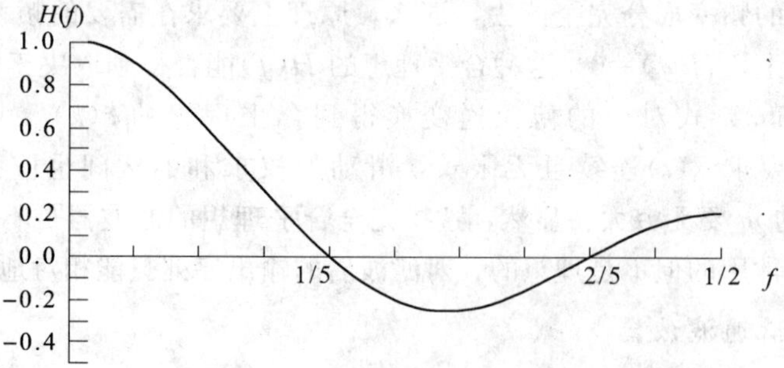

图 5.5.1　5 项等权滑动平均滤波器的频率响应函数

取低通滤波器的权系数 c_k 与二项式系数成正比,并使所有 c_k 之和等于 1,最大系数为 c_0,$c_{-k}=c_k$,这种滤波器称为二项式系数滤波器,也称二项式系数法。例如,二项式$(a+b)^4$ 各项的系数分别为 1,4,6,4,1,为使 c_k 与它们成比例,且所有 c_k 之和为 1,应取 c_k 为 1/16,4/16,6/16,4/16,1/16,再按对称性要求,取 $c_0=6/16$,$c_{\pm1}=4/16$,$c_{\pm2}=1/16$。二项式系数滤波器的频率响应函数可用权系数 c_k 代入(5.5.14)式计算。

另一种方法是取低通滤波器的权系数为正态分布概率密度函数值

$$c_k = \frac{1}{\sigma\sqrt{2\pi}} e^{-\frac{k^2}{2\sigma^2}} \quad k = 0, \pm 1, \pm 2, \cdots, \pm m \tag{5.5.17}$$

因为正态分布也称为高斯分布，所以这样应用的滤波器也常称为高斯滤波器。其中的σ是正态分布的均方差，σ取多大与m有关，因为（5.5.13）式中的加权平均共有$2m+1$项，应使$\sum_{-m}^{m} c_k \doteq 1$，而正态分布概率密度函数从$-3\sigma$积分到$+3\sigma$为0.998，所以取$m=3\sigma$，即$\sigma=m/3$就能使所有$c_k$之和近似等于1。该滤波器的频率响应函数为

$$H(f) = \sum_{k=-m}^{m} \frac{1}{\sigma\sqrt{2\pi}} e^{-\frac{k^2}{2\sigma^2}} \cos 2\pi f k \tag{5.5.18}$$

实际使用中大多数只注意（5.5.13）式中取的项数，例如，取15项（$m=7$）滑动平均就近似地认为抑制了周期小于$15\Delta t$的成分。正如前面所述，只能相对地解释滤波结果。

5.5.2.2　带通滤波器

简单的带通滤波器是由两个低通滤波器组成的。同一个输入序列x_t分别用两个低通滤波器滤波，把两个滤波结果相减就得到某个频带的成分。例如，5项滑动平均看做抑制了周期小于$5\Delta t$的成分，保留了周期大于$5\Delta t$的成分，用11项滑动平均保留了周期大于$11\Delta t$的成分。把5项滑动平均的结果减去11项滑动平均的结果，则可以大致上看作得到包含周期$6\sim 11\Delta t$成分的序列。

因为滤波运算（5.5.13）式和$H(f)$的（5.5.14）式都是线性运算，不难看出，对原序列的两次不同权重的加权滑动平均结果相减，可以通过对原序列只做一次滑动平均得到。所用的权系数C_k取成两个滤波器权系数之差（取项较少的那个滤波器所短缺的权系数补为零）。由（5.5.14）式，这种带通滤波器的频率响应函数也是两个低通滤波器频率响应函数之差。

另一个原理上稍严格的带通滤波器是钟形带通滤波器。滤波公式仍用（5.5.13）式，权系数也是对称的，$C_k=C_{-k}$，取为

$$C_k = \frac{2}{\pi} k^{-1} e^{-\lambda k^2} \sin(2\pi\alpha k)\cos(2\pi f_0 k) \tag{5.5.19}$$

其中的几个参数与频带的关系如图5.5.2所示。

在图5.5.2中，频率从零至$f_0-\alpha-\delta$是低频段的抑制带，从$f_0-\alpha-\delta$至$f_0-\alpha+\delta$是过渡带，从$f_0-\alpha+\delta$至$f_0+\alpha-\delta$是带通滤波的通过带，从$f_0+\alpha-\delta$至$f_0+\alpha+\delta$是第2个过渡带，从$f_0+\alpha+\delta$至1/2是高频端的抑制带。可见，f_0是通过带的中心频率。2（$\alpha-\delta$）是通过带频宽。$\alpha>\delta$才能有通过带。2δ是过渡带频宽。$f_0-\alpha-\delta>0$才有低频端的抑制带，所以应满足$f_0>\alpha+\delta$。$f_0+\alpha+\delta<1/2$才有高频端的抑制带，所以必须满足$f_0<1/2-\alpha-\delta$。否则，没有低频端或高频端的抑制带，不能称为带通滤波器，变成了低通或高通滤波器。

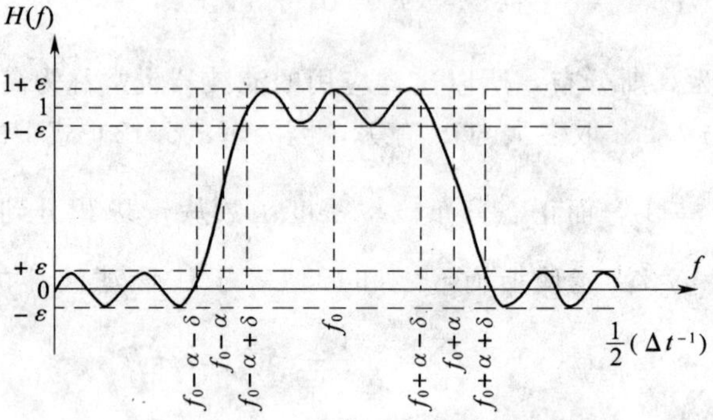

图 5.5.2　钟形带通滤波器的频率响应函数

这个滤波器的频率响应函数 $H(f)$ 满足

$$H(f)=\begin{cases}1\pm\zeta & \text{在通过带}\\ \zeta' & \text{在抑制带}\end{cases} \tag{5.5.20}$$

$|\zeta|$ 和 $|\zeta'|$ 都小于 C

$$C=\frac{2}{\sqrt{\pi}}\frac{e^{-\pi^2\delta^2/\lambda}}{\sqrt{\pi^2\delta^2/\lambda}}+\frac{2}{\pi}\frac{e^{-m^2\lambda}}{m^2\lambda} \tag{5.5.21}$$

C 又小于设计误差 ε，ε 可以根据精度要求确定，见图 5.5.2。

以上参数还必须满足以下两个关系：λ 是满足

$$\frac{2}{\sqrt{\pi}}\frac{e^{-\pi^2\delta^2/\lambda}}{\sqrt{\pi^2\delta^2/\lambda}}\leqslant\frac{\varepsilon}{2}$$

的最大值；m 是满足

$$\frac{2}{\pi}\frac{e^{-m^2\lambda}}{m^2\lambda}\leqslant\frac{\varepsilon}{2}$$

的最小整数。

从这些参数之间的制约关系可以看出，理想的滤波器是不可能实现的。表面看来，似乎只要取 $\delta=0$ 和 $\varepsilon=0$，就没有过渡带，且在通过带 $H(f)=1$，在抑制带 $H(f)=0$，成为理想的带通滤波器，但是由 m 与 ε 的关系可见，此时要求 $m=\infty$，滑动平均还要求取 $2m+1$ 项，可见理想的滤波器是不能实现的。

大气科学中使用得较多的还有 Butterworth 带通滤波器，也称卷积滤波器。自 1979 年 Murakami 使用该滤波器研究 30～50 天大气低频振荡（MJO）以后，它的应用逐渐增多。它的出发公式也是（5.5.13）式，写为

$$y_k=\sum_{i=-M}^{M}W_i x_{k-i}$$

W_i 即为（5.5.13）式中的 C_k。通过一个变换

$$Z = e^{-i\omega\Delta t} \tag{5.5.22}$$

得到最后的滤波公式为

$$y_k = a(x_k - x_{k-2}) - b_1 y_{k-1} - b_2 y_{k-2} \tag{5.5.23}$$

式中 x_0，x_1，…，x_{N-1}是原序列，y_k 是滤波后的结果。上式表明，求某时间的滤波结果时，只用该时刻前 2 个过去时刻的资料，但同时用到此时刻以前的 2 个滤波结果 y_{t-1}和 y_{t-2}。为了确定 a，b_1，b_2 三个系数，必须先根据滤波的目的给出 3 个角频率 ω_0，ω_1 和 ω_2 中的 2 个。圆频率 ω 与周期的关系是 $\omega=2\pi/T$。ω_0 是带通滤波器的中心频率，在该频率上，振幅响应函数是 1.0。ω_1 和 ω_2 是在 ω_0 两边的 2 个频率值，在这 2 个频率上，振幅频率响应函数值都为 0.5。从 ω_1 至 ω_2 看作这个带通滤波器的通过带。这 3 个频率满足 $\omega_0^2=\omega_1\omega_2$，只需给出其中的 2 个。3 个系数 a，b_1，b_2 由以下关系给出

$$a = \frac{2\Delta\Omega}{4 + 2\Delta\Omega + \Omega_0^2} \tag{5.5.24}$$

$$b_1 = \frac{2(\Omega_0^2 - 4)}{4 + 2\Delta\Omega + \Omega_0^2} \tag{5.5.25}$$

$$b_2 = \frac{4 - 2\Delta\Omega + \Omega_0^2}{4 + 2\Delta\Omega + \Omega_0^2} \tag{5.5.26}$$

其中

$$\Delta\Omega = 2\left|\frac{\sin\omega_1\Delta t}{1 + \cos\omega_1\Delta t} - \frac{\sin\omega_2\Delta t}{1 + \cos\omega_2\Delta t}\right|$$

$$\Omega_0^2 = \frac{4\sin\omega_1\Delta t\sin\omega_2\Delta t}{(1 + \cos\omega_1\Delta t)(1 + \cos\omega_2\Delta t)}$$

Δt 是样本的采样时间间隔，一般取为 1。

实际计算时，要求把原序列中的平均值和线性倾向成分先消除，然后分两步计算。第一步，由原序列出发，在时间正方向上用滤波公式算出 y_k。第二步，把第一步得到的结果在时间序号上倒过来从 $N-1$，$N-2$，…，3，2，1 再用滤波公式计算一次，就得到最后的滤波结果。

该滤波器的频率响应函数是

$$W(z) = \frac{a(1 - z^2)}{(1 + b_1 z + b_2 z^2)} \tag{5.5.27}$$

其中 z 与角频率的关系是（5.5.22）式。$|W(z)|$ 是振幅响应函数，$|W(z)|^2$ 是功率谱或方差响应函数。图 5.5.3 是用于研究 30～50 天低频振荡且 $\Delta t=1$ 天时这个滤波器的振幅响应函数。只要适当地选取 ω_1 和 ω_2，这个滤波器也可用于滤出其他频带。

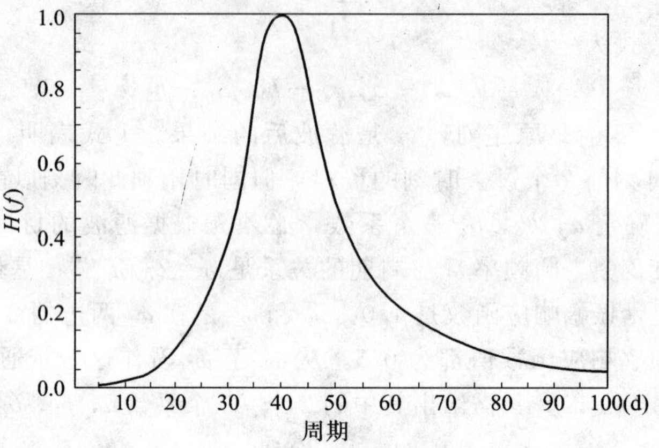

图 5.5.3　Butterworth 带通滤波器的振幅响应函数

下面人造一个时间序列用 Butterworth 带通滤波器滤波。序列有 3 个周期成分组成

$$x(1) = x_1(t) + x_2(t) + x_3(t)$$

其中

$$x_1(t) = 0.5 \times \cos(2\pi t/16)$$
$$x_2(t) = 1.0 \times \cos(2\pi t/45)$$
$$x_3(t) = 2.0 \times \cos(2\pi t/80)$$

3 个成分的周期分别是 16，45 和 80，序列的长度取 160。我们试验从混合的序列 $x(t)$ 中滤出中间一个周期成分 $x_2(t)$。为此取 $\omega_0 = 2\pi/45$，$\omega_1 = 2\pi/35$ 对 $x(t)$ 做滤波运算。图 5.5.4 从上到下分别是各分量序列、混合成的序列和滤波输出序列。从图可见滤波后输出序列与 $x_2(t)$ 在位相和振幅方面都比较一致。

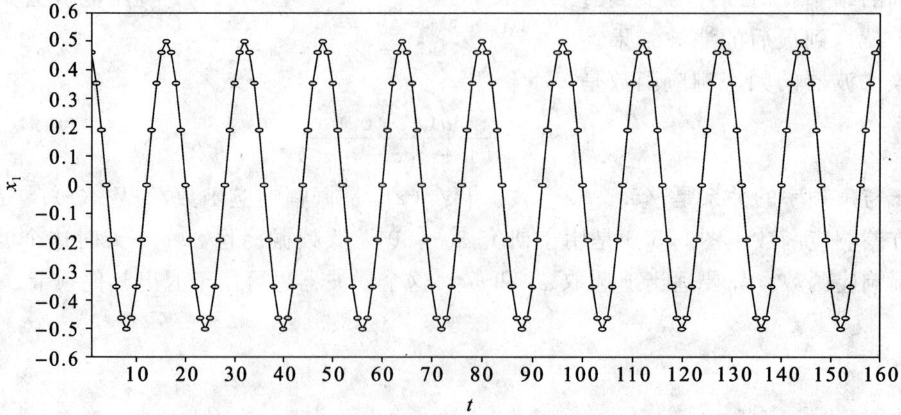

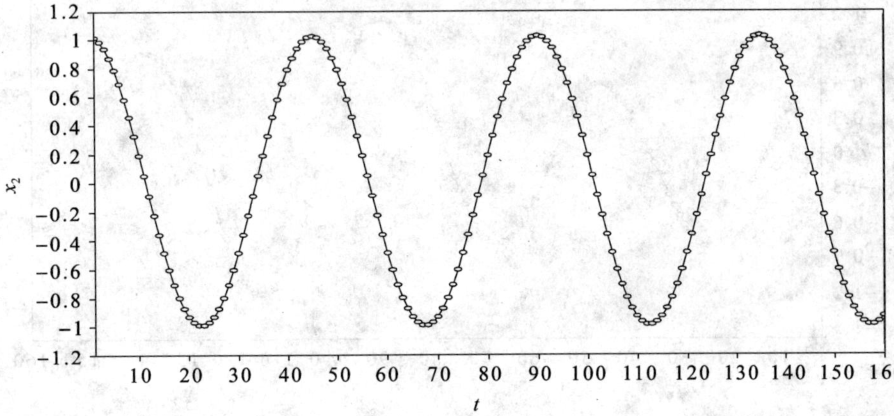
1.2
1
0.8
0.6
0.4
0.2
0
−0.2
−0.4
−0.6
−0.8
−1
−1.2
x_2
10 20 30 40 50 60 70 80 90 100 110 120 130 140 150 160
t

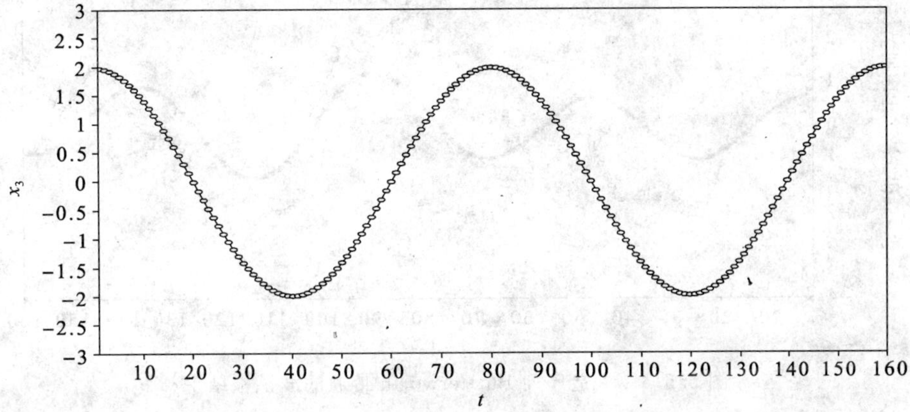
3
2.5
2
1.5
1
0.5
0
−0.5
−1
−1.5
−2
−2.5
−3
x_3
10 20 30 40 50 60 70 80 90 100 110 120 130 140 150 160
t

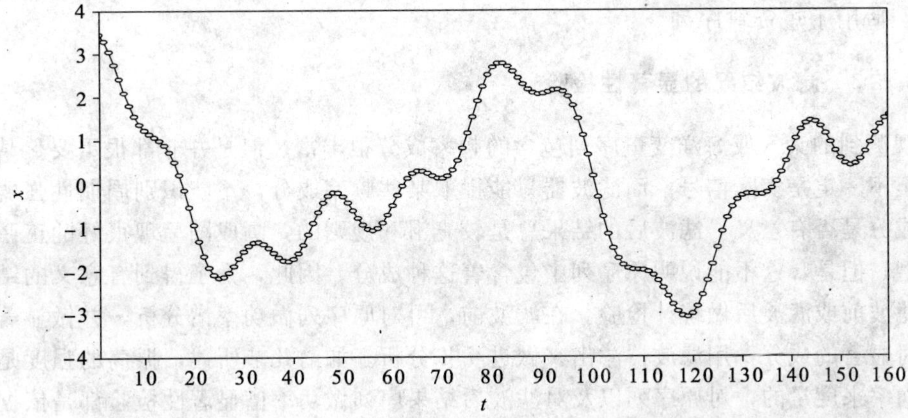
4
3
2
1
0
−1
−2
−3
−4
x
10 20 30 40 50 60 70 80 90 100 110 120 130 140 150 160
t

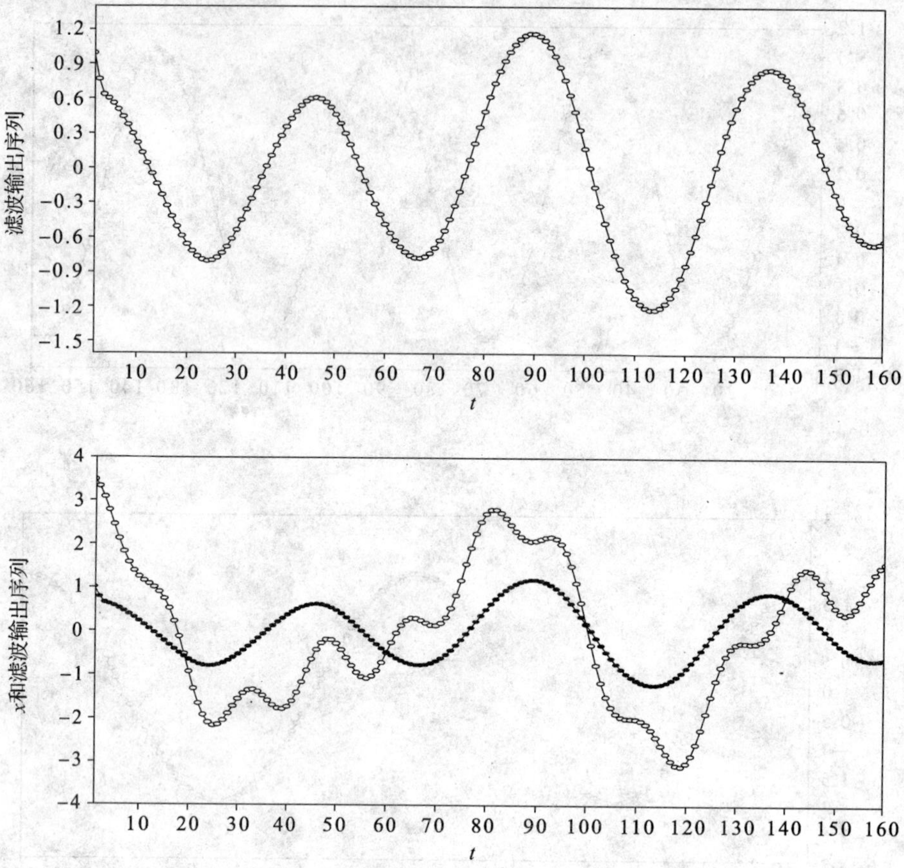

图 5.5.4　人造序列 Burtterworth 带通滤波试检结果

这个滤波器的优点在于可自由选择通过频带，滤波后的结果在资料序列的两端不丢失，适用于短资料序列。

5.5.3　滤波结果的显著性检验

观测到的大气或海洋变量序列包含的频率成分很丰富，但是并非都很重要，某些成分甚至不一定是实际信号。而滤波器只能提取某些频率成分，不能识别周期性强弱和滤出的成分是否有意义。滤波后的结果总是较光滑和规则的，画成图呈现很好的正弦或余弦波型，但是，这不能说明原序列中包含着这种成分。因此，为了得到有意义的结果必须在滤波前或滤波后做统计检验。在滤波前，可对原序列做功率谱分析，并做显著性检验，对显著的成分，用滤波器滤出来做进一步分析。如前几节所述，振荡的强度是用方差或功率来度量的，对原序列以及对滤波后结果序列做功率谱显著性检验都是依据某频率成分的方差占原序列方差比例的大小，达到统计上一定的置信水平时，认为结果是有意义的。所以，对滤波结果的显著性检验，功能上类似于事先做功率谱检验。

§5.6　小 波 分 析

5.6.1　从傅里叶分析到小波分析

前几节介绍的时间函数 $x(t)$ 频谱、功率谱及滤波原理都是建立在傅里叶变换基础上的，可统称傅里叶分析。傅里叶分析存在固有缺陷。首先，它是纯频率域分析，或者说只在频率域内分解，描述时间函数的频率局部化特征。例如（5.1.8）、（5.4.16）式和（5.4.43）式是把时间函数分解为不同频率成分之和。（5.3.10）式和（5.4.37）式是把时间函数的方差（平均功率）分解为不同频率成分之和。这些分析中的 $X(f)$，$g(f)$，a_k，b_k，A_k，Φ_k，I_k 等给出的是信号 $x(t)$ 在整个时间域上平均的振幅、位相和功率贡献。对于给定的某个频率或周期，这些分析不能给出振幅、功率贡献随时间变化的信息。在大气科学中，特别是气候变量分析中，大家熟知的 MJO、ENSO、QBO 等振荡的强度是随时间变化的。另一个方面，某个频率成分的位相（严格说应是初位相）也是随时间变化的，例如，把几十年长度的月平均海表温度距平序列划分成几段分别做傅里叶分析，对于同一频率成分，在这些时段的衔接处，该频率成分的振幅和位相并不衔接。又例如，赤道低平流层的纬向风和气温存在准两年振荡（QBO），这个振荡比对流层的其他振荡都规则，但是当低纬地区发生火山喷发时，平流层增温，准两年振荡被破坏，到火山灰影响逐渐消失时，QBO 重新出现，但不再是原来振荡的初位相的延续。可见，我们需要有一个方法能描述时间序列在局部时段的频率特征，能表示强度和初位相随时间变化，或称时-频局部化分析。

为了克服傅里叶分析在时域中没有分辨能力的缺陷，Gabor 在 1946 年首先用 Gabor 变换做局部化分析，后来发展为熟知的加窗 Fourier 变换，也称短时 Fourier 变换。加窗 Fourier 变换定义为

$$\mathcal{F}_g f(\omega,b)=\int_{-\infty}^{\infty} f(t)\mathrm{e}^{-i\omega t}g^{*}(t-b)\mathrm{d}t$$

对应的逆变换为

$$f(t)=\int_{-\infty}^{\infty}\int_{-\infty}^{\infty}\mathcal{F}_g f(\omega,b)\mathrm{e}^{i\omega t}g(t-b)\mathrm{d}b\mathrm{d}\omega$$

其中，“$*$”表示共轭，$i=\sqrt{-1}$，他取的窗函数 $g(t)=\pi^{-\frac{1}{4}}\mathrm{e}^{-\frac{t^2}{2}}$。若记 $g_{\omega,b}(t)=\mathrm{e}^{i\omega t}g(t-b)$，则 $\mathcal{F}_g f(\omega,b)=(f(t),g^{*}_{\omega,b}(t))$。把以上两式与傅氏变换和逆变换的定义式（5.1.3）相比较可见，差别在于基函数由 $\mathrm{e}^{i\omega t}$ 变成了 $\mathrm{e}^{i\omega t}g(t-b)$。$g(t-b)=\pi^{-\frac{1}{4}}\exp(-(t-b)^2/2)$，它在 $t=b$ 处等于 $\pi^{-\frac{1}{4}}\doteq 0.75$ 是最大值，在 $t=b$ 的两侧是对称

的，以 e 的负 2 次方速度衰减。$e^{i\omega t}g(t-b)$ 使得 $\cos\omega t$ 和 $\sin\omega t$ 的振幅在$t=b$处达最大，而在 $t=b$ 的两侧迅速衰减。这样，加窗 Fourier 变换相当于把时间函数 $f(t)$ 在以时间中心在 b 的一个时段内做 Fourier 变换。b 在 $f(t)$所在的时域上移动就得到不同时间的频率特征。加窗 Fourier 变换的系数 $\mathcal{F}_g f(\omega,b)$中的参数 ω 表示频率，b 表示时间位置。时域局部化的效果与窗函数 $g(t)$ 有关，要求它具有单位能量，即 $\int_{-\infty}^{\infty}|g(t)|^2\mathrm{d}t=1$。目前已有时间局部化的“最优”窗函数 $g_a(t)=\dfrac{1}{2\sqrt{\pi a}}\mathrm{e}^{-\frac{t^2}{4a}}$，$a$ 是调节窗口宽度的参数。

加窗 Fourier 变换虽然已具有识别时间序列在局部时段频率信息的功能，但它只是时频局部化的一个不准确的和不够有效的方法。因为它的窗口具有固定的形式和大小，它对所有频率共用一个相同宽度或相同衰减速度的窗口。窗口的宽度决定了加窗 Fourier 变换能够辨认的频率范围，对于长度为 T 的矩形窗，能辨认的频率区间是从 T^{-1}至 $(2\delta t)^{-1}$（周期区间是 $2\delta t$ 到 T），δt 是时间序列的时间步长。在该频率区间以外的高频和低频成分经过加窗 Fourier 变换识别就不准确。有效性差起源于频率 $T/(2\delta t)$必须在每个时间步分析，而不管窗口大小和占优势的频率存在。另外，为了选择一个合适的窗口宽度，通常要对几个不同宽度的窗口做分析和比较，事先确定一个窗口尺度可能不合适，因为信号中占优势的频率范围可能较宽。小波变换就是为克服加窗 Fourier 变换的缺点发展起来的，它使得窗口的宽度随频率增高而缩小，符合对高频信号分辨率较高的要求。

5.6.2 小波与小波变换

设 $\psi(t)\in L^2\cap L^1$，且 $\hat{\psi}(0)=0$，则按如下方式生成的函数族 $\{\psi_{a,b}\}$

$$\psi_{a,b}(t)=|a|^{-\frac{1}{2}}\psi\left(\frac{t-b}{a}\right),b\in R,a>0 \tag{5.6.1}$$

称为分析小波或连续小波，$\psi(t)$ 称为基小波或母小波。

由 $\psi(t)\in L^1$ 知，$\int_{-\infty}^{\infty}|\psi(t)|\mathrm{d}t<\infty$，即 $\psi(t)$具有衰减性。$\hat{\psi}$ 是 $\psi(t)$的 Fourier 变换，由 $\hat{\psi}(0)=0$ 知，$\int_{-\infty}^{\infty}\psi(t)\mathrm{d}t=0$，$\psi(t)$ 具有波动性。比较 $\psi_{a,b}(t)$ 与 $\psi(t)$ 的图形可见，a 是放缩参数，b 是平移参数。把 $\psi^2(t)$在 $(-\infty,\infty)$ 积分与 $\psi_{a,b}^2(t)$ 在 $(-\infty,\infty)$ 上的积分相比较可见，(5.6.1) 式中的因子$|a|^{-\frac{1}{2}}$是使这两个积分相等，也就是使得不同放缩参数 a 的分析小波 $\psi_{a,b}(t)$具有相同的能量，都等于基小波 $\psi(t)$ 的能量。

若 $\psi(t)$满足

$$C_\psi=\int_{-\infty}^{\infty}\frac{|\hat{\psi}(\omega)|^2}{|\omega|}\mathrm{d}\omega<\infty \tag{5.6.2}$$

则称 $\psi(t)$为允许小波（admissible wavelet），上式称为允许条件。因为上式蕴含着 $\hat{\psi}(\omega)|_{\omega=0}=0$，因此允许小波一定是基本小波。

由时间函数 Fourier 变换的定义公式（5.1.3）式，可导出 $\psi_{a,b}(t)$的 Fourier 变换与 $\psi(t)$的 Fourier 变换的关系

$$\hat{\psi}_{a,b}(\omega)=\int_{-\infty}^{\infty}\psi_{a,b}(t)\mathrm{e}^{-i\omega t}\mathrm{d}t=\int_{-\infty}^{\infty}a^{-\frac{1}{2}}\psi\left(\frac{t-b}{a}\right)\mathrm{e}^{-i\omega t}\mathrm{d}t$$

做变量替换 $s=\dfrac{t-b}{a}$，得

$$\begin{aligned}\hat{\psi}_{a,b}(\omega)&=\int_{-\infty}^{\infty}a^{-\frac{1}{2}}\psi(s)\mathrm{e}^{-ia\omega s}\mathrm{d}s\cdot(e^{-i\omega b}\cdot a)\\&=a^{\frac{1}{2}}\mathrm{e}^{-i\omega b}\int_{-\infty}^{\infty}\psi(s)\mathrm{e}^{-ia\omega s}\mathrm{d}s\\&=a^{\frac{1}{2}}\mathrm{e}^{-i\omega b}\hat{\psi}(a\omega)\end{aligned}\tag{5.6.3}$$

由上式可见，因为 $a^{\frac{1}{2}}$与 ω 无关，$\mathrm{e}^{-i\omega b}$ 的模等于 1，所以，当 $\hat{\psi}(a\omega)$的模达最大时 $\hat{\psi}_{a,b}(\omega)$的模达最大。设$|\hat{\psi}(\omega)|$在 $\omega=\omega^*$ 处达最大，ω^* 称为 $\psi(t)$的中心频率，对应的周期记为 $T^*=2\pi/\omega^*$，则对于放缩参数为 a 的小波 $\psi_{a,b}(t)$，它的 Fourier 变换的模$|\hat{\psi}_{a,b}(\omega)|$在 $a\omega=\omega^*$ 处达最大，即它的中心频率在 $\omega=\omega^*/a$ 处，它的中心周期在 $2\pi/(\omega^*/a)=aT^*$ 处，因此可见，放缩参数 a 是中心周期的放大倍数。由（5.1.10）式可知，一个时间函数的 Fourier 变换的辐角是用余弦函数表示该时间函数时的初位相，因此，（5.6.3）式中的 $\mathrm{e}^{-ib\omega}$ 表示 $\psi_{a,b}(t)$中的角频率为 ω 的成分相对于 $\psi(t)$中的同频率成分初位相迟后的相角是 $-b\omega$。

气象中常用的基小波有两种：墨西哥帽（Mexican hat）小波和 Morlet 小波。

高斯函数 $g(t)=\exp(-t^2/2)$ 的各阶导数可作为基小波。其中负的二阶导数图形像墨西哥帽，称为墨西哥帽小波，也就是取

$$\psi(t)=-\frac{\mathrm{d}^2}{\mathrm{d}t^2}(\mathrm{e}^{-\frac{t^2}{2}})=(1-t^2)\mathrm{e}^{-\frac{t^2}{2}}\tag{5.6.4}$$

为基小波。基小波及几个小波的图形见图 5.6.1。左边 3 个从上至下是 $\psi_{1,0}(t)$，$\psi_{1,2}(t)$，$\psi_{1,-4}(t)$，右边 3 个从上至下是 $\psi_{2,0}(t)$，$\psi_{0.5,0}(t)$，$\psi_{2,4}(t)$，其中 $\psi_{1,0}(t)$也是基小波 $\psi(t)$。从图可见，a 是放缩参数，b 是平移参数。

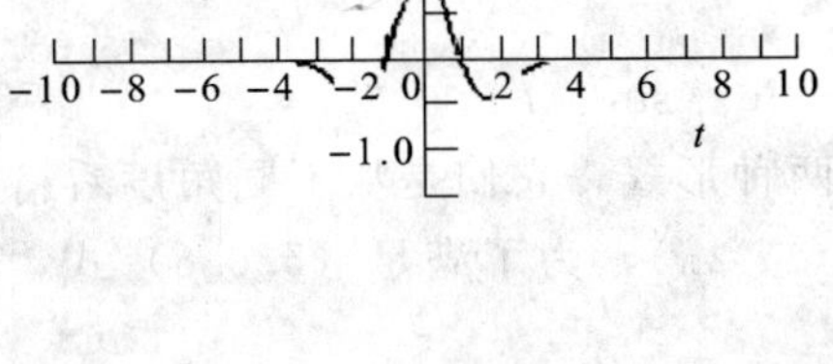

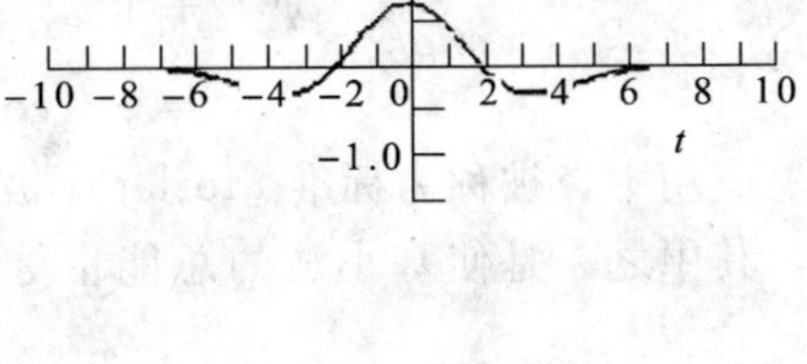

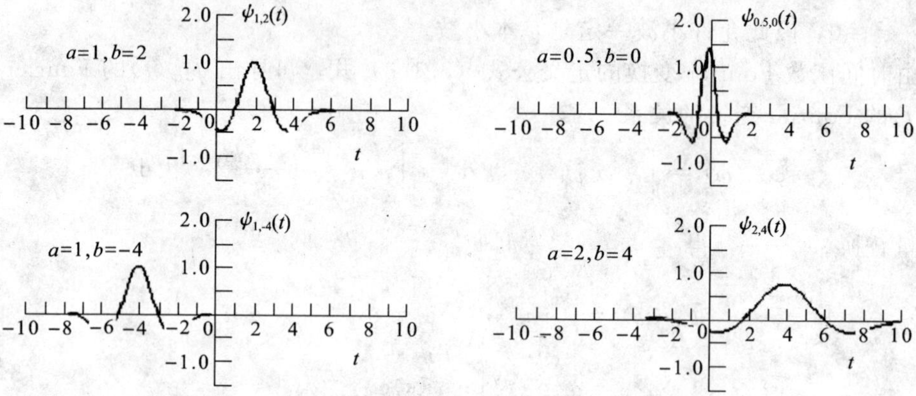

图 5.6.1　墨西哥帽小波

高斯函数的各阶导数作为基小波还称为高斯小波。有时，为了使不同序列的小波变换可以相互比较，还把基小波标准化，即使得基小波的总能量等于 1（或 2π）。为此，高斯函数的 m 阶导数要再加上适当的因子。Torrence 的论文中取

$$\psi(t)=\frac{(-1)^{m+1}}{\sqrt{\Gamma\left(m+\frac{1}{2}\right)}}\frac{\mathrm{d}^m}{\mathrm{d}t^m}\left(\mathrm{e}^{-\frac{t^2}{2}}\right) \tag{5.6.5}$$

这样可使得

$$\int_{-\infty}^{\infty}|\hat{\psi}(\omega)|^2\mathrm{d}\omega=1 \tag{5.6.6}$$

其中，Γ 表示 Γ 函数

$$\Gamma(x)=\int_0^{\infty}\mathrm{e}^{-t}t^{x-1}\mathrm{d}t$$

当 $m=2$，$\Gamma\left(m+\frac{1}{2}\right)=1.329$（查数学手册或用 Fortran 常用算法计算得到），$1/\sqrt{\Gamma(2.5)}=0.867$，所以标准化的墨西哥帽小波是

$$\psi(t)=0.867(1-t^2)\mathrm{e}^{-\frac{t^2}{2}} \tag{5.6.7}$$

因为它与（5.6.4）式差别不大，所以大多数应用中简单地采用（5.6.4）式。

Morlet 小波是正弦和余弦波的振幅被高斯函数调节产生的，表示成复小波，一般写为

$$\begin{aligned}\psi(t)&=\mathrm{e}^{i\omega_0 t}\mathrm{e}^{-\frac{t^2}{2}}\\&=\mathrm{e}^{-\frac{t^2}{2}}\cos\omega_0 t+i\mathrm{e}^{-\frac{t^2}{2}}\sin\omega_0 t\end{aligned} \tag{5.6.8}$$

在气象应用中，被称为标准 Morlet 小波的有两种形式，它们是从不同角度看待标准化的，其中之一是使基小波的总能量等于 1（或 2π），为了满足（5.6.6）式，标准

Morlet 小波取为

$$\psi(t) = \pi^{-\frac{1}{4}} e^{i\omega_0 t} e^{-\frac{t^2}{2}} \tag{5.6.9}$$

因为它的 Fourier 变换为

$$\begin{aligned}\hat{\psi}(\omega) &= \int_{-\infty}^{\infty} \psi(t) e^{-i\omega t} dt \\ &= \pi^{-\frac{1}{4}} \int_{-\infty}^{\infty} e^{-\frac{t^2}{2}} e^{-i(\omega-\omega_0)t} dt \\ &= \pi^{-\frac{1}{4}} \int_{-\infty}^{\infty} e^{-\frac{t^2}{2}} \cos(\omega-\omega_0) t dt \\ &= \pi^{-\frac{1}{4}} 2\int_{0}^{\infty} e^{-\frac{t^2}{2}} \cos(\omega-\omega_0) t dt \\ &= \pi^{-\frac{1}{4}} 2 \frac{e^{-(\omega-\omega_0)^2/2}}{2\sqrt{\frac{1}{2}}} \sqrt{\pi} \\ &= \sqrt{2\pi}\pi^{-\frac{1}{4}} e^{-(\omega-\omega_0)^2/2}\end{aligned} \tag{5.6.10}$$

如果采用（5.1.5）式定义的傅氏变换，则

$$\hat{\psi}(\omega) = \pi^{-\frac{1}{4}} e^{-(\omega-\omega_0)^2/2} \tag{5.6.11}$$

$\hat{\psi}(\omega)$模的平方对 ω 积分是 $\psi(t)$的总能量。这里，因为导出（5.6.10）式的过程中 exp（$-t^2/2$）sin（$\omega-\omega_0$）t 是奇函数，它在零两侧对称区间积分为零，所以 $\hat{\psi}(\omega)$只有实部，其平方即为模的平方，所以 $\psi(t)$的总能量为

$$\begin{aligned}\int_{-\infty}^{\infty} \hat{\psi}^2(\omega) d\omega &= \pi^{-\frac{1}{2}} \int_{-\infty}^{\infty} e^{-(\omega-\omega_0)^2} d\omega \\ &= \pi^{-\frac{1}{2}} \times 2 \times \frac{\sqrt{\pi}}{2} \\ &= 1\end{aligned} \tag{5.6.12}$$

如果 $\hat{\psi}(\omega)$采用（5.6.10）式，则 $\psi(t)$总能量等于 2π。可见这种标准化 Morlet 基小波中的常数 $\pi^{-\frac{1}{4}}$是使得基小波的能量标准化。

另一种也称为标准 Morlet 小波的是将（5.6.8）式中的 ω_0 取为 2π，使基小波的中心周期为 1，也就是取

$$\psi(t) = e^{i2\pi t} e^{-\frac{t^2}{2}} \tag{5.6.13}$$

这样取的出发点在于，由（5.6.10）式或（5.6.11）式可知，$\hat{\psi}(\omega)$在 $\omega=\omega_0$ 时达最大，由 § 5.1 介绍的时间函数 Fourier 变换的含义可知，这种 $\psi(t)$中，$\omega=\omega_0=2\pi$ 的周期成分振幅最大，另外，（5.6.10）式还表明 $\hat{\psi}(\omega)$在 $\omega=\omega_0$ 两侧是对称的，所以 $\omega=2\pi$ 也是 $\psi(t)$的中心频率，记为 $\omega^*=2\pi$，对应的中心周期 $T^*=2\pi/\omega^*=1$。这种取法在应用中比

较方便，因为尺度参数是周期的放大倍数，当基小波 $\psi(t)$的中心周期为 1，小波 $\psi_{a,b}(t)$的中心周期就是 a。

这里再顺便说明正弦和余弦函数被高斯函数调幅后频率的变化。众所周知，$e^{i\omega_0 t}$只包含一个孤立的频率成分，即 $\omega=\omega_0$，$T=2\pi/\omega_0$，无其他任何频率成分。而 $e^{i\omega_0 t}e^{-\frac{t^2}{2}}$的 Fourier 变换表明，它已包含各种频率成分，它在 $\omega=\omega_0$ 处振幅最大，在 $\omega=\omega_0$ 两侧强度对称地衰减，因此，对于基小波和小波，说它们对应于某个频率（周期）成分不太合适，而应说它们对应于某个频带（或周期带）。具体的频率区间划分取决于尺度参数 a 的取法，后面介绍。

图 5.6.2 是（5.6.13）式表示的基小波及不同的几个小波的实部（b）与虚部（a）。

上述的 Morlet 小波的调幅函数取为 exp（$-t^2/2$），对于基小波，它在 $t=\pm\sqrt{2}$处衰减为 $t=0$ 处的 1/e，对于小波 $\psi_{a,b}$（t），它在 $t=b\pm\sqrt{2}a$ 处衰减为 $t=b$ 处的 1/e，所以，基小波和小波的 e 折时间（e-folding time）分别是$\sqrt{2}$和$\sqrt{2}a$。由于 e 折时间关系着小波分析在时间局部化方面的能力，所以，在一些应用中还在波包部分增加一个参数，用来调节波包的 e 折时间，例如取

$$\psi(t)=e^{i\omega_0 t}e^{-(2t/\Delta t)^2\ln 2} \tag{5.6.14}$$

它称为 Gabor 小波，它的波包在 $t=\pm\Delta t/2$ 处衰减为 $t=0$ 处的一半，即

$$e^{-\left(2\frac{\Delta t}{2}/\Delta t\right)^2\ln 2}/e^{-(2\times 0/\Delta t)^2\ln 2}=e^{-\ln 2}=0.5$$

所以，把从 $-\dfrac{\Delta t}{2}$ 到 $\dfrac{\Delta t}{2}$ 的宽度 Δt 称为波包的宽度。很容易求出，它的 e 折时间为 $\Delta t\sqrt{\dfrac{1}{\ln 2}}/2$。又例如 Daifan 和 Philander 采用的 Morlet 基小波为

$$\psi(t)=e^{-i2\pi t}\exp\left[-\left(\frac{2\pi}{K_\psi}\right)^2\frac{t^2}{2}\right] \tag{5.6.15}$$

它的 e 折时间为 $\tau=K_\psi/\sqrt{2}\pi$。所以，K_ψ 是决定基小波的高斯波包宽度的参数，K_ψ 增加时，波包宽度增加，小波分析的时间分辨率下降。但是，K_ψ 又不能过小，为了使基小波是允许小波，上式中的 K_ψ 必须大于等于 6。实际上，干脆取 $K_\psi=2\pi$，上式就变成（5.6.13）式定义的标准 Morlet 小波。

当分析的对象 $x(t)$是平方可积的，$x(t)\in L^2$，类似于 Fourier 变换，它的连续小波变换定义为

$$W(a,b)=(x,\psi_{a,b})=a^{-\frac{1}{2}}\int_{-\infty}^{\infty}x(t)\psi^*\left(\frac{t-b}{a}\right)dt \tag{5.6.16}$$

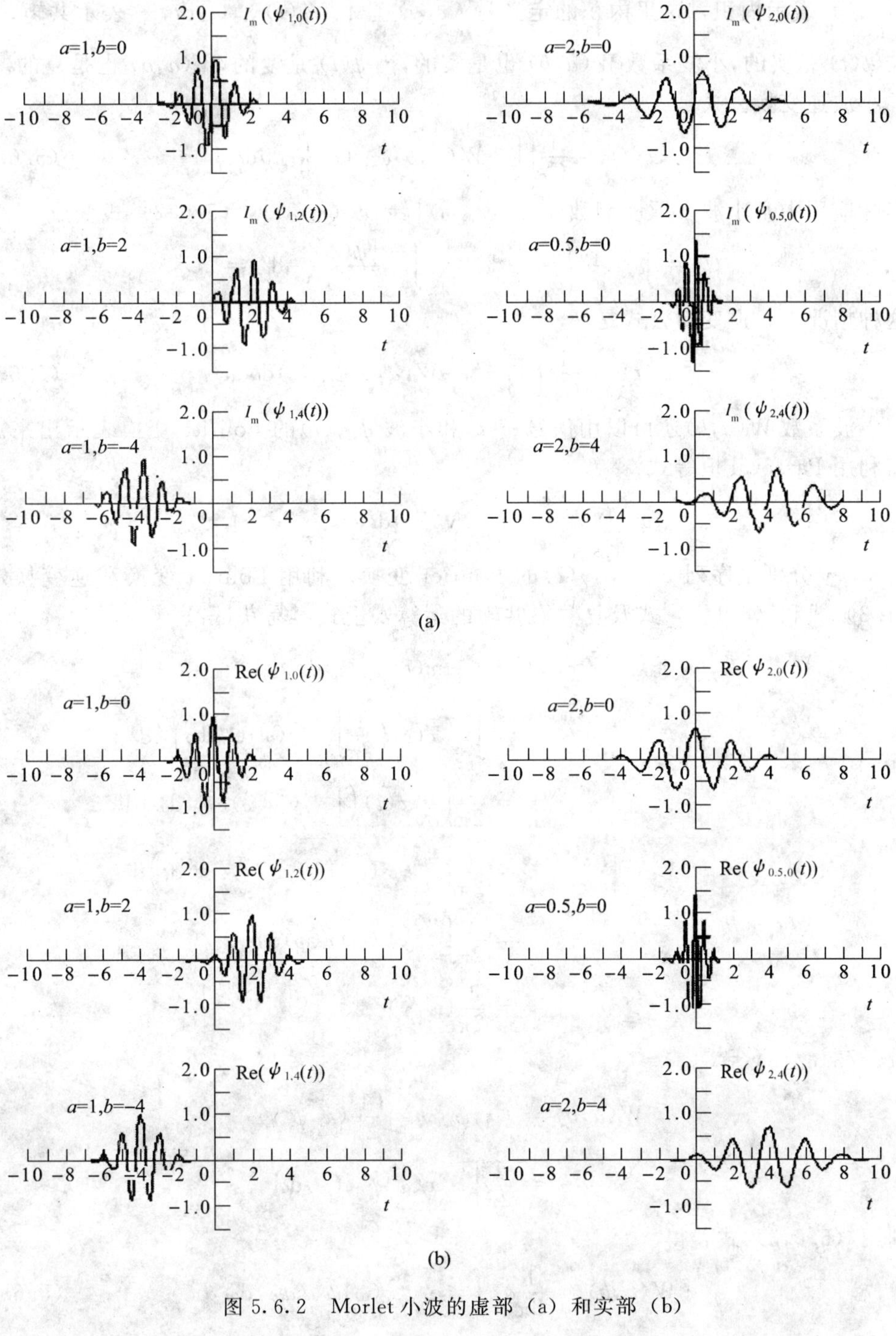

图 5.6.2　Morlet 小波的虚部（a）和实部（b）

符号（,）表示内积，这里内积的定义是 $(x,y) \triangleq \int_{-\infty}^{\infty} x(t)y^*(t)\mathrm{d}t$，* 表示共轭。当基小波 $\psi(t)$ 是实的，小波系数 $W(a,b)$ 也是实的，当 $\psi(t)$ 是复的，$W(a,b)$ 也是复的。

小波逆变换公式是

$$x(t) = \frac{1}{C_\psi}\iint_{-\infty}^{\infty} W(a,b)\psi_{a,b}(t)\,\frac{1}{a^2}\mathrm{d}a\mathrm{d}b \tag{5.6.17}$$

在实际应用中基小波 ψ 取实函数时，$|\hat{\psi}(\omega)| = |\hat{\psi}(-\omega)|$，(5.6.2) 式变成

$$C_\psi = \int_{-\infty}^{\infty} \frac{|\hat{\psi}(\omega)|^2}{|\omega|}\mathrm{d}\omega = 2\int_0^{\infty} \frac{|\hat{\psi}(\omega)|^2}{\omega}\mathrm{d}\omega = 2C_\psi^+$$

在这种情况下，逆变换公式是

$$x(t) = \frac{1}{C_\psi^+}\int_0^{\infty}\int_{-\infty}^{\infty} \frac{1}{a^2}W(a,b)\psi_{a,b}(t)\,\mathrm{d}b\mathrm{d}a \tag{5.6.18}$$

小波系数 $W(a,b)$ 还可以用信号 $x(t)$ 和小波 $\psi_{a,b}(t)$ 的 Fourier 变换表示出来。这只需利用 Parseval 恒等式

$$(x,y) \triangleq \int_{-\infty}^{\infty} x(t)y^*(t)\mathrm{d}t = \frac{1}{2\pi}(\hat{x},\hat{y})$$

其中 $\hat{x}$，$\hat{y}$ 分别是序列 $x(t)$，$y(t)$ 的 Fourier 变换。利用 Fourier 变换和逆变换定义 (5.1.3) 式和 (5.1.4) 式及复数取共轭的运算，上式容易获证：

$$\begin{aligned}(x,y) &= \int_{-\infty}^{\infty} x(t)y^*(t)\mathrm{d}t \\ &= \int_{-\infty}^{\infty} x(t)\left(\frac{1}{2\pi}\int_{-\infty}^{\infty}\hat{y}(\omega)\mathrm{e}^{i\omega t}\mathrm{d}\omega\right)^*\mathrm{d}t \\ &= \frac{1}{2\pi}\int_{-\infty}^{\infty} x(t)\left(\int_{-\infty}^{\infty}\hat{y}^*(\omega)\mathrm{e}^{-i\omega t}\mathrm{d}\omega\right)\mathrm{d}t \\ &= \frac{1}{2\pi}\int_{-\infty}^{\infty}\hat{y}^*(\omega)\left(\int_{-\infty}^{\infty} x(t)\mathrm{e}^{-i\omega t}\mathrm{d}t\right)\mathrm{d}\omega \\ &= \frac{1}{2\pi}\int_{-\infty}^{\infty}\hat{y}^*(\omega)\hat{x}(\omega)\mathrm{d}\omega \\ &= \frac{1}{2\pi}(\hat{x},\hat{y})\end{aligned}$$

所以，(5.6.16) 式

$$\begin{aligned}W(a,b) &= (x,\psi_{a,b}) = \frac{1}{2\pi}(\hat{x},\hat{\psi}_{a,b}) \\ &= \frac{1}{2\pi}\int_{-\infty}^{\infty}\hat{x}(\omega)\hat{\psi}_{a,b}^*(\omega)\mathrm{d}\omega\end{aligned}$$

再利用 (5.6.3) 式，得

$$W(a,b) = \frac{1}{2\pi}a^{\frac{1}{2}}\int_{-\infty}^{\infty}\mathrm{e}^{ib\omega}\hat{x}(\omega)\hat{\psi}^*(a\omega)\mathrm{d}\omega \tag{5.6.19}$$

这是导出一些关系时必须采用的公式。

5.6.3 小波能量谱和交叉谱

在应用小波分析方法的工作中，常见到小波能量谱和小波交叉谱，但是不同的定义形式较多，有的缺乏理论依据。类似于§5.1和§5.3频谱和功率谱的概念，小波能量谱的概念应该依据时间函数的能量分解公式来提出，为此，先叙述下面一个有用公式。

如果两个时间函数 $f(t)$ 和 $h(t)$ 都是平方可积函数，它们的小波系数分别是 $W_f(a,b)$ 和 $W_h(a,b)$，则有

$$\frac{1}{C_\psi}\iint_{-\infty}^{\infty} W_f(a,b)W_h^*(a,b)\,\frac{\mathrm{d}a}{a^2}\mathrm{d}b = (f,h) \tag{5.6.20}$$

证明

由（5.6.19）式得

$$W_f(a,b) = \frac{1}{2\pi}a^{\frac{1}{2}}\int_{-\infty}^{\infty} \mathrm{e}^{ib\omega}\hat{f}(\omega)\hat{\psi}^*(a\omega)\mathrm{d}\omega$$

由（5.6.16）式得

$$W_h^*(a,b) = a^{-\frac{1}{2}}\int_{-\infty}^{\infty} h^*(t)\psi\left(\frac{t-b}{a}\right)\mathrm{d}t$$

再利用 Fourier 变换和逆变换的公式（5.1.3）式和（5.1.4）式可导出

$$\begin{aligned}
&\iint_{-\infty}^{\infty} W_f(a,b)W_h^*(a,b)\,\frac{\mathrm{d}a}{a^2}\mathrm{d}b \\
&= \frac{1}{2\pi}\iint_{-\infty}^{\infty} \frac{\mathrm{d}a}{a^2}\mathrm{d}b\int_{-\infty}^{\infty} \hat{f}(\omega)\mathrm{e}^{i\omega b}\hat{\psi}^*(a\omega)\mathrm{d}\omega\int_{-\infty}^{\infty} h^*(t)\psi\left(\frac{t-b}{a}\right)\mathrm{d}t \\
&= \frac{1}{2\pi}\iiint_{-\infty}^{\infty} \left(\int_{-\infty}^{\infty} \psi\left(\frac{t-b}{a}\right)\mathrm{e}^{i\omega b}\,\mathrm{d}b\right)\hat{\psi}^*(a\omega)\hat{f}(\omega)h^*(t)\mathrm{d}t\,\frac{\mathrm{d}a}{a^2}\mathrm{d}\omega \\
&= \frac{1}{2\pi}\iiint_{-\infty}^{\infty} \left[\int_{-\infty}^{\infty} \psi\left(\frac{t-b}{a}\right)\mathrm{e}^{-ia\omega\left(\frac{t-b}{a}\right)}\cdot \mathrm{e}^{i\omega t}\cdot a\mathrm{d}\left(\frac{t-b}{a}\right)\right]\hat{\psi}^*(a\omega)\hat{f}(\omega)h^*(t)\,\frac{\mathrm{d}a}{a^2}\mathrm{d}t\mathrm{d}\omega \\
&= \frac{1}{2\pi}\iiint_{-\infty}^{\infty} \hat{\psi}(a\omega)\mathrm{e}^{i\omega t}\hat{\psi}^*(a\omega)\hat{f}(\omega)h^*(t)\,\frac{\mathrm{d}a}{|a|}\mathrm{d}t\mathrm{d}\omega \\
&= \frac{1}{2\pi}\iiint_{-\infty}^{\infty} |\hat{\psi}(a\omega)|^2\mathrm{e}^{i\omega t}\,\frac{\mathrm{d}a}{|a|}\hat{f}(\omega)h^*(t)\mathrm{d}t\mathrm{d}\omega \\
&= \int_{-\infty}^{\infty} \frac{|\hat{\psi}(s)|^2}{|s|}\mathrm{d}s\int_{-\infty}^{\infty} h^*(t)\left(\frac{1}{2\pi}\int_{-\infty}^{\infty} \hat{f}(\omega)\mathrm{e}^{i\omega t}\,\mathrm{d}\omega\right)\mathrm{d}t \\
&= \int_{-\infty}^{\infty} \frac{|\hat{\psi}(s)|^2}{|s|}\mathrm{d}s\int_{-\infty}^{\infty} h^*(t)f(t)\mathrm{d}t \\
&= C_\psi(f,h)
\end{aligned}$$

$$(f,h) = \frac{1}{C_\psi}\iint_{-\infty}^{\infty} W_f(a,b)W_h^*(a,b)\,\frac{\mathrm{d}a}{a^2}\mathrm{d}b$$

当 $f(t)$和 $h(t)$是同一时间函数 $x(t)$时，得

$$(x,x)=\int_{-\infty}^{\infty}x(t)x^*(t)\mathrm{d}t=\frac{1}{C_\psi}\iint_{-\infty}^{\infty}|W_x(a,b)|^2\frac{\mathrm{d}a}{a^2}\mathrm{d}b$$

如果 $x(t)$是实的，则

$$\int_{-\infty}^{\infty}x^2(t)\mathrm{d}t=\frac{1}{C_\psi}\iint_{-\infty}^{\infty}|W_x(a,b)|^2\frac{\mathrm{d}a}{a^2}\mathrm{d}b \tag{5.6.21}$$

上式左边是 $x(t)$的总能量，它被分解为不同的尺度参数 a 和不同平移参数 b 的小波系数的贡献。由上式，小波能量谱应定义为

$$E(a,b)=\frac{1}{C_\psi a^2}|W_x(a,b)|^2 \tag{5.6.22}$$

这样有

$$\int_{-\infty}^{\infty}x^2(t)\mathrm{d}t=\iint_{-\infty}^{\infty}E(a,b)\mathrm{d}a\mathrm{d}b \tag{5.6.23}$$

因为对于不同的 a 和 b，C_ψ 是常数，所以分析中采用$\frac{1}{a^2}|W(a,b)|^2$ 也可以，可见小波能量贡献正比于小波系数模的平方，反比于 a^2。

当 $x(t)$和 $y(t)$是两个实函数，且已是中心化的（距平或标准化距平序列），由(5.6.20) 式得

$$\int_{-\infty}^{\infty}x(t)y(t)\mathrm{d}t=\frac{1}{C_\psi}\iint_{-\infty}^{\infty}W_x(a,b)W_y^*(a,b)\frac{\mathrm{d}a}{a^2}\mathrm{d}b \tag{5.6.24}$$

上式左边是 $x(t)$和 $y(t)$的交叉能量，或者总协方差，反映两个序列总的相关程度，它被分解为不同参数的小波的贡献，所以，小波交叉谱定义为

$$CE_{xy}=\frac{1}{C_\psi a^2}W_x(a,b)W_y^*(a,b) \tag{5.6.25}$$

当基小波 ψ 是复小波，$W_x(a,b)$和 $W_y(a,b)$都是复的，CE_{xy}也是复的，它的模反映 x 和 y 序列在以 b 为中心的局部时段尺度参数为 a 的变率之间的相关程度，辐角反映相应的位相关系。

5.6.4　小波框架、尺度参数 *a* 与 Fourier 频带的关系

上面引入了连续小波及其变换，在应用中，需要把连续小波及小波变换离散化。上面的讨论已知，a 是周期放大倍数，$1/a$ 是频率放大倍数，为了不遗漏信号 $x(t)$ 中任何频率成分的信息，a 的选取应该使得不同 a 的小波 $\psi_{a,b}(t)$ 的一定宽度的频带在正频率轴上互相邻接。为此，比较有效和方便的取法是取

$$a=a_j=\frac{1}{2^j},j\in ZZ \tag{5.6.26}$$

ZZ 表示整数集合，$ZZ=\{\cdots,-2,-1,0,1,2\cdots\}$，显然，写成 $a_j=2^j$ 也是一样

的，但是为了确定起见，下面认定 $a_j=1/2^j$。

讨论不同放缩参数 a 对应的小波 $\psi_{a,b}(t)$ 的频带邻接情况应先确定一个基小波，假定取（5.6.13）式定义的标准 Morlet 小波为基小波

$$\psi(t)=\mathrm{e}^{-\frac{t^2}{2}}\mathrm{e}^{i2\pi t}$$

它的 Fourier 变换为

$$\hat{\psi}(\omega)=\sqrt{2\pi}\mathrm{e}^{-(\omega-2\pi)^2/2}$$

可见，$\psi(t)$ 的中心频率在 $\omega=2\pi$，记为 $\omega^*=2\pi$，对应的周期 $T^*=1$。由（5.6.3）式，小波 $\psi_{a,b}(t)$ 的 Fourier 变换是

$$\hat{\psi}_{a,b}(\omega)=a^{1/2}\mathrm{e}^{-i\omega b}\ \sqrt{2\pi}\mathrm{e}^{-(a\omega-2\pi)^2/2}$$

其模 $|\hat{\psi}_{a,b}(\omega)|$ 在 $\omega=2\pi/a$ 处达最大，且在该频率两侧对称地衰减。所以，$\psi_{a,b}(t)$ 的中心频率在 $\omega=2\pi/a=2^j\omega^*$，对应的中心周期 $T=a$。所以，如果按（5.6.26）式取 $a_j=1/2^j$，例如 $j=0$，-1，-2，…，$a=1$，2，4，8…，则 $\psi_{a,b}(t)$ 对应的中心周期也是 1，2，4，8…，中心周期是成倍变化的。取 $\Delta\hat{\psi}=\omega^*/3$，则不同 a 对应的小波将正频率轴二进划分是

$$(0,\infty)=\bigcup_{j=-\infty}^{\infty}(2^{j+1}\Delta\hat{\psi},2^{j+2}\Delta\hat{\psi}] \tag{5.6.27}$$

因为标准 Morlet 小波的 $\omega^*=2\pi$，$\Delta\hat{\psi}=2\pi/3$。$a_j=1/2^j$ 的小波 $\psi_{a,b}(t)$ 的频带是 $\left(2^{j+1}\frac{2\pi}{3},\ 2^{j+2}\frac{2\pi}{3}\right]$，周期带是 $\left(2\pi/2^{j+1}\frac{2\pi}{3},\ 2\pi/2^{j+2}\frac{2\pi}{3}\right]$ 即 $(3/2^{j+1},\ 3/2^{j+2}]$。表 5.6.1 列出几个 a_j 及对应小波的中心频率、中心周期、周期带。

表 5.6.1　标准 Morlet 小波对正频率轴的二进划分

j	0	-1	-2	-3
$a=a_j=\frac{1}{2^j}$	1	2	4	8
中心频率 $\frac{2\pi}{a}$	2π	$2\pi/2$	$2\pi/4$	$2\pi/8$
中心周期 a	1	2	4	8
频带 $\left(2^{j+1}\frac{2\pi}{3},\ 2^{j+2}\frac{2\pi}{3}\right]$	$\left(\frac{4\pi}{3},\ \frac{8\pi}{3}\right]$	$\left(\frac{2\pi}{3},\ \frac{4\pi}{3}\right]$	$\left(\frac{\pi}{3},\ \frac{2\pi}{3}\right]$	$\left(\frac{\pi}{6},\ \frac{\pi}{3}\right]$
周期带 $(3/2^{j+1},\ 3/2^{j+2}]$	(1.5, 0.75]	(3, 1.5]	(6, 3]	(12, 6]

由于周期和频率是反比关系，我们把周期带顺过来表示比较习惯，即 $j=0$，-1，-2，-3，$a=1$，2，4，8，中心周期是 1，2，4，8，相邻接的周期带是 [0.75，1.5)，[1.5，3)，[3，6)，[6，12)。

平移参数 b 也要离散取值。为了在时域上也具有良好的局部化性质，对高频（短

周期）成分，时域的取样步长应取得短些，因此，b 的取样步长应该与 a 成正比。为了计算的有效性，b 的抽样点可取

$$b_{j,k} = a_j b_0 k = \frac{1}{2^j} b_0 k \quad k \in ZZ \tag{5.6.28}$$

即 b 的取样步长是 $a_j b_0$，a 小则 b 的步长小，其中 $b_0>0$ 是一个固定的常数，称为抽样速率。大多数应用中取 $b_0=1$。例如，对于表 5.6.1 中的 j 和 a，对于 $j=0$，$a=1$ 的小波，b 取…，-2，-1，0，1，2，…；对于 $j=-1$，$a=2$ 的小波，b 取…-4，-2，0，2，4，…；对于 $j=-2$，$a=4$ 的小波，b 取…-8，-4，0，4，8…。

综合 a 和 b 的离散取法可见，这种二进划分在频率域和时间域同时具有良好的局部化性质。而且对于高频成分采用逐渐精细的频率域和时间域步长，从而可以聚焦到分析对象的任何细节，在这个意义上讲，小波分析被誉为数学显微镜。

上述的 a，b 的离散取法还可见到其他的表示形式。例如写为

$$a = a_j = a_0^j, \quad 0 < a_0 < 1$$

$$b = b_{j,k} = ab_0 k = a_0^j b_0 k$$

把它们代入（5.6.1）式，$\psi_{a,b}(t)$ 可写成 $\psi_{j,k}(t)$，

$$\psi_{j,k}(t) = a_0^{-j/2} \psi(a_0^{-j} t - kb_0) \qquad j,k \in ZZ \tag{5.6.29}$$

相应地，离散小波变换定义为

$$W_{j,k} = \int_{-\infty}^{\infty} x(t) \psi_{j,k}^*(t) \mathrm{d}t \tag{5.6.30}$$

如果 a_0 取 1/2，则就是前述的二进划分。应用中还见到 a_0 取 $1/\sqrt{2}$，这样取时，频率域的分辨率比取 $a_0=\frac{1}{2}$ 时高。又由于 $\frac{1}{2^j}$，$j\in ZZ$ 还可以写成 2^j，$j\in ZZ$，这样写时，a_0 取 2，$\sqrt{2}$ 等也行。

上面对基小波取标准 Morlet 小波时，讨论了小波参数 a，b 的离散取法及不同 a 的小波反映的频带，对于别的基小波，不能硬性套用。另一种最常用的基小波是（5.6.4）式定义的墨西哥帽小波，它的频率性质与标准 Morlet 小波有很大区别，它的 Fourier 变换为

$$\hat{\psi}(\omega) = \frac{1}{\sqrt{2\pi}} \omega^2 \mathrm{e}^{-\frac{\omega^2}{2}} \tag{5.6.31}$$

因为 $\psi(t)$ 是偶函数，所以它的 Fourier 变换是实的，$\hat{\psi}(\omega)$ 的最大值就是模的最大值。求 $\frac{\partial \hat{\psi}(\omega)}{\partial \omega}=0$，得到在 $\omega=\sqrt{2}$ 处 $\hat{\psi}(\omega)$ 达最大，所以，如果以 Fourier 波来度量墨西哥帽的周期成分，则周期 $T=2\pi/\sqrt{2}\doteq 4.4$ 的成分振幅最大。再依据（5.6.3）式，墨西哥帽的小波 $\psi_{a,b}(t)$ 的 Fourier 变换是

$$\hat{\psi}_{a,b}(\omega) = a^{\frac{1}{2}} e^{-i\omega b} \frac{1}{\sqrt{2\pi}} (a\omega)^2 e^{-a^2\omega^2/2} \tag{5.6.32}$$

它的最大值在 $a\omega=\sqrt{2}$ 处，$\omega=\sqrt{2}/a$，最大振幅的周期为 $a2\pi/\sqrt{2} \doteq 4.4a$，$a$ 同样是周期放大倍数。但是，由（5.6.31）式知墨西哥帽小波的 Fourier 变换不是关于 $\omega=\sqrt{2}$ 对称的，所以，频率中心 ω^* 不在 $\sqrt{2}$。小波 $\psi_{a,b}(t)$ 包含的频率成分的强度不是在 $\omega=\sqrt{2}/a$ 两侧对称地减弱，从而不能划分为频率上对称的频带。

上面介绍的小波参数 a 与 Fourier 波长的关系是从基小波 $\psi(t)$ 和小波 $\psi_{a,b}(t)$ 本身的 Fourier 变换得出的。在大气科学中应用小波分析的论文中，还常采用 Meyers 等 1993 年提出的另一种确定小波参数 a 与 Fourier 波长的方法。他提出，对于高度地不规则的没有占优势周期成分的基小波，例如墨西哥帽小波，小波参数 a 与 Fourier 波长的关系未必是直接的，不一定要强调两者的关系。但是对于 Morlet 小波的情况，因为它是一个周期函数被高斯函数调幅的，确定 a 与 Fourier 波长的关系是合理的。这里用本节前面的符号和公式来介绍他的方法。

一般的 Morlet 基小波取（5.6.8）式，它的 Fourier 变换为

$$\hat{\psi}(\omega) = \sqrt{2\pi} e^{-\frac{1}{2}(\omega-\omega_0)^2}$$

把被分析的对象 $x(t)$ 取成角频率为 k_0 的周期函数 $x(t)=\cos k_0 t$，周期是已知的 $T=2\pi/k_0$。对它做小波变换，利用（5.6.19）式表示的小波变换公式。注意，在这种情况下，$x(t)$ 的 Fourier 变换在 $\omega=k_0$ 处是 ∞，在其他所有频率上为零，是 δ 函数 $\delta(\omega-k_0)$。利用 δ 函数的性质，一个函数与 δ 函数乘积的无穷积分为，

$$\int_{-\infty}^{\infty} f(x)\delta(x-\xi)\mathrm{d}x = f(\xi)$$

于是，我们有 $x(t)=\cos k_0 t$ 的小波变换为

$$\begin{aligned}
W(a,b) &= \frac{1}{2\pi} a^{\frac{1}{2}} \int_{-\infty}^{\infty} e^{ib\omega} \delta(\omega-k_0) \hat{\psi}^*(a\omega) \mathrm{d}\omega \\
&= \frac{1}{2\pi} a^{\frac{1}{2}} e^{ibk_0} \hat{\psi}^*(ak_0) \\
&= \frac{1}{2\pi} a^{\frac{1}{2}} e^{ibk_0} \sqrt{2\pi} e^{-\frac{1}{2}(ak_0-\omega_0)^2}
\end{aligned}$$

因为 $\hat{\psi}(\omega)$ 是实的，共轭符号不起作用，e^{ibk_0} 的模为 1，所以，小波系数的模方为

$$\begin{aligned}
|W(a,b)|^2 &= \frac{1}{4\pi^2} a \times 2\pi \times e^{-(ak_0-\omega_0)^2} \\
&= \frac{1}{2\pi} a e^{-(ak_0-\omega_0)^2}
\end{aligned}$$

$x(t)=\cos k_0 t$ 是周期 $T_0=2\pi/k_0$ 的周期函数，我们想知道它的 $|W(a,b)|^2$ 在哪个 a 值上达最大。使 $|W(a,b)|^2$ 达最大的 a 值记为 a_0，它就是与 Fourier 波长 $T_0=2\pi/k_0$ 关

系最大的小波的尺度参数 a。为此，将 $|W(a,b)|^2$ 对 a 求导数，使导数为零的 a 值记为 a_0，得

$$1 + 2\omega_0 k_0 a_0 - 2k_0^2 a_0^2 = 0$$

它有 2 个解，但只有一个合适的

$$\begin{aligned} a_0 &= \frac{1}{2}\left[\frac{\omega_0}{k_0} + \frac{(2+\omega_0^2)^{1/2}}{k_0}\right] \\ &= \left[\omega_0 + (2+\omega_0^2)^{1/2}\right]/2k_0 \end{aligned} \tag{5.6.33}$$

把 $k_0 = 2\pi/T_0$ 代入上式，得到小波尺度参数 a 与 Fourier 波长的关系为

$$a_0 = \left[\frac{\omega_0 + (2+\omega_0^2)^{1/2}}{4\pi}\right] T_0 \tag{5.6.34}$$

上式表示，当采用 $e^{i\omega_0 t}e^{-t^2/2}$ 为基小波时，周期为 T_0 的信号函数的小波系数的模方在 $a=a_0$ 达最大。因为小波变换是线性变换，所以，当信号 $x(t)$ 是由几个周期函数（角频率分别为 k_1，k_2，…）叠加

$$x(t) = \sum_j A_j e^{ik_j t} \tag{5.6.35}$$

时，则 $x(t)$ 的小波系数的模（及模方）在几个 a_j 处达最大，由（5.6.33）式

$$a_j = \left[\omega_0 + (2+\omega_0^2)^{1/2}\right]/2k_j \tag{5.6.36}$$

把 Meyers 导出的关系用于标准 Morlet 小波 $e^{i2\pi t}e^{-\frac{t^2}{2}}$，即取 $\omega_0 = 2\pi$，代入（5.6.34）式，得 a 与 Fourier 周期的关系是 $a=1.0125T$，或 $T=0.9876a \doteq a$。这与前面介绍的对于标准 Morlet 小波，中心周期 $T^* = a$ 略有差异。

Meyers 认为，对于没有占优势周期成分的小波，不一定分析它的小波参数 a 与 Fourier 波长的关系。如果把他的思路也用于墨西哥帽小波，可做类似的推导。

也取信号 $x(t) = \cos k_0 t$，是周期 $T=2\pi/k_0$ 的周期函数。它的 Fourier 变换是

$$\begin{aligned} \hat{x}(\omega) &= \int_{-\infty}^{\infty} x(t)e^{-i\omega t}\,dt \\ &= \int_{-\infty}^{\infty} \cos k_0 t(\cos\omega t - i\sin\omega t)\,dt \end{aligned}$$

利用三角函数的正交性，得

$$\hat{x}(\omega) = \begin{cases} \infty & \omega = k_0 \\ 0 & \omega \neq k_0 \end{cases}$$

上式是脉冲函数，用 δ 函数表示为（关于 δ 函数的定义和积分性质可见数学手册）

$$\hat{x}(\omega) = \delta(\omega - k_0)$$

采用（5.6.19）式以及墨西哥帽的 Fourier 变换（5.6.31）式，$x(t)$ 的小波变换为

$$W(a,b) = \frac{1}{2\pi}a^{\frac{1}{2}}\int_{-\infty}^{\infty} e^{ib\omega}\hat{x}(\omega)\hat{\psi}^*(a\omega)\,d\omega$$

$$= \frac{1}{2\pi}a^{\frac{1}{2}}\int_{-\infty}^{\infty}\delta(\omega - k_0)\mathrm{e}^{ib\omega}\ \frac{1}{\sqrt{2\pi}}(a\omega)^2\mathrm{e}^{-\frac{1}{2}(a\omega)^2}\mathrm{d}\omega$$

$$= \frac{1}{2\pi}a^{\frac{1}{2}}\mathrm{e}^{ibk_0}\ \frac{1}{\sqrt{2\pi}}(ak_0)^2\mathrm{e}^{-\frac{1}{2}(ak_0)^2}$$

故

$$|W(a,b)|^2 = \frac{1}{4\pi^2}a\ \frac{1}{2\pi}(ak_0)^4\mathrm{e}^{-(ak_0)^2} = \frac{1}{8\pi^3}a^5k_0^4\mathrm{e}^{-a^2k_0^2}$$

记满足 $\partial\,|W\ (a,\ b)|^2/\partial\,a=0$ 的 a 为 a_0，得

$$5a_0^4k_0^4\mathrm{e}^{-a_0^2k_0^2} + a_0^5k_0^4\mathrm{e}^{-a_0^2k_0^2}(-2a_0k_0^2) = 0$$

$$a_0^4k_0^4\mathrm{e}^{-a_0^2k_0^2}(5 - 2a_0^2k_0^2) = 0$$

上式除 $a_0=0$ 和 $a_0<0$ 的解不合适以外，得

$$a_0 = \sqrt{2.5}/k_0$$

再把周期与圆频率的关系 $T_0=2\pi/k_0$ 代入上式得

$$a_0 = \frac{\sqrt{2.5}T_0}{2\pi}\ 或\ T_0 = \frac{2\pi}{\sqrt{2.5}}a_0$$

所以，一般地，对于墨西哥帽小波，Fourier 周期与尺度参数 a 的关系是

$$T = \frac{2\pi}{\sqrt{2.5}}a = 3.9738a \doteq 4a \tag{5.6.37}$$

（注：Torrence 在美国 BAMS（1998 年）上发表的论文中，对墨西哥帽小波，给出 Fourier 波长为 $2\pi s\Big/\sqrt{m+\frac{1}{2}}$，其中 s 即 a，$m=2$。与这里的推导结果是一样的）所以，在采用墨西哥帽为基小波的论文中，常采用周期等于 $4a$ 来分析结果，但是，这与前面一个方法确定的周期等于 $4.4a$ 差异较大，特别是 a 较大时。

两种方法确定的小波尺度参数 a 与 Fourier 波长的关系有差异的原因在于出发点不同。前一个方法立足于 $\psi(t)$和 $\psi_{a,b}(t)$的 Fourier 变换的关系，理论上较严格。Meyers 的思路有一定缺陷，他将一个孤立的频率成分 $\cos k_0 t$ 作为信号做小波变换，而实际上，小波变换与 Fourier 变换不同，一个小波函数 $\psi_{a,b}(t)$不是与一个孤立的频率成分相对应，而是包含了各种频率成分，其中有一个最强的频率成分。对于 Morlet 小波来说，因为它的 Fourier 变换在最强的频率两侧是对称地衰减的，最强的频率就是中心频率，所以，两个出发点得到的关系是相近的。而对于墨西哥帽小波就不是如此。由于两种方法的思路不同，a 对应的 Fourier 周期含义不同，因而所得的关系也不同。

上面我们给出了小波参数 a，b 离散取样的步长及 a 与 Fourier 波长的关系，剩下的问题是 a，b 的取值范围。我们的分析对象 $x\ (t)$ 也是离散取值的，a 的取值范围显然与 $x\ (t)$ 的序列长度 N 及取样时间间隔 Δt 有关。为了方便起见，设 $\Delta t=1$，即

取样间隔就作为时间单位，在这种情况下，a 的最小值不应使对应的小波 $\psi_{a,b}$（t）的中心周期小于 2，a 的最大值不应使 $\psi_{a,b}$（t）的中心周期大于 N。特别要注意墨西哥帽小波，它的 a 不能取得太大，因为周期等于 a 的 4 倍多。

5.6.5 头部影响（cone of influence）

因为实际的信号序列总是有限长度的，当平移参数 b 逐渐接近信号序列的两头时，W（a，b）及 $|W(a, b)|^2$ 的估计误差逐渐增加。为了使 b 接近序列的两端时还能计算 W（a，b），一般在序列的头和尾外侧补上足够多的零，或者在头尾的外侧用头尾内侧的值对称地延伸。但是延伸的毕竟不是真实信号，在两端 W（a，b）及 $|W(a, b)|^2$ 逐渐变得不可信。因为受两端影响的程度是逐渐严重的，只能相对地划出一个两端影响区。Torrence（1998）定义 e 折时间（e-folding time）为两端受影响的区域。对于标准 Morlet 小波和墨西哥帽小波，小波的 e 折时间是 $\sqrt{2}a$，对每一个尺度参数 a，当平移参数 b 落入距信号序列两端 $\sqrt{2}a$ 范围内时，结果应该放弃。Dahang（1995）的标准与此不同，他取的基小波为 $\psi(t) = e^{i2\pi t}\exp\left[-\left(\frac{2\pi}{K_\psi}\right)^2\frac{t^2}{2}\right]$，e 折时间为 $\tau=\sqrt{2}\frac{K_\psi}{2\pi}$，$K_\psi=6$，因此，基小波的 e 折时间也接近 $\sqrt{2}$，小波的 e 折时间接近 $\sqrt{2}a$。计算中采用的时间单位是年，资料序列是 1870～1998 年，资料的采样间隔是 1/12（即月）。他认为，当尺度参数 $a=5$ 时，两端的 1870～1884 年和1976～1988 年落入了头部影响区，这部分结果应放弃。他的影响区的长度大致等于 $2\sqrt{2}a \doteq 3a$。

5.6.6 应用中问题讨论

在应用小波分析的论文中见到有如下面的应用，作者认为是不合理的应用，提出来讨论。

（1）用小波分析识别序列的周期性。一些论文中对一个序列做小波分析后只得出它有几个周期，这是不合理用法。因为由前述原理和例子可见，小波分析的功能是在频率域和时间域同时分解，描述周期性的时间变化。如果只识别周期，那仅是频率域分解，应该用 Fourier 分析，小波分析因为关注局部时段的变化，不利于识别在整个时域上平均的周期性。

（2）基小波采用的是复小波，而只计算和分析小波系数的实部。这也是不合理的，因为基小波是复小波（Morlet 小波）时，小波系数 W（a，b）也是复的，从逆变换公式（5.6.17）和能量分解公式（5.6.21）可见，必须完整地使用复小波系数（实部和虚部或者模和辐角）才能恢复信号 x（t）和表示它的总的变率（能量）。

B. Torresan 指出：复小波系数的模和辐角分别刻画了信号 $x(t)$ 的局部能量和局部位相。另外，直观上，这样使用也是互相矛盾的，复小波系数的实部仅是信号 $x(t)$ 与小波的实部的内积，既然没有使用复小波的虚部就不能说使用的是复小波。原理上，小波变换来源于 Fourier 变换，在 Fourier 变换中，确定 $x(t)$ 中某个频率成分的振幅和位相需要同时使用 $x(t)$ 在 cos 和 sin 函数上的投影系数，用复数形式表示时就是实部和虚部，例如，谐波分析中成对的系数 a_k 和 b_k 或它的复数形式 $C_k=\frac{1}{2}a_k-i\frac{1}{2}b_k$。只使用 cos 部分的系数的话，在数学上说，所用的基函数是不完备的，不配套的。引起这种错误使用的原因可能在于使用者没有分清复小波系数的实部与实小波系数的区别。当基小波为实小波（墨西哥帽小波）时，小波系数 $W(a,b)$ 也是实的，它确实同时给出信号 $x(t)$ 的振动强度和“位相”两方面的信息，其绝对值大小表示振动强度，正负符号表示振动“位相”，$W(a,b)>0$ 时，$x(t)$ 中在以 b 为中心的局部时段尺度参数为 a 的振荡与正着放置的墨西哥帽同位相，而 $W(a,b)<0$ 时，与倒放着的墨西哥帽同位相，“位相”只区分正负两个情况。但是，当采用复的基小波时，cos 和 sin 部分的系数是缺一不可的。Torrence（1998）论文中给出一个公式，只用小波系数的实部也能重建原序列，这是针对连续小波变换且时间和尺度参数取得过分多的情况，采用一个完全不同的小波函数，最好是 δ 函数（脉冲函数）作为小波函数，得到的重建公式，不是很多书籍和论文中的一般重建公式。论文的分析中并没有采用小波系数实部图，而是采用小波功率谱图。实际上，数学上重建（或拟合）原序列是容易以多种方式实现的，重建不一定就是对原序列做某种分析，例如，在 § 5.4 介绍的谐波分析中，如果把波数 k 取得过分地多，那么，展开式中只取 $a_k\cos\frac{2\pi kt}{N}$的项，只要共取 N 项也能拟合原序列，但是，若要分析不同周期成分的振幅和位相，k 就不能过分多，不能大于取整数的 $N/2$，同时展开式中必须有$b_k\sin\frac{2\pi kt}{N}$项。

（3）对不同的尺度参数 a 直接比较 $W(a,b)$ 或 $|W(a,b)|$、$|W(a,b)|^2$。这也是一种不合理应用，因为小波与谐波不同，在谐波分析中，不同频率的谐波不仅能量相同，所占的时域宽度也相同，所以振幅相同。小波则不然，尽管不同尺度 a 的小波能量相同，但是所占时域宽度不同，因而振幅不同，a 愈大，时域愈宽，小波本身的量值被压缩得愈小。因此，不同 a 值的小波在恢复信号序列 $x(t)$ 和表示 $x(t)$ 的能量中的作用不是直接正比于小波系数 $W(a,b)$。在逆变换公式（5.6.17）中，小波 $\psi_{a,b}(t)$ 的权系数是 $W(a,b)/C_\psi a^2$，在能量分解公式（5.6.21）中，参数为 a，b 的小波对 $x(t)$ 总能量的贡献为 $|W(a,b)|^2/C_\psi a^2$。C_ψ 是与 a，b 无关的常

数，可以不考虑，但因子 $1/a^2$ 不能省略。因此，对不同 a 的小波分析比较时频特征时，应比较 $W(a,b)/a^2$ 或 $|W(a,b)|^2/a^2$。目前一些应用中，在 $a-b$ 平面内直接分析 $W(a,b)$ 或 $|W(a,b)|$、$|W(a,b)|^2$ 的等值线图。这样省去了 $1/a^2$ 因子，导致的直接后果是夸大了大尺度成分的强度，况且夸大的程度正比于尺度的平方，所以在这些应用工作中，常常是尺度愈大的成分强度愈大。而气候变化的实际情况一般是尺度小的振动强度大于尺度大的振动，例如，中纬度地区月平均气温距平的年际变化振幅一般 3～5℃，而年代际变化振幅不足 1℃。

我们在下一节用一个人造时间序列和 Nino1＋2 区 SSTA 序列做谐波分析、功率谱分析和小波分析，比较它们功能上的区别，并且说明小波分析应用中应注意的上述问题。

§5.7 谐波分析、功率谱分析、小波分析比较

这里人造一个时间序列，长度 $N=1116$，比拟为某气候变量在 93 年期间（与 Nino1＋2 区 SSTA 序列时间一致，设为 1899～1991 年）的逐月距平值。试验序列由 5 个成分组成

$$x(t) = \sum_{k=1}^{5} x_k(t)$$

其中

$$x_1(t) = 0.5\cos\left(\frac{2\pi}{12}t\right) \qquad t = 1,2,\cdots,1116$$

$$x_2(t) = 1.0\cos\left(\frac{2\pi}{240}t\right)\cos\left(\frac{2\pi}{24}t\right) \qquad t = 1,2,\cdots,1116$$

$$x_3(t) = \begin{cases} 0.5\cos\left(\frac{2\pi}{48}t\right) & t = 1,2,\cdots,360 \\ 1.0\cos\left(\frac{2\pi}{48}t\right) & t = 361,362,\cdots,720 \\ 0.0 & t = 721,722,\cdots,1116 \end{cases}$$

$$x_4(t) = \begin{cases} 1.0\cos\left(\frac{2\pi}{96}t+\pi\right) & t = 1,2,\cdots,557 \\ 1.0\cos\left(\frac{2\pi}{96}t\right) & t = 558,559,\cdots,1116 \end{cases}$$

$$x_5(t) = \frac{2.0}{1116}t\cos\left(\frac{2\pi}{192}t\right) \qquad t = 1,2,\cdots,1116$$

其中 $x_1(t)$是周期为 12 个月振幅为 0.5 的谐波成分，振幅和初位相不随时间变化。x_2

(t)是周期为24个月的波动被周期为240个月的波调幅。注意，$\cos(2\pi t/240)$在每240个月期间改变一次符号。有两个极值，即+1和-1，间距120个月。有两个零点，间隔也是120个月，所以$\cos(2\pi t/24)$被$\cos(2\pi t/240)$调幅后，每间隔120个月振幅达一次最大值，每间隔120个月振幅出现一次零值，所以$x_2(t)$表示2年周期成分的振幅以10年周期变化，见图5.7.1。$x_3(t)$是周期为48个月的成分，但振幅以另

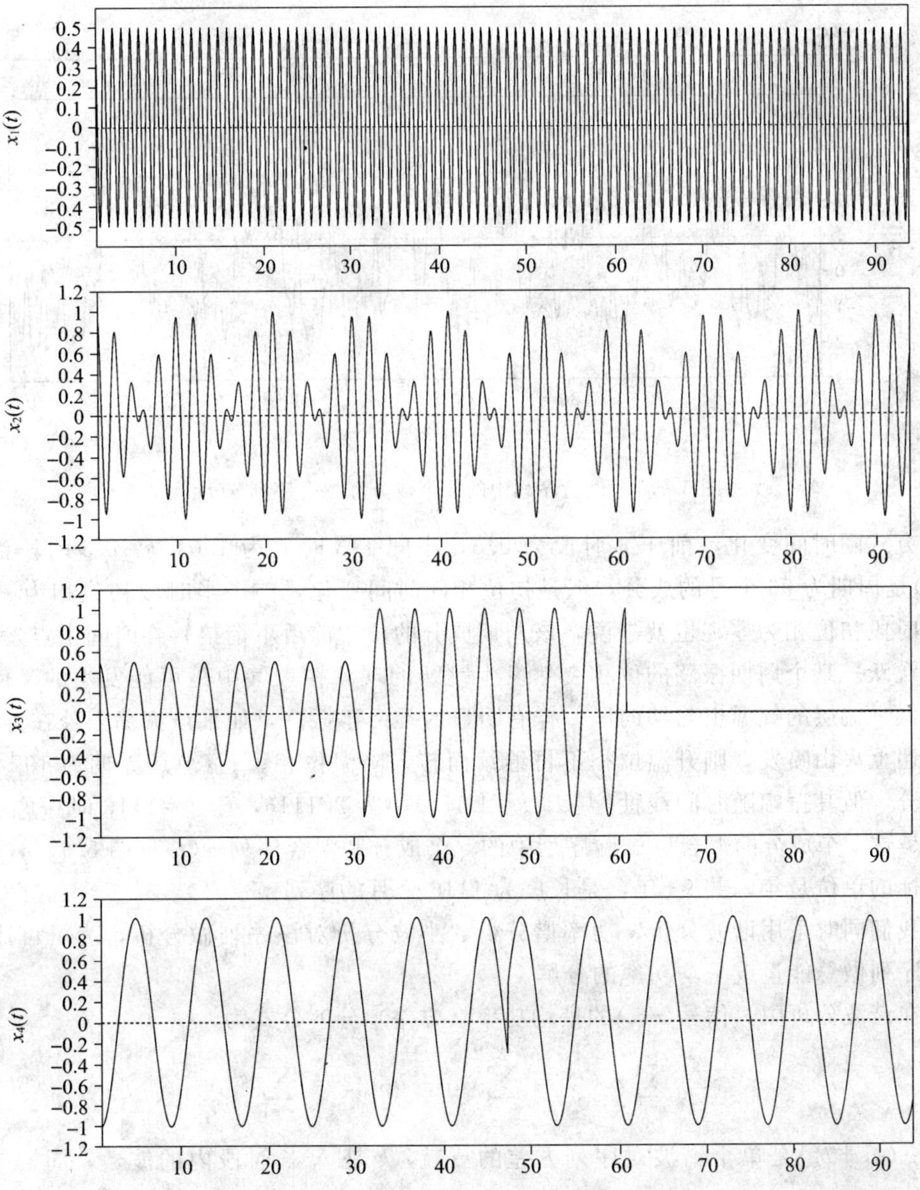

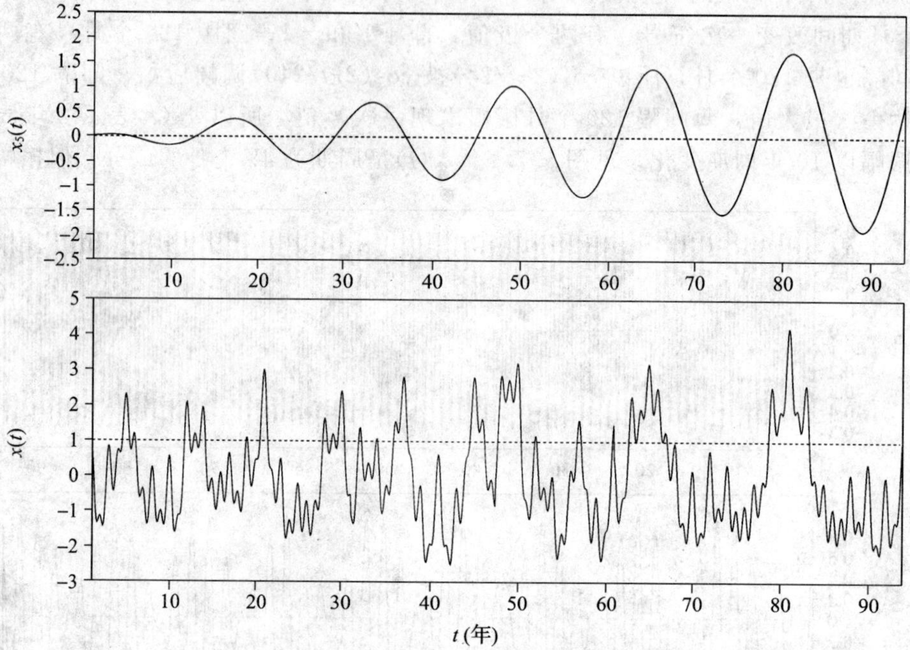

图 5.7.1　试验序列中的 5 个成分和混合序列 $x(t)$

一种方式随时间变化，前 1/3 时段为 0.5，中间 1/3 时段为 1.0，后 1/3 时段消失。$x_4(t)$是周期为 96 个月的成分，但是初位相随时间变化，前一半时段初位相为 π，后一半时段初位相为零，也就是说，该周期成分的位相前后不衔接，在时间中点发生了位相跳跃。某个周期振荡的位相突然发生跳跃的现象在大气中是可能发生的，例如，热带低平流层的气温也与纬向风一样有明显的准两年振荡，如果该振荡正处在升温位相时遇上火山喷发，则升温位相不再继续而转入降温位相。$x_5(t)$是周期为 192 个月的成分，但其振幅随时间线性增长，$t=1$ 时振幅为 2/1116，至 $t=1116$ 时振幅为 2。$x(t)$是这 5 个成分的混合。试验序列中的 5 个成分和混合序列 $x(t)$见图 5.7.1，图上横坐标的单位是年，共 93 年，是长度为 1116 个月的序列。

我们同时采用谐波分析、功率谱分析、小波分析对该序列做分析，为了可比较，都对序列做总能量或平均功率的分解。

在谐波分析中，信号 $x(t)$的平均功率（方差）分解公式为

$$\frac{1}{N}\sum_{t=1}^{N}x^2(t) = \sum_{k=1}^{K}(a_k^2+b_k^2)/2 = \sum_{k=1}^{k}S_k \tag{5.7.1}$$

$S_k=\frac{1}{2}(a_k^2+b_k^2)$是单个谐波对序列方差的贡献，$k$ 是 N 长时段内的波数，周期 $T_k=$

N/k，a_k 和 b_k 是正弦和余弦谐波系数。

平稳随机过程的功率谱为

$$\lim_{T\to\infty}\frac{1}{T}\int_0^T x^2(t)\mathrm{d}t=\int_{-\infty}^{\infty}p_x(f)\mathrm{d}f=2\int_0^{\infty}S_x(f)\mathrm{d}f \tag{5.7.2}$$

$S_x(f)$是正频率一侧的单边功率谱。估计方法见§5.3，即采用滞后自相关函数的傅里叶变换。这里取最大滞后 $M=192$，频率 f 离散取值 $f_j=j/2M$，对应的周期 $T_j=2M/j$，$j=1, 2, \cdots, M$。

小波分析的基小波取（5.6.13）式表示的标准 Morlet 小波

$$\psi(t)=\mathrm{e}^{i2\pi t}\mathrm{e}^{-t^2/2} \tag{5.7.3}$$

计算中时间单位取为年，这样，序列的取样间隔 $\Delta t=1/12$，a 可取小于 2 的值（但不能小于 2 倍取样间隔，即 2/12）。计算中尺度参数 a 取 0.5，1.0，2.0，4.0，8.0，16.0，32.0，平移参数 b 取 ab_0k，$b_0=1$。$x(t)$的总能量被分解为不同参数小波贡献之和，小波能量谱是（5.6.22）式，去掉常数 C_ψ，这里计算出

$$E_{a,b}=\frac{1}{a^2}\mid W(a,b)\mid^2 \tag{5.7.4}$$

图 5.7.2（a）、（b）分别是试验序列的 S_k，$S_x(f_j)$图。由图 5.7.2（a）可见，S_k 的峰值在 $k=93$，51，42，23，11，6 处，对应的周期分别是 12.0，21.8，26.6，48.5，101.4 和 186 个月。在图 5.7.2（b）上，单调下降的曲线是原假设为红噪声谱，$\alpha=0.05$ 的显著性检验曲线。$S_x(f_j)$的峰在离散的频率指标 $j=32$，18，14，8，4 和 2 处，周期 $T_j=2M/j$ 分别是 12.0，21.3，27.4，48.0，96.0 和 192.0 个月。相比较可见，S_k 和 $S_x(f_j)$都较准确地识别出了 $x_1(t)$，$x_3(t)$，$x_4(t)$，$x_5(t)$的周期 12.0，48.0，96.0，192.0 个月。$S_x(f_j)$更准确是带有人为的性质，因为这些周期都与 $2M/j$ 中之一重合，而与 N/k 不尽重合，特别在长周期段。但 S_k 和 S_x（f_j）都没有识别出 24.0 和 240.0 的周期，而是在周期 24.0 两侧呈现两个强度相等的峰。在数学上这种情况是可解释的，因为谐波分析和功率谱分析是将信号序列分解成各种周期成分之和，而 $x_2(t)$是两个周期成分的乘积，要分解成和的形式它还能分解，用三角函数的积化和差公式得

$$\begin{aligned}x_2(t)&=\cos(2\pi t/240)\cos(2\pi t/24)\\&=0.5\cos(2\pi/24+2\pi/240)t+0.5\cos(2\pi/24-2\pi/240)t\end{aligned}$$

可见从加法角度看，x_2（t）包括两个频率成分，角频率分别是 $2\pi/24+2\pi/240$ 和 $2\pi/24-2\pi/240$，对应的周期分别是 21.8 和 26.6 个月，与 S_k 和 $S_x(f_j)$的计算结果相当接近。所以，数学上是完全合理的。但是，从现象上看，图 5.7.1 中 $x_2(t)$曲线清楚地显示准 24 个月的周期，其强度按 120 个月周期变化，用 21.8 和 26.6 两个等强度的周期成分来描述 $x_2(t)$不符合现象的实际情况。

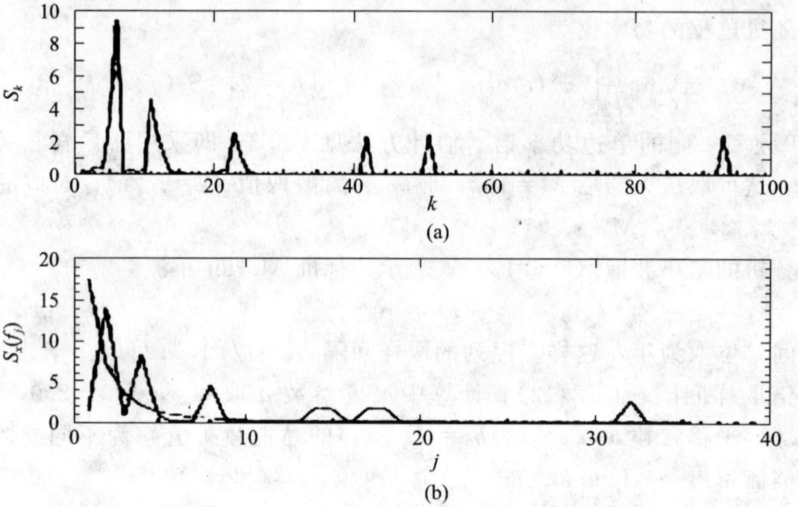

图 5.7.2　试验序列的 S_k（上），S_x（f_j）（下）图

另外应特别注意，S_k 和 $S_x(f_j)$ 只给出信号序列在整个时间上平均的周期性质，它不能反映周期成分的强度随时间的变化。

图 5.7.3 (a)、(b)、(c)、(d) 分别是试验序列的小波系数的实部、虚部、模平方、模平方除以 a 平方（即 $E_{a,b}$）在 a—b 平面等值线图，横坐标是平移参数 b，借用 1899～1991 年表示 93 年时段。纵坐标是尺度参数 a。可见，仅用小波系数的实部图或虚部图不能反映各个周期成分的振幅和位相在局部时段的特征。而目前采用 Morlet 小波为基小波的小波分析的应用中，很多工作只依据小波系数的实部图分析结果。图 5.7.3 (c) 是模的平方图，由上节小波能量分解公式可见，模的平方还不能代表不同参数的小波对总能量的贡献，由于省去了 $1/a^2$ 因子，在不同尺度之间比较时，它夸大了尺度大的成

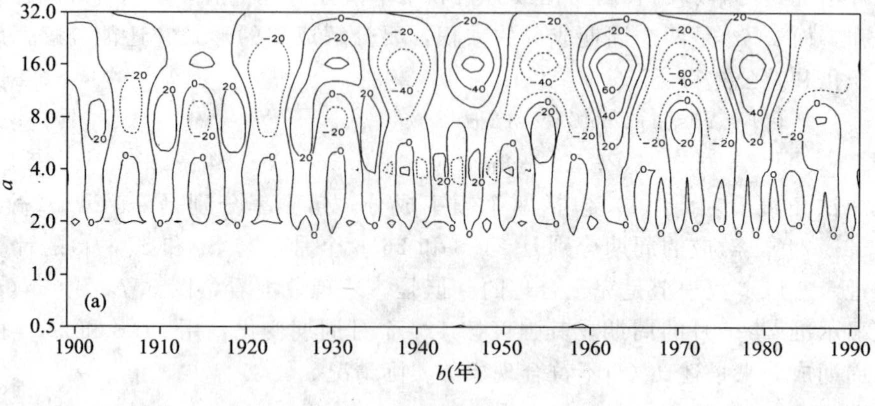

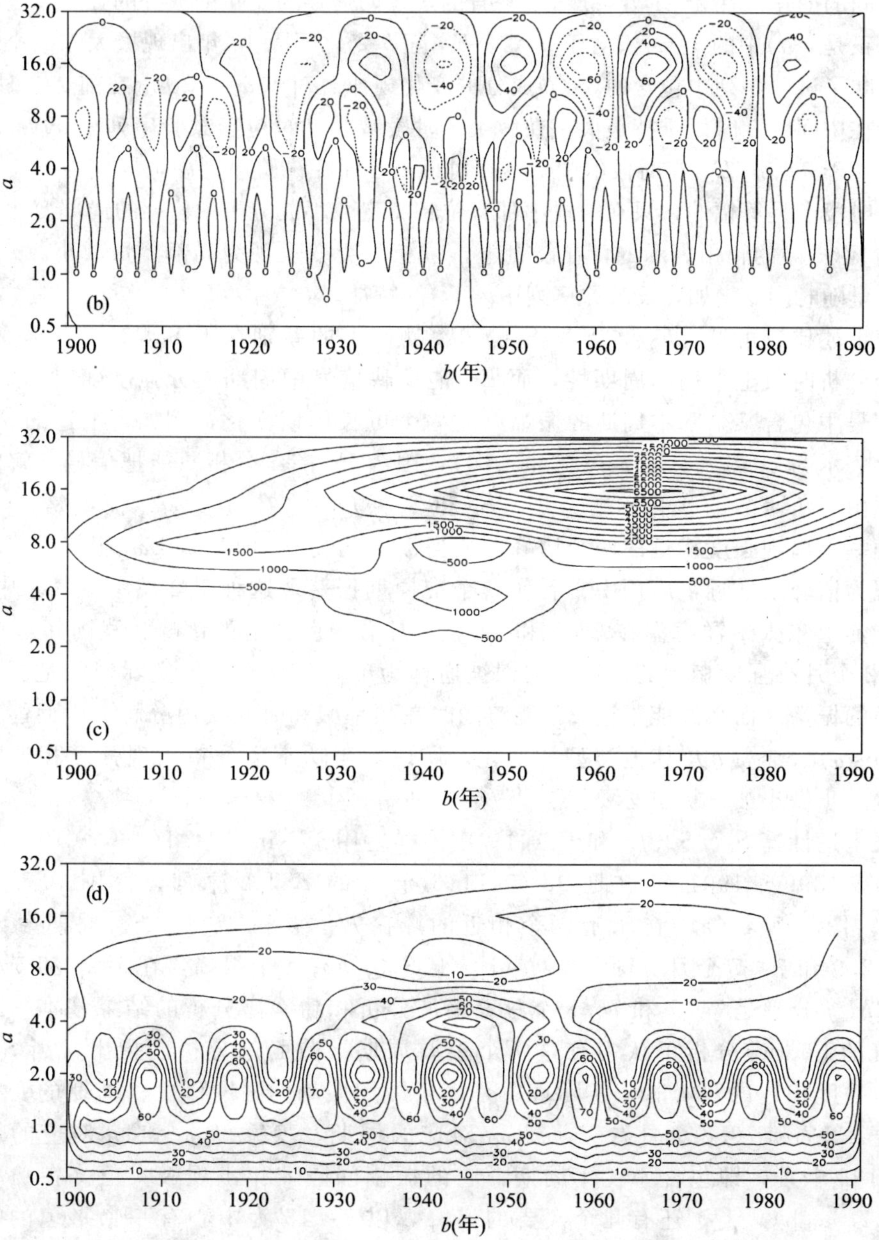

图 5.7.3　试验序列的小波系数的实部（a）、虚部（b）、模方（c）、$E_{a,b}$（d）图

分的强度。而只有 $E_{a,b}$ 图（图 5.7.3（d））清楚地反映出试验序列中各个周期成分的强度随时间的变化。在 $a=1$ 处，$E_{1,b}$ 是平直的，表明周期为 1 年的成分的强度不随时间变化，这正是 $x(t)$ 中的 $x_1(t)$。对于 $a=2$，$E_{a,b}$ 随 b 变化间隔 10 年出现极大和极小值，真实地反映了试验序列中包含的 $x_2(t)$ 成分的变化规律。对于 $a=4$，$E_{a,b}$ 在前 1/3 时段随 b 增加，在中间 1/3 时段维持最大，在后 1/3 时段减少，对应于试验序列中 $x_3(t)$ 的时间变化。对于 $a=8$，$E_{a,b}$ 在时段的中部达相对最小，而在试验序列中，周期为 8 年的成分在整个时段上是等幅的，只在时段中部有位相突变。小波分析中位相的局部变化是由小波系数 $W(a,b)$ 的辐角表示的，在能量上，位相的突变表现为局部能量减小。$a=16$ 的小波能量随时间 b 增加，反映原序列中 $x_5(t)$ 的特征。

由上述比较可见，$E_{a,b}$ 与 S_k，$S_x(f_j)$ 在功能上的差别在于 S_k，$S_x(f_j)$ 反映 $x(t)$ 在整个分析时段上平均的周期性，而 $E_{a,b}$ 能反映信号中周期成分强度随时间的变化。如果信号中包含某个基本周期的振幅以另一个更长周期变化，例如，上述的 $x_2(t)$，数学上表示为 $\cos\omega_2 t\cos\omega_1 t$（$\omega_1>\omega_2>0$），因为 Fourier 分析只能把信号分解为谐波之和，由三角函数的积化和差原理，S_k 和 $S_x(f_j)$ 将在 $\omega_1\pm\omega_2$（而不是 ω_1 和 ω_2）两个频率上出现强度相近的两个谱峰。又当 ω_2 远小于 ω_1 时，$\omega_1\pm\omega_2$ 很接近，画在图上表现为谱峰很邻近，应用中常看作一个准周期振荡。这种双峰现象在气象中常见，例如，赤道东太平洋海温在 22.5 和 28.5 个月有强度接近的谱峰，我国降水在 21.2 和 29.2 个月有强度相近的谱峰，它们被通称为准两年振动。但实际现象是振幅有更长时间的振荡。而小波能量谱 $E_{a,b}$ 能够同时在频率域和时间域内分解，因而能真实地描述 $\cos\omega_2 t\cos\omega_1 t$ 及其他类型的变化。所以，当功率谱分析出现强度相近的双峰时，进一步做小波分析更必要。

把上述计算 S_k，$S_x(f_j)$ 和 $E_{a,b}$ 的程序同样地用于 Nino1＋2 区（0°～10°S，90°～80°W），1899～1991 年也是 93 年 1116 个月的 SSTA 序列，得图 5.7.4 和图 5.7.5。图 5.7.4（a）上 S_k 有两个相近的峰在 $k=26$ 和 $k=14$ 处。周期为 N/k 分别是 42.9 和 79.7 个月。图 5.7.4（b）上 $S_x(f_j)$ 有 2 个强峰，在 $j=9$ 和 5 处，周期为 $2M/j$ 分别是 42.7 和 76.8 个月。谐波分析和功率谱分析的结果基本一致，采用传统的 Fourier 分析可认为有这两个主要周期。前面的分析已指出，当 S_k 和 $S_x(f_j)$ 有强度相近的双峰时，实际现象是一个周期振动的强度作更长周期的变化，由此，把 42.7 和 76.8 个月看作 $\omega_1\pm\omega_2$ 对应的周期，换算得 ω_1 和 ω_2 对应的周期是 54 和 192 个月，即包含 4.5 年周期，它的振幅间隔 8 年出现极大值。在功率谱图（图 5.7.4（b））上，还有几个次要的谱峰，以 $j=15$ 为中心有一个平坦的峰，对应周期中心是 25.6 个月，这是普遍存在的准两年振荡。$j=27$ 和 32 也是谱峰，周期是 14.2 和 12.0 个月。在 S_k 图（图 5.7.4（a））上有基本上对应的峰，例如 $k=93$，对应的周期为 12.0 个月。与功率谱的显著性检验类似，在同一信度下，在短

周期段 S_k 的临界值比长周期段低。

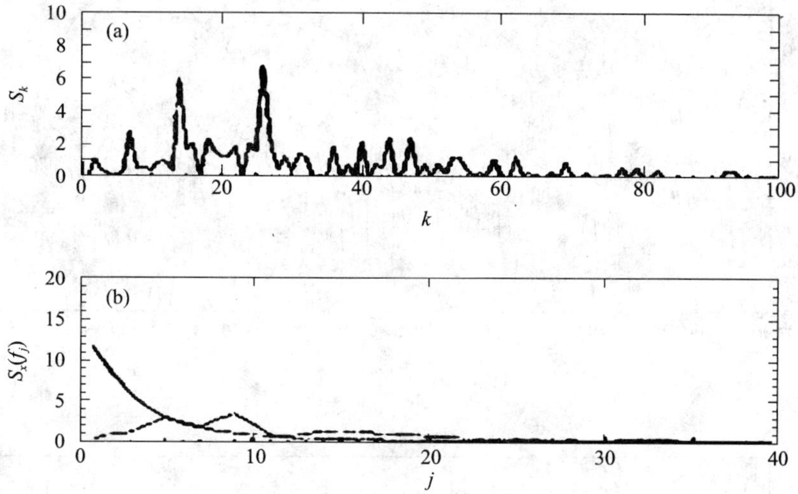

图 5.7.4　Nino1＋2 区 SSTA 的 S_k (a)，S_x (f_j) (b) 图

图 5.7.5 (a)、(b)、(c)、(d) 分别是 Nino1＋2 区 SSTA 的小波系数的实部、虚部、模平方和 $E_{a,b}$图，横坐标是平移参数 b，纵坐标是尺度参数 a。同样地，从图 5.7.5 (a)、(b)、(c) 可见，仅使用小波系数的实部图或虚部图或模平方图都不能反映不同频率成分在不同时段的强度特征。而只有 $E_{a,b}$图能反映信号的时频特征。由图 5.7.5 (d) 可见，$E_{a,b}$的最大值在 $a=2$，b 位于 1952 年，它反映出周期中心为 2 年的振动在以 1952 年为中心的局部时段内最强。这与 Nino1＋2 区 SSTA 的实况相一致，1951 和 1953 年是强 EL Nino 年，而 1950，1952，1954 年是负 SSTA 年，其中 1952 和 1954 年一般划分为 La Nina 年，这一时段是 93 年间 2 年左右周期振动最规则和最强烈的时段。

从频率域看图 5.7.5d，$E_{a,b}$ 主要集中在 $a=1$，2，4 对应的频段，也就是方差（总能量）主要是年际振荡成分的贡献。由上节所述，a 的这 3 个值表示的频带是相邻接的，因为基小波是标准 Morlet 小波，$a=1$，2，4 表示的周期区间分别为（0.75，1.5]、(1.5，3.0]、(3.0，6.0] 年，周期中心为 1 年、2 年和 4 年。这说明 Nino1＋2 区 SSTA 的长期变率主要集中在这一周期段。从时间域看，这一周期段的成分有同时增强和削弱的特点。Dahang Gu 和 Philander S 的论文也指出，热带太平洋地区 SSTA 在冷事件和暖事件期间的年循环明显偏离于气候平均年循环，ENSO 循环的方差与 10 年际尺度变化的方差无实质上的关系，而与年循环的方差有很好对应关系，即 ENSO 锁相于年循环。这种 ENSO 和年循环同时增强和削弱的特征类似于大气中不同尺度的扰动能量的相长干涉和相消干涉现象（constructive and destructive interference）。$E_{a,b}$在 b 位于 20

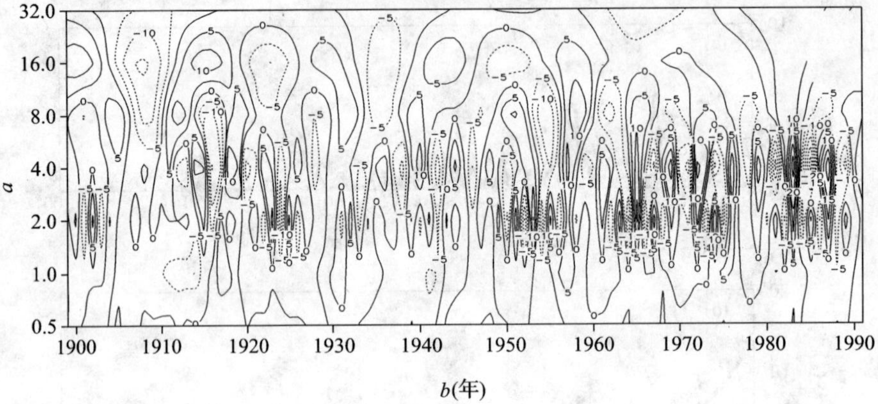
32.0
16.0
8.0
4.0
2.0
1.0
0.5
a
1900 1910 1920 1930 1940 1950 1960 1970 1980 1990
b(年)

(a)

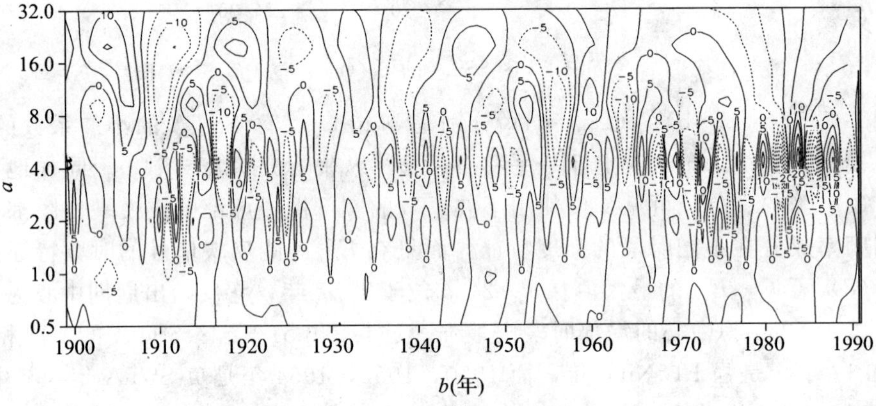
32.0
16.0
8.0
4.0
2.0
1.0
0.5
a
1900 1910 1920 1930 1940 1950 1960 1970 1980 1990
b(年)

(b)

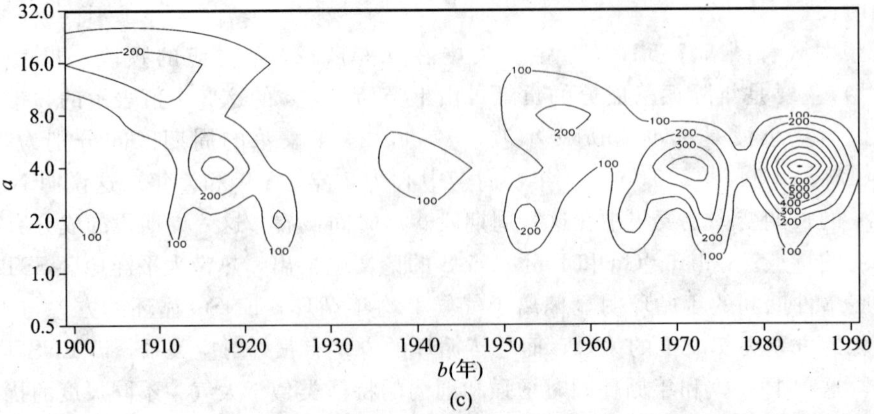
32.0
16.0
8.0
4.0
2.0
1.0
0.5
a
1900 1910 1920 1930 1940 1950 1960 1970 1980 1990
b(年)

(c)

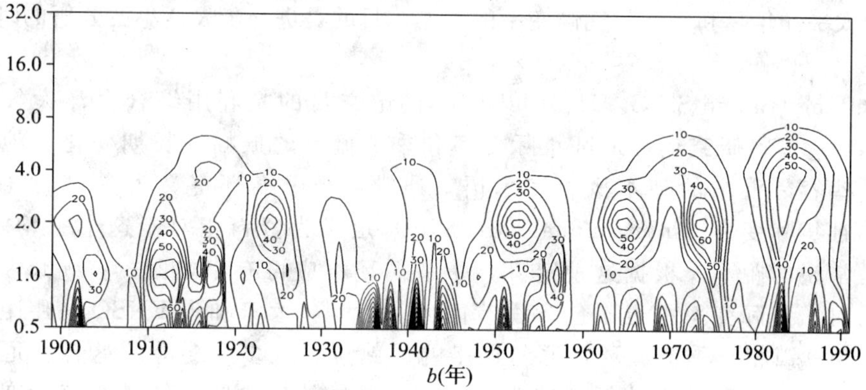

(d)

图 5.7.5 Nino1＋2 区 SSTA 的小波系数的实部（a）、虚部（b）、模方（c）、$E_{a,b}$（d）图

世纪 60 年代时高值区随时间变化向尺度参数 a 增大方向倾斜，即 1 年和 2 年尺度的方差是先后增强的，也可解释为周期长度随时间增长，但这种情况仅出现在 20 世纪 60 年代。对于 $a=2$，$E_{a,b}$ 的相对极值中心在 1912，1924，1932，1942，1952，1964，1974，1983 年，以这些年为中心的局部时段周期中心为 2 年的振动增强，准两年振荡有间隔 10 年左右增强一次的规律。对于 $a=4$，$E_{a,b}$ 的最大值在 1984 年，它对应于 1982～1983 年和 1986～1987 年的两次间隔 4 年的强 EL Nino 事件所产生的局部时段的 4 年周期振动。$E_{a,b}$ 的低值在 20 世纪的 20～30 年代，这段时间 Nino1＋2 区 SSTA 的年际变率较弱，这与 Dahang Gu 和 Philander S 的研究结果（见下节）相一致。

上述比较显示出小波能量谱具有同时在频率域和时间域内识别振动强度的功能。从对 Nino1＋2 区 SSTA 应用也可见，小波能量谱中 $1/a^2$ 因子是不可缺的。如果没有 $1/a^2$，就是图 5.7.5（c），它显示出 10 年尺度的振动强度比年际时间尺度振动（ENSO）强得多，那样不符合实际。

§5.8 热带太平洋年际和年代际气候变率的小波分析

热带太平洋是海洋和大气相互作用最强烈的地区，在海洋和大气中的表现合称 ENSO，它对全球气候年际异常影响最大。ENSO 本身是该地区海洋和大气变量的年际振荡，但是它的强度、周期性还存在年代际变化，这是气候研究关注的问题。如前两节所述，小波分析是表示周期振荡现象随时间变化的有用工具，所以，对热带太平洋海温和大气变量做小波分析的工作很多。不过，正如前两节所指出的，有些工作在做了小波分析后只得出序列周期为多大，识别序列在整个时段平均的周期并不是小波分析的功能，因此实际上是错误的应用。为此，这里介绍一个完美的应用小波分析研究热带太平洋年际和年代际气候变率的工作，目的是进一步表达小波分析的时频局部化功能。

Daifang Gu and S. G. H. Philander 的论文目的是利用综合海洋大气资料集（COADS）资料研究热带地区年际变率和季节循环的振幅的长期变化。他们首先指出一些容易混淆的基本概念和术语，通常，季节循环定义为资料的气候月平均，并且年际变率（interaannual variability）定义为资料相对于这个平均的偏差，也就是常说的距平。根据这种定义，季节循环不应再有年之间（year to year）变化，同时，年际变率中也不包含季节循环。但是，大家知道 ENSO 是用距平表示的，ENSO 锁相于季节循环，厄尔尼诺的成熟位相大多在冬季，这样，厄尔尼诺时段与拉尼娜时段的季节循环就明显不同，这样的变化属于气候的年际变率还是季节循环的年之间变化呢？这个问题本身就体现出了传统的 Fourier 分析和小波分析功能的差异，如果采用传统的 Fourier 分析，它只揭示整个时段上平均的统计性质，发现不了季节循环有年之间的差异，即发现不了锁相现象，所以也不存在这个似乎分不清的问题。如果采用小波分析，显然，锁相现象是季节循环在局部时段的特征，即季节循环的年之间变化。所以上述这个问题实际上是采用 Fourier 观点看待 Fourier 方法不能解决的问题而产生的。研究热带太平洋的气候变率采用小波分析更合适。

他们采用的母小波是 Morlet，形式是

$$\psi(t) = \mathrm{e}^{-i2\pi t}\exp\left[-\left(\frac{2\pi}{k_\psi}\right)^2\frac{t^2}{2}\right] \tag{5.8.1}$$

它的实部和虚部见图 5.8.1，图中横坐标的位置是相对的。

采用的资料是逐月的，但计算中的时间单位是年，即 $\Delta t=1/12$，k_ψ 是常数，用来确定母小波的高斯波包的宽度，要使 Morlet 小波是允许小波，k_ψ 应大于等于 6。当 k_ψ 增加时，高斯波包的宽度增加，小波系数的时间分辨率下降，为了得到最优的时间分辨率，应该取允许的最小值，所以取 $k_\psi=6$。由于母小波的角频率中心是 2π，中心周期是 1，所以小波尺度参数 a 等于 1 时小波给出年循环的信息，等于 0.5 时给出半年循环的信息。

小波变换公式为

$$\tilde{f}(t',a) = \frac{1}{\sqrt{a}}\int f(t)\psi^*\left(\frac{t-t'}{a}\right)\mathrm{d}t \tag{5.8.2}$$

这里 $f(t)$ 是分析的信号，$\tilde{f}(t',a)$ 是小波系数，t' 是平移参数，t' 即前两节中的 b。如果母小波 $\psi(t)$ 的 Fourier 变换记为 $\hat{\psi}(\omega)$，$f(t)$ 的 Fourier 变换记为 $\hat{f}(\omega)$，则小波变换公式还可写为

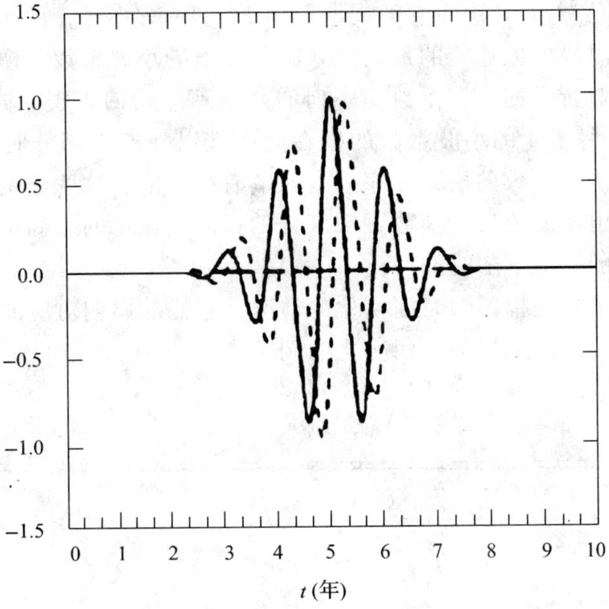

图 5.8.1　Morlet 小波的实部（实线）和虚部（虚线）

$$\widetilde{f}(t',a)=\sqrt{a}\int \hat{f}(\omega)\hat{\psi}(a\omega)\mathrm{e}^{-\mathrm{i}t'\omega}\mathrm{d}\omega \tag{5.8.3}$$

上式相当于（5.6.19）式，相差常数 2π 是因为不同文献中 Fourier 变换定义的形式不同，不影响使用。

小波分解的能量守恒公式是

$$\int_{-\infty}^{+\infty}\left|f(t)\right|^2\mathrm{d}t=\frac{1}{C_\psi}\int_{0^+}^{\infty}\frac{\mathrm{d}a}{a^2}\int_{-\infty}^{+\infty}\left|\widetilde{f}(t',a)\right|^2\mathrm{d}t' \tag{5.8.4}$$

这正是（5.6.21）式。由上式，如果把总能量分解为不同尺度参数 a 的小波的贡献，则有

$$E(a)=\frac{1}{C_\psi}\int_{-\infty}^{+\infty}\left|\widetilde{f}(t',a)\right|^2\frac{1}{a^2}\mathrm{d}t' \tag{5.8.5}$$

他俩把 E（a）称为小波谱。注意，这种定义的小波谱在时间域内做了积分，已没有时域分辨能力。

为了说明小波分析的功能，先给出几个人造序列的小波变换的结果。分别取 cos（$2\pi t$）和 cos（$2\pi t/4$）为信号，t 从 0 到 30。这两个信号的周期分别是 1 和 4，振幅不随时间变化。图 5.8.2（a）和（b）是它们的小波系数的模（或称振幅），图上

用不同的曲线同时给出 a 等于 0.5，1，2，4 的小波系数的模随 t' 的变化。从图上可见，对于信号 cos（$2\pi t$），由于它的周期等于 1，只有 a 等于 1 的小波系数的模在除两端以外的大部分时段内取稳定的最大值，其他 a 值的小波系数的模只在序列的两端有很小值，这是前节所说的小波系数在序列的两端不准确的表现。同样，对于信号 cos（$2\pi t/4$），只有 a 等于 4 的小波系数的模在除两端以外的大部分时段内取稳定的最大值，其他 a 值的小波系数的模只在序列的两端有很小值。这两个例子说明，信号中振动周期的大小是由小波的尺度参数 a 来区分的；周期振荡的振幅不随时间变化时，它对应的小波系数的模也不随时间变化。

以上两个例子是振幅不随时间变化的情况，它们的周期对应的小波系数的模也不随时间变化。下面考虑振幅随时间变化的例子，取

$$f(t) = \cos(2\pi t/8)\cos(2\pi t) \qquad (0 < t < 30)$$

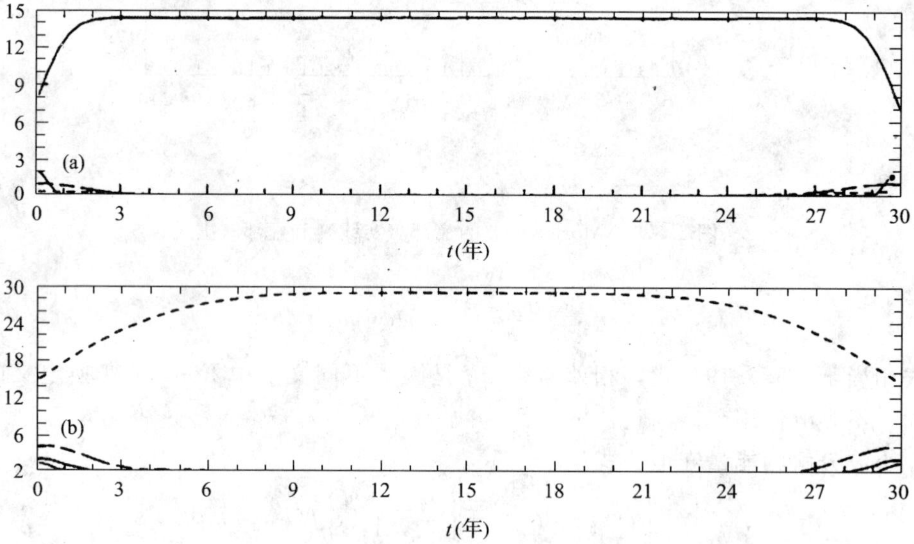

图 5.8.2 cos（$2\pi t$）(a) 和 cos（$2\pi t/4$）(b) 的小波系数的模，夹着小圆的短虚线是 $a=0.5$，实线是$a=1$，长虚线是 $a=2$，短虚线是 $a=4$

（本节的图取自 Daifang Gu and S. G. H. Philander，1995）

这个信号本身的曲线见图 5.8.3 上面的一幅，可见它的基本周期是 1，注意它被 cos（$2\pi t/8$）调幅，在调幅波取 ±1 的时间基本波的振幅都达最大，所以，它每隔 4（年）振幅达一次最大（小），振幅最大分别在第 0，4，8，…年，振幅为零分别在第 2，6，10，…年。从下面一幅可见，尺度参数 $a=1$（对应的周期是 1）的小波系数的模每间隔 4（年）达一次最大（小）值，最大分别在第 4，8，…年，零点分别在第 2，6，

10，…年，清楚地反映出了基本的周期成分的振幅随时间的变化。另外，在时间的两端，$a=1$ 的小波系数的模较中间时段小，而 $a=0.5$，2，4 的小波系数的模在序列的两端也有微量值，尽管信号中并不包含周期为 0.5，2，4 的成分，这就是前两节所说的两端影响。用小波分析对实际的气象和海洋序列做时频局部化分析时，在序列两端的结果应抛弃一些。

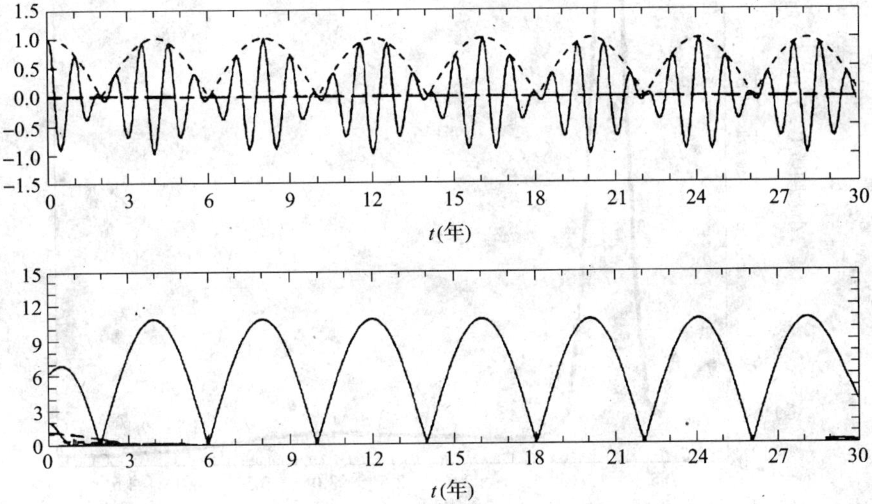

图 5.8.3　信号 cos（$2\pi t/8$）cos（$2\pi t$）曲线（上图，实线是信号，虚线是它的振幅波包）和它的小波系数的模（下图），下图中实线是 $a=1$，长虚线 $a=2$，短虚线 $a=4$

图 5.8.4 是对 0°N，110°～130°W 区域 1870～1988 年共 119 年的月平均 SSTA 序列小波分析得到的小波谱图，即（5.8.5）式表示的 E（a）图。在 $a=0.6$ 附近有一个极小值，它把年循环和半年循环分隔开来。在 $a=1.7$ 附近也有一个极小值，它把年循环和年际变率分隔开来。在 $a=3$ 附近谱峰看上去虽然比较低，但是它表示出的方差数量是显著的，因为年际变率占据的周期范围比较宽，从 2 年到 5 年。

为了区分年循环（annual cycle）的方差和年际变率的方差（在热带太平洋年际变率的方差也是 ENSO 循环的方差），把小波对总能量（总方差）的贡献在 $0.7\leqslant a\leqslant 1.2$ 的积分看作年循环的方差（随 t' 变化），

$$E_a(t') = \frac{1}{C_\psi}\int_{0.7}^{1.2}\left|\tilde{f}(t',a)\right|^2\frac{\mathrm{d}a}{a^2} \tag{5.8.6}$$

取 $1.7\leqslant a\leqslant 5.0$ 的积分为年际变率的方差（或 ENSO 循环的方差），即

$$E_i(t') = \frac{1}{C_\psi}\int_{1.7}^{5.0}\left|\tilde{f}(t',a)\right|^2\frac{\mathrm{d}a}{a^2} \tag{5.8.7}$$

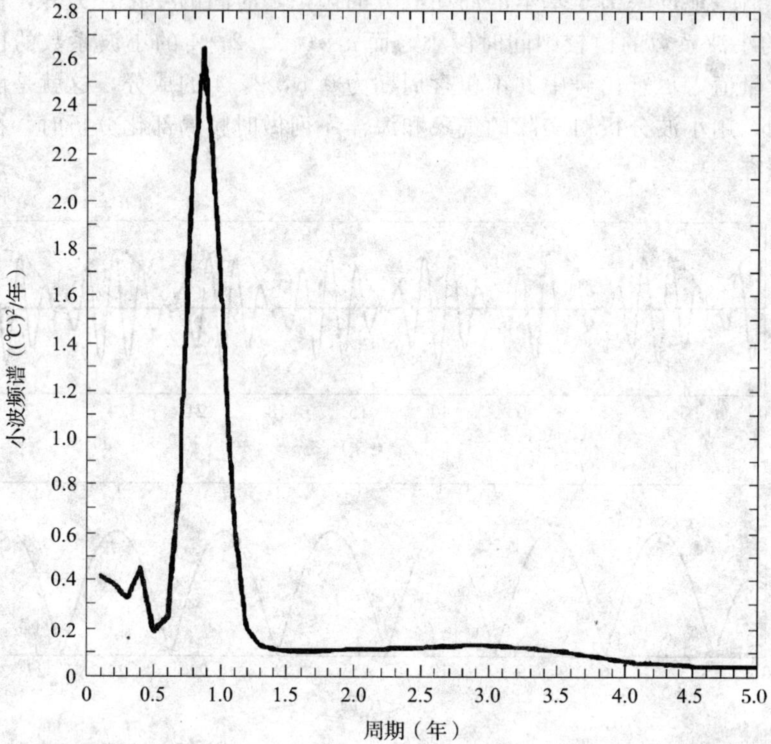

图 5.8.4　0°N，110°～130°W 区域 SSTA 的小波谱图，垂直坐标的刻度是随意的

它随 t' 的变化反映 ENSO 强度随时间的变化。图 5.8.5 给出 4°S～4°N 平均的不同经度范围平均的 SSTA 和纬向风 u 的 E_i（t'）。注意资料是用 1870～1988 年的，小波分析的结果在序列的两端各被抛弃一部分，对于 E_i（t'），他们以 $a=5$ 的小波系数受两端影响的时段长度作为抛弃两端的长度，序列开头 1870～1884 年的和序列末尾 1976～1998 年的结果不采用，即平移参数 t' 不取至两端的这个范围，所以，图中的时间只给出 1885～1975 年。取的两端影响范围大约等于 $3a(2\sqrt{2}a)$。

图 5.8.5 从上到下 4 幅的垂直坐标的标尺是不同的，比较垂直坐标的值可见，ENSO 循环中，SSTA 的年际变率的方差在第 3 幅最大，即在热带东太平洋（110°～130°W）比在其他经度强。而纬向风 u 的年际变率方差在热带中太平洋（170°E～170°W）（上面 1 幅）最大。这是大家熟知的配置，ENSO 循环中纬向风的强距平区比 SST 的强距平区位置偏西。再看年际变率方差随年代的变化，SSTA 的年际变率方差在 1915 年前的几十年和 1960 年以后很强，在 1915～1950 年之间较弱。比较 4 幅图可见，通常在中太平洋纬向风年际变率方差较大的年代，在热带东太平洋 SSTA 的年际变率方差也大。

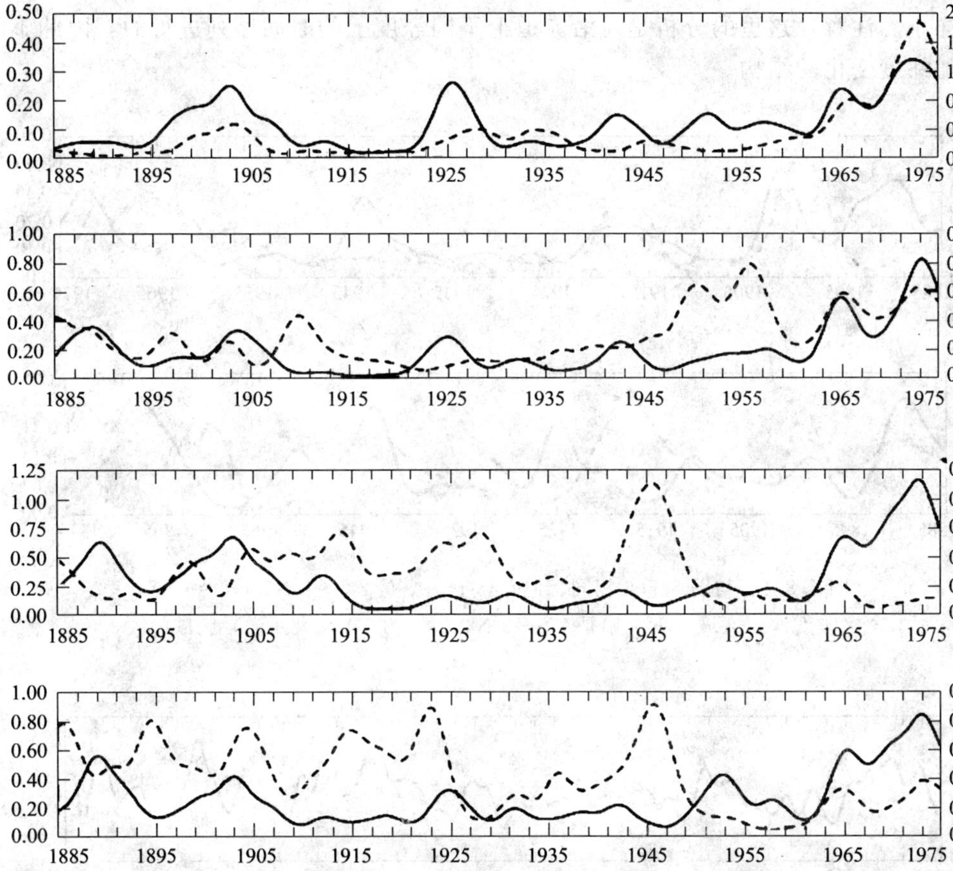

图 5.8.5　热带太平洋不同经度位置 SSTA（实线）和 u（虚线）的年际变率方差随时间的变化。从上到下是 170°E～170°W，140°～160°W，110°～130°W，85°～105°W；左边的纵轴是 SSTA 的，单位：(℃)^2；右边的纵轴是 u 的，单位：(ms^{-1})^2

图 5.8.6 与图 5.8.5 相同，但是，是对热带印度洋和大西洋区域。比较该两图的垂直坐标的标尺可见，热带印度洋和大西洋上的年际变率的方差比热带太平洋小得多。比较时间变化可见，印度洋上年际变率方差的时间变化与热带太平洋相似，这表明 ENSO 也是印度洋的一个信号。

图 5.8.7 是热带东太平洋（110°～130°W）和大西洋（28°～32°W）SST 的年循环方差的时间演变曲线，即（5.8.6）式定义的 E_a（t'）曲线。很明显，它在太平洋上有大约 3～5 年的短时间尺度振荡，关于 ENSO 对年循环的影响后面还要讨论。在 10 年时间尺度上，年循环的方差与 ENSO 循环的方差看来没有联系。例如，在 1915～1950 年期间，ENSO 循环的方差比较低，但热带东太平洋 SST 的年循环的方

差并不比它的前后年代低。在热带西太平洋、印度洋和大西洋年循环的方差比热带东太平洋小。注意，这里的分析是对沿赤道上不同经度上的时间序列进行的，因此不能给出随纬度变化的结构。

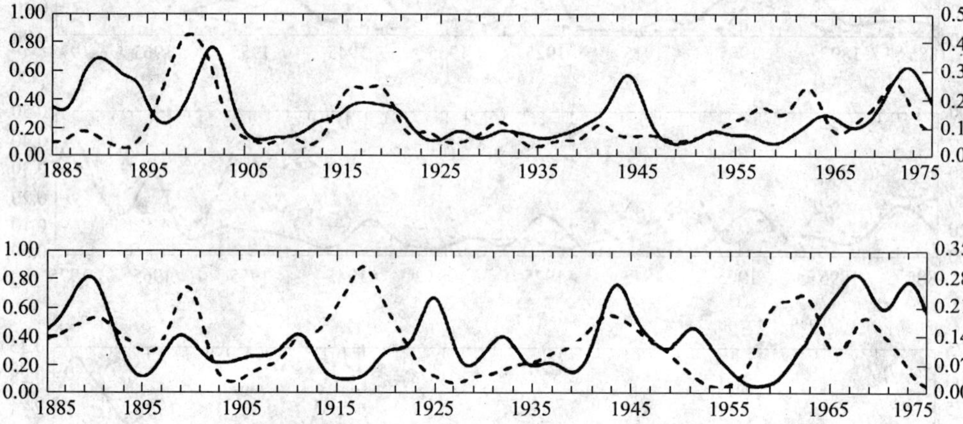

图 5.8.6　与图 8.5.5 相同。但是，上一幅是 2°S～2°N，63°～67°E（印度洋）区域，下一幅是 2°S～2°N，28°～32°W（大西洋）区域的

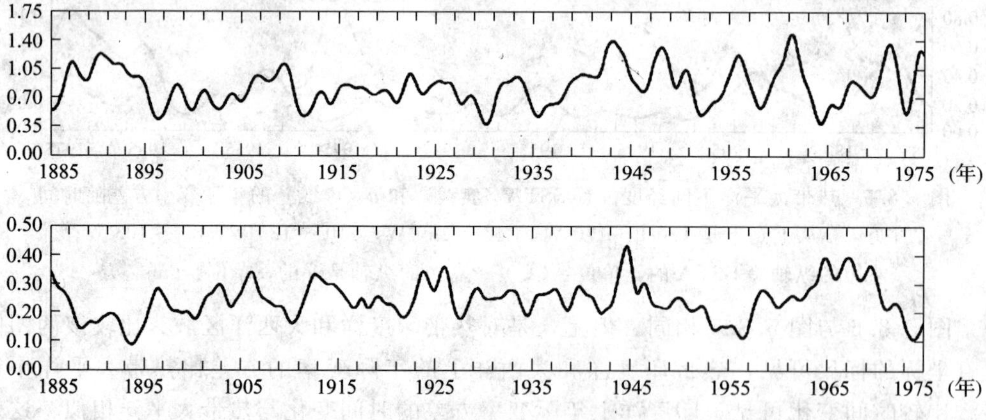

图 5.8.7　热带东太平洋（上图）和大西洋（下图）SST 年循环方差时间演变曲线　单位：(℃)^2

下面讨论影响 10 年尺度变化的因子。Pan 和 Oort 把 0°N，130°W 称为关键区，因为这一地区的 SST 的振荡与全球很多地区的气象参数相关密切。图 5.8.8 给出这一地区（取 2°S～2°N，123°～127°W）SST 的 161 个月滑动平均曲线。这个滤波器保留了 10 年以上时间尺度的变化，抑制了短时间尺度的变化。把图 5.8.8 与图 5.8.5 比较可见，该区域 SST 的 10 年尺度变化与 ENSO 循环的强度（方差）没有本质上的

相关。从 1970 年以来，全球平均气温明显增高，它与同一时期 ENSO 的振幅增强是否有关呢？把图 5.8.5 与北半球和南半球年平均气温做了比较再次得出，它们之间没有相关。例如，1960 年后气温在南北半球都升高了，同一时期 ENSO 循环的方差也增大了，然而，在 1920～1940 年代，南北半球的空气温度也升高了，这一时期的 ENSO 循环方差却是比较低的。

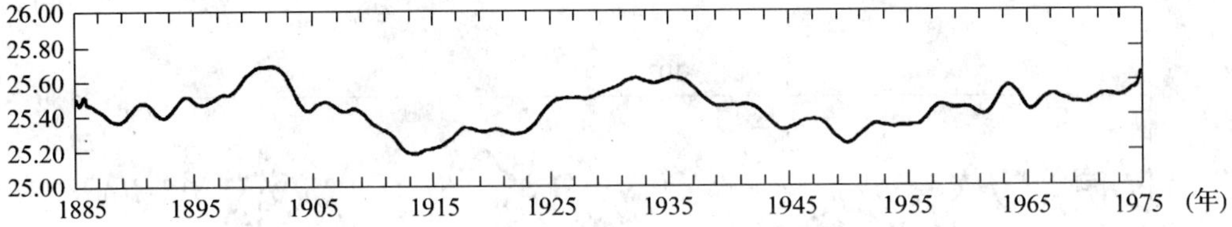

图 5.8.8　2°S～2°N，123°～127°W SST 的 161 个月滑动平均曲线（℃）

下面讨论 ENSO 对年循环的影响。年循环的方差在年际时间尺度的变化比 10 年时间尺度的变化大得多（见图 5.8.7）。定义年循环的均方差为年循环的振幅，即 $\sqrt{E_a(t')}$。图 5.8.9 给出 3 个地区（从上到下分别是 123°～127°W，101°～105°W，88°～92°W，都是 2°S～2°N）SSTA 的 $\sqrt{E_a(t')}$ 曲线（实线，左边的纵坐标）和 SST 的年际变化曲线（虚线，右边的纵坐标）。年际变化曲线是对 SST 做 15 点高斯滤波得到的，高值和低值分别是 El Nino 和 La Nina 事件时段。该图第 1 和 2 幅上，实线和虚线间的相关系数分别是－0.42 和－0.46，都超过了 0.99 置信概率的相关系数检验标准。第 3 幅图实线和虚线间的相关系数是－0.1，没有达到显著性标准。因此，在 123°～127°W，101°～105°W 两个地区，年循环的振幅与 SST 的年际变化是反相关的，在 El Nino 事件时段，年循环变弱；在 La Nina 事件时段，年循环变强。

为了进一步说明 ENSO 与年循环振幅的关系，图 5.8.10 给出 123°～127°W 和 101°～105°W 两个地区 1950～1988 年气候平均年循环（实线）和 El Nino，La Nina 事件时段分别合成的年循环（虚线）。由图可见，在暖事件期间，年循环的振幅减小；在冷事件期间，年循环的振幅比气候平均年循环增强。这与小波分析得到的图 5.8.9 是一致的。在暖事件期间，实线和虚线的差值在 3 月和 4 月最小，这是因为在 El Nino 期间，在东太平洋斜温层加深，信风减弱，冷水上翻速度减弱，这些变化在北半球春季作用较小，因为混合和上翻此时已达季节性最小。这些变化在北半球秋季的作用最大。在 La Nina 年，信风比气候平均增强，斜混层偏浅，上翻速度偏大，这意味着比正常年有更多的向上的冷水通量，因此，在 La Nina 时段年循环的 SST 应该比正常年份偏冷。

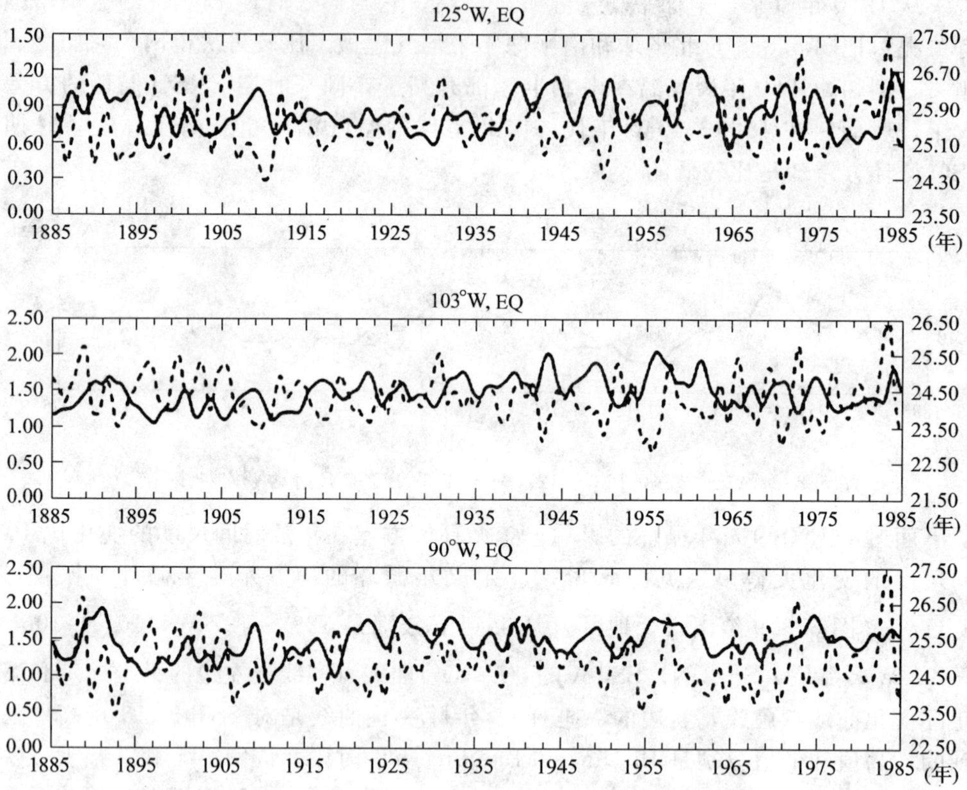

图 5.8.9 3 个不同经度地区 SST 的年循环振幅（实线）和 SST 的年际变化（虚线）（单位:℃）

综上介绍，该工作用 COADS 的 119 年资料采用小波分析方法研究了 ENSO 和年循环振幅的变化，是在频率域和时间域同时局部化分析。结果指出，ENSO 的强度在上世纪前期较强，在 1915～1960 年期间比较弱，1960 年以后又迅速增强。注意，说一个特定的年份例如在 1960 年 ENSO 循环的振幅是没有意义的，因为一个 ENSO 循环一般需 2～5 年。对于 ENSO，小波变换识别它强度变化的时间分辨率大约是 5～10 年。ENSO 振幅的 10 年尺度变化比不上年循环振幅相应尺度的变化。然而，斜温层深度大的变化（El Nino 期偏深、La Nina 期间偏浅）明显地影响热带东太平洋 SST 的年循环，年循环的振幅在 El Nino 时期比 La Nina 时期小。年循环振幅的变化可以有一个简单的物理解释，但是 ENSO 强度 10 年尺度变化的原因仍是个谜。

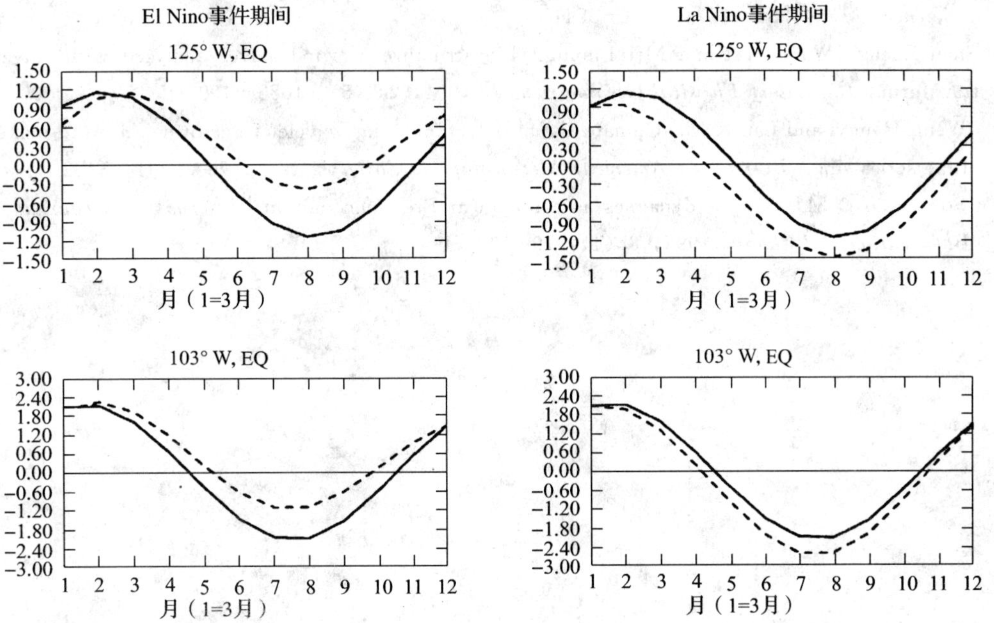

图 5.8.10　123°～127°W 和 101°～105°W 两个地区 1950～1988 年气候平均年循环(实线)和 El Nino，La Nina 事件时段合成的年循环（虚线）。横轴上数字 1 对应 3 月，单位：℃

参　考　文　献

1　Torrence C and Compo G P. A practical guide to wavelet analysis. *Bulletin of American Meteorological Society*，1998，**79**（1）：61－78

2　王建忠. 小波理论及其在物理和工程中的应用. 数学进展，1992，**21**（3）：289－316

3　邓东皋，彭立中. 小波分析. 数学进展，1991，**20**（3）：294－310

4　吴洪宝. 小波能量谱及其在热带太平洋 SSTA 多时间尺度结构研究中的应用. 南京气象学院学报，1997，**20**（3）：301－307

5　Meyers S D，Kelly B G and Obrien J J. An introduction to wavelet analysis in oceanography and meteorology：With application to the dispersion of Yanai waves. *Monthly Weather Review*，1993，**121**（10）：2858－2866

6　Gamage N and Blumen W. Comparative analysis of low-level cold fronts：Wavelet，Fourier，and empirical orthogonal function decompositions. *Monthly Weather Review*，1993，**121**（10）：2867－2876

7　Gu Dahang and Phiander. Secular changes of annual and interannual variability in the tropics during the past century. *J of Climate*，1995，**8**（4）：864－876

8　Weng Hengyi and Lau K-M. Wavelets，period doubling，and time-frequency localization with application to organization of convection over the tropical western pacific. *Journal of the Atmospher-*

ic Sciences，1994，**51** (17)：2523－2541

9　Shen Zheng，Wang Wei and Mei Liming. Finestructure of wind waves analyzed with wavelet transform. *Journal of Physical Oceanography*，1994，**24** (5)：1085－1094

10　Weng Hengyi and Lau K-M. Climate signal detection using wavelet transform：How to make a time series sing. *Bulletin of American Meteorological Society*，1995，**76**：2391－2402

11　Sonechkin D M. Climate dynamics as a nonlinear Brownian motion. *International Journal of Bifurcation and Chaos*，1998，**8** (4)：799－803

第六章　奇异谱分析

奇异谱分析（Singular Spectrum Analysis，简称 SSA）和多通道奇异谱分析（Mutichannel Singular Spectrum Analysis，简称 MSSA）作为数字信号处理技术早就被应用了，在数字信号处理中该方法还称为 Karhunen-Loeve 双正交展开。Vautard 指出，Colebrook1978 年首先在海洋学研究中使用 SSA。Fraedrich1986 年用一维时间序列在时间延迟相空间中做 EOF 展开，再通过显著性检验确定有意义的特征成分的个数，据此估计气候吸引子的维数，这个工作被认为是 SSA 在气象中的最早应用。

SSA 和 MSSA 的功能是，对于事先未知物理本质的系统，从它的包含噪声的有限长度的观测序列中提取尽可能多的可靠信息，并可依据这些信息建立预报模型。它特别适合于研究有周期振荡的系统。

从数学方法上说，SSA 和 MSSA 不是独立的数学方法，而是多个数学方法的综合应用。首先，它们把分析对象在时间迟后相空间中做主成分分析，然后，依据原序列的功率谱与时间迟后相空间中 EOF 的 Fourier 变换及主成分序列的功率谱之间的关系估计原序列的功率谱，第三是对原序列的重建成分做统计假设检验，识别倾向成分、周期成分和噪声，第四是对时间主成分建立自回归预报模型，从而实现对原序列的预报。它是主成分分析、谱分析、统计假设检验、自回归模型的综合应用。奇异谱分析与扩展的 EOF（EEOF）有联系，但不能认为 EEOF 方法就是 SSA，因为奇异谱分析的核心是谱分析，它用时间迟后域中的主成分分析来实现谱分析，目的是利用主成分分析浓缩主要信息、减小噪声影响的功能，使结果尽量反映分析对象的主要性质。而扩展的 EOF 仅是 EOF 的一种应用方式，它不包含谱分析，当然不能称为奇异谱分析。本章的目的是较完整地介绍 SSA 和 MSSA。

§6.1　单通道奇异谱分析

6.1.1　常规 EOF 和 PCA

由于 SSA 和 MSSA 的重要组成部分是时间迟后域中的主成分分析，为便于比较，这里采用适合于表达 SSA 和 MSSA 的术语和符号再简述一下常规的 EOF 和 PCA。设分析的对象是中心化（距平）或标准化变量（下同），数学期望为零。在 L 个空间点上 N 个时次的资料用矩阵表示为

$$\mathbf{X}=\begin{pmatrix} x_{11} & x_{12} & \cdots & x_{1i} & \cdots & x_{1N} \\ x_{21} & x_{22} & \cdots & x_{2i} & \cdots & x_{2N} \\ \cdots & \cdots & \cdots & \cdots & \cdots & \cdots \\ x_{L1} & x_{L2} & \cdots & x_{Li} & \cdots & x_{LN} \end{pmatrix} \tag{6.1.1}$$

在第 i 时次，状态向量为

$$\boldsymbol{X}_i=\begin{pmatrix} x_{1i} \\ x_{2i} \\ \vdots \\ x_{Li} \end{pmatrix}=(x_{1i}\ x_{2i}\ \cdots\ x_{Li})^T \tag{6.1.2}$$

它是 L 个空间点上同一时次观测值组成的向量。如第 1 章所述，气象场 EOF 展开和多元统计中的主成分分析（PCA）原本是两种不同提法，EOF 展开的导出过程是使场正交展开的总误差平方和达最小，PCA 的原则是使得线性组合成的新变量的方差达最大。但是，当原变量是距平或标准化距平时，这两种提法导出的算法是相同的，EOF 展开的时间系数就是主成分，所以 EOF 展开和 PCA 一般不再加以区分。

用矩阵表示，$\mathbf{X}$ 的 EOF 分解是

$$\mathbf{X}=\mathbf{EA}=\begin{pmatrix} E_1^1 & E_1^2 & \cdots & E_1^L \\ E_2^1 & E_2^2 & \cdots & E_2^L \\ \cdots & \cdots & \cdots & \cdots \\ E_L^1 & E_L^2 & \cdots & E_L^L \end{pmatrix}\begin{pmatrix} a_1^1 & a_2^1 & \cdots & a_N^1 \\ a_1^2 & a_2^2 & \cdots & a_N^2 \\ \cdots & \cdots & \cdots & \cdots \\ a_1^L & a_2^L & \cdots & a_N^L \end{pmatrix} \tag{6.1.3}$$

其中 $\mathbf{E}$ 矩阵的第 k 列 $\boldsymbol{E}^k=(E_1^k E_2^k \cdots E_L^k)^T$ 是 $\mathbf{X}$ 的协方差矩阵 $\boldsymbol{\Sigma}_x$ 的 k 个特征值（$\lambda_1 \geqslant \lambda_2 \geqslant \cdots \geqslant \lambda_L$）对应的归一化的特征向量，即

$$\boldsymbol{\Sigma}_x=\frac{1}{N}\mathbf{X}\mathbf{X}^T \tag{6.1.4}$$

$\boldsymbol{\Sigma}_x$ 的第 j 行第列 j' 元素是

$$\boldsymbol{\Sigma}_{xjj'}=\frac{1}{N}\sum_{i=1}^{N}x_{ji}x_{j'i},\ j=1\sim L,\ j'=1\sim L \tag{6.1.5}$$

$\boldsymbol{E}^k$ 和 λ_k 满足方程

$$\boldsymbol{\Sigma}_x\boldsymbol{E}^k=\lambda_k\boldsymbol{E}^k \tag{6.1.6}$$

$\mathbf{A}$ 矩阵的第 k 行是第 k 个主成分序列。它的每个元素是状态向量在特征向量上的投影

$$a_i^k=\boldsymbol{X}_i\cdot\boldsymbol{E}^k=\sum_{j=1}^{L}x_{ji}E_j^k \tag{6.1.7}$$

（6.1.3）式的分量形式是

$$x_{li}=\sum_{k=1}^{L}a_i^kE_l^k,\quad l=1\sim L,\quad i=1\sim N \tag{6.1.8}$$

因此，由第 k 个特征成分重建的原变量为

$$x_{li}^{k} = a_i^k E_l^k \tag{6.1.9}$$

由 k 的某个子集 $\mathcal{A}$ 来重建的原变量为

$$y_{li} = (R_{\mathcal{A}}X)_{li} = \sum_{k\in\mathcal{A}} a_i^k E_l^k = \sum_{k\in\mathcal{A}} x_{li}^k \tag{6.1.10}$$

为了与 SSA 和 MSSA 中相应量相区别，称 $\boldsymbol{E}^k$ 为空间 EOF（简写 S -EOF），a^k 为空间主成分（简写 S-PC）。$\boldsymbol{E}^k$ 描述的是对象场的主要空间型，a_i^k 是 $\boldsymbol{E}^k$ 型在第 i 时间的状态 $\boldsymbol{X}_i$ 中的权重。

6.1.2　奇异谱分析

6.1.2.1　时间 EOF（T-EOF）和时间主成分（T-PC）

SSA 的分析对象是一维时间序列 x_1，x_2，…，x_N，也是距平或标准化距平。采用动力系统分维数估计的处理方法，把序列时迟排列建立相空间

$$\mathbf{X} = \begin{pmatrix} x_1 & x_2 & \cdots & x_{i+1} & \cdots & x_{N-M+1} \\ x_2 & x_3 & \cdots & x_{i+2} & \cdots & x_{N-M+2} \\ \cdots & \cdots & \cdots & \cdots & \cdots & \cdots \\ x_M & x_{M+1} & \cdots & x_{i+M} & \cdots & x_N \end{pmatrix}$$

$$= \begin{pmatrix} X_{10} & X_{11} & \cdots & X_{1,N-M} \\ X_{20} & X_{21} & \cdots & X_{2,N-M} \\ \cdots & \cdots & \cdots & \cdots \\ X_{M0} & X_{M1} & \cdots & X_{M,N-M} \end{pmatrix} \tag{6.1.11}$$

$\mathbf{X}$ 的第 i 个状态向量为

$$\boldsymbol{X}_i = \begin{pmatrix} x_{i+1} \\ x_{i+2} \\ \vdots \\ x_{i+M} \end{pmatrix} \equiv \begin{pmatrix} X_{1i} \\ X_{2i} \\ \vdots \\ X_{Mi} \end{pmatrix}, i = 0,1,\cdots,N-M$$

注意，为了使后面的公式有规律性，$\mathbf{X}$ 矩阵的列的序号记为 0，1，…，$N-M$，共 $N-M+1$列，即共有 $N-M+1$ 个状态。$\mathbf{X}$ 称为相空间中的轨迹矩阵。矩阵 $\mathbf{X}$ 中的元素与原一维时间序列 x_1，x_2，…，x_N 之间的关系是

$$X_{ji} = x_{j+i} \tag{6.1.12}$$

后延量 M 称为窗口长度或嵌入维数。

类似于上述的常规 EOF 分解，轨迹矩阵 X 也可以分解，分量式为（类似于 (6.1.8) 式）

$$x_{i+j} = X_{ji} = \sum_{k=1}^{M} a_i^k E_j^k \tag{6.1.13}$$

除状态的定义不同外，(6.1.13) 式与 (6.1.8) 式没有区别。在 SSA 情况下，状态向量元素间的协方差矩阵变成了原序列 x_1，x_2，…，x_N 的迟后自协方差矩阵，记为 $\mathbf{T}_X$，$\boldsymbol{E}^k$ 是 $\mathbf{T}_X$ 的归一化的特征向量。矩阵 $\mathbf{T}_X$ 具有 Toeplitz 结构，主对角线元素是时间序列 x_1，x_2，…，x_N 的方差（或称迟后零的自协方差），两侧第 2 对角线元素是迟后 1 的自协方差，第 3 对角线元素是迟后 2 的自协方差，…。

$$\mathbf{T}_X = \begin{bmatrix} c(0) & c(1) & c(2) & \cdots & c(M-1) \\ c(1) & c(0) & c(1) & \cdots & c(M-2) \\ c(2) & c(1) & c(0) & \cdots & c(M-3) \\ \cdots & \cdots & \cdots & \cdots & \cdots \\ c(M-1) & c(M-2) & c(M-3) & \cdots & c(0) \end{bmatrix} \tag{6.1.14}$$

其中 $c(j)$ 是 x 序列的迟后 j 的自协方差，$0 \leqslant j \leqslant M-1$。$c(j)$ 有多种估计方法，最常用的是 Yule-Walke 估计

$$\hat{c}(j) = \frac{1}{N}\sum_{i=1}^{N-j} x_i x_{i+j} \tag{6.1.15}$$

和

$$\hat{c}(j) = \frac{1}{N-j}\sum_{i=1}^{N-j} x_i x_{i+j}, j = 0,1,\cdots,M-1 \tag{6.1.16}$$

还有伯格算法等，不同估计方法得到的估计量的无偏性不同，(6.1.16) 式比 (6.1.15) 式无偏性小。以下省略估计量符号“^”。

$\mathbf{T}_X$ 的每个特征向量 $\boldsymbol{E}^k$ 有 M 个分量，它们构成一个时间序列，反映 x 序列中的时间演变型。$\boldsymbol{E}^k$ 称为时间 EOF（简写 T-EOF）。

对应的第 k 个时间主成分（简写 T-PC）是 (6.1.11) 式的状态向量 $\boldsymbol{X}_i$ 在第 k 个 T-EOF 上的投影

$$a_i^k = \boldsymbol{X}_i \cdot \boldsymbol{E}^k = \sum_{j=1}^{M} x_{i+j} E_j^k,\ 0 \leqslant i \leqslant N-M \tag{6.1.17}$$

因为 (6.1.11) 式有 $N-M+1$ 个状态向量，故时间主成分长度为 $N-M+1$，序号为 0 到 $N-M$。a_i^k 是 $\boldsymbol{E}^k$ 表示的时间型在原序列的 x_{i+1}，x_{i+2}，…，x_{i+M} 时段的权重。

6.1.2.2　谱性质

每个 T-PC 是一个时间序列，它的功率谱与原序列 x_1，x_2，…，x_N 的功率谱之间存在关系。由 (6.1.17) 式可见，a_j^k 是原序列 x_t 的滑动加权平均运算，与 (5.5.13) 式比较可见，a_i^k 是原序列 x_t 的滤波运算结果，E_j^k，$j=1\sim M$ 是滤波系数。由 §5.5 关于数字滤波器知识可知，滤波器的频率响应函数是滤波系数的傅里叶变换，即

$$H(f) = \tilde{E}^k(f) = \sum_{j=1}^{M} E_j^k \mathrm{e}^{-i2\pi fj} \tag{6.1.18}$$

H（f）的模$|H(f)|$是滤波的输出和输入序列中频率为 f 的成分振幅之比，模方$|H(f)|^2$是相应频率成分的功率谱之比。记 a_i^k 序列的功率谱为 p_k（f），x_t 序列的功率谱为 p_x（f），则有关系

$$p_k(f) = p_x(f) \mid H(f) \mid^2 = p_x(f) \mid \tilde{E}^k(f) \mid^2 \tag{6.1.19}$$

另外，由 $\boldsymbol{E}^k$，$k=1\sim M$ 相互间的正交性、三角函数的正交性和 $\boldsymbol{E}^k$ 的归一性$\left(\sum\limits_{j=1}^{M}(E_j^k)^2=1\right)$，可导得

$$\frac{1}{M}\sum_{k=1}^{M} \mid \tilde{E}^k(f) \mid^2 = 1 \tag{6.1.20}$$

由（6.1.19）式和（6.1.20）式得

$$p_x(f) = \frac{1}{M}\sum_{k=1}^{M} p_k(f) \tag{6.1.21}$$

上式是 SSA 应用功能中的一个重要公式。原序列的功率谱被分解为各 T-PC 功率谱贡献之和。它可以用于滤去噪声和选取感兴趣的特征成分重建原序列。（6.1.21）式的实际应用是截取前几个 T-EOF 的 p_k（f）求和，目的在于降低原序列 x_t 中的噪声对估计 x_t 功率谱的影响。

6.1.2.3　重建成分（Reconstructed Components，简写 RC）

SSA 最重要的应用功能是通过重建成分实现的，它用于气候变率分析和预报中提取感兴趣的信息，过滤掉噪声。由于重建成分拟合着原序列自身的时间演变特征，而不是事先人为地规定 x_t 必须线性演变或谐波型周期变化，所以，SSA 重建的成分也称为对原序列的自适应滤波。

考虑特征成分的一个子集 $\mathcal{A}$（即我们感兴趣的一部分 $\boldsymbol{E}^k$ 和 a^k 的集合），由它们重建一个长度为 N 的序列 y_1，y_2，…，y_N，记 $y=R_{\mathcal{A}}x$。注意轨迹矩阵 $\mathbf{X}$ 排列规则和展开式（6.1.13），建立 $R_{\mathcal{A}}x$ 的最优规则为使以下量

$$H_{\mathcal{A}}(y) = \sum_{j=1}^{M}\sum_{i=0}^{N-M}\left(y_{i+j} - \sum_{k\in\mathcal{A}} a_i^k E_j^k\right)^2 \tag{6.1.22}$$

达最小。换言之，最优重建序列 y 是这样一个序列，由它迟后排列所得的状态向量 $\boldsymbol{Y}$ 在最小二乘意义下最接近于原序列的状态向量 $\mathbf{X}$ 在属于子集 $\mathcal{A}$ 的 T-EOF 上的投影。使 $H_{\mathcal{A}}$（y）达最小的解为

$$y_i = (R_{\mathcal{A}}x)_i = \frac{1}{i}\sum_{j=1}^{i}\sum_{k\in\mathcal{A}} a_{i-j}^k E_j^k，当 1 \leqslant i \leqslant M-1 \tag{6.1.23a}$$

$$y_i = (R_{\mathcal{A}}x)_i = \frac{1}{M}\sum_{j=1}^{M}\sum_{k\in\mathcal{A}} a_{i-j}^k E_j^k，当 M \leqslant i \leqslant N-M+1 \tag{6.1.23b}$$

$$y_i = (R_{\mathcal{A}}x)_i = \frac{1}{N-i+1}\sum_{j=i-N+M}^{M}\sum_{k\in\mathcal{A}} a_{i-j}^k E_j^k，当 N-M+2 \leqslant i \leqslant N \tag{6.1.23c}$$

这三个公式表明重建序列的过程是与经验正交函数展开相同的，因为经验正交函数展开也是在最小二乘意义上最优地表达出原变量场。只需注意原一维时间序列 x_i（$1\leqslant i\leqslant N$）在轨迹矩阵（6.1.11）式中出现的次数和位置。当 $1\leqslant i\leqslant M-1$，$x_i$ 在 **X** 矩阵的左上三角形部分，每个 x_i 重复出现 i 次，（6.1.23a）式正是 x_i 所在的 i 个位置上的元素经 EOF 展开拟合值的算术平均值。当 $M\leqslant i\leqslant N-M+1$，$x_i$ 出现在 **X** 矩阵的中间平行四边形部分，重复出现 M 次，（6.1.23b）式也是将 EOF 展开拟合的 M 个位置上的值求算术平均。当 $N-M+2\leqslant i\leqslant N$，$x_i$ 在 **X** 矩阵的右下三角形中，重复出现 $N-i+1$ 次，由（6.1.23c）式重建，重建的值是 x_i 出现位置上 EOF 展开拟合值的算术平均值。

当子集 $\mathcal{A}$ 是由单个 k 组成时，重建的成分称为第 k 个 RC，记为 x^k，显然 x^k 的公式只需在（6.1.23）式中省去对 k 求和。RC 有叠加性质

$$R_{\mathcal{A}}x = \sum_{k\in\mathcal{A}} x^k \tag{6.1.24}$$

所有重建成分之和等于原序列

$$x_i = \sum_{k=1}^{M} x_i^k \tag{6.1.25}$$

使用 RC 替代 PC 的主要优点是位相延迟得到了复原。当信号中出现短时的振荡时，PC 不能将它们精确地定位，而 RC 可以做到，况且，除掉在序列的两端以外，x_i^k 序列与 x_i 序列中相对应的时间尺度的振荡没有位相漂移。

这是因为，在 RC 序列的中间一段（$M\leqslant i\leqslant N-M+1$），是采用（6.1.23b）式重建的，再利用（2.1.17）式可以得到从 x_i 序列到 $(R_{\mathcal{A}}x)_i$ 序列的变换，这又是对 x_i 序列的加权滑动平均，相当于一个数字滤波器，这一运算过程的频率响应函数为

$$\rho_{\mathcal{A}}(f) = \frac{1}{M}\sum_{k\in\mathcal{A}} |\,\hat{E}^k(f)\,|^2 \tag{6.1.26}$$

在所有频率上 $\rho_{\mathcal{A}}$（f）是大于零的实数。由 § 5.5 可知，频率响应函数的辐角是输出和输入序列中频率为 f 的成分的位相差，称为相移函数。这里 $\rho_{\mathcal{A}}$（f）对所有频率都是正实数，辐角为零，故 $R_{\mathcal{A}}x$ 与 x 序列在所有频率上没有位相漂移。

在重建成分的两端（$1\leqslant i\leqslant M-1$）和（$N-M+2\leqslant i\leqslant N$），$R_{\mathcal{A}}x$ 和 x 序列有位相漂移。Vautard 和 Ghil 根据试验发现，当子集 $\mathcal{A}$ 是由表示一个振荡成分的成对的 k 和 $k+1$ 组成时，可消除两端的位相漂移。

6.1.2.4 SSA 的几个应用功能

6.1.2.4.1 消除噪声

“噪声”一词有多种含义，在气候分析中至少有两种含义。其一指在观测、资料传递和整理过程中的误差导致的资料序列对于真实物理过程序列之偏差。自然界的真实物理过程的完全准确的序列是不可能得到的，即我们使用的资料序列总带有一定强

度的噪声，但是噪声强度同样不是确定性的量。另一个含义是相对于研究目的而言的，即使资料是完全正确的，但是它包含有研究人员不感兴趣的变化，干扰研究人员的注意力，这部分真实的变化也是噪声。对于气候分析和预报来说，资料中包含的天气变化就是噪声。实际情况中，这两种含义的噪声是并存的，不能区分。在气候分析和预报中要设法消除或压制气候噪声。在 SSA 的应用功能中，Vautard 和 Ghil 提出了用蒙特卡洛方法估计噪声强度和消除噪声。

在数学表达中，把缺乏时迟相关的变化定义为噪声。任何时迟之间都没有相关的过程称为白噪声过程，它的迟后自协方差函数 c（τ）或迟后自相关函数 ρ（τ）都等于零，只要 $\tau \neq 0$。它只有一个参数，即方差，描述白噪声过程的强度。如果迟后 $1\Delta t$ 的自协方差函数 c（1）或迟后 $1\Delta t$ 的自相关函数 ρ（1）不等于零，其他迟后自协方差和自相关函数都等于零，这样的过程称为红噪声过程，它有 2 个参数，方差（即 c（0））和 c（1）。本节采用白噪声过程模拟序列中包含的噪声。

序列 x_i 经 SSA 分解后，把第 k 个 T-EOF 和 T-PC 表示出的部分 x_i^k 称为第 k 特征成分，$k=1$，2，…，M。k 的一个子集 $\mathcal{A}$ 包含前 p 个特征成分，记 $\mathcal{A}=\{1, 2, \cdots, p\}$，集合 $\mathcal{A}'=\{p+1, p+2, \cdots, M\}$。设想重建成分 $R_{\mathcal{A}}x$ 为信号，$R_{\mathcal{A}'}x$ 为噪声。如果 $R_{\mathcal{A}'}x$ 确实是白噪声占优势，则它应该与一定强度的高斯白噪声过程取相同个数 T-EOF 和 T-PC 的重建成分在统计性质上没有明显差异。设 υ 是标准白噪声过程（均值为零，方差为 1），问题在于寻找一个正数 β，随机过程 $\beta\upsilon$ 是均值为零，方差为 β^2 的白噪声（方差表示噪声强度），使得 $R_{\mathcal{A}'}x$ 与 $R_{\mathcal{A}'}$（$\beta\upsilon$）在统计性质上相似，至少要求 $R_{\mathcal{A}'}x$ 与 $R_{\mathcal{A}'}$（$\beta\upsilon$）的迟后自协方差函数（迟后 0，1，…，$M-1$）接近相等。用蒙特卡洛模拟估计子集 $\mathcal{A}$ 的阶数 p 和噪声强度的参数 β 的步骤是，用计算机程序生成 100 个长度为 N 的标准白噪声过程 υ 的现实（也称样本函数），用 D 表示现实的序号，$D=1$，2，…，100。对一个给定的阶数 p（$p=1$，2，…，逐个地试验），计算 $R_{\mathcal{A}'}x$ 和 υ 的每个现实的 $R_{\mathcal{A}'}\upsilon$。用 C_D（j），$j=0$，1，2，…，$M-1$ 表示计算机生成的第 D 个样本函数在 $\mathcal{A}'$ 上的重建成分 $R_{\mathcal{A}'}\upsilon$ 的迟后 j 的自协方差。用 C_p（j）表示 x_i 序列在 $\mathcal{A}'$ 子集上的重建成分 $R_{A'}x$ 的迟后 j 的自协方差。把 C_D（j）对全部（100 个）样本函数求平均，记为 C_υ（j）。同时，对 C_D（j）求方差，记为 S_υ（j）。则 C_D（j）的 95％置信概率的置信区间为（$C_-(j)$，$C_+(j)$）＝（C_ν（j）$-1.96\sqrt{S_\nu(j)}$，C_ν（j）$+1.96\sqrt{S_\upsilon(j)}$）。因为 $\beta\upsilon$ 的迟后自协方差是 υ 的迟后自协方差的 β^2 倍，故上述的设想是寻找正数 β，使 $C_p(j) \in (\beta^2 C_-(j), \beta^2 C_+(j))$，对 $j=0$，1，…，$M-1$，也就是要求 $\sqrt{C_p(j)/C_+(j)}<\beta<\sqrt{C_p(j)/C_-(j)}$，对 $j=0$，1，…，$M-1$ 都成立。因此，β 应处在这 M 个区间的交集之中。如果交集是空集，即没有 β 同时满足 M 个关系，则拒绝原假设（原假设是 $R_{\mathcal{A}'}x$ 是白噪声占优势），则认为第 $p+1$，p

+2，…，M 重建成分之和不属于噪声。这种情况一般出现在试验阶数还较小时，例如，对 $p=1$，$p=2$ 的试验。然后，逐个地增加试验阶数 p 继续试验，直至上述 M 个区间有共同部分，这共同部分也是一个区间，记为（r_p，δ_p），亦即 $r_p > \max\limits_{j=0\sim M-1}\sqrt{C_p(j)/C_+(j)}$，$\delta_p < \min\limits_{j=0\sim M-1}\sqrt{C_p(j)/C_-(j)}$，且 $0<r_p<\delta_p$。此时接受原假设，认为 $R_{\mathcal{A}}x$ 是信号，$R_{\mathcal{A}'}x$ 是噪声，即由前 p 个 T-EOF、T-PC 重建的成分之和是信号，从第 $p+1$ 至 M 特征成分的重建成分之和是噪声。将求得该区间的最小阶数 p 记为 S，Vautard 和 Ghil 称 S 为统计维（Statistical dimension）。S 与动力系统理论中的吸引子维数无关，它仅给出 SSA 中有意义的特征成分的个数。S 不仅取决于资料序列本身的统计性质，还与 SSA 的窗口长度 M 有关，基本上正比于 M。（r_p，δ_p）是 β 的区间估计，即噪声均方差的区间估计。一般说来，当 $p>S$ 接受原假设的条件都得到满足，如果当 $p>S$ 又拒绝原假设，则应该归因于取样误差。对于 $p=S$，记 k 的子集 $\mathcal{A}=\varphi=\{1, 2, \cdots, S\}$，$\mathcal{A}'=\varphi'=\{S+1, \cdots, M\}$，$x_i$ 序列被重建成两部分之和

$$x = \sum_{k=1}^{M} x^k = \sum_{k=1}^{S} x^k + \sum_{k=S+1}^{M} x^k = R_\varphi x + R_{\varphi'} x \qquad (6.1.27)$$

设 x_i 序列反映的真实物理过程是 y，y 是信号，但它是未知的。我们分析的 x 序列是对 y 的观测结果，x 是信号和噪声的混合结果，记

$$x = y + \eta \qquad (6.1.28)$$

y 是未知的真实信号，η 是噪声。我们用 $R_\varphi x$ 作为信号 y 的近似，$R_\varphi x$ 与 y 之间必然存在误差，误差记为 ε，则

$$y = R_\varphi x + \varepsilon \qquad (6.1.29)$$

由（6.1.28）式得

$$R_\varphi x = R_\varphi y + R_\varphi \eta$$

又因为

$$y = R_\varphi y + R_{\varphi'} y$$
$$R_\varphi y = y - R_{\varphi'} y$$

故

$$R_\varphi x = y - R_{\varphi'} y + R_\varphi \eta$$
$$y = R_\varphi x + R_{\varphi'} y - R_\varphi \eta = R_\varphi x + \varepsilon$$

所以

$$\varepsilon = R_{\varphi'} y - R_\varphi \eta \qquad (6.1.30)$$

上式说明，当用前 S 个特征成分重建的原序列部分 $R_\varphi x$ 作为未知的真实信号 y 的近似时，误差来自两部分：一是真实信号被丢失的部分，即（6.1.30）式子右边第一项 $R_{\varphi'} y$；二是噪声被当作信号重建的部分，即第二项 $-R_\varphi \eta$。但是，在实际情况下，真实的 y 和 η 总是未知的。下面对 5 个随机序列试验该方法的功能。

5 个随机过程分别记为 P_1，P_2，…，P_5。前 3 个过程纯粹人造，取 $x_j = y_j + \eta_j$，$j=1$，2，3 是过程标号，而非时间序号。y_j 是信号，取

$$y_j(t) = 2\cos\left(\frac{2\pi}{20}t + \varphi_1\right) + \cos\left(\frac{2\pi}{7}t + \varphi_2\right)$$

φ_1 和 φ_2 是常数，对每个 j 由计算机随机地产生 φ_1 和 φ_2 各 100 个值。t 取 1，2，…，150，即 $N=150$。η_j 是计算机产生的白噪声序列，但是强度不同，对于 P_1，P_2 和 P_3，白噪声序列的方差分别等于 2.5，4.0 和 0.5。这样，对 P_1，P_2，P_3 3 个随机过程各产生了 100 个时间长度为 150 的样本序列。为什么这样人造取决于试验意图，先分析一下它们的统计性质。P_1，P_2，P_3 的信号由周期为 20 和 7 的两个周期成分构成，因为周期成分的方差等于振幅平方的 1/2（见 § 5.4），所以这 2 个周期信号的方差分别等于 2 和 0.5。这 2 个周期成分相互间是独立的，所以信号的总方差是 2.5，表示信号的强度。这 3 个过程叠加的白噪声的方差分别是 2.5，4.0 和 0.5，所以 P_1，P_2，P_3 分别表示噪声强度与信号强度相当、强于信号强度、比信号强度弱 3 种情况。

第 4 个过程 P_4 中的信号 y_4 是 Lorenz 系统中 y 变量积分值。积分的时间步长取 0.02，随机过程的取样率为 0.1，即每 5 个时间积分步长取 1 个值作为随机过程的样本值，连续 150 个值构成信号的一个样本现实。信号上叠加的白噪声 η_4 的强度与 P_2 的相同，方差 $\sigma^2=4$。对过程 P_4 也生成 100 个时间长度 $N=150$ 的样本函数。

第 5 个过程 P_5 是实际的气候变量序列，取 IPCC（Intergovermental Panel on Climate Change）全球平均表面气温距平序列。资料时段为 1854～1990 年，但是，在试验中分别取 1854～1950、1854～1951、…、1854～1990 年构成了 41 个样本函数。

取窗口长度 M 分别为 20 和 40，对 P_1～P_4 的各 100 个样本函数和 P_5 的 41 个样本函数估计统计维 S 和噪声均方差 β 的区间（r_p，δ_p）。结果得到，对于噪声方差大于信号方差的过程 P_2，在 $M=20$ 和 40 时，对 100 个样本函数的分析大部分得到 $S=2$。这说明 SSA 只能识别出 P_2 中的 2 个特征成分是信号。由第一章复 EOF 分析和第 2 章 POP 分析以及后面要介绍的 SSA 识别周期成分的功能知道，一对特征成分只能识别和重建一个周期成分，将 SSA 得到的前 2 个特征成分重建原序列也得到 x^1+x^2 是周期为 20 振幅为 2 的信号。可见 P_2 中包含的强度远小于噪声的信号 cos（$2\pi t/7+\varphi_2$）不能被识别出来。对于噪声方差小于信号方差的随机过程 P_3，在取 $M=20$ 和 40 时，对 100 个样本函数的分析得到大部分 $S=4$，4 个构成 2 对特征成分识别和重建 2 个周期成分，正是信号中的 2 个周期成分，说明噪声强度较弱时，SSA 能完整地识别和重建序列中的信号。过程 P_1 的信号和噪声强度相当，对 100 个样本函数的计算结果得大多数 $S=2$ 或 3 或 4，亦即有时能识别出 2 个周期成分，有时只能识别出 1 个周期成分。对于随机过程 P_4 的 100 个样本函数，取 $M=20$ 时，S 的峰在 $S=10$，取 $M=40$ 时，峰在 $S=18$（大致上 $S\cong\frac{1}{2}M$）。对于 P_5 即 IPCC 序列，随着样本序列

结束年代推迟，序列的长度延长，S 也有增大倾向：$M=20$ 时，$S=7\sim12$；$M=40$ 时，$S=14\sim22$。

对于随机过程 $P_1\sim P_4$ 的各 100 个样本函数估计得噪声均方差 β 的区间（r_p，δ_p）（或记为（r_S，δ_S），因为此时 $p=S$），再对 100 个样本函数求平均和均方差。同样地对 P_5 的 41 个样本函数的（r_p，δ_p）求样本平均和均方差。结果列于表 6.1.1。

表 6.1.1　5 个试验随机过程的噪声均方差 β 的区间 r_S 和 δ_S 的样本平均值和均方差（表示成平均值±均方差）

过程	$M=40$		$M=20$	
	r_S	δ_S	r_S	δ_S
P_1	1.67±0.17	1.78±0.18	1.66±0.21	1.83±0.17
P_2	2.09±0.20	2.24±0.18	2.07±0.25	2.30±0.20
P_3	0.71±0.08	0.77±0.07	0.68±0.09	0.79±0.07
P_4	2.43±0.33	2.57±0.31	2.29±0.40	2.56±0.34
IPCC	0.065±0.007	0.070±0.004	0.070±0.007	0.074±0.003

人为设计的 P_1，P_2，P_3，P_4 过程中噪声方差分别为 2.5，4.0，0.5 和 4.0，噪声均方差分别为 1.58，2.00，0.707 和 2.00。将表 6.1.1 与之相比较可见，SSA 估计的噪声强度略高于实际情况，但对噪声的强弱估计基本准确。由表还可见，气候分析中广泛引用的 IPCC 序列包含的噪声的均方差约为 0.06～0.07℃，这也是该序列的典型的误差。这个例子说明 SSA 方法具有估计噪声强度的功能。

6.1.2.4.2　识别和提取倾向成分

众所周知，增暖是 20 世纪以来气候变化的主要特点，但是，气候变化的倾向不是单调的直线式上升（或下降），而是多种时间尺度的振荡，例如，尽管 20 世纪全球和北半球平均气温变化以增温为主，但是 1940～1970 年代是降温，20 世纪末的升温与 20 世纪前期的升温速率也不同。因此需要采用适当的方法表达气候变化倾向。目前，一些研究工作中用一根直线表示气候变化倾向，在数学处理上将气候变量序列与 1，2，…，N 求相关系数或一元回归，并且做相关系数显著性 t 检验或回归系数显著性 F 检验。这种表达方法优点是简单，容易计算，意思直观，但是，原理和功能上都是粗糙的，一方面直线表示的气候倾向不符合气候变化是多种时间尺度振荡的事实，另一方面也违背统计学原理，因为 1，2，…，N 不是正态分布随机变量的样本，而相关系数 t 检验和回归系数显著性的 F 检验都要求原来的两个随机变量总体都服从正态分布。为了揭示 20 世纪气温变化的总倾向和年代际振荡的真实情况，Ghil 和 Vautard 用 SSA 识别全球温度的增温倾向。这里介绍用 SSA 识别序列中倾向成分的方法。

Ghil 等提出，如果原序列中存在倾向成分，它应出现在 SSA 的前几个特征成分中，可以用 Kendall 非参数检验来识别。一般地，把要检测是否存在倾向成分的序列记为 Z_i，$1 \leqslant i \leqslant n$。检测方法是，统计出满足 $i<j$，$Z_i<Z_j$ 的指标（i，j）的对数 K_r，K_r 愈大则序列 Z_i 中存在上升倾向的可能性愈大，K_r 愈小则可能存在下降趋势。Z_i 是一个随机序列的样本函数，则统计量 K_r 是随机变量，但是 K_r 不直接服从常用的概率分布，为此由 K_r 构成新的统计量

$$\tau = \frac{4K_r}{n(n-1)} - 1 \tag{6.1.31}$$

在被检测的对象 Z_i 不存在倾向成分的原假设成立的条件下，τ 服从均值为零，均方差为

$$S = \sqrt{\frac{2(2n+5)}{9n(n-1)}} \tag{6.1.32}$$

的正态分布。因此，如果取 $\alpha=0.05$，当 τ 的样本值落在（$-1.96S$，$1.96S$）以外时，拒绝原假设，则认为 Z_i 中有倾向成分，$\tau>1.96S$ 和 $\tau<-1.96S$ 分别对应于上升和下降倾向。

以上检验用于逐个 T-PC 序列，此时 $n=N-M+1$。用 T_1 表示相应的 T-PC 序列已不存在显著倾向成分的第 1 个序号，消除倾向成分的方法是取 k 的一个集合 $J'=\{T_1, T_1+1, \cdots, M\}$，在 J' 上重建成分

$$R_{J'}x = \sum_{k \in J'} x^k$$

是消除倾向成分后的序列。反之，如果要提取倾向成分，则构成 k 的集合 $J=\{1, 2, \cdots, T_1-1\}$，重建成分

$$R_J x = \sum_{k \in J} x^k$$

是原序列 x_i 中的倾向成分。

因为时间序列末尾的位置能够导致人为的倾向，为此，对已消除了倾向的序列 $R_{J'}x$ 再做第 2 次 Kendall 检验（此时 $n=N$）。如果又检测出倾向成分，则取 $J'=\{T_1+1, \cdots, M\}$，对集合 J' 上重建成分再检验，如此继续，直至某个 T^*，在集合 $T'=\{T^*, T^*+1, \cdots, M\}$ 上的重建成分不再存在显著的倾向成分，结束检验，得到最后的消除了倾向的序列 $R_{T'}x$ 和倾向序列 $R_T x$。

作者对一些气象序列做了以上检验，发现有 2 点需要注意：一是倾向成分不一定按顺序由前几个特征成分组成，特别是周期振荡较强而倾向比较弱时；二是倾向成分是上升倾向还是下降倾向不仅仅是对应的 T-PC 序列是上升或下降倾向确定的，还要看同序号的 T-EOF。与空间 EOF 分析一样，T-EOF 及 T-PC 的正负符号是相对的，一对 T-EOF，T-PC 同时加负号仍是这一对 T-EOF，T-PC，所以确定倾向是上升还是下降应检验它们的重建成分 x^k。

6.1.2.4.3 识别周期振荡成分

根据 SSA 原理，当原序列中存在一个周期振荡成分时，SSA 得到一对接近相等的特征值和对应的一对 T-EOF 和一对 T-PC，一对 T-EOF 相互正交，一对 T-PC 也相互正交。不失一般性，设这一对特征成分的序号为 k 和 $k+1$，满足上述条件的一对 RC 之和 x^k+x^{k+1} 是 x_i 序列中的一个周期振荡成分。下面以一个纯周期成分做 SSA 识别周期成分的解析说明。设有一个纯周期成分

$$x_t = A\cos(\omega t)$$

根据（6.1.12）式，在 SSA 中轨迹矩阵的第 i 行第 j 列元素是

$$X_{ji} = x_{j+i} = A\cos(\omega j + \omega i)$$

用三角函数基本公式得

$$X_{ji} = x_{j+i} = A\cos\omega i\cos\omega j - A\sin\omega i\sin\omega j$$

把上式与（6.1.13）式对照可见，x_{j+i} 被分解成了 2 个特征成分，在迟后时间域的变化是 $\cos\omega j$ 和 $\sin\omega j$，它们正交。只需将其标准化就是 T-EOF。上式中的 $A\cos\omega i$ 和 $-A\sin\omega i$ 是对应的时间系数，它们也相互正交。因为特征值等于时间系数的方差，而 $A\cos\omega i$ 和 $-A\sin\omega i$ 的方差都是 $A^2/2$，故 $\lambda_1=\lambda_2$。一对时间 EOF 即 $\cos\omega j$ 和 $\sin\omega j$ 不仅正交，还有相同的频率 ω，等于给定的周期成分 x_t 的频率 ω。

实际应用时，因为分析的对象是离散的且长度是有限的，$\cos\omega i$ 和 $\sin\omega i$ 在有限时段内求方差不严格等于 1/2，所以，x_t 中即使包含纯周期成分，也不能得到一对严格地相等的特征值。这样，实际应用中严格地依据上述条件识别周期成分较困难。为此，Vautard 和 Ghil 根据前述谱性质提出 2 个补充判据，共 3 个判据：1）λ_k 与 λ_{k+1} 相接近；2）T-EOF$_k$ 和 T-EOF$_{k+1}$ 有相近的频率，具体做法是，在频率 $f=0.0\sim0.5$（角频率 $0.0\sim\pi$）区间取 500 个等距 f 上计算 $|\tilde{E}^k(f)|^2$ 和 $|\tilde{E}^{k+1}(f)|^2$，找出 $|\tilde{E}^k(f)|^2$ 和 $|\tilde{E}^{k+1}(f)|^2$ 达最大值的频率 f_k 和 f_{k+1}，记 $\delta f_k = |f_k - f_{k+1}|$，如果 T-EOF$_k$ 和 T-EOF$_{k+1}$ 是表示一个周期成分的一对 T-EOF，则 δf_k 应很小，因为对纯红噪声过程有关系 $\delta f_k \doteq 1/2M$，故至少要求 $\delta f_k < 1/2M$，因为我们想识别一个周期振荡成分，故尚需要加强这个标准，可要求 $2M\delta f_k < 0.75$；3)要求 $|\tilde{E}^k(f)|^2$ 和 $|\tilde{E}^{k+1}(f)|^2$ 足够大，若原序列 x_i 中频率介于 f_k 和 f_{k+1} 之间的一个频率 f^* 的振荡完全由这对特征成分表示出来，则由（6.1.20）式将得到

$$\frac{1}{M}\left(|\tilde{E}^k(f^*)|^2 + |\tilde{E}^{k+1}(f^*)|^2\right) = 1$$

在实际情况下，一对特征成分不可能完全地与一个孤立的频率相对应，所以适当地降低这个标准，取 $\frac{1}{M}\left(|\tilde{E}^k(f^*)|^2 + |\tilde{E}^{k+1}(f^*)|^2\right) > \frac{2}{3}$，这意味着序列 x_i 中频率为 f^* 的周期成分的方差至少有 2/3 被这对特征成分表示出来。满足上述 3 个条件的一对特

征成分的两个 RC 之和是原序列 x_i 中的一个周期成分。注意，这样提取的周期成分的振幅和位相是随 x_i 中该周期成分的实际振幅和位相变化的，而不是像 Fourier 分析那样对一个周期成分只能识别出一个不变的振幅和初位相。所以，SSA 提取的周期成分与小波分析重建的周期成分类似，振幅和初位相可随时间变化，同时反映频率—时间局部化特征。Christian 称这种方法为自适应滤波（adaptive filtering）。他对南方涛动指数做了 SSA，得出第 1 和 2 特征成分是表示周期振荡的成对成分，x^1+x^2 序列表现出清楚的准 2 年周期振荡；而 x^3+x^4 序列是准 4 年周期振荡。

6.1.2.4.4　以 SSA 为基础的预报模型

目前，California 大学的 Kondarashov，Ghil 和 Neelin 等人采用奇异谱与最大熵相结合的方法（Singular Spectrum Analysis Combined with the Maximum Entropy Method，简写 SSA—MEM）做南方涛动指数（SOI）和 Nino3 区海表温度距平(SSTA)预报。这里介绍他们的想法和做法。SOI 和 Nino3 区 SSTA 是一维时间序列，它们分别反映 ENSO 在大气和海洋中的异常。ENSO 是年际气候变化，在大多数定义中，一个冷、暖事件至少持续 6 个月以上，所以，ENSO 的预报主要应报出冷、暖位相，而没有必要也不太可能报出月际小振动。用本节前述的观点看，对于 ENSO 预报而言，月际的小振动是噪声，需消除或压制它。所以，先对它们做 SSA，做倾向成分和周期成分的假设检验，识别出有意义重建成分。对这 2 个序列，实际识别出各 4 个有统计意义的特征成分，反映准 2 年和准 4 年周期振动。因为识别出来的成分包含的频率成分比原序列简单，因此有更大的可预报性。为了做预报，一定要有时间上向外延伸的方法。原序列经 SSA 得到 T-EOF 和 T-PC 序列，T-EOF 不随时间变化，因此只要外延 T-PC 序列。他们采用自回归模型建立 T-PC 序列外延预报方法。把经过检验有统计意义的几个 T-PC 做外延 τ 个月的预报，再用外延预报出的 T-PC 与对应的 T-EOF 相结合，按重建公式计算出 RC 的外延预报。这几个有意义的 RC 预报值之和就是对原序列的预报。

评价预报技巧是把 SSA-MEM 预报与气候预报、持续性预报（也称惯性预报）相比较，比较它们的误差方差（或均方根误差）。Vautard 等（1992）最早应用中是在 k 的集合 $\mathcal{A}$ 上比较预报量与实况在 $\mathcal{A}$ 上重建量差值的平方。在 N_y+t 月预报 $N_y+t+\tau$ 月的 x_t，预报时效为 τ 个月，SSA-MEM 预报记为 $F_{\mathcal{A}}$（$N_y+t+\tau$）。气候预报是指用气候平均作为变量的预报，因为 x_t 本身是距平，所以 $N_y+t+\tau$ 月的气候预报是零值。持续性预报是指用起报月在 $\mathcal{A}$ 上重建值作为 $N_y+t+\tau$ 月的预报值。预报月的实况在 $\mathcal{A}$ 上重建值为 $R_{\mathcal{A}}x$（$N_y+t+\tau$）。所以，3 种预报的误差平方和分别是

$$e_F(N_y,\mathcal{A},t,\tau)=[F_{\mathcal{A}}(N_y+t+\tau)-R_{\mathcal{A}}x(N_y+t+\tau)]^2$$

$$e_C(N_y,\mathcal{A},t,\tau)=[0.0-R_{\mathcal{A}}x(N_y+t+\tau)]^2$$

$$e_P(N_y,\mathcal{A},t,\tau)=[R_{\mathcal{A}}x(N_y+t)-R_{\mathcal{A}}x(N_y+t+\tau)]^2$$

作者认为，为了考察 SSA-MEM 的使用效果，计算预报误差所用的实况应该采用实际值 $x(N_y+t+\tau)$。k 的集合 $\mathcal{A}$ 是预报方法本身应解决的问题，$\mathcal{A}$ 取决于方法本身。另外，对同一时效 τ 的预报要进行多次试验，记试验序号为 g，共做 G 次试验预报，3 种预报的均方根误差分别为

$$e_F(\tau)=\sqrt{\frac{1}{G}\sum_{g=1}^{G}[F(N_y+t+\tau)-x(N_y+t+\tau)]_g^2} \qquad (6.1.33)$$

$$e_C(\tau)=\sqrt{\frac{1}{G}\sum_{g=1}^{G}[x(N_y+t+\tau)]_g^2} \qquad (6.1.34)$$

$$e_P(\tau)=\sqrt{\frac{1}{G}\sum_{g=1}^{G}[x(N_y+t)-x(N_y+t+\tau)]_g^2} \qquad (6.1.35)$$

$\tau=1, 2, \cdots$ 个月，对某个预报时效 τ，如果 $e_F(\tau)<e_C(\tau)$ 和 $e_P(\tau)$，则认为 SSA-EME 预报是有效的。

该方法称为 SSA-MEM 是因为方法中预报 T-PC 所用的自回归模型与极大熵谱估计所用的自回归模型相同。有关极大熵谱估计原理和算法可参考时间序列的教材。为了使方法完整起见这里做简要介绍，主要说一下最大熵的思想。

平稳序列 $\boldsymbol{x}_t$（均值为零）的统计性质完全由它的迟后自协方差函数决定。由§5.3知，平稳序列的功率谱密度与迟后自协方差是一对 Fourier 变换，功率谱密度是

$$g(f)=\sum_{k=-\infty}^{\infty}c(k)\mathbf{e}^{-i2\pi fk} \quad f\in\left[-\frac{1}{2},\frac{1}{2}\right] \qquad (6.1.36)$$

但是，实际上我们只有有限个迟后自协方差函数 $c(k)$，$k=0, 1, 2, \cdots, M$，在§5.3介绍的功率谱估计中，迟后大于 M 的自协方差函数都取为零，显然有不合理处。为了克服这一缺陷，Burg 提出估计功率谱的另一个准则，要求所估计的功率谱所对应的迟后自协方差函数在迟后 0，1，2，…，M 时与由观测数据算得的迟后自协方差函数相一致，而对迟后 $M+1$ 及以上的自协方差函数采用外推的办法求取，外推原则首先是保证由观测数据计算出的 $c(k)$，$k=0, 1, 2, \cdots, M$ 和外推出的 $c(M+1)$，$c(M+2)$，…满足平稳随机序列自协方差函数的基本性质。平稳序列的迟后自协方差函数性质是：$c(0)\geqslant 0$；$c(-k)=c(k)$；$|c(k)|\leqslant c(0)$；$c(k), k=0,1,2,\cdots$ 构成正定列，即对于任意正整数 m，实数 $a_1, a_2, \cdots, a_m$ 及整数 $t_1, t_2, \cdots, t_m$ 有 $\sum_{i=1}^{m}\sum_{j=1}^{m}a_ia_jc(t_i-t_j)\geqslant 0$，因为 $\sum_{i=1}^{m}\sum_{j=1}^{m}a_ia_jc(t_i-t_j)=\sum_{i=1}^{m}\sum_{j=1}^{m}a_ia_jE(X_{t_i}X_{t_j})=E\left(\sum_{i=1}^{m}a_iX_{t_i}\right)^2\geqslant 0$。然而，满足这些性质的扩充的迟后自协方差函数序列并不唯一，可以构造出无穷多个序列，它们的前 $M+1$ 个自协方差都是给定的 $c(0)$，$c(1)$，c

(2)，…，$c(M)$。因此自然提出问题：如何扩充 $c(M+1)$，…，使总的 $c(k)$ 序列不仅正定，而且它们所确定的功率谱密度 $g(f)$ 能含有序列 X_t 中最多的信息。

信息论中表示序列 x_t 信息量大小用谱熵

$$H(g) = \int_{-1/2}^{1/2} \ln g(f) \mathrm{d}f \tag{6.1.37}$$

这样，扩充迟后自协方差函数的原则不仅要求它们满足正定列，而且要求它们对应的功率谱密度的谱熵达最大。这个 $g(f)$ 所对应的序列的 $c(k)$ 随机性最强，最少人为性，所含有的信息最多。这个谱估计准则称为极大熵谱准则。

该准则导出的功率谱是平稳时间序列的 P 阶自回归模型的功率谱。P 阶自回归模型 $AR(P)$ 是

$$x_t + a_1 x_{t-1} + a_2 x_{t-2} + \cdots + a_P x_{t-P} = \varepsilon_t \tag{6.1.38a}$$

或

$$x_t = \phi_1 x_{t-1} + \phi_2 x_{t-2} + \cdots + \phi_P x_{t-P} + \varepsilon_t \tag{6.1.38b}$$

ε_t 是白噪声过程，$a_k = -\phi_k$，$k=1, 2, \cdots, P$。这个模型的功率谱完全由它的参数确定的，包括阶数 P、自回归系数 a_1，a_2，…，a_P 和 ε_t 的方差 σ_P^2，公式是

$$g_x(f) = \frac{\sigma_P^2}{\left|1 + \sum_{k=1}^{P} a_k \mathrm{e}^{-i2\pi fk}\right|^2} \tag{6.1.39}$$

而自回归系数 a_1，a_2，…，a_P 和 ε_t 的方差 σ_P^2 又是迟后自协方差函数确定的。把 (6.1.38b) 式两边乘 x_{t-k}（$k=1, 2, \cdots, P$），再两边求数学期望，利用 $E(x_t x_{t-k}) = c(k)$，$E(\varepsilon_t x_{t-k}) = 0$ 和 $c(k) = c(-k)$，得

$$c(k) = \phi_1 c(k-1) + \phi_2 c(k-2) + \cdots + \phi_P c(k-P)$$

分别取 $k=1, 2, \cdots, P$，得到求自回归系数的线性方程组

$$\begin{aligned} &\phi_1 c(0) + \phi_2 c(1) + \cdots + \phi_P c(P-1) = c(1) \\ &\phi_1 c(1) + \phi_2 c(0) + \cdots + \phi_P c(P-2) = c(2) \\ &\cdots\cdots\cdots\cdots\cdots\cdots\cdots\cdots\cdots\cdots \\ &\phi_1 c(P-1) + \phi_2 c(P-2) + \cdots + \phi_P c(0) = c(P) \end{aligned} \tag{6.1.40}$$

这个方程组称为尤勒—沃尔克（Yule-Walker）方程。

P 阶自回归模型的误差 ε_t 的方差与迟后自协方差及自回归系数的关系是

$$\sigma_P^2 = c(0) - \sum_{k=1}^{P} \phi_k c(k) \tag{6.1.41}$$

以上是模型总体参数间的关系。我们要用观测数据 x_1，x_2，…，x_N 依次对 ϕ_1，ϕ_2，…，ϕ_P 和 σ_P^2，$g_x(f)$ 作出估计（以下估计量的字符都省写了上方的尖角号）。为此，要先估计迟后自协方差，公式是

$$c(k)=\frac{1}{N}\sum_{t=1}^{N-k}x_t x_{t+k} \tag{6.1.42}$$

或者用

$$c(k)=\frac{1}{N-k}\sum_{t=1}^{N-k}x_t x_{t+k} \tag{6.1.43}$$

（6.1.42）式的估计是正定的，估计量的方差较小，但估计的偏度随 k 增加而增大。后一公式的估计是渐近无偏的，但不能保障正定性质。只要用 c（0），c（1），c（2），…，c（P）的样本估计代入（6.1.40）式，即得到 ϕ_1，ϕ_2，…，ϕ_P 的样本估计，而 $a_k=-\phi_k$。再依据（6.1.41）式和（6.1.39）式计算出 σ_P^2 和 g_x（f）的估计。

剩下的问题是确定自回归模型的阶数 P。对 AR 模型，一般采用最终预报误差（Final Prediction Erro 简写 FPE）最小定阶准则

$$\begin{aligned}FPE_P(x_t)&=\left(1+\frac{P}{N}\right)\left(1-\frac{P}{N}\right)^{-1}\left(c(0)-\sum_{k=1}^{P}\phi_k c(k)\right)\\&=\left(1+\frac{P}{N}\right)\left(1-\frac{P}{N}\right)^{-1}\sigma_P^2\end{aligned} \tag{6.1.44}$$

对 $P=1$，2，3，…依次计算出 FPE_P（x_t），选使其达最小的阶数 P，这个 P 阶自回归过程的功率谱估计是极大熵谱估计。这里介绍的是数学上的一般方法，在大气科学应用中，还有些特殊的应用方式。例如，当用于气温序列时，c（1）往往很大，而 c（k）随 k 增大衰减很快，序列的长度 N 往往又不大，在这种情况下，识别出来的最优阶数 P 可能很小，计算出来的 g_x（f）从低频处的大值向高频单调地减小，很像红噪声的功率谱，没有明显的谱峰。为了使估计出的 g_x（f）有谱峰，有的应用中选使 FPE_P（x_t）达次最小值的较高一些的阶数。但是这样应用在原理上说不清，只是人为需要，实际上，一步迟后相关性很强长度又较短的序列本来就没有明显周期性。

上面是对一般的零均值序列而言的，如果序列是标准化的，则迟后自协方差函数就是迟后自相关函数，只要把以上公式中的 c（k）改成 ρ（k），应用步骤是相同的。

在 SSA-MEM 中用以上方法建立 T-PC 序列预报的自回归方程。

§6.2 SSA 应用举例

6.2.1 南方涛动指数（SOI）和 NINO3 区 SSTA 的 SSA-MEM 预报

Keppenne C 和 Ghil M 从 1992 年 3 月开始发布采用 SSA-MEM 做的 SOI 和 NINO3区（150°～90°W，5°S～5°N）SSTA 预报，随后，Jiang N 和 Neelin D 等继续该工作至今。该预报在美国全球环境和社会研究所（IGES-Institute of Global Environment and Society）下设的 COLA（Center for Ocean-Land-Atmosphere Studies）

编辑的试验性长期预报公报上发布，每年 3，6，9，12 月发布未来一年的预报。目前的预报是采用 1950 年 1 月开始至当前月份的资料制作的。这里介绍过去的预报检验情况及 2004 年 12 月发布的对 2005 年的预报。

图 6.2.1 是 1996 年以来 NINO3 区 SSTA 的预报与实况比较。可见，提前 3 个月的预报与实况吻合较好，随着预报提前时间的增加，预报值变得平滑，对于 1998 年的强厄尔尼诺，提前一年的预报只报出 1.5℃左右正距平，实况达 3.5℃。虽然量值上误差是明显的，但是，就目前对 ENSO 预报的实际水平来说，能够在一年前正确报出 ENSO 的冷暖位相还是有意义的。

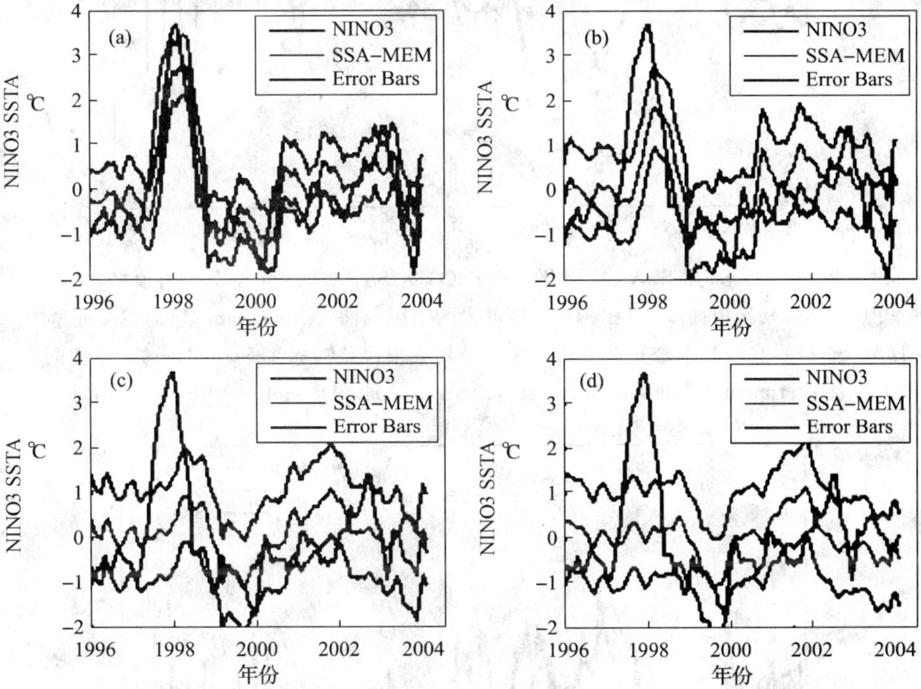

图 6.2.1　采用 SSA-MEM 做的 NINO3 区 SSTA 预报自 1996 年以来预报与实况的比较
(a)、(b)、(c)、(d) 分别是提前 3，6，9，12 个月的预报，粗实线是实况（标注 NINO3），另外 3 根平行曲线的中间一根是 SSA－MEM 预报（标注 SSA－MEM），预报曲线上、下各一根平行曲线是预报加、减均方根误差，表示误差区间（标注 Error Bars）（引自 Experimental long-lead forecast bulletin，2004，December，Vol 13 No. 4）

图 6.2.2 和图 6.2.3 分别是 NINO3 区 SSTA 和 SOI 未来 4 个季（2005 年 1～3 月、4～6 月、7～9 月、10～12 月）的预报。4 根垂直线表示预报值加减一倍均方根误差。均方根误差是依据 1990～2000 时段预报检验计算出的。这 2 个图上过去年代的两根曲线分别是观测值的平滑曲线和 SSA 过滤（重建）的曲线。

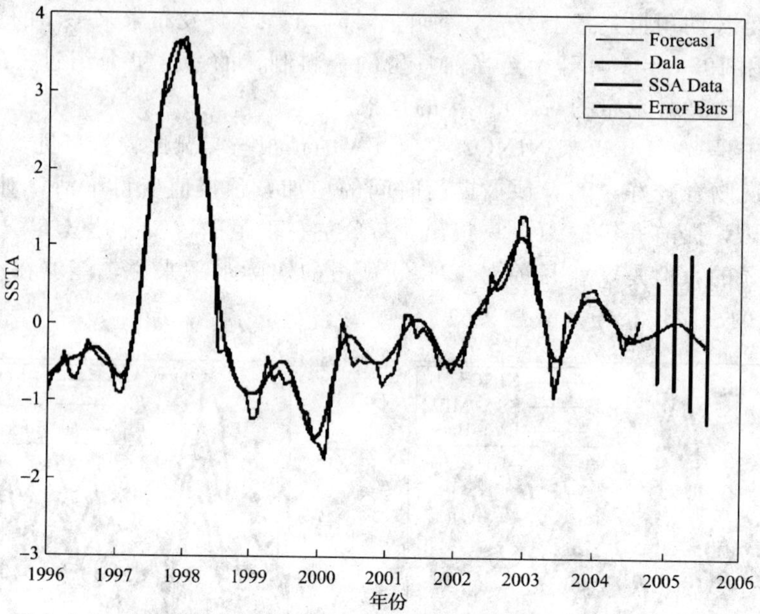

图 6.2.2　采用 SSA-MEM 做的 NINO3 区 SSTA2005 年 4 个季的预报

曲线 Forecast 是预报曲线；曲线 Data 是过去的实况；曲线 SSA Data 是经 SSA 重建的序列；4 根垂直线是未来 4 个季的预报加减均方根误差（标注 Error Bars），下图同（引自 Experimental long-lead forecast bulletin，2004，December，Vol 13　No. 4）

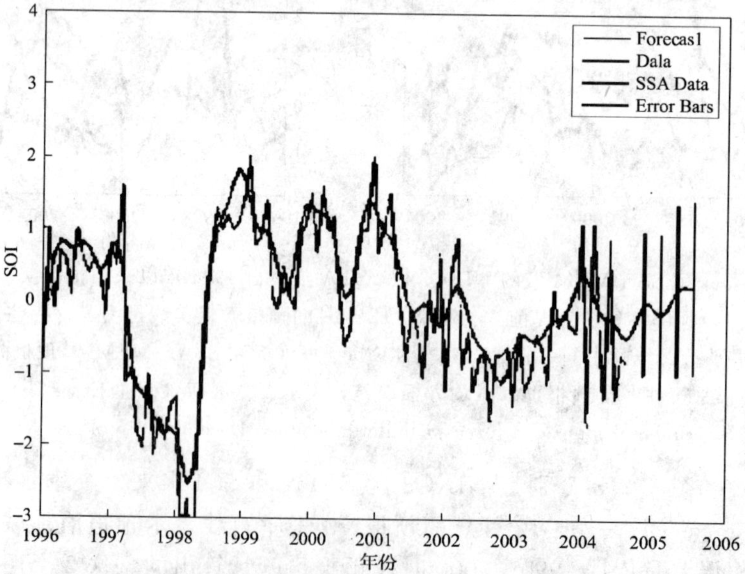

图 6.2.3　采用 SSA-MEM 做的 SOI 2005 年 4 个季的预报（引自 Experimental long-lead forecast bulletin，2004，December，Vol 13　No. 4）

6.2.2　采用SSA对兰州月平均气温距平序列的分析和预报

利用兰州1933年1月至1996年12月的月平均气温距平资料序列，序列长度$N=768$。为了有利于识别月际和年际变化，经过试验，取$M=120$。

计算和检验得到，第1和6特征成分是通过Kendall非参数检验的倾向成分，是2个形态不同的上升倾向。满足上节介绍的3个条件的成对RC列于表6.2.1。另外，$\lambda_1=13.29$，$\lambda_6=4.06$，与表6.2.1中的特征值比较可见，它们与相邻特征值之差明显大于成对成分特征值之差，这也表明RC1和RC6是非周期成分。

表6.2.1　主要的成对RC的检验参数及周期

RC的序号						
k	$k+1$	λ_k	λ_{k+1}	$2M\delta f_k$	$\frac{1}{M}\left(\lvert\bar{E}^k(f^*)\rvert^2+\lvert\bar{E}^{k+1}(f^*)\rvert^2\right)$	周期（月）
2	3	5.48	5.41	0.48	0.82	90.91
4	5	5.17	5.09	0.24	0.80	11.98
7	8	3.34	3.03	0.48	0.75	40.00
9	10	2.94	2.94	0.00	0.97	3.38
11	12	2.51	2.48	0.00	0.92	7.69
17	18	2.18	2.18	0.00	0.84	2.94

从上表可见，反映周期变化的成对成分的特征值很接近，谱峰的频率很接近，共同反映谱峰频率成分的方差大多达80%以上。

图6.2.4是总倾向RC1＋RC6及周期成分RC2＋RC3等的曲线图。图6.2.5是周期成分RC4＋RC5的曲线和在年—月平面上的等值线图。这些重建成分之和是原序列的平滑曲线。

表6.2.1表明，第4和5成对成分反映的周期是11.98个月，很接近年周期。大家知道，距平序列中不可能存在严格12个月的周期，因为年循环已被移去。严格12个月的周期指振幅不变，相同日历月份处在相同位相。那么这里得到的准12个月周期是怎样变化的呢？图6.2.5显示RC4＋RC5的变化。图上部是逐月变化曲线，它显示明显的12个月周期，但是振幅有明显年代际变化，而且在20世纪70年代中期前后位相发生了转换。为了显示位相随年代的变化，图的下半部画出RC4＋RC5在年一月平面的等值线。图6.2.5上部RC4＋RC5曲线显示出规则的年周期和强度随年代的变化，下部的等值线图可见，这个周期成分1975～1976年前与后位相相反，前40多年该振荡的峰在6，7月，谷在12，1月，后二十多年反之。这表明，相对于64年平均的年循环而言，前四十多年平均的年循环与后二十多年平均的年循环有相反的偏差，而且这个转换发生在较短时段内，可以说是季节循环的年代际突变。

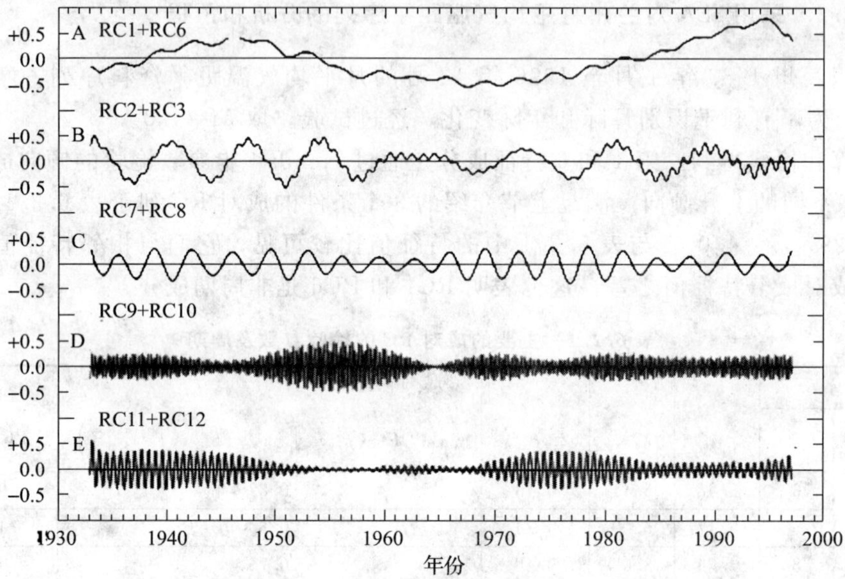

图 6.2.4　重建的兰州气温的倾向成分和主要周期振荡成分

A：RC1＋RC6　B：RC2＋RC3　C：RC7＋RC8　D：RC9＋RC10　E：RC11＋RC12

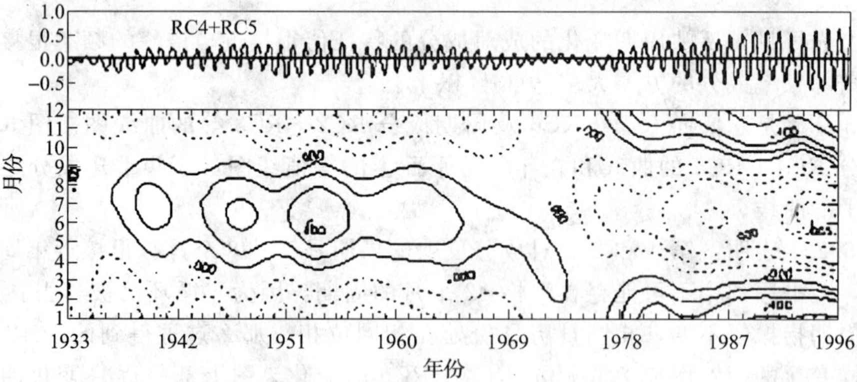

图 6.2.5　重建的兰州气温的年周期成分（RC4＋RC5）

的时间曲线（上）和在年一月平面的等值线（下）

表 6.2.2 给出兰州月、年平均气温在 1933～1975 年和 1976～1996 年两个时段的平均及差值，可见尽管后 21 年平均的年平均气温比前 43 年的升高 0.32℃，但是，春夏季特别是 7，8 月份还是降温的，升温仅在秋冬。月平均气温的年较差后 21 年比前 43 年减少 1.7℃。值得注意的是，年循环异常的位相发生变化的时间与目前研究得比较多的北太平洋地区冬季大气环流年代际变化发生的时间相吻合。已有一些工作

把 1975/1976 年冬季及以前与 1976/1977 年冬季及以后两个时段平均的冬季海平面气压场、500hPa 位势场、地面气温场相减，讨论大气环流的年代际变化及对各地气候的影响。我国北方受环流年代际变化的影响冬季是增温区，但北半球其他地区不完全是冬季增温。在最近 20 年，北半球平均的年周期分量在春季增温较多。

表 6.2.2　1933—1975 年和 1976—1996 年兰州月、年平均气温及差值（℃）

时段	1月	2月	3月	4月	5月	6月	7月	8月	9月	10月	11月	12月	年平均	年较差
1933～1975	−6.74	−2.06	5.46	11.88	16.91	20.58	22.57	21.26	16.00	9.63	1.60	−5.50	9.30	29.31
1976～1996	−5.43	−1.10	5.07	11.85	16.88	20.30	22.12	20.88	16.27	9.90	2.45	−3.72	9.62	27.55
差值	+1.31	+0.96	−0.39	−0.03	−0.03	−0.28	−0.45	−0.38	+0.27	+0.27	+0.85	+1.78	+0.32	−1.76

下面把 SSA 识别的周期与直接采用极大熵谱估计做比较。

图 6.2.6 是兰州 64 年气温距平序列极大熵谱估计。计算采用赤池定阶准则和 Burg 算法。在 $f=0.085$，0.295，0.410，0.130，0.465，0.340 处是谱峰，相应的周期分别是 11.77，3.39，2.19，7.69，2.15，2.94 个月。与表 6.4.1 比较可见，除 2.19，2.15 两个周期以外，在月际振荡频段，SSA 与极大熵谱估计所得的结果很相近，实际上，SSA 的结果中也有周期近于 2.1 个月的成分，只是比较次要。图 6.2.6 上，谱峰最大值在所取的最小频率上，周期为 200 个月。SSA 不能识别大于 M 的周期成分，已取 $M=120$ 个月，所以在这个周期上两者不可比较。在传统的功率谱估计中，当序列存在长期倾向时，迟后 1 的自相关较强，功率谱在低频段带有红噪声谱的性质，谱值在低频处最大，但不一定是可信的周期，同样强度的谱峰在低频处可信程度较在高频处差。Vautard 对 IPCC 序列（1861—1990 年）做极大熵谱估计，也在计算所取的最低频率达谱最大值，他们认为这是长期倾向的反映。因此，与其把图 6.2.6 中的谱最大值看作 200 个月的周期，不如将其看作长期倾向的反映。图上频率

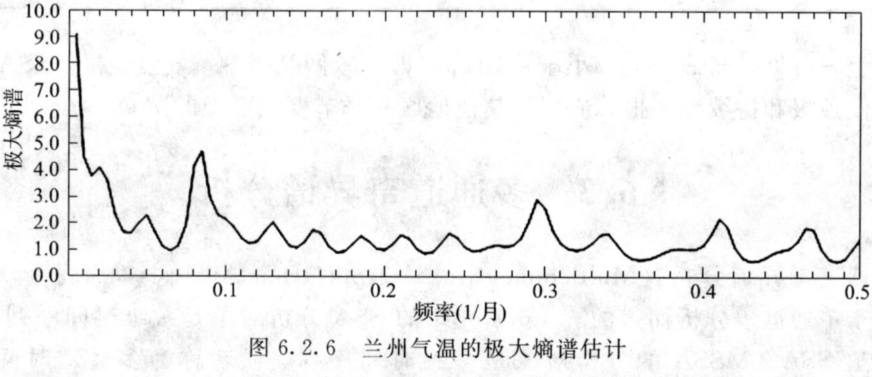

图 6.2.6　兰州气温的极大熵谱估计

0.02 和 0.05 的两个谱峰周期分别为 50 和 20 个月，这与 SSA 结果不一致，原因仍然是在低频段传统功率谱估计分辨率和可信程度都较低。SSA 是对能够最优地拟合原序列的时间型（T-EOF）做 Fourier 变换确定原序列的周期，具有自适应的性质，并能反映周期成分的振幅和位相随时间的变化，即有与小波分析相同的时频局部化功能。传统的谱分析及极大熵谱估计只能识别出全部时段上平均的周期，所以 SSA 的结果与极大熵谱估计结果不尽一致是可能的。功能上的这个差别特别体现在 12 个月周期成分上，从整个时段上平均角度看，距平序列中没有 12 个月周期，所以传统谱分析和极大熵谱估计不可能得到 12 个月周期。SSA 能得到准 12 个月周期，但它的位相在不同时段之间一定是错动的，尽管周期是 12 个月，但峰和谷位相与日历月份不是固定的，实际上，12 个月周期是局部时段上的，反映季节循环的年代际变化。Dahang Gu 和 Phiander（1995）对热带太平洋 SSTA 做小波分析也得到准 12 个月周期。这也是 SST 的季节循环有年际和年代际变化的体现。大家知道，ENSO 振荡与年循环锁相，暖事件的峰较多出现在冬季，因此，El Nino 事件期间，实际 SST 的年循环比气候平均年循环弱，La Nina 期间反之。El Nino 和 La Nina 的强度还有年代际变化，这样，在距平序列中就表现出局部时段的 12 个月周期。

我们对兰州月平均气温距平序列做 SSA-MEM 预报试验。资料的起点固定在 1933 年 1 月，终点分别取在 1986 年 10 月、1987 年 10 月、…、1995 年 10 月，序列的长度分别是 646，658，…，754 个月，分别建立预报方案，窗口长度取 60 个月，截取前 12 个分量，往后预报 1 至 6 个月。10 次预报分别与对应的实况比较，计算出预报误差平方的平均值，列于表 6.2.3。

表 6.2.3　SSA-MEM、气候预报、持续性预报误差平方的平均值

τ	1	2	3	4	5	6
e_F	1.22	1.93	1.28	1.76	2.45	1.90
e_C	2.34	4.64	3.05	2.49	1.62	1.79
e_P	3.09	4.92	1.90	4.04	2.83	2.86

由上表可见，当 $\tau \leqslant 4$，e_F 小于 e_C 和 e_P，即对于做兰州冬季气温预报，SSA-MEM 优于气候预报和持续性预报。应用于其他地区和季节要做类似的试验。

§6.3　多通道奇异谱分析

多通道奇异谱分析（Multichnnel Singular Spectrum Analysis，简写为 MSSA）是相对于单通道谱分析而言的，§6.1 介绍的 SSA 分析对象是一维时间序列，可称为单通道 SSA。MSSA 的分析对象是多维时间序列，或者称为多通道时间序列。

MSSA 的主要功能类似于 POP 和 CEOF，用于从场的序列中识别和提取周期振荡的信息，包括振荡的周期，振荡在不同位相的空间分布型，还用于建立预报模型。

6.3.1　空间—时间 EOF（ST-EOF）和空间—时间 PC（ST-PC）

用 x_{li} 表示多维时间序列，其中 l 是通道序号，$l=1$，2，…，L；i 是时间序号，$i=1$，2，…，N。每个通道的序列都是中心化的。x_{li} 可以是 L 个变量或气象场在 L 个空间点上的序列。但是，在大气科学的应用中，常常先对场做主成分分析，截取的前几个主成分作为 MSSA 的对象，最后，再利用主成分分析对应的空间型返回到地理空间做讨论，例如 Guy Plaut 研究低频振荡和天气型的工作。

类似于 SSA，把 x_{li} 在时间迟后相空间排列，构成类似于（6.1.11）式的轨迹矩阵 **X**

$$\mathbf{X}=\begin{pmatrix} x_{11} & x_{12} & \cdots & x_{1i+1} & \cdots & x_{1N-M+1} \\ x_{12} & x_{13} & \cdots & x_{1i+2} & \cdots & x_{1N-M+2} \\ \vdots & \vdots & & \vdots & & \vdots \\ x_{1M} & x_{1M+1} & \cdots & x_{1i+M} & \cdots & x_{1N} \\ x_{21} & x_{22} & \cdots & x_{2i+1} & \cdots & x_{2N-M+1} \\ x_{22} & x_{23} & \cdots & x_{2i+2} & \cdots & x_{2N-M+2} \\ \vdots & \vdots & & \vdots & & \vdots \\ x_{2M} & x_{2M+1} & & x_{2i+M} & & x_{2N} \\ \vdots & \vdots & & \vdots & & \vdots \\ x_{L1} & x_{L2} & \cdots & x_{Li+1} & \cdots & x_{LN-M+1} \\ x_{L2} & x_{L3} & \cdots & x_{Li+2} & \cdots & x_{LN-M+2} \\ \vdots & \vdots & & \vdots & & \vdots \\ x_{LM} & x_{LM+1} & \cdots & x_{Li+M} & \cdots & x_{LN} \end{pmatrix} \tag{6.3.1}$$

X 矩阵的第 i 列，也就是第 i 个状态向量为

$$\boldsymbol{X}_i=(x_{1i+1}\quad x_{1i+2},\cdots,x_{1i+M},x_{2i+1},\cdots,x_{2i+M},\cdots,x_{Li+1},\cdots,x_{Li+M})^T \tag{6.3.2}$$

$i=0$，1，…，$N-M$，共 $N-M+1$ 个状态向量。**X** 矩阵有 $L\times M$ 行 $N-M+1$ 列。类似于 EOF 展开，MSSA 展开的分量形式是

$$x_{li+j}=\sum_{k=1}^{L\times M}a_i^k E_{lj}^k \tag{6.3.3}$$

这里 M 依旧是窗口长度。特征向量 $\boldsymbol{E}^k$ 是 $L\times M$ 维的，它的分量 E_{lj}^k 是第 k 个特征向量在第 l 通道时间迟后 j 的分量，它既反映空间型（随 l 变化），也反映时间演变（随 j 变化），是 L 维向量（空间型）的 M 个不同时间迟后的序列。$\boldsymbol{E}^k$ 称为空间一时间 EOF（简称 ST-EOF）。

时间系数 a_i^k 是第 i 个状态向量 $\boldsymbol{X}_i$ 在 $\boldsymbol{E}^k$ 上的投影

$$a_i^k = \boldsymbol{X}_i \cdot \boldsymbol{E}^k = \sum_{l=1}^{L}\sum_{j=1}^{M} x_{li+j}E_{lj}^k \tag{6.3.4}$$

式中 a_i^k，$0 \leqslant i \leqslant N-M$，称为第 k 个空间—时间主成分（ST-PC）。

$\boldsymbol{E}^k$ 是 $L \times M$ 阶分块 Toeplitz 矩阵 $\mathbf{T}_X$ 的特征向量，$\mathbf{T}_X$ 由 $L \times L$ 块矩阵组成

$$\mathbf{T_X} = \begin{bmatrix} \boldsymbol{T}_{11} & \boldsymbol{T}_{12} & \cdots & \boldsymbol{T}_{1L} \\ \boldsymbol{T}_{21} & \boldsymbol{T}_{22} & \cdots & \boldsymbol{T}_{2L} \\ \cdots & \cdots & \cdots & \cdots \\ \boldsymbol{T}_{L1} & \boldsymbol{T}_{L2} & \cdots & \boldsymbol{T}_{LL} \end{bmatrix} \tag{6.3.5}$$

其中的某个块矩阵 $\boldsymbol{T}_{ll'}$ 是第 l 通道序列 x_{li} 和第 l' 通道序列 $x_{l'i}$ 之间迟后 0，1，…，$M-1$ 的迟后协方差矩阵，$\boldsymbol{T}_{ll'}$ 矩阵的第 j 行第 j' 列元素的无偏性最好的估计是

$$(\boldsymbol{T}_{ll'})_{jj'} = \frac{1}{N-|j-j'|}\sum_{i=1}^{N-|j-j'|} x_{li}x_{l'i+j-j'} \tag{6.3.6}$$

常规 EOF（PAC）的性质在这里仍保持。“时间”正交性在这里为 ST-PC 相互间的正交性。“空间”正交性是不同序号的 ST-EOF 间的正交性。特征值 λ^k 等于第 k 个 ST-PC 序列的方差，为了选取重要的 ST-EOF 和 ST-PC，特征值也是按降序排列。

显然，SSA 和常规 PCA 是 MSSA 的特例，MSSA 中 $L=1$ 时就是 SSA，$M=1$ 时就是常规 PCA。

6.3.2 重建成分（RC）

MSSA 的一个重要应用途径是从被分析的对象中提取与某个或某些特征成分相联系的部分，称为重建成分。注意矩阵 $\mathbf{X}$ 的结构（6.3.1）式和展开式（6.3.3）式，把（6.3.3）式右边的求和限制在第 k 个，就得到由第 k 个 ST-EOF 和 ST-PC 重建的 x_{li} 的部分，记为 x_{li}^k，公式是

$$x_{li}^k = \frac{1}{i}\sum_{j=1}^{i} a_{i-j}^k E_{lj}^k \qquad \text{当 } 1 \leqslant i \leqslant M-1 \tag{6.3.7a}$$

$$x_{li}^k = \frac{1}{M}\sum_{j=1}^{M} a_{i-j}^k E_{lj}^k \qquad \text{当 } M \leqslant i \leqslant N-M-1 \tag{6.3.7b}$$

$$x_{li}^k = \frac{1}{N-i+1}\sum_{j=i-N+M}^{M} a_{i-j}^k E_{lj}^k \qquad \text{当 } N-M+2 \leqslant i \leqslant N \tag{6.3.7c}$$

与 SSA 一样，x_{li}^k 是按最小二乘原则得到的。它与第 k 个 ST-PC 不同，第 k 个 ST-PC 是单个时间序列，而第 k 个重建成分是与原信号相同的多通道时间序列，它是原信号的一部分，所有重建成分之和严格地等于原信号 x_{li}。

6.3.3 谱性质

从谱的观点看，MSSA 与 SSA 的差别在于每个 ST-PC 涉及所有通道原序列的谱

性质。用 P_{ll}（f）表示第 l 通道原时间序列 x_{li} 的功率谱，$P_{ll'}$（f）表示第 l 和 l' 两个通道原序列之间的交叉谱，p^k（f）表示第 k 个 ST-PC 的功率谱，由（6.3.4）式可导得

$$p^k(f) = \sum_{l=1}^{L}\sum_{l'=1}^{L} P_{ll'}(f)\Phi_l^k(f)\Phi^{*k}_{l'}(f) \tag{6.3.8}$$

* 表示共轭，Φ_l^k（f）是 $\boldsymbol{E}^k$ 在第 l 通道分量的傅里叶变换

$$\Phi_l^k(f) = \sum_{j=1}^{M} E_{lj}^k \mathrm{e}^{i2\pi jf} \tag{6.3.9}$$

与 SSA 不同，ST-PC 不能被直接地解释为原序列的滤波结果，因为（6.3.4）式表示出的 a_i^k 还包含不同通道的原序列之间的相关性。然而，存在一个类似的整体关系，如果用 p（f）表示原序列的总的功率谱

$$p(f) = \sum_{l=1}^{L} p_{ll}(f) \tag{6.3.10}$$

则有关系

$$p(f) = \frac{1}{M}\sum_{k=1}^{L\times M} P^k(f) \tag{6.3.11}$$

由上式定义第 k 个 ST-PC 解释原场（多通道序列）中频率为 f 成分方差的比率为

$$r^k(f) = \frac{p^k(f)}{MP(f)} \tag{6.3.12}$$

6.3.4　传播型振荡和成对的特征成分

MSSA 的一个重要应用是能够像 CEOF 和 POP 那样从场的资料序列中识别出传播型振荡。表示出一个传播型振荡需要一对 ST-EOF 和 ST-PC 并满足以下 3 个条件：1）两个相邻的特征值接近相等，$\lambda_k \doteq \lambda_{k+1}$；2）由对应的两个 ST-EOF 描述的时间序列有相同周期并且正交；3）这一对 ST-PC 正交。

下面再解析地说明 MSSA 的这个功能。在 $-Y \leqslant y \leqslant Y$ 的有限区间内考虑一个传播型振动

$$W(y,t) = A\cos(\mu y - \omega t) \tag{6.3.13}$$

对任意实数 φ，有

$$W(y,t+s) = A\cos(\omega t + \varphi)\cos(\mu y - \omega s + \varphi) + A\sin(\omega t + \varphi)\sin(\mu y - \omega s + \varphi) \tag{6.3.14}$$

将空间和时间离散化，空间点取 $y_l = l\Delta y$，时间点取 $t_i = i\Delta t$，迟后时间 $s_j = j\Delta t$，波动 W 在离散空间、时间点上的值记为 $x_{li} = W$（$\boldsymbol{y}_l$，$i\Delta t$），时间迟后 $j\Delta t$ 波动值为 $x_{li+j} = W$（y_l，$(i+j)$ Δt），则（6.3.14）式可改写为

$$x_{l\,i+j}=\left[\frac{A}{F_1}\cos(\omega\, i\Delta t+\varphi)\right]\left[F_1\cos(\mu l y-\omega j\Delta t+\varphi)\right]$$

$$+\left[\frac{A}{F_2}\sin(\omega\, i\Delta t+\varphi)\right]\left[F_2\sin(\mu l y-\omega j\Delta t+\varphi)\right] \qquad (6.3.15)$$

把上式与 MSSA 的展开式（6.3.3）相比较，可见，（6.3.15）式右边是两项求和，对应的 ST-EOF 及 ST-PC 是

$$E_{lj}^{k}=F_1\cos(\mu l\Delta y-\omega j\Delta t+\varphi) \qquad (6.3.16)$$

$$E_{lj}^{k+1}=F_2\sin(\mu l\Delta y-\omega j\Delta t+\varphi) \qquad (6.3.17)$$

$$a_i^k=\frac{A}{F_1}\cos(\omega\, i\Delta t+\varphi) \qquad (6.3.18)$$

$$a_i^{k+1}=\frac{A}{F_2}\sin(\omega\, i\Delta t+\varphi) \qquad (6.3.19)$$

则有

$$x_{l\,i+j}=a_i^kE_{lj}^k+a_i^{k+1}E_{lj}^{k+1} \qquad (6.3.20)$$

其中 F_1 和 F_2 是使 E_{lj}^k 和 E_{lj}^{k+1} 标准化（归一化）的常数，取决于 M，Δy 和 Δt。φ 由离散化后仍保持正交性条件确定

$$\varphi=\frac{\mu(L+1)\Delta y-\omega(M+1)\Delta t}{2}$$

由于 λ_k 等于 a_i^k 的方差，由（6.3.18）式和（6.3.19）式得

$$\lambda_k=\left\langle a_i^{k^2}\right\rangle=A^2/2F_1^2$$

$$\lambda_{k+1}=\left\langle a_i^{(k+1)^2}\right\rangle=A^2/2F_2^2$$

$\langle\ \rangle$ 表示时间平均。当 L 和 M 足够大时，F_1 接近 F_2，故 $\lambda_k\doteq\lambda_{k+1}$，这是上面的第 1 个条件。条件 2 是 E_{lj}^k 和 E_{lj}^{k+1} 随 j 变化有相同的周期并且正交。条件 3 指（6.3.18）式和（6.3.19）式表示的 a_i^k 和 a_i^{k+1} 正交。

由满足上述 3 个条件的一对 ST-EOF 和 ST-PC 重建的成分是原场中包含的一个传播的振荡分量，记为 x_{li}^p

$$x_{li}^p=x_{li}^k+x_{li}^{k+1} \qquad (6.3.21)$$

6.3.5 窗口长度 *M* 的选取

SSA 和 MSSA 中适当选取 M 是方法中的关键。一般说来，M 愈大，谱分辨率愈灵敏。另外，M 大时可区分出相互接近的谱峰，所付出的代价是在重建成分中振荡的间歇性时段定位粗糙。如果 M 大于振荡间歇性增强的持续时间，则重建成分将过低地估计增强时段的振幅，过高地估计了相邻时段的振幅。MSSA 不能区分周期大于

M 的振荡。Vautard 建议，如果想识别频率为 f_0 的振荡，并且希望频带宽为 $2\delta_f$，则可取 $\frac{1}{f_0} \leqslant M \leqslant \frac{1}{2\delta_f}$。但是，$f_0$ 和 $2\delta_f$ 一般难以事先知道。经过一些试验表明，当窗口长度为 M 时，能较好地识别出周期为 $\frac{M}{5} \sim M$ 的振荡。

另一方面，选取 M 还要考虑资料条件，即资料序列的长度 N。为了防止最大迟后 $M-1$ 的自协方差（SSA 中）和迟后交叉协方差（在 MSSA 中）的估计的统计误差不超过统计量本身，M 不应超过 $N/3$。

§ 6.4　多通道奇异谱分析应用举例

Plaut Guy 和 Vautard Robert 用 MSSA 研究了低频振荡的阶段性与天气型的关系。这里介绍他们应用 MSSA 方法的步骤和主要结果。所用的原始资料是美国 NMC700hPa 高度资料，资料时段是 1954 年 5 月 1 日至 1986 年 4 月 30 日共 32 年逐日资料。因为低频振荡的结构和性质在低纬地区与中高纬地区有很大差别，该工作为了识别中高纬天气型与低频振荡的关系，所以研究区域限于北半球中高纬地区。又划分为 3 个地区：大西洋区（以下简写 ATL），30°～70°N，80°W～40°E；太平洋区（以下简写 PAC），30°～80°N，140°E～100°W；北半球中纬（以下简写 NH），30°～80°N 纬带。资料是 10°×10°菱形网格点，在 ATL 和 PAC 各有 113 格点，在 NH 有 396 格点。如果直接对格点资料作 MSSA，主要困难是 $\boldsymbol{T}_X$ 的维数太大，例如，对 NH，若取每个格点的 700hPa 高度为 MSSA 的对象，则 $L=396$，若 $M=100$，则 $\boldsymbol{T}_X$ 是 39600×39600 维矩阵，计算特征值和特征向量较困难。况且，每个格点的资料表示的是场的分散的信息，而场的低频变化的空间结构实际上是低维的。为此，在做 MSSA 前，先对原始资料做预处理。

压缩资料维数的方法是传统的主成分分析。对 ATL、PCA、NH 3 个地区分别做传统的 PCA，得到各自的空间主成分（记为 S-PC）。截取几个 S-PC 做 MSSA 呢？根据研究的目的，应取具有较多低频方差的 S-PC。记一个 S-PC 序列为 $a_k(t)$，为了判别它包含低频成分方差和高频成分方差的相对大小，再把它分解为 2 个序列

$$a_k(t) = a_k^*(t) + a'_k(t)$$

其中 $a_k^*(t)$ 是 $a_k(t)$ 的 7 天滑动平均

$$a_k^*(t) = \frac{1}{7}\sum_{s=-3}^{3} a_k(t-s)$$

$a'_k(t)$ 是偏差序列

$$a'_k(t) = a_k(t) - a_k^*(t)$$

这样，$a_k^*(t)$和$a'_k(t)$分别是$a_k(t)$的低频和高频分量。再计算$a_k^*(t)$和$a'_k(t)$序列的方差，依据两者方差大小判别主成分$a_k(t)$主要反映低频变化还是高频变化。对于ATL和PAC两个区域，若$a_k^*(t)$的方差大于$a'_k(t)$的方差，则认为第k个S-PC主要反映低频变化，留下作为MSSA的对象。计算结果得出，对于ATL区域，第1～10S-PC主要反映低频变化。对于PAC区域，第1～7和第9，10共9个S-PC主要反映低频变化。所以，对于这2个地区，MSSA的变量个数L分别是10和9。对于NH区域，要求$a_k^*(t)$的方差大于$a'_k(t)$方差的2倍，结果是截取前13个S-PC参加MSSA，即$L=13$。

以上是空间维数的压缩，对时间维数也要压缩。因为研究的目的是识别低频振荡时段，所以时间间隔没有必要取成1天。该应用中取$\Delta t=5$天，窗口长度取200天，即$40\Delta t$，所以MSSA中的$M=40$。把3个区域的这一组MSSA分别记为ATL200，PAC200和NH200，它们的T_x矩阵分别是400×400，360×360，520×520方阵。

为了进一步认识30～60天振荡特征，在ATL200，PAC200，NH200的基础上，再做一组MSSA。其想法是，ATL200，PAC200和NH200的分析对象是截取各自的前几个S-PC，已经是低频成分，但频带较宽，可再从其中取出相对高频成分做第2次MSSA，突出30～60天周期成分。做法是，把ATL200，PAC200，NH200的MSSA各自的重建成分再做划分，重建公式是（6.3.7）式。把特征成分的序号$k=1,2,\cdots,L\times M$，划分为$1,2,\cdots,P$和$P+1,P+2,\cdots,L\times M$，相应地重建成分也划分成2部分

$$x_{li}=\sum_{k=1}^{L\times M}x_{li}^k=\sum_{k=1}^{P}x_{li}^k+\sum_{k=P+1}^{L\times M}x_{li}^k=y_{li}+z_{li}$$

因为ATL200，PAC200，NH200的分析对象已经是低频成分，所以重建的两部分y_{li}和z_{li}都是低频成分，但是，相对于y_{li}而言，z_{li}是由较高序号特征成分重建的，频率相对高些，适用于研究30～60天变率。对ATL区域取$P=8$，对PAC和NH区域取$P=9$。由ATL200，PAC200，NH200重建的z_{li}作为第2次MSSA的对象。窗口取80天，Δt取2天，M依旧为40，这一组分析记为ATL80，PAC80和NH80。两组试验都按上节介绍的准则确定成对的特征成分和周期振荡。但是，具体应用时，实际资料的计算结果不可能严格满足理论上的标准，为此需要按理论上的要求再选择一个可执行的标准。由（6.3.18）式和（6.3.19）式，表示振荡成分的一对ST-PC分别是相同频率的正弦和余弦函数，它们同时的（迟后零的）相关系数等于零，迟后和超前1/4周期的迟后相关系数应分别等于+1和−1，因此Plaut等取相邻的两个ST-PC序列在迟后时间零的两侧的迟后相关系数的极值绝对值超过0.5为振荡对的标准。注意，他们使用的序列为32年，有$2400\Delta t$，样本相关系数达这个标准要求已很高，在别的应用中不一定硬性照搬。结果见表6.4.1。

表 6.4.1　MSSA 的成对特征成分反映的振荡特征

试验	成对序号	周期（天）	方差（%）	峰方差（%）	局部方差（%）
ATL200	1—2	365	41	100	58
	7—8	70	1.6/2.7	29	20
	12—13	32	1.2/2.0	29	11
	15—16	40	1.1/1.9	17	14
PAC200	1—2	365	53	100	70
	3—4	182	2.7/5.7	76	22
	6—7	122	1.5/3.2	34	20
	10—11	52	1.0/2.1	30	10
	12—13	35	1.0/2.1	27	14
NH200	1—2	365	55	100	72
	3—4	182	2.1/4.7	73	15
	6—7	122	1.1/2.4	25	11
	8—9	70	1.0/2.2	26	12
	20—21	33	1.0/2.2	17	18
ATL80	1—2	33	4.4	31	26
PAC80	1—2	43	5.1	35	28
NH80	2—3	42	3.6	24	17

表中第 2 列是成对特征成分的序号。第 3 列周期是根据这一对 ST-PC 的最大熵谱之和的峰值确定的，即 $P^k(f)+p^{k+1}(f)$ 的峰值频率所对应的周期。第 4 列方差百分比是根据特征值谱确定的，例如，ATL200 第 1，2 特征成分对的方差贡献百分比是 $(\lambda_1+\lambda_2)/\sum\limits_{i=1}^{M\times L}\lambda_i=41\%$。第 4 列中的分母是不计年周期方差后的百分比，因为第 1，2 对特征成分表示的是年周期，所以第 4 列中分母是 $(\lambda_k+\lambda_{k+1})/\sum\limits_{i=3}^{M\times L}\lambda_i$。第 5 列峰方差百分比是根据（6.3.12）式定义的，一对振荡成分解释频率为 f 的成分的方差百分比为

$$r^k(f)+r^{k+1}(f)=\frac{p^k(f)+p^{k+1}(f)}{Mp(f)}\times 100\%$$

上式中的 f 取 $p^k(f)+p^{k+1}(f)$ 达峰值的频率时，就是峰方差百分比。它的含义与方差百分比不同，方差百分比是不分频率的方差贡献率，而峰方差百分比是在这对特征成分谱峰的频率处这一对特征成分的方差贡献率。

第 6 列局部方差是对时段而言的，定义

$$V_i=\left\{\left[(a_i^k)^2+(a_i^{k+1})^2\right]\Big/\sum_{k=1}^{M\times L}(a_i^k)^2\right\}\times 100\%$$

V_i 是在第 i 状态这对特征成分的方差贡献率，显然随 i 变化，$i=0，1，2，\cdots，N-M$，表中的值是对所有状态的最大值。

由表可见，ATL200，PAC200，NH200 都显示出年周期振荡最强。PAC 和 NH 区域有半年和 1/3 年周期，大西洋区域 70 天周期较强，3 个区域都有 30～35 天振荡。

图6.4.1是ATL200试验的ST-EOF7和ST-EOF8在各个通道随迟后时间变化

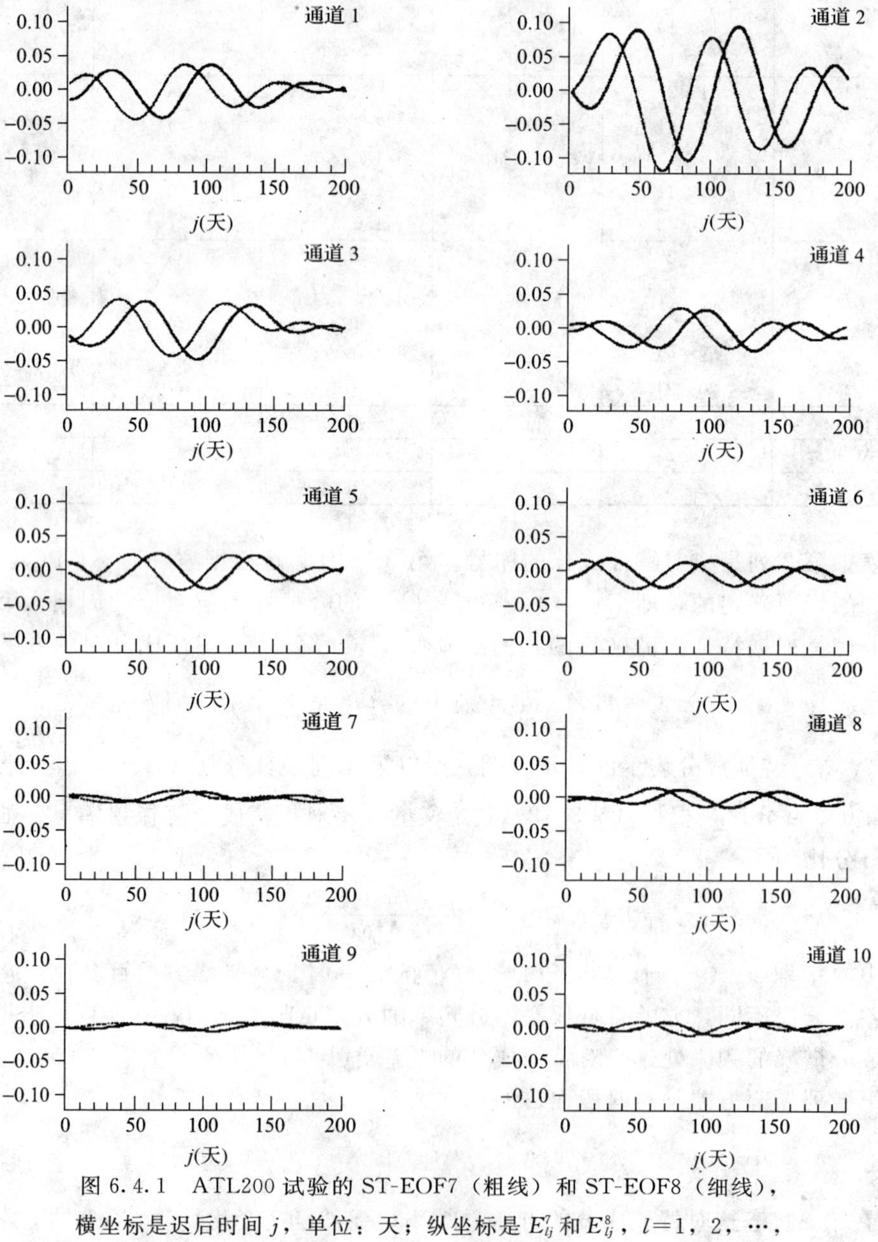

图 6.4.1　ATL200 试验的 ST-EOF7（粗线）和 ST-EOF8（细线），横坐标是迟后时间 j，单位：天；纵坐标是 E^7_{lj} 和 E^8_{lj}，$l=1$，2，…，10 是 10 个通道的图（引自 Plaut Guy 和 Vautard Robert，1994，下同）

图。共 10 个通道是在该区域空间 EOF 分析的前 10 个主成分。图中的横轴是迟后时间域，窗口长度 $M=200$ 天。曲线值是 E_{lj}^{7} 和 E_{lj}^{8}，$l=1, 2, \cdots, 10$，分别绘成 10 个通道图。$j=1, 2, \cdots, 40$，因为 $\Delta t=5$ 天，对应于迟后 5～200 天。从图看出，它们在各个通道有相近的周期，200 天内大致完成 3 个循环，周期约 70 天。在各个通道 E_{lj}^{7} 和 E_{lj}^{8} 位相差约 1/4 周期。它们满足（6.3.16）式和（6.3.17）式对振荡成分 ST-EOF的要求。

图 6.4.2 是 ATL200 试验的前 16 个 ST-PC 在不同频率处解释的方差百分比图，即 $r^{k}(f)=p_{k}(f)/Mp(f)$ 图，是 f 的函数。其中 ST-PC7 和 ST-PC8 有相近的谱峰，周期为 70 天，各表示该周期方差的 15%左右，合计表示该周期方差的 29%（见表 6.4.1）。另一明显成对的成分是 ST-PC12 和 ST-PC13，它们的谱峰在周期 32 天处，合计解释该频率成分的方差也是 29%。较弱的成对特征成分还有 ST-PC15 和 16，它们的谱峰在周期 40 天处，两者之和等于 17%。

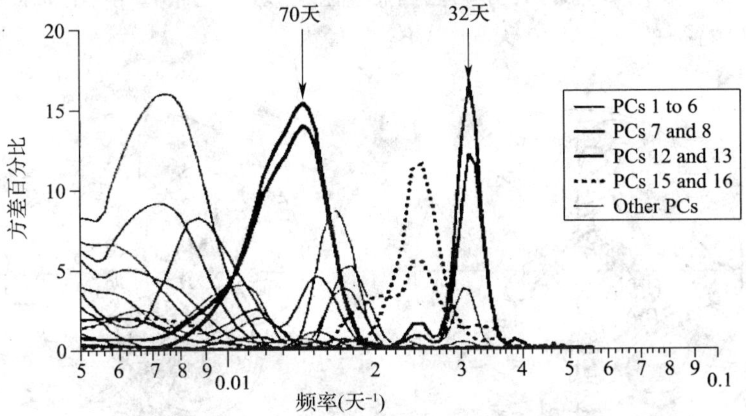

图 6.4.2　ATL200 试验前 16 个 ST-PC 的 $r^{k}(f)$

SSA 和 MSSA 与小波分析一样还有时间局部化功能，它也能识别高振幅的时段，称为振荡片断。是由 V_i 的最大值确定的时段，例如 ATL200 试验的 70 天振荡在 1977/1978 年冬季最强，在 1961/1962 年、1984/1985 年冬季也较强。

表示振荡的空间结构采用不同位相下原距平的合成图。为此，首先要确定原始资料的每一时间 t 属于 MSSA 识别出的振荡的哪一位相。步骤是：（1）对于一对特征成分描述的振荡，用 ST-EOF_k，ST-EOF_{k+1}，ST-PC_k，ST-PC_{k+1} 重建 MSSA 的分析对象，记为

$$y_{li}=x_{li}^{k}+x_{li}^{k+1} \qquad l=1,2,\cdots,L \qquad i=1,2,\cdots,N$$

注意，重建的序列 y_{li} 是对 S-PC 序列的拟合，而不是对原始气象变量的拟合，因此重建出的 y_{li} 有 L 个序列，例如，对于 ATL200，y_{li} 有 10 个序列。（2）对每个 y_{li} 序列计

算方差，选出方差达最大的一个序列，为简单起见依旧记为 y_{li}。例如，对于 ATL200 试验的第 7，8 一对特征成分确定的 70 天振荡，由图 6.4.1 可看出 ST-EOF$_7$ 和 ST-EOF$_8$ 在第 2 通道振动最强，由这一对特征成分重建的序列也是第 2 通道序列最强，即大西洋区的 70 天振荡主要出现在距平场 EOF 分析的 EOF$_2$ 的时间系数序列（S-PC$_2$）中，划分 70 天振荡的位相应依据重建的 S-PC$_2$。(3) 用中心差分计算 y_{li} 的时间导数，$y'_{li}=(y_{li+1}-y_{li-1})/2\Delta t$。(4) 计算 2 维向量 (y_{li}, y'_{li}) 与 $(0, 1)$ 之间的夹角 φ_i（用弧度为单位），另外将 $[0, 2\pi]$ 划分为 8 个等分，编号为 1，2，…，8，夹角 φ_i 落入某个编号的角区间，即把 i 时间划为振荡的该编号位相。当然，作为基准的向量 (0，1) 和 8 个位相的编号 1～8 是相对的。

图 6.4.3 是 ATL200 试验 70 天振荡第 5，6，7，8 位相在冬季的 700hPa 高度原始距平的合成图，冬季取 11 月 15 日开始的 136 天。第 1，2，3，4 位相的合成图分别与 5，6，7，8 位相的合成图相似，但相差一个负号。由该图可见，70 天振荡在大西洋急流区有向极地传播的成分，在西伯利亚有驻波分量。由图 6.4.3 (d) 可见，在具有 NAO 特征的位相，70 天振荡的振幅最大。

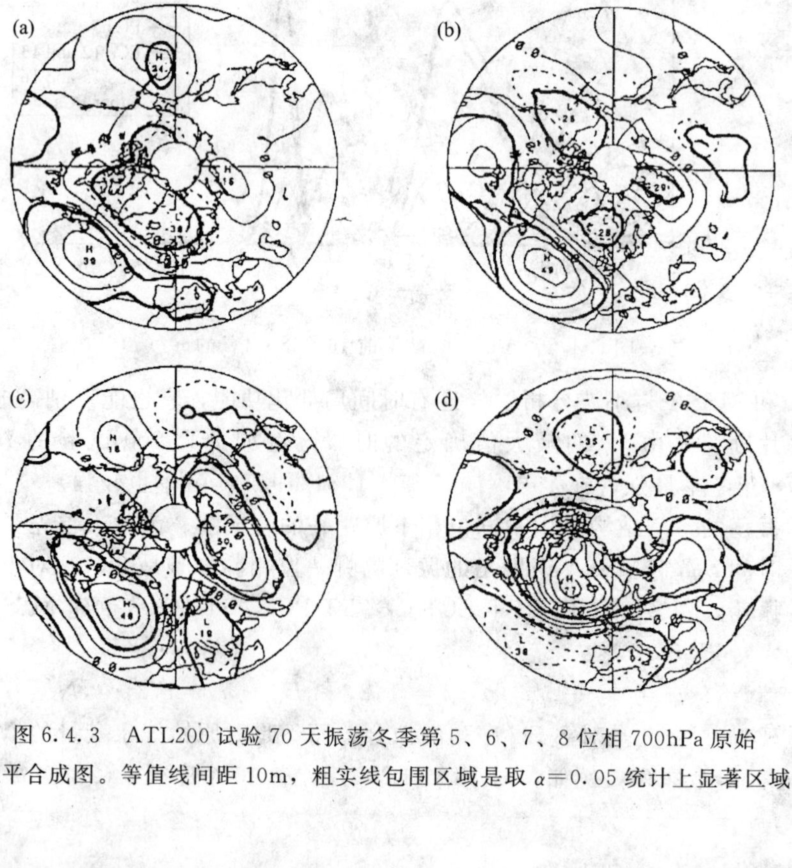

图 6.4.3　ATL200 试验 70 天振荡冬季第 5、6、7、8 位相 700hPa 原始距平合成图。等值线间距 10m，粗实线包围区域是取 $\alpha=0.05$ 统计上显著区域

研究低频振荡与天气型的关系需要有同一地区和时段的天气型划分方法和划分结果。Vautard（1990）对北大西洋区域用 EOF 分析做了天气型承替规律研究。把北大西洋的 700hPa 环流分成 4 个型：欧洲大西洋阻塞型（BL-blocking）、大西洋区域纬向环流增强型（Zo-zonal）、格陵兰附近持续正距平型（GA）、欧洲沿海脊型（AR）。然后统计各个天气型出现在 ATL200 试验的 70 天振荡、32 天振荡的各 8 个位相的次数。结果显示出，每个天气型出现在低频振荡的特定位相占优势。例如，BL 出现在 70 天振荡的第 7，8 位相和 32 天振荡的 7，8 位相占优势；ZO 出现在 70 天振荡的第 4，5 位相和 32 天振荡的 3，4 位相占优势；GA 出现在两个振荡的第 8，1 位相占优势；AR 倾向于出现在 70 天振荡的第 5，6 位相。

经过 MSSA 识别出的低频振荡是比较规则和可预报的，较容易掌握其当前位相。由天气型与低频振荡位相关系，可给出未来某种天气型出现的概率，例如，在 32 天振荡的第 7 位相出现阻塞天气型的概率是该天气型气候概率的 3 倍，这对气候预测是很有用的信息。

由这个应用例可见，MSSA 是识别场周期振荡时空特征的有用方法。

§6.5　非线性奇异谱分析

非线性奇异谱分析（Nonlinear SSA，简写 NLSSA）是 Hsieh W 和 Wu Aiming（2002）首先提出的。它的主要功能是从带有噪声的序列中识别和提取非正弦型（余弦与正弦是同一型）周期信号，它既可对单通道时间序列也可对多通道时间序列使用，即有 NLSSA 和 NLMSSA，为了简单起见，统称 NLSSA。

在 SSA 和 MSSA 中，序列中的正弦型周期成分或场的正弦型传播振荡被识别为一对特征成分之和，它的理论依据在§6.1 和§6.3 中做了解释，是用两个角的和或差的正弦或余弦的分解公式。在实际应用中，大多数周期成分不是正弦型的，例如，赤道低平流层纬向风 u 的准两年周期振荡（QBO），周期性比较规则，但是东风半周期与西风半周期的强度和持续时间不对称。又例如 ENSO 振荡的暖位相和冷位相无论在空间还是时间上都不是简单地反对称的。因此，从这一观点看，实际气象场中的周期成分和传播型振荡因为是非正弦的，不完全是 SSA 和 MSSA 的一对特征成分之和，可以是两个或更多个特征成分的非线性的组合。人工神经网络（Neural Network，以下简称 NN）是多变量非线性组合的有用工具。但是，一般的 NN 只能得到对资料近似的开放曲线解，不能表达资料中的周期性。Kirby 和 Miranda（1996）提出了一种特殊的非线性主成分分析方法，在 NN 的瓶颈层有两个神经元，并且限制它们在一个单位圆上变化，这样，NN 的输出既是对输入层资料的近似表示，输出数据的图像又是闭合曲线，反映了输入资料中的周期性，但可以是非正弦型变化。这种非线性主成分分析方法称为循环模态非线性主成分（NLPCA with a circular mode，以下简写 NLPCA. cir）。Hsieh W 和 Wu Aiming 提出的识别或提取非正弦型周期信号的方法 NLSSA 实际上是在 SSA 或 MSSA 的基础上，对截取的前几个时间主成分或时空主成分序列再做 NLPCA. cir。因为 NLPCA. cir 不同于§1.5 介绍的 NLPCA，下面要介绍 NLPCA. cir，不可避免地还要与 NLPCA 比较，§1.5 侧重于介绍非线性主成分分析的思想，即压缩维数和恢复原变量的信息，这里侧重于网络实现方法和结果解释。

6.5.1　实现 NLPCA 和 NLPCA. cir 的神经网络

图 6.5.1（a）是实现一般 NLPCA 的神经网络。在输入层 $\boldsymbol{x}$ 和输出层 $\boldsymbol{x}'$ 之间有 3 个隐层，紧随输入层的是编码层，单个字符 u 表示的是瓶颈层，它的下一层是解码层，输出与输入层各有 m 个神经元，编码和解码层各有 L 个神经元。传递函数 f_1 把输入的 m 维向量 $\boldsymbol{x}$ 非线性成象（也称变换或映射）到第一隐层（L 维列向量 $\boldsymbol{h}^{(x)}$），其元素是

$$h_k^{(x)} = f_1[(\boldsymbol{w}_1^{(x)}\boldsymbol{x} + \boldsymbol{b}^{(x)})_k] \tag{6.5.1}$$

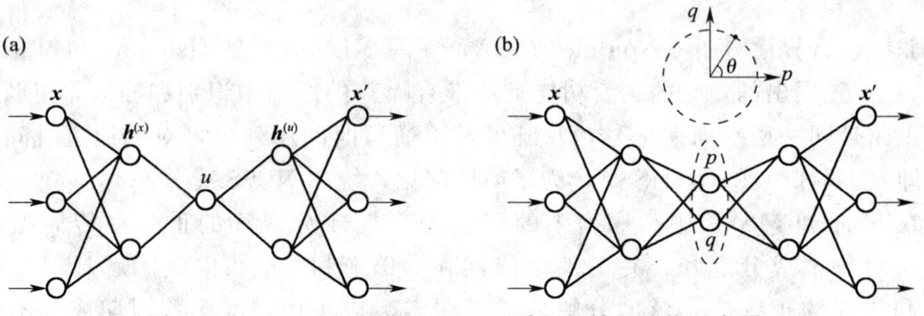

图 6.5.1　NLPCA 和 NLPCA. cir 采用的神经网络示意图

$\boldsymbol{w}_1^{(x)}$ 是 L 行 m 列权系数矩阵，$\boldsymbol{b}^{(x)}$ 是 L 维列向量，它的分量是偏斜参数，$k=1, \cdots, L$。类似地，第二个传递函数 f_2 从编码层成象到瓶颈层，瓶颈层只有一个神经元，就是非线性主成分 u

$$u = f_2(\boldsymbol{w}_2^{(x)} \cdot \boldsymbol{h}^{(x)} + \overline{b}^{(x)}) \tag{6.5.2}$$

$\boldsymbol{w}_2^{(x)}$ 是 L 维列向量，$\overline{b}^{(x)}$ 是一个数量。传递函数 f_1 一般是非线性的（双曲正切或 S 形函数，虽然严格的形式不是关键的）。f_2 一般取等同变换，也就是 u 直接取 f_2 的自变量。

下一个传递函数 f_3 从 u 成象到解码层 $\boldsymbol{h}^{(u)}$（L 维列向量），它的分量是

$$h_k^{(u)} = f_3[(\boldsymbol{w}_3^{(u)} u + \boldsymbol{b}^{(u)})_k], \qquad k = 1, \cdots, L \tag{6.5.3}$$

$\boldsymbol{w}_3^{(u)}$ 和 $\boldsymbol{b}^{(u)}$ 是 L 维列向量，分别是权重系数和偏斜参数。最后，f_4 从 $\boldsymbol{h}^{(u)}$ 成象到输出层 $\boldsymbol{x}'$，$\boldsymbol{x}'$ 是 m 维列向量，分量是

$$x'_i = f_4[(\boldsymbol{w}_4^{(u)} \boldsymbol{h}^{(u)} + \overline{\boldsymbol{b}}^{(u)})_i] \tag{6.5.4}$$

$\boldsymbol{w}_4^{(u)}$ 是 m 行 L 列权系数矩阵，$\overline{\boldsymbol{b}}^{(u)}$ 是 m 行 1 列矩阵（列向量）。

该神经网络共有 $2mL+4L+m+1$ 个参数（$\boldsymbol{w}_1^{(x)}$ 是 L 行 m 列矩阵，$\boldsymbol{b}^{(x)}$ 是 L 维列向量，$\boldsymbol{w}_2^{(x)}$ 是 L 维列向量，$\overline{b}^{(x)}$ 是一个数量，$\boldsymbol{w}_3^{(u)}$ 和 $\boldsymbol{b}^{(u)}$ 是 L 维列向量，$\boldsymbol{w}_4^{(u)}$ 是 m 行 L 列矩阵，$\overline{\boldsymbol{b}}^{(u)}$ 是 m 维列向量）。我们要找这些参数的最优值，使网络的输出 $\boldsymbol{x}'$ 尽可能接近网络的输入 $\boldsymbol{x}$，也就是使损失函数或目标函数 $J=\left\langle \| \boldsymbol{x}-\boldsymbol{x}' \|^2 \right\rangle$ 达最小。NN 的输出 $\boldsymbol{x}'$ 与原资料 $\boldsymbol{x}$ 之间的均方误差（MSE）于是达最小。实现 NLPCA 的 NN 中，f_1 和 f_2 采用双曲正切函数，f_2 和 f_4 采用等同变换，也就是

$$u = \boldsymbol{w}_2^{(x)} \cdot \boldsymbol{h}^{(x)} + \overline{b}^{(x)} \tag{6.5.5}$$

$$x'_i = (\boldsymbol{w}_4^{(u)} \boldsymbol{h}^{(u)} + \overline{\boldsymbol{b}}^{(u)})_i \tag{6.5.6}$$

此外，我们还想使得到的非线性主成分满足标准化条件，即均值为零，方差为 1，$\langle u \rangle =0$，$\langle u^2 \rangle =1$ 这只需要把损失函数修改为

$$J = \left\langle \| \boldsymbol{x} - \boldsymbol{x}' \|^2 \right\rangle + \langle u \rangle^2 + \left(\langle u^2 \rangle - 1 \right)^2 \tag{6.5.7}$$

由于增加这两个限制条件，有效的自由参数比 $2mL+4L+m+1$ 减少 2 个。

编码和解码层神经元的个数 L 的选取应遵从节省的原则，L 选得大一些可以增加网络的非线性模拟能力，但是可能引起过适应解（也就是解显示出较多小的抖动，去适应资料中的噪声）。如果 f_4 是等同变换，而且 $L=1$，则（6.5.6）式意味着 x'_i 与解码层单个隐神经元是线性关系，因此 x'_i 相互间也只能是线性关系。所以，为了得到非线性解，必须 $L \geqslant 2$。在瓶颈层也可能有多于一个神经元，例如瓶颈层有 2 个神经元的模式将提取两维曲面而非一维曲线。

非线性最优化是采用应用软件 MATLAB 最小化功能实现的。因为训练过程可能陷入损失函数的局部最小，不能保证最优算法达到全局最小，因此，采用随机的初始权重系数和偏斜参数多次运行训练过程。此外，预先随机地选取约 20% 的资料用作检验，不参与网络的训练。为了避免过适应，把在检验资料上均方误差大于在训练资料上均方误差的运行抛弃掉。然后，把均方误差达最小的一次运行结果选作解。

NLPCA 最严重的问题是损失函数存在局部最小。因而，从不同的初始参数出发的最优化经常收敛到不同的最小值，使得解不稳定或不唯一。解决的方法是调整损失函数，在其上再增加一个惩罚项。在损失函数中增加惩罚项的目的是一定程度上控制

NLPCA 的非线性功能，非线性功能来源于非线性传递函数。传递函数双曲正切（也可以采用别的类似函数）

$$y = \tanh(x) = \frac{e^x - e^{-x}}{e^x + e^{-x}} \tag{6.5.8}$$

它的图像是，函数曲线通过 $x=0$，$y=0$ 点，在 $x=0$ 两侧随 x 增加而增加，x 在正的一侧增加时 y 趋向于 1，x 在负的一侧绝对值增加时，y 趋向于 -1。因此，对于足够小的权重 w 有 tanh（wx）$\approx wx$，也就是传递函数几乎是线性的。而当选取足够大的权重 w 时，tanh（wx）要么趋向于 1 要么 -1，接近阶梯函数，从而得到 Z 型解。如果我们采取措施惩罚使用过分的权重系数，就能限制 NLPCA 解的非线性程度。这个解决方法可通过修改损失函数来实现，取

$$J = \left\langle \| \boldsymbol{x} - \boldsymbol{x}' \|^2 \right\rangle + \langle u \rangle^2 + (\langle u^2 \rangle - 1)^2 + p \sum_{k,i} (w_{k,i}^{(x)})^2 \tag{6.5.9}$$

其中 p 是权重惩罚参数。大的 p 值增加损失函数凹度，迫使权重系数取较小的数值，从而可得到比较平滑的和非线性程度较小的解。因此，增加 p 值也减少了模式的有效自由参数的个数。

NLPCA 模态解释的方差百分比是

$$\left(1 - \frac{\left\langle \| \boldsymbol{x} - \boldsymbol{x}' \|^2 \right\rangle}{\left\langle \| \boldsymbol{x} - \overline{\boldsymbol{x}} \|^2 \right\rangle}\right) \times 100\% \tag{6.5.10}$$

$\overline{\boldsymbol{x}}$ 是 $\boldsymbol{x}$ 的均值向量，实际上是零向量。

图 6.5.1（b）是实现 NLPCA. cir 的神经网络，瓶颈层有两个神经元 p 和 q。类似于 u 的计算公式，先计算 p_0 和 q_0

$$p_0 = \boldsymbol{w}^{(x)} \cdot \boldsymbol{h}^{(x)} + \overline{b}^{(x)} \tag{6.5.11}$$

$$q_0 = \widetilde{\boldsymbol{w}}^{(x)} \cdot \boldsymbol{h}^{(x)} + \widetilde{b}^{(x)} \tag{6.5.12}$$

其中 $\boldsymbol{w}^{(x)}$ 和 $\widetilde{\boldsymbol{w}}^{(x)}$ 是权重系数向量，是与 $\boldsymbol{h}^{(x)}$ 相同维数（L 维）的列向量，$\overline{b}^{(x)}$ 和 $\widetilde{b}^{(x)}$ 是偏斜参数，是单个数量。记

$$r = \sqrt{p_0^2 + q_0^2} \tag{6.5.13}$$

则循环模态取为

$$p = p_0/r, q = q_0/r \tag{6.5.14}$$

满足单位圆方程 $p^2 + q^2 = 1$，在瓶颈层虽然有两个变量 p 和 q，但是受单位圆的限制，只有一个自由度，即角度 θ。从瓶颈层到输出层的成象与上述一般的 NLPCA 相同，公式（6.5.3）用下式代替

$$h_k^{(u)} = \tanh[(\boldsymbol{w}^{(u)} p + \widetilde{\boldsymbol{w}}^{(u)} q + \boldsymbol{b}^{(u)})_k] \tag{6.5.15}$$

其中 $\boldsymbol{w}^{(u)}$ 和 $\widetilde{\boldsymbol{w}}^{(u)}$，$\boldsymbol{b}^{(u)}$ 都是与解码层 $\boldsymbol{h}^{(u)}$ 相同维数（L 维）的列向量。

当执行 NLPCA. cir 的 NN 时，有两种可能的限制配置，第一种是应用制约关系 $\langle p\rangle=0$，$\langle q\rangle=0$，即要求它们的均值等于零，第二种是更一般的配置，没有这两个约束。在损失函数中增加附加项 $\langle p\rangle^2$ 和 $\langle q\rangle^2$ 能够使第一种配置近似地得到满足。如果一个闭合曲线解被找到，则配制一比配制二好，因为它少两个有效参数。然而，配置二因为比配置一更一般，能更容易地模拟闭合曲线解，像一个规则的 NLPCA，理由是，如果输入资料成象到 $p-q$ 平面只覆盖单位圆的片段，而不是整个单位圆，则从 $p-q$ 空间逆成象到输出空间将得到一个类似于开放曲线的解。因此，给定一套资料集，配置二能得到或者闭合曲线解或者开放曲线解。它的更一般性是要付代价的，那就是需要防止陷入更多的局部最小。NLPCA. cir 的 NN 的参数个数是 $4Lm+6L+m+2$，虽然在配制一下由于强加的限制可使自由参数减少 2 个。NLPCA. cir 与 NLPCA 不同还在于，NLPCA 当传递函数都是线性的时退化为一般的 PCA，而 NLPCA. cir 没有线性的副本。

6.5.2 NLPCA 应用例子

采用热带太平洋 SST 距平（移去气候平均季节循环）资料（1950—1999 年），做传统 PCA、旋转 PCA（RPCA）、NLPCA 比较。先做传统 PCA，也就是 EOF 分析，仅保留前 3 个模态，解释的方差百分比分别是 51.4%、10.1%、7.2%。前 3 个主成分（PC_1，PC_2，PC_3）作为 NLPCA 网络的输入 $\boldsymbol{x}$，同时也是 RPCA 的输入。

图 5.6.2 横坐标是 PC_1，纵坐标是 PC_2。图上小黑点是每个资料时次的 PC_1 和 PC_2 值确定的点。在 PCA 原理中已知，PC_1 与 PC_2 是线性不相关的，从图上小黑点的散布也可见没有聚集的直线方向。资料显示出，La Nina 事件 PC_1 和 PC_2 对应的点聚集在左上角，El Nino 事件对应的点聚集在右上角。图上小圆圈表示的点是神经网络输出的前 2 个分量（即 PC_1 和 PC_2 的 NLPCA 网络近似 x'_1 和 x'_2，也称 NLPCA 近似）确定的位置。这些小圆圈连成了一根曲线，呈 V 字型，它反映 PC_1 与 PC_2 间的非线性关系。这根曲线一般是不闭合的，所以说 NLPCA 得到开放曲线解。图上的 V 字型 NLPCA 解连接 3 个状态，El Nino 和 La Nina 在该曲线的两端，接近正常的状态在它的中段。图上 PC_1 在水平方向，PC_2 在垂直方向，而 El Nino 和 La Nina 对应点分别在右上角和左上角，可见暖事件和冷事件用某一个 PC 和它的特征向量来表示是不适当的。为了比较，取前 3 个主成分和特征向量做方差最大正交旋转，得到的第一和二 RPC 特征向量在图上用虚线表示。可见 RPC_1 大值时对 El Nino 事件的描述比 PC_1 大值时对 El Nino事件的描述更准确，主要是表示出了秘鲁附近暖水的强度。但是，另一方面，RPC_1 强的负值（最小值点在图的左下方）与 La Nina 事件（在左上方）对应关系就变差了，这本身也说明这两个事件不是简单地相反的，这是线性方法表示它们的困难所

在。而 NLPCA 的表示则不同，非线性主成分（即网络瓶颈层 u 的值）达正的较大值时，网络输出 $\boldsymbol{x}'$ 的前两个分量 x'_1 和 x'_2（分别是对 PC_1 和 PC_2 的近似）在图的右上方，是 V 字型曲线的一端，对应于 El Nino 事件，而 u 值达负的较强值时，PC_1 和 PC_2 的近似位于 V 字型曲线的另一端，对应于 La Nina 事件，u 值接近于零时对应于接近正常的海温分布。由此可见，非线性主成分 u 反映 SSTA 分布的信息优于传统 PC 和 RPC，用 u 作为气候分析和预报中的变量比常用的主成分或旋转主成分好。

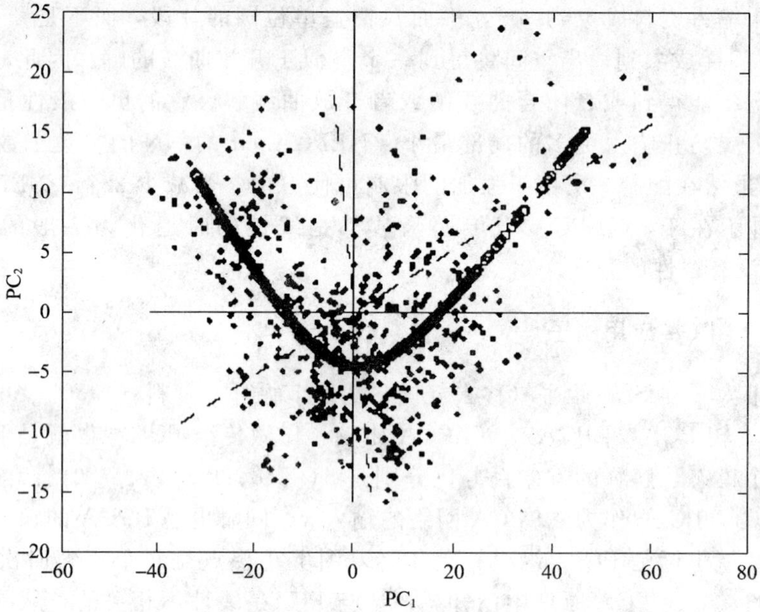

图 6.5.2 热带太平洋 SSTA 的 PC_1，PC_2 及 PC_1、PC_2 的神经网络近似的散布图（引自 Hsieh 2004，下同）

图 6.5.3 (a)、(b)、(c)、(d)、(e)、(f) 分别是 PC_1 达最大时、PC_2 达最大时、RPC_1 达最大时、RPC_2 达最大时、u 达最大时、u 达最小时的 SSTA 分布型。u 就是 $NLPC_1$，因为瓶颈层只取 1 个神经元。比较这些图可进一步证实上述分析，NLPCA 模态捕捉到了 El Nino 和 La Nina 的不对称性，u 的最小值反映的冷事件 SSTA 的负中心比 u 的最大值表示的暖事件 SSTA 的正中心强度偏弱、位置偏西，这与实际情况吻合较好。而 PCA 和 RPCA 则不然，它们达最大和最小时 SSTA 的分布只能相差一个负号，不能反映冷事件与暖事件中心强度和位置的不对称性。

6.5.3 NLPCA. cir 应用例子

这里介绍 NLPCA. cir 应用于赤道平流层纬向风的 QBO。QBO 的振荡周期变化在 22～32 个月之间，平均大约 28 个月。垂直方向伸展在 70～10hPa 等压面之间。

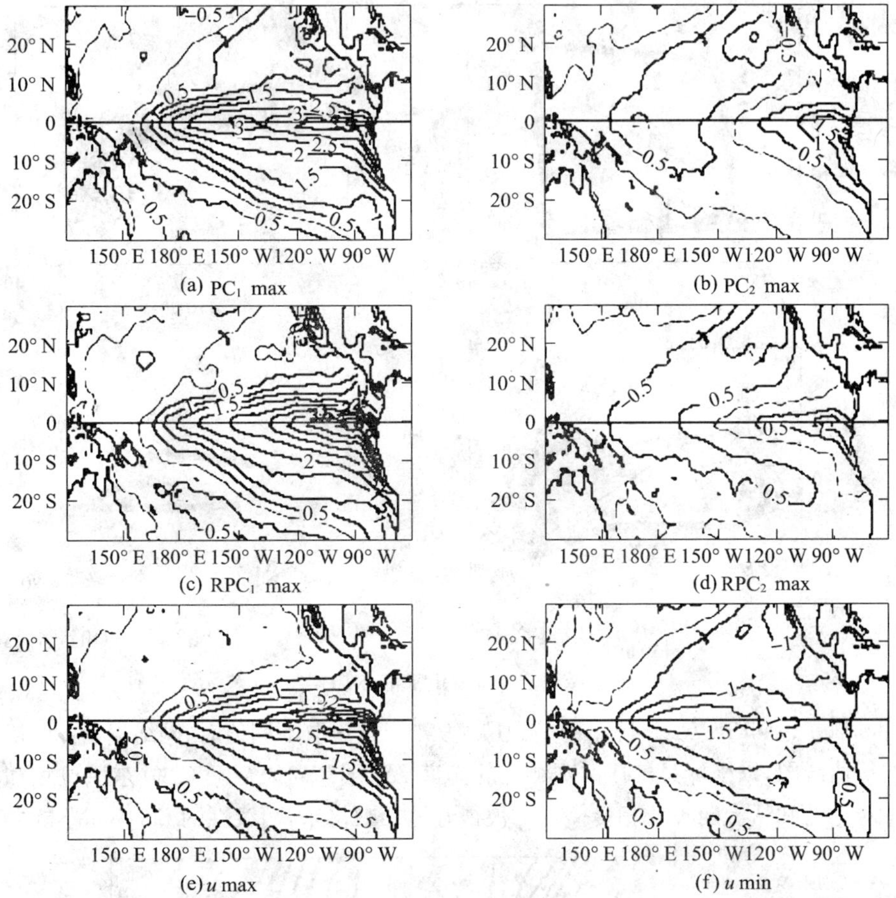

(a) PC_1 max　(b) PC_2 max　(c) RPC_1 max　(d) RPC_2 max　(e) u max　(f) u min

图 6.5.3　PC_1，PC_2，RPC_1，RPC_2 达最大时及 $NLPC_1$ 达最大和最小时 SSTA 分布型

取该垂直范围 7 个等压面上沿赤道平均的纬向风距平（移去了 45 年平均季节循环）作为 NLPCA. cir 神经网络的输入。图 6.5.4 给出网络输出的 7 个分量中的 3 个分量——70，30，10hPa 等压面（约 20～30km 上空）纬向风距平的 NLPCA. cir 近似，图中用小圆圈表示。小黑点表示网络输入资料相应分量确定的点。其中图（a）、（b）、（c）是在 2 维平面的透视图，图（d）是 3 维空间透视图。明显地可见 NLPCA. cir 近似是闭合曲线解。这个 NLPCA. cir 模态解释的方差百分比是 94.8%。为了比较，对同样的资料做 PCA，得到的 7 个 PCA 模态解释的方差百分比分别是 57.8%、35.4%、3.1%、2.1%、0.8%、0.5%和 0.3%。把 PC_1 模态对原资料的近似也画在图 6.5.4 的相应图上，显然它只能表示不同等压面上纬向风间的线性关系，是图上的直线。

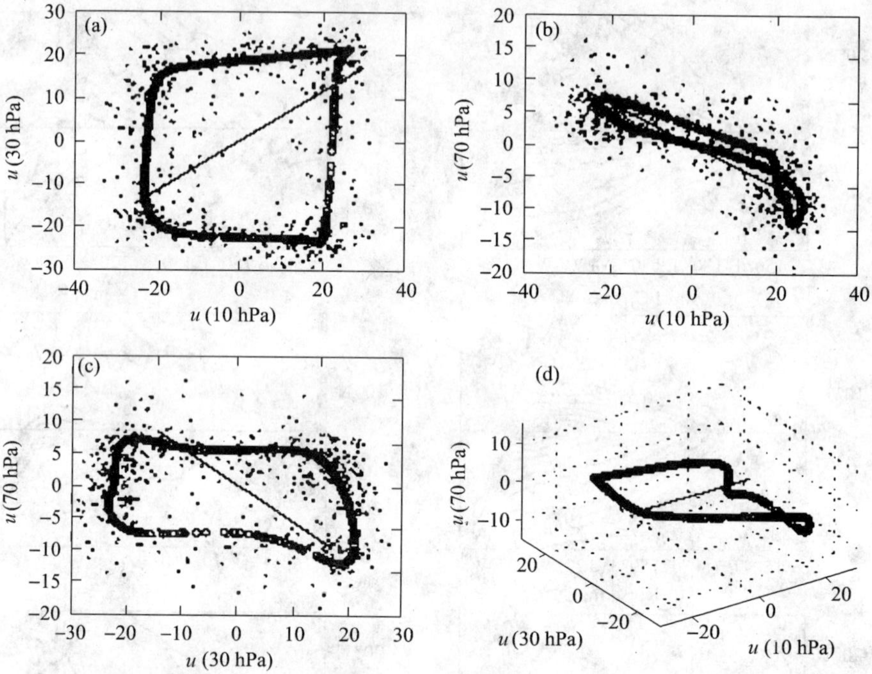

图 6.5.4 赤道平流层纬向风距平的 NLPCA. cir 模态 1 近似

图 6.5.5 是 NLPCA. cir 网络的瓶颈层 θ 从 $-\pi$ 到 π 取不同值时，网络输出的 7 层纬向风距平的等值线图，纵坐标是气压。观测到的赤道平流层纬向风距平 QBO 东风位相和西风位相的不对称性和从上向下位相传播特征被很好地反映出来，而线性的 PC 模态不能办到。

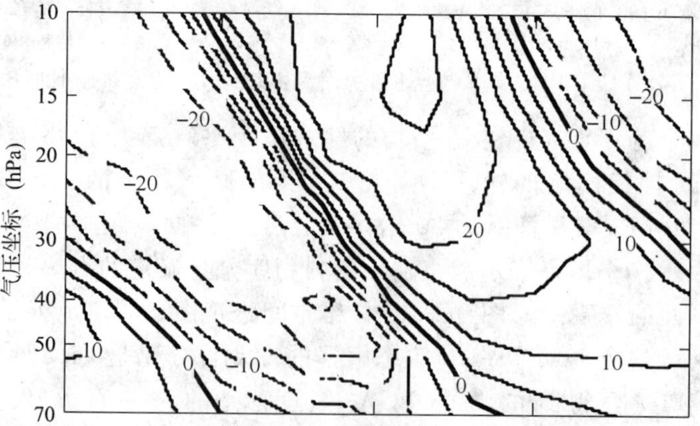

图 6.5.5 瓶颈层 θ 从 $-\pi$ 到 π 变化，赤道平流层纬向风距平的 NLPCA. cir 模态 1 近似的等值线图

粗线是零等值线，等值线间距 5m/s，实线大于零，虚线小于零

6.5.4　NLSSA 例子

前已说到，NLSSA 实际上是先做 SSA 或 MSSA，再对 T—PC 或 ST—PC 序列做 NLPCA. cir，目的是从带有噪声的资料中识别和提取非正弦型周期信号。为此，先人造一个非正弦周期信号，做 NLSSA，看方法的功能如何。取信号

$$f(t) = \begin{cases} 3 & t = 1,\cdots,7 \\ -1 & t = 8,\cdots,28 \end{cases}$$

上式给出信号在 t 从 1 至 28 的片段，然后按此周期性地循环延伸到 t 等于 600。这是一个方形波，峰的强度是谷的 3 倍，但宽度只有谷的三分之一，周期是 28，该信号序列见图 6.5.6 中的曲线（b）。该图中的垂直坐标是相对的，每根曲线中间的虚线是它的平均值位置。从上式容易看出，信号序列的平均值是零。然后，该信号上再叠加一个高斯噪声序列，高斯噪声序列的标准差等于信号序列标准差的 2 倍。最后，叠加了高斯噪声后的序列再做标准化，使其标准差为 1，得到的序列作为分析的对象，是图 6.5.6 中曲线（a）。长度 600。试验的目的是用 NLSSA 从曲线（a）中提取曲线（b）。

取窗口长度 $M=50$，对人造序列做 SSA。得到的前 8 个特征向量（SSA 中的时间特征向量即 T—EOF 在不容易混淆的情况下简称特征向量）见图 6.5.7。前 8 个模态分别解释分析对象在时间迟后域扩展后总方差的 6.3%，5.6%，4.6%，4.3%，3.3%，3.3%，3.2%，3.1%。第一、二模态组成一对成对的特征成分，显示出周期 28 的振荡。第二对（第三、四模态）显示周期 14 的振荡，也就是第一谐波。SSA 第二特征向量（图 6.5.7（a）虚线）可以看出非正弦性质，谷比峰宽、浅，但程度不及原方形波信号。前 4 个模态的时间主成分（简称 PC）由图 6.5.8 给出。无论特征向量还是 PC 都倾向于成对出现。每一对的两个成员除位相正交以外，变化的形式是相似的。

把 SSA 得到的前 8 个 PC 序列作为 NLPCA. cir 神经网络的输入。编码和解码层神经元个数 L 从 2 至 8 试验。权重过大惩罚参数 p 取 1。在 L 小于等于 5 以内，输出与输入之间的均方误差(MSE)随 L 增加而减少，L 大于 5，MSE 不再有明显改善。取 $L=5$，得到的 NLSSA 模态显示在图 6.5.9，图中看似粗黑的曲线是很多小圆圈的连线，每个小圆圈表示某一个时间 t 网络的输出 $\boldsymbol{x}'$，是对网络的输入 $\boldsymbol{x}$(前 8 个 PC)的近似，其中(a)、(b)、(c)、(d)分别是完整解在不同两维平面上的投影。正如方法的功能所预料的，PC_1 和 PC_2 被近似的闭合曲线结合在一起。比较奇特的是图 6.5.9(b)和(c)，其上的曲线呈 Lissajous 形，反映 PC_1 与 PC_3 和 PC_1 与 PC_4 之间的关系(两个正弦型时间序列 $z_1(t)=\sin\omega_1 t$ 和 $z_2(t)=\sin\omega_2 t$，如果 ω_1 与 ω_2 成比例，则 z_1 和 z_2 在它们的两维平面内的轨迹是 Lissajous 形曲线)。PC_1，PC_5 之间没有发现关系，看来 PC_5 是与 PC_1 独立的。然而，如果压低输入序列中的噪声标准差，PC_1 能够与 PC_5 甚至更高序号的 PC 有关。

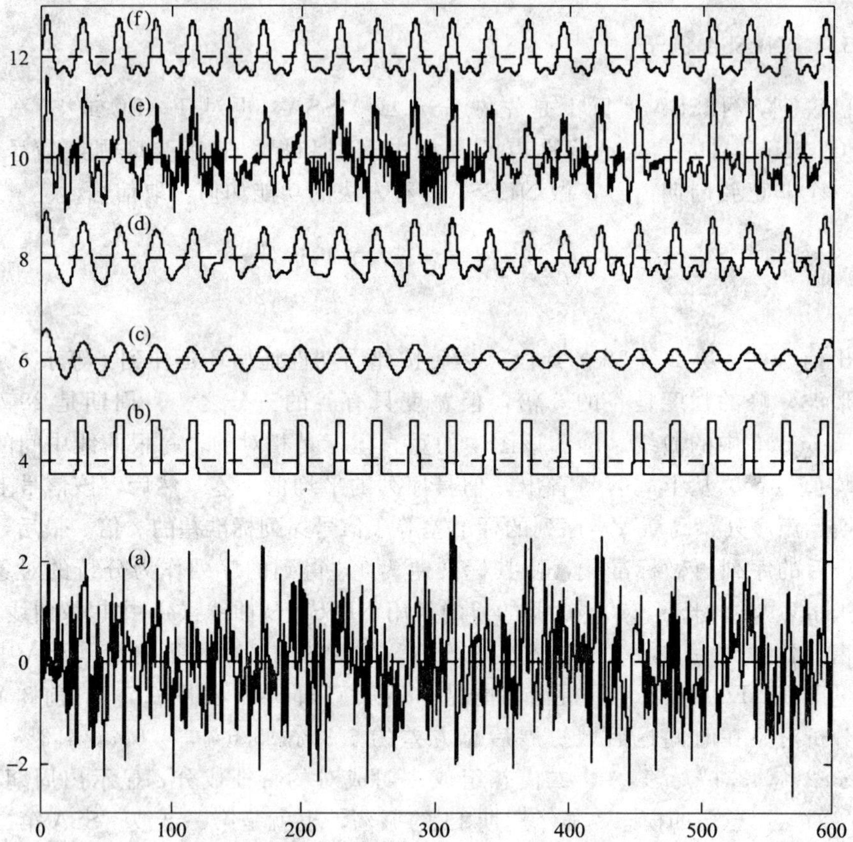

图 6.5.6　人造序列 NLSSA 试验。信号与噪声混合序列（曲线（a）），方形波信号（曲线（b）），RC1（曲线（c）），RC1—3（曲线（d）），RC1—8（曲线（e）），NLRC1（曲线（f））

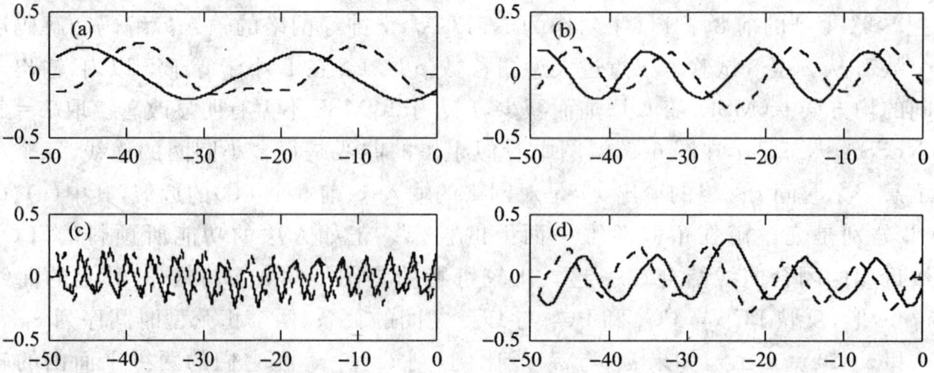

图 6.5.7　人造序列 SSA 的前 8 个特征向量（a）、（b）、（c）、（d）上实线是第 1、3、5、7，虚线是第 2、4、6、8 特征向量，横坐标是迟后时间

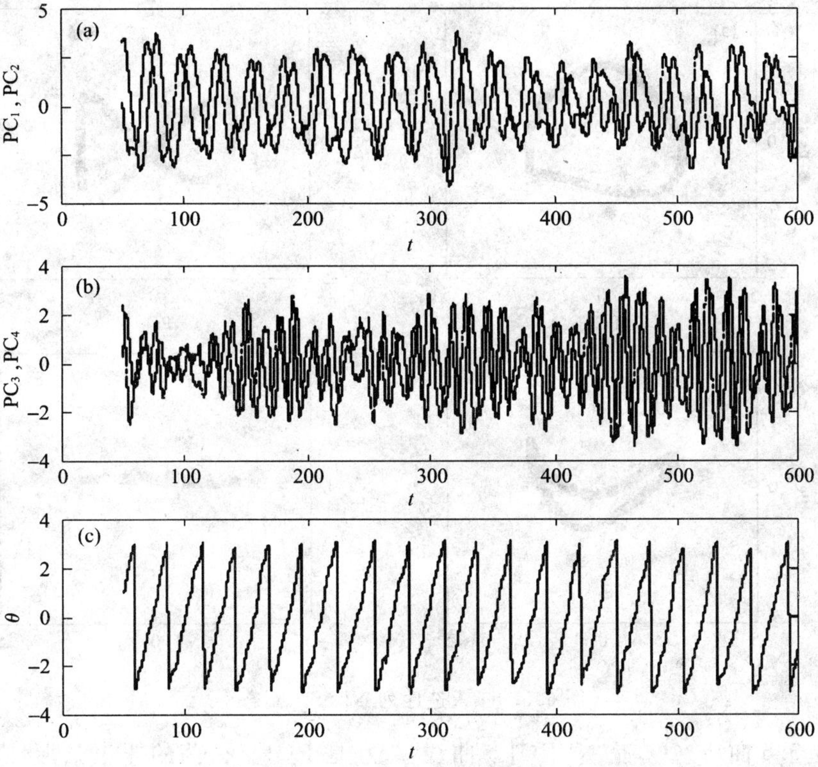

图 6.5.8　人造序列 SSA 前 4 个模态的 PC 序列和 NLSSA 模态 1 的 θ（a）实线 PC_1 虚线 PC_2，（b）实线 PC_3 虚线 PC_4

NLSSA 第一重建成分（简写 NLRC1）是 NLSSA 模态 1 对原时间序列的近似。神经网络的输出 $\boldsymbol{x}'$是 NLSSA 模态 1 对前 8 个 PC 的近似，要把这些近似的 PC 与它们对应的 SSA 特征向量相乘并相加（按重建公式（6.1.23）式）才得到对原序列的 NLSSA 第一模态重建成分 NLRC1。为了分清 SSA 的第一模态重建成分 RC1 和 NLSSA 的第一模态重建成分 NLRC1，这里再解释一下 SSA 与 NLSSA 模态序号的区别。SSA 的模态序号就是做 SSA 时特征值、特征向量和 PC 的序号，这里共取了前 8 个模态。而用 SSA 的前 8 个 PC 序列作为 NLPCA. cir 网络的输入 $\boldsymbol{x}$，所得到的输出 $\boldsymbol{x}'$称为 NLSSA 的第一模态（或模态 1）。如果把输入与输出的剩余部分 $\boldsymbol{x}-\boldsymbol{x}'$再作为第二次 NLPCA. cir 网络的输入，则第二次 NLPCA. cir 网络的输出称为 NLSSA 的第二模态。由于我们只做了第一次 NLPCA. cir，所以只有 NLSSA 模态 1，它实际上是 SSA 的前 8 个模态的第一种非线性组合，原理上，还可以有第二、第三种……非线性组合。

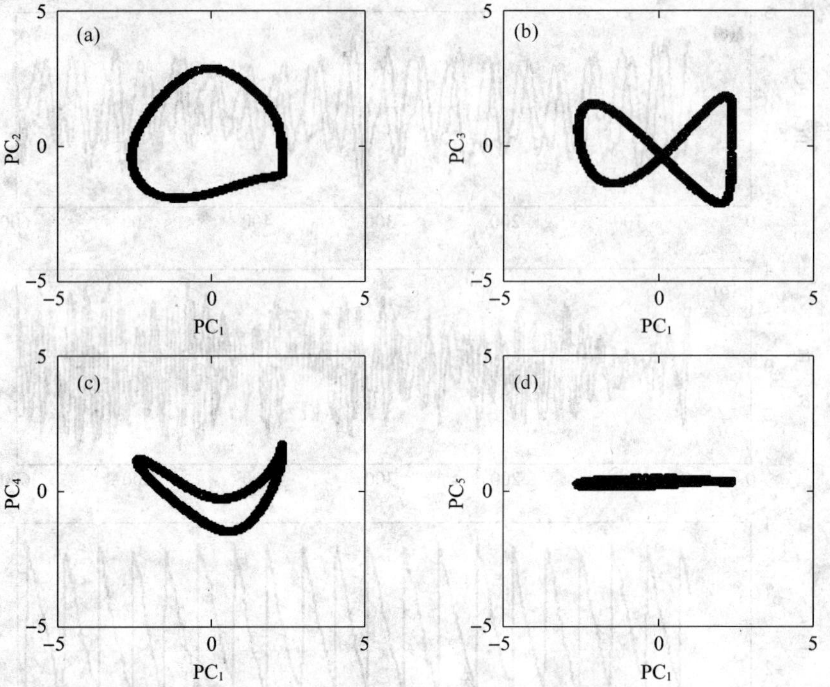

图 6.5.9　人造序列 NLSSA 模态 1

图 6.5.6 曲线（f）是 NLRC1，曲线（c）是 RC1。振荡的非正弦形性质在 RC1 中没有被揭示，但是在 NLRC1 中被清楚地揭示，每个窄而强的峰跟随着宽而浅的谷。在 NLRC1 中波的振幅也比在 RC1 中稳定。SSA 的第 1 和 2 模态是一对特征成分，由这一对特征成分重建的序列 RC1—2（图略）曲线形状非常相似于 RC1，但振幅大得多。图 6.5.6 曲线（d）和曲线（e）分别是 SSA 的前 3 个和前 8 个模态的重建成分 RC1—3 和 RC1—8。对比可见，模态个数增加时，重建成分中噪声增强。在由 SSA 模态重建的成分中，与方形波信号（曲线（b））最相配合的是 RC1—3，相关系数是 0.849，均方根误差（Root-Mean-Square Error，简写 RMSE，是 MSE 开平方）是 0.245。但是仍不如 NLRC1，它与信号的相关系数为 0.875，RMSE 是 0.225。

在信号与噪声相混合的序列中，方形波信号只占方差的 22.6%，而 NLRC1 占方差的 17.9%，RC1 占方差的 9.4%，RC12 占 14.1%，随着 SSA 模态个数增加，尽管 RC 解释的方差百分比增加，但是在第 3 个模态以后，增加的方差仅是去适应资料序列中的噪声。

为了比较，对试验序列再做经典的 Fourier 谱分析。得到最强能量带是周期 14 的 sin 和 cos 波，两者共解释方差的 7.0%。强的能量（方差）散布在高频谐波上，使周期为 14 的振荡的能量比周期 28 的振荡多 38%。然后，为了避免由于序列的长度不是信号基本周期的倍数而破坏 Fourier 谱分析的周期性假设和引起虚假的能量向高频带扩散，再把序列长度从 600 缩短到 588，是已知的信号周期的 21 倍。这样得到最强的能量带在周期 28，解释方差 9.8%，与 SSA 的前 2 个模态解释方差 14.1%基本相当。可见，即使非常小心，Fourier 谱方法也比 SSA 明显地把信号方差扩散到宽的频带上。

6.5.5　MSSA＋NLPCA.cir 用于分析热带太平洋海平面气压距平（SLPA）

采用 1950～2000 年热带太平洋海平面气压距平资料做 MSSA(以下简称 SSA)。得到前 8 个模态分别解释场扩展后方差的 7.9%、7.1%、5.0%、4.9%、4.0%、3.1%、2.5%、1.9%。前 2 个模态反映南方涛动(SO)、SLPA 东西向跷跷板现象，周期约 50 个月。而更高序号的模态则反映 QBO，平均周期约 28 个月。SSA 的前 6 个模态，见图 6.5.10。

把 SSA 的前 8 个模态的 PC 作为 NLPCA.cir 神经网络的输入，得到的输出是 NLSSA 的模态 1。它解释扩展了的资料方差的 17.1%，多于 SSA 的前 2 个模态解释的方差之和（15.0%），这不奇怪，因为 NLSSA 的一个模态是 SSA 的 8 个模态的非线性组合。图 6.5.11 是该 NLPCA.cir 神经网络的输出 $\boldsymbol{x}'$ 的前 3 个分量的投影图，是对 SSA 的前 3 个主成分的网络近似，反映它们间的非线性关系（它们是线性独主的）。

图 6.5.11 显示 SSA 前 3 个主成分间的非线性联系。在 x_1-x_3 平面内像碗形的投影解表明，当 PC_1 无论取大的正值和绝对值大的负值时，PC_3 都倾向于取正值。类似地，在 x_2-x_3 平面内小山形状的投影解表明，当 PC_2 取大的正值和绝对值大的负值时，PC_3 都倾向于取负值。这些曲线揭示出较长时间尺度（50 个月）的 SSA 模态 1 和 2 与较短时间尺度（28 个月）的模态 3 之间存在相互作用。

在线性 PCA 或 SSA 的情况，一个模态的载荷型（PCA 的情况是空间型，SSA 的情况是时间型，MSSA 的情况是空间—时间型）是不随时间变化的，当它的主成分变化时，改变该载荷型在描述原变量中的分量。在非线性主成分分析中则不同，一个非线性主成分是原来的多个主成分的非线性组合，因此当一个非线性主成分（NLPC，即网络瓶颈层的 θ）取不同值时，它反映的原变量的空间分布不是来自某个固定特征向量的贡献，因而载荷型也是变化的。在这个例子中，NLSSA 模态 1 的 NLPC θ 取不同值时的空间—时间型见图 6.5.12。该图表明，当时间向前推进时，SO 的负位相（负的海平面气压距平在赤道太平洋东部，正距平在西部，对应厄尔尼诺状态）相继增长和衰减。它反映 SO 的负位相比正位相明显偏短偏强，这与观测结果相一致。而 SSA 模态 1 和 2 则不同（见图 6.5.10（a）和（b）），它反映 SO 的负位相与正位相持续时间和强度几乎是相等的。

通过以上两个例子可见，NLSSA 是识别振荡不对称性或非正弦型波动的有效工具。

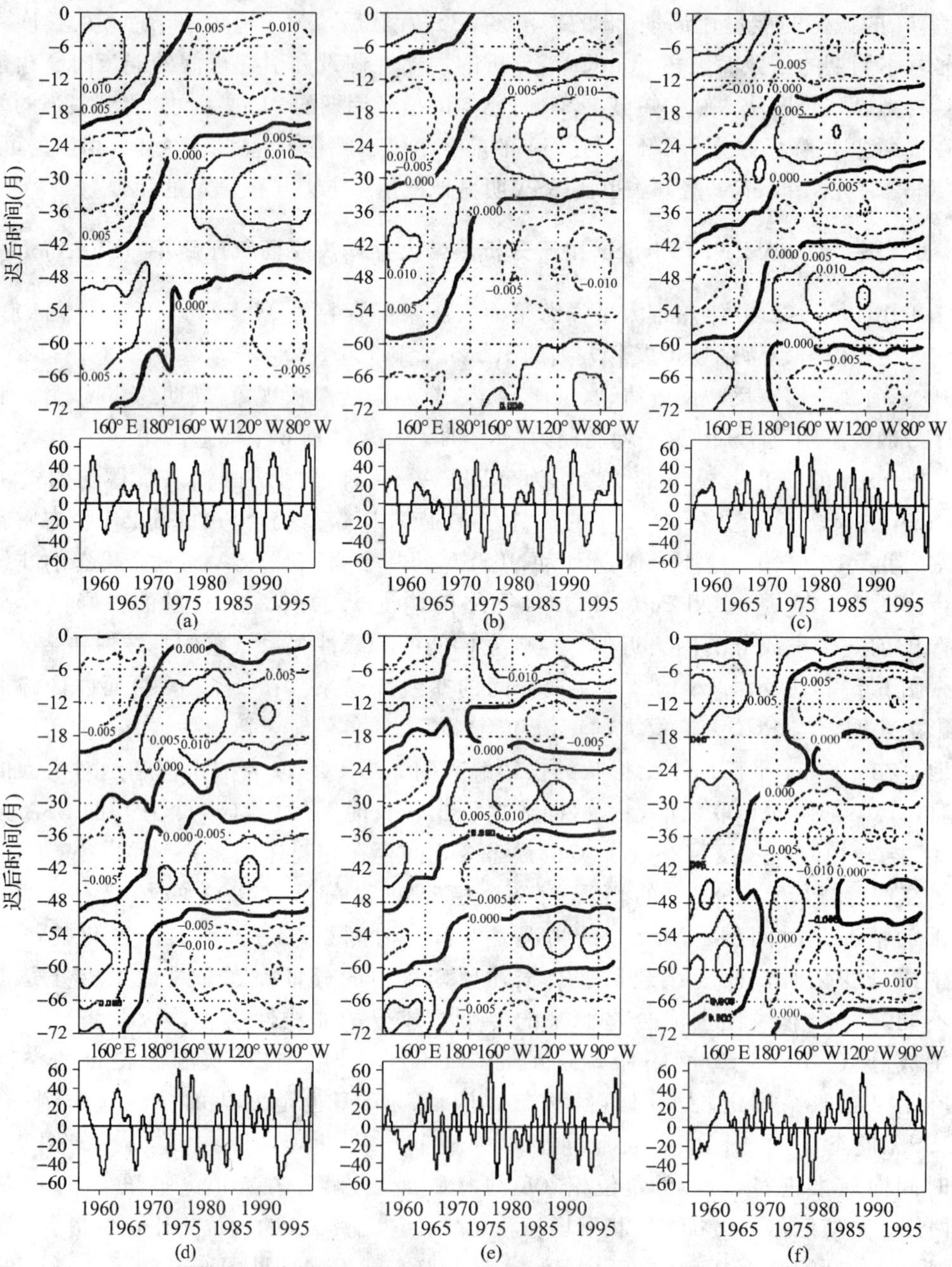

图 6.5.10　热带太平洋海平面气压距平 SSA 的前 6 个模态（依次是（a）至（f））等值线图是空间—时间特征向量，粗实线是零等值线，虚线是负值，细实线是正值，等值线间隔 0.005，空间是沿赤道不同经度，时间是迟后时间 0～72 个月，每幅下的时间曲线是对应的空间—时间主成分，它的横坐标是 1950～2000 年

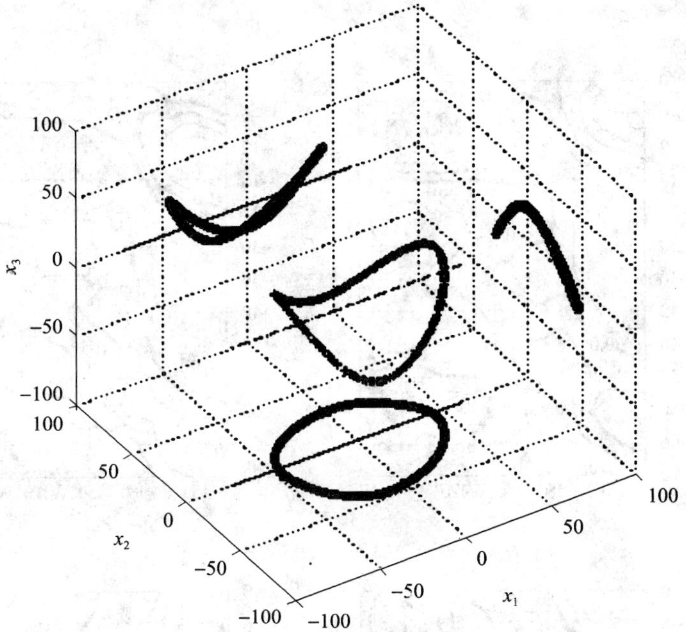

图 6.5.11　热带太平洋海平面气压距平 NLSSA 模态 1 在 SSA 的前 3 个 PC 张开的 3 维空间透视和在 2 维面上的投影图

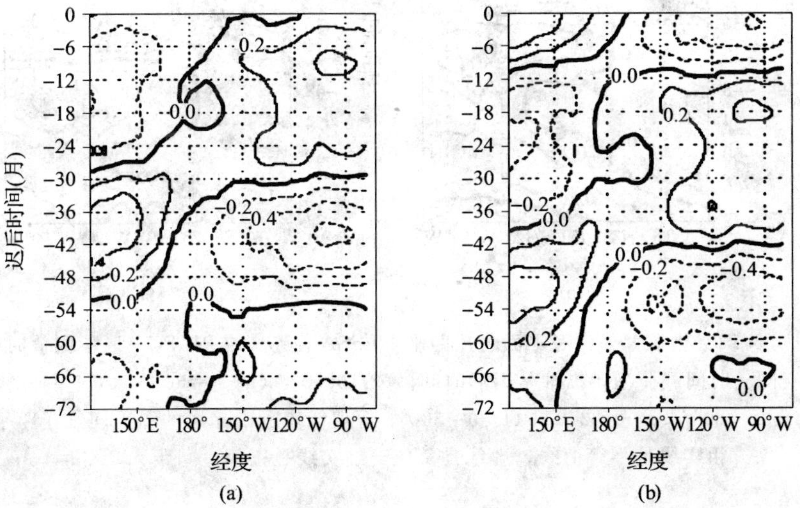

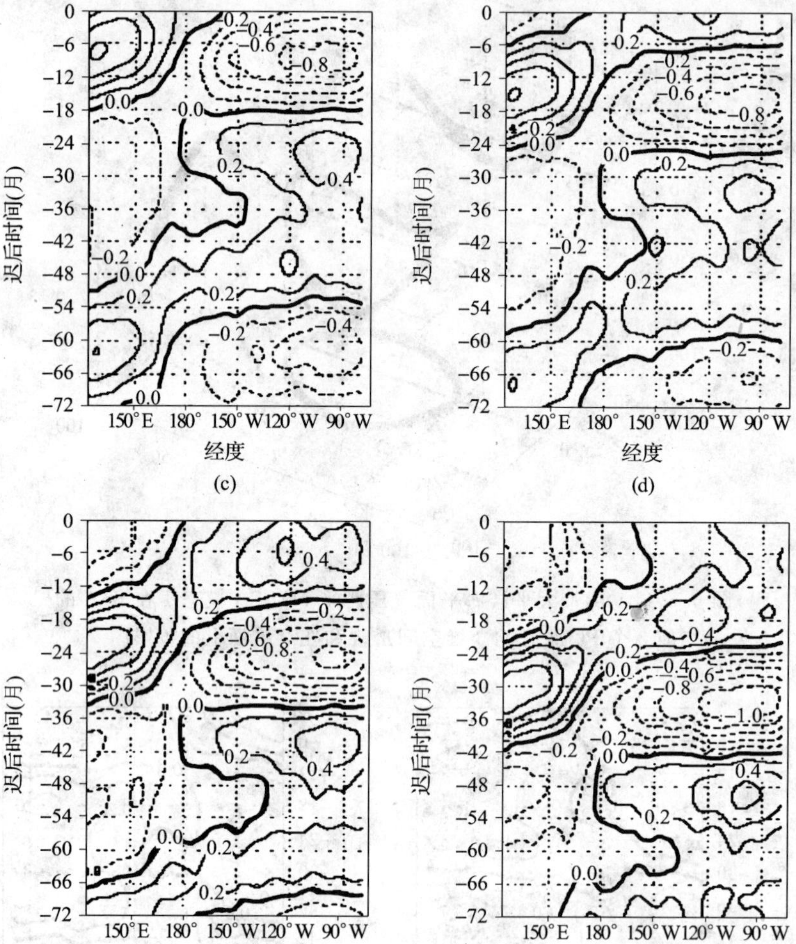

图 6.5.12　热带太平洋海平面气压距平 NLSSA 模态 1 在 NLPC θ 取不同值时的空间—时间载荷型，纵轴是迟后时间。(a) $\theta=0°$，(b) $\theta=60°$，(c) $\theta=120°$，(d) $\theta=180°$，(e) $\theta=240°$，(f) $\theta=300°$。等值线表示沿赤道的海平面气压距平，粗实线是零等值线，虚线是负值，细实线是正值，间距 0.2hPa

参 考 文 献

1 Vautard Robert, Yiou Pascal, Ghil Michael. Singular spectrum analysis: A toolkit for short, noisy chaotic signals. *Physica*, 1992, D**58**: 95－126

2 Ghil Michael, Vatard Robert. Interdecadal oscillations and the warming trend in global temperature time series. *Nature*, 1991, **350** (28): 324－327

3 Kppenne C L, Ghil M. Adaptive filtering and prediction of the southern oscillation index. *J Geophysical Research*, 1992, **97** (D18): 20, 449－454

4 Penland C, Ghil M, Weickmann K. Adaptive filtering and maximum entropy spectra with application to changes in atmospheric angular momentum. *J Geophysical Research*, 1991, **96** (D12): 22, 659－671

5 Jiang N, Neelin J D, Ghil M. Quasi-quadrennial and quasi-biennial variability in the equatorial Pacific. *Climate Dynamics*, 1995, **12**: 101－112

6 Guy Plaut G, Vautard R. Spells of low-frequency oscillations and weather regimes in the Northen Hemisphere. *Journal of the Atmospheric Sciences*, 1994, **51** (2): 210－236

7 Robert Vautard, Carlos Pires, Guy Plaut, Long-range atmospheric predictability using space-time principal components. *Monthly Weather Review*, 1996, **124** (2): 288－307

8 吴洪宝，段安民．兰州气温变化长期倾向和振荡的检测和预报试检．南京气象学院学报，1988，**21** (4): 629－636

9 Ghil M, Mo Kingtse. Intraseasonal oscillation in the global atmosphere Part 1: Northern Hemisphere and Tropics. *Journal of Atmospheric Sciences*, 1991, **48** (5): 752－779

10 Vautard R, Ghil M. Singular spectrum analysis in nonlinear dynamics with applications to paleoclimatic time serirs. *Physica* D**35**: 395－424

11 Wu A, Hsieh W, Shabbar. Nonlinear characteristics of the surface air temperature over Canada. *J Geophys Res*, 2002, **107** (D21), 4571, doi: 10.1029/2001JD001090

12 Hsieh W W, Hamilton K. Nonlinear singular spectrum analysis of the tropical stratospheric wind. *Q J R Meteorol Soc*, 2003, **129**: 2367－2382

13 Hsieh W, Wu A. Nonlinear multichannel singular spectrum analysis of the tropical Pacific climate variability using a neural network approach. *Journal of Geophys Res*, 2002, **107** (c7): 3076, doi: 10. 1029/2001JC000957

14 Hsieh W. Nonlinear multivariate and time series analysis by neural network methods. *Review of Geophysics*, 2004, **42**: 1003－1027

15 Dmitri Kondrashov, Michael Ghil and Neelin J David. Forecasts of NINO3 SST anomalies and SOI based on SSA combined with the maximum entropy method. *Experimental long-lead Forecast Bulletin*, 2004, **13** (4): 16－18

第七章　气候变率潜在可预报性的估计

§7.1　年际变率和潜在可预报性

7.1.1　基本概念

短期气候预测的对象主要是月、季平均气温或月、季总降水量。时间平均量和时段内的总量只差常数倍，在讨论问题中可不必严格区别。显然，需要对它们作预报是因为它们有年际变率，即这些时间平均量的年际方差不等于零。那么，它们的年际变率有多大部分可以被预报出来，就要分析时间平均量年际变率的不同来源和性质，确定有可能被预报出来的变率占总变率的比例，这就是所谓的潜在可预报性问题。

大气中的现象能够不太严格地划分为“天气”和“气候”两类现象。天气一般指较短时间例如几小时或至多几天内大气的属性或现象。天气变化主要取决于大气内部的动力不稳定性。数值天气预报理论和实践已指出，天气的可预报时间上限约为两周。气候通常指平均属性，况且不仅仅是大气的而是整个气候系统（包括大气、海洋、冰雪圈、陆面和生物圈五个成员）的平均性质。气候状态常用有限时段上的平均量表示。大气中的大振幅高频天气事件能使时间平均量经受振动。最明显的变量是降水，我国南方一些地区最大日降水量可达300～400mm，这种天气事件能在很大程度上影响气候状态。由于天气事件在月、季时间尺度上是不可预报的，所以，把天气原因引起的时间平均量的年际变率称为气候噪声。

时间平均量年际变率的另一部分是来源于缓慢变化的外部强迫作用，例如，太阳辐射、海表温度、海冰和积雪范围、土壤湿度等。无论作用于大气的这些信号的来源是什么，我们可以认为这些信号引起的月、季平均量的年际变化是可预报的，例如，采用动力学的气候模式模拟出大气对这些边界强迫的响应与实际观测到的气候的年际变率很接近。所以把来源于缓慢变化外部强迫的年际变率称为气候信号，由于这部分年际变率还不是实际上可完全预报出来的，所以称潜在可预报的（potentially predictable）。

下面用一个一般的统计模型说明潜在可预报性问题。一个变量例如温度表示为

$$x_t = \mu + x_{St} + x_{Ft} \tag{7.1.1}$$

其中 μ 是均值，不随时间变化，x_{St} 和 x_{Ft} 分别表示随时间非常缓慢（低频）和高频变化的部分。假设 x_{St} 和 x_{Ft} 是两个相互独立的过程，即 Cov（x_{St}，x_{Ft}）＝0。x_{Ft} 有时还

假设为红噪声过程。把（7.1.1）式在时间长度 τ 上求平均，假设 τ 小于缓慢变化部分 x_{St} 的特征时间，即 $\overline{x_{St}}^{\tau} \approx x_{St}$，因而得到

$$\overline{x_t}^{\tau} = \mu + x_{St} + \overline{x_{Ft}}^{\tau} \tag{7.1.2}$$

其中 $\overline{x_t}^{\tau}$ 和 $\overline{x_{Ft}}^{\tau}$ 表示在时间区间 τ 上的平均量，例如月或季平均。对（7.1.2）式两边求方差，采用方差的运算公式，得

$$\begin{aligned}\mathrm{Var}(\overline{x_t}^{\tau}) &= \mathrm{Var}(\mu) + \mathrm{Var}(x_{St}) + \mathrm{Var}(\overline{x_{Ft}}^{\tau}) \\ &\quad + 2\mathrm{Cov}(\mu, x_{St}) + 2\mathrm{Cov}(\mu, \overline{x_{Ft}}^{\tau}) + 2\mathrm{Cov}(x_{St}, \overline{x_{Ft}}^{\tau})\end{aligned}$$

因为 μ 是常数，所以 Var（μ）＝0，Cov（μ，x_{St}）＝0，Cov（μ，$\overline{x_{Ft}}^{\tau}$）＝0。由于已假设 x_{St} 和 x_{Ft} 独立，所以 x_{St} 与 $\overline{x_{Ft}}^{\tau}$ 也独立，Cov（x_{St}，$\overline{x_{Ft}}^{\tau}$）＝0，因此得

$$\mathrm{Var}(\overline{x_t}^{\tau}) = \mathrm{Var}(x_{St}) + \mathrm{Var}(\overline{x_{Ft}}^{\tau}) \tag{7.1.3}$$

上式把时间平均量 $\overline{x_t}^{\tau}$ 的方差分解为原变量的缓慢变化和快速变化成分的方差之和。因为，在 τ 的量级的时间尺度上，天气尺度的振动是不可预报的，所以，把 Var（x_{St}）称为信号方差，Var（$\overline{x_{Ft}}^{\tau}$）称为噪声方差。信号方差是潜在可预报的。潜在可预报部分的相对大小可以用方差比来度量，例如可定义

$$S_{\tau} = \frac{\mathrm{Var}(\overline{x_t}^{\tau})}{\mathrm{Var}(\overline{x_{Ft}}^{\tau})} \tag{7.1.4}$$

这是总方差与噪声方差之比。也可用信号方差与噪声方差之比。当（7.1.4）式定义的方差比 $S_{\tau}=1$，表明所有低频变率来源于天气噪声，就没有潜在可预报的成分。当 $S_{\tau}>1$，表明 $\overline{x_t}^{\tau}$ 包含着比来源于天气噪声更多的变率，$\overline{x_t}^{\tau}$ 的方差有潜在可预报的部分。

上述的缓慢变化部分 x_{St} 可以看作变量 x_t 对外部边界条件强迫的响应。高频变化 x_{Ft} 看作天气变化引起的 x_t 的部分。它们对 $\overline{x_t}^{\tau}$ 方差的贡献可以被分离开必须满足的基本假设是 x_{St} 和 x_{Ft} 是相互独立的。然而，在实际大气中，任何变量的振荡是由大气内部动力过程和缓慢变化的外部强迫之间复杂的相互作用决定的，即 x_{St} 与 x_{Ft} 并不完全独立，它们间的相互作用对 $\overline{x_t}^{\tau}$ 的方差贡献是 2Cov（x_{St}，$\overline{x_{Ft}}^{\tau}$），这一部分方差是否是潜在可预报的目前还没有定论。但是，由于存在这种相互作用，所以应该认为气候信号与气候噪声是不能截然分开的，上述划分是相对的。

在气候信号和气候噪声概念中，还有两个名称容易误解或产生混淆。在一些文献中气候噪声同时又称为“天气噪声”（weather noise）（Madden，1976；W. Zwiers，1999 等）。尽管名称似乎相反了，但含义是清楚的，称为天气噪声指来源于天气，称为气候噪声指对于气候时间尺度而言是噪声。另外一个名称有两个完全相反的含义，就是“自然变率”（natural variability）。在 Madden（1976）最早的工作中明确地说，自然变率即气候噪声，又解释为在“不变的气候中”出现的气候变率，不变的气候指不变的外部强迫条件下，也就是纯粹由大气内部动力过程产生的，通过统计平均产生

的气候变率，即来源于天气的气候噪声。然而，自 20 世纪 90 年代中期起，自然变率已经有了完全相反的含义。在国际间的科研合作计划——气候变率及其可预报性计划（CLIVAR）中，自然变率指由气候系统成员之间相互作用产生的气候系统的固有的变率，况且特别说明 ENSO 是气候自然变率的主要成分。这样，自然变率显然是指的气候信号了，所以，在不同场合要注意区分自然变率的不同含义。在本章，自然变率指气候噪声。

7.1.2 气候信号和气候噪声方差的估计

气候信号和气候噪声的强度用它们的方差表示。下面要介绍采用观测资料估计信号方差和噪声方差的方法。估计方法已有多种不同想法和做法，下面介绍有代表性的。在此之前先介绍各种方法都必须经历的步骤，即资料预处理，移去年循环。

7.1.2.1 资料预处理

表示天气扰动的信息要用相应的资料。原始的逐日观测资料时间序列包含着大于一天的各种时间尺度成分，天气扰动仅是其中的一个组成部分，直接采用这样的资料序列还不能反映天气扰动。另一方面，估计噪声方差和信号方差要用到平稳随机过程的功率谱估计以及自回归模型等，它们的对象必须是平稳随机过程的样本函数，而原始的逐日观测资料时间序列包含有年循环和季节倾向等，显然是非平稳的，因此，直接采用原始的逐日观测资料时间序列应用这些方法所得的结果是不合理的。

移去年循环要使用多年逐日观测资料。先对同一站同一变量的逐日资料对每一个日期求多年平均，得多年平均逐日时间序列。然后，还要对它做平滑处理，一个简单的方法是对多年平均逐日时间序列再做一次低通滤波。平滑处理的另一个方法是对多年平均逐日时间序列做离散的谐波分析，取前几个谐波成分叠加，得到平滑的表示年循环的逐日序列。各年的原始逐日资料序列减去年循环逐日序列所得的新的逐日序列称为距平或异常。随后的方法是针对距平序列应用的。

距平序列可以看作数学期望平稳了。有时还要考虑均方差的非平稳性，再做标准化处理，即再除以随季节变化的均方差。

7.1.2.2 气候噪声方差估计方法 A

Madden（1976 年）最早提出一个估计月平均量自然变率的方法。他用于海平面气压（SLP），也可用于气温等。这个方法的思路是从他对自然变率的定义出发的。他定义的气候噪声也称为自然变率，是在“不变的气候”中由于天气扰动产生的月平均量的变率。所以估计气候噪声方差也就是利用表示天气扰动的逐日序列估计月平均量的方差。假定已有的逐日资料序列已经用上述方法消去了年循环，得到了表示天气扰动的逐日序列。为了计算方便，对春、夏、秋、冬四个季分别取 3 月

1 日、6 月 1 日、9 月 1 日、12 月 1 日开始的 96 天为一个季，月平均 SLP 定义为 31 天算术平均，实际上相当于月平均 SLP 距平。在一个季节内，滑动地计算月平均可得到月平均量的序列，按照他的自然变率的定义，该月平均量序列的方差即是气候噪声方差。我们用大写 $S(f)$ 表示逐日序列功率谱，小写 $s(f)$ 表示月平均量序列的功率谱，根据第五章中介绍的功率谱和数字滤波器的概念和公式，它们的关系是

$$s(f) = S(f)\,|H(f)|^2 \tag{7.1.5}$$

$H(f)$ 是 31 天等权平均运算的频率响应函数

$$H(f) = \frac{1}{31}\sum_{k=-15}^{15} \mathrm{e}^{-i2\pi fk} \tag{7.1.6}$$

在第五章已介绍过，$|H(f)|^2$ 是线性运算系统输出序列和输入序列功率谱之比，称功率谱传输函数。

根据方差和功率谱的关系，月平均量的方差$\sigma_T{}^2$ 与它的功率谱 $s(f)$ 关系为

$$\sigma_T{}^2 = \int_{-\infty}^{\infty} s(f)\mathrm{d}f = \int_{-\infty}^{\infty} S(f)\,|H(f)|^2\mathrm{d}f \tag{7.1.7}$$

由逐日的距平序列在一个季节内（96 天）估计 $S(f)$ 采用离散的 Fourier 分析方法（见 § 5.4）。取波数 1，2，…，48，对应的周期为 96/1，96/2，…，96/48，频率为 1/96，2/96，…，48/96。由 § 5.4 知，记 $f_k=\dfrac{k}{96}$，则

$$S(f_k) = \frac{1}{2}(a_k^2 + b_k^2) \quad k = 1,2,\cdots,47 \tag{7.1.8}$$

$$S(f_{48}) = a_{48}^2$$

对一个季节每年的序列都要估计出 $S(f_k)$，然后，把这个谱对所有年份求平均。在对每年的一个季节内 96 天序列估计 $S(f)$ 时，该序列又经过标准化处理，即减去该序列的季内平均值，除以季内均方差，使用于估计 $S(f)$ 的序列均值为零，方差为 1，所以

$$\int_0^{0.5} S(f)\mathrm{d}f = 1 \tag{7.1.9}$$

采用离散的 Fourier 分析估计 $S(f)$ 后，$S(f)$ 只有正频率一侧，是单边谱，频率上限为 0.5，所以，(7.1.7) 式成为

$$\sigma_T{}^2 = \int_0^{0.5} S(f)\,|H(f)|^2\mathrm{d}f \tag{7.1.10}$$

(7.1.10) 式改写成离散的有限项求和时，还需给出 $S(0)$，因为用离散 Fourier 分析没有 $f=0$ 处的功率谱估计。这时采用所谓的低频白噪声延伸，即认为天气振动在很低频率处的功率谱是常数，因此取 $S(0)=S(1/96)$。要把积

分区间［0，0.5］划分为与 $f=0$，$\frac{1}{96}$，$\frac{2}{96}$，…，$\frac{48}{96}$对应的 Δf，划分方法是在两端即 $f=0$ 和 $f=\frac{48}{96}$处取 $\Delta f=1/192$，在其他频率取 $\Delta f=1/96$。这样，(7.1.10) 式改写为

$$\sigma_T{}^2=\frac{1}{192}S(0)\,|H(0)|^2+\frac{1}{96}\sum_{k=1}^{47}S\left(\frac{k}{96}\right)\left|H\left(\frac{k}{96}\right)\right|^2+\frac{1}{192}S(0.5)\,|H(0.5)|^2 \quad (7.1.11)$$

因为估计 $S(f)$ 时，季内的逐日序列是消除年循环后又经过标准化处理过的，所以上式计算的 $\sigma_T{}^2$ 的单位是无量纲单位的平方。要得到实际的气候噪声方差估计，还要乘以逐日序列的方差。

7.1.2.3　气候噪声方差估计方法 B

考虑一个长度为 N 的时间序列 x_i，$i=1$，…，N，依旧假设已经移去了年循环。如果它的总体均值是已知的，则它的样本方差是

$$S^2=\frac{1}{N}\sum_{i=1}^{N}(x_i-\mu)^2 \quad (7.1.12)$$

上式两边取数学期望可知，S^2 是总体方差 σ^2 的无偏估计。

我们先假设 x_i 是相互独立的。在通常情况下，总体均值 μ 实际上是未知的，只能从样本得到它的估计 $\bar{x}$

$$\bar{x}=\frac{1}{N}\sum_{i=1}^{N}x_i \quad (7.1.13)$$

$\bar{x}$ 是数学期望 μ 的估计。然而，当用 $\bar{x}$ 代替 μ 时，S^2 就是总体方差 σ^2 的有偏估计，因为

$$\begin{aligned}
S^2&=\frac{1}{N}\sum_{i=1}^{N}(x_i-\bar{x})^2\\
&=\frac{1}{N}\sum_{i=1}^{N}[(x_i-\mu)-(\bar{x}-\mu)]^2\\
&=\frac{1}{N}\sum_{i=1}^{N}(x_i-\mu)^2+\frac{1}{N}\sum_{i=1}^{N}(\bar{x}-\mu)^2-2\times\frac{1}{N}\sum_{i=1}^{N}(x_i-\mu)(\bar{x}-\mu)\\
&=\frac{1}{N}\sum_{i=1}^{N}(x_i-\mu)^2+(\bar{x}-\mu)^2-2\times(\bar{x}-\mu)^2\\
&=\frac{1}{N}\sum_{i=1}^{N}(x_i-\mu)^2-(\bar{x}-\mu)^2
\end{aligned} \quad (7.1.14)$$

两边取数学期望，注意到现在假设 x_i 是相互独立且同分布的，$E(x_i-\mu)^2=\sigma^2$ 是总体方差，与 i 无关，另外 $E(\bar{x}-\mu)^2$ 是 $\bar{x}$ 的方差，等于 σ^2/N，故得

$$E(S^2) = E\left[\frac{1}{N}\sum_{i=1}^{N}(x_i - \bar{x})^2\right] = \sigma^2 - \frac{1}{N}\sigma^2 = \frac{N-1}{N}\sigma^2 \tag{7.1.15}$$

用“ˆ”号表示无偏估计，因此，总体方差的无偏估计是

$$\hat{\sigma}^2 = \frac{N}{N-1}S^2 = \frac{1}{N-1}\sum_{i=1}^{N}(x_i - \bar{x})^2 \tag{7.1.16}$$

这个无偏估计公式是大家熟知的。

作为一个时间序列 x_i，$i=1, 2, \cdots, N$，自然要考虑 x_i 相互间存在相关。我们用功率谱表示总体方差的估计 $\hat{\sigma}^2$ 与样本方差 S^2 之间的关系。设 $N=20$，图 7.1.1 是在频率 $f=k/N$，$k=0, 1, \cdots, N/2$的功率谱 $I(k)$ 图，横轴是频率指标 k，纵轴是原始功率密度 $I(k)$。由方差与功率谱的关系，一定频率范围对方差的贡献由曲线下的面积来度量

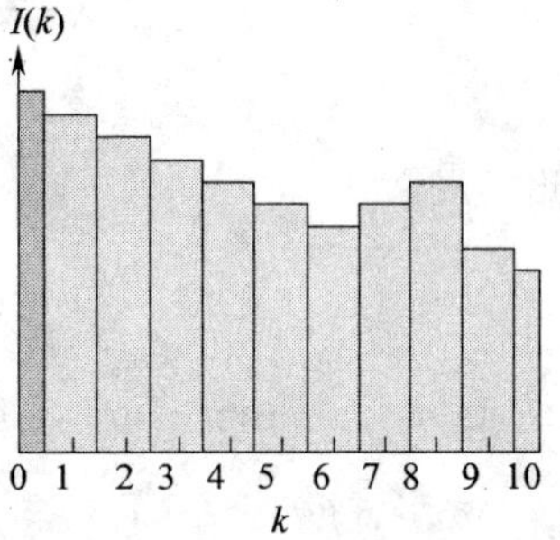

图 7.1.1　功率谱密度 $I(k)$ 和序列的方差之间关系的示意图。深色阴影区的面积是样本序列不能反映的频率低于 $1/N$ 的低频成分的方差。$N=20$，$I(k)$的频率 $f_k=k/N$。浅影区的面积是序列的样本方差 S^2

$$V(k_1, k_2) = \sum_{k=k_1}^{k_2} I(k)\Delta f \tag{7.1.17}$$

这里，$V(k_1, k_2)$ 是从 $f=k_1/N$ 至 k_2/N 的频带的方差；Δf 是频率区间，在 $k=0$ 和 $k=N/2$，$\Delta f=1/2N$，在 $k=1, 2, \cdots, N/2-1$，$\Delta f=1/N$，全部 Δf 之和等于 1/2。对于采样长度为 N 的序列，样本方差

$$\begin{aligned} S^2 &= \frac{1}{N}\sum_{i=1}^{N}(x_i - \bar{x})^2 = V(1, N/2) \\ &= \frac{1}{N}\sum_{k=1}^{\frac{N}{2}-1} I(k) + \frac{1}{2N}I\left(\frac{N}{2}\right) \end{aligned} \tag{7.1.18}$$

而总体方差估计是

$$\hat{\sigma}^2 = V\left(0, \frac{N}{2}\right) = \frac{1}{2N}I(0) + S^2 \tag{7.1.19}$$

显然，总体方差大于样本方差，是因为总体方差还包含有样本不包含的频率低于 $1/N$ 的成分的方差贡献。

由第五章中功率谱粗估计（原始功率谱估计）公式（见（5.3.16）式～（5.3.20）式，不同之处在那里取离散频率 $f_k=k/2m$，m 是最大迟后，而这里取 $f_k=k/N$），由时间序列的迟后自协方差函数估计功率谱的公式是

$$I(k) = 2\left[C_0 + 2\sum_{L=1}^{N-1} C_L \cos\frac{2\pi kL}{N}\right] \tag{7.1.20}$$

C_L 是迟后 L 的自协方差

$$C_L = \frac{1}{N}\sum_{i=L+1}^{N}(x_{i-L}-\overline{x})(x_i-\overline{x}) \tag{7.1.21}$$

上式是迟后自协方差的有偏估计，但是当 $L \to N$ 时它有更合适的性质。迟后自相关系数的无偏估计是

$$r_L = \frac{\frac{1}{N-L}\sum_{i=L+1}^{N}(x_{i-L}-\overline{x})(x_i-\overline{x})}{\hat{\sigma}^2}$$

因此得

$$C_L = \frac{N-L}{N}\hat{\sigma}^2 r_L \tag{7.1.22}$$

r_L 是迟后 L 的自相关函数，因子 $\frac{N-L}{N}$ 来源于（7.1.21）式是有偏估计。把（7.1.22）式代入（7.1.20）式，得

$$I(0) = 2\hat{\sigma}^2\left[1+2\sum_{L=1}^{N}\left(\frac{N-L}{N}\right)r_L\right] \tag{7.1.23}$$

记

$$T_0 = 1+2\sum_{L=1}^{N}\left(1-\frac{L}{N}\right)r_L \tag{7.1.24}$$

则

$$I(0) = 2\hat{\sigma}^2 T_0 \tag{7.1.25}$$

由（7.1.19）式和（7.1.25）式，

$$S^2 = \hat{\sigma}^2\left(1-\frac{T_0}{N}\right) \tag{7.1.26}$$

或

$$\hat{\sigma}^2 = \frac{N}{N-T_0}S^2 \tag{7.1.27}$$

如果定义独立观测的有效数

$$N_{eff} = \frac{N}{T_0} \tag{7.1.28}$$

把（7.1.27）式分子和分母同时除 T_0，得

$$\hat{\sigma}^2 = \frac{N_{eff}}{N_{eff}-1}S^2 \tag{7.1.29}$$

把上式与 x_i 相互独立的情况下总体方差无偏估计公式（7.1.16）相比较可见，（7.1.29）式中的 N_{eff} 相当于（7.1.16）式中的 N，所以 T_0 可以解释为独立观测样本之间的时间间隔。

由以上总体方差估计 $\hat{\sigma}^2$ 与样本方差 S^2 之间的关系可以得到气候噪声方差的估计，因为时间序列 x_i，$i=1$，…，N 反映不出频率低于 $1/N$ 的成分，所以，（7.1.27）式或（7.1.29）式估计的 $\hat{\sigma}^2$ 中包含的频率低于 $1/N$ 的部分就是气候噪声

方差，记为 $\hat{\sigma}_N^2$，由（7.1.19）式可知

$$\hat{\sigma}_N^2 = \frac{1}{2N}I(0) = \hat{\sigma}^2 - S^2 \tag{7.1.30}$$

用（7.1.25）式或（7.1.27）式代入（7.1.30）式，得

$$\hat{\sigma}_N^2 = \frac{T_0}{N - T_0}S^2 \tag{7.1.31}$$

这是一个关键公式。然而，它还只是用一个序列 x_i，$i=1$，…，N，估计 $\hat{\sigma}_N^2$。实际上，我们要用很多年的资料估计除掉气候噪声之外，是否还存在有意义的气候变率，即是否有潜在可预报的气候变率。假设我们共有 J 年逐日资料，首先按前述方法移去年循环，得到 J 个反映逐日天气振动的，在统计中已可看作平稳随机过程样本现实的时间序列，记为 $x_{i,j}$，$i=1$，2，…，N，$j=1$，2，…，J。

先对每年计算平均

$$\bar{x}_j = \frac{1}{N}\sum_{i=1}^{N} x_{i,j} \tag{7.1.32}$$

可以对 $\bar{x}_j$ 做假设检验，看它们是否包含气候信号，合适的原假设是 $E\bar{x}_1 = E\bar{x}_2 = \cdots E\bar{x}_J = 0$，并进一步假设服从正态分布，具有方差 $\hat{\sigma}^2$。

然后计算样本的年际方差

$$S_m^2 = \frac{1}{J}\sum_{j=1}^{J} \bar{x}_j^2 \tag{7.1.33}$$

这里用下标 m 是因为通常是表示月平均量的年际方差，也就是 $N=30$ 或 31。总体年际方差的无偏估计是

$$\hat{\sigma}_m^2 = \frac{J}{J-1}S_m^2 = \frac{1}{J-1}\sum_{j=1}^{J} \bar{x}_j^2 \tag{7.1.34}$$

它包含平均值 $\bar{x}_j$ 的全部不确定性。它包含高频的大振幅自然变率在低频段产生的气候噪声方差，在上述原假设被拒绝时，它还包含气候信号方差，即 $\hat{\sigma}_m^2$ 是噪声方差与信号方差之和。

为了按（7.1.31）式估计气候噪声方差，还需要对每年的序列估计月内（或季节内）样本方差 S^2，第 j 年序列的估计记为 S_j^2

$$S_j^2 = \frac{1}{N}\sum_{i=1}^{N} (x_{i,j} - \bar{x}_j)^2 \tag{7.1.35}$$

然后对所有年份求平均，得

$$S^2 = \frac{1}{J}\sum_{j=1}^{J} S_j^2 \tag{7.1.36}$$

估计多年平均的月内（或季内）迟后自协方差 C_L 和迟后自相关 r_L 可以用两种方法，记为方法Ⅰ和方法Ⅱ。方法Ⅰ中，先计算每年的 C_L

$$C_{Lj}=\frac{1}{N}\sum_{i=L+1}^{N}(x_{i-L,j}-\bar{x}_j)(x_{i,j}-\bar{x}_j) \tag{7.1.37}$$

迟后 L 的自相关是

$$r_{Lj}=C_{Lj}/C_{0j} \tag{7.1.38}$$

再求它的多年平均

$$r_L=\frac{1}{J}\sum_{j=1}^{J}r_{Lj} \tag{7.1.39}$$

在方法Ⅱ中，定义

$$C_{Lj}=\frac{1}{N}\sum_{i=L+1}^{N}(x_{i-L,j}-\bar{x})(x_{i,j}-\bar{x}) \tag{7.1.40}$$

其中

$$\bar{x}=\frac{1}{NJ}\sum_{j=1}^{J}\sum_{i=1}^{N}x_{i,j}$$

是 $x_{i,j}$ 的全部平均。然后，总的迟后自协方差是

$$C_L=\frac{1}{J}\sum_{j=1}^{J}C_{Lj} \tag{7.1.41}$$

迟后自相关是

$$r_L=C_L/C_0 \tag{7.1.42}$$

最后，用（7.1.36）式计算的 S^2 和方法Ⅰ或方法Ⅱ按（7.1.39）式或（7.1.42）式计算出 r_L 去计算 T_0 和 $\hat{\sigma}_N^2$，依旧是

$$\hat{\sigma}_N^2=\frac{T_0}{N-T_0}S^2$$

为了检验是否有可预报的气候信号存在，采用的方法是构成原假设：没有信号存在。在这种情况下，$\hat{\sigma}_m^2$ 和 $\hat{\sigma}_N^2$ 是年际方差的两个相互独立的估计。$\hat{\sigma}_m^2$ 是根据月（或季）平均，$\hat{\sigma}_N^2$ 是根据月内（或季节内）变化。因而定义两者之比

$$F=\frac{\hat{\sigma}_m^2}{\hat{\sigma}_N^2} \tag{7.1.43}$$

在原假设成立的情况下，这个比率服从 F 分布，分子自由度为 $J-1$ 和分母自由度为 $J\ (N_{eff}-1)$。但是分母自由度是近似的，要严格估计 $\hat{\sigma}_m^2$ 和 $\hat{\sigma}_N^2$ 的自由度非常困难。在计算 T_0 时损失一些自由度，为此在 $\hat{\sigma}_N^2$ 的自由度中用序列的有效长度 N_{eff} 代替序列的实际长度 N。另外，在消除年循环过程中做了一些平均运算，也损失一些自由度。但是，下一节我们将指出，当分母自由度大于 120 时，分母自由度的差别已不起实际作用。给定置信水平 α，可以查表得临界值 F_α。如果 $\hat{\sigma}_m^2/\hat{\sigma}_N^2$ 的样本值大于 F_α，则拒绝原假设，认为存在潜在可预报的气候信号。

为了帮助理解下一节的方法，我们假设分析对象没有日际相关性，即假设 $r_L=0$，

则由（7.1.24）式得 $T_0=1$，由（7.1.28）式得 $N_{eff}=N$，由（7.1.31）式得 $\hat{\sigma}_N^2=S^2/N$，再把（7.1.35）、（7.1.36）式表示的 S^2 和（7.1.34）式表示的 $\hat{\sigma}_m^2$ 代入（7.1.43）式，得

$$F=\frac{\hat{\sigma}_m^2}{\hat{\sigma}_N^2}=\frac{\sum\limits_{j=1}^{J}\overline{x}_j^2/(J-1)}{S^2/N}=\frac{\sum\limits_{j=1}^{J}\overline{x}_j^2/(J-1)}{\sum\limits_{j=1}^{J}\sum\limits_{i=1}^{N}(x_{ij}-\overline{x}_j)^2/NJN} \tag{7.1.44}$$

服从分子自由度为 $J-1$ 和分母自由度 $J(N-1)$ 的 F 分布，如果（7.1.35）改用无偏估计，分母用 $N-1$，则相应地（7.1.44）式分母中最后一个 N 应改用 $N-1$，但是差别不大。这个统计量与下一节介绍的相互独立时的方差分析统计量是完全一致的。

§7.2　用方差分析法检验潜在可预报性

月或季平均量的年际方差有多大部分是由天气噪声引起的，还可以采用时间域的方差分析来估计。用 x_{st} 表示消去了年循环后的距平，s 表示年，$s=1, 2, \cdots, J$，t 表示特定的月或季内时间序号，一般是日序。一维方差分析模型写为

$$x_{st}=\mu+a_s+b_{st} \tag{7.2.1}$$

其中 μ 是总平均，因为 x_{st} 已是消去年循环后的距平。所以 μ 一般为零，由于消去年循环的方案不同，μ 也可能不为零，但是 μ 是常数，也不影响分析结果。a_s 和 b_{st} 是均值为零，方差分别为 σ_a^2 和 σ_b^2 的随机变量。由 §7.1 的基本概念知道，假设 a_s 和 b_{st} 相互独立时，x_{st} 的时间平均量的年际方差等于 a_s 的方差加 b_{st} 时间平均量的方差（见（7.1.3）式）。如果 a_s 的方差为零，即 $\sigma_a^2=0$，就没有潜在可预报的方差。所以，我们讨论的问题的原假设取为 H_0：$\sigma_a^2=0$。当检验的结果是拒绝原假设，则表示 x_{st} 的时间平均量具有潜在可预报性。这里应注意，原假设是对随机变量总体参数提出的，而 a_s 的样本方差是肯定不等于零的，假设检验是要依据样本参数的相对大小推断总体参数是否为零。要做这个检验必须导出在原假设成立条件下样本统计量的概率分布，这又分两种情况，一种是 x_{st}（或 b_{st}）在不同 t 之间相互独立，另一种是不同 t 的 x_{st} 之间存在相关，即存在日际相关，以下分别介绍，并与上节介绍的方法相比较。

7.2.1　日际相互独立情况下的方差分析

随机过程的样本记为 x_{st}，$s=1, 2, \cdots, J$，$t=1, 2, \cdots, N$。第 s 年的月（或季）内平均为

$$x_{s\cdot} = \frac{1}{N}\sum_{t=1}^{N} x_{st} \tag{7.2.2}$$

$x_{s}.$ 的多年平均为

$$x_{\cdot\cdot} = \frac{1}{J}\sum_{s=1}^{J} x_{s\cdot} \tag{7.2.3}$$

$x_{s}.$ 即月（或季）平均量，是短期气候预测的对象。$x_{s}.$ 的年际方差的无偏估计为

$$\hat{\sigma}^2_{x_{s\cdot}} = \frac{1}{J-1}\sum_{s=1}^{J} (x_{s\cdot} - x_{\cdot\cdot})^2 \tag{7.2.4}$$

注意，上式表示的 $\hat{\sigma}^2_{x_{s\cdot}}$ 即（7.1.34）式表示的 $\hat{\sigma}^2_m$，（7.1.34）式没有出现减总平均是因为消去年循环后总平均为零。$\hat{\sigma}^2_{x_{s\cdot}}$ 表示 $x_{s}.$ 的总的年际变率，包含气候信号方差和气候噪声方差。它的大小要与 x_{st} 的月（或季）内变率相比较。多年平均的月（或季）内方差是

$$\hat{\sigma}^2_{x_{st}} = \frac{1}{J}\sum_{s=1}^{J}\frac{1}{N-1}\sum_{t=1}^{N} (x_{st} - x_{s\cdot})^2 = \frac{1}{J(N-1)}\sum_{s=1}^{J}\sum_{t=1}^{N} (x_{st} - x_{s\cdot})^2 \tag{7.2.5}$$

注意，除掉这里采用无偏估计，是除以 $N-1$ 以外，上式估计的月（或季）内方差与（7.1.35）和（7.1.36）两式估计的季内方差是一样的，就是§7.1 中的 S^2。

现在要考虑年际方差与月（或季）内方差之比的概率分布。注意到现在假设 x_{st} 在不同 t 之间是相互独立的，由概率论中随机变量之和的方差运算关系，由（7.2.2）式，得

$$\mathrm{Var}(x_{s\cdot}) = \frac{1}{N}\mathrm{Var}(x_{st}) \tag{7.2.6}$$

上式已采用了 x_{st} 的独立性，如果 x_{st} 在不同的 t 之间相互不独立，则上式右边还要加上不同 t 之间的协方差的两倍，即还要加 $2\mathrm{Cov}(x_{st}, x_{st'})$，对所有 $t \neq t'$。

再假设 $x_{s}.$ 和 x_{st} 服从正态分布，则由概率论中常用分布的定义及正态总体的样本统计量的分布定理，$\dfrac{x_{s\cdot} - x_{\cdot\cdot}}{\sqrt{\mathrm{Var}(x_{s\cdot})}}$ 是标准正态分布随机变量，假设不同年份之间它们相互独立，因为 $x_{\cdot\cdot}$ 是 $x_{s}.$ 的样本平均，独立的年数减少 1，只有 $J-1$，所以

$$\sum_{s=1}^{J}\left(\frac{x_{s\cdot} - x_{\cdot\cdot}}{\sqrt{\mathrm{Var}(x_{s\cdot})}}\right)^2 = \frac{1}{\mathrm{Var}(x_{s\cdot})}\sum_{s=1}^{J} (x_{s\cdot} - x_{\cdot\cdot})^2$$

服从自由度为 $J-1$ 的 χ^2 分布。注意 $\mathrm{Var}(x_{s\cdot})$ 是 $x_{s}.$ 的年际方差，已与具体年份 s 无关，所以可以提出到对 s 的求和号之外。

同样地

$$\frac{x_{st} - x_{s\cdot}}{\sqrt{\mathrm{Var}(x_{st})}} \qquad s = 1,2,\cdots,J, t = 1,2,\cdots,N$$

服从标准正态分布，因为 $x_{s\cdot}$ 是 x_{st} 的月（或季）平均，所以在月（或季）内自由度减少一个，不同年之间仍相互独立，所以

$$\frac{1}{\mathrm{Var}(x_{st})}\sum_{s=1}^{J}\sum_{t=1}^{N}(x_{st} - x_{s\cdot})^2$$

服从自由度为 $J(N-1)$ 的 χ^2 分布。再注意到这两个 χ^2 分布随机变量相互独立，由 F 分布随机变量的定义，它们除以各自的自由度再相比是服从分子自由度为 $J-1$，分母自由度为 $J(N-1)$ 的 F 分布的随机变量。再将 $\mathrm{Var}(x_{st})$ 与 $\mathrm{Var}(x_{s\cdot})$ 之间的关系（7.2.6）式代入，得到样本统计量

$$F = \frac{\sum_{s=1}^{J}(x_{s\cdot} - x_{\cdot\cdot})^2/(J-1)}{\sum_{s=1}^{J}\sum_{t=1}^{N}(x_{st} - x_{s\cdot})^2/NJ(N-1)} \tag{7.2.7}$$

服从 $F(J-1, J(N-1))$ 分布。由导出过程可见，上式分母中的 N 来自 $\mathrm{Var}(x_{s\cdot})$ 与 $\mathrm{Var}(x_{st})$ 之比，而不是来自分母的 χ^2 自由度，故这个 N 不是 F 分布的分母自由度的组成因子。在原假设 $\sigma_a^2=0$ 成立的条件下，F 样本值的分子应取较小值，因而，统计量 F 的样本值应较小。给定置信水平 α，查 F 分布表得 F_α，如果 F 的样本值大于 F_α，则拒绝原假设，认为存在潜在可预报的年际变率。

现在再把（7.2.7）式和（7.1.43）式两个 F 检验做比较，前已指出（7.1.43）式表示的 $\hat{\sigma}_m^2$ 和（7.2.4）式表示的 $\hat{\sigma}_{x_{s\cdot}}^2$ 是相同的，都是月（或季）平均量的总年际方差，所以两个 F 统计量的分子是相同的。本节的方法中，假设 x_{st} 在不同 t 之间相互独立，如果在上一节的方法中也使用不同 t 之间相互独立，就有 $r_l=0$，$l=1, 2, \cdots$，则上节的 $T_0=1$，$N_{eff}=N$，由（7.1.31）式，气候噪声方差 $\hat{\sigma}_N^2=S^2/N$，这样（7.2.7）式的分母为

$$\sum_{s=1}^{J}\sum_{t=1}^{N}(x_{st} - x_{s\cdot})^2/NJ(N-1) = \frac{1}{N}\left[\frac{1}{J}\sum_{s=1}^{J}\frac{1}{N-1}\sum_{t=1}^{N}(x_{st} - x_{s\cdot})^2\right]$$
$$= \frac{1}{N}S^2 = \hat{\sigma}_N^2$$

可见，本节的统计量 F 的分母就是假设 x_{st} 独立情况下的气候噪声方差估计，F 就是总年际方差与气候噪声方差之比（见（7.1.44）式）。在这个假设条件下，这两个检验是完全一致的。当然，实际应用时，$r_l \neq 0$，$T_0 \neq 1$，$N_{eff} \neq N$，这两个方法估计的气候噪声方差，F 值和检验结果会略有差异。

另外，（7.1.43）式表示的 F 的自由度为 $(J-1, J(N_{eff}-1))$，（7.2.7）式表示的 F 的自由度为 $(J-1, J(N-1))$，当不考虑 x_{st} 在不同 t 之间相关时，$N_{eff}=$

N，它们的分母自由度也相同。当考虑 x_{st} 在不同 t 之间相关时，$N_{eff} \neq N$，原理上两者的分母自由度不同，但实际应用中这个差异不起作用，这是因为 J 是年数，一般达 20～30 或更大，N 是月（或季）内的天数，达 30（或 90～92），J（$N-1$）和 J（$N_{eff}-1$）达几百至几千。而在 F 分布密度函数中，当分母自由度小于 100 时，分母自由度的变化对概率密度函数有影响，当分母自由度大于 100 时，分母自由度的差异引起概率密度函数变化很小。在 F 分布临界值表中，分母自由度大于 120 以上，只给出分母自由度为无穷大一个档次，所以 F（$J-1$，J（$N_{eff}-1$））与 F（$J-1$，J（$N-1$））的 F_α 是相同的，这样更使两个方法的结果相近。

方差分析的原理最早是波兰数学家 Fisher 提出的。它在气象中应用得较多的时期是 20 世纪 70～80 年代，用来识别一个序列的周期性，称为用方差分析做周期分析。具体做法是将一个一维时间序列分成几个整段，各段长度相同，一个段称为一组，计算组间方差和组内方差，两者之比服从 F 分布。组间方差和组内方差分别相当于这里的年际方差和月（或季）内方差，构成 F 统计量的原理是一样的。

7.2.2 考虑日际相关情况下的方差分析

日际相关一般是存在的。对于气温和海平面气压序列，日际相关比较强，且随迟后日数增加而衰减的速度比较慢，采用低频白噪声延伸方法估计气候噪声方差比较合适。对于日降水量序列，日际相关较弱，一般当迟后日数达 3～4 天时，r_l 衰减为负值。另外，即使消去了年循环，日降水量距平序列的平稳性也较差，不太适合采用低频白噪声延伸法。为此，以下介绍专用于降水量序列的 k 天相关过程及其用它做月（或季）降水量是否存在潜在可预报性的统计检验方法。

日降水的 k 天相关模型最早是 Katz 1977 年提出的。考虑过程 $\{(X_n, J_n): n=\cdots, -1, 0, 1, \cdots\}$，其中 X_n 是第 n 天的降水量，J_n 表示第 n，$n-1$，…，$n-k+1$ 天的降水型，即第 n 天及其之前的共 k 天雨日和无雨日的排列状态，规定日雨量≥0.1mm 为雨日。过程写为（X_n，J_n）表示第 n 天的降水量 X_n 的概率分布与第 n 天及其之前共 k 天雨日和无雨日排列情况有关。这也意味着 X_n 的参数（数学期望和方差）与 J_n 有关。雨日和无雨日也称为湿日和干日。如果某天雨量≥0.1mm，记 $H_i=1$，否则记 $H_i=0$，则取

$$J_n = \sum_{i=0}^{k-1} H_{n-i} 2^i \tag{7.2.8}$$

$\{J_n\}$ 过程构成状态为 $\{0, 1, \cdots 2^k-1\}$ 的马尔柯夫链。例如，如果 $k=2$，则 J_n 能够取值 0，1，2 和 3 四个值之一，分别表示第 $n-1$ 和第 n 的两天为：无雨日无雨日、无雨日雨日、雨日无雨日和雨日雨日四种排列。J_n 用二进制数表示含义更清楚，例如，$2=10_2$，所以 $J_n=2$ 表示第 $n-1$ 天是雨日，第 n 天是无雨日。类似地，如果 $k=$

3 并且 $J_n=6=110_2$，则表示第 $n-2$ 和第 $n-1$ 天是雨日，第 n 天是无雨日。

记 $\boldsymbol{P}=(p_{ij})$ 是转移概率矩阵，它的元素 $p_{ij}=P[J_n=j/J_{n-1}=i]$。$\boldsymbol{P}$ 矩阵的每行、每列至多只有两个元素不等于零，且每行元素之和等于 1。例如，如果 $k=2$ 并且 $i=2$（即 $J_{n-1}=2$），那么，只有 p_{20} 和 p_{21} 能够不等于零，而其他转移是不可能发生的，$p_{23}>0$ 意味着从第 $n-2$ 天是雨日第 $n-1$ 天是无雨日的状态（$J_{n-1}=2$）转移到第 $n-1$ 天和第 n 天都是雨日的状态（$J_n=3$），这要求第 $n-1$ 天既是无雨日又是雨日，这是不可能的，所以 p_{23} 必等于零。同样地，$p_{22}>0$ 也要求第 $n-1$ 日既是雨日又是无雨日，所以 p_{22} 也只能等于零。$k=2$ 时，$J_{n-1}=2$ 只能转移到 $J_n=0$ 或 $J_n=1$ 中之一，所以 $p_{20}+p_{21}=1$。

设 $\boldsymbol{\pi}'=(\pi_0, \pi_1, \cdots, \pi_{2^k-1},)$ 是平稳概率向量，满足

$$\boldsymbol{\pi}'\boldsymbol{P}=\boldsymbol{\pi}' \tag{7.2.9}$$

且 $\pi_0+\pi_1+\cdots+\pi_{2^k-1}=1$。由 $\boldsymbol{P}$ 求 $\boldsymbol{\pi}'$ 的（7.2.9）式是线性齐次方程组，要结合 $\boldsymbol{\pi}'$ 的元素之和等于 1 才能求得确定的解。给定 J_n 过程，$\{X_n\}$ 过程是条件独立的。特别是，第 n 天降水量的概率分布仅取决于 J_{n-1} 和 J_n，也就是

$$\begin{aligned} F_{ij}(x) &= P[X_n \leqslant x/\cdots,X_{n-2},X_{n-1}\text{ 以及 }\cdots,J_{n-2},J_{n-1}=i,J_n=j] \\ &= P[X_n \leqslant x/J_{n-1}=i,J_n=j] \end{aligned}$$

假设观测是从 X_1 开始，并且在第零天过程处在平稳条件，$P[J_0=i]=\pi_i$。

Katz（1977）得到 X_n 无条件数学期望和方差分别为

$$\mu = E[X_n] = \sum_i \sum_j \pi_i p_{ij}\mu_{ij} \tag{7.2.10}$$

$$\sigma^2 = \mathrm{Var}[X_n] = \sum_i \sum_j \pi_i p_{ij} m_{ij} - \mu^2 \tag{7.2.11}$$

其中

$$\mu_{ij} = E[X_n/J_{n-1}=i,J_n=j]$$

$$m_{ij} = E[X_n^2/J_{n-1}=i,J_n=j]$$

μ_{ij} 和 m_{ij} 分别称为条件期望和方差。

记月（或季）总降水量为 $S_N=X_1+X_2+\cdots+X_N$。当 N 足够大时，$(S_N-N\mu)/r\sqrt{N}$ 收敛到标准正态分布，其中

$$r^2 = \sigma^2 + 2\boldsymbol{\pi}'\mathbf{Q}(\boldsymbol{Z}-\boldsymbol{F})\mathbf{Q}\boldsymbol{e} \tag{7.2.12}$$

矩阵 $\mathbf{Q}=(p_{ij}\mu_{ij})$，$\boldsymbol{F}=\boldsymbol{e}\boldsymbol{\pi}'$，$\boldsymbol{e}$ 是元素都为 1 的列向量，$\boldsymbol{Z}=[\mathbf{I}-(\boldsymbol{P}-\boldsymbol{F})]^{-1}$，$\mathbf{I}$ 是单位矩阵。当 $k=2$，3，…时，这些矩阵和向量的阶数分别是 4，8，…。

因而，S_N 的均方差是 $r\sqrt{N}$，方差是 r^2N。由（7.2.2）式，

$$x_{s\cdot} = \frac{1}{N} S_N$$

$$\mathrm{Var}(\boldsymbol{x}_{s\cdot}) = \frac{1}{N^2}\mathrm{Var}(S_N) = \frac{r^2}{N}$$

$x_{s\cdot}$ 的均方差为 $r/\sqrt{N}$，于是 $\dfrac{x_{s\cdot} - x_{\cdot\cdot}}{r/\sqrt{N}}$ 是标准正态分布随机变量，因为 $x_{\cdot\cdot}$ 是 $x_{s\cdot}$ 的样本平均，失去一个自由度，所以

$$\sum_{s=1}^{J}\left(\frac{x_{s\cdot} - x_{\cdot\cdot}}{r/\sqrt{N}}\right)^2 = N\sum_{s=1}^{J}(x_{s\cdot} - x_{\cdot\cdot})^2/r^2$$

服从自由度为 $J-1$ 的 χ^2 分布，记为

$$\chi^2 = N\sum_{s=1}^{J}(x_{s\cdot} - x_{\cdot\cdot})^2/r^2$$

如果用月（或季）平均降水量 $x_{s\cdot}$ 的年际方差来表示，利用（7.2.4）式，这个统计量又可写为

$$\chi^2 = \hat{\sigma}^2_{x_{s\cdot}}\frac{N(J-1)}{r^2}$$

$\hat{\sigma}^2_{x_{s\cdot}}$ 是 $x_{s\cdot}$ 的年际方差的估计。在原假设 $\sigma_a^2=0$ 成立的条件下，样本估计量 $\hat{\sigma}^2_{x_{s\cdot}}$ 虽然总不等于零，但是值应该较小，所以，当 χ^2 的样本值大于 χ^2_α 时，拒绝原假设，认为存在可预报的年际变率。

比较在日际独立和日际相关两种情况下检验 $\sigma_a^2=0$ 的方法可见，在日际独立情况下，月或季平均量的方差与逐日变量的方差之间只差一个常数（见（7.2.6）式）。在月（或季）平均量的年际方差与逐日变量的月（或季）内方差比较时，只留下常数 $1/N$，所以可以用于构成 F 统计量。但是，在日际相关的情况下，月（或季）平均量的年际方差与逐日变量的月（或季）内方差之间不是简单的比例关系，还要增加不同日期之间协方差的 2 倍，即（7. 2. 12）式中的 $2\boldsymbol{\pi}'\mathbf{Q}(\boldsymbol{Z}-\boldsymbol{F})\mathbf{Q}\boldsymbol{e}$ 表示出的部分。这样就不能通过两个方差相除消去未知部分构成 F 统计量。所以，在考虑降水量存在日际相关时，检验潜在可预报性只能用 χ^2 变量检验。

§7.3 信噪比与潜在可预报正确率上限的关系

为简单起见，把短期气候预报的对象，月或季平均的气温或降水量距平记为 x_s，设由外源强迫和天气振荡引起的两部分变化可分离，表示为

$$x_s = \eta_s + \xi_s \tag{7.3.1}$$

η_s 是外源强迫引起的变化，ξ_s 是天气振荡引起的变化。

方差关系是

$$\mathrm{Var}(x_s) = \mathrm{Var}(\eta_s) + \mathrm{Var}(\xi_s) + 2\mathrm{Cov}(\eta_s, \xi_s) \tag{7.3.2}$$

再假设外源强迫和天气振荡引起的变化相互独立，则它们之间的协方差等于零，Cov（η_s，ξ_s）=0，那么，总的年际方差等于信号方差与噪声方差之和。气候信号方差的估计等于$\hat{\sigma}_m^2-\hat{\sigma}_N^2$，$\hat{\sigma}_m^2$ 和$\hat{\sigma}_N^2$ 分别是总年际方差和气候噪声方差的估计。严格说来，信号方差与噪声方差之比应是（$\hat{\sigma}_m^2-\hat{\sigma}_N^2$）/$\hat{\sigma}_N^2$，简称信噪比。但是，文献中一般不太严格，习惯上把$\hat{\sigma}_m^2/\hat{\sigma}_N^2$ 也称为信噪比。本节即讨论$\hat{\sigma}_m^2/\hat{\sigma}_N^2$ 与预报正确率上限的关系。

预报正确率离不开评定标准，标准宽则正确率高，标准严则正确率低。绝对正确的预报是没有的，所以要先选定一个允许的误差标准。设 x_s 服从正态分布，可以取预报的绝对误差小于 x_s 的年际均方差的 0.68 倍作为预报正确的标准。采用这个标准是因为，一个正态分布的随机变量取值落在均值加减 0.68 倍均方差区间内的概率为 0.5，这意味着，如果用气候平均值作为预报值（预报距平值为零）可得到 50%的正确率。这样，对不同地区，对不同要素的预报，采用这个评定标准是公平的，对年际均方差大的地区和变量，预报难度大，绝对误差的标准也按比例放大。

我们要讨论预报正确率的上限，也就是假设我们考虑到了一切能够提供可预报信息的因子，并采用了完善的预报方法，把潜在可预报的变化都报出来了，在这种的情况下能够获得的正确率是潜在正确率上限。由（7.3.1）式，也就是把 η_s 作为预报值的情况下的正确率是预报正确率上限，这样，预报的绝对值误差就是不可预报的部分 $|\xi_s|$。η_s 和 ξ_s 也服从正态分布，预报正确率上限就是预报的绝对误差小于允许标准的概率

$$p = P[\,|x_s - \eta_s| = |\xi_s| \leqslant 0.68\sigma_{x_s}\,] \tag{7.3.3}$$

因为 x_s 是距平，η_s 和 ξ_s 也是距平，它们的均值都为零。ξ_s 是噪声，它的均方差为 $\sqrt{\hat{\sigma}_N^2}$，故 $\xi_s/\sqrt{\hat{\sigma}_N^2}$服从标准正态分布，（7.3.3）式又可改写为

$$p = P\left[\left|\frac{\xi_s}{\sqrt{\hat{\sigma}_N^2}}\right| \leqslant 0.68\,\frac{\sigma_{x_s}}{\sqrt{\hat{\sigma}_N^2}}\right] \tag{7.3.4}$$

σ_{x_s} 是 x_s 的年际均方差，其估计是 $\sqrt{\hat{\sigma}_m^2}$，故

$$p = P\left[\left|\frac{\xi_s}{\sqrt{\hat{\sigma}_N^2}}\right| \leqslant 0.68\sqrt{\frac{\hat{\sigma}_m^2}{\hat{\sigma}_N^2}}\right] \tag{7.3.5}$$

上式表明，预报正确率上限是标准正态分布随机变量的绝对值小于 0.68 倍信噪比均方根的概率，记

$$\beta = \sqrt{\frac{\hat{\sigma}_m^2}{\hat{\sigma}_N^2}} \tag{7.3.6}$$

由正态分布密度函数和它的对称性质，得

$$p = \frac{2}{\sqrt{2\pi}}\int_0^{0.68\beta} \mathrm{e}^{-\frac{t^2}{2}}\,\mathrm{d}t$$

$$= 2.0 \times \left[\frac{1}{\sqrt{2\pi}} \int_{-\infty}^{0.68\beta} e^{-\frac{t^2}{2}} dt - 0.5 \right] \tag{7.3.7}$$

上式的积分不必计算，只需查标准正态分布累积概率表。下面我们给出一些 $\hat{\sigma}_m^2/\hat{\sigma}_N^2$ 值对应的预报正确率上限（表 7.3.1）。

表 7.3.1　$\hat{\sigma}_m^2/\hat{\sigma}_N^2$ 与对应的预报正确率上限

$\hat{\sigma}_m^2/\hat{\sigma}_N^2$	1.0	1.5	2.0	2.5	3.0	3.5	4.0
p	50%	59%	66%	72%	76%	80%	82%

由表 7.3.1 可见，当 $\hat{\sigma}_m^2/\hat{\sigma}_N^2$ 等于 1 时，预报正确率上限是 50%，等于气候预报的正确率，真正从预报因子和方法得到的正确率是零。由前述可知，$\hat{\sigma}_m^2/\hat{\sigma}_N^2=1$ 时，气候信号方差等于零，没有潜在可预报的变率，所以两种表述是一致的。

§7.4　应用例子

作为例子，选取了南宁等测站检验夏季降水量的潜在可预报性。数据资料取各站夏季逐日降水量，资料年代是 1980～2000 年共 21 年，夏季取 6 月 1 日至 8 月 31 日，所以，$M=21$，$N=92$，$M(N-1)=1911$。应用低频白噪声延伸估计气候噪声方法时，公式（7.1.31）是由平稳随机过程功率谱估计公式导出的，所以要求逐日资料序列满足平稳性。原始的逐日降水序列包含非平稳成分，特别是年循环，因此在利用 §7.1 的公式之前要先消除逐日序列中的年循环。Straus（1983 年）专门讨论过消去年循环的问题。消去年循环的运算是把原始的逐日资料序列减去年循环分量。构成年循环分量的一般方法是先把原始的逐日资料序列对每一日期求多年平均，得到多年平均逐日资料，然后对它做平稳处理。平稳处理的方法之一是对全年长度的多年平均逐日序列做谐波分析（方法见 §5.4），把前几个谐波分量合成在一起，即得到平滑的年循环分量。Straus（1983）把波数为 1 和 2 的谐波分量，即周期为 1 年和半年分量合成在一起作为年循环分量。Trenberth（1982）则把波数 1，2，3，4 的谐波分量相叠加得到年循环分量。3 波和 4 波（周期 4 个月和 3 个月）在射出辐射通量和行星反射率等变量中非常重要，特别在低纬地区。在我们这里的例子中，因为没有全年的逐日降水资料可用，不能做谐波分析。因而对多年平均的逐日序列做了 15 天高斯权系数滑动平均。这样的平滑大致上抑制了时间尺度小于 7～8 天的天气振动。因为年循环分量中按理不应含有天气振动。对于日降水量来说，这种平滑处理很重要，我国一些测站一日降水量可达 400mm 以上，使得多年平均的逐日序列仍然出现大振幅短周期振动，只有经过适当的平滑处理，才能得到较平滑的年循环分量。

采用方差分析方法时，原理上 x_{st} 应是距平，但是，实际运算时，平均量在哪一步减去不影响年际方差和季节内方差的计算结果，也不影响两者的比率 F。方差分析并不要求平稳性，所以不必做消去年循环的处理。无论是否做消去年循环的运算，计算出的月（季）平均距平的年际方差是相等的。但是，是否消去年循环对计算季节内方差是有影响的，这是因为年循环分量在一个季内随日序变化，从而对气候噪声方差估计有影响。在方差分析法中，资料不消去年循环，这是估计出的气候噪声方差与低频白噪声延伸法结果不同的原因之一。两种方法气候噪声方差不同的另一原因是，方差分析方法中气候噪声方差等于月（季）内方差乘 $1/N$，而低频白噪声延伸方法中气候噪声方差等于月（季）内方差乘 $T_0/(N-T_0)$。

表 7.4.1 列出 16 个站夏季降水量潜在可预报性检验用低频白噪声延伸和相互独立情况下方差分析法的计算结果和达到的置信水平。

表 7.4.1　16 个站夏季降水量距平的年际方差、气候噪声方差、F 统计量、置信水平 α

站名	低频白噪声延伸法				方差分析			
	年际方差	噪声方差	F	α	年际方差	噪声方差	F	α
桂林	6.74	4.76	1.41	0.25	6.74	4.25	1.58	0.25
恭城	5.10	2.68	1.90	0.05	5.10	2.55	2.00	0.05
藤县	3.61	1.77	2.04	0.05	3.61	1.69	2.14	0.025
柳州	10.79	2.72	3.97	0.005	10.79	2.90	3.71	0.005
桂平	8.51	2.08	4.09	0.005	8.51	2.70	3.15	0.005
玉林	6.56	2.75	2.38	0.025	6.56	2.48	2.64	0.01
南宁	4.51	2.56	1.76	0.1	4.51	2.74	1.64	0.1
崇左	2.52	2.24	1.12	未达 0.25	2.52	2.24	1.12	未达 0.25
北海	16.41	8.31	1.98	0.05	16.41	9.40	1.75	0.1
钦州	15.39	14.69	1.05	未达 0.25	15.39	9.72	1.58	0.25
都安	9.55	3.69	2.59	0.01	9.55	4.41	2.17	0.025
河池	9.28	2.68	3.22	0.005	9.28	3.34	2.76	0.01
南丹	4.69	2.79	1.68	0.1	4.69	3.06	1.53	0.25
西林	2.34	1.37	1.71	0.1	2.34	1.88	1.25	0.25
百色	3.55	1.05	1.92	0.05	3.55	2.05	1.73	0.1
那坡	9.06	2.79	3.25	0.005	9.06	2.27	4.00	0.005

从表 7.4.1 可见，两种方法计算出的年际方差相等，气候噪声方差不等有上述两方面原因。对所有 16 站，年际方差都大于气候噪声方差，可见，从资料估计的结果看，气候信号都是存在的。分别取 $\alpha=0.25$，0.1，0.05，0.025，0.01 和 0.005 六个值，查 F 分布临界值表，因为分母自由度 $M(N-1)$ 等于 1911 和 $M(N_{eff}-1)$ 接近 1911，所以按分子自由度为 20，分母自由度为∞查表，得 F_α 分别为 1.19，1.61，

1.84，2.09，2.42 和 2.69。把 F 与 F_α 比较得到所达到的置信水平 α。可见，崇左站置信水平 α 未达 0.25，存在可预报气候信号的可信程度最差，从估计量看，该站的年际方差和噪声方差都很小，且二者相当。

考虑日际相关时的方差分析采用 2 天相关模型，即取 $k=2$。以下给出南宁站的一些中间结果。转移概率矩阵是

$$\boldsymbol{P}=\begin{pmatrix}0.645 & 0.355 & 0.000 & 0.000\\ 0.000 & 0.000 & 0.297 & 0.703\\ 0.588 & 0.412 & 0.000 & 0.000\\ 0.000 & 0.000 & 0.356 & 0.644\end{pmatrix}$$

平稳概率向量

$$\boldsymbol{\pi}'=(0.294\quad 0.178\quad 0.178\quad 0.351)$$

注意 $k=2$ 时，$\pi_1=\pi_2$。

条件均值是 $\mu_{01}=12.55$，$\mu_{13}=15.82$，$\mu_{21}=8.79$，$\mu_{33}=12.91$，其他 $\mu_{ij}=0.0$。无条件均值 $\mu=6.84$。

条件方差是 $m_{01}=486.7$，$m_{13}=762.0$，$m_{21}=341.9$，$m_{33}=568.4$，其他 $m_{ij}=0.0$。无条件方差 $\sigma^2=\mathrm{Var}(X_n)=252.5$。

表 7.4.2 给出考虑日际相关时的方差分析得到的 16 站的季平均降水量的方差（γ^2）、显著性检验统计量 χ^2 及达到的置信水平 α。

表 7.4.2　夏季降水量距平可预报性 χ^2 检验结果

站名	μ	σ^2	γ^2	χ^2	置信水平
桂林	8.2	384.5	520.2	23.8	0.25
恭城	6.2	229.3	288.9	32.5	0.05
藤县	5.8	149.8	198.5	33.4	0.05
柳州	6.8	271.7	348.7	56.9	0.005
桂平	7.5	250.6	330.9	47.3	0.005
玉林	7.1	233.6	295.6	40.8	0.005
南宁	6.8	252.5	281.8	29.4	0.1
崇左	6.5	205.6	228.4	20.3	未达 0.25
北海	11.3	882.3	1158.3	26.1	0.25
钦州	13.9	903.1	1170.1	24.2	0.25
都安	9.5	412.2	526.1	33.4	0.05
河池	8.2	312.3	384.9	44.0	0.005
南丹	8.6	283.7	335.9	25.7	0.25
西林	6.0	173.5	190.4	22.6	0.25
百色	6.1	190.8	228.0	28.6	0.1
那坡	7.6	216.2	290.1	57.5	0.005

综合 3 个方法可见，崇左站可预报性最差，较差的还有沿海的钦州和北海。从逐日降水资料看，钦州和北海暴雨强度很大，各出现日降水量 400mm 以上暴雨 1 次，200mm 以上暴雨分别是 6 次和 8 次，从表中也可见该 2 站气候噪声方差很大。可预报性较强的是自治区中部和东部的河池、柳州、都安、恭城、藤县、桂平、玉林等站。

§7.5　气候模式生成的模拟集合中的年际变率和可预报性估计

在前几节介绍的方法中，观测到的季平均量的年际变率只划分为气候信号和气候噪声两部分。我们用逐日观测资料估计出季平均量的年际方差和气候噪声方差，两者之差就被看作气候信号方差。气候信号方差又都归结为外源强迫作用产生的，是潜在可预报的。实际上，观测到的季平均量的年际变率还可做进一步的划分。由逐日天气振荡引起的季平均量的年际变率是不可预报的，依旧称为气候噪声或自然变率。缓慢变化的外部边界条件，例如海表温度和海冰范围距平能够产生可预报的大气季节平均量的年际变率。另外，大气内部动力过程不全部是短时间尺度的天气振动，也包含有缓变成分，因此，大气内部动力过程以及缓慢变化的陆面性质（例如土壤湿度和积雪）也可能产生大气季节平均量的潜在可预报变率。在实际大气中这些来源的变率是混合在一起的，因此，只使用观测记录不能诊断它们的相对重要性。然而，采用大气环流模式，在控制某些外部边界条件下生成一个模拟集合，就能够得到气候模拟中不同来源的潜在可预报方差相对重要性的估计。研究这个问题可采用 Zwiers（1996，1998，1999）提出的 2 方向方差分析技术（2-way analysis of variance（ANOVA）techniques），它建立在一个两因子混合效应模式上。§7.2 介绍的日际相互独立情况下的方差分析可称为单向方差分析（1-way analysis of variance），是这里的 2 方向方差分析的特殊情况。以下介绍 2 方向方差分析。

7.5.1　方差分解

首先选定一个分析季节，例如冬季，设 X_{syt} 表示我们感兴趣的要进行分析的变量（例如 500hPa 位势高度），其中 $s=1, 2, \cdots, S$ 用来指定总共 S 个模拟构成的一个集合中一个特定的模拟，或简称模拟序号，$y=1, 2, \cdots, Y$ 指定一特定年份，t 表示指定季节内的时间。根据所做的方差分析不同，X_{syt} 可以是日平均值，这种情况下 t 取季节内的所有天，t 是日序，$t=1, 2, \cdots, 90$。X_{syt} 还可以是月平均值，这种情况下 t 是该季节内的 3 个月，$t=1, 2, 3$。在方法中，我们简单地规定一个季节内有 T 个时间单位，$t=1,2,\cdots T$。

我们的目的是把 X_{syt} 的季平均的总的变化分解为统计上独立的 3 个成分，尽可能分离出：(1) 规定的海温、海冰范围作为外部强迫产生的变率，海温和海冰范围一般采用观测记录提供给模式；(2) 与集合中的模拟有关的其他外部特征产生的变率，应用中一般指在模式运行中变化的边界条件，如土壤湿度，积雪等；(3) 气候模式内部产生的自然变率。

我们用总的平方和（total sum of squares，简写 TSS）表示季平均量的总的变化。

$$\mathrm{TSS} = \sum_s \sum_y (X_{sy\cdot} - X_{\cdots})^2 \tag{7.5.1}$$

TSS 是季平均量 $X_{sy\cdot}$ 相对于总平均量 $X_{\cdots}$ 的偏差平方对所有模拟和所有年份求和。本节中，当一个小圆点“·”代替一个下标，表示对这个下标取了平均，例如 $X_{sy\cdot}$ 是第 s 个模拟在第 y 年对 $t=1, 2, \cdots, T$ 取了平均，是第 s 个模拟在 y 年的季平均，$X_{\cdots}$ 是对所有模拟、所有年、季内的所有时间平均计算出的集合气候。

为了方便理解 TSS 分解过程及分解出的各项的含义，下表列出 $X_{sy\cdot}$ 的各种平均的关系，表中，中间每格是一个特定季节的季平均，右边一列是各个模拟的季平均对所有年份平均。底下一行是各年的季平均对集合中的所有成员（模拟）平均。右下脚 $X_{\cdots}$ 是季平均量 $X_{sy\cdot}$ 对所有年和集合的所有成员平均。公式是

		年				
		1	2	…	Y	平均
模	1	$X_{11\cdot}$	$X_{12\cdot}$	…	$X_{1y\cdot}$	$X_{1\cdot\cdot}$
	2	$X_{21\cdot}$	$X_{22\cdot}$	…	$X_{2y\cdot}$	$X_{2\cdot\cdot}$
	⋮	⋮	⋮	⋮	⋮	⋮
拟	s	$X_{s1\cdot}$	$X_{s2\cdot}$	…	$X_{sy\cdot}$	$X_{s\cdot\cdot}$
平均		$X_{\cdot1\cdot}$	$X_{\cdot2\cdot}$	…	$X_{\cdot y\cdot}$	$X_{\cdots}$

$$X_{sy\cdot} = \frac{1}{T}\sum_{t=1}^{T} X_{syt} \quad s = 1,\cdots,S, \qquad y = 1,\cdots,Y \tag{7.5.2}$$

$$X_{s\cdot\cdot} = \frac{1}{Y}\sum_{y=1}^{Y} X_{sy\cdot} = \frac{1}{Y}\frac{1}{T}\sum_{y=1}^{Y}\sum_{t=1}^{T} X_{syt} \quad s = 1,\cdots,S \tag{7.5.3}$$

$$X_{\cdot y\cdot} = \frac{1}{S}\sum_{s=1}^{S} X_{sy\cdot} = \frac{1}{S}\frac{1}{T}\sum_{s=1}^{S}\sum_{t=1}^{T} X_{syt} \quad y = 1,\cdots,Y \tag{7.5.4}$$

$$X_{\cdots} = \frac{1}{S}\sum_{s=1}^{S} X_{s\cdot\cdot} = \frac{1}{Y}\sum_{y=1}^{Y} X_{\cdot y\cdot} = \frac{1}{S}\frac{1}{Y}\frac{1}{T}\sum_{s=1}^{S}\sum_{y=1}^{Y}\sum_{t=1}^{T} X_{syt} \tag{7.5.5}$$

利用以上平均，第 y 年第 s 个模拟的季节距平可做以下分解

$$X_{sy\cdot} - X_{\cdots} = (X_{\cdot y\cdot} - X_{\cdots}) + (X_{s\cdot\cdot} - X_{\cdots}) + (X_{sy\cdot} - X_{s\cdot\cdot} - X_{\cdot y\cdot} + X_{\cdots}) \tag{7.5.6}$$

因此，总的平方和 TSS 可分解为 3 部分

$$\mathrm{TSS} = \mathrm{SSS} + \mathrm{SSB} + \mathrm{SSI} \tag{7.5.7}$$

其中

$$\mathrm{SSS} = Y\sum_{s}(X_{s\cdot\cdot} - X_{\cdot\cdot\cdot})^2 \tag{7.5.8}$$

是模拟之间的平方和，反映模拟集合成员的气候之间的差异。

$$\mathrm{SSB} = S\sum_{y}(X_{\cdot y\cdot} - X_{\cdot\cdot\cdot})^2$$

是年之间的平方和，度量年之间的差异，对集合的所有成员是公共的。

$$\mathrm{SSI} = \sum_{s}\sum_{y}(X_{sy\cdot} - X_{s\cdot\cdot} - X_{\cdot y\cdot} + X_{\cdot\cdot\cdot})^2 \tag{7.5.9}$$

表示内部变率或自然变率，是剩余部分。

下面引入一个两因子混合效应模式来帮助解释方差成分 SSS、SSB 和 SSI。为了表达对这些方差成分的原假设和设计统计检验方法，还必须对该模式作一些假设。

7.5.2　两因子混合效应模型

两因子混合效应模型表示为

$$X_{syt} = \mu + \alpha_s + \beta_y + \delta_{sy} + \varepsilon_{syt} \tag{7.5.10}$$

其中 $s=1$，…，S，$y=1$，…，Y，$t=1$，…，T。模式的各项解释如下：

(1) μ 是总平均。

(2) α_s 是对所有年份共有的效应，对第 s 个模拟是一致的（与 t 和 y 无关）。

我们假设模拟效应既包含确定性成分也包含随机成分。为了理解模拟效应，这里以 Zwiers（1996，1998，1999）的工作为例，简要说明模拟集合的组成。他用的模式是加拿大气候中心第 2 版环流模式（CCC GCM2）。提供给模式的外部条件是观测到的 1979 年 1 月到 1998 年 12 月的月平均 SST 和海冰范围。模拟集合有 6 个成员组成，即 $s=1$，2，…，6。在同样的外部条件下，模式从不同的初值开始（还在不同的计算机上）运行 6 次。其中一次取 FGGE Ⅲ-B 业务分析的 1979 年 1 月 1 日资料为初值，在 CRAY XMP 计算机上运行。另外 5 次模拟的初值取控制模拟得到的 1 月 1 日的模式状态，间距 2 年取一次，10 年共 5 个 1 月 1 日的状态分别作为初值，在 NEC SX/3 计算机上运行模式。这样得到 1979 年 1 月至 1998 年 12 月气候的 6 个相互独立模拟的集合，在物理上它们都是与该时段的海表温度和海冰范围相配合的。整 10 年资料包含 9 个冬季，所以分析冬季的年际变率和潜在可预报性时，资料年数 $Y=9$，而用于其他 3 个季节 $Y=10$。

模拟效应中的确定性成分可以来源于计算机改变对模式气候的系统性影响，以及来源于在 CRAY 计算机和 NEC 计算机上执行的系统性偏差，称这个确定性效应为模

拟的“配置”效应，用这个效应对总平均的偏差表示，记为 a_s。

模拟效应还包括不同的初始条件带来的随机动力作用，称它为“初始条件”效应。我们不要求模拟对初始条件效应有系统性响应，但是要求模拟之间有自然变化，能够合理地回答初始条件的随机性对模拟之间的变率是否有统计上显著的贡献。在这些模拟中初始条件作用问题与气候预报和动力学延伸预报中的初始条件作用不一样。在这里，我们是想知道初始条件的随机性是否使模式产生不同的平均气候状态。（多平衡态的证据是否错误？）所以，我们把这个初始条件效应用相互独立的零均值高斯随机变量表示，记为 γ_s，它的方差是 σ_γ^2。

所以，模拟效应 α_s 是它的确定性的配置效应 a_s 和随机的初始条件效应 γ_s 之和

$$\alpha_s = a_s + \gamma_s \tag{7.5.11}$$

（3）β_y 是相对于总平均 μ 的的一个偏差，它对同一年 y 是一致的（与 s 和 t 无关）。可称它为边界条件效应，因为它来源于规定的海表温度和海冰范围下边界条件，不同年份有不同的外边界条件。假定 β_y 是确定性的，因为对于不同的模拟集合成员，规定的海温和海冰条件是相同的。我们希望看到在热带地区有大的边界条件效应，因为缓变的下边界条件是热带大气年际变率的重要的或许是决定性的原因。在热带外地区，边界强迫效应减弱，与内部随机变率相当。

（4）δ_{sy}，$y=1$，…，Y，表示在第 s 个模拟中的低频年际变化，与其他模拟不是共有的，即随 s 变化。称 δ_{sy} 为“内部源”效应，并且假设它是纯随机的。我们把 δ_{sy} 看作既是下垫面性质又是内部动力过程引起的低频变化。注意，这里的下垫面性质不强制在每个模拟中相同地演变，指的是土壤湿度和积雪条件，在每个模拟中是跟随模式运行演变的，也称为内边界条件。而海温和海冰是规定在每个模拟中相同地演变的，称外边界条件。为了统计上方便，假设该（内边界和内部动力过程）相互作用效应是独立的、相同概率分布的、均值为零、方差为 σ_δ^2 的正态分布随机变量。实际情况可能与这个假设有一定偏差，例如，因为下垫面性质有持续性，在年际时间尺度上这些变化能够有弱的相关，即 δ_{sy} 在不同 y 之间有弱的相关。另外，它们的统计性质，例如方差，在一定程度上取决于规定的海温、海冰分布，即 δ_{sy} 的方差能随 y 有一定的变化。

（5）ε_{syt} 表示第 s 个模拟在第 y 年指定的季节的 t 时间的天气噪声效应。为了使统计分析容易处理，假设天气噪声序列 $\{\varepsilon_{syt},\ t=1, \cdots, T\}$ 是弱平稳高斯随机过程的独立的相同概率分布的现实（随机过程的现实也称为样本函数），这个假设仅是近似的。天气噪声序列表示高频的季节内日际变化的效应。这些天气噪声变化的随机性质，例如持续性和振幅可能以某种方式取决于平均的大气状态，从而也取决于海温和海冰分布。

模型（7.5.10）式称为混合效应模型是因为右边既包含确定性项也包含随机项，另外还有噪声项 ε_{syt}。利用这个模型以及对它所做的假设，可以设计出一些统计假设检验，用来检验关于各种效应是否存在的原假设，或者说检验各种效应的统计显著性。

7.5.3　统计假设检验

7.5.3.1　模拟效应检验

原假设：在模拟集合中不存在模拟效应，记为 H_s（Hypotheses about simulation effects）。也就是（计算机）配置变化不引起模式气候变化，以及初始条件的随机性不引起模拟相互之间明显差异。利用上述模型以及对模型的假设，H_s 可以表达为

$$H_s: a_s = 0, s = 1,2,\cdots,S \quad 以及\ \sigma_\gamma^2 = 0 \tag{7.5.12}$$

检验 H_s 采用两个方差之比构成的统计量

$$F_s = \frac{\mathrm{SSS}}{(S-1)} \Big/ \frac{\mathrm{SSI}}{(S-1)(Y-1)} \tag{7.5.13}$$

它服从分子自由度为（$S-1$），分母自由度为（$S-1$)($Y-1$）的 F 分布。给定 α，可按假设检验的一般原理，比较统计量 F_s 的样本值与临界值 F_α 的大小，做出拒绝或接受 H_s 的判断。

非常接近 F_s 的一个诊断量是由模拟效应产生的总的变化的一个比率，这个比率的无偏估计是

$$P_s = \left(\mathrm{SSS} - \frac{\mathrm{SSI}}{Y-1}\right) \Big/ \mathrm{TSS} \tag{7.5.14}$$

在以上分析中，配置效应和初始条件随机性效应是混合在一起的。如果检验的结果是存在模拟效应，那么，还要把它们区分开来。

7.5.3.2　边界强迫效应检验

原假设：在模拟集合中不存在边界强迫效应，记为 H_B，也就是指定的下边界条件（海表温度和海冰）在气候模拟中不产生统计上显著的年际变率。利用上述模型及对模型的假设，H_B 可以表示为

$$H_B: \beta_y = 0, y = 1,2,\cdots,Y \tag{7.5.15}$$

检验 H_B 采用统计量

$$F_B = \frac{\mathrm{SSB}}{(Y-1)} \Big/ \frac{\mathrm{SSI}}{(\mathrm{S}-1)(Y-1)} \tag{7.5.16}$$

把 F_B 的样本值与分子自由度为（$Y-1$）分母自由度为（$S-1$)($Y-1$）的 F 分布随机变量的临界值相比较，可做出拒绝原假设或接受原假设 H_B 的结论。

7.5.3.3　内部源效应检验

原假设：在模拟集合中不存在内部源效应，记为 H_I。也就是说除掉边界强迫和模拟效应以外，剩余的变化仅仅是由天气噪声引起的，不存在内边界条件（土壤湿度、积雪等）引起的（季平均量的）年际变率。检验结果如果是拒绝这个原假设，则意味着环流模式模拟出了由大气内部动力过程或大气与部分未规定的下边界条件（土

壤湿度、积雪等）相互作用产生的潜在可预报的季节平均量的年际变化。采用上述模型，这个原假设可表示为

$$H_I : \sigma_\delta^2 = 0 \tag{7.5.17}$$

检验 H_I 使用以下形式的统计量

$$F_I = \frac{\text{SSI}}{(S-1)(Y-1)} / \hat{\sigma}_N^2 \tag{7.5.18}$$

其中 $\hat{\sigma}_N^2$ 是天气噪声引起的年际方差的估计。检验 H_I 是把 F_I 的样本值与合适的参考分布的临界值相比较。参考分布的选取取决于天气噪声在一个季内的持续性，还取决于天气噪声方差是怎样估计的。下面分别介绍使用逐日资料和月平均资料检验 H_I 的做法。

当使用逐日资料时，天气噪声方差的估计方法还是§7.1介绍的低频白噪声延伸法。但是，不同文献中表达方式常常不同。例如，Zwiers（1996）写为 $\hat{\sigma}_N^2 = f(0)/T$，其中 $f(0)$ 是零频率处功率谱密度，这个估计就是（7.1.30）式中的 $I(0)/2N$，这一节中季内逐日序列长度用 T 表示，在§7.1中用字符 N 表示，另外§7.1中的功率谱是单边功率谱（定义在正频率一侧），是双边功率谱的2倍。用这个方法估计的 $\hat{\sigma}_N^2$ 作为（7.5.18）式的分母，F 分布的分母自由度很难精确地确定，但是，该分母自由度显然大于120，不影响 F_α 的值。

当使用月平均资料检验 H_I 时，时间单位是月，$T=3$。这时，又分为一个季内的月平均统计上相互独立和相关两种情况。在月平均相互独立的情况下，检验方法是用统计量

$$F_{IU} = \frac{\text{SSI}/[(S-1)(Y-1)]}{V^2} \tag{7.5.19}$$

其中

$$V^2 = \frac{1}{3}\left[\frac{1}{\text{SY}(3-1)}\sum_{s=1}^{S}\sum_{y=1}^{Y}\sum_{t=1}^{3}(X_{syt} - X_{sy\cdot})^2\right] \tag{7.5.20}$$

在原假设成立情况下，F_{IU} 服从分子自由度为 $(S-1)(Y-1)$、分母自由度为2SY的 F 分布。把 F_{IU} 的样本值与 F 分布临界值比较大小即可做出拒绝或接受 H_I 的结论。统计量（7.5.19）式的构成方法类似于日际相互独立情况下方差分析的 F 统计量（7.2.7）式，只是在这里多了一重循环，所以称为2方向方差分析。

当考虑月际存在相关时，做法是采用统计量

$$F_I = \frac{\text{SSI}/[(S-1)(Y-1)]}{\hat{\sigma}_N^2} \tag{7.5.21}$$

其中

$$\hat{\sigma}_N^2 = \frac{2C}{(T^* - 1)} V^2 \tag{7.5.22}$$

$$C = \frac{(3 + 4\rho_1 + 2\rho_2)(3 - 2\rho_1 - \rho_2)}{9 - 12\rho_1 + 8\rho_1^2 - 6\rho_2 - 4\rho_1\rho_2 + 5\rho_2^2} \tag{7.5.23}$$

$$T^{*}=1+\frac{2(3-2\rho_1-\rho_2)^2}{9-12\rho_1+8\rho_1^2-6\rho_2-4\rho_1\rho_2+5\rho_2^2} \tag{7.5.24}$$

其中 ρ_1 和 ρ_2 是月平均天气噪声的滞后 1 个月和 2 个月的自相关系数。

在 H_I 成立情况下，(7.5.21) 式定义的统计量 F_I 服从分子自由度为 $(S-1)(Y-1)$、分母自由度为 $(T^{*}-1)SY$ 的 F 分布。因此可根据 F_I 样本值与 F 临界值 F_α 比较做出检验结论。

为了使检验方法完整，还要给出估计 ρ_1 和 ρ_2 的方法。Zwiers 假设一个月有 30 天，假设逐日天气噪声过程是一个红噪声过程。对于红噪声过程，它只有 1 个参数，即滞后 1 天的自相关系数 r_1。在一个季内逐日天气噪声过程可写为

$$Z_{t'}=r_1Z_{t'-1}+\zeta_{t'}$$

t'表示时间，单位是天。用 σ_Z^2 表示 $Z_{t'}$ 的方差。月平均天气噪声为

$$Y_t=\frac{1}{30}\sum_{t'=1+30(t-1)}^{30t}Z_{t'}\qquad t=1,2,3$$

Y_t 的方差为

$$\mathrm{Var}(Y_t)=\frac{\sigma_Z^2}{30}\left[1+2\sum_{\tau=1}^{29}\left(1-\frac{\tau}{30}\right)r_1^{\tau}\right]$$

上式利用了方差与功率谱的关系以及对于红噪声过程 $r(\tau)=r_1^{\tau}$。Y_t 的滞后协方差为

$$\mathrm{Cov}(Y_t,Y_{t+k})=\frac{\sigma_Z^2r_1^{30(k-1)}}{30}\left\{r_1^{30}+\sum_{\tau=1}^{29}\left[\frac{\tau}{30}+\left(1-\frac{\tau}{30}\right)r_1^{30}\right]r_1^{\tau}\right\}$$

所以，对于 $t=1$ 和 2，得

$$\rho_1=\frac{\mathrm{Cov}(Y_t,Y_{t+1})}{\mathrm{Var}(Y_t)}\approx\frac{r_1}{30^2(1-r_1)^2} \tag{7.5.25}$$

$$\rho_2=\frac{\mathrm{Cov}(Y_1,Y_3)}{\mathrm{Var}(Y_t)}\approx\frac{r_1^{31}}{30^2(1-r_1)^2} \tag{7.5.26}$$

这样，只要利用天气噪声序列的滞后 1 天的自相关系数 r_1，就可估计出月平均天气噪声滞后 1 个月和 2 个月的自相关系数 ρ_1 和 ρ_2，并最终完成 H_I 检验。

7.5.4　用月平均资料估计 1 方向方差分析中的气候噪声方差

利用本节的公式，顺便再介绍在 1 方向方差分析中怎样用月平均资料估计气候噪声方差。如果不做集合模拟，而只是在规定的海温和海冰强迫下，从一个初值场开始，模式运行一次，只得到一次模拟结果，可以看作模拟的成员只有一个，即 $S=1$，这样就不要考虑模拟效应，2 方向方差分析退化为 1 方向方差分析。它的统计模型从 (7.5.10) 式退化为

$$X_{yt}=\mu+\beta_y+\varepsilon_{yt} \tag{7.5.27}$$

上式与 (7.2.1) 式相比较，除掉所用的字符不同，意思是相同的。

X_{yt}对t求平均，得季平均$X_{y.}$，再对年求平均，得年平均的气候平均$X_{..}$，显然，$X_{y.}=\mu+\beta_y+\varepsilon_{y.}$，$X_{..}=\mu+\beta_.+\varepsilon_{..}$。季平均量的年际方差的估计是

$$\hat{\sigma}^2_{X_{y.}}=\frac{1}{Y-1}\sum_{y=1}^{Y}(X_{y.}-X_{..})^2 \tag{7.5.28}$$

把$X_{y.}$和$X_{..}$代入（7.5.28）式，得

$$\begin{aligned}\hat{\sigma}^2_{X_{y.}}&=\frac{1}{Y-1}\sum_{y=1}^{Y}(X_{y.}-X_{..})^2\\&=\frac{1}{Y-1}\sum_{y=1}^{Y}[(\beta_y+\varepsilon_{y.})-(\beta_.+\varepsilon_{..})]^2\\&=\frac{1}{Y-1}\Big[\sum_{y=1}^{Y}(\beta_y-\beta_.)^2+\sum_{y=1}^{Y}(\varepsilon_{y.}-\varepsilon_{..})^2+2\sum_{y=1}^{Y}(\beta_y-\beta_.)(\varepsilon_{y.}-\varepsilon_{..})\Big]\\&=\frac{1}{Y-1}\sum_{y=1}^{Y}(\beta_y-\beta_.)^2+\frac{1}{Y-1}\sum_{y=1}^{Y}(\varepsilon_{y.}-\varepsilon_{..})^2\\&\quad+2\frac{1}{Y-1}\sum_{y=1}^{Y}(\beta_y-\beta_.)(\varepsilon_{y.}-\varepsilon_{..})\end{aligned} \tag{7.5.29}$$

上式右边第一项是β_y的方差的无偏估计。第二项是季平均天气噪声$\varepsilon_{y.}$的方差$\sigma^2_{\varepsilon_{y.}}$的无偏估计，根据概率论中无偏估计的定义及方差无偏估计的公式，有

$$E\Big[\frac{1}{Y-1}\sum_{y=1}^{Y}(\beta_y-\beta_.)^2\Big]=\sigma^2_\beta$$

$$E\Big[\frac{1}{Y-1}\sum_{y=1}^{Y}(\varepsilon_{y.}-\varepsilon_{..})^2\Big]=\sigma^2_{\varepsilon_{y.}}$$

E表示数学期望。估计量的数学期望等于被估计的参数，这个估计量称为无偏估计。第三项是β_y和$\varepsilon_{y.}$间的协方差，因为我们假设气候信号β_y和气候噪声$\varepsilon_{y.}$相互独立，所以这一项等于零。把（7.5.29）式两边取数学期望，得

$$E[\hat{\sigma}^2_{X_{y.}}]=\sigma^2_\beta+\sigma^2_{\varepsilon_{y.}} \tag{7.5.30}$$

（7.5.30）式表明，观测到的过程是否是潜在可预报的，可以通过检验原假设$\sigma^2_\beta=0$来确定。原假设$\sigma^2_\beta=0$的意思是X的季节平均的变化仅仅是由天气噪声引起的。因此，我们需要检验原假设

$$H_0:\sigma^2_\beta=0$$

为了做这个检验，需要估计时间（季）平均的天气噪声的方差$\sigma^2_{\varepsilon_{y.}}$，它与总方差是独立的，可构成F分布统计量。

当使用逐日资料时，估计气候噪声方差$\sigma^2_{\varepsilon_{y.}}$的方法依旧是Madden（1976）提出的低频白噪声延伸法。

当只有月平均资料可用时，可采用Zwiers（1996）提出的方法。因为现在模拟

的成员只有一个或者采用观测的月平均资料，所以，$S=1$，在（7.5.20）式中去掉对s求和，把（7.5.20）式的V^2和（7.5.23）式的C及（7.5.24）式表示的T^*代入（7.5.22）式，得气候噪声方差的估计$\hat{\sigma}_N^2$即$\hat{\sigma}_{\varepsilon_{y\cdot}}^2$。

$$\hat{\sigma}_{\varepsilon_{y\cdot}}^2 = \frac{3+4\rho_1+2\rho_2}{6Y(3-2\rho_1-\rho_2)}\sum_{y=1}^{Y}\sum_{t=1}^{3}(X_{yt}-X_{y\cdot})^2 \tag{7.5.31}$$

其中ρ_1和ρ_2同前，是月平均天气噪声过程的滞后1个月和2个月的自相关系数。$\hat{\sigma}_{\varepsilon_{y\cdot}}^2$是天气噪声引起的季平均量的年际方差的估计，它是检验H_0：$\sigma_\beta^2=0$需要用到的。

采用（7.5.31）式估计$\hat{\sigma}_{\varepsilon_{y\cdot}}^2$要先估计$\rho_1$和$\rho_2$。估计$\rho_1$和$\rho_2$可有几种办法。上小节已介绍过，如果逐日天气噪声序列可以看作红噪声随机过程的现实，并且估计出滞后1天的自相关系数r_1，那么，可按（7.5.25）式和（7.5.26）式估计ρ_1和ρ_2。另一个办法是采用一个季节内的逐月偏差$X_{yt}-X_{y\cdot}$估计ρ_1和ρ_2，例如，用$X_{y1}-X_{y\cdot}$与$X_{y3}-X_{y\cdot}$在Y年的样本相关系数作为ρ_2的估计。但是，这个方法的估计结果有严重偏斜，因为在一个季节内，3个月的偏差之和等于零，代数上它们是相关的。再另外一个方法是采用观测到的月平均距平计算相关系数，因为如果原假设$\sigma_\beta^2=0$成立，X_{st}的变化就是由天气噪声引起的，月平均量的年际距平就是月平均天气噪声。然而，这样估计ρ_1和ρ_2的前提就是要原假设成立，而实际上原假设是否成立正需要检验，另外，目前资料的年数一般不大，距平相关系数受样本随机振动较大。为了避免这些问题，最好还是使用逐日资料估计ρ_1和ρ_2。这时应注意，为了得到天气噪声逐日序列，应从原始逐日序列中先消除年循环，再从每年的季逐日偏差序列中减去它的季平均，对得到的偏差序列用一阶自回归模型去适应，得到滞后1天的自相关系数r_1，然后，按（7.5.25）式和（7.5.26）式计算ρ_1和ρ_2。

估计得$\hat{\sigma}_{\varepsilon_{y\cdot}}^2$以后，检验$H_0$：$\sigma_\beta^2=0$的做法是构成统计量

$$F=\hat{\sigma}_{X_{y\cdot}}^2/\hat{\sigma}_{\varepsilon_{y\cdot}}^2 \tag{7.5.32}$$

在H_0成立条件下，统计量F服从分子自由度为$(Y-1)$、分母自由度为$(T^*-1)(Y-1)$的F分布。把F的样本值与临界值比较就可以做出检验结论。这里T^*是（7.5.24）式表示的，如果滞后1个月和2个月的月平均天气噪声之间是相互独立的，$\rho_1=\rho_2=0$，则由（7.5.24）式可见，$T^*=3=T$，即一个季的月数。当$\rho_1\neq0$，$\rho_2\neq0$，T^*是季内独立样本月数，相当于§7.1中的N_{eff}。用美国NMC的分析资料做估计表明，$\hat{\sigma}_{\varepsilon_{y\cdot}}^2$和$T^*$对滞后1天的自相关$r_1$不敏感，对所有$r_1\leqslant0.9$，有$2.95\leqslant T^*\leqslant3$，这对于全球大部分地区所有的大气变量都是满足的。$r_1>0.9$只出现在北半球高纬冬季的500hPa和300hPa位势高度和流函数。

7.5.5　检验季节降水频率可预报性的对数线性分析方法

降水是比较特殊的变量。季降水总量和降水强度是连续性随机变量，并且基本上可

当作高斯分布变量看待，可使用前述的方差分析法估它们的潜在可预报性。季降水频率定义为季内雨日天数，雨日指降水量≥0.1mm 的日子。是否将雨日天数除以季内总天数得到频率不影响问题的讨论，所以，下面直接把季内雨日天数作为季降水频率。它不能采用方差分析法，因为不连续。下面介绍用于估计季降水频率可预报性的方法。

用 f_{ys} 表示第 y 年第 s 个模拟的季降水频率，同前所述，$y=1$，…，Y，$s=1$，…，S，季节是我们要分析的一个给定的季节，例如夏季。当某天是否是雨日与其他天是否是雨日相互独立时，由概率中独立试验序列定律（又称为伯努利定律）知，季内雨日数 f_{ys} 可以看作 T 次伯努利试验中某事件（雨日）发生次数，其中在每次试验中事件（雨日）的概率能够取决于年（与 y 有关，反映边界效应）、模拟（与 s 有关，反映模拟效应），可能还取决于内部源（大气内部动力过程和土壤湿度、积雪内边界）相互作用。我们用一个多重乘法模型来考虑降水频率的这些效应。

$$F_{ys} = GB_yS_sI_{ys} \tag{7.5.33}$$

其中 F_{ys} 是期望的季降水频率，"期望的"指模型拟合出的。B_y，S_s 和 I_{ys} 是年、模拟、和相互作用因子，它们修正季降水背景频率 G。这些因子的约束条件是

$$\prod_{y=1}^{Y}B_y = \prod_{s=1}^{S}S_s = \prod_{y=1}^{Y}I_{ys} = \prod_{s=1}^{S}I_{ys} = 1 \tag{7.5.34}$$

这些约束使得模式正好有 YS 个参数，它们截获观测到的季降水频率 f_{ys} 的全部变率，也就是 $\hat{F}_{ys}=f_{ys}$，这里 $\hat{F}_{ys}$ 是 F_{ys} 的估计，所以说模式是"饱和的"。

把（7.5.33）式取对数，得

$$L_{ys} = \ln(F_{ys}) = \mu + \beta_y + \gamma_s + \delta_{ys} \tag{7.5.35}$$

这明显地与 2 方向方差分析模型相似，其中 $\mu=\ln(G)$，$\beta_y=\ln(B_y)$，$\gamma_s=\ln(S_s)$，$\delta_{ys}=\ln(I_{ys})$。多重乘法模型在取对数后变成了线性的，称为对数线性模型。多重乘法模型的约束条件变成了用于标准线性模型的常见的约束条件，也就是 $\beta. =\gamma. =\delta._s =\delta_y. =0$，这里小圆点依旧表示对被替换的下标求平均，这些约束条件的变换显然容易得到，只要对（7.5.34）式取对数。

这些参数的最大似然估计为

$$\begin{aligned}\hat{\mu} &= l_{..}\\ \hat{\beta}_y &= l_{y.} - l_{..}\\ \hat{\gamma}_s &= l_{.s} - l_{..}\\ \hat{\delta}_{sy} &= l_{ys} - l_{.s} - l_{y.} + l_{..}\end{aligned} \tag{7.5.36}$$

其中

$$l_{ys} = \ln(f_{ys})$$

$$l_{y.} = \frac{1}{S}\sum_{s=1}^{S}\ln(f_{ys})$$

$$l_{.s} = \frac{1}{Y}\sum_{y=1}^{Y}\ln(f_{ys})$$

$$l_{..} = \frac{1}{Y}\frac{1}{S}\sum_{y=1}^{Y}\sum_{s=1}^{S}\ln(f_{ys}) \tag{7.5.37}$$

与线性模型一样，β_y 是边界强迫效应，γ_s 是模拟效应，δ_{ys} 是它们之间的相互作用效应，假设它表示季降水频率来源于内部源的变化。

与方差分析一样，我们的目的是检验关于 β_y，γ_s 和 δ_{ys} 的原假设。做这些检验的方法形式上同前述的方差分析中的检验是类似的。这里，用一个模式系统来解决这些检验问题，该模式系统中的相邻模式之间增加的项的重要性用适应优度的变化来评定。下面先介绍适用于日际相互独立情况下的检验，然后介绍日际相关情况下的检验方法。

组成 β_y，γ_s 和 δ_{ys} 统计显著性检验使用 3 个对数线性模型系统。用于检验原假设：规定的边界条件（海温、海冰）不影响季降水频率，也就是检验原假设 H_B：$\beta_y=0$，$y=1$，…，Y，采用的模式系统是

$$\ln(F_{ys}) = \mu + \gamma_s \tag{7.5.38}$$

$$\ln(F_{ys}) = \mu + \beta_y + \gamma_s \tag{7.5.39}$$

该模式体系中，第 2 个模型比第 1 个模型增加 β_y 项，我们要看 β_y 的重要性来判断 H_0 是否成立。

用于检验原假设：模式配置和初始条件对季降水频率没有影响，或者说没有模拟效应，即检验 H_s：$\gamma_s=0$，$s=1$，S，采用的模式体系是

$$\ln(F_{ys}) = \mu + \beta_y \tag{7.5.40}$$

$$\ln(F_{ys}) = \mu + \beta_y + \gamma_s \tag{7.5.41}$$

用于检验原假设：季降水频率的内部变率不是潜在可预报的，即检验 H_I：$\delta_{ys}=0$，对于 $y=1$，…，Y 和 $s=1$，…，S，采用的模式体系是

$$\ln(F_{ys}) = \mu + \beta_y + \gamma_s \tag{7.5.42}$$

$$\ln(F_{ys}) = \mu + \beta_y + \gamma_s + \delta_{ys} \tag{7.5.43}$$

在以上 3 个检验中，都是通过比较在相邻的两个模式之间期望的降水频率 F_{ys} 对观测到的降水频率 f_{ys} 的适应优度的变化来检验原假设是否成立。适应优度用似然率 G^2 统计量

$$G^2 = 2\sum_{y}\sum_{s}(f_{ys})\ln\frac{f_{ys}}{F_{ys}} \tag{7.5.44}$$

$$= 2\sum_{y}\sum_{s}(f_{ys})[\ln(f_{ys}) - \ln(F_{ys})]$$

来估计，也可以用 Pearson 非参数 χ^2 统计量

$$\chi^2 = \sum_{y}\sum_{s}\frac{(f_{ys} - F_{ys})^2}{F_{ys}} \tag{7.5.45}$$

一般来说，G^2 统计量更好一点，因为它的可加性使得使用更方便。当原假设成立时，这两个统计量都服从 χ^2 分布。

对上述 3 个模式体系，取所包含的两个模式的 G^2 之差，对于检验 H_B，H_S 和 H_I 分别得到似然率统计量

$$G_B^2 = 2\sum_y \sum_s (f_{ys}\hat{\beta}_y) \tag{7.5.46}$$

$$G_S^2 = 2\sum_y \sum_s (f_{ys}\hat{\gamma}_s) \tag{7.5.47}$$

$$G_I^2 = 2\sum_y \sum_s (f_{ys}\hat{\delta}_{ys}) \tag{7.5.48}$$

这 3 个统计量反映以上 3 个模式体系中，后一个模式比前一个模式（即增加一项后）F_{ys} 向 f_{ys} 适应和拟合优度的改善程度。

它们可分别解释为边界强迫、模拟效应和内部源效应的强度。当原假设 H_B，H_S 和 H_I 成立时，这 3 个统计量都渐近地服从 χ^2 分布，自由度分别为 $\gamma_B=(Y-1)$，$\gamma_S=(S-1)$，$\gamma_I=(S-1)(Y-1)$。

原假设 H_B，H_S 和 H_I 的检验，可以把

$$F_{BF} = \frac{{G_B}^2}{\chi^2_{1-\alpha}[Y-1]} \tag{7.5.49}$$

$$F_{SF} = \frac{{G_S}^2}{\chi^2_{1-\alpha}[S-1]} \tag{7.5.50}$$

$$F_{IF} = \frac{{G_I}^2}{\chi^2_{1-\alpha}[(S-1)(Y-1)]} \tag{7.5.51}$$

与 1 比较，F_{BF}、F_{SF}、F_{IF} 大于 1 时拒绝 H_B，H_S，H_I。其中 α 是选定的置信水平，$\chi^2_{1-\alpha}$ $[\gamma]$ 是自由度为 γ 的 χ^2 分布的临界值。注意，χ^2 分布的临界值表示方法容易混淆，有些文献中写为 χ^2_α，实际指 $P[\chi^2>\chi^2_\alpha]=\alpha$ 或 $P[\chi^2\leqslant\chi^2_\alpha]=1-\alpha$。

以上检验方法是假设日际独立情况下导出的。当日际存在相关时（某日是否有雨与它的前几日是否有雨有关），统计量 G_B^2，G_S^2 和 G_I^2 的概率分布不同于上述 χ^2 分布。与标准线性模型对比，在上述方法中用于检验主要效应的统计量没有受到日际相关的影响。当考虑日际相关时，因为统计量的分布不能解析地导出，所以，我们采用蒙特卡洛方法来估计在各种原假设成立条件下似然率卡方变量的临界值。如果用 Monte Carlo 方法估计得 G_B^2，G_S^2 和 G_I^2 的临界值，分别记为 $G^2_{B,1-\alpha}$，$G^2_{S,1-\alpha}$，$G^2_{I,1-\alpha}$，在显著水平 α 下，检验 H_B，H_S 和 H_I 是把以下 3 个量与 1 相比较

$$F_{B,F} = \frac{G_B^2}{G^2_{B,1-\alpha}} \tag{7.5.52}$$

$$F_{S,F} = \frac{G^2 s}{G^2_{s,1-\alpha}} \tag{7.5.53}$$

$$F_{I,F} = \frac{G_I^2}{G^2_{I,1-\alpha}} \tag{7.5.54}$$

或者采用常用的表述，G_B^2，G_S^2，G_I^2 分别与它们的临界值 $G_{B,1-\alpha}^2$，$G_{S,1-\alpha}^2$ 和 $G_{I,1-\alpha}^2$ 相比较，前者大时，拒绝 H_B，H_S 和 H_I。

为了估计 G_B^2，G_S^2 和 G_I^2 的临界值，需要模拟出随机的逐日降水场序列，它的长度以及短期的相关特征（日际相关）与观测到的序列相同，但是不包含边界效应、模拟效应和相互作用（内部源）效应。这是采用滑动段仿真方法完成的，它对逐日降水场重新采样。该方法隐含着假设 H_B，H_S 和 H_I 是真实的，能引起保守的检验（比额定的显著水平小），因为 G_B^2，G_S^2 和 G_I^2 的临界值会被过高估计。

重新取样过程操作如下。假设逐日降水场具有大约 N_d 天的记忆力。我们取 $N_d=15$，但是，只要相关的时间尺度不过低估计，在下面的重新取样过程中使用的 N_d 的严格值并不重要。为了维持在重新取样序列中时间尺度小于 N_d 天的相关性，我们从原来的逐日降水场序列中选取连续 N_d 天长度的片断，组成逐日降水场的随机序列。准确地说，对于给定的季节，例如 12，1，2 月，记季节长度为 N 天（本节前面曾记为 T 天），并且有 $S\times Y$ 年个大气环流模拟的集合，设整数 $K=(N\times Y\times S)/N_d$，随后做：

（1）生成在 $[0, N-N_d]$ 范围内的 K 个均匀分布的整数 n_1，n_2，…，n_K，在 $[1, Y]$ 范围的 K 个均匀分布整数 y_1，y_2，…，y_K，在 $[1, S]$ 内均匀分布的 K 个整数 s_1，s_2，…；s_K。当然，每 K 个整数的值可能有重复取的，例如 $S=6$，只有 1～6 个值，而 K 达几百。

（2）构成逐日降水序列 R_i^ε，$i=1, 2\cdots, NYS$，设置成 $R_{(k-1)N_d+j}^\varepsilon=R_{n_k+j,y_k,s_k}$，$j=1, 2, \cdots, N_d, k=1, 2, \cdots, K$，其中 R_{n_k+j,y_k,s_k} 是大气环流模式模拟出的模拟集合中第 s_k 个模拟在第 y_k 年（指定季节的）第 n_k+j 天的降水场。可见，重新构成的逐日降水场序列的长度是 $N\times Y\times S$ 天，它是环流模式模拟出的 S 个模拟 Y 年季内 N 天降水场按每个片断连续 N_d 天重新随机地连接成的。

（3）把序列 R_i^ε，$i=1, 2, \cdots, NYS$ 划分成长度为 N 天的大段，一段表示一个季，Y 个季表示一个模拟。

（4）依据仿真的样本 $\{R_{nys}^\varepsilon, n=1, 2, \cdots, N, y=1, \cdots, Y, S=1, \cdots, S\}$ 计算 G_B^2，G_S^2 和 G_I^2。

把上述步骤重复做 1000 次，就得到 H_B，H_S 和 H_I 成立条件下 G_B^2，G_S^2 和 G_I^2 概率分布的经验估计，这些分布的第 90，95 和 99 百分位数就作为检验 H_B，H_S 和 H_I 的 10%，5% 和 1% 显著水平的临界值。用符号表示分别是 $G_{B,0.9}^2$，$G_{B,0.95}^2$，$G_{B,0.99}^2$，$G_{S0.9}^2$，$G_{S,0.95}^2$，$G_{S,0.99}^2$ 和 $G_{I,0.9}^2$，$G_{I,0.95}^2$，$G_{I,0.99}^2$。它们用于按（7.5.52）、（7.5.53）、（7.5.54）式做出假设检验的结论。

参 考 文 献

1 Madden R A. Estimate of the natural variability of time-averaged sea-level pressure. *Mon Wea Rev*, 1976, **104** (7): 942—951

2 Madden R A. A quantitative approach to long-range prediction. *J Geo Res*, 1981, **86** (c10): 9817—9825

3 Shukla J. Comments on "Natural variability and predictability". *Mon Wea Rev*, 1983, **111** (3): 581—585

4 Trenberth K E. Some effects of finite sample size and persistence on meteorological statistics. Part I: Autocorrelations. *Mon Wea Rev*, 1984, **112** (12): 2359—2368

5 Trenberth K E. Some effects of finite size and persistence on meteorological statistics. Part Ⅱ: Potential predictability. *Mon Wea Rev*, 1984, **112** (12): 2369—2379

6 Trenberth K E. Signal versus noise in the Southern oscillation. *Mon Wea Rev*, 1984, **112** (2): 326—332

7 Zwiers F W. Interannual variability and predictability in an ensemble of AMIP climate simulations conducted with the CCC GCM2. *Climate Dynamics*, 1996, **12**: 825—847

8 Zwiers F W and Kharin V V. Intercomparison of interannual variability and potential predictability: an AMIP diagnostic subproject. *Climate Dynamics*, 1998, **14**: 517—528

9 Wang X L and Zwiers F W. Interannual variability of precipitation in a ensemble of AMIP climate simulations conducted with the CCC GCM2. *J of Climate*, 1999, **12** (5): 1322—1335

10 Zheng Xiaogu, Nakamura H, Renwick J. Potential predictability of seasonal means based on monthly time series of meteorological variables. *J of Climate*, 2000, **13** (7): 2591—2604

11 Klugman M R. Evidence of climate change in United States seasonal precipitation data, 1948—76. *J Cli and Appl Met*, 1983, **22** (8): 1367—1376

12 Klugman M R. A method for determining change in precipitation Data. *J Appl Met*, 1981, **20** (12): 1506—1509

13 吴洪宝. 青海省月平均气温潜在长期可预报性估计. 南京气象学院学报, 1995, **18** (2): 282—287

14 吴洪宝, 王盘兴, 林开平. 广西夏季降水量潜在可预报性估计. 应用气象学报, 2005, **16** (4): 445—452

15 Lau K M. and Shen S P. Potential predictability ensemble correlation Prediction. *Geophys Res Lett* 2002, **29**(7): 1097, doi: 10.1029/2001GL014263

16 Banter B D, Bruggerman U. Cubasch K. Hasselmann, H. Hock. Signal-to-noise analysis of time-dependent greenhouse warning experiments. *Climate Dynamics*, 1994, **9**: 267—285

第八章　海洋动力模式与统计大气相结合的预报方法

大气和海洋是地球气候系统的五个成员中的主要两个。它们间的相互作用是短期气候异常的最重要成因。尽管气象业务中的短期气候预报关心的是大气中的冷、暖和旱、涝现象，但是大气中的异常只是整个地球气候系统异常的一些局部表现，它不是在大气中孤立地生成的，而是大气对外部强迫，其中主要是对海洋强迫的响应，因此短期气候预报原理上必须对整个气候系统预报，海洋既是预报因子也是预报对象。

大气与海洋的相互关系中，代表海洋异常的物理量主要用海表温度距平(SSTA)。SSTA 既是短期气候预报的因子也是预报对象。目前，预报 SSTA 的方法可分为三大类：动力学方法、统计方法和动力与统计相结合的方法。采用动力学方法的主要有美国 NOAA 气候预报中心（CPC)、环境预报中心（NCEP)、环境模拟中心（EMC）的 Wang Wanqiu，Ji Ming，Ants Leetmaa 等人发展的海洋—大气耦合模式；海洋—陆地—大气研究中心（COLA——Center for Ocean-Land-Atmosphere Studies）的 Zhu Zhengxin 和 Scheneider 等人发展的全球大气海洋耦合模式；LEDO（Lamont-Doherty Earth Observatory of Columbia University）的 Zebiak，Mark A Cane，Dake Chen 等人发展的简单的耦合海洋大气动力模式。统计学方法主要有 LEDO 的 Gilvan Sampaio 和天气预报和气候研究中心（CPTEC—Center for weather forecast and climate studies）的 Luciano Pezzi 等人采用典型相关分析（CCA）方法；NOAA-CIRES/Climate Diagnostics Center 的 Penland 等人采用线性转置模型（LIM)；California 大学 Amira Saunders，Michael Ghil 等人采用奇异谱分析——最大熵方法（SSA-MEM)；NOAA CPC 的 Huug van den Dool 等人采用相似法；加拿大 British Columbia 大学地球和海洋科学系的 BenyangTang，Hsieh 等人采用人工神经网络方法等。其中 LIM，CCA，SSA-MEM 已分别在本书第二章、第三章和第六章做了详细介绍。本章要介绍第三类即动力学海洋模式与统计大气模式相结合的预报方法。近年来，这类方法在 SSTA 的预报中有广泛应用，例如，JPL（Jet Propulsion Laboratory）的 Syu Hsinhsin 和加利福尼亚大学大气科学系的 J David Neelin 发展的混合耦合模式（HCM）采用一个中等复杂的海洋动力模式，模式所需要的大气对海洋的风应力是依据 1970～1998 年观测到的风应力和 SSTA 资料采用 SVD 方法建立统计关系估计的；汉城大学和韩国气象局的 Kang Ln-Sik，Park Chung-Kyu 等人采用 Cane 和 Zebiak 的海洋动力模式，先用观测到的风应力历史资料把海洋模式运行一遍，再用观测到的风应力资料与海洋模式输出的SSTA资料采用SVD方法建立统计关系，称为统计大气模式。用于预报时，海洋模式先在观测到的风应力强迫下运行一段时间，当进入预报时段，没有观测的风应力资料提供给海洋模式时，就启动统计大气模式由海洋模式输出的SSTA估计出风应力，从而使模式继续运行到预报时段结束。采用这类方法的还有Scrips海洋研究所的Tim Barentt，David Pierce和德国Max Planck气象研究所的Mojib Latif，它们的统计大气模式是风应力与海洋动力模式输出的SSTA之间的CCA型回归。此外还有俄罗斯的莫斯科国立大学、英国牛津大学、法国、智利、马来西亚等国专家也采用动力海洋统计大气预报方法。统计大气模式除SVD，CCA以外，还有主成分回归、POP系数回归、人工神经网络等。本章介绍的是作者和研究生雷永荟合作的工作。

本章的诊断分析、海洋动力模式模拟结果以及建立的预报方法，其主要关系都符合Wyrtki提出的关于热带太平洋表面风应力与SSTA关系的物理模型，由于本书目的是介绍研究方法，而Wyrtki的ENSO物理模型很多教材中都有，相信读者熟悉风应力与SSTA的物理关系，所以不做过多的物理解释。

§8.1　中等复杂程度的海洋模式

8.1.1　海洋动力模式的分类

对不同等级的耦合模式经常采用以下分类：简单模式、中等复杂程度耦合模式(Intermediate Coupled Moldes，以下简称ICMs)、混合耦合模式（Hybrid Coupled Models，简称HCMs）和复杂的耦合环流模式。简单模式包括最简单的线性浅水模式，还包括一些动力学上进一步精简的有用的模性，它们通常以一些特别的近似为代价，修正的浅水模式较复杂一些，参数化较精细，包含适度的非线性项，以保障系统以一个有限的可信的方式演变。

属于ICMs的主要有Cane和Zebiak的模式、Anderson和Mc Creary的模式、Battisti的模式等。ICMs对ENSO理论的贡献最重要，用它们做的模拟和预报能够定量地与观测结果相比较。本章采用Anderson和Mc Creary的模式，后面将做较详细介绍。

HCMs由海洋环流模式和较简单的大气模式组成，这种设计思想是因为海洋既包含这个系统记忆力又包含有限的非线性性质，因此，可以把大气当作刚性系统的快变成分对待。等级分类不是截然的，一些低分辨率的耦合环流模式往往不比ICMs复杂。很多这些模式通过明显地相似于ENSO动力学的耦合相互作用生成海气系统的年际变率。

8.1.2 Anderson 和 Mc Creary 的海洋模式

McCreary 和 Anderson 提出 ENSO 循环的物理机制是赤道波系的作用，在此理论下由 Balmaseda 和 Anderson（1994）发展的中等复杂程度的热带太平洋动力海洋与统计大气耦合模式。这个模式结构简单，但包含了 ENSO 循环的基本物理过程，可以用来研究 ENSO 循环的形成机制以及海气相互作用的过程。

海洋模式是在 McCreary 和 Anderson（1984）的工作基础上，将活动层扩展为两层，活动层以下是静止恒温（$T_S=5℃$）的深层海洋。模式是将原始方程写在两层海洋上，方程中的变量表示该层的垂直平均量，所以该模式包含了非线性的热力学过程。模式用参数化方法考虑了两层活动层之间的质量交换及动量和热量通量的垂直输送。采用赤道 β 平面近似，方程组可写为

$$\left(\frac{\partial}{\partial t}+u_i\frac{\partial}{\partial x}+v_i\frac{\partial}{\partial y}+\vec{f}\wedge\right)h_i\vec{V}_i=\frac{-h_i}{\rho_0}\nabla P_i+\vec{M}_i(\varepsilon)+\frac{\vec{\tau}}{\rho_0}+\nu\nabla^2 h_i\vec{V}_i$$

$$\left(\frac{\partial}{\partial t}+u_i\frac{\partial}{\partial x}+v_i\frac{\partial}{\partial y}\right)h_i=-(-1)^i\varepsilon+\zeta\nabla^2 h_i \tag{8.1.1}$$

$$\left(\frac{\partial}{\partial t}+u_i\frac{\partial}{\partial x}+v_i\frac{\partial}{\partial y}\right)T_i=Q_S+H_i(\varepsilon)+\kappa\nabla^2 T_i$$

这里 $i=1$，2 表示所在的层次，$\vec{f}=\beta y\vec{k}$，$\vec{V}_i=(u_i，v_i)$ 是水平风速，它包括纬向风和经向风两个分量，P_i 是压力，h_i 是深度，T_i 是温度，ε 是垂直混合过程参数，Q_S 是表面热通量，$\vec{M}$ 和 H 分别是动量和热量的垂直平流项，$\vec{\tau}=(\tau_x，\tau_y)$ 是风应力，表面热通量和风应力只作用在第一层，第二层以下是静止、恒温 $T_S=5℃$ 的深层海洋。ν 是动量扩散系数，ζ 是质量扩散系数，κ 是热量扩散系数。

方程组的第一个方程式表示系统的动量方程，第二个方程式表示系统的质量守恒，第三个方程是热力学第一定律，表示系统热量守恒。各方程的右侧除扩散项外，其他项均作参数化处理。方程组中的第一个方程实际上包含 4 个标量方程，分别是 x 和 y 方向第一层和第二层的动量方程；第二和第三个方程是标量方程，在第一和第二层各一个，所以共有 8 个标量方程。方程组共有 8 个未知变量：$u_1(x,y,t)$，$v_1(x,y,t)$，$T_1(x,y,t)$，$h_1(x,y,t)$，$u_2(x,y,t)$，$v_2(x,y,t)$，$T_2(x,y,t)$，$h_2(x,y,t)$。表面热通量和风应力是大气对海洋的强迫，是要提供给海洋模式的。

方程中压力梯度项可以用温度和深度的变化来表示，

$$\frac{1}{\rho_0}\nabla P_1=ga\nabla\left[h_1(T_1-T_S)+h_2(T_2-T_3)\right]-ga\frac{h_1}{2}\nabla T_1$$

$$\frac{1}{\rho_0}\nabla P_2=ga\nabla\left[(h_1+h_2)(T_2-T_3)\right]-ga\left(h_1+\frac{h_2}{2}\right)\nabla T_2$$

垂直混合速度 ε 由上层海洋的深度所决定，取为

$$\varepsilon = \begin{cases} (H_e - h_1)^2 / t_e H_e & h_1 \leqslant H_e \\ -(H_d - h_1)^2 / t_d H_d & h_1 \geqslant H_d \end{cases}$$

其中 H_e，H_d 是向上混合和向下混合发生的参考深度，在该模式中都取为 100m；t_e，t_d 是混合过程的时间尺度，分别取为 1 天、500 天。

一旦垂直混合过程发生，两层活动层之间就发生质量交换、动量交换，以及热量交换。

$$\vec{M}_i(\varepsilon) = \begin{cases} -(-1)^i \varepsilon(\vec{V}_2 - \vec{V}_1) & \varepsilon \geqslant 0 \quad (\text{上翻}) \\ -(-1)^i \varepsilon(\vec{V}_1 - \vec{V}_2) & \varepsilon \leqslant 0 \quad (\text{下沉}) \end{cases}$$

$$H_1(\varepsilon) = \begin{cases} -\varepsilon\gamma(T_1 - T_2)/h_1 & \varepsilon \geqslant 0 \\ -\varepsilon\gamma(1-\gamma)(T_1 - T_2)/h_2 & \varepsilon \leqslant 0 \end{cases}$$

$$H_2(\varepsilon) = \begin{cases} -\varepsilon(1-\gamma)(T_1 - T_2)/h_2 & \varepsilon \geqslant 0 \\ -\varepsilon(T_1 - T_2)/h_2 & \varepsilon \leqslant 0 \end{cases}$$

其中 γ 是控制垂直温度梯度的参数，取为 0.75。

方程组中风应力 $\vec{\tau}$ 作用在第一层上，

$$\vec{\tau} = \mu\rho_a C_a \mid \vec{V} \mid \vec{V} \tag{8.1.2}$$

其中 $\vec{V}$ 是风速（m/s），$\mid \vec{V} \mid = \sqrt{u^2 + v^2}$，$\rho_a = 1.2\text{kg} \cdot \text{m}^{-3}$ 是空气密度，$C_a =$ 0.0015 是拖曳系数，μ 是控制强迫强度的耦合参数，计算中取 $\mu = 0.5$。$\vec{\tau}$ 在纬向和经向方向分别表示为 τ_x 和 τ_y，其中 $\tau_x = \mu\rho_a C_a \mid \vec{V} \mid u$，$\tau_y = \mu\rho_a C_a \mid \vec{V} \mid v$。

模式采用 C 格式计算，分辨率为 1.5°×1.5°，模式区域为 30°S～30°N，123°E～63°W。积分的时间步长为 2 小时。

模式的输出变量除了方程组（8.1.1）中的变量——第 1，2 层的 u，v，T，h 外，为了给大气模式提供包含更多海洋记忆的预报因子，还采用这些基本变量组成海洋热含量（Heat content，简写为 HC），HC 定义为

$$HC = \frac{(T_1 - T_3)h_1 + (T_2 - T_3)h_2}{H_{01} + H_{02}} \tag{8.1.3}$$

其中 $H_{01} = 100\text{m}$，$H_{02} = 175\text{m}$，表示给定的海洋初始厚度。HC 不像 SST 那样对混合参数和热通量表现出异常的敏感性。

模式在气候平均的风应力和表面热通量的强迫下由静止海洋积分 10 年进行旋转加速。表面热通量由 Oberhuber（1988）的热通量加上一个张驰项，形式如下

$$Q_S = Q_0 + \lambda(T_1 - T_0)$$

这里 T_1 是模式第一层的 SST，Q_0 和 T_0 是观测的月平均气候热通量和 SST，λ 是模式张驰系数。

海洋模式启动运行 10 年后，就可以得到一个基本稳定的气候平衡态，然后与大

气提供的风应力和表面热通量耦合。在海一气耦合试验中表面热通量由下式给出：

$$Q_S = Q_0 + \lambda(T_1 - T_0) - 0.2\lambda(T_m - T_1)$$

其中 T_m 表示气候试验获得的稳定的模式海表温度 SST。引入后一项的目的是使模式中 T_1 围绕 T_m 演变。

§8.2　大气对海洋强迫作用的数值模拟

现在用上节介绍的 McCreary 和 Anderson 的海洋模式模拟大气对海洋的强迫在形成 ENSO 变率的海洋分量中的作用。为了通过数值试验再现大气对海洋的强迫作用，我们设计了一组控制试验和两组敏感性试验，在每一组试验中都包含一个气候试验和一个强迫试验。气候试验的目的是提供一个气候背景，强迫试验以这个背景为参考量，以气候试验的最后一个时刻记录的海洋状态为强迫试验的初始场向后积分，强迫试验的结果是要分析的内容。可以看出气候试验是强迫试验的基础，海洋模式对气候值的模拟是否准确对强迫试验的结果有直接的影响，下面首先检验海洋模式的气候模拟能力。控制试验用来检测海洋模式对 El Nino/La Nina 事件的模拟能力。

8.2.1　海洋模式模拟气候状态能力检验

气候试验的设计方案是用每月气候平均的风应力场和热通量场去强迫运行海洋模式，经过若干模式年的调整以达到一个稳定的状态。稳定状态的标准定义为海洋变量与上一个模式年或下一个模式年同期相比较变化甚微。对本模式而言，由水平均匀的初始场（$\vec{V}_i$，h_i，T_i）$|_{t=0}$ =（0，h_{ci}，T_{ci}）开始做这样的调整需要约 4 个模式年(其中符号同上节，ci 表示海洋模式的初始值)。为了使海洋得到充分的调整，在气候试验中对海洋模式积分 10 年。把海洋模式在每月气候平均的风应力场和热通量场强迫下积分第 10 年的 1，4，7，10 月的海温分布和热含量分布与观测资料计算得到的多年气候平均值在对应月份的分布做比较，可以看到，模式的气候海温场与观测到的气候平均海温场很接近，热含量分布与实际的海温场也非常匹配，东太平洋赤道南侧的冷舌和西太平洋暖池的范围在模拟出的海温场和热含量场上的分布形势比较合理，冷舌在四个季节的进退也都有比较好的反映。这表明该模式对海洋的气候平均状态的模拟是成功的。

8.2.2　控制试验模拟年际变率结果分析

为了考察模式对 El Nino 事件的模拟能力，设计一组控制试验来实现。控制试验的设计方案是在积分 10 年的气候试验之后，采用佛罗里达州立大学（FSU）1961 年

1 月～1999 年 1 月风应力场资料（假应力乘以空气密度和拖曳系数变成真应力资料，再换算成厘米·克·秒制力学单位——10^{-5} N/cm^2 提供给海洋模式）强迫海洋模式，积分 38 年又 1 个月。在该试验中风应力场包含年际异常和其他分量，在它的强迫作用下，应该能够通过海洋模式再现 El Nino 事件。以下分析这种实际风应力强迫下海洋模式运行的结果。

图 8.2.1 是控制试验输出的第一层温度沿每一经度在 5°S～5°N 之间平均的距平的时间一经度剖面。作为对比，图 8.2.2 是同时间观测资料（NCEP/NCAR 再分析资料）计算出的 5°S～5°N 之间平均海表温度距平的时间一经度剖面图。从两图看出，模式对 ENSO 事件有较好的模拟能力，1961～1999 年 1 月间发生的 11 次 El Nino 事件已都被模拟出来了，可以发现每次增暖事件发生的时间和形式基本吻合，而模拟结果得到的海温负距平与 NCEP/NCAR 再分析海温异常偏冷对应也较好。1997/1998 年、1982/1983 年这类强异常信号在模拟结果中也表现得比其他增暖事件强度大，美中不足之处是模拟的增暖强度总体达不到观测水平，这一点在计算区域平均的海温异常随时间的变化曲线中更明显，NINO1、NINO2 区和 NINO4 区海温距平的模拟结果显示异常信号的强度比再分析资料的结果偏弱明显，NINO3 区的模拟结果较好。

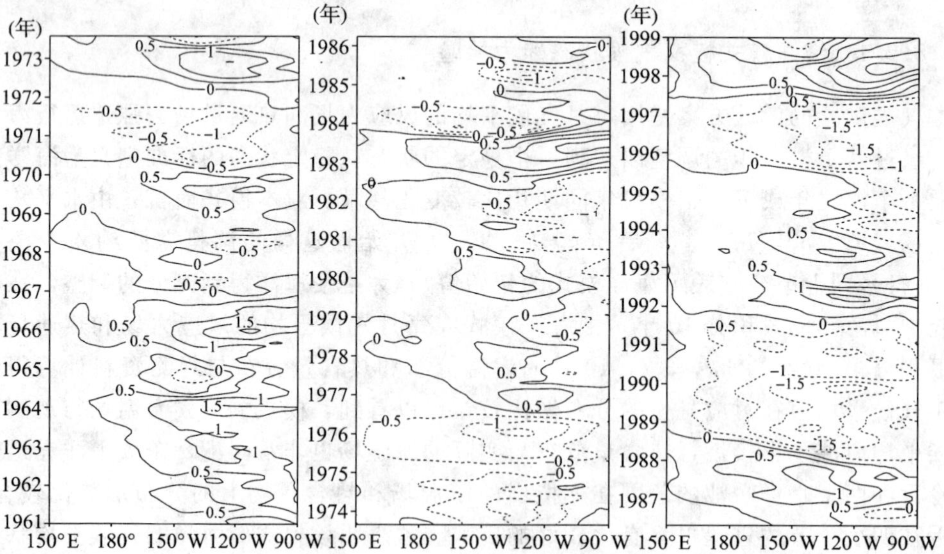

图 8.2.1　控制试验得到的第一层 5°S～5°N 平均的海温距平时间一经度剖面（单位：℃）

图 8.2.3 是海洋模式模拟的第二层海水温度的异常在 5°S～5°N 范围平均的时间一经度剖面。从海洋模式的参数设计知，该图表示海表面 100m 以下海水温度的异常幅度，与图 8.2.1 比较，第二层海水异常的幅度比海表温度异常的变化幅度小，但

从它反映出来的准周期性看，它与 ENSO 事件的时间尺度非常吻合，这说明海洋的过滤作用使得深层海洋仅对较低频率的海气相互作用敏感。从这一点出发可以认为分析海洋次表层及其以下的海温变化将有助于理解海气相互作用中的低频信息。

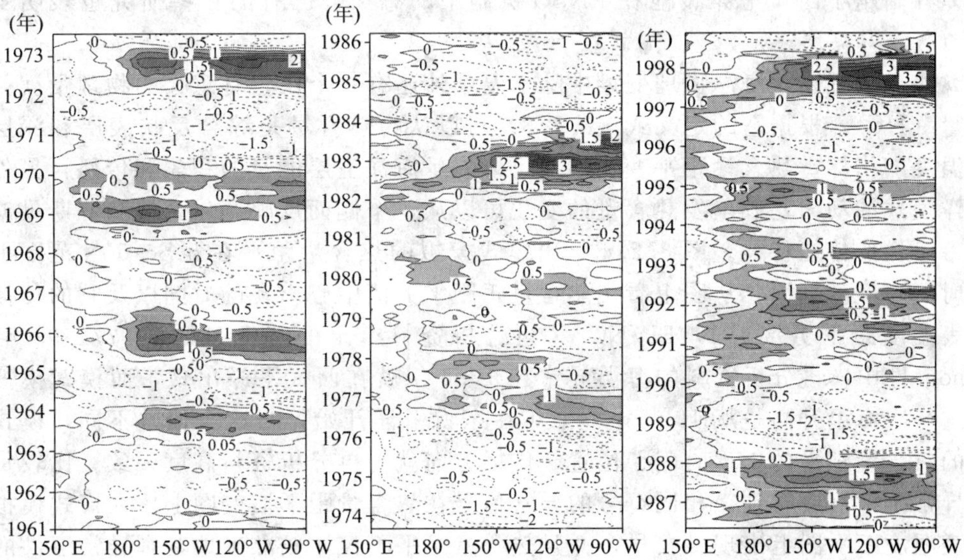

图 8.2.2　NCEP/NCAR 再分析资料 5°S～5°N 平均的 SSTA 时间－经度剖面

阴影区表示大于 0.5℃区域；单位：℃

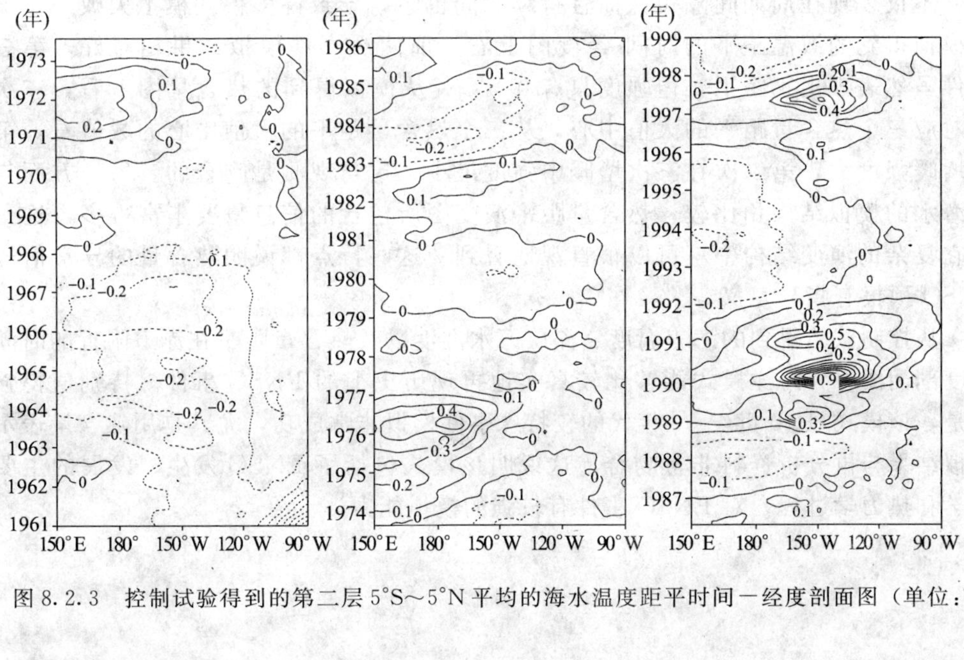

图 8.2.3　控制试验得到的第二层 5°S～5°N 平均的海水温度距平时间－经度剖面图（单位：℃）

值得注意的是：海表温度距平的大值区出现在赤道中、东太平洋，而深层海水温度异常的大值区多出现在中、西太平洋地区，并且相同符号的异常信号在深层海水温度中出现早，这为ENSO预测提供很好的依据。深层海水与表层海水异常信号的差异暗示了西太平洋暖池在ENSO机制中的意义，已有的一些研究也表明了这一点。

如上节所述，海洋物理变量中除了温度外还有一个比较有意义的物理量就是热含量（HC），根据它的定义式（8.1.3）可以认为热含量是综合反映表层和深层海水温度的指标，热含量距平变化情况可以表示海洋上层能量的积累和传播，另外从海洋模式的动力基础出发热含量的变化可以从一个侧面反映开尔文波和罗斯贝波在热带海洋的传播特征。图8.2.4给出模式模拟的热含量距平在5°S～5°N范围平均的时间一经度剖面，从图上看出热含量正距平大值中心出现的时间以及它的传播比海表温度距平更接近NCEP/NCAR再分析资料给出的特征。如1997/1998年El Nino事件中，再分析资料的海温异常在1996年就在西太平洋出现，而模式模拟出的这一次海温升高是从1997年下半年在东太平洋开始，与这个偏差不同，模式模拟的热含量距平的出现时间、位置、传播方向就与再分析资料高度一致。比较每一次异常事件可以看到，相同符号的异常信号在热含量距平演变图上比在模式模拟的海表温度距平图上出现都要早，并且热含量距平不仅比较准确地刻画异常事件的形式而且可以捕捉到异常信号的细节。以1991年到1996年之间发生的三次异常增暖事件为例，由于1993年、1994/1995年两次过程的特点与典型的El Nino事件不同，不仅表现在周期间隔短，而且持续时间也短，导致许多模式模拟失败，从该模式模拟得到的海温距平的时间-经度图上看，前两次事件模拟结果相对好，第三次事件虽然表现出正距平，但强度只有0.5℃；从模拟得到的热含量图上看，三次事件对应三个热含量距平的大值中心，从三个热含量距平的大值中心的数值看，第一次增暖强度大，第二次在三次增暖中强度最小，这与观测是吻合的。另一方面与深层海水的模拟结果相比较，热含量距平演变图所包含的信息量要丰富得多，这一点从它复杂的演变结构中就可以很直观地看到。这些特点都说明热含量的异常信号对ENSO预报有指导意义。

从控制试验得到的海表温度、深层海水温度以及热含量距平在赤道附近的时间一经度剖面图看，海洋模式能够比较真实地再现历史上的ENSO事件。特别值得强调的是，该模式对20世纪90年代的较特殊事件模拟非常成功，尤其是用热含量表示的模拟结果与再分析资料非常吻合，这说明该模式包括了ENSO发生、发展的主要动力学和热力学过程，对ENSO事件有较强的模拟能力。

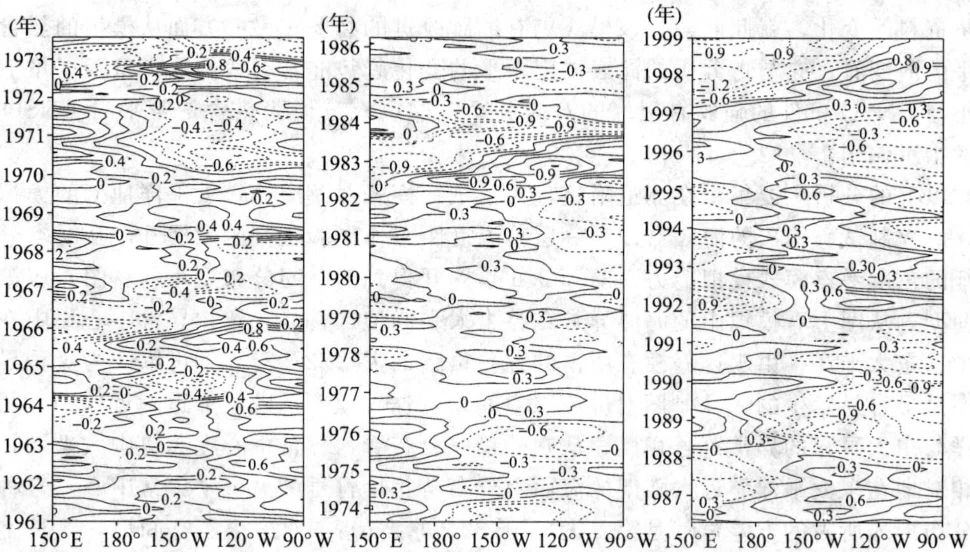

图 8.2.4　控制试验得到的 5°S～5°N 平均的热含量距平的时间－经度剖面图（单位:℃）

时间－经度剖面图主要揭示演变的形态，关于强度特征表现不是很直观。为了弥补这点不足，图 8.2.5 给出了控制试验得到的 NINO3 区海表温度距平和热含量距平时间演变图，为了便于比较，图上还给出了 NCEP/NCAR 再分析资料海表温度距平在该区的演变情况。从图上看出模式模拟结果在NINO3区与再分析资料比较吻合，

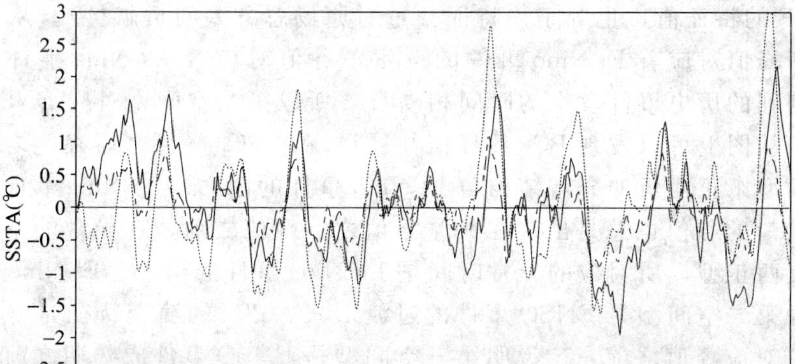

图 8.2.5　控制试验得到的 NINO3 区海表温度距平（实线）和热含量距平（长划线）以及 NCEP/NCAR 资料该区海表温度距平（点线）

但是模拟出的海表温度正距平值比再分析资料小，而且模拟的海温变化稍稍落后于再分析资料的变化，就此而言，该模式仍有继续改进的必要；另一方面从模拟的热含量距平的演变看，它与再分析的海表温度距平的变化趋势非常一致，热含量距平量值的大小与ENSO事件的强弱有很好的对应关系，这也充分说明热含量距平对ENSO事件的指示作用。

以上的分析主要集中在赤道附近，为了把握模式对整个热带太平洋地区的模拟能力，对控制试验输出的海表（即第一层）温度距平作经验正交函数展开，从时空分布特征的角度考察模式模拟能力。图8.2.6是展开得到的空间分布型，(a)图对应第一空间型，从图上看模拟出的海温异常在整个太平洋地区符号一致，异常中心集中在赤道中、东太平洋，由于这一模态所占的方差贡献最大（62.98%），可以认为这种异常形态是最容易发生的。(b)图对应第二空间型，这种模态反映了赤道附近的中、西太平洋与东太平洋的异常符号相反，从它的量值分布看，异常中心在赤道中太平洋，与它相对地在东太平洋靠近大陆架的海面上分布着相反符号的另一个异常中心，这种空间分布形式所占的方差贡献是第二大（14.30%）。(c)图对应第三空间型，这种空间分布的特点是赤道中、东太平洋的海温异常信号与低纬度中、西太平洋的异常信号相反，当赤道120°W附近异常信号的大值中心为正时，在中太平洋赤道两侧的低纬分布着负距平大值区，它所占的方差贡献只有7.77%，这种分布结构与典型ENSO事件的关系不大。

图8.2.7是EOF分解得到的前三个空间型对应的时间系数序列，其中第一空间型对应的时间序列（PC_1）量值明显比PC_2和PC_3大，这也可以反映第一空间型的异常信号在海温异常事件中所占比重大（由第一章知，PC序列的方差等于对应EOF的特征值，也等于该特征分量对原场总方差的贡献量）。从PC_1的演变可以看到峰值对应着El Nino事件的发生，谷值对应着La Nina事件，它们的时间与观测到的历史事件发生的时间相吻合，所以第一空间型对应ENSO事件的成熟形式。从图上可以发现PC_2的峰值往往出现在PC_1峰值之后谷值之前，这说明第二空间型东正西负的异常结构与El Nino事件的消亡、La Nina事件的开始相对应；而PC_2的谷值也总是出现在PC_1谷值之后峰值之前，在异常的空间分布形式是指东负西正型，所对应的异常时间是La Nina事件的消亡、El Nino事件的开始。可以说第二空间型是ENSO事件的过渡形式。PC_3的演变特征是峰、谷值都发生在PC_1对应峰值之前，这说明第三空间型是ENSO事件成熟期之前的空间分布型，结合第三空间型的大值中心可以看出赤道东太平洋的海温异常是ENSO事件的前期现象。

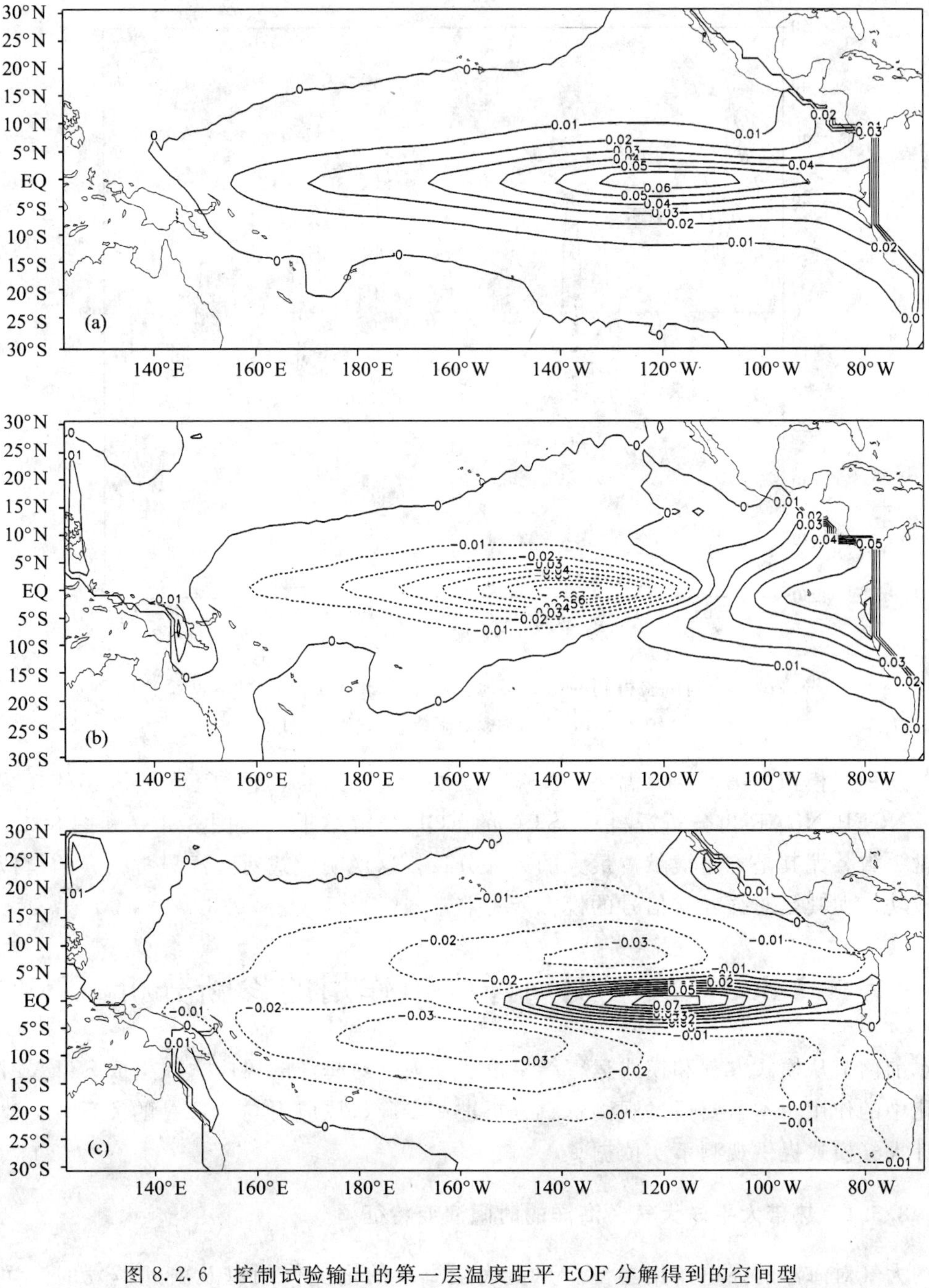

图 8.2.6 控制试验输出的第一层温度距平 EOF 分解得到的空间型

(a) 第一型 (方差贡献率 62.98%) (b) 第二型 (14.30%) (c) 第三型 (7.77%)

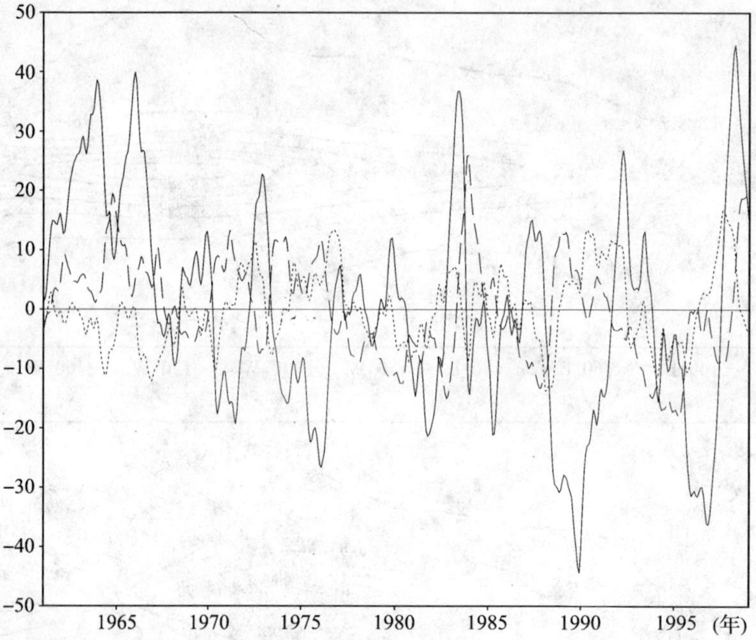

图 8.2.7　控制试验得到的第一层海温距平 EOF 分解得到的时间系数序列

实线对应 PC_1，短划线对应 PC_2，点线对应 PC_3

从模式模拟的第一层海温距平经验正交展开的结果看，它与下节将介绍的观测资料（NCEP/NCAR 再分析资料）SSTA 的 EOF 分解结果（见图 8.3.9 和图 8.3.10）非常一致，尤其是方差贡献占最大的第一分量，这说明模式对海洋异常信号的模拟非常成功，尤其是对强异常信号的模拟能力非常强。

§8.3　大气对海洋强迫作用的诊断分析

前两节从模式方程和模式运行结果论述了大气对海洋的风应力在生成 SSTA 时空变化中的作用，本节要通过观测资料分析进一步确认风应力与 SSTA 的关系，为建立统计大气模式提供观测事实依据。

8.3.1　热带太平洋大气、海洋的时间演变特征

大气对海洋的强迫作用主要指风对表层海水的拖曳作用以及由此诱发的海洋环流，研究海洋对大气强迫作用的响应首先要从海温资料、风场资料及风应力场资料出

发，对它们的演变特征及相互关系建立一种总体认识。

表 8.3.1　热带太平洋分区名称及位置

区名	NINO1	NINO2	NINO3	NINO4	EQ3	EQ2	EQ1
经度	90°～80°W	90°～80°W	150°～90°W	160°E～150°W	150°E～170°W	170°～130°W	130°～90°W
纬度	10°～5°S	5°S～EQ	5°S～5°N	5°S～5°N	5°S～5°N	5°S～5°N	5°S～5°N

表 8.3.1 给出热带太平洋常用的地理分区名称及位置，为以后的讨论建立一个空间概念。从已有的观测事实知，海表温度异常主要发生在中、东太平洋地区，但范围仍较广阔，如何选取关键海区应该有一定的依据。为了了解这些海区海表温度距平的变化状况，以及选取关键海区，先计算各区海表温度异常。图 8.3.1 是各海区 SSTA 时间演变图，从图可见，NINO3 区海表温度距平在冷、暖事件中都可以达到一定强度，并且与历史典型事件吻合的更好。另外综合考虑到 NINO3 区的地理位置正好处在赤道中、东太平洋，在以后的相关分析和预报方法中，我们可以把 NINO3 区的海温异常作为主要对象。

上节图 8.2.2 给出了 1961～1998 年 150°E～90°W 范围沿经线在 5°S～5°N 之间平均的 SSTA 时间一经度剖面，阴影区表示海表温度异常大于 0.5℃。从图上可以看到共发生了 11 次海温异常升高达 0.5℃以上，即 El Nino 事件，它们分别发生在 1963、1965/1966、1968/1969、1972/1973、1976、1982/1983、1986/1987、1991/1992、1993、1994/1995 和 1997/1998 年，其中 1997/1998 年强度最强，1982/1983 年次之。值得注意的是：主要增温中心的位置并不总集中在东太平洋，有时会偏移到中太平洋地区；异常开始的位置也并不总是在东太平洋，粗略地看，1980 年代以后海温异常大都最先出现在西太平洋；并且 1990 年代以来发生异常增暖事件的频率明显加密。这些变化可能与大气强迫海洋的方式以及气候的年代际振荡有关系。

图 8.3.2 是 1961 年 1 月到 1999 年 1 月 150°E～90°W 范围沿经线在 5°S～5°N 之间平均的纬向风应力距平的时间一经度剖面，阴影表示西风应力距平（$\tau'_x>0$），$\tau'_x<0$称为东风应力距平。该图最突出的特征就是对应图 8.2.2 中每次 El Nino 事件，在热带太平洋都伴随着西风应力异常。并且西风应力距平的极值通常出现在中、西太平洋，而且极值中心出现的时间比海温距平极值中心出现要早，这可以从某种程度上解释 El Nino 事件中海表温度距平的极值往往在东太平洋出现的现象。另外西风应力距平在 1997/1998 年最大，1982/1983 年次大，与它们对应的 El Nino 事件强度也是 1997/1998 年最强，1982/1983 年次之。从图上还可以看出，当西风应力异常在中、西太平洋达到最大后，西风应力距平继续向东传播或者在原地逐渐减弱消失。在向东传播的西风应力异常后往往出现东风应力异常，并且东风应力异常区也伴随西风应力

距平区向东传播，结合图 8.2.2 可以看到东风应力异常与每次 El Nino 事件的消亡有很好的对应关系。这些结论与 Kyrtki 物理模型相符。在此要特别提到的是图 8.3.2 还揭示了一种现象，那就是对每一次 El Nino 事件，西风应力异常可能首先在西太平洋出现，也可能是先出现在东太平洋，当东太平洋首先出现西风应力异常时，就很可能发生典型的东部型 El Nino 事件，反之，发生中西部型 El Nino 事件的几率就很大，1980 年代以后就多是这种情况。

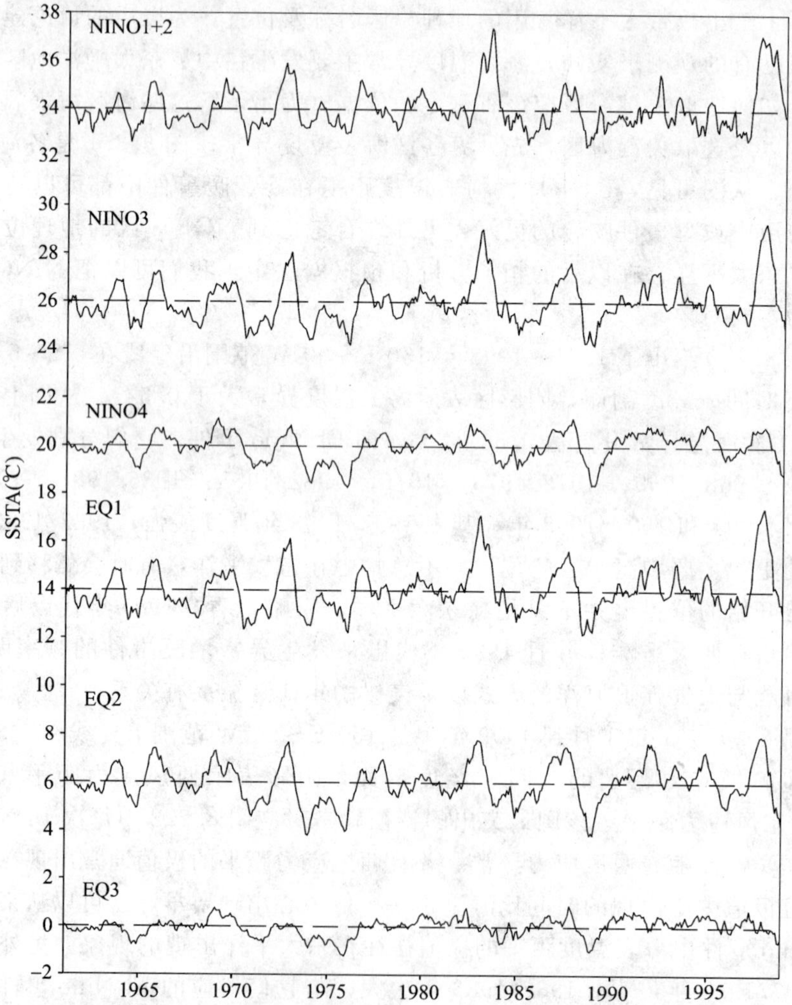

图 8.3.1　NINO1＋2，NINO3，NINO4 及 EQ1，EQ2，EQ3 区 SSTA 时间演变图
纵坐标值是相对的，水平划线是各海区的距平零线。单位：℃

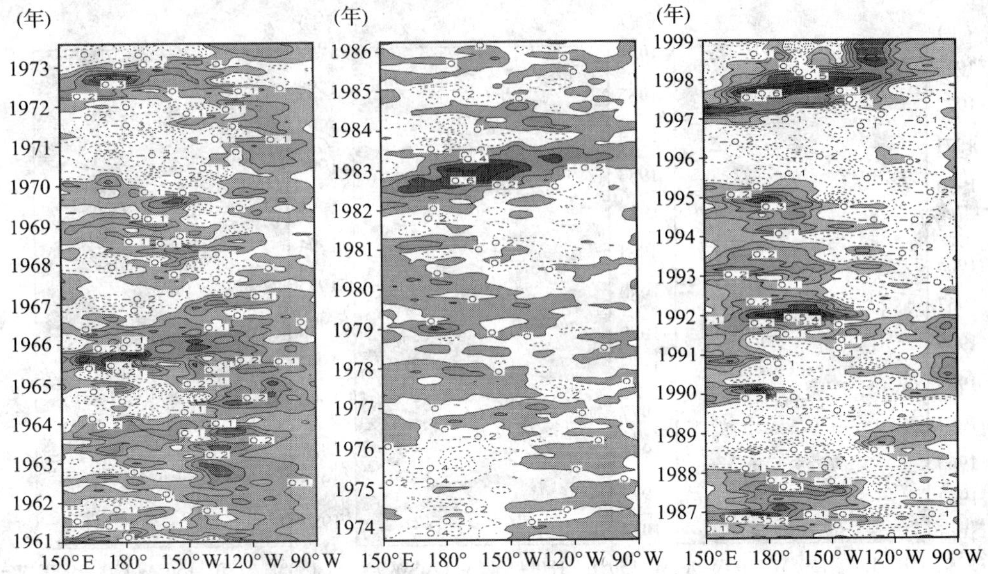

图 8.3.2　5°S～5°N 平均的纬向风应力距平的时间－经度剖面

阴影区表示西风应力距平（$\tau'_x>0$）。单位：10^{-5}N/cm^2

在已有的研究成果中，关于经向风应力异常对海洋的强迫作用的研究不多，这可能是因为 Kyrtki 的 ENSO 物理模型没有涉及到经向风作用，也可能与经向风应力异常的符号在赤道南北表示不同的意义所造成的表述困难有关，但从 NINO3 区 SSTA 与经向风应力的相关系数分布图（图 8.3.8）看，经向风应力异常与海表温度异常也有显著的相关性。所以我们同时考虑纬向和经向风应力距平。图 8.3.3 分别给出了沿 5°N 和 10°S 经向风应力距平的时间－经度剖面，阴影区表示距平是指向赤道的，这两个纬度的选择是根据图 8.3.8 中相关大值区给定的。从图上可以看到与图 8.2.2 中的 El Nino 事件相对应总有向赤道辐合的经向风应力距平，根据风应力距平的大小可以判断辐合强度在 1997/1998 年最强，1982/1983、1972/1973 年次之，这与 El Nino 事件的强度相吻合。通过仔细比较还可以发现，对应海表温度异常增暖从西太平洋首先开始，经向风应力距平辐合也首先出现在西太平洋，这与纬向西风应力距平首先出现在西太平洋同步。例如 1982/1983 年的 El Nino 事件，大于 0.5℃的海温异常在 1981 年下半年就出现在西太平洋，而也正是这个时间西太平洋在 5°N 是北风应力异常（$\tau'_y<0$），10°S 是南风应力异常（$\tau'_y>0$），构成同时段西太平洋有较强经向风异常辐合的格局。

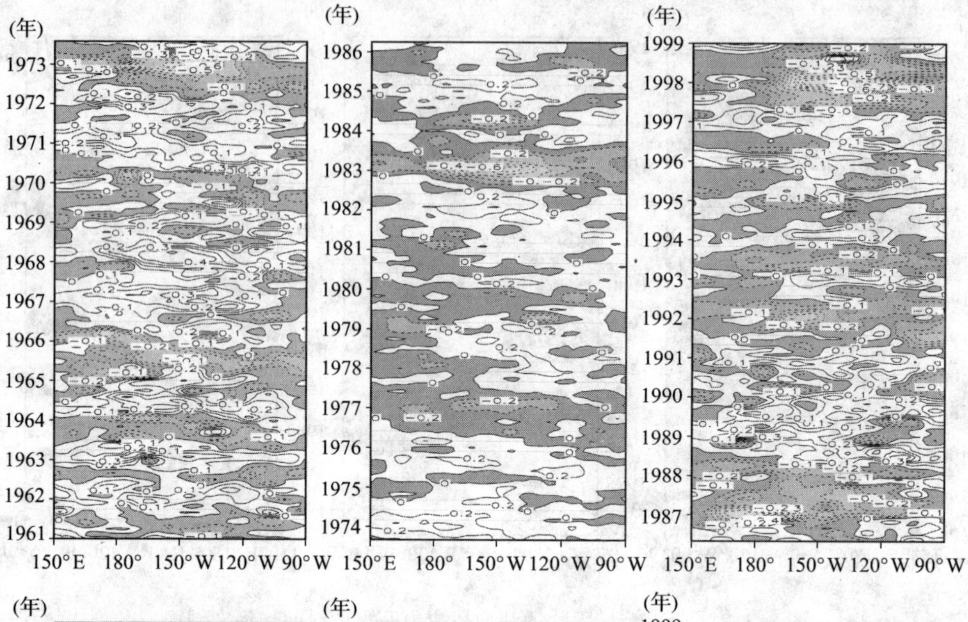

图 8.3.3 经向风应力距平的时间—经度剖面图（单位：$10^{-5}\,N/cm^2$）

上图是沿 5°N 的剖面（阴影表示北风应力距平区，$\tau'_y<0$）

下图是沿 10°S 的剖面（阴影表示南风应力距平区，$\tau'_y>0$）

综合以上分析可见，热带太平洋海表温度异常升高的信号虽然在赤道东太平洋最强，但与它紧密相关的纬向风应力异常的关键区在中西太平洋，而且西太平洋地区的经向风应力异常辐合与 El Nino 事件的发生方式有一些微妙的联系。为了更清楚地认识这两点，图 8.3.4 给出了赤道西太平洋（140°～160°E，5°S～5°N）纬向风应力距平和 NINO3 区海表温度距平随时间的演变情况。图 8.3.5 则表示西太平洋（140°～160°E）向赤道辐合的经向风应力距平与 NINO3 区海表温度距平随时间的演变，其中经向风应力距平的辐合用 10°S 经向风应力距平减 5°N 经向风应力距平，相当于$\left(-\frac{\partial \tau'_y}{\partial y}\right)$，该值大于零表示向赤道辐合，若该值小于零表示从赤道向两极辐散。

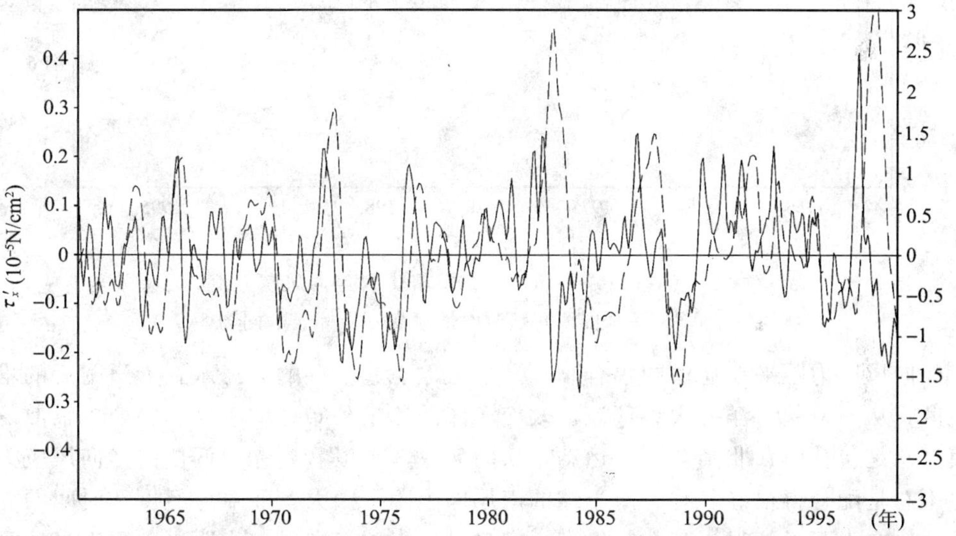

图 8.3.4　赤道西太平洋（140°～160°E，5°S～5°N）纬向风应力距平（实线）和 NINO3 区 SSTA（虚线）随时间的演变。左边 y 轴表示风应力距平（单位：10^{-5} N/cm^2），右边 y 轴表示海温（℃）

从图 8.3.4 看到：每次 El Nino 事件之前，赤道西太平洋都有西风应力距平出现，当海表温度距平达到最大时，赤道西太平洋西风应力距平往往会急剧减小，甚至转为东风应力距平，为海温正距平的减弱提供动力因子。另外该图也清楚地表明每次强度较大的 El Nino 事件发生前都对应着较强的西风应力距平，而每次较强的西风应力距平发生时并不是都会诱发较强的 El Nino 事件。这说明西风应力距平只是 El Nino 事件发生的一个动力因素，是否发生暖事件还要看西太平洋暖池暖水积聚情况。

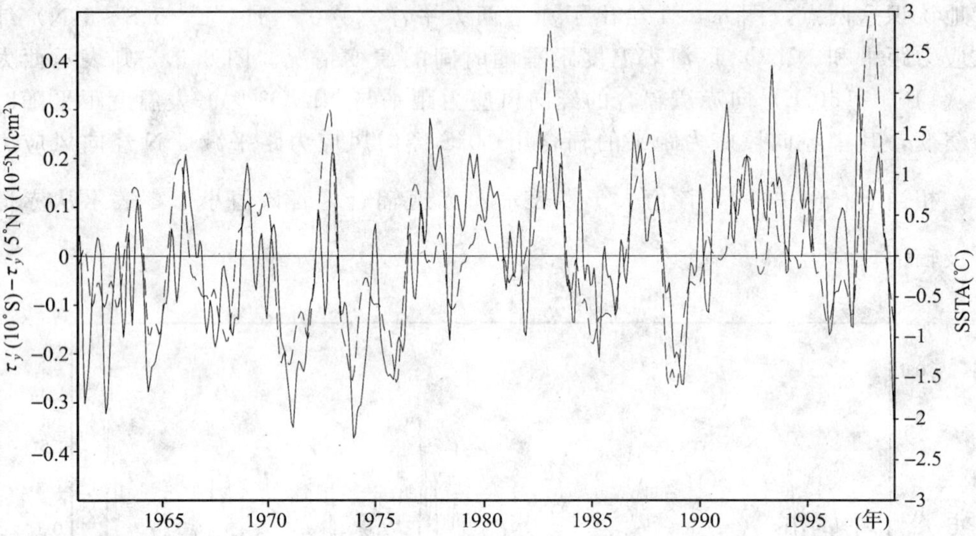

图 8.3.5　赤道西太平洋（140°～160°E）10°S 和 5°N 经向风应力距平之差（实线）和 NINO3 区 SSTA（虚线）随时间的演变（坐标表示同图 8.3.4）

经向风应力距平在赤道的辐合、辐散也可以引起表层的暖海水在赤道附近的堆积或疏散，从而引起海洋的次级环流，改变海洋的热量分布。由于经向辐合、辐散的物理模型总是包含南、北半球两支运动，从图 8.3.3 可以看到赤道两侧的经向风应力距平并不总是配合得很好，有时南半球的南风应力距平很大，而对应经度和时间的北半球的北风应力距平却很小甚至就没有，有时是北半球经向风应力距平大而南半球没有很好的配合形势。但总体上讲，当 El Nino 事件发生时都有向赤道辐合的经向风应力距平出现，图 8.3.5 就很好地说明了这一点，虽然该图给出的经向风应力辐合只表示赤道西太平洋的情况，在用同样的方法计算赤道中太平洋的经向风应力辐合也可以得到上述的结果。图 8.3.5 中还有一点值得注意的是：20 世纪 80 年代以后，在 El Nino 事件发生前期在西太平洋已有向赤道辐合的经向风距平出现，并且在 El Nino 事件达到鼎盛阶段时，西太平洋向赤道辐合的经向风应力距平转为向两极辐散的距平，这也可能为 El Nino 事件的消亡提供一种合理的动力解释。

在过去的研究工作中，讨论大气对海洋强迫作用的问题时一般有两类着手点，一类就是从风应力入手，另一类则直接从风入手。从风应力的定义式看，风应力与风既有联系又有区别，在方向上两者是一致的，但在量值上两者有很大差异。风应力的大小是风速的平方乘以一个拖曳系数和空气密度，其物理意义与风不同，纬向风应力 τ_x 的大小是 $u\sqrt{u^2+v^2}$ 乘以拖曳系数和空气密度，它不仅仅取决于纬向风速 u，还与经

向风速 v 有关，与 u 的关系也是非线性的。同样，τ_y 也不仅仅取决于 v，它还和 u 的大小有关，因此风应力场与 SSTA 的关系跟风场与 SSTA 的关系不完全等同。在海洋动力模式中动量变化是受风应力驱动的，应采用风应力资料，但在海气关系的诊断分析中使用风资料更常见。在后面进行数值试验和预报试验中都采用了风应力资料，这与模式的构造和计算有关。但鉴于 FSU 的风应力资料只局限在低纬太平洋地区，无法反映中、高纬以及太平洋以外地区大气对热带太平洋海表温度异常的作用，因此，我们还利用全球 850hPa 风场资料作了一些诊断研究，以弥补风应力资料范围小的缺憾。引入风资料的另外一个目的是对风应力资料诊断结果作进一步验证。

图 8.3.6 给出 1961～1998 年 150°E～90°W 范围在南北纬 10°之间同经度上平均的 850hPa 纬向风距平的时间一经度剖面，阴影区表示西风距平大于 1m/s。从该图可以看到纬向风距平的分布与纬向风应力距平的分布基本类似，与海温异常的对应关系比纬向风应力更明确。不仅西风距平的出现与每次 El Nino 事件有很好的对应关系，而且西风距平的强度与 El Nino 事件的强度的对应关系也很好，西风距平极值中心东侧往往是海温异常强信号出现的地方。与西风应力距平有东传现象一致，西风距平在图上也有东传现象，在东传中东风应力距平出现在它的西侧，东风距平的出现则预示着 El Nino 事件的结束。Rasmusson 和 Carpenter 对 1982 年以前的 6 次 El Nino 事件进行合成分析后就指出赤道西太平洋西风异常往往发生在 El Nino 事件爆发之前。前人这些研究成果与我们用风应力资料、风资料得到的结论一致。

从预报的角度出发，还要了解前期大气风或风应力距平分布与后期 SSTA 间的关系。前面的分析已指出，NINO3 区的海表温度异常就可以表示整个热带太平洋地区的异常情况，所以用 NINO3 区海温序列与风应力场、风场求相关可以用来揭示大气中的异常在热带太平洋海温异常中的作用。图 8.3.7 给出 NINO3 区海表温度距平序列与超前 12，9，6，3 个月以及与同期纬向风应力距平场的相关系数分布。从整体讲，NINO3 区海表温度异常与前期纬向风应力距平场有很好的相关，提前一年相关信号已经出现，随着超前月份的缩短，相关程度逐渐加强，相关显著区域的范围不但逐渐扩大而且逐步从西太平洋偏北地区伸展到中、东太平洋。具体到每幅小图，与 NINO3 区海表温度异常对应的不同超前月份的纬向风应力异常相关特征又存在很多差异。从 8.3.7（a）图可以看到，在 NINO3 区海温异常与超前一年赤道西太平洋以及偏北地区的纬向风应力距平呈正相关，虽然此时相关系数很小，通过 0.01 信度检验的范围更小，相应地在中、东太平洋的大部分地区呈负相关，这种相关程度更弱，通过 0.01 信度检验的范围甚微。图 8.3.7（b）说明 NINO3 区海温异常与提前 9 个月的赤道西太平洋地区纬向风应力距平呈现正相关的形势已经非常明显，通过信度 0.01 检验的区域在赤道西太平洋及偏北连成一片，与（a）图相比正相关区域已经伸展到日界线附近，负相关区域范围相对缩小，并且在赤道东太平洋 110°W 附近有一小块区域的负相关通过 0.01 信度检验。在纬向风应力提前 6 个月的相关系数分布图（图 8.3.7（c））上，西太平洋的正相关区域明显沿赤道向东伸开，越过日界线达到 150°W 附近，相关显著区最大的相关系数达到 0.4，负相关区已经退到东北太平洋地区，110°W 附近的负相关显著区范围比图（b）中略大，相关显著程度也略有加强。图（d）是 NINO3 区海表温度异常与提前 3 个月的纬向风应力距平的相关图，这张图上的相关区域都大片地连在一起，以 130°W 为界，赤道中、西太平洋呈正相关，东太平洋呈现负相关，相关结构简单，说明海表温度异常是超前 3 个月大范围的赤道纬向风应力异常作用的结果。图（e）表示 NINO3 区海表温度距平与纬向风应力距平的同期相关，与超前相关比，同期相关更显著，最大的相关系数达到 0.6，另外正相关显著区偏在赤道中太平洋地区。

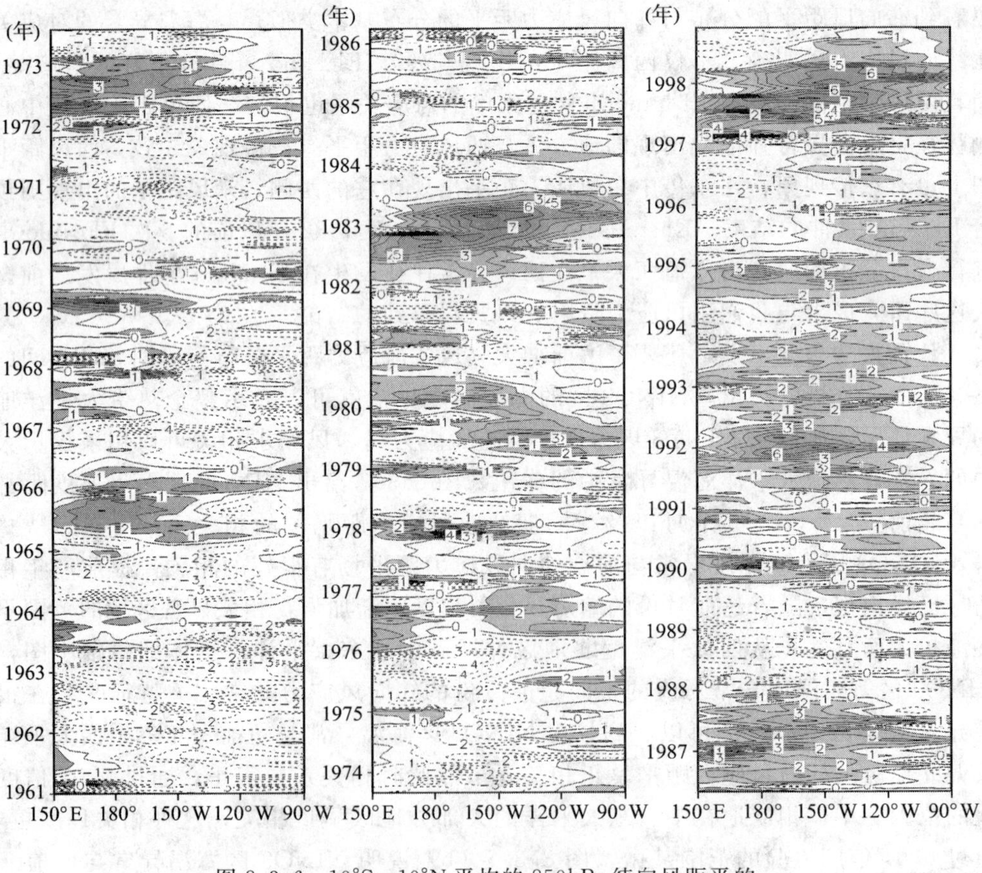

图 8.3.6　10°S～10°N 平均的 850hPa 纬向风距平的
时间－经度剖面图。阴影区表示大于 1m/s

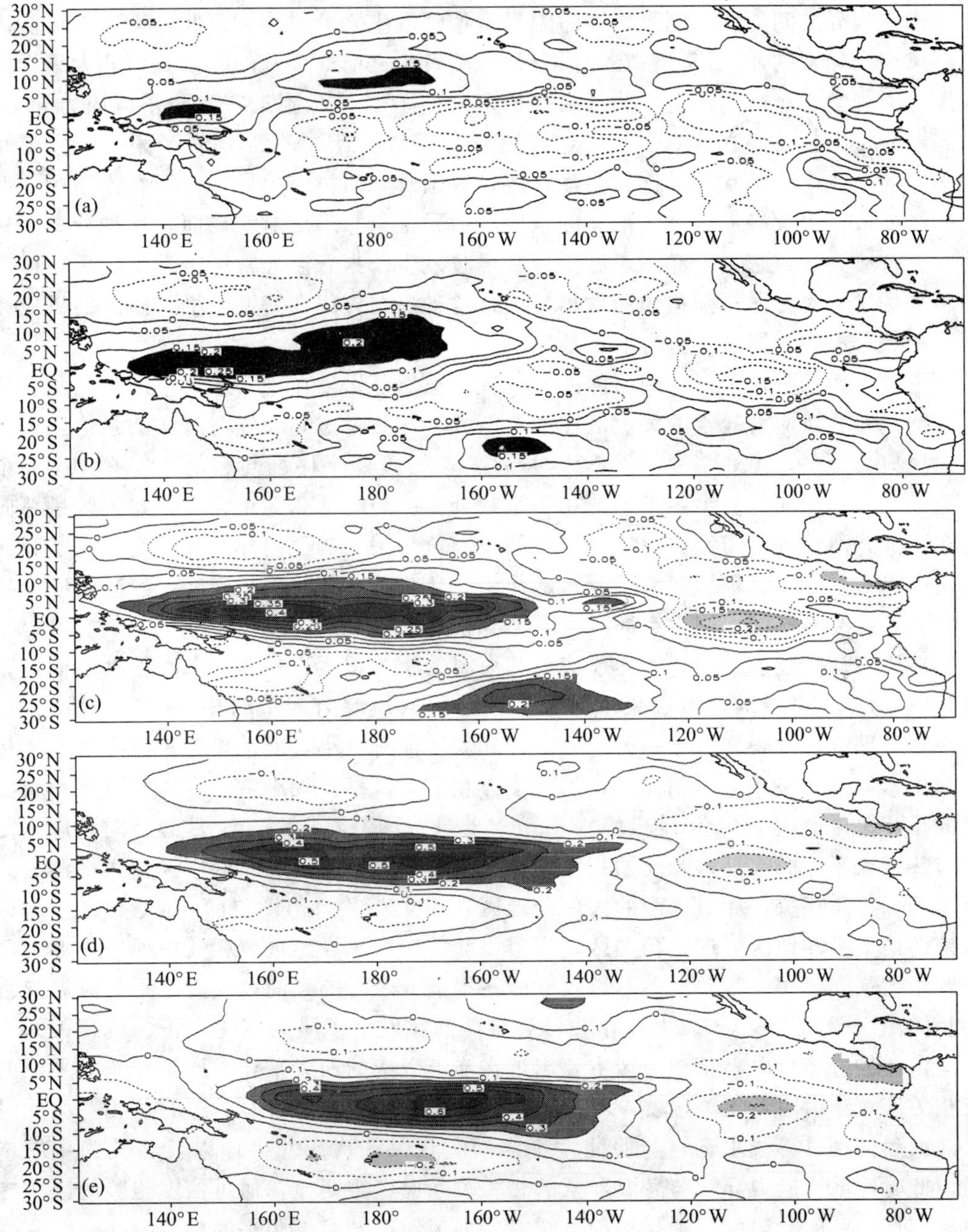

图 8.3.7　NINO3 区海表温度距平与超前 12，9，6，3 个月以及同期（(a) ～ (e)）纬向风应力距平场的相关系数分布，阴影区通过 0.01 信度检验

以 El Nino 事件为例，将上述的相关系数分布转化为热带太平洋海表温度异常与纬向风应力异常间的联系则是，在海温异常增暖发生之前一年，西北太平洋就可能出现西风应力异常的前期信号；在海温异常增暖发生之前 9 个月的时候，西北太平洋的西风应力异常已经很明显了，并且在赤道东太平洋 130°W 附近有微弱东风应力异常；到海温异常增暖发生之前 6 个月时，西风应力异常已经推进到 150°W 附近，赤道东太平洋的东风应力异常信号比较明显；再过 3 个月，西风应力异常已经在赤道中、西太平洋连成一大片，赤道东太平洋的东风应力异常与它形成对峙局面，这种分布结构将一直持续到赤道东太平洋海表温度异常增暖发生。当海温异常增暖发生之后，风应力距平场又会对海洋热强迫作用做出反馈，这种反馈作用在海温距平与滞后的风应力距平相关分布图（图略）上有明确地反映。

通过上面的分析可以看到海洋的异常现象虽然是发生在中、东太平洋，但与它相关的前期纬向风应力异常的关键区在中、西太平洋。考虑到大气对海洋的强迫还包括经向风应力距平，图 8.3.8 给出 NINO3 区海表温度距平序列与超前 12，9，6，3 个月以及与同期经向风应力距平场的相关系数分布。与图 8.3.7 正、负强相关区呈纬向分布不同，海温异常与经向风应力异常的正、负相关区是经向分布的，它反映了经向风应力异常的辐合、辐散对海温异常的作用。从相关系数的大小判断，经向风应力异常对海表温度异常的作用没有纬向风应力异常那么强。

对于不同的超前月份，经向风应力与海温的相关程度、相关分布有很大不同。图 8.3.8（a）是 NINO3 区海温距平与超前一年经向风应力距平的相关，以赤道为界，北半球大部分地区表现为正相关，除了西北太平洋有一小块呈负相关；南半球以负相关为主，但东太平洋是正相关区，虽然整体相关系数都比较小，北半球已有一小块狭长的正相关区通过 0.01 信度检验。从 8.3.8（b）图上看提前 9 个月的经向风应力距平与热带太平洋海温异常升高的相关性没有显著变化，赤道以北的中、西太平洋大部分地区保持正相关，赤道以南的大部分地区还呈负相关，与图（a）的差异在于赤道以南的西太平洋地区出现正相关区，赤道以北的东太平洋出现负相关，而原先赤道以南的东太平洋正相关区向东向赤道收缩。在提前 6 个月的经向风应力距平与海温异常的相关图（图 8.3.8（c））上，相关形势与前面比发生了质的变化，正、负相关区在赤道南北的分布反向，正相关区主要出现在赤道以南的西太平洋，原来在东太平洋的正相关区在赤道附近相关显著，3 个月前还是缩在赤道以北东太平洋的负相关区此时已向西延伸到日界线附近，与西北太平洋的负相关区构成北半球以负相关为主的格局，此时经向风应力异常与海温异常的相关关系已经很明显，通过信度检验的区域构成一定规模。8.3.8（d）图是提前 3 个月经向风距平与海温距平的相关分布，与（c）图比相关显著区的范围明显增大，并且正、负相关显著区在赤道南、北形成对峙。在表示同期相关分布的 8.3.8（e）图中仍然保持了这种格局。

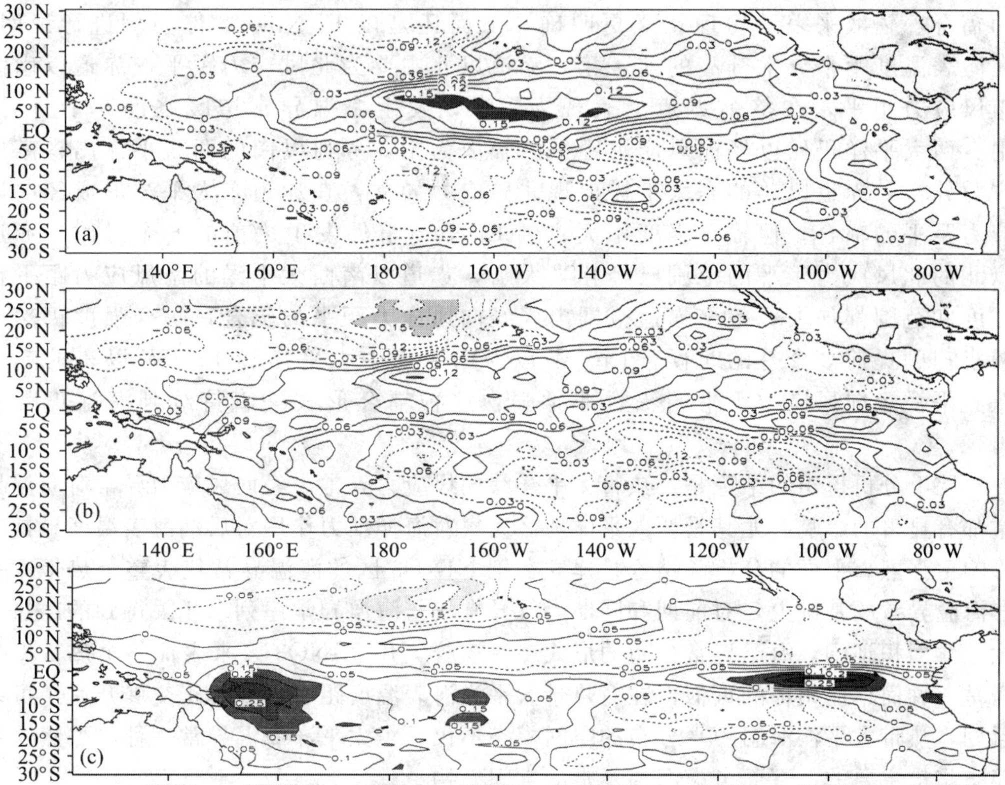

图 8.3.8　NINO3 区海表温度距平与超前 12、9、6、3 个月以及同期经向风应力距平场的相关系数分布（（a）～（e）），阴影区通过 0.01 信度检验

把这种前期经向风应力距平场与海温距平求得的相关分布用经向风应力距平的辐合、辐散来表示物理意义更明确，下面还是以 El Nino 事件为例进行说明。在海表温度距平异常升高的前一年，赤道以北主要为北风应力距平，赤道以南为南风应力距平，在整个赤道上表现为辐散；发生海温异常增暖之前 9 个月时，中、西太平洋仍然以经向风应力距平的辐散为主，赤道以南的西太平洋出现南风应力异常，赤道以北的东太平洋出现北风应力异常，在赤道东太平洋形成经向风应力距平的辐合，但辐合强度不大；到 El Nino 事件发生之前的 6 个月时，赤道以北的北风应力距平的范围已经相当大了，赤道以南西太平洋的南风应力距平在强度和范围都加大，整个赤道范围出现经向风应力距平的辐合，辐合强度仍然比较小；到提前 3 个月的时候，150°W 以西的赤道中太平洋和 120°W 以东的赤道东太平洋经向风应力距平的辐合非常强，这种辐合形式一直持续到海温正距平出现。

综上分析得出的结论是：热带太平洋纬向风应力异常、经向风应力异常对海温异常都有显著的影响，尤其是西太平洋地区大气对海洋动力作用对后期海表温度异常的影响更强烈。上面的分析和结论是建立在把 NINO3 区的海温异常代表整个热带太平洋海温异常的基础上，对前期和同期大气异常场与海温异常序列求相关得到的。热带太平洋面积辽阔，海温异常分布的形式多种多样，用 NINO3 区来表征整个热带太平洋是一种简单而粗糙的近似，在对热带太平洋海表温度距平作经验正交展开后，可以看到，热带太平洋海温距平分布的空间模态不仅是东太平洋海温异常一种，虽然这种模态是最主要的。下面考虑海温异常的空间结构。

首先对热带太平洋海表温度距平作经验正交展开，根据 EOF 原理可以知道分离出的空间结构可能具有一定的物理意义，信号与噪音的区分有很多方法，这里采用 North 提出的经验准则来识别有效信号。根据计算，前 6 个特征向量都是有意义的。图 8.3.9 给出了前 3 个空间模态的分布，图 8.3.10 是前 3 个空间模态的时间系数序列，即对应的主成分（PC）。

图 8.3.9（a）是第一 EOF 空间型，方差贡献率 45.7%，表示热带太平洋海表温度异常的空间一致性，变率强的地区集中在赤道中东太平洋，这与观测事实非常吻合。图 8.3.9（b）是第二 EOF 空间型，方差贡献率 10.8%，在太平洋地区东西方向上呈正、负分布，表示海温异常在东、西太平洋上的差异，当东太平洋海温异常增暖时，中、西太平洋却表现为海温异常偏冷，反之，东太平洋异常偏冷时，中、西太平洋表现为偏暖。第三空间型方差贡献占 6.9%，主要揭示海温异常在赤道中太平洋与其他地区的不一致性，说明赤道中太平洋在海温异常事件中也是比较敏感的地区。

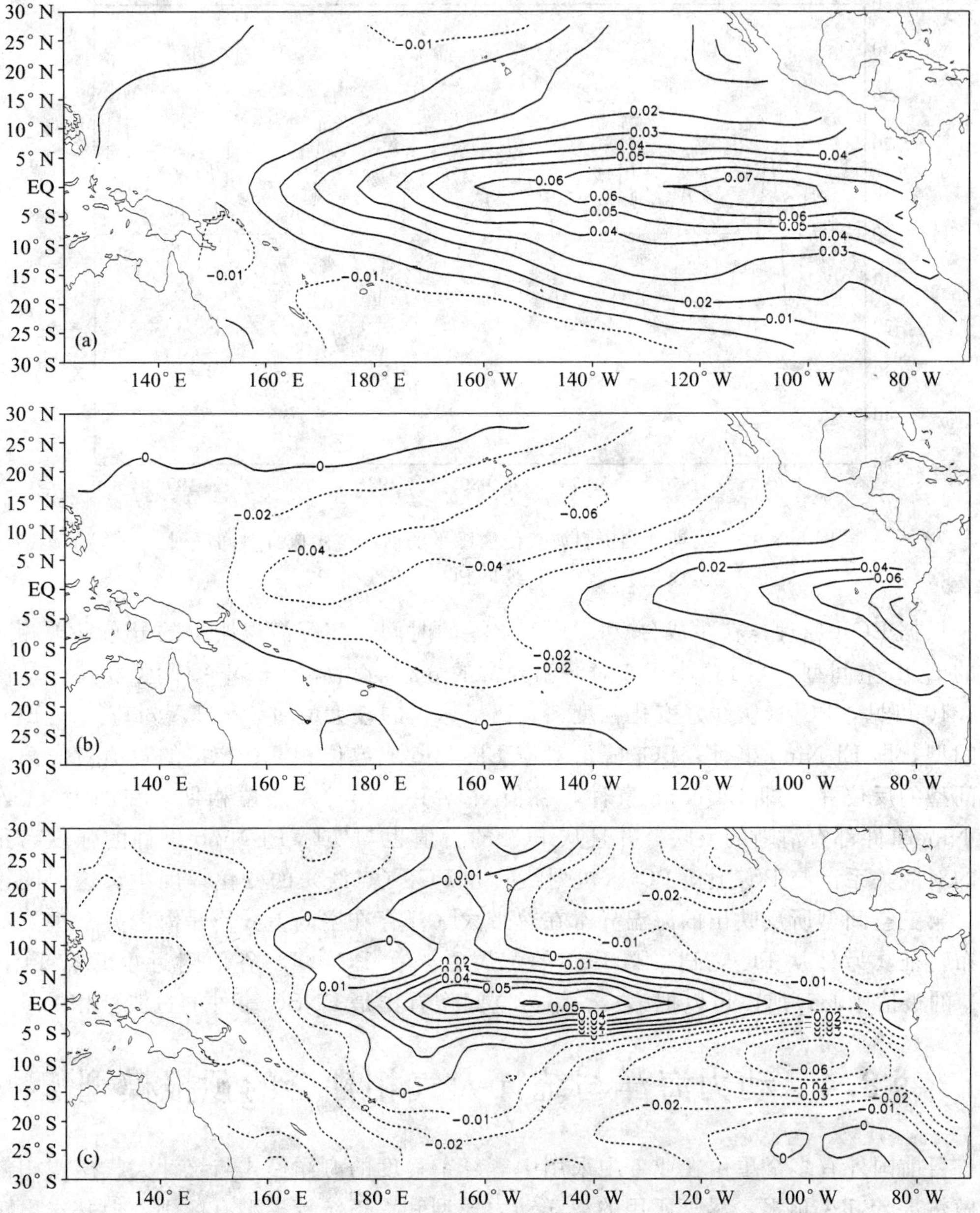

图 8.3.9　同期（1961.1～1999.1）海表温度距平观测资料得到的前三个 EOF 空间型

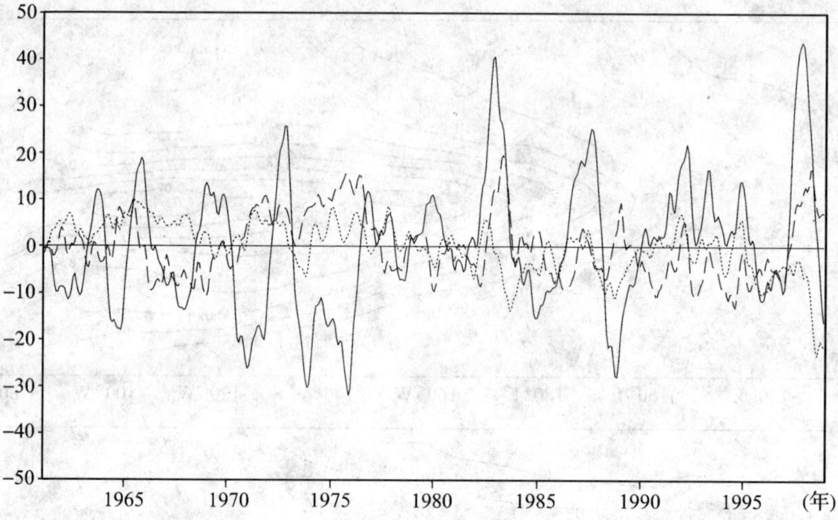

图 8.3.10　同期观测资料海表温度距平的前三个主成分时间序列。
实线是 PC_1，短划线是 PC_2，点线是 PC_3

根据 EOF 原理，在主成分（PC）大于零的时间，实际海温距平的分布呈现相对应的 EOF 空间型，当 PC 小于零时海温异常的分布与相应的 EOF 空间型相反。从图 8.3.10 可见，PC_1（实线）变化幅度大，PC_1 达正的较大值时，SSTA 对应第一 EOF 空间型，即 El Nino 事件，PC_1 峰值对应 El Nino 成熟位相期；PC_1 的负值对应第一空间型的反位相，即 La Nina 事件，谷值对应 La Nina 成熟位相期。在图上 11 次 El Nino事件都有清晰的反映，并且从 PC_1 的量值也与实际 El Nino 事件的强度有很好的对应关系。与 PC_1 比，PC_2（短划线）和 PC_3（点线）的变化幅度小，这说明第二、第三空间型所反映出的海温异常在热带太平洋存在空间差异不是海温异常主要的分布特征。另外从 PC_2，PC_3 与 PC_1 的配置看，在 PC_1 峰、谷值附近也必有 PC_2，PC_3 的极值中心，所以可以把第二、第三空间型看作是 ENSO 事件的过渡位相。

§8.4　动力海洋与统计大气相耦合的预报模型

目前国外有多个单位在业务中采用中等复杂程度的海洋模式与统计大气模式相耦合做热带 SSTA 预报，尽管所用的海洋动力模型和大气统计模型有区别，但基本思路是相同的，已在§8.1 中介绍。本节介绍几种不同的统计模式，用于在预报时段给海洋模式提供风应力数据。

海洋模型还是用 Balmaseda 和 Anderson 发展的。如前所述，先把海洋模型在观测到的风应力资料强迫下运行（称控制运行），得到模式输出的第一和第二层的温度、厚度、纬向和经向水流速度。温度和厚度再组合成一个综合变量——热含量（HC）。统计模型的目的是用海洋模式的输出变量表示出大气风应力距平，当模式运行到进入预报时段，没有观测到的风应力提供给模式时，启动统计模式，使海洋模式能自我运行到预报时段结束。因此，统计模式的被表示对象是风应力距平，相应的资料用观测到的风应力距平。统计模型依据的因子是海洋模式的输出变量，一般取第一层的温度距平（SSTA）或热含量距平。建立统计关系的方法是回归、SVD、POP、神经网络等。

8.4.1　采用回归建立统计模型

Magdalena A. Balmaseda，David L. Anderson and Michael K. Davey 等研制的耦合预报模式中，统计模型是线性回归方程

$$\Delta\tau(x,t) = \sum_{k=1}^{K} M(x,k)F(k,t) \tag{8.4.1}$$

$\Delta\tau(x,t)$是纬向或经向风应力距平，x 是风应力场的格点序号，海洋上共取 m 个离散格点，有 m 个回归方程。t 是时间序号（$1\leqslant t\leqslant n$）。$F(k,t)$是海洋模式控制运行输出变量的某种函数。$M(x,k)$是第 k 个海洋变量 $F(k,t)$在表示出 $\Delta\tau(x,t)$的方程中的回归系数，可以用多元回归的计算程序由 $\Delta\tau(x,t)$和 $F(k,t)$资料计算得到。应说明的是，$F(k,t)$不能直接取模式控制运行输出场在每个格点上的序列，这是因为，如果控制运行 38 年，$\Delta\tau(x,t)$和 $F(k,t)$的数据容量只有 456（个月），$n=456$，直接取某个场例如 SSTA 作为因子场的话，它的格点个数超过 456，这样回归方程的因子个数就超过资料样本容量（$K\geqslant n$），回归方程是“过拟合”的，对参与估计回归系数的历史样本，方程将是绝对准确的，而对于未来的样本，方程没有任何预报能力。为了使回归方程能适用于未来的样本，K 必须远远小于 n。因此，$F(k,t)$必须是能够浓缩控制运行输出场信息的某种函数，例如，EOF 展开系数（PC）、SVD 展开系数、POP 系数等。

用 PC 作为回归方程因子又可采用两种不同方案。一种是不分季节的，把控制运行输出的海洋变量场（例如 SSTA 场）所有月的资料排在一起做 EOF 展开，得到 PC 序列，再做回归方程。另一个方案是分四个季分别做 EOF 展开和建立回归方程。前一种方案 EOF 空间型和回归系数不随季节变化，应用时比较简单。后一方案 EOF 空间型和回归系数随季节变化，在应用时，海洋模式输出的变量场要投影到相应季节的 EOF 空间型上得到 PC 的当前值，再利用该季节的回归系数运用回归方程得到当前的风应力距平。

这里介绍我们运用该方案的试验结果。以控制运行输出的 SSTA 场的前 6 个 PC 作为 $F(k,t)$，EOF 展开和回归不分季节，建立的统计模型与海洋模型相耦合，为便于叙述，该方案简称为 Model I。对历史上 5 次异常事件做事后预报试验。预报试验

的设计方案是：首先由海洋模式在实际风应力场的推动下积分到开始预报的月份作为预报初始场，然后用耦合模式积分两年得到预报值，为了减小初始条件对预报结果的影响，采用相继的6个月分别作为起报月往未来预报两年，得到6个成员的集合预报。5次异常典型事件的选取以及集合预报初始场的选取在表8.4.1中给出，所选个例分布在20世纪70、80、90年代，以期对年代际差异有一个感性认识，其中El Nino事件是历史上相对较强的，这几个事件在源地、扩展方向、强度、间隔和持续时间等方面有较大差异，所以需要逐个考察模式对它们的预报能力。

表8.4.1　Model I预报试验典型个例选取与集合预报初始场选取

典型事件	6个月的集合预报初始场设置
1972/1973年El Nino	1970年12月～1971年5月 1971年6月～1971年11月 1971年12月～1972年5月
1973/1974年La Nina	1972年6月～1972年11月 1972年12月～1973年5月
1982/1983年El Nino	1981年1月～1981年6月 1981年7月～1981年12月 1982年1月～1982年6月
1984/1985年La Nina	1982年7月～1982年12月 1983年1月～1983年6月
1997/1998年El Nino	1995年12月～1996年5月 1996年6月～1996年11月 1996年12月～1997年5月 1997年6月～1997年11月 1997年12月～1998年5月

图8.4.1是1972/1973年El Nino事件的3组预报试验和1973/1974年La Nina事件的2组预报试验在NINO3区SSTA的预报结果，图中的实线表示控制试验得到的NINO3区SSTA，因为这两个典型事件是连续发生的，从预报连续的角度把它们放在一起以便于比较。从图上看该模式对1972/1973年的El Nino事件的预报与控制试验的模拟结果非常吻合，异常增暖信号出现之前约14个月的预报就非常准确了（图（a））。随着超前月份的缩短预报值与模拟结果越发趋于一致（图（b））。图（c）是异常增暖峰值出现前一年的集合预报，从图上看它对增暖峰值出现之前的预报是准确的，但该预报结果没有预报出峰值出现之后的降温趋势。模式对1973/1974年La Nina事件的预报就没有El Nino事件的预报结果那么好，异常偏冷信号出现前大约一年的时候可以预报出降温趋势，但预报的降温强度与实际偏差很大（图（d）），到异常偏冷信号出现之前2，3个月的时候预报与模拟才比较一致（图（e））。

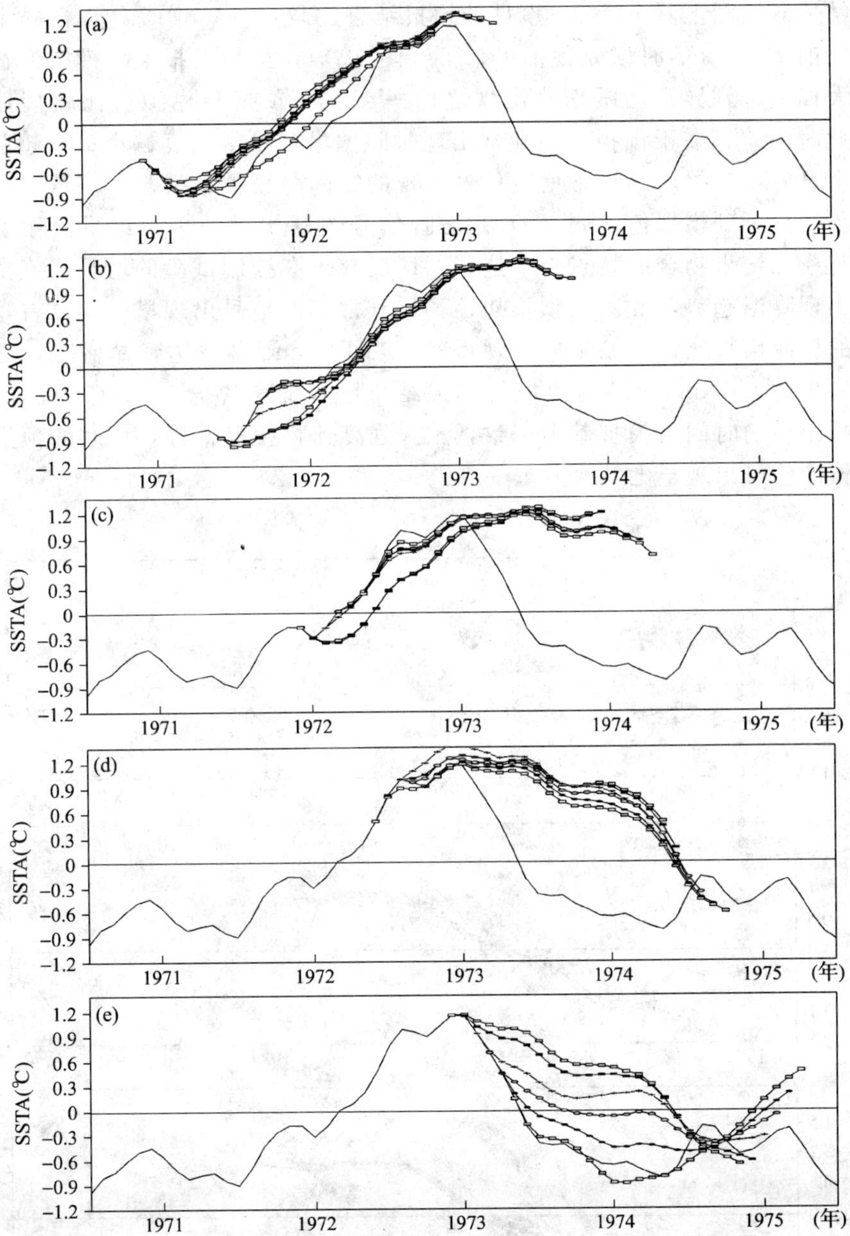

图 8.4.1 Model I 对 1972/1973 年 El Nino 和 1973/1974 年 La Nina 事件取相继的 6 个月为起报月的事后预报集合。从上至下：起报月从 1970 年 12 月起（a）；1971 年 6 月起（b）；1971 年 12 月起（c）；1972 年 6 月起（d）；1972 年 12 月起（e）

图 8.4.2 是对 1982/1983 年 El Nino 事件及紧随其后发生的 La Nina 事件的预报试验结果。从图上看 El Nino 事件的预报结果比较成功，增暖趋势在异常增暖信号出现之前 18 个月的时候就预报出来了（图（a）），虽然预报值与模拟值在此时还存在较大偏差；到异常增暖信号出现之前一年左右预报与模拟就比较接近了（图（b）），此时的差异在于预报出的异常出现时间偏早，异常强度偏小；当超前月份缩短到 6 个月时，预报出的异常增暖信号出现的时间与模拟结果基本一致（图（c）），但强度仍然达不到模拟值。图（d）是增暖信号刚开始时的预报结果，除了预报值的前期与模拟结果吻合的特点外，这张图还反映出在控制试验的增暖峰值出现之前预报值出现降温趋势，此刻的预报初始场比异常偏冷信号出现早一年左右，虽然此时预报的偏冷信号比模拟结果中出现得晚。当 El Nino 事件达到鼎盛时，耦合模式对接着发生的 La Nina 事件的预报与模拟结果已经非常吻合（图（e）），预报异常偏冷信号出现的时间与模拟基本一致，预报强度比模拟略偏强，此时的预报初始场比异常偏冷信号出现早七八个月。

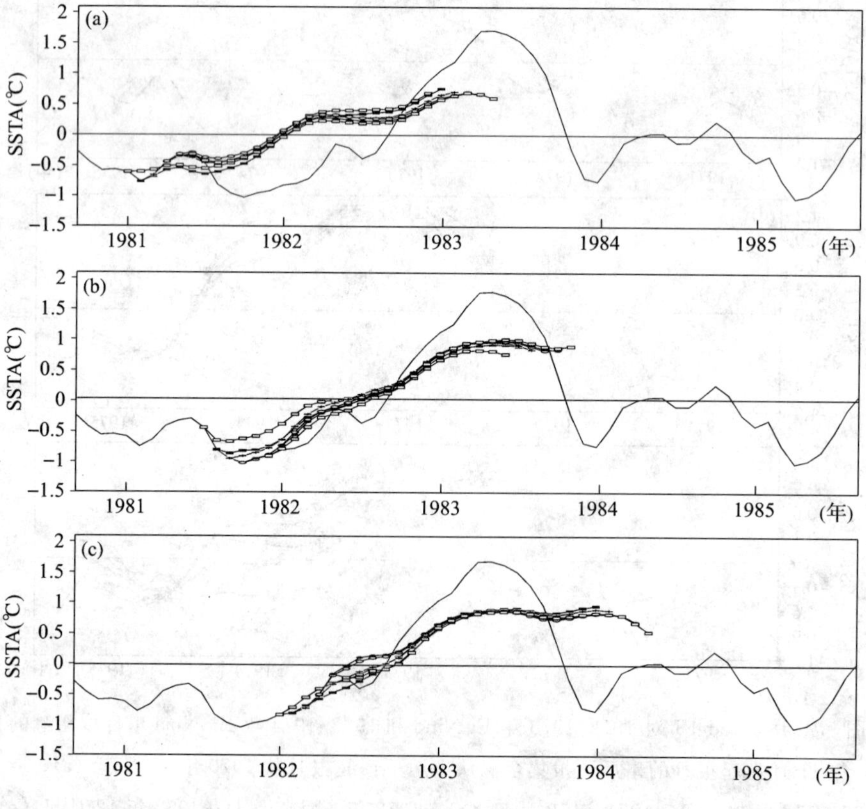

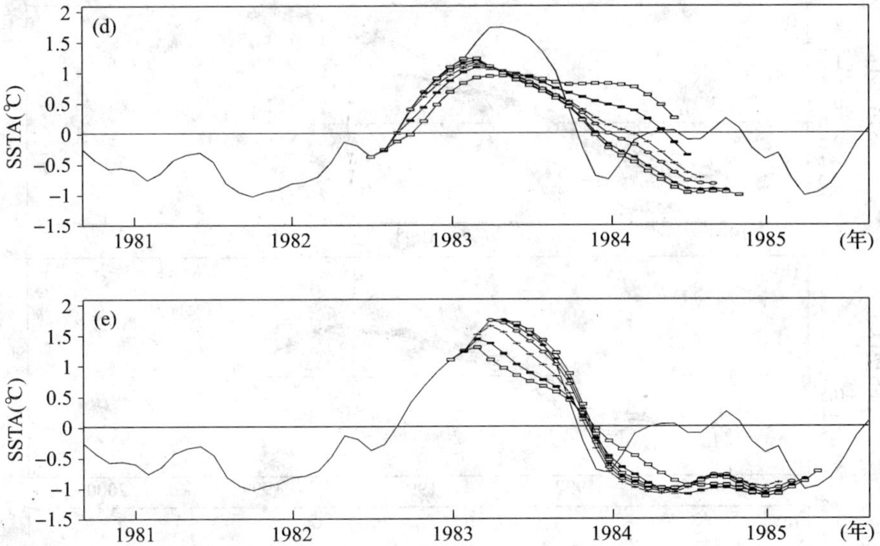

图 8.4.2　Model I 对 1982/1983 年 El Nino 和 1983/1984 年 La Nina 事件取相继 6 个月为起报月的事后预报集合。从上至下：起报月从 1981 年 1 月起（a）；1981 年 7 月起（b）；1982 年 1 月起（c）；1982 年 7 月起（d）；1983 年 1 月起（e）

图 8.4.3 是对历史上最强的 1997/1998 年 El Nino 事件的预报试验结果。从上至下的 5 幅分别对应 5 组不同起报时间的预报，前 3 幅图可以认为是间隔 6 个月的超前预报结果，后 2 幅图是对 El Nino 事件结束后海温演变的试预报，受资料长度的限制 1999 年 1 月以后没有模拟结果可参照。从图上看 El Nino 事件的预报结果比较成功，模拟结果中海温异常偏暖信号出现之前 17 个月左右的预报显示出增暖趋势（图（a）），增暖强度比模拟结果偏强是这个超前预报的缺陷；超前 11 个月左右的预报与模拟结果比较一致（图（b）），异常偏暖信号出现的初期预报的增暖方式与模拟吻合较好，但对增暖峰值的预测偏低。图（c）是异常偏暖信号出现之前约 5 个月的预报结果，从图上看预报效果与图（b）相比没有显著的提高，对异常信号的峰值预报仍然偏小。图（d）是对 1997/1998 年 El Nino 事件开始后最初几个月的集合预报图，6 个不同月份作为初始场的 6 次预报在结果上表现出一些差异，1997 年 6，7 月开始的两次预报结果比较差，它们对 El Nino 事件的峰值预报及其以后的降温趋势都没有比较好的反映，而 1997 年 8 月到 11 月间作的 4 次预报效果较好，虽然它们对增暖事件峰值的刻画偏弱，但在模拟结果增暖峰值出现之前，预报结果已经表现出降温趋势。当预报初始场为模拟结果中增暖强度最强的时段时，预报结果表现出 1998 年年底有异常偏冷信号出现（图（e）），从现有的模拟结果看，预报出的 La Nina 事件比模拟偏早。

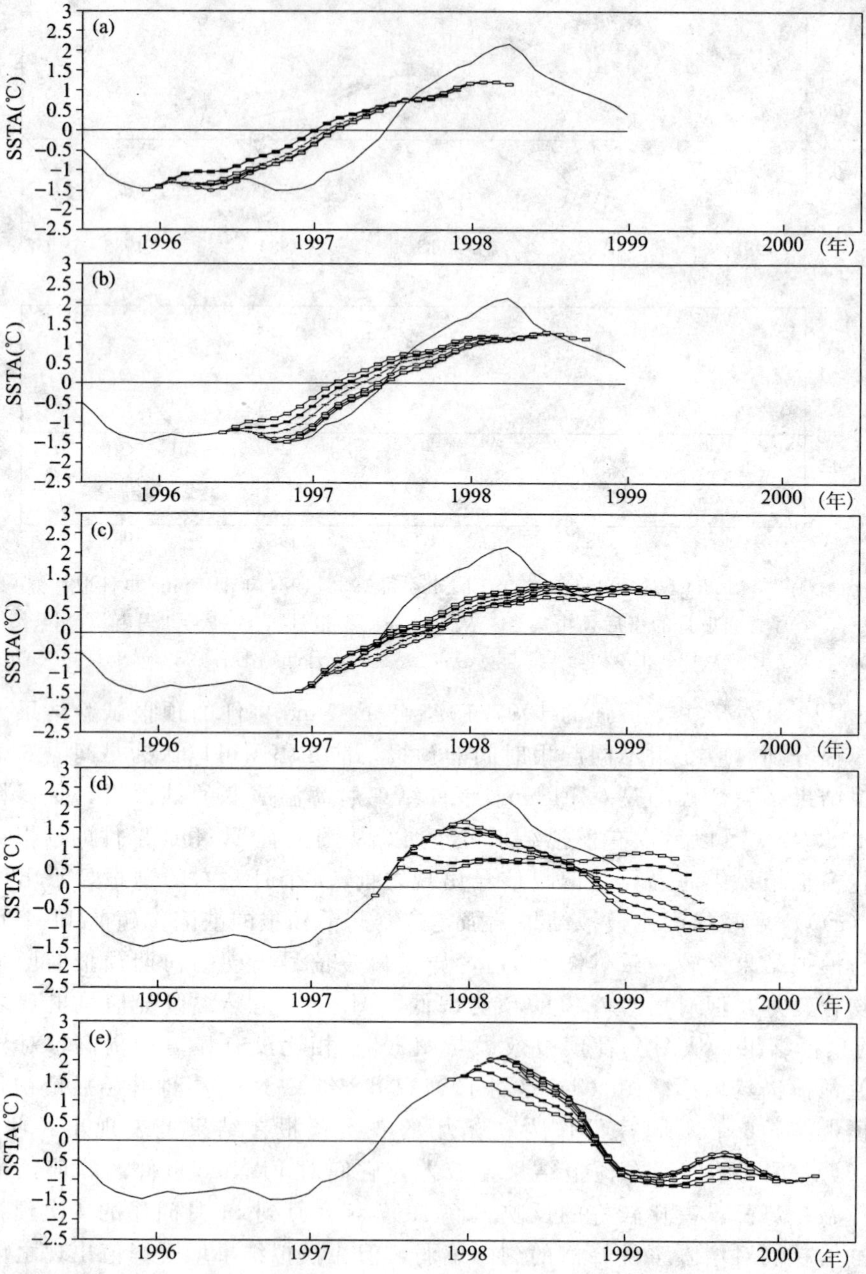

图 8.4.3　Model I 对 1997/1998 年 El Nino 事件取相继的 6 个月为起报月的事后预报集合。从上至下：起报月从 1995 年 12 月起（a）；1996 年 6 月起（b）；1996 年 12 月起（c）；1997 年 6 月起（d）；1997 年 12 月起（e）

从上面3个图给出的5次典型ENSO事件的预报试验结果看，该方案对El Nino事件的预报性能比较好，异常信号出现之前大约一年的时间就可以比较准确地预报出异常发生的时间，但对异常强度的预报往往偏弱，虽然模式对1972/1973年异常事件强度的预报非常准确，但我们不认为它具有一般性。模式对La Nina事件的预报能力稍差一些，有效的超前预报时段较短，并且对每一次事件有效超前预报时段不一致，另外对异常强度的预报偏强。

8.4.2 选用不同主成分个数的预报试验

我们对海洋模式控制运行输出的SSTA做主成分分析得到，前3个主成分的方差贡献率分别是62.98%、14.30%和7.77%，前3个主成分累计解释总方差的85%。所以我们认为回归方程（8.4.1）中的因子取前3个主成分就够了，这个方案记为Model Ⅱ。

8.4.3 采用风应力和SSTA各自主成分的回归模型

对观测到的纬向和经向风应力距平场、海洋模型控制运行输出的第一层温度距平场各自做主成分分析。风应力距平场的PC作为回归方程的表示对象，海温距平的PC作为回归方程的因子，建立回归关系。应用时，把海洋模式输出的第一层温度距平投影到它的EOF空间型上，得到它的PC的当前值，再用回归关系得到风应力距平场的PC的当前值，最后，风应力距平场的PC与EOF空间型相结合得到当前的风应力距平场。该方案的优点是同时考虑到了风应力距平和海温距平的大尺度相关结构。该方案称为Model Ⅲ。公式写为

$$\Delta\tau(x,t) = \sum_{k=1}^{K} V(x,k)\hat{\alpha}(k,t) \tag{8.4.2}$$

$$\hat{\alpha}(k,t) = \sum_{k'=1}^{K'} g(k,k')\beta(k',t) \tag{8.4.3}$$

$V(x,k)$是风应力距平场的第k个EOF空间型在第x格点的分量，$\hat{\alpha}(k,t)$是风应力距平场第k个主成分利用回归关系的拟合值，$\beta(k',t)$是海洋模式控制运行输出的SSTA的第k'个主成分，$g(k,k')$是回归系数。因为$\beta(k',t)$在k'不同值之间是相互正交的，此时求回归系数的正规方程组的系数矩阵是对角矩阵，所以

$$g(k,k') = \sum_{t=1}^{n} \alpha(k,t)\beta(k',t) \Big/ \sum_{t=1}^{n} \beta^2(k',t) \tag{8.4.4}$$

8.4.4 基于SVD分析建立回归模型

把观测到的纬向和经向风应力距平场分别与海洋模型控制运行输出的第一层温

度距平场做 SVD。风应力距平场的 SVD 展开系数作为回归方程的表示对象，海温距平场 SVD 展开系数作为回归方程的因子，建立回归关系。应用时，把海洋模式输出的第一层温度距平投影到它的 SVD 空间型上，得到它的 SVD 展开系数的当前值，再用回归关系得到风应力距平场的 SVD 系数的当前值，最后，风应力距平场的 SVD 系数与空间型相结合得到当前的风应力距平场。该方案的优点是考虑了风应力距平和海温距平协同变化的大尺度相关结构。该方案称为 Model IV。公式写为

$$\Delta\tau(x,y)=\sum_{k=1}^{K}C(k)\Big(\sum_{x,y}S_{\mathrm{SST}}(x,y,k)\mathrm{SST}(x,y)\Big)S_{\tau}(x,y,k) \qquad (8.4.5)$$

上式中，$S_{\mathrm{SST}}(x,y,k)$和 $S_{\tau}(x,y,k)$是海表温度距平场与风应力距平场 SVD 分析的第 k 对空间型。右边圆括号中的运算是把海洋模式输出的海温距平（用 $\mathrm{SST}(x,y)$表示）投影到它的第 k 个 SVD 空间型上，得到海温距平场的第 k 个 SVD 空间的时间系数的当前值。$C(k)$是海温距平场 SVD 展开第 k 个系数序列为因子，风应力距平场 SVD 展开第 k 个系数序列为对象的回归系数。注意 SVD 为基础的回归与两个场分别做主成分后的回归的差别，在用 SVD 展开的时间系数建立回归时，因为只有同一对时间系数之间存在相关，不同对时间系数序列间相互正交，所以，回归方程是同一对时间系数序列之间的一元回归，只需用一个指标 k 区分是第几对系数之间的回归系数；而两个场分别做主成分分析后再做回归，因为两个场的不同序号的主成分间也存在相关，所以，风应力距平场的每一个时间系数序列为预报对象的回归方程都是以海温距平场的前 K 个主成分为因子的多元回归，在这种情况下，回归系数要用两个指标加以区分，Model Ⅲ 中的 $g(k,k')$是预报风应力距平场的第 k 个时间系数序列的回归方程中海温距平场的第 k'个主成分的回归系数。(8.4.5) 式右边 $C(k)$乘以圆括号得到风应力距平场第 k 个 SVD 展开系数序列的当前拟合值，然后再乘以对应的风应力距平的第 k 个 SVD 空间型 $S_{\tau}(x,y,k)$，得到第 k 对 SVD 模态拟合出的风应力场距平部分。

因为两个场的 SVD 展开系数序列间的回归是一元回归，由回归原理

$$C(k)=\Big(\sum_{t}T_{\mathrm{SST}}(t,k)T_{\tau}(t,k)\Big)\Big/\sum_{t}T_{\mathrm{SST}}{}^{2}(t,k) \qquad (8.4.6)$$

其中 $T_{\mathrm{SST}}(t,k)$和 $T_{\tau}(t,k)$是海洋模式控制运行输出的第一层海温距平场与观测到的风应力距平场 SVD 分析的第 k 对时间系数序列。

图 8.4.4 是上述 4 种方案以 1996 年 12 月为初始场条件，将模式向后积分两年的预报结果，(a)、(b)、(c)、(d) 分别对应 Model Ⅰ、Model Ⅱ、Model Ⅲ、Model Ⅳ 的预报结果，为了便于比较图上还给出了 1997～1998 年间的观测的与模拟的结果。用 NCEP 资料得到的 1997/1998 年 El Nino 事件的起始时间是 1997 年 5 月，1997 年 12 月达到成熟位相，到 1998 年 5 月增暖事件基本结束，图 8.4.4 (e) 就清楚地反映了这些特点，模拟结果（图 8.4.4 (f)）的形态与观测比较吻合，也反

映出 1997/1998 年 El Nino 事件及其之后的冷事件。对 4 种预报结果与观测进行比较可以发现，Model Ⅰ对这次增暖事件起始月份的预报最准确，但对异常强度和成熟时间的把握与实际偏差较大；从 Model Ⅱ、Model Ⅲ的预报结果看，预报出的形势与实际情况有可比性，特别是这两组预报结果都显示 1998 年下半年将出现海温负距平，这一点是其他模式没有成功预测的，在这两组预报中赤道中太平洋海温正距平的量值都没有达到观测大小，这可能是由于模式中只提取大尺度异常信号而导致预报信号受到削弱；Model Ⅳ对异常强度及异常中心出现时间和位置的预报比前几个模型更接近实况，不足之处是预报时效偏短，1998 年 7 月之后出现的第二个海温正距平中心是虚假的。

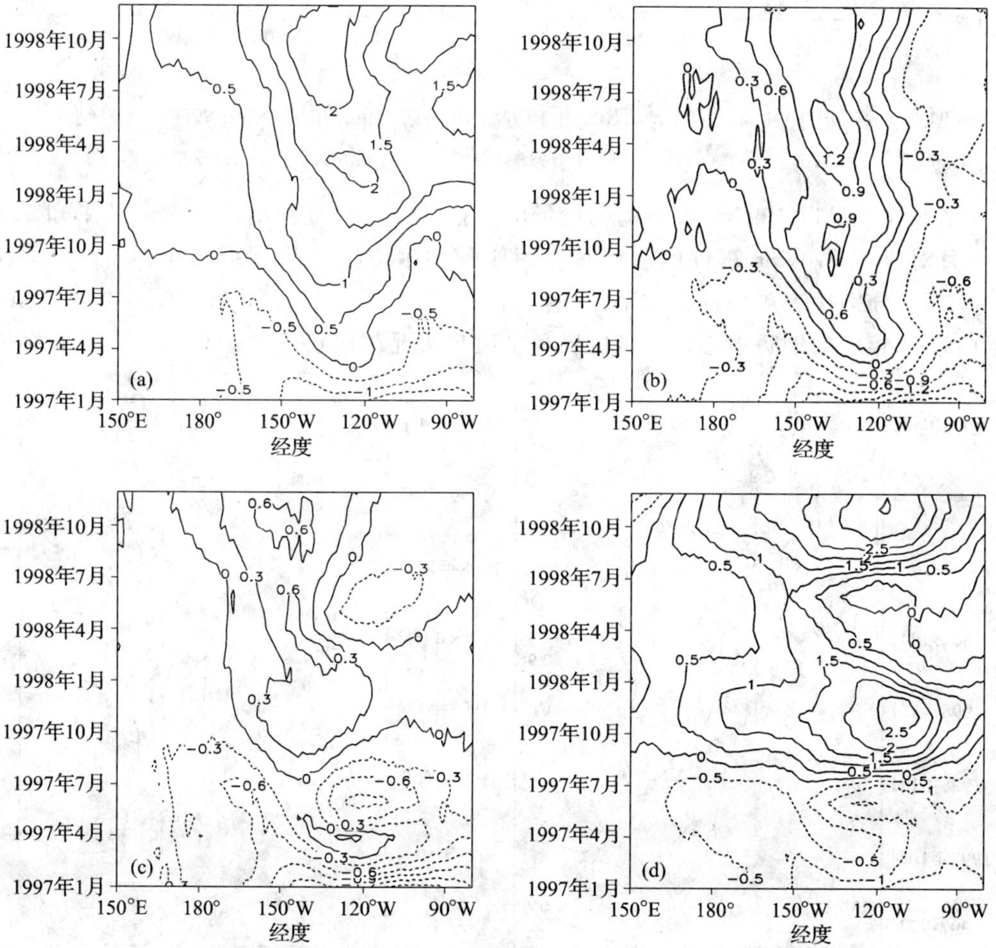

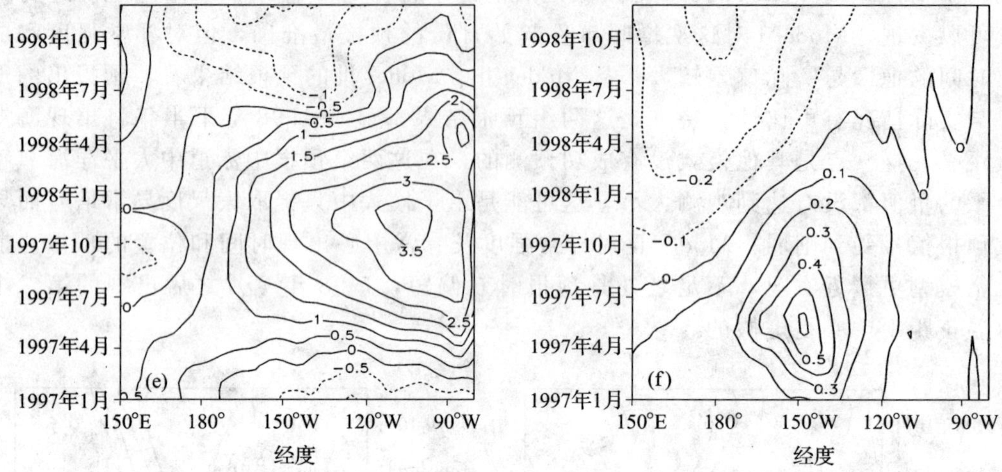

图 8.4.4　以 1996 年 12 月为初始场 4 种方案对 1997/1998 年 El Nino 事件的预报结果

(a)、(b)、(c)、(d) 依次是 4 个方案的预报，(e) 是观测结果，(f) 是模拟结果

图 8.4.5 是以 1997 年 5 月为初始场的预报结果，从上图给出的观测结果知 1997 年 5 月对应着 El Nino 事件的起始月，用 4 种预报方案向后预报两年，(a)、(b)、(c)、(d) 分别代表 4 种预报方案的预报结果。可以看到只有 Model Ⅳ 很准确地预报出 1997 年年底的增暖中心，并且位置和量值与实况都比较一致。Model Ⅰ的预报结果

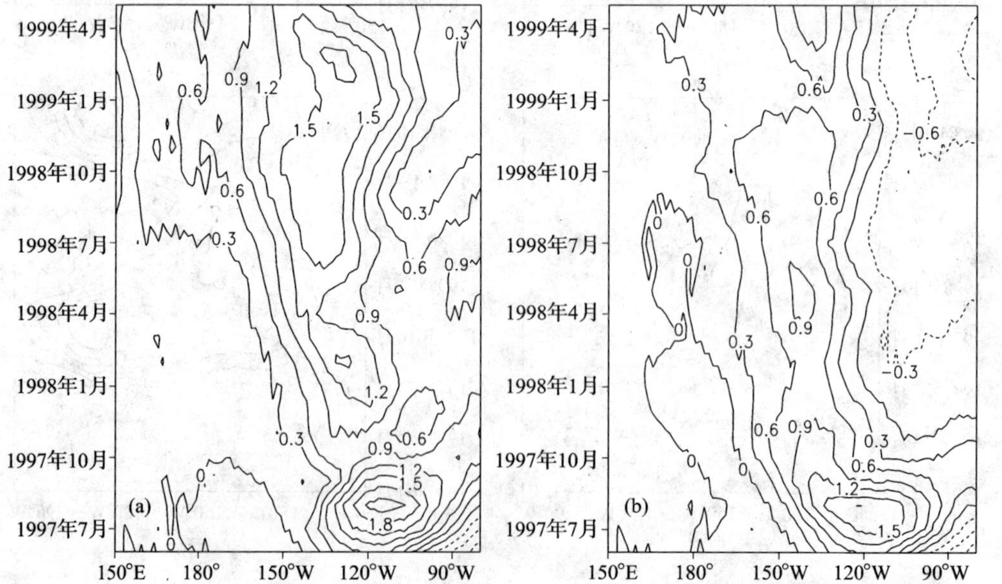

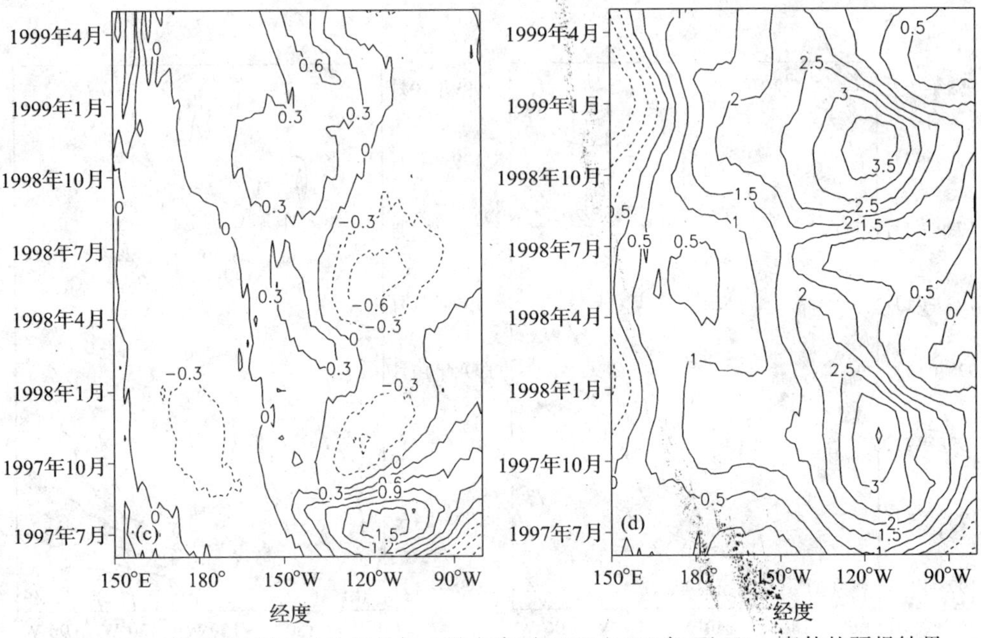

图 8.4.5　以 1997 年 5 月为初始场 4 种方案对 1997/1998 年 El Nino 事件的预报结果

(a)、(b)、(c)、(d) 依次是 4 个方案的预报

最差，异常中心出现偏晚，强度偏弱，位置也偏在赤道中太平洋地区；其他两种预报方案虽然预报出 1997 年下半年的异常中心，但与实况比偏早、偏弱。异常增暖中心出现之后在东太平洋出现海温负距平，这与实况比较一致。

1997 年年底到 1998 年年初被认为是 1997/1998 年 El Nino 事件鼎盛时期，以 1997 年 12 月为初始场作预报可以考查模式对海温转折的预报能力。图 8.4.6 是 4 种预报方案的预报结果。从图上看，Model Ⅰ、Model Ⅱ 和 Model Ⅲ 都预报出 1998 年下半年海温距平转为负值，这与 Hui Su 和 J. David Neelin（2001）给出的 NINO3 海温距平的实况比较是一致的，但从他们给出的演变图看，海温异常强度比较小，Model Ⅱ 和 Model Ⅲ 预报出的强度似乎更接近实况。Model Ⅳ 在这组预报中是失败的。

我们的工作中使用的 FSU 风应力资料截至到 1999 年 1 月，海洋模式在观测的风应力强迫下运行最迟可到该月，以该月为初始场将 4 组预报模式向后积分 2 年，图 8.4.7 是 4 种方案的预报结果，相当于独立样本预报试验。从随后的海温距平实况图看，1999 年为负距平，到 2000 年时转为正距平，从距平的量值看这两年海温异常的强度偏小。以这些信息为参照来评断 4 种预报结果的准确性，可以得出以下结论：Model Ⅰ 在这次试预报中可以说是失败的，异常偏冷的预报信号太强；Model Ⅱ 和 Model Ⅲ 的预报比较成功，海温正距平出现的时间和强度与实况接近；Model Ⅳ 预报出的异常形势与实际吻合，但海温正距平强度明显偏大。

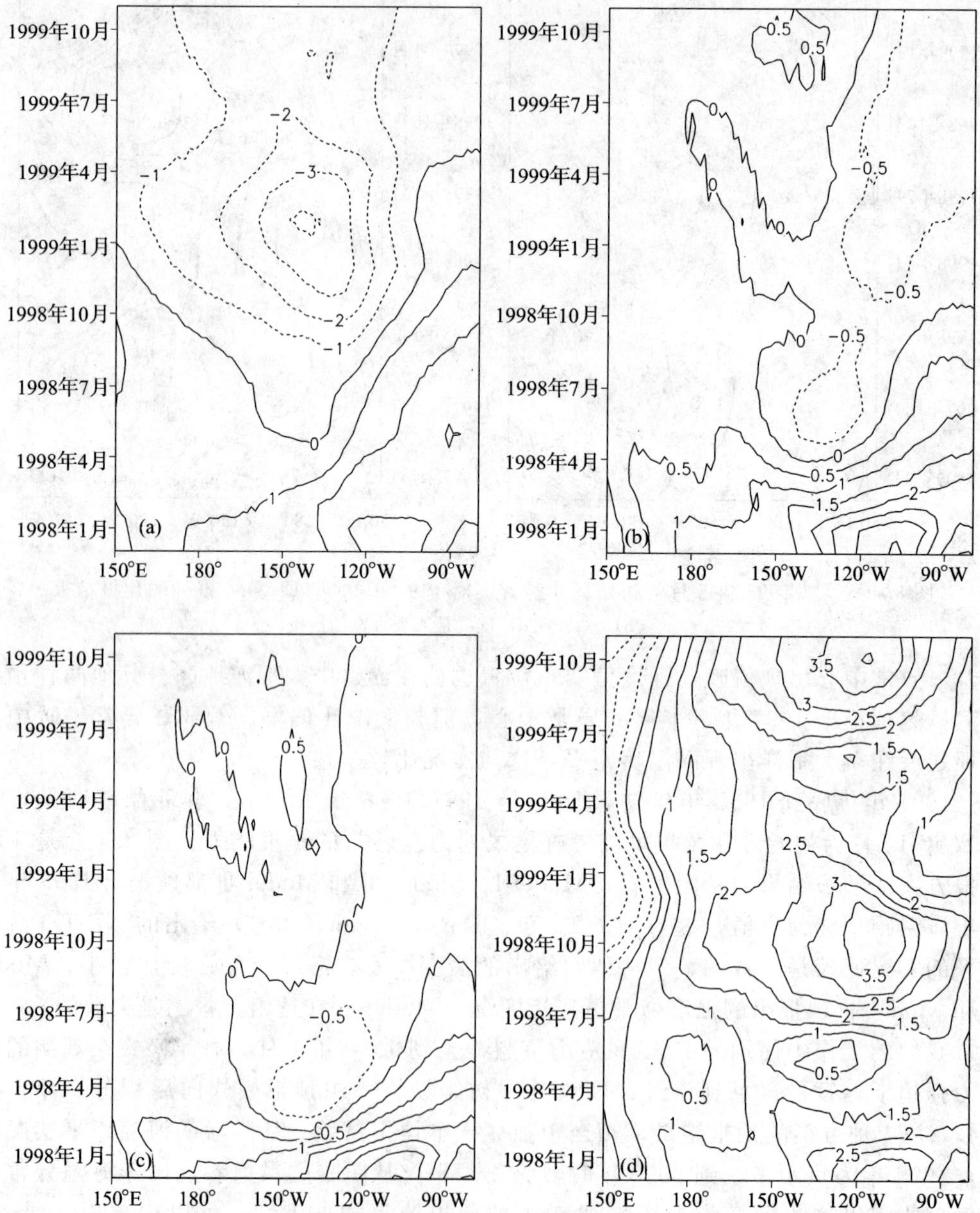

图 8.4.6　以 1997 年 12 月为初始场 4 种方案（(a)、(b)、(c)、(d)）对 1998/1999 年 La Nina 事件的预报结果

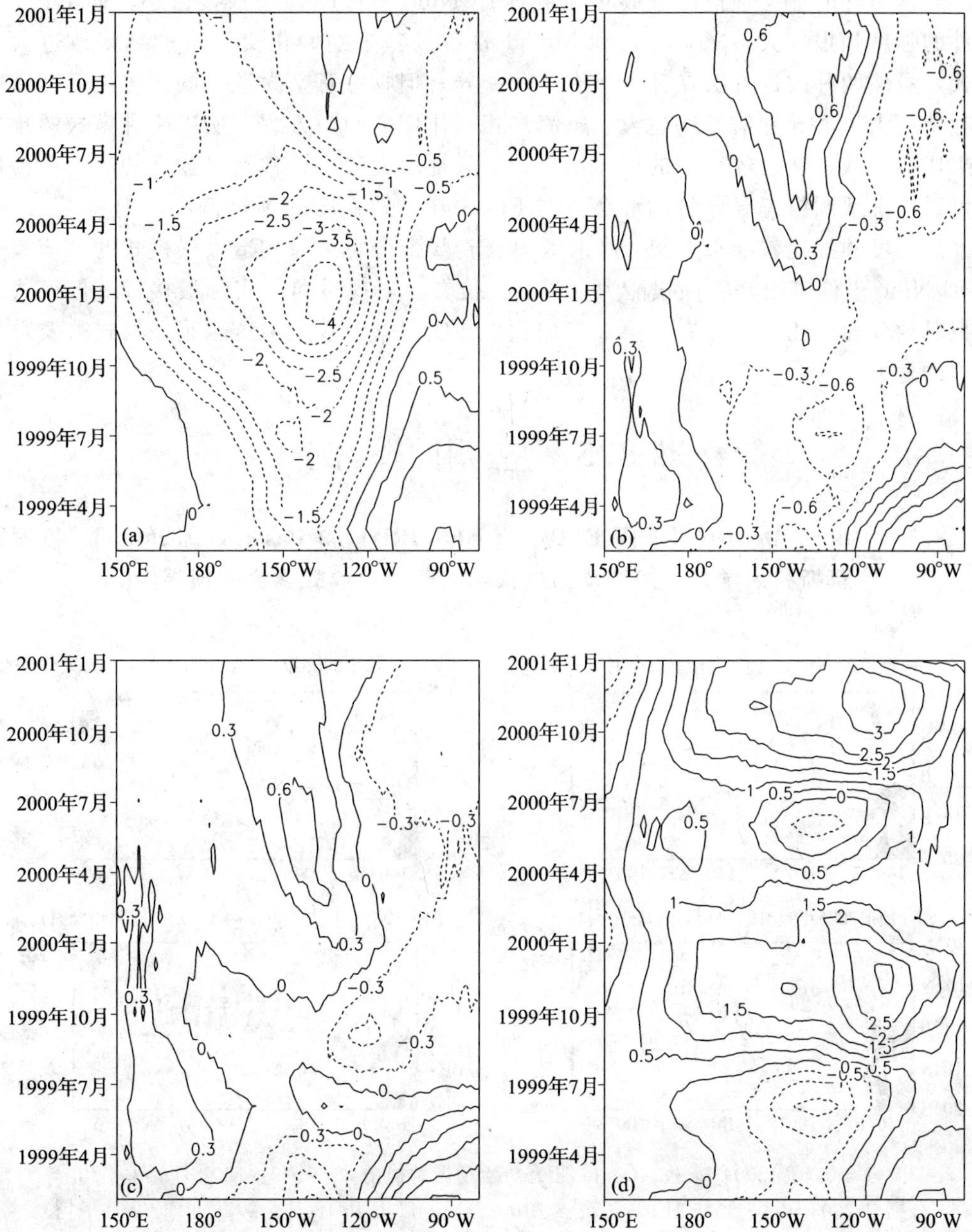

图 8.4.7　以 1999 年 1 月为初始场 4 种方案（(a)、(b)、(c)、(d)）的预报结果

从以上对4组不同初始场的4种预报试验的比较可以得出的结论是：Model Ⅰ对海温异常事件的形势预报比较成功，但对El Nino事件的强度预报偏小，而La Nina事件的强度预报偏大；Model Ⅱ和Model Ⅲ都是基于经验正交分解的结果改进大气模式，虽然两种改进方法在计算上有一些差异，但物理意义大致相同，改进后的模式单独使用大尺度异常信号构建大气—海洋相互作用的回归方程，所以两种模式的预报结果比较一致，从已经得到的试验结果看，只提取大尺度异常信号建立的海气反馈模式可以准确地预报海温异常的形势，对El Nino事件强度的预报偏小，但对La Nina事件的强度预报比较准确；Model Ⅳ是基于奇异值分解结果构造大气模式的，该模式对El Nino事件有很好的预报能力，强度、位置、出现时间与实际最接近，但模式的预报时效偏短，约一年左右，第2年的预报与实况偏差较大，这也是该模式需要继续改进的地方。

§8.5　应 用 举 例

8.5.1　Boris Dewitte（法国ELOGS/CNES/IRD）和Dasha Gushchhina（俄罗斯莫斯科大学）的海洋动力模式与大气统计模式耦合的预报

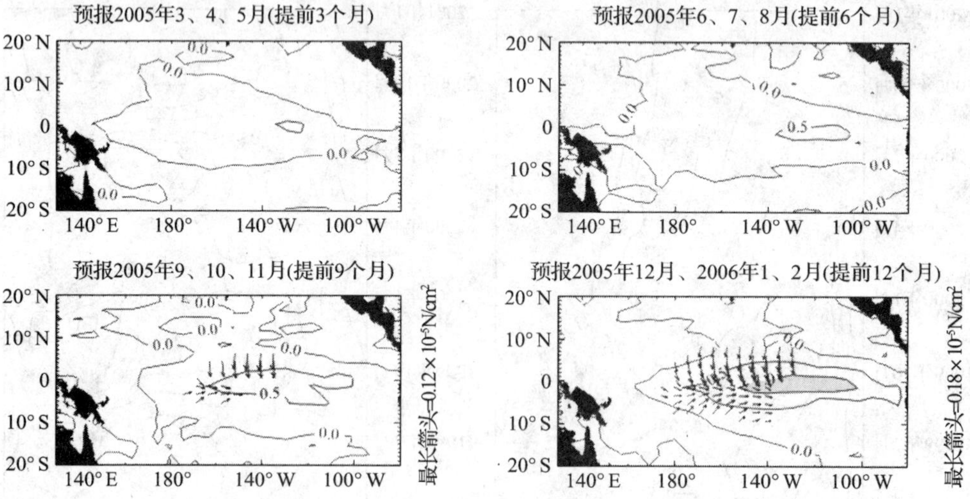

图8.5.1　以2004年9、10、11月为初始场做的提前3、6、9、12个月的季平均（分别是2005年3、4、5月；6、7、8月；9、10、11月和12月、2006年1、2月平均）海表温度距平（实线）和风应力距平（箭头）预报

（引自Experimental long-lead forecast bulletin，March，2005，vol14，no.1）

图8.5.1是他们在2005年3月发布的预报。他们采用的海洋模型是Cane和

Zebiak的海洋模型，也属于中等复杂程度的海洋模型。他们对垂直平流项和基本状态的参数化方案做了改进。统计大气模型是对观测到的海表温度距平和风应力场距平做SVD分析，由SVD系数间的关系建立的，类似于上一节中我们的Model Ⅳ。风应力资料采用佛罗里达州立大学的。

8.5.2　Ln-Sik Kang（韩国汉城大学）和 Chung-Kyu（韩国气象局）的海洋动力与大气统计耦合预报模型

他们采用的海洋模型也是 Cane 和 Ze biak 的。次表层温度和基本状态的参数化做了改进。统计大气模型也是对观测到的海表温度距平和风应力场距平做 SVD 分析，由 SVD 系数间的关系建立的。为了改进在西太平洋的预报，在海洋模式中还引入了热通量公式和垂直混合参数化。模式的初始化是将观测到的 SST 和风应力相结合产生的。风应力是采用 NCEP/NCAR 再分析资料中 925hPa 等压面上的风场资料计算出的。经过对比检验发现，采用这种计算出的风应力资料所做的预报质量优于采用美国佛罗里达州立大学风应力资料的预报。另外，实际预报时，初始场中还加入了随机噪声，以便考虑天气噪声的影响。这样就给出了一套很多个预报，然后做成一个集合平均预报。图 8.5.2 是他们 2003 年 6 月发布的未来一年 NINO3 区 SSTA 预报，共有 20 个加了噪声的预报（细线），由它们计算出集合平均预报（众多细线中间的一根粗线）。图 8.5.3 是未来 4 个季的热带太平洋区域 SSTA 预报。

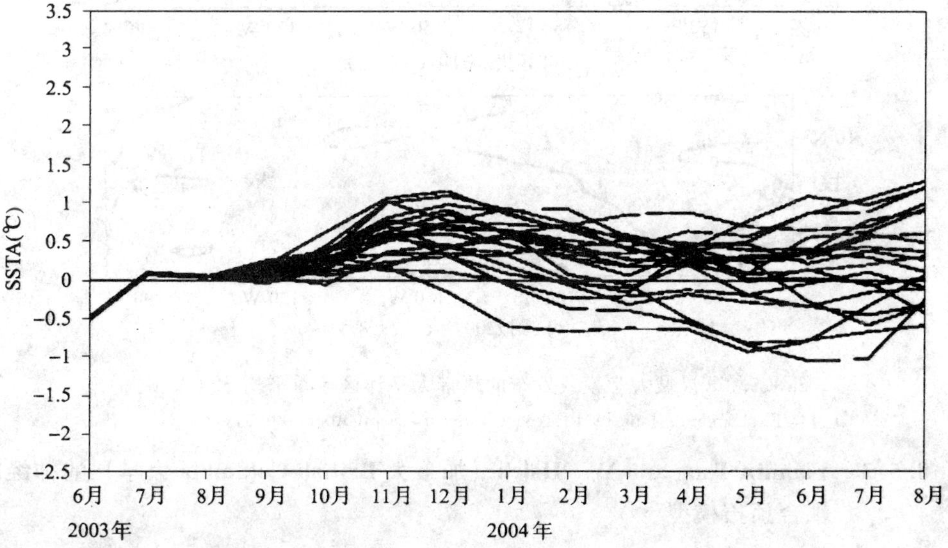

图 8.5.2　汉城大学模式 2003 年 9 月发布的未来 12 个月 NINO3 区 SSTA 预报

（引自 Experimental long-lead forecast bulletin，September，2003，vol 12，no. 3）

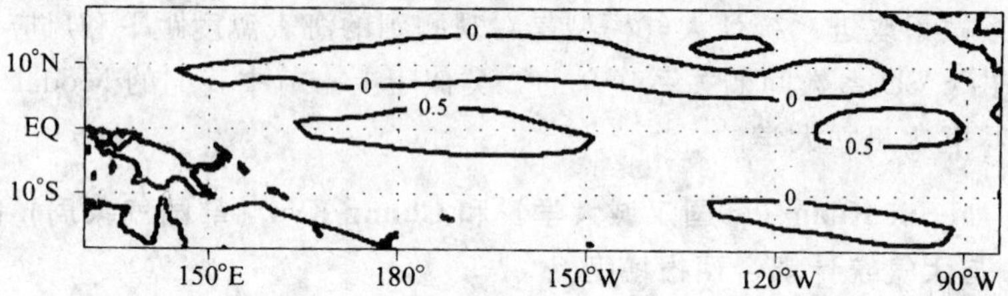

(a) 预报2003年9、10、11月

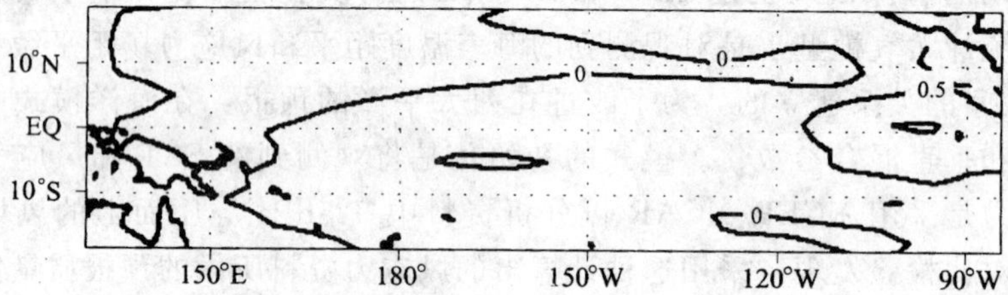

(b) 预报2003年12月、2004年1、2月

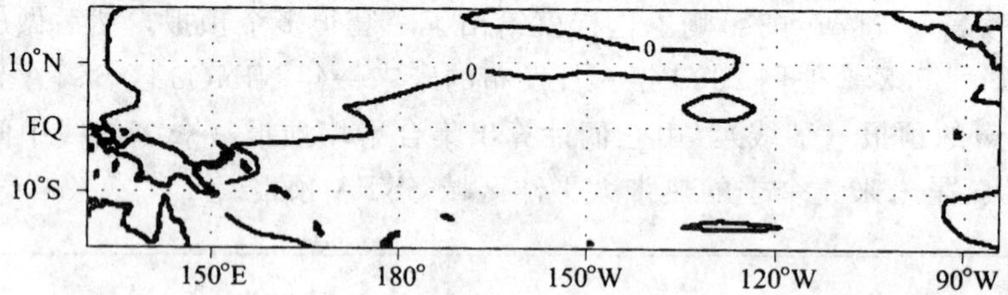

(c) 预报2004年3、4、5月

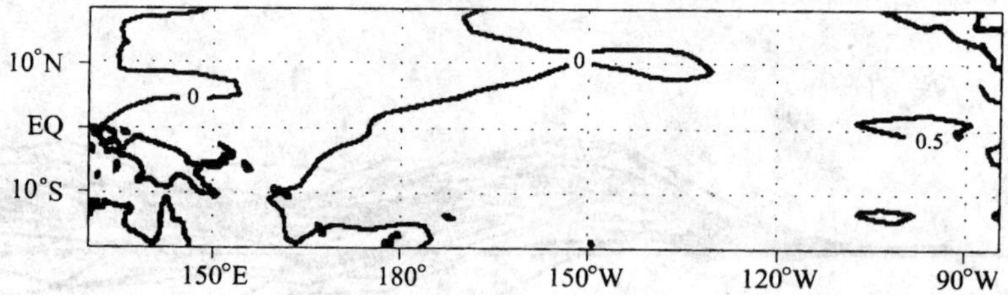

(d) 预报2004年6、7、8月

图 8.5.3　汉城大学模式发布的热带太平洋区域季平均 SSTA 预报

（引自 Experimental long-lead forecast bulletin，September，2003，vol 12，no. 3）

8.5.3　Youmin Tang and W. Hsieh（加拿大 British Columbia 大学）的神经网络耦合预报模型

预报模型是海洋动力模式通过神经网络与大气相耦合的。耦合过程是，海洋变量场和大气变量场各自先做主成分分析，海洋变量场的主成分作为神经网络的输入变量，大气变量场的主成分作为神经网络的期望输出，网络训练得到的权系数用于海洋

动力模式进入预报时段时产生大气变量。图 8.5.4 是采用该方案在 2004 年 6 月发布的未来 12 个月的月平均海温距平预报（2004 年 7 月至 2005 年 6 月）。

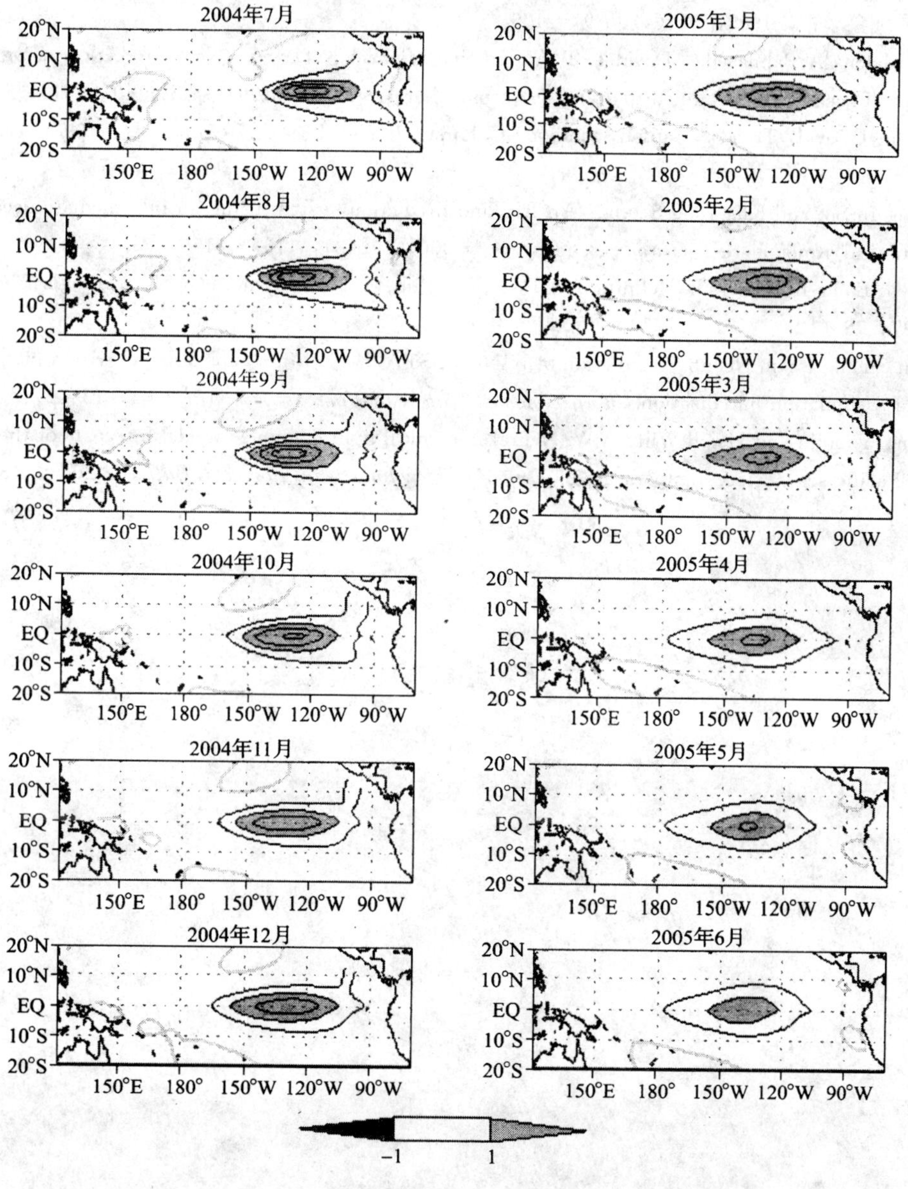

图 8.5.4　Youmin Tang and W. Hsieh 模式在 2004 年 6 月发布的
未来 12 个月热带太平洋区域月平均 SSTA 预报

（引自 Experimental long-lead forecast bulletin，June 2004，vol 13，no. 2）

参 考 文 献

1 张勤，丁一汇，山崎信雄．用一个简单海气耦合模式对 20 世纪 90 年代厄尔尼诺事件的预报试验．气象学报，1999，**57**（4）：397—409

2 Magdalena A Balmaseda，David L T Anderson，Michael K Davey. ENSO prediction using a dynamical ocean model coupled to statistical atmospheres. *Tellus*，1994，46A，497—511

3 Neelin J David，David S. Battisti，Anthony C. Hirst. ENSO theory. *J Geoph Res*，1998，**103**，c7：14261—14290.

4 Kang In-Sik and Kug Jong-Seong. An El Nino prediction system using an intermediate ocean and statistical atmospheres. *Geophy Res Letters*，2000，**27**（8）：1167—1170

5 Kevin E. Trenberth. The definition of El Nino. Bulletin of the American Meteorological Sociely，1997，**78**（12）：2771—2777

6 Hui Su and David Neelin. Prediction of NINO3 SSTA in a hybrid coupled model with a piggy-back data assimilation initialization. *Experimental long-lead Forecast Bulletin* 2004，**13**（2）：13—15

7 Tang Youmin and Hsieh William W. Neural-dynamical hybrid coupled model forecasts of the tropical Pacific sea surface temperatures. *Experimental long-lead Forecast Bulletin* 2004，**13**（2）：4—5.